D1689702

K. Luck · K.-H. Modler

Getriebetechnik

Analyse, Synthese, Optimierung

2. Auflage mit 300 Abbildungen

Springer-Verlag
Berlin Heidelberg New York
London Paris Tokyo
Hong Kong Barcelona Budapest

Professor Dr.-Ing. habil. Kurt Luck
Professor Dr. rer. nat. habil. Karl-Heinz Modler
Technische Universität Dresden
Institut für Festkörpermechanik
Mommsenstraße 13
D-01062 Dresden

ISBN 3-540-57001-2 Springer-Verlag Berlin Heidelberg New York

CIP-Eintrag beantragt

Dieses Werk ist urheberrechtlich geschützt. Die dadurch begründeten Rechte, insbesondere die der Übersetzung, des Nachdrucks, des Vortrags, der Entnahme von Abbildungen und Tabellen, der Funksendung, der Mikroverfilmung oder Vervielfältigung auf anderen Wegen und der Speicherung in Datenverarbeitungsanlagen, bleiben, auch bei nur auszugsweiser Verwertung, vorbehalten. Eine Vervielfältigung dieses Werkes oder von Teilen dieses Werkes ist auch im Einzelfall nur in den Grenzen der gesetzlichen Bestimmungen des Urheberrechtsgesetzes der Bundesrepublik Deutschland vom 9. September 1965 in der jeweils geltenden Fassung zulässig. Sie ist grundsätzlich vergütungspflichtig. Zuwiderhandlungen unterliegen den Strafbestimmungen des Urheberrechtsgesetzes.

© Springer-Verlag Berlin Heidelberg 1995
Printed in Germany

Die Wiedergabe von Gebrauchsnamen, Handelsnamen, Warenbezeichnungen usw. in diesem Buch berechtigt auch ohne besondere Kennzeichnung nicht zu der Annahme, daß solche Namen im Sinne der Warenzeichen- und Markenschutz-Gesetzgebung als frei zu betrachten wären und daher von jedermann benutzt werden dürften.

Sollte in diesem Werk direkt oder indirekt auf Gesetze, Vorschriften oder Richtlinien (z.B. DIN, VDI, VDE) Bezug genommen oder aus ihnen zitiert worden sein, so kann der Verlag keine Gewähr für die Richtigkeit, Vollständigkeit oder Aktualität übernehmen. Es empfiehlt sich, für die eigenen Arbeiten die vollständigen Vorschriften oder Richtlinien in der jeweils gültigen Fassung hinzuzuziehen.

Satz: Reproduktionsfertige Vorlage der Autoren
SPIN: 10123452   68/3020 - 5 4 3 2 1 0 - Gedruckt auf säurefreiem Papier

Vorwort

Das Lehrgebiet der Getriebetechnik ist für die Fachrichtungen des Maschinenbaus und der Gerätetechnik nach wie vor von großer Bedeutung. Es stellt für den Entwurf von getriebetechnischen Baugruppen in Verarbeitungsmaschinen, Textilmaschinen, Landmaschinen, Förder- und Aufbereitungsmaschinen, in Geräten der Feinwerktechnik sowie für die Bewegungs- und Kraftübertragung in Rationalisierungsmitteln wesentliche Grundlagen bereit.
Das vorliegende Lehrbuch stützt sich auf die Vorlesungen Getriebetechnik an der Technischen Universität Dresden. Es basiert auf dem Lehr- und Fachbuch "Getriebetechnik-Analyse, Synthese, Optimierung" der Verfasser, dessen Inhalt dem Lehrbuchcharakter besser angepaßt und in der Stoffauswahl auf die wesentlichen Grundlagen konzentriert wurde.
Der Ausbildung der Studierenden in der Mathematik, Technischen Mechanik und Informatik Rechnung tragend, werden die geometrischen Gesetzmäßigkeiten und kinematischen Grundlagen der Getriebetechnik analytisch erfaßt und die notwendigen Algorithmen bereitgestellt.
In der Vermittlung von Kenntnissen über einfache Konstruktionsverfahren und grundlegende analytische Beziehungen sehen die Autoren den Kompromiß, der für die notwendige Anschaulichkeit und die Möglichkeit der Nutzung moderner Hilfsmittel das entsprechende Rüstzeug liefert. Die angegebenen Algorithmen versetzen den Leser in die Lage, sich selbst Rechenprogramme zu erarbeiten und die moderne Computertechnik in vollem Umfange einzusetzen.
Unter diesem Aspekt ist das vorliegende Lehrbuch eine sinnvolle Fortsetzung der von BURMESTER, ALT und LICHTENHELDT begründeten Dresdner Schule der Getriebetechnik.

Dresden, im Januar 1995　　　　　　　　　　Kurt Luck　　Karl-Heinz Modler

Inhaltsverzeichnis

1 Einführung   1

2 Getriebesystematik   5
  2.1 Gelenke und deren Freiheitsgrade 5
      2.1.1 Einteilung der Gelenke 5
      2.1.2 Gelenkfreiheitsgrad 8
      2.1.3 Gelenkelement-Erweiterung und Formenwechsel 13
  2.2 Glieder und Organe 14
  2.3 Ordnung der Getriebe 16
  2.4 Aufbauregeln für Getriebe 19
      2.4.1 Zwanglaufbedingung und Getriebefreiheitsgrad 19
      2.4.2 Kinematische Ketten 23
  2.5 Güte der Bewegungsübertragung 29
  2.6 Viergliedrige Koppelgetriebe 33
      2.6.1 Viergelenkkette 33
      2.6.2 Schubkurbelkette 37
      2.6.3 Kreuzschleifenkette 40
      2.6.4 Schubschleifenkette 41
      2.6.5 Koppelkurven von Viergelenkgetrieben 42
      2.6.6 Mehrfache Erzeugung von Koppelkurven 44

3 Grundlagen der ebenen Kinematik   53
  3.1 Ebene Bewegung 53
      3.1.1 Momentanpol und Polkette 54
      3.1.2 Polbahnen 56
      3.1.3 Krümmungsmittelpunkte der Bahnkurven 60
      3.1.4 Die Euler-Savarysche Gleichung 62
      3.1.5 Der Satz von Bobillier 64
      3.1.6 Wendekreis und Rückkehrkreis und quadratische Verwandtschaft 69
      3.1.7 Vier unendlich benachbarte Ebenenlagen 78
  3.2 Kinematische Analyse der ebenen Bewegung 82
      3.2.1 Bewegung eines Punktes 82
      3.2.2 Bewegung einer Ebene 88
      3.2.3 Relativbewegung mehrerer Ebenen 112

4 Maßsynthese ebener Koppelgetriebe – Burmestersche Theorie   145
  4.1 Vorgabe von Ebenenlagen 145
      4.1.1 Zwei Ebenenlagen 146

        4.1.2   Drei Ebenenlagen 152
        4.1.3   Vier Ebenenlagen und die Mittelpunktkurve 166
        4.1.4   Fünf Ebenenlagen und die Burmesterschen Punkte 182
   4.2 Relativlagen 183
        4.2.1   Zeichnerische und rechnerische Ermittlung der Relativpole ... 184
        4.2.2   Relativpole bei drehbar gelagerten Ebenen P und Q 188
        4.2.3   Relativpole bei dreh- und schiebbar gelagerten Ebenen P und Q 190
   4.3 Einfache Konstruktionsverfahren 192
        4.3.1   Totlagenkonstruktion 192
        4.3.2   Lenkergeradführungen 207
        4.3.3   Koppelrastgetriebe 217
   4.4 Punktlagenreduktion für Führungsgetriebe 219
        4.4.1   Vorgabe von Punktlagen 220
        4.4.2   Vorgabe von Punktlagen-Winkelzuordnungen 221

5 **Synthese ebener Koppelgetriebe – Lagenzuordnungen**   **227**
   5.1 Aufgabenstellung 227
   5.2 Konstruktionsmethoden zur exakten Synthese 228
        5.2.1   Zuordnung von zwei Lagen 228
        5.2.2   Zuordnung von drei Lagen 236
        5.2.3   Zuordnung von vier Lagen 244

6 **Kurvengetriebe**   **249**
   6.1 Grundbegriffe 249
   6.2 Getriebesystematik 251
   6.3 Übertragungsfunktionen 252
        6.3.1   Bewegungsparameter 253
        6.3.2   Systematik der Bewegungsaufgaben 254
        6.3.3   Normierte Übertragungsfunktionen 255
        6.3.4   Trigonometrisches Approximationspolynom 265
   6.4 Kinematische Abmessungen 270
        6.4.1   F-Kurvengetriebe und P-Kurvengetriebe 272
        6.4.2   Auswahlkriterium μ_{min} 273
        6.4.3   Hodografenverfahren 274
        6.4.4   Näherungsverfahren nach Flocke 278
        6.4.5   Rollenmittelpunktkurve und Kurvenprofil 280
        6.4.6   Hinweise zur Konstruktion und Fertigung von Kurvengetrieben 288
   6.5 Zylinderkurvengetriebe 293

7 **Schrittgetriebe**   **299**
   7.1 Grundbegriffe 299
   7.2 Malteserkreuzgetriebe 300
   7.3 Sternradgetriebe 302

7.4		Räderkoppelschrittgetriebe	307
	7.4.1	Struktur und Aufbau	308
	7.4.2	Kenngrößen und Abmessungen	313
7.5		Räderkurvenschrittgetriebe	320
7.6		Kettenkurvenschrittgetriebe	322
7.7		Kurvenschrittgetriebe	323

8 Kraftanalyse 325

8.1		Ordnung der Kräfte, Kraftfeld des Getriebes	325
8.2		Aufgabenstellungen	326
8.3		Kinetostatik	326
	8.3.1	Kräftebestimmung durch Zerlegung in Gliedergruppen	326
	8.3.2	Kraft- und Momentenbestimmung nach dem Prinzip der virtuellen Leistung	330
	8.3.3	Polkraftverfahren nach Hain	337
	8.3.4	Kraftbestimmung unter Berücksichtigung der Reibung	339
	8.3.5	Ermittlung der resultierenden Trägheitskraft	343

Literaturverzeichnis 347

1 Einführung

Das internationale Entwicklungstempo stellt hohe Anforderungen an alle Zweige der industriellen Produktion. Um diesen Erfordernissen Rechnung tragen zu können, ist die Anwendung der modernen Technik in der Industrie unbedingt erforderlich. Das betrifft u.a. den Einsatz flexibler automatisierter Fertigungssysteme in der Produktion und in verstärktem Maße die Anwendung der Computertechnik in den produktionsvorbereitenden Abteilungen, vor allem in der Konstruktion, um möglichst durchgängige CAD/CAM-Lösungen zu schaffen.

Auf dem Gebiet der ungleichmäßig übersetzenden Getriebe erfordert dies die Schaffung von Rationalisierungsmitteln für den Konstrukteur, die es ihm ermöglichen, die Entwicklungszeit für ein Erzeugnis, z.B. für eine getriebetechnische Baugruppe, wesentlich zu verkürzen. So ist u.a. zur Realisierung des Teileflusses in einem flexiblen Fertigungssystem stets eine Bewegung erforderlich, die sich dem technologischen Prozeß auch bei entsprechenden Veränderungen flexibel anpassen muß. Es geht u.a. darum, prozeßorientierte Bewegungsformen in einem Maschinensystem, einschließlich seiner Verkettungseinrichtungen, durch getriebetechnische Baugruppen zu realisieren. Die Aufgabe des Konstrukteurs besteht vor allem darin, eine solche Bewegung mit geringst möglichem Aufwand unter Einhaltung vorgegebener Restriktionen zu verwirklichen.

Es ist daher u.a. die Aufgabe der Lehrveranstaltung Getriebetechnik, den Systemcharakter dieses Lehrgebietes aufzuzeigen sowie die vielfältigen Arten der Getriebe zusammenzufassen, systematisch zu ordnen und Gesetzmäßigkeiten herauszuarbeiten. Der zukünftige Ingenieur wird zum systematischen Analysieren, zum schöpferischen Entwickeln und zum Abstrahieren technischer Systeme mit Funktionselementen zur Bewegungsübertragung erzogen. Es ist u.a. die Aufgabe der Lehrveranstaltung Getriebetechnik, die Fähigkeit der Vorstellung von Bewegungen und ursächlichen Kräften in Getrieben zu entwickeln. Dazu dienen grafische und vor allem analytische Verfahren. Die grafischen Methoden fördern auf Grund ihrer Anschaulichkeit das Vorstellungsvermögen und entwickeln konstruktive Fähigkeiten, die zu eigener schöpferischer Tätigkeit hinführen. Analytische Methoden sind die Voraussetzung für den Einsatz der Computertechnik zur Analyse, Synthese und konstruktiven Auslegung getriebetechnischer Baugruppen.

Im Rahmen der kreativen Phase des Entwicklungs- und Konstruktionsprozesses steht die Struktursynthese im Vordergrund. Für eine vorliegende getriebetechnische Aufgabenstellung ist unter Beachtung gegebener Restriktionen eine günstige Lösung aus der Vielzahl der möglichen Varianten zu finden. Dieser Prozeß wurde von verschiedenen Wissenschaftlern näher untersucht. An dieser Stelle sei u.a. auf die Arbeiten von BOCK [131, 132, 133], HAIN [41, 42], KIPER [57] und MÜLLER [77] sowie auf weitere Literatur [74, 93, 94, 146, 218, 155, 205] hingewiesen. Ein anschauliches Arbeitsmittel in der Phase der Strukturfindung ist z.B. der Mechanismen-Katalog von BOCK [17]. Er ist direkt für den Konstrukteur entwickelt worden und stellt eine Lose-Blatt-Sammlung dar, die in den letzten Jahren durch Arbeitsblätter für die Konstruktion von Mechanismen ergänzt wurde. Letztere sind ein wertvolles Hilfsmittel zur Rationalisierung der Konstruktionsarbeit. Sie enthalten u.a. Algorithmen und Programme zur Einbeziehung der Computertechnik in den Konstruktionsprozeß. Den Ausgangspunkt für das Arbeiten mit dem Mechanismen-Katalog bildet stets die getriebetechnische Aufgabenstellung, die nach den Richtlinien der Konstruktionssystematik [45, 84] möglichst exakt präzisiert werden sollte.

Bis zum Ende der sechziger Jahre standen bei der kinematischen Synthese grafische Lösungsverfahren im Vordergrund. Auch heute haben einfache Konstruktionsverfahren, wie sie z.B. von LICHTENHELDT [66] dargelegt worden sind, für das Finden einer ersten Näherungs- bzw. Anfangslösung noch eine große Bedeutung. Um höhere Ansprüche in kürzerer Zeit befriedigen zu können, ist jedoch der Einsatz der Computertechnik unbedingt notwendig, um z.B. die dabei auftretenden komplizierten Gleichungssysteme rationell lösen zu können, s. u.a. [71, 180, 181, 182, 185, 4, 54].

Die numerischen Verfahren der kinematischen Synthese führen auf Grund der vorliegenden freien Parameter zu einer Lösungsmannigfaltigkeit, die von der jeweils gewählten Schrittweite abhängt. Jedes so erhaltene Getriebe wird nach bestimmten Bewertungskriterien analysiert. Bei ungleichmäßig übersetzenden Getrieben sind das u.a.:

- Getriebetyp, Bewegungsbereich,

- geometrische Forderungen (Platzbedarf),

- Güte der Kraft- und Bewegungsübertragung.

Im allgemeinen ist anzunehmen, daß sich aus der großen Lösungsmannigfaltigkeit diskrete Lösungen ergeben, die die gestellten kinematischen Forderungen erfüllen. Ist das nicht der Fall, so muß eine andere Getriebestruktur gewählt werden.

Beim Einsatz von Optimierungsstrategien zur angenäherten Synthese werden sich bei der Wahl verschiedener Startvektoren ebenfalls Lösungen einstellen, die sich aus dem jeweiligen lokalen Optimum ergeben [97, 204]. Das Ergebnis all dieser Syntheseverfahren ist gewissermaßen die Strichdarstellung eines Koppelgetriebes, das nun vom Konstrukteur mit Masse belegt werden muß. In diesen konstruktiven Prozeß fließen u.a. folgende Gesichtspunkte ein:

- Leichtbau, ökonomischer Werkstoffeinsatz,

- konstruktive Gestaltung der Getriebeglieder unter Berücksichtigung des Kraftfeldes,

- fertigungsgerechte Gestaltung der Getriebeglieder unter Berücksichtigung von Standard- und Wiederholteilen sowie der Instandhaltung (Wartung, Pflege, Service ...).

Nach dem konstruktiven Entwurf folgt die dynamische Synthese zur Optimierung entsprechender dynamischer Parameter [28]. Insgesamt läßt sich der Entwurf von Koppelgetrieben bzw. Mechanismen [1] im wesentlichen in drei Etappen einteilen:

- Struktursynthese zum Auffinden einer geeigneten Getriebestruktur,

1. Einführung

- Getriebesynthese zur Ermittlung der kinematischen Abmessungen,
- Auslegung des Getriebes unter Einbeziehung der wirkenden Kräfte.

Diese drei Lösungsbestandteile werden in der genannten Reihenfolge benötigt, aber nicht in gerader Folge durchlaufen. Wiederholte Synthese mit anschließender Analyse und Vergleich der betreffenden Kriterien mit den geforderten Sollwerten sind notwendig. Es läuft somit ein Prozeß ab, der als *Synthese durch iterative Analyse* bezeichnet wird. Große Abschnitte dieses Prozesses werden heute dem Computer im Rahmen von CAD-Systemen übertragen bzw. im *Mensch–Maschine–Dialog* bearbeitet. Dabei ist die schöpferische Arbeit des Ingenieurs auch weiterhin in vollem Umfange erforderlich, um bei Entscheidungsfindungen auf Grund des Wissens und der Erfahrung des Konstrukteurs die für die jeweils vorliegende Aufgabenstellung optimale Lösung unter Berücksichtigung der gegebenen Restriktionen zu finden und festzulegen.

Für die Verständigung auf dem Fachgebiet Getriebetechnik ist eine einheitliche Terminologie von großer Bedeutung. Diesbezüglich wurde im Rahmen der IFToMM – INTERNATIONAL FEDERATION FOR THE THEORY OF MACHINES AND MECHANISMS, und zwar in der *Commission for Standardization of Terminology* in den letzten 25 Jahren eine hervorragende Arbeit geleistet [136].

Die Weiterentwicklung des Fachgebietes Getriebetechnik wird durch den Erfahrungsaustausch im nationalen und internationalen Rahmen und vor allem durch Lehrbücher gefördert. Dazu soll auch dieses Lehrbuch, das sowohl für Studenten des Maschinenbaus und der Feingerätetechnik als auch für die in der Praxis tätigen Ingenieure und Konstrukteure gedacht ist, einen entsprechenden Beitrag leisten, siehe auch [73, 75, 76, 183, 193].

---

[1] In diesem Lehrbuch werden die Begriffe Koppelgetriebe und Mechanismus synonym verwendet.

2 Getriebesystematik

Ausgehend von den grundlegenden Arbeiten von REULEAUX [88, 89] und ASSUR [1, 59] wurde das Gebiet der Getriebesystematik in den letzten Jahrzehnten immer tiefgründiger erforscht, so daß ein umfassendes Lehrgebäude entstanden ist [43, 57, 17]. Hierzu gehören u.a. die Ordnung der Getriebe, ihre Gelenke und Freiheitsgrade sowie der systematische Getriebeaufbau [71, 35, 60, 222, 25, 100, 91, 64, 58]. Der Konstrukteur wird somit in die Lage versetzt, durch Anwendung der Systematik alle getriebetechnischen Möglichkeiten zur Lösung einer vorliegenden Problematik zu entwickeln.

2.1 Gelenke und deren Freiheitsgrade

Jedes Getriebe kann als eine bewegliche Verbindung widerstandsfähiger Körper (Glieder) aufgefaßt werden. Bei Koppelgetrieben werden diese Glieder zunächst als starre Körper betrachtet (*starre Maschine*), die während der relativen Bewegung stets in gegenseitiger Berührung bleiben müssen. Das verlangt eine entsprechende geometrische Gestaltung der Berührungselemente, die Gelenkelemente genannt werden. Solche Gelenkelemente sind z.B. Bohrung, Bolzen, Kugel, Kugelschale usw. Zwei miteinander verbundene Gelenkelemente werden als Gelenk bezeichnet.

2.1.1 Einteilung der Gelenke

Es ist zweckmäßig, die Gelenke nach der Berührungsart ihrer Elemente sowie hinsichtlich ihres Freiheitsgrades f zu unterscheiden. Dabei ergeben sich grundsätzlich folgende Möglichkeiten (Bild 2.1):

- Punktberührung; z.B. Kugel/Ebene,

- Linienberührung; z.B. Zylinder/Ebene,

- Flächenberührung; z.B. Vollzylinder/Hohlzylinder.

Als weitere Gesichtspunkte zur Unterscheidung der Gelenke werden herangezogen:

- Bewegungsverhalten an der Berührungsstelle zweier Gelenkelemente; z.B. Gleiten, Wälzen (Rollen) sowie deren Kombination (Bild 2.2). Schroten ist z.B. eine Kombination aus Wälzen und Gleiten in Richtung der Wälzachse.

- Relativbewegung der miteinander verbundenen Glieder; z.B. Drehen, Schieben, Schrauben sowie deren Kombination (Bild 2.3.).

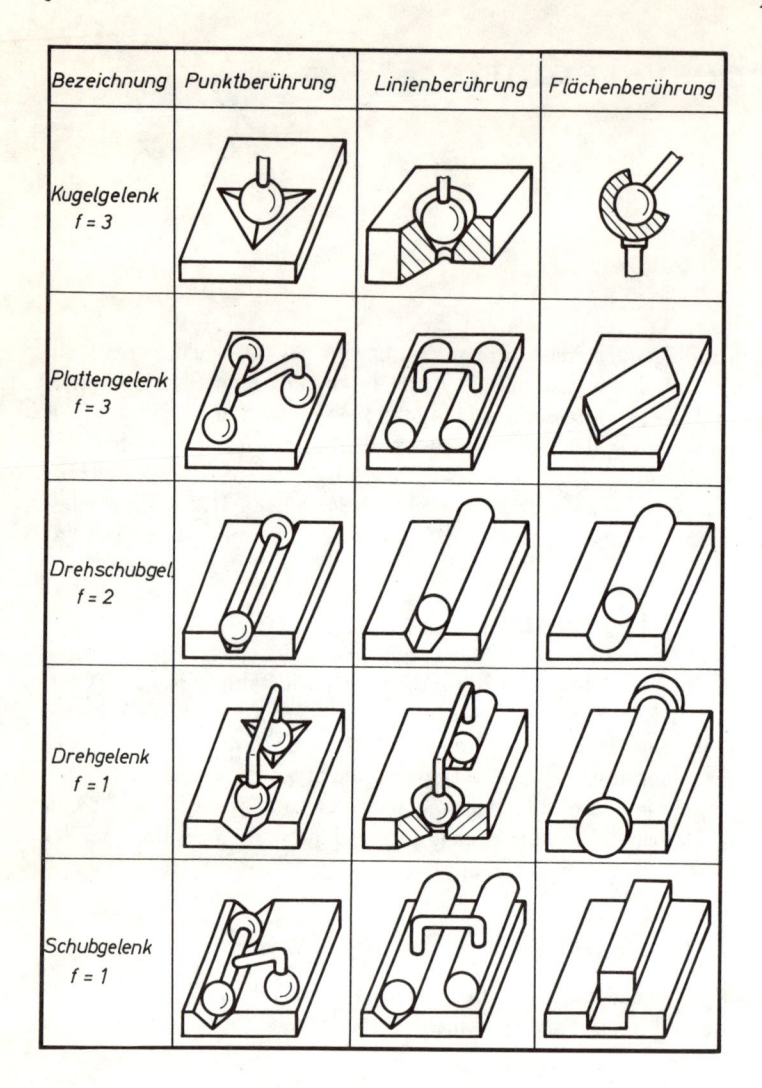

Bild 2.1: Zusammenstellung von Gelenken nach Berührungsarten: Punktberührung, Linienberührung, Flächenberührung

- Art der Paarung der Gelenkelemente; z.B. kraftschlüssig oder formschlüssig (Bild 2.4).

Im Bild 2.1 sind wichtige Grundprinzipe von Gelenken dargestellt, die im Maschinenbau und in der Feingerätetechnik angewendet werden. Gelenke mit Punktberührung kommen vorwiegend in der Feingerätetechnik (Meßgerätebau) zum Einsatz, während Gelenke mit Linien- und Flächenberührung im Maschinenbau vorherrschen.

Die im Bild 2.4 dargestellten Kurvengelenke weisen eine Linienberührung auf. Dreh- und Schubgelenke besitzen im allgemeinen eine Flächenberührung (Bild 2.3). Die Art der Berührung und das Bewegungsverhalten der Gelenkelemente an der

2.1 Gelenke und deren Freiheitsgrade

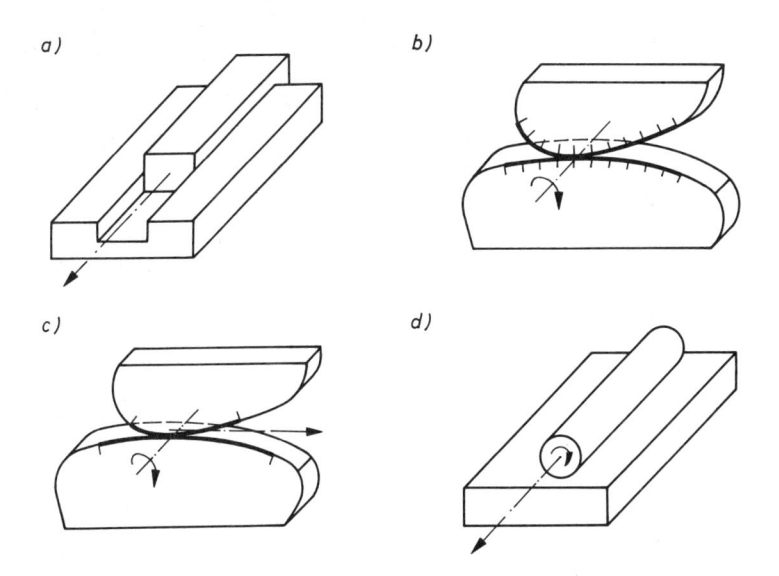

Bild 2.2: Bewegungsverhalten zweier Gelenkelemente an der Berührstelle: a) Gleiten, b) Wälzen bzw. Rollen, c) Gleitwälzen, d) Schroten

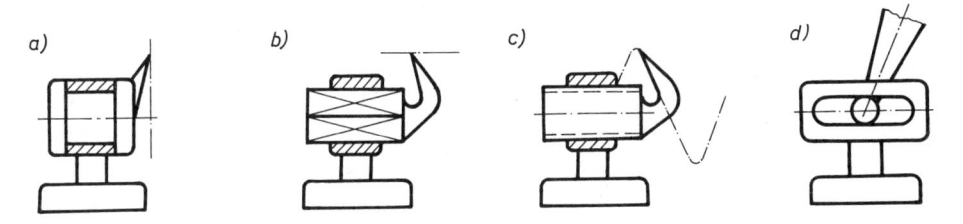

Bild 2.3: Gelenke für Grundbewegungen: a) Drehgelenk, b) Schubgelenk, c) Schraubgelenk, d) Gleitwälzgelenk

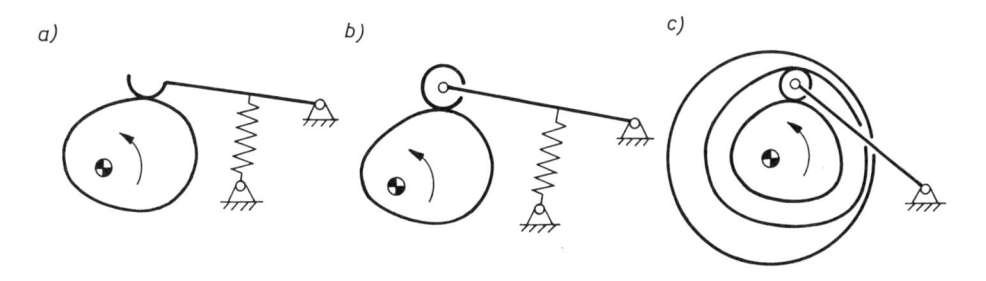

Bild 2.4: Paarung zweier Gelenkelemente am Beispiel eines Kurvengetriebes: a,b) Kraftschluß, c) Formschluß

Berührungsstelle sind entscheidend für die Beanspruchung und den Verschleiß der Gelenke. So zeichnen sich z.B. Wälzgelenke durch eine rollende Relativbewegung aus, während Dreh- und Schubgelenke im allgemeinen eine gleitende Bewegung aufweisen. Die Paarung der Gelenkelemente wird in den meisten Fällen durch Formschluß erreicht, siehe z.B. Drehgelenk, Schubgelenk (Bild 2.3) bzw. Kurvengelenk (Bild 2.4c). Der Kraftschluß ist häufig bei Kurvengetrieben anzutreffen, um die Abtastrolle in ständigem Kontakt mit der Kurvenscheibe zu halten (Bild 2.4a,b). Stoffschluß liegt z.B. bei einem Federgelenk (Bild 2.5) vor, das hauptsächlich in Meßgeräten als spielfreies Drehgelenk eingesetzt wird.

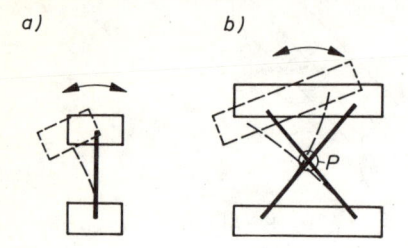

Bild 2.5: Stoffschluß durch Federgelenk: a) Einfaches Federgelenk, b) Kreuzfedergelenk, P – ideeller Drehpunkt

2.1.2 Gelenkfreiheitsgrad

Ein im Raum frei beweglicher Körper besitzt bekanntlich $b = 6$ Freiheitsgrade [25, 67]. Er kann hinsichtlich eines festen Bezugssystems (x-y-z-Sytem) 6 Elementarbewegungen ausführen, und zwar:

- 3 Translationen in x-, y-, z-Richtung und

- 3 Rotationen um die x-, y-, z-Achse, siehe Bild 2.6.

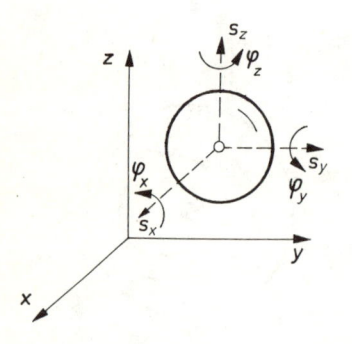

Bild 2.6: Elementarbewegungen eines frei im Raum beweglichen starren Körpers: drei Rotationen → φ_x, φ_y, φ_z und drei Translationen → s_x, s_y, s_z

2.1 Gelenke und deren Freiheitsgrade

Um den Freiheitsgrad eines Gelenkes bestimmen zu können, wird z.B. im Bild 2.7 das Glied 1 als ruhend angesehen und ihm ein Achsenkreuz zugeordnet. Das Glied 2 hätte im Falle der ungebungenen (freien) Bewegung $b = 6$ Freiheitsgrade im Raum. Da aber die Gelenkelemente der Glieder 1 und 2 während ihrer relativen Bewegung in ständiger Berührung bleiben müssen, tritt eine Verminderung der Freiheitsgrade für Glied 2 ein, so daß eine gebundene Bewegung des Gliedes 2 vorliegt. Im Falle des Plattengelenkes (Bild 2.7) sind zwei Schiebungen s_x, s_y und eine Drehung φ_z möglich. Die gebundene Bewegung des Gliedes 2 weist somit den Freiheitsgrad $f = 3$ auf, der als *Gelenkfreiheitsgrad* des Plattengelenkes bezeichnet wird. Es gilt daher folgender Lehrsatz:

Der Gelenkfreiheitsgrad f ist die Zahl der in einem Gelenk möglichen Relativbewegungen zweier Glieder.

Desweiteren soll der Begriff der *Unfreiheit u* eingeführt werden. Er charakterisiert den Unterschied zwischen der freien und der gebundenen Bewegung und ist wie folgt definiert:

$$u = b - f. \tag{2.1}$$

Hierin bedeuten:

- f – Gelenkfreiheitsgrad,
- b – Freiheitsgrad der gebundenen Bewegung,
- $b = 6$ im Raum, $b = 3$ in der Ebene.

Tafel 2.1 gibt eine Übersicht über die Ordnung von Gelenkgrundformen und ihrer Kombinationen nach dem Gelenkfreiheitsgrad f und der Unfreiheit u.

Am Beispiel einer Wellenlagerung [25] soll u erläutert werden. Die Lagerung einer Welle ist so auszuführen, daß Montagefehler und Veränderungen des Gehäuses (z.B. durch Wärmespannungen) nicht zu Klemmungen in den Lagerstellen führen.

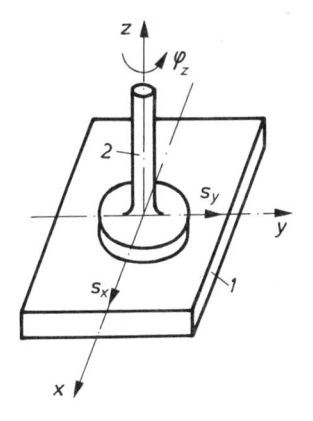

Bild 2.7: Plattengelenk mit dem Freiheitsgrad $f = 3$ (2 Translationen s_x, s_y und 1 Rotation φ_z)

Tafel 2.1: Gelenkgrundformen: Ordnung nach Gelenkfreiheitsgrad f und Unfreiheit u

f	u				
5	1	3D,2S 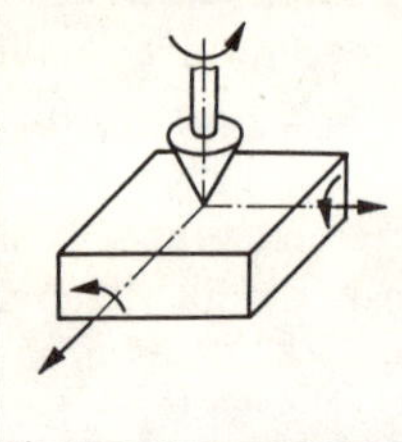	3D,2S 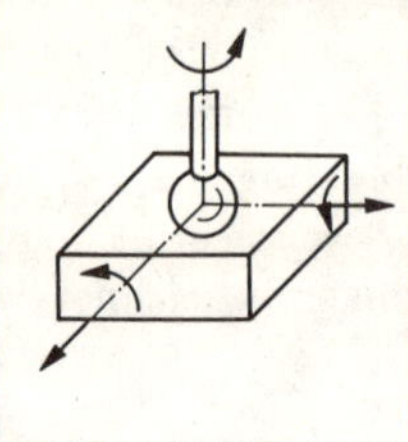	3D,2S 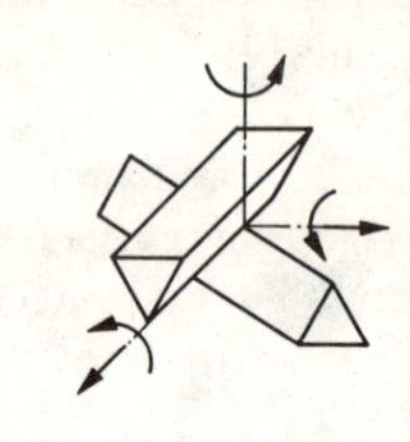	3D,2S 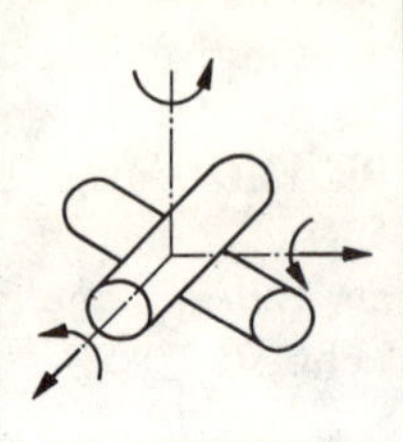
4	2	3D,1S 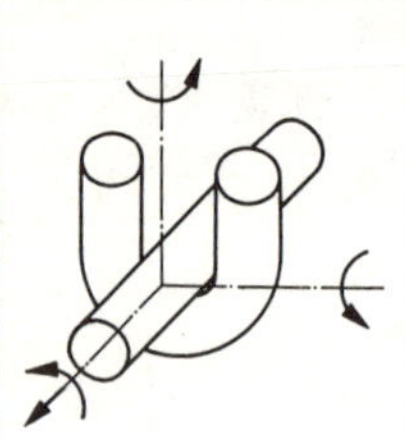	3D,1S 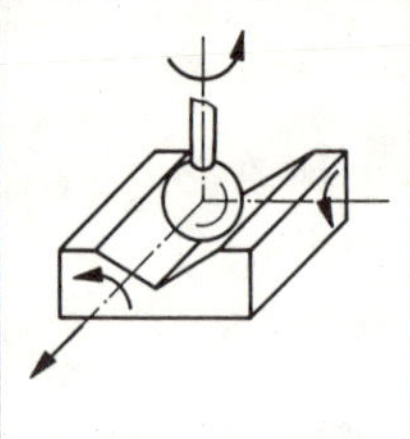	2D,2S 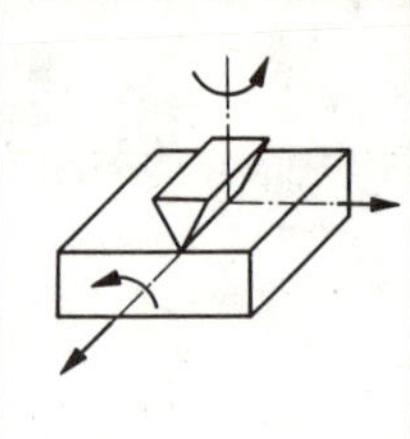	2D,2S 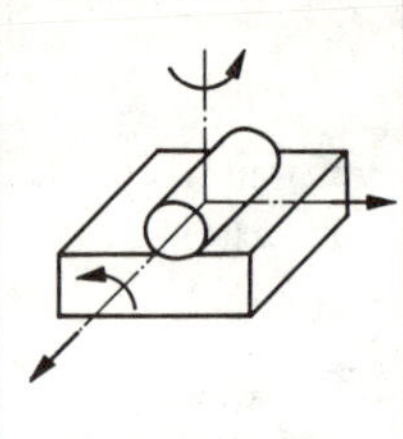
3	3	3D 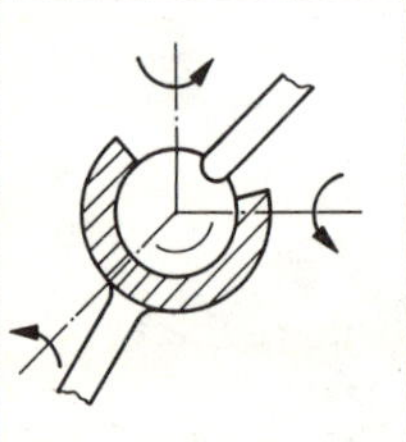	2D,1S 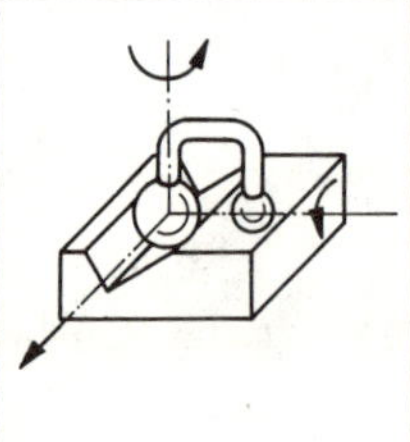	1D,2S 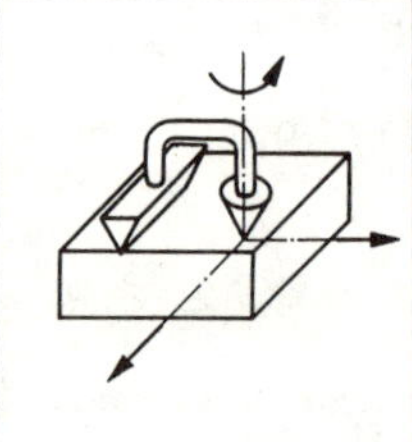	1D,2S 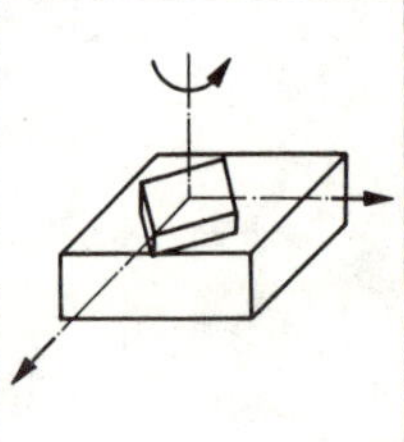
2	4	1D,1S 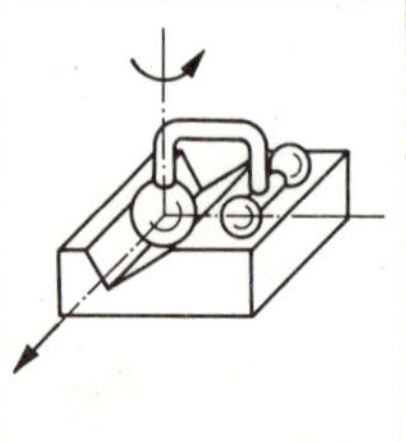	2D 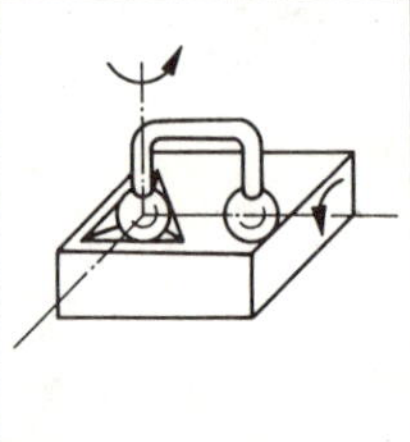	2D 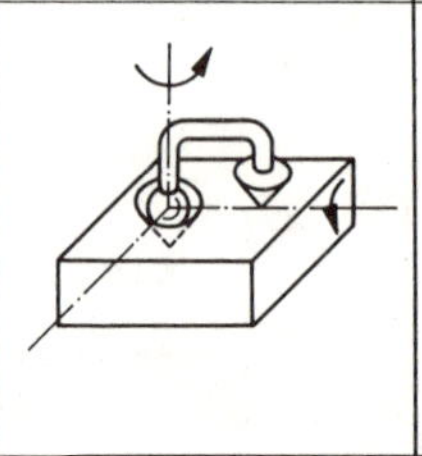	1D,1S 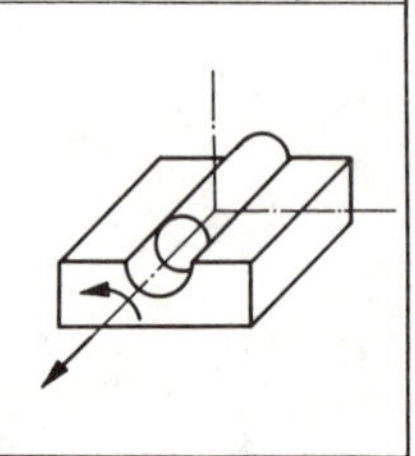
1	5	1D 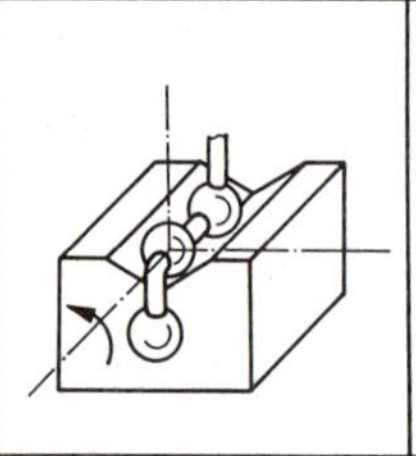	1D 	1S 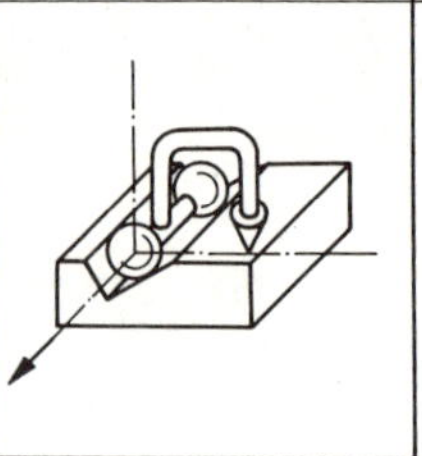	1D 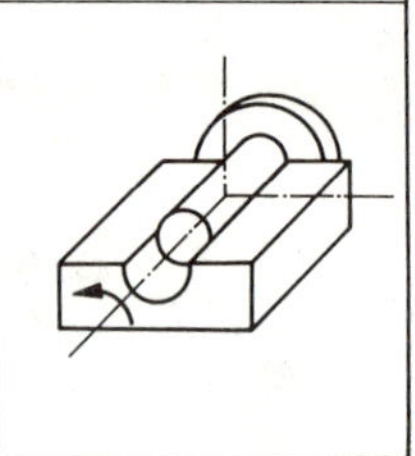

2.1 Gelenke und deren Freiheitsgrade

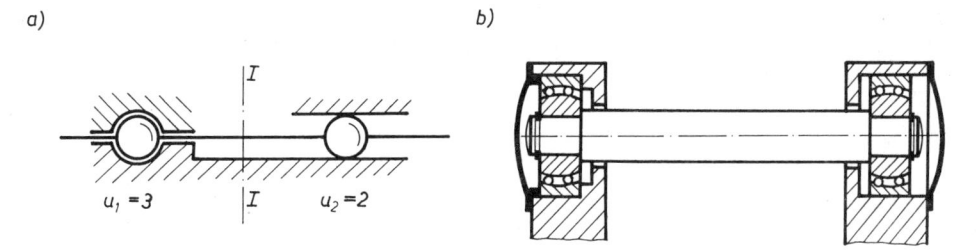

Bild 2.8: Wellenlagerung: a) Prinziplösung, b) Konstruktive Ausführung

Zur näheren Untersuchung des im Bild 2.8a dargestellten Prinzips wird die Lagerung durch den Schnitt I–I in zwei Teilgelenke zerlegt, welche die Unfreiheiten $u_1 = 3$ und $u_2 = 2$ aufweisen. Insgesamt ergibt sich für diese Lagerung

$$f = 6 - \sum_{i=1}^{k} u_i, \quad k = 1, 2, \ldots, \tag{2.2}$$

$$f = 6 - (u_1 + u_2) = 1, \tag{2.3}$$

d.h., bei dieser Lagerung ist die Drehung der Welle gewährleistet. Es ist nun die Aufgabe des Konstrukteurs, an Stelle der prinzipmäßig eingezeichneten Kugeln die konstruktive Gestaltung der Lagerung z.B. durch Kugellager (Bild 2.8) so vorzunehmen, daß die entsprechenden Unfreiheiten gewährleistet sind.

Desweiteren sei auf den Begriff *Überbestimmung* von Gelenken besonders hingewiesen. Bei dem Schubgelenk nach Bild 2.9 soll z.B. der Gelenkfreiheitsgrad $f = 1$ erreicht werden. Dies würde unter Berücksichtigung von (2.2) bei Einhaltung der Beziehung $\sum_{i=1}^{k} u_i = 5$ bereits gegeben sein. Die konstruktive Gestaltung des im Bild 2.9 dargestellten Schubgelenkes zeigt jedoch bei Betrachtung der Teilgelenke entsprechend der Beziehung

$$\ddot{u} = \sum_{i=1}^{k} u_i - u \tag{2.4}$$

eine Überbestimmung von

$$\ddot{u} = (u_1 + u_2) - u; \quad \ddot{u} = (4 + 4) - 5 = 3. \tag{2.5}$$

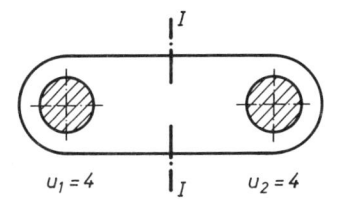

Bild 2.9: Schubgelenk mit Überbestimmung, $\ddot{u} = 3$

Die Überbestimmung besagt, daß bei der praktischen Ausführung des Gelenkes bestimmte Forderungen hinsichtlich Abstand, Winkel und Parallelität der Teilgelenke eingehalten werden müssen. Setzt man $u_i + f_i = 6$ und $u + f = 6$ in die Beziehung (2.4) ein, so ergibt sich der Grad der Überbestimmung als Funktion des Gelenkfreiheitsgrades f_i der Teilgelenke $1 \dots k$ wie folgt:

$$\ddot{u} = 6(k-1) + f - \sum_{i=1}^{k} f_i. \tag{2.6}$$

Im allgemeinen entspricht der Grad der Überbestimmung der Anzahl der möglichen geometrischen Maßabweichungen der Teilgelenke.

Aus konstruktiven Gründen ist es desweiteren mitunter zweckmäßig, die gelenkige Verbindung zweier Getriebeglieder aus verschiedenen Einzelgelenken aufzubauen, so daß sich eine sog. *Gelenkkombination* ergibt. Dadurch können z.B. Punkt- oder Linienberührung durch eine Flächenberührung ersetzt werden. Dies ist beim Ersatz des Gleitwälzgelenkes durch ein Dreh- und ein Schubgelenk der Fall, siehe Bild 2.10; der durch Kraftübertragung bedingte Verschleiß des Schalthebels wird dadurch wesentlich herabgesetzt. Der gleiche Effekt tritt auch bei der Wellenkupplung (Bild 2.11) auf. Das Kugel-Plattengelenk mit Punktberührung wird durch die Gelenkkombination Plattengelenk + Kugelgelenk ersetzt. Beide Gelenke ermöglichen eine Drehung um

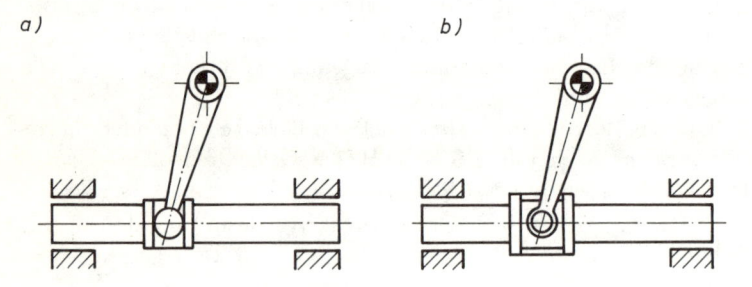

Bild 2.10: Gelenkumwandlung durch Gelenkkombination: a) Gleitwälzgelenk mit Punktberührung ($f = 2$), b) Gelenkkombination aus Schub- und Drehgelenk (Flächenberührung mit $f = 2$)

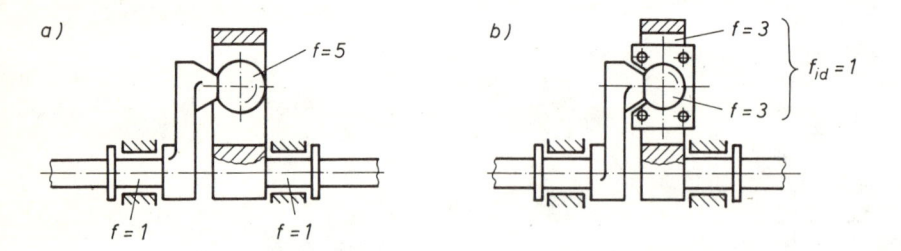

Bild 2.11: Gelenkumwandlung durch Gelenkkombination: a) Kugel-Plattengelenk mit Punktberührung ($f = 5$), b) Kugel-Plattengelenk mit Flächenberührung (Gelenkkombination mit $f = 5$)

die Plattennormale, so daß in diesem Falle ein *identischer Freiheitsgrad* f_{id} vorliegt. Der Freiheitsgrad f einer Gelenkkombination berechnet sich sodann wie folgt:

$$f = \sum_{i=1}^{k} f_i - \sum f_{id}. \tag{2.7}$$

Fallen die Drehachsen von drei oder mehr Getriebegliedern in einem Punkt zusammen, dann entsteht ein sog. *Mehrfachgelenk*, siehe Bild 2.14. Die Anzahl g der in einem Punkt zusammenfallenden Drehgelenke berechnet sich in diesem Falle zu $g = n - 1$, wenn n Getriebeglieder miteinander verbunden werden sollen.

2.1.3 Gelenkelement–Erweiterung und Formenwechsel

Für die konstruktive Gestaltung von Koppelgetrieben ist die *Gelenkelement-Erweiterung* mitunter von großer Bedeutung. Es läßt sich dadurch z.B. die Kröpfung einer Kurbelwelle umgehen. Im Prinzip unterscheidet man zwei verschiedene Formen der Gelenkelement-Erweiterung:

- *Kreisexzenter* (Bild 2.12a): Der Zapfen z_A des Gelenkes A wird hinsichtlich seines Durchmessers soweit vergrößert, bis er den Lagerpunkt A_0 umschließt. Das gleiche gilt auch für die Bohrung des Gelenkes A.

- *Arcuspaar* Bild 2.12b): Der Zapfen z_{Ao} wird in seinem Durchmesser so vergrößert, daß er den Gelenkpunkt A umschließt. Eine mögliche praktische Ausführung zeigt Bild 2.12b; der kreisförmig ausgebildete Gleitstein wird auch als Bogenkulisse bezeichnet.

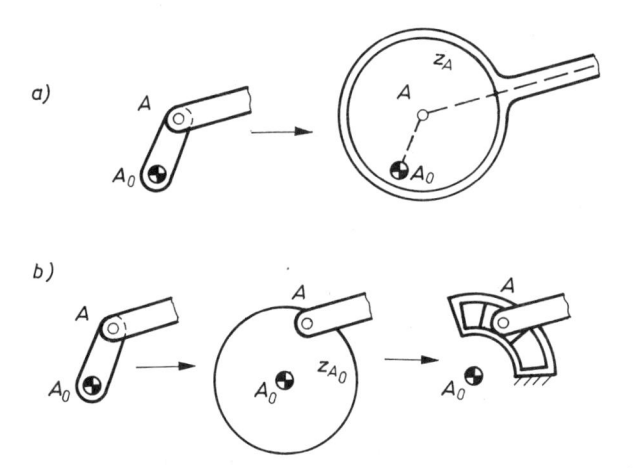

Bild 2.12: Gelenkelement-Erweiterung: a) Kreisexzenter, b) Arcuspaar

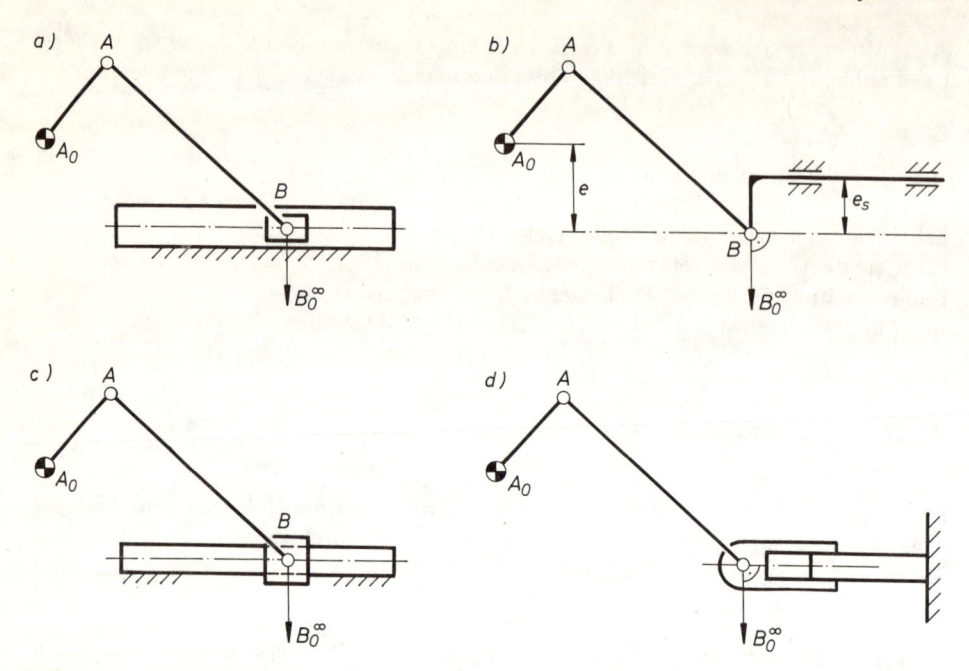

Bild 2.13: Formenwechsel an einer Schubkurbel, alle Bauformen kinematisch gleichwertig: a) Gleitstein als Vollelement, Führung als Hohlelement, b) $e \rightarrow$ kinematische, $e_s \rightarrow$ statische Exzentrizität, c,d) Gleitstein als Hohlelement, Führung als Vollelement

Weitere Möglichkeiten für die konstruktive Gestaltung und Verlagerung von Gelenken liefert der sog. *Formenwechsel*. Im Bild 2.13 wurde dieses Prinzip auf die Ausbildung des Schubgelenkes bei einem Schubkurbelgetriebe mit der *kinematischen Versetzung e* angewendet. Alle vier dargestellten Getriebe haben die gleiche Übertragungsfunktion und sind somit kinematisch gleichwertig. Die sog. *statische Versetzung* e_S wird senkrecht zur Schubrichtung gemessen und beeinflußt nur die kräftemäßige Beanspruchung der Gelenkelemente, aber nicht die kinematischen Eigenschaften des Getriebes. Die Vertauschung von Voll- und Hohlelement in einem Gelenk wird auch als *Paarumkehrung* oder *Gelenkelement-Umkehrung* bezeichnet [67, 100].

2.2 Glieder und Organe

Die relativ zueinander bewegten Teile eines Getriebes werden als *Getriebeglieder* bezeichnet. Durch das Zusammenwirken aller Glieder wird eine bestimmte Bewegungsübertragung realisiert. Für den strukturellen Aufbau der Getriebe ist es zweckmäßig, Getriebeglieder und Gelenke vereinfacht darzustellen. Es wird dabei auf die im Bild 2.14 angegebenen Sinnbilder zurückgegriffen.

Glieder und Gelenke sind für die Funktion eines Getriebes maßgebend. Außerdem gibt es *Getriebeorgane*, die Hilfsfunktionen ausführen. Zu solchen Getriebeorganen zählen u.a. Gesperre (Bild 2.15), Federn (Bild 2.4a), Dämpfer, Ausgleichsmassen .... Durch Bruch eines Gliedes wird das gesamte Getriebe funktionsunfähig. Beim Ausfall

2.2 Glieder und Organe

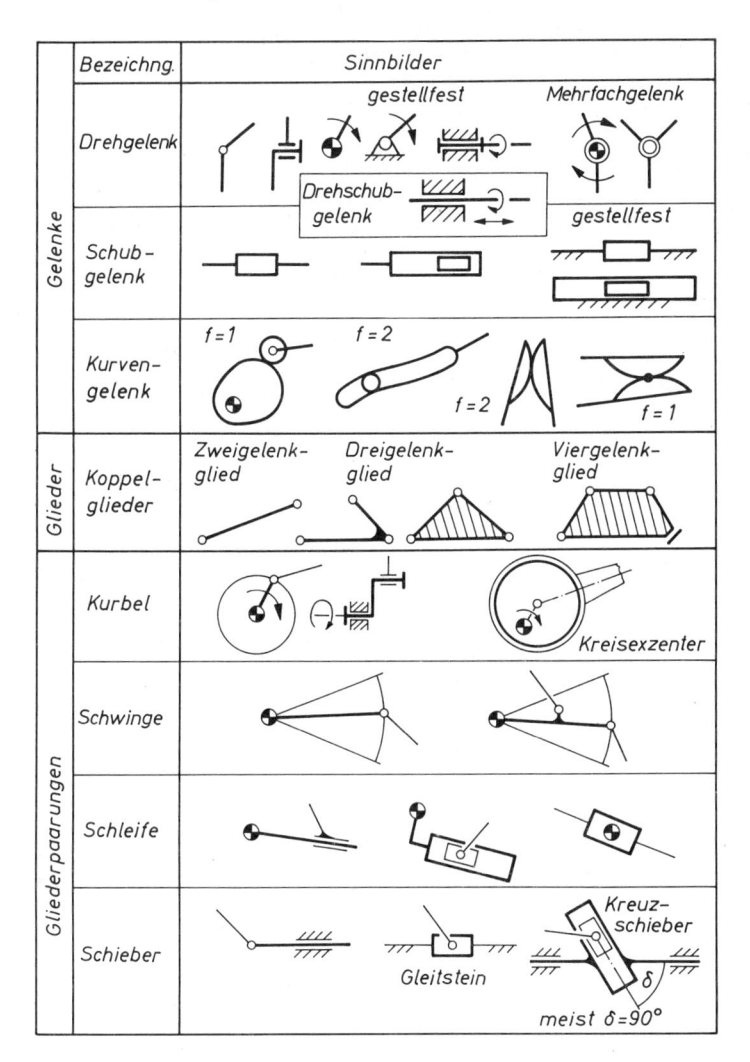

	Bezeichng.	Sinnbilder			
Gelenke	Drehgelenk		gestellfest		Mehrfachgelenk
			Drehschubgelenk		gestellfest
	Schub-gelenk				
	Kurven-gelenk	$f=1$ $f=2$		$f=2$	$f=1$
Glieder	Koppel-glieder	Zweigelenk-glied	Dreigelenk-glied		Viergelenk-glied
Gliederpaarungen	Kurbel				Kreisexzenter
	Schwinge				
	Schleife				
	Schieber		Gleitstein	Kreuz-schieber meist $\delta = 90°$	

Bild 2.14: Sinnbilder für die Darstellung von Gelenken und Getriebegliedern

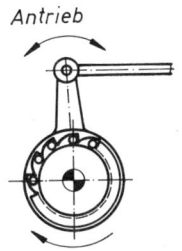

Antrieb

Abtrieb Bild 2.15: Richtgesperre als Getriebeorgan

eines Getriebeorgans wird lediglich die Sonderfunktion desselben nicht mehr erfüllt; die Gesamtwirkung des Getriebes wird sodann nicht mehr voll erreicht.

2.3 Ordnung der Getriebe

Getriebe können nach verschiedenen Gesichtspunkten geordnet werden. Ausgehend von der Definition eines Getriebes, unterscheidet man grundlegend zwischen Übertragungsgetrieben und Führungsgetrieben.

Übertragungsgetriebe dienen zur Übertragung von Bewegungen und Kräften auf das Abtriebsglied. Dieses Glied kann z.B. eine drehende oder schiebende Bewegung ausführen, die durch die sog. *Übertragungsfunktion* $\psi = \psi(\varphi)$ oder $s = s(\varphi)$ bestimmt wird. Beispiele für Übertragungsgetriebe sind im Bild 2.16 zusammengestellt.

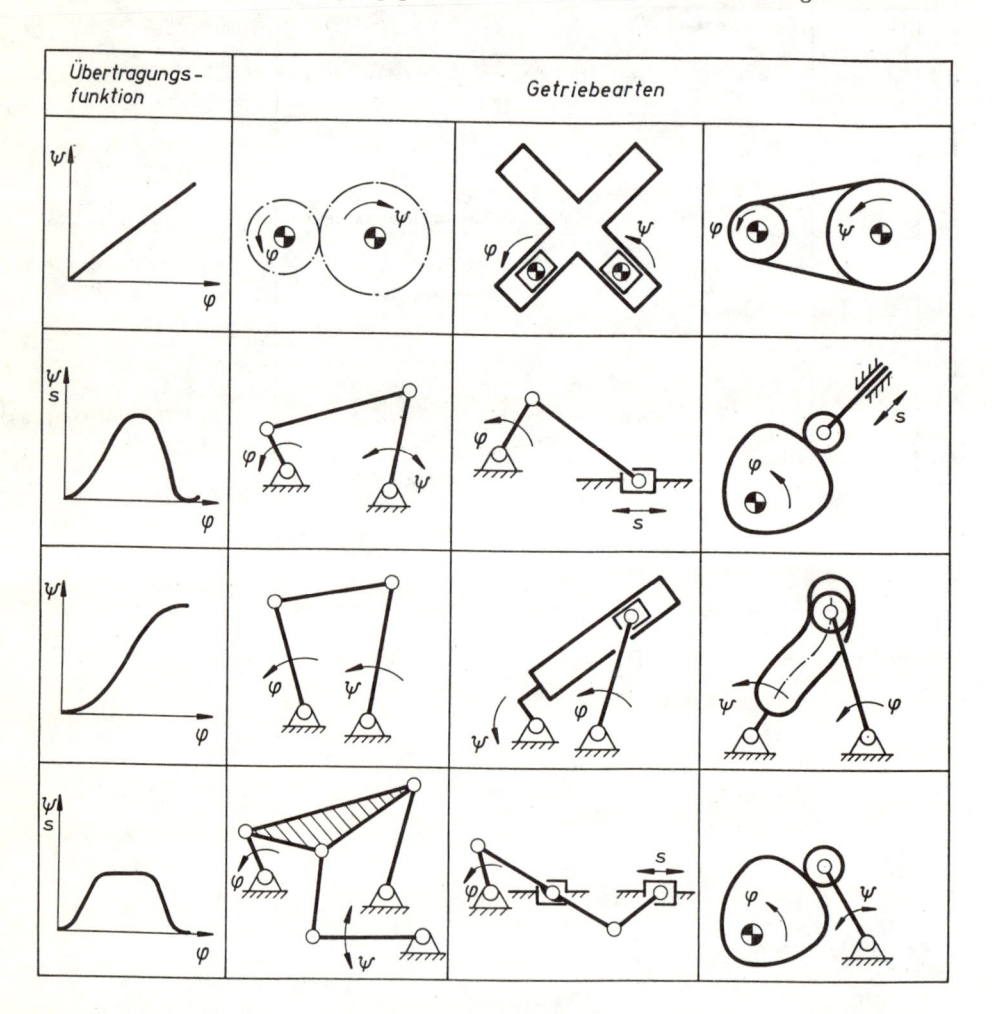

Bild 2.16: Ordnung von Übertragungsgetrieben nach charakteristischen Verläufen der Übertragungsfunktion

2.3 Ordnung der Getriebe

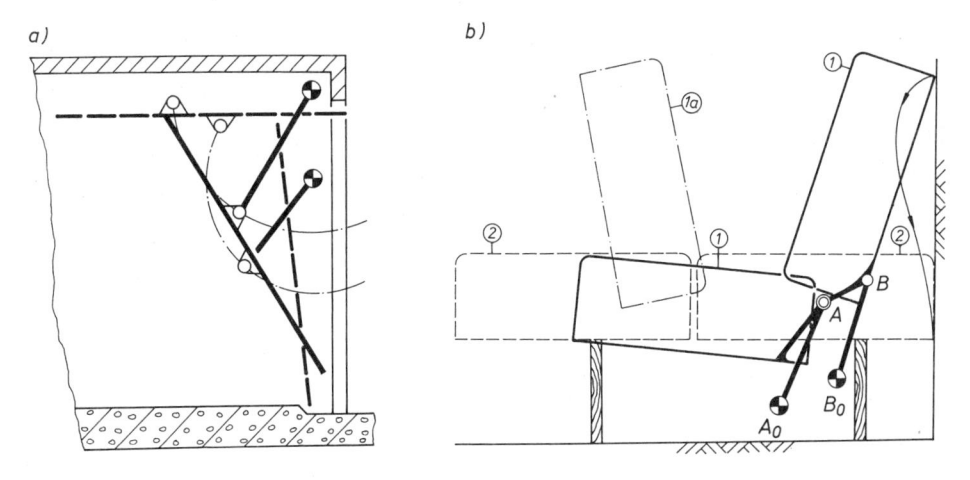

Bild 2.17: Gelenkviereck als Führungsgetriebe: a) Garagentor, b) Verwandlungsbeschlag für Klappcouch

Führungsgetriebe dienen zur Führung von Punkten oder Getriebegliedern durch vorgeschriebene Lagen. Insbesondere wird in diesem Zusammenhang auf das Greiferführungsgetriebe bei Industrierobotern hingewiesen (Bild 2.23). Als weitere Beispiele seien genannt: Führung eines Werkzeuges beim Formdrehen, Führung der Greiferspitze zum Transport des Filmbandes, Führung eines Garagentores (Bild 2.17a) und Führung einer Sitz- oder Liegefläche bei verwandelbarem Sitzmöbel (Bild 2.17b). Betrachtungen allgemeinerer Art sind in [190] dargelegt. Weitere Aufgabenstellungen für Führungsgetriebe sind im Bild 2.18 angegeben. Die theoretischen Grundlagen zu ihrer Lösung werden im Kapitel 4 behandelt.

Ein weiteres Ordnungsprinzip geht von der relativen Lage der Drehachsen eines Getriebes aus (Bild 2.19) und führt zu folgender Unterteilung:

- *Ebene Getriebe:* Alle Drehachsen verlaufen parallel zueinander. Die Relativbewegung der Glieder erfolgt in parallelen Ebenen; Beispiele: ebene Viergelenkgetriebe, Stirnrädergetriebe ....

- *Sphärische Getriebe:* Alle Drehachsen schneiden sich in einem Punkt. Die Bewegungsbahnen der Gliedpunkte liegen auf konzentrischen Kugelschalen; Beispiele: sphärische Viergelenkgetriebe, Kegelrädergetriebe ....

- *Räumliche Getriebe:* Die Drehachsen von Antriebs- und Abtriebsglied kreuzen sich; Beispiele: räumliche Kurbelschwinge, Schneckengetriebe ....

Schließlich sei noch auf die von *Reuleaux* [88] dargelegte Ordnung der Getriebe hingewiesen, die von den charakteristischen Bestandteilen der Getriebe ausgeht und in ihrer Weiterentwicklung wie folgt dargelegt werden kann:

1. Koppelgetriebe,
2. Kurvengetriebe,
3. Zahnrädergetriebe,
4. Reibkörpergetriebe,
5. Keilschubgetriebe,
6. Schraubengetriebe,
7. Zugmittelgetriebe,
8. Druckmittelgetriebe.

In diesem Lehrbuch wird auf die ersten drei Getriebearten näher eingegangen.

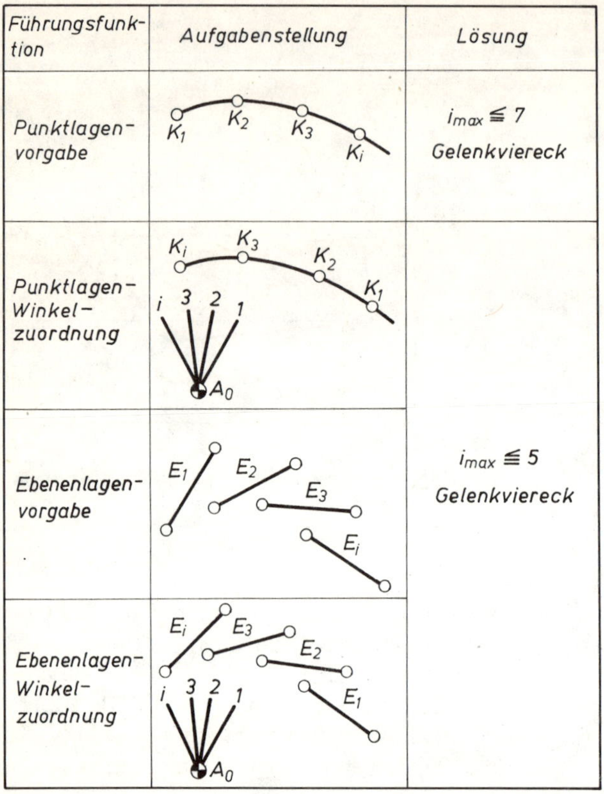

Führungsfunktion	Aufgabenstellung	Lösung
Punktlagenvorgabe	K_1 K_2 K_3 K_i	$i_{max} \leq 7$ Gelenkviereck
Punktlagen-Winkelzuordnung	K_i K_3 K_2 K_1 ; i 3 2 1 ; A_0	
Ebenenlagenvorgabe	E_1 E_2 E_3 E_i	$i_{max} \leq 5$ Gelenkviereck
Ebenenlagen-Winkelzuordnung	E_i E_3 E_2 E_1 ; i 3 2 1 ; A_0	

Bild 2.18: Aufgabenstellungen für Führungsgetriebe

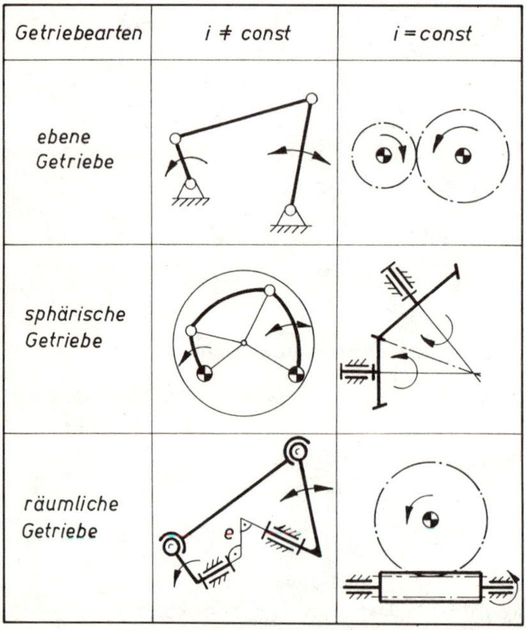

Getriebearten	$i \neq const$	$i = const$
ebene Getriebe		
sphärische Getriebe		
räumliche Getriebe		

Bild 2.19: Prinzipdarstellung von ebenen, sphärischen und räumlichen Getrieben

2.4 Aufbauregeln für Getriebe

Bei dem strukturellen Aufbau der Getriebe können Glieder und Gelenke als Aufbauelemente nicht willkürlich angeordnet werden. Man muß sich entsprechender wissenschaftlicher Methoden bedienen, damit brauchbare Getriebe entstehen. Diese Aufbauregeln haben auch eine große Bedeutung für die strukturelle Entwicklung neuer Getriebe (qualitative Getriebesynthese) durch systematisches Kombinieren der Aufbauelemente. Für die Einhaltung der Bedingung, daß während eines Bewegungsablaufes jedes Getriebeglied eine eindeutige Bewegung ausführen muß, ist der *Zwanglauf* des Getriebes maßgebend [38, 39, 11, 40, 43, 53, 67, 85, 100].

2.4.1 Zwanglaufbedingung und Getriebefreiheitsgrad

Räumliche Getriebe

Die Ableitung der Zwanglaufbedingung soll zunächst für den allgemeinen Fall der räumlichen Bewegung der Getriebeglieder erfolgen. Jeder frei im Raum bewegliche Körper hat $b = 6$ Freiheitsgrade. Sind analog Bild 2.20 n Körper im Raum vorhanden, so liegen nach Festlegung eines Gliedes als Gestell (Bezugssystem) insgesamt $6(n-1)$ Freiheiten der ungebundenen Bewegung vor. Diese Freiheiten müssen durch gelenkige Verbindungen der Glieder so eingeschränkt werden, daß die gebundene Bewegung jedes Gliedes eindeutig ist.

Wird u über die Anzahl e aller vorhandenen Gelenke summiert, dann ergibt sich die Zahl der Unfreiheiten zu:

$$\sum_{g=1}^{e} u, \quad e - Anzahl\ der\ Gelenke. \tag{2.8}$$

Die Differenz zwischen der Gesamtzahl der Freiheiten und der Summe der Unfreiheiten liefert den *Freiheitsgrad F* des Gesamtgetriebes:

$$F = b(n-1) - \sum_{g=1}^{e} u, \quad n - Anzahl\ der\ Glieder. \tag{2.9}$$

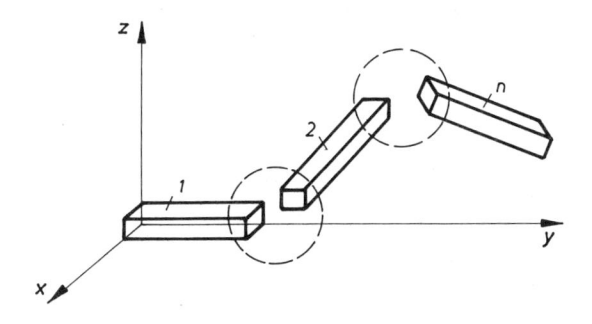

Bild 2.20: Prinzipdarstellung zur Ableitung der Zwanglaufgleichung für Raumgetriebe

Der *Getriebefreiheitsgrad F* sagt aus, wieviele Antriebsparameter bei einem Getriebe einzuleiten sind, damit alle Getriebeglieder eindeutige Bewegungen ausführen. Im allgemeinen ist $F = 1$. Daraus resultiert:

Ein Getriebe ist zwangläufig, wenn der Stellung des Antriebsgliedes (bzw. der Antriebsglieder) die Stellungen der übrigen Glieder eindeutig zugeordnet sind.

Wird in Gleichung (2.9) $u = b - f$ gesetzt, dann ergibt sich

$$F = b(n-1) - \sum_{g=1}^{e}(b-f), \qquad (2.10)$$

bzw. für $b = 6$

$$F = 6(n-1) - \sum_{g=1}^{e}(6-f) \qquad (2.11)$$

als allgemeine *Zwanglaufbedingung*. Dabei ist jedoch zu beachten, daß identische Freiheitsgrade auftreten können (Bild 2.21), die von der Gesamtsumme der Gelenkfreiheitsgrade subtrahiert werden müssen. Somit ergibt sich die endgültige Beziehung

$$F = 6(n-1) - 6e + \sum_{g=1}^{e} f - \sum f_{id} \qquad (2.12)$$

als Zwanglaufgleichung für Raumgetriebe. Für den häufig vorkommenden Fall $F = 1$ gilt

$$\sum_{g=1}^{e} f = 6e - 6n + 7 + \sum f_{id}. \qquad (2.13)$$

Als Beispiel sei das räumliche Schubkurbelgetriebe im Bild 2.22 angeführt. Dieses Getriebe besitzt $n = 4$ Glieder und $e = 4$ Gelenke. Um den Getriebefreiheitsgrad

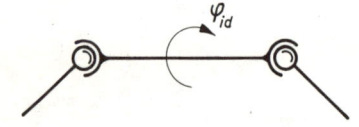

Bild 2.21: Identischer Freiheitsgrad $f_{id} = 1$, Drehung um gemeinsame Achse

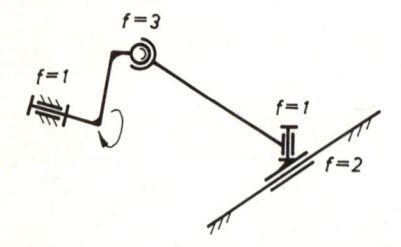

Bild 2.22: Räumliches Schubkurbelgetriebe mit dem Getriebefreiheitsgrad $F = 1$

2.4 Aufbauregeln für Getriebe

$F = 1$ zu realisieren, muß

$$\sum f - \sum f_{id} = 7 \tag{2.14}$$

eingehalten werden. Bei der angegebenen Verteilung der Gelenkfreiheitsgrade ist diese Bedingung erfüllt, wobei $\sum f_{id} = 0$ ist.

Kommen nur Gelenke mit $f = 1$ vor, d.h. Dreh-, Schub- oder Schraubgelenke, so ergibt sich für *offene Getriebestrukturen* (Abtriebsglied nicht im Gestell gelagert) aus (2.11) die Beziehung

$$F = \sum_{g=1}^{e} f \quad \text{bzw.} \quad F = n - 1. \tag{2.15}$$

Eine offene Getriebestruktur liegt z.B. bei dem Greiferführungsgetriebe im Bild 2.23 vor. Um die zwangläufige Bewegung des Industrieroboters (Bild 2.23b) zu realisieren, muß jedes Gelenk als aktives Gelenk angetrieben werden. In dem vorliegenden Falle ist bei $n = 6$ der Getriebefreiheitsgrad $F = 5$; d.h. es sind fünf Antriebsmotoren erforderlich, die in jedem Gelenk eine entsprechende Bewegung einleiten.

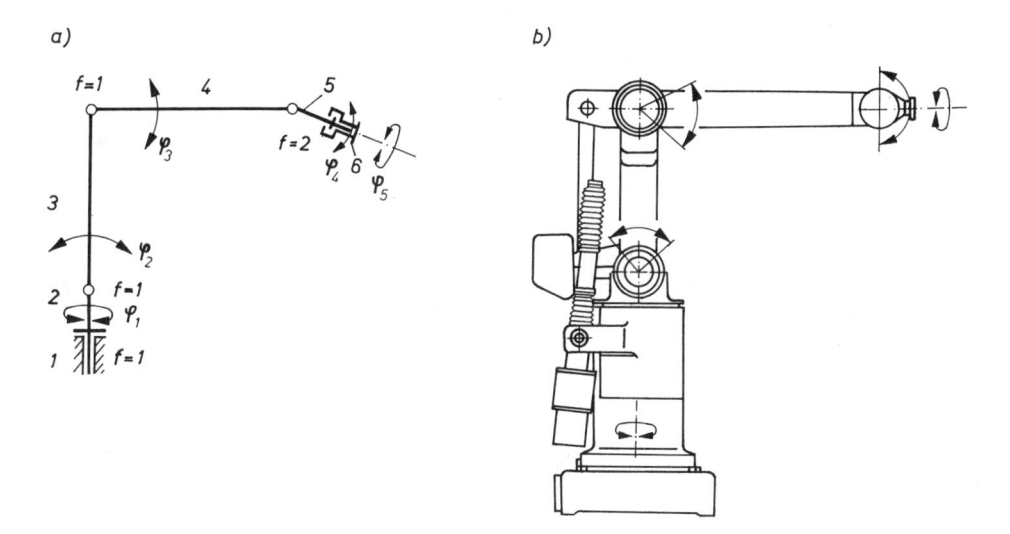

Bild 2.23: Industrieroboter mit Drehgelenkstruktur (Greiferführungsgetriebe):
a) Kinematisches Schema für eine offene Getriebestruktur, b) Konstruktive Ausführung

Ebene Getriebe

Für ebene Getriebe lassen sich die Zwanglaufbedingungen aus der allgemeinen Gleichung (2.10) ableiten. In der Ebene besitzt die ungebundene Bewegung $b = 3$ Freiheitsgrade, so daß sich ergibt:

$$F = 3(n - 1) - \sum_{g=1}^{e}(3 - f). \tag{2.16}$$

Hieraus läßt sich die *1. Zwanglaufbedingung* für ebene Getriebe, die nur Dreh- und Schubgelenke mit $f = 1$ besitzen, sofort hinschreiben. Sie lautet

$$F = 3(n-1) - 2e \tag{2.17}$$

und geht für $F = 1$ über in

$$2e - 3n + 4 = 0. \tag{2.18}$$

Diese Problematik wurde bereits 1869 von P.L. TSCHEBYSCHEW untersucht und später separat von M. GRÜBLER [39] als Zwanglaufkriterium abgeleitet und formuliert.

Die *2. Zwanglaufbedingung* bezieht sich auf ebene Getriebe, die Gelenke mit 1 und 2 Freiheitsgraden besitzen. Aus der allgemeinen Zwanglaufbedingung ergibt sich

$$F = 3(n-1) - 2e_1 - e_2 \tag{2.19}$$

bzw.

$$2(e_1 + e_2/2) - 3n + 3 + F = 0, \tag{2.20}$$

die auch als ALTsche Zwanglaufgleichung bezeichnet wird. Hierin bedeuten:
e_1 – Anzahl der Gelenke mit $f = 1$,
e_2 – Anzahl der Gelenke mit $f = 2$.

Als Beispiel wird der bekannte Schreibmaschinenantrieb (WAGNER-Antrieb) hinsichtlich Zwanglauf untersucht (Bild 2.24). Die Zugfeder zählt dabei nicht als Getriebeglied. Sie stellt ein Getriebeorgan dar, das die rasche Rückbewegung des Typenhebels in seine Ausgangslage bewirkt. Da Gelenke mit $f = 2$ vorkommen, gilt Gleichung (2.20). Das Einsetzen der Werte $e_1 = 3$, $e_2 = 2$, $n = 4$ liefert:
$$2(3 + 2/2) - 12 + 3 + F = 0, \quad \text{bzw.} \quad F = 1,$$
d.h. der Schreibmaschinenantrieb ist zwangläufig.

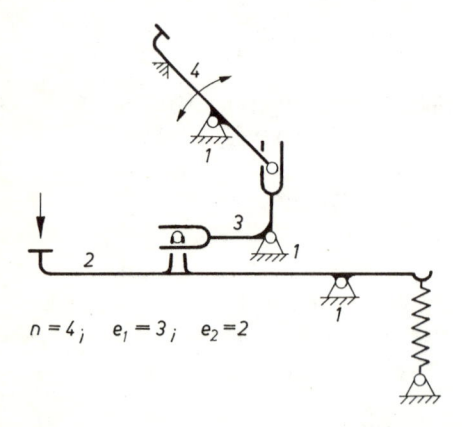

Bild 2.24: Viergliedriges Schreibmaschinengetriebe, WAGNER-Antrieb mit $F = 1$

2.4.2 Kinematische Ketten

In den Beispielen des vorhergehenden Abschnittes wurden die Getriebe meist schematisch dargestellt. Bei solchen Getriebeschemata sind stets die vereinbarten Symbole für Gelenke und Glieder zu verwenden, damit man übersichtliche Darstellungen erhält. Die nächst höhere Abstraktionsstufe ist die *kinematische Kette*. Sie zeigt nur den strukturellen Zusammenhang der Glieder und gibt keinerlei Hinweise auf die Gliederfunktion. Im Bild 2.25 ist dies z.B. für eine Kurbelschwinge angegeben, die aus einer geschlossenen kinematischen Kette hervorgeht.

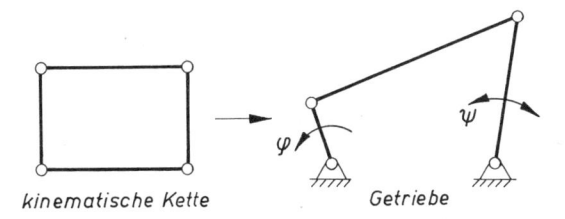

Bild 2.25: Übergang von kinematischer Kette zum Getriebe mit $F = 1$

Aus einer kinematische Kette entsteht ein Getriebe, wenn man ein Glied zum Gestell und ein oder mehrere Glieder zum Antriebsglied macht. Wird nach einem Vorschlag von REULEAUX jedes Glied dieser Kette einmal zum Gestell gemacht, so ergibt sich nach dem Prinzip des sog. *Gliedwechsels* eine Vielzahl von Getrieben. Auf Grund dieser Tatsache sind die kinematischen Ketten vorzüglich zur systematischen Entwicklung von Getrieben geeignet. Im allgemeinen gilt für eine kinematische Kette $F = 1$ (Laufgrad $F = 1$), wenn sich daraus Getriebe mit dem Freiheitsgrad $F = 1$ ableiten lassen.

Desweiteren können an ein vorhandenes zwangläufiges Getriebe zwei gelenkig miteinander verbundene Glieder (*Zweischlag*) so angefügt werden, daß sie sich mit dem Getriebe definiert bewegen (Bild 2.26). Das dadurch entstehende höhergliedrige Getriebe bleibt zwangläufig. In den folgenden Abschnitten sollen unterschiedliche ebene kinematische Ketten betrachtet werden.

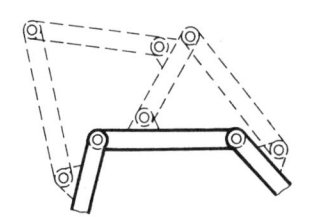

Bild 2.26: Kinematische Kette mit Zweischlägen

Kinematische Ketten mit Drehgelenken

Die Zahl der Glieder in einer ebenen kinematischen Kette berechnet sich nach der Gleichung

$$n = n_2 + n_3 + n_4 + n_5 + \ldots + n_i. \tag{2.21}$$

Hierin bedeuten:
n_2 – Anzahl der Glieder mit 2 Gelenken,
n_3 – Anzahl der Glieder mit 3 Gelenken,
⋮

Desweiteren gelten die Beziehungen:

$$3n = 3n_2 + 3n_3 + 3n_4 + 3n_5 + \ldots + 3n_i, \qquad (2.22)$$

$$2e = 2n_2 + 3n_3 + 4n_4 + 5n_5 + \ldots + in_i, \qquad (2.23)$$

wobei $2e$ der Anzahl der Gelenkelemente entspricht, und zwar unter der Voraussetzung, daß nur Gelenke mit $f = 1$ vorkommen. Die Subtraktion beider Gleichungen liefert unter Berücksichtigung der 1. Zwanglaufgleichung (2.18) für ebene Getriebe:

$$2e - 3n = -n_2 + n_4 + 2n_5 + \ldots + (i-3)n_i = -4 \qquad (2.24)$$

bzw.

$$n_2 = 4 + n_4 + 2n_5 + \ldots + (i-3)n_i. \qquad (2.25)$$

Diese Gleichung wird zum Aufbau kinematischer Ketten herangezogen.

Außerdem können an einem Glied mit i Gelenken auch i Glieder angelenkt werden, die mindestens durch $(i - 1)$ Glieder zu verbinden sind (Bild 2.27). Die Mindestzahl der Glieder der Kette ist dann:

$$n = 1 + i + i - 1 = 2i. \qquad (2.26)$$

Daraus folgt

$$i = i_\text{max} = n/2, \qquad (2.27)$$

d.h. die Anzahl der Gelenke an einem Glied einer n-gliedrigen zwangläufigen kinematischen Kette, in der nur Gelenke mit $f = 1$ vorkommen, kann höchstens gleich oder kleiner $n/2$ sein.

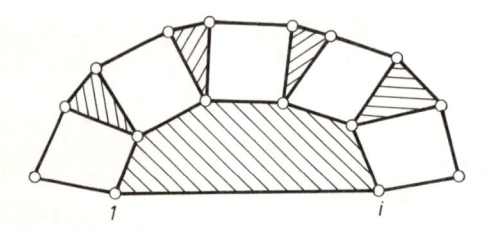

Bild 2.27: Kinematische Kette mit einem i-Gelenkglied

Für das Gelenkviereck (Bild 2.24) gilt: $i = 4/2$, $n_2 = 4$, und $e = 4$. Die vier gelenkig miteinander verbundenen Glieder werden auch als Polygon bezeichnet. Bei der sechsgliedrigen kinematischen Kette ist:

$$i = 3, \quad n_2 = 4, \quad n_3 = 2, \quad \text{und} \quad e = 7.$$

Die beiden möglichen sechsgliedrigen Ketten sind im Bild 2.28 dargestellt. Sie werden nach den beiden berühmten englischen Ingenieuren WATT und STEPHENSON benannt.

2.4 Aufbauregeln für Getriebe

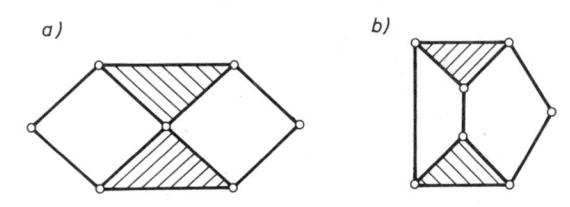

a)   b)

Bild 2.28: Sechsgliedrige kinematische Ketten: a) WATTsche Kette, b) STEPHENSONsche Kette

Jede Kette ergibt drei Polygonzüge.
Für die achtgliedrige kinematische Kette gilt:
$$i = 4, \quad n = 8, \quad e = 10.$$
Auf der Basis von Gleichung (2.25) lassen sich drei verschiedene Kettengruppen entwickeln (Bild 2.29). Innerhalb jeder Kettengruppe können die einzelnen Glieder unterschiedlich miteinander verbunden werden, so daß insgesamt 16 Formen der achtgliedrigen Kette entstehen (Bild 2.30). In der beschriebenen Weise läßt sich die Gliederzahl weiter erhöhen, so daß 10-, 12- und höhergliedrige kinematische Ketten gebildet werden können. Bei zehngliedrigen Ketten existieren insgesamt sieben verschiedene Kettengruppen, aus denen bisher 235 kinematische Ketten entwickelt wurden.

Für $F = 1$ ergeben sich stets Ketten mit gerader Gliederzahl. Die Anzahl e der Gelenke läßt sich nach folgender Beziehung berechnen:

$$e = \frac{3}{2}n - 2. \tag{2.28}$$

Da e nur ganzzahlig sein kann, wird diese Gleichung durch folgende Kombinationen erfüllt:

n	4	6	8	10	...
e	4	7	10	13	...

Bei kinematischen Ketten mit dem Laufgrad $F = 2$ muß entsprechend Gleichung (2.17) stets die Bedingung

$$e = \frac{3}{2}n - \frac{5}{2} \tag{2.29}$$

erfüllt sein, die folgende Kombinationen liefert:

n	5	7	9	11	...
e	5	8	11	14	...

Kettengruppe	I	II	III
n_4	0	1	2
n_2	4	5	6
n_3	4	2	0

Bild 2.29: Tabelle für achtgliedrige kinematische Ketten

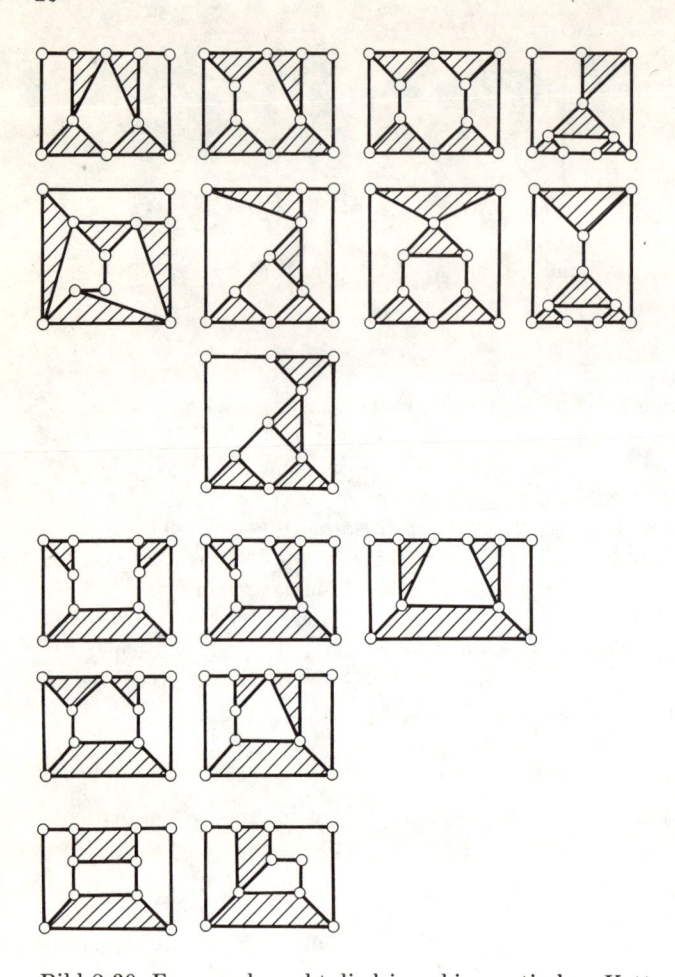

Bild 2.30: Formen der achtgliedrigen kinematischen Kette

Aus diesen Ketten entstehen nur dann zwangläufige Getriebe, wenn sie zwei Antriebsglieder besitzen, z.B. das fünfgliedrige Getriebe im Bild 2.31 .

kinematische Kette   Getriebe

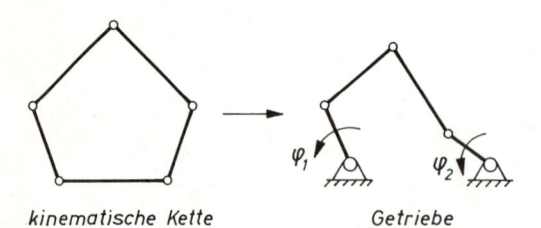

Bild 2.31: Übergang von kinematischer Kette zum Getriebe mit $F = 2$

Kinematische Ketten mit Mehrfachdrehgelenken

Bei der im Bild 2.32 aufgezeigten Erweiterung der Viergelenkkette entstehen Dreigelenkglieder durch Anschließen eines Zweischlages. Dieser Zweischlag läßt sich entsprechend dem Bild 2.32a z.B. so anfügen, daß zwei Doppelgelenke entstehen. Dabei sind Polygonzüge zu vermeiden, die nur drei Gelenke enthalten, da diese unbeweglich sind. Die Auflösung der Doppelgelenke ist in den Bildern 2.32b und 2.32c dargestellt.

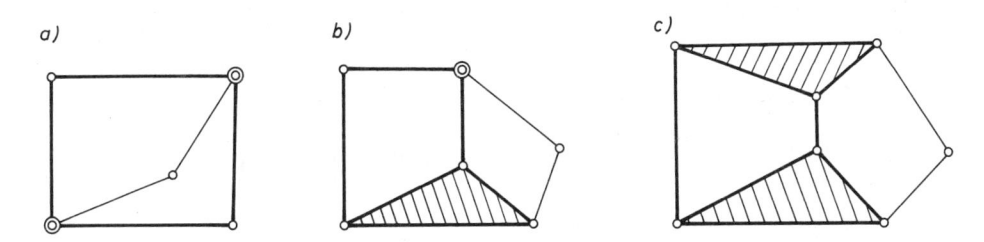

Bild 2.32: Sechsgliedrige kinematische Kette mit Doppeldrehgelenken:
a) zwei Doppeldrehgelenke, b) ein Doppeldrehgelenk, c) ohne Doppeldrehgelenk

Kinematische Ketten mit Dreh- und Schubgelenken

In den abgeleiteten Drehgelenkketten kann ohne weiteres ein Drehgelenk durch ein Schubgelenk ersetzt werden. Wird jedoch die Anzahl der Schubgelenke erhöht, dann sind folgende Regeln hinsichtlich des Zwanglaufes zu beachten (Bild 2.33):

- Ein Getriebeglied darf mit seinen benachbarten Gliedern nicht nur durch Schubgelenke verbunden sein, deren Schubrichtungen parallel sind Bild 2.33a).

- Zweigelenkglieder, die nur Schubgelenke enthalten, dürfen nicht miteinander verbunden werden (Bild 2.33b).

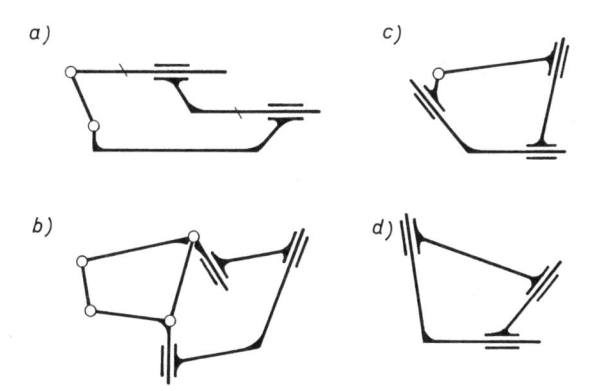

Bild 2.33: Kinematische Ketten mit Dreh- und Schubgelenken: a) Glied mit zwei parallelen Schubgelenken (Kette unbrauchbar), b,c) Drehgelenke wirkungslos, d) Keilkette (zwangläufig)

- In einer geschlossenen Gliedergruppe dürfen nicht weniger als zwei Drehgelenke auftreten. Das Drehgelenk im Bild 2.33c ist ohne Wirkung.

- Im Sonderfall der Keilkette sind nur drei Glieder vorhanden, die durch Schubgelenke miteinander verbunden sind. Die Keilkette ist zwangläufig (Bild 2.33d).

Kinematische Ketten mit Kurvengelenken

Werden in den kinematischen Ketten mit Gelenken vom Freiheitsgrad $f = 1$ zwei benachbarte Gelenke vereinigt, so entsteht ein Gelenk mit $f = 2$ (Bild 2.34). Auf diese Weise können die bisher abgeleiteten kinematischen Ketten mit Drehgelenken bzw. mit Dreh- und Schubgelenken noch weiter modifiziert werden, so daß sich eine große Palette möglicher Getriebestrukturen ergibt. Im Bild 2.35 wird dies am Beispiel der Viergelenkkette demonstriert und kann in analoger Weise auf hergliedrige kinematische Ketten erweitert werden. So läßt sich z.B. das Schreibmaschinengetriebe (Bild 2.24) aus einer Kurvengelenkkette ableiten, die ihrerseits aus der sechsgliedrigen WATTschen Kette entstanden ist (Bild 2.36).

Bild 2.34: Entstehung einer kinematischen Kette mit Gleitwälzgelenk

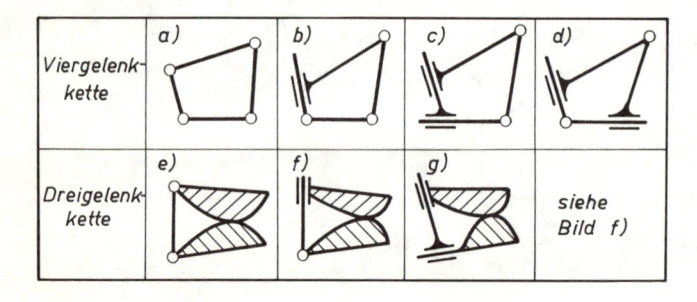

Bild 2.35: Entwicklung von kinematischen Ketten mit Gleitwälzgelenken

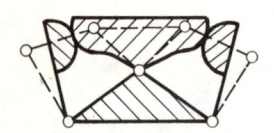

Bild 2.36: Ersatz einer sechsgliedrigen kinematischen Kette mit Drehgelenken durch eine viergliedrige mit zwei Gleitwälzgelenken

Übergeschlossene kinematische Ketten

Hat eine kinematische Kette den Laufgrad $F=0$, so wird sie als übergeschlossene kinematische Kette bezeichnet, siehe z.B. Bild 2.37. Die ALTsche Zwanglaufbedingung liefert bei $e_2 = 0$:

$$2e_1 - 3n + 3 + F = 0, \quad 12 - 15 + 3 + F = 0, \quad F = 0. \tag{2.30}$$

Es liegt somit eine starre Kette, d.h. ein statisch bestimmtes Fachwerk, vor. Bei der Wahl von Sonderabmessungen, z.B. gleiche Abmessungen der Glieder 1 und 3 sowie der Glieder 2,4 und 5, wird diese Kette beweglich. In diesem Falle entsteht das bekannte Parallelkurbelgetriebe, bei dem jeder Koppelpunkt einen Kreis beschreibt (Bild 2.38). Ein derartiges Getriebe sowie die dazugehörige Kette wird als *übergeschlossen* bezeichnet. Für solche Getriebe müssen die Gliedlängen und Lagerungen sehr genau hergestellt werden. Ihre Produktion erfordert daher einen entsprechend hohen Kostenaufwand.

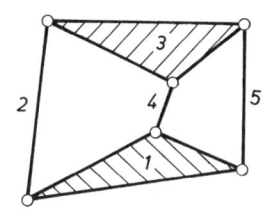

Bild 2.37: Übergeschlossene kinematische Kette (unbeweglich)

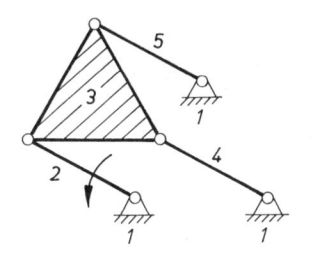

Bild 2.38: Übergeschlossenes Getriebe, beweglich durch Sonderabmessungen

2.5 Güte der Bewegungsübertragung

Die Bewegungen eines ebenen Getriebes werden auf ein festes Glied 1 bezogen (Bild 2.39). Vom Antriebsglied 2 wird die Bewegung durch das Übertragungsglied 3 auf das angetriebene Glied 4 übertragen, dessen Momentanpol P_{14} (Abschnitt 3.1.1) bekannt

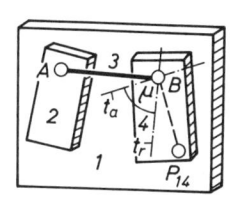

Bild 2.39: Darstellung des Übertragungswinkels μ

ist. Im Gelenkpunkt B zwischen Übertragungsglied und angetriebenem Glied tritt der *Übertragungswinkel* μ auf. Dieser Punkt B hat eine absolute Bewegungsrichtung t_a, die zu BP_{14} senkrecht ist, und bezüglich des treibenden Gliedes eine relative Bewegungsrichtung t_r, die zu BA senkrecht steht. Der Winkel μ zwischen t_a und t_r wird nach ALT als Übertragungswinkel bezeichnet; es wird dabei stets der spitze Winkel angegeben. In der betrachteten Getriebestellung ist der Winkel μ ein Kennzeichen für die Güte der Bewegungsübertragung auf das getriebene Glied 4. Die günstigste Bewegungsübertragung erhält man bei $\mu = 90°$, während bei $\mu = 0°$ eine Bewegungsübertragung ohne zusätzliche Hilfsmittel unmöglich ist [105, 106, 129, 130, 132].

Der Übertragungswinkel μ als Funktion des Antriebsparameters ist jedoch kein umfassendes und absolutes Kriterium für die Güte der Bewegungsübertragung. Bei schnellaufenden Getrieben ist unbedingt eine dynamische Untersuchung und Optimierung nach bestimmten Kriterien (z.B. Kraft- und Momentenausgleich, Leistungsausgleich ...) erforderlich [27]. Der Übertragungswinkel μ soll im allgemeinen nicht kleiner als etwa $40°$ sein (Erfahrungswert). Bei der Konstruktion von Getrieben sind diesbezüglich folgende Fragen zu klären:

- In welchen Gelenken treten Übertragungswinkel auf?
- Wie groß sind sie?
- In welcher Getriebestellung erreicht μ seinen Kleinstwert?

Beim Gelenkviereck tritt nur im Punkt B der Übertragungswinkel μ auf (Bild 2.40); er wird von t_r und t_a bzw. von der Koppelgeraden und der Verbindungslinie des Punktes B mit dem Drehpunkt B_0 eingeschlossen. Um beim Gelenkviereck den Kleinstwert des Übertragungswinkels zu bestimmen, wird die Kurbel in die beiden Steglagen (Bild 2.41) gebracht; denn in einer dieser Getriebestellungen tritt μ_{min} auf [194].

Zur rechnerischen Ermittlung des Übertragungswinkels μ beim Viergelenkgetriebe lassen sich nach Bild 2.40 folgende Relationen aufstellen:

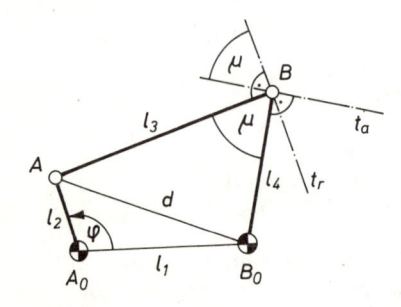

Bild 2.40: Übertragungswinkel μ beim Gelenkviereck

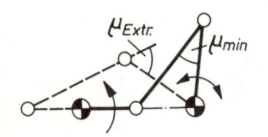

Bild 2.41: Kleinster Übertragungswinkel μ_{min} bei der Kurbelschwinge

2.5 Güte der Bewegungsübertragung

$$d^2 = l_3^2 + l_4^2 - 2l_3 l_4 \cos \mu,$$
$$d^2 = l_1^2 + l_2^2 - 2l_1 l_2 \cos \varphi.$$

Eine Gleichsetzung dieser Beziehungen ergibt

$$\cos \mu(\varphi) = \frac{2l_1 l_2 \cos \varphi + l_3^2 + l_4^2 - l_1^2 - l_2^2}{2l_3 l_4} = f(\varphi). \tag{2.31}$$

Die Differentiation der Relation (2.31) mit anschließender Extremwertbetrachtung liefert:

$$\left. \begin{array}{l} \mu'(\varphi) = -f'(\varphi)/\sqrt{1 - f^2(\varphi)} = 0, \\ 0 = f'(\varphi) = -\dfrac{l_1 l_2}{l_3 l_4} \sin \varphi, \quad (\sqrt{1 - f^2(\varphi)} \neq 0), \end{array} \right\} \tag{2.32}$$

d.h. in den Kurbelstellungen $\varphi_1 = 0°$ und $\varphi_2 = 180°$ treten Extremwerte des Übertragungswinkels μ auf. Es ist anschließend zu prüfen, in welcher Kurbelstellung $\mu_{\min}$ vorliegt.

Analoge Betrachtungen lassen sich auch bei den anderen Viergelenkgetrieben anstellen. Die Übertragungswinkel bei der Schubkurbel bzw. Kurbelschleife sind in den Bildern 2.42 bzw. 2.43 angegeben. Übertragungswinkel bei sechsgliedrigen Koppelgetrieben sind in den Bildern 2.44 und 2.45 dargestellt. Im Bild 2.45 ist nur der im

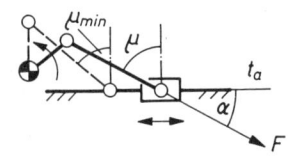

Bild 2.42: Übertragungswinkel μ und Ablenkwinkel α bei der Schubkurbel

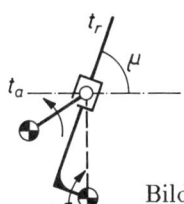

Bild 2.43: μ bei der versetzten Kurbelschleife

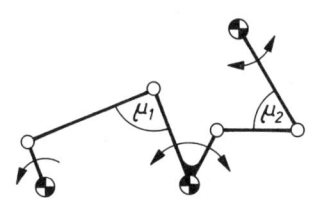

Bild 2.44: μ beim sechsgliedrigen Dreistandgetriebe

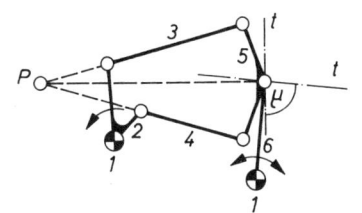

Bild 2.45: μ beim sechsgliedrigen Zweistandgetriebe (Verzweigungsgetriebe)

Gelenkpunkt der Glieder 5 und 6 auftretende Übertragungswinkel zu untersuchen, wenn 2 als Antriebsglied fungiert [223].

Bei Kurvengetrieben ergibt sich der Übertragungswinkel nach Bild 2.46 bzw. 2.47 [6, 67]. Die Tangente t_r an die Bahn des Rollenmittelpunktes ist gleichzeitig Tangente an die Äquidistante zur Kurve im Abstand des Rollenradius. Bei gleichem Bewegungsgesetz wird μ günstiger, wenn die Kurvenscheibe konstruktiv größer ausgeführt wird. Den Übertragungswinkel beim allgemeinen Kurvengetriebe zeigt Bild 2.48. Bei treibendem Glied 1 fungiert μ_{12} als Übertragungswinkel, bei treibendem Glied 2 entsprechend μ_{21}. Des weiteren ist es bei Zahnradgetrieben üblich, den Pressungswinkel anzugeben. *Pressungswinkel* und *Übertragungswinkel* ergänzen sich zu 90°; die Bewegungsübertragung von einer Zahnflanke auf die andere ist beim Pressungswinkel Null am besten.

Im folgenden soll auf den *Ablenkwinkel* α nach BOCK [129] hingewiesen werden. Er geht entsprechend Bild 2.42 von einer Kraftrichtung und einer Bewegungsrichtung t_a aus und ist wie folgt definiert:

Der Ablenkwinkel α ist der Winkel zwischen der Richtung, in der die Kraft F von einem Übertragungsglied in ein Abtriebsglied eingeleitet wird, und der absoluten Bewegungsrichtung t_a des betreffenden Anlenkpunktes.

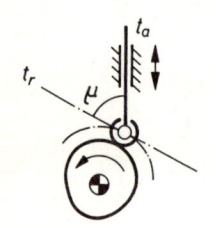

Bild 2.46: μ am Kurvengetriebe mit geradegeführter Rolle

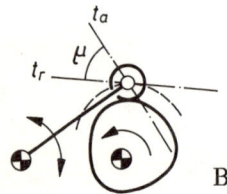

Bild 2.47: μ am Kurvengetriebe mit Rolle am Schwinghebel

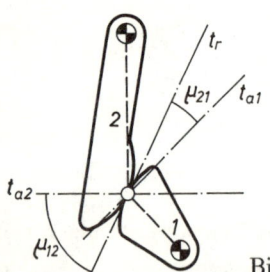

Bild 2.48: μ am Kurvenhebelgetriebe (z.B. Zahnrädergetriebe)

Für den Bestwert $\alpha = 0°$ ergibt sich die günstigste Bewegungsübertragung; der Ablenkwinkel bei Koppelgetrieben entspricht daher dem Pressungswinkel bei Zahnrädergetrieben. Entsprechend Bild 2.42 gilt stets die Beziehung $\mu + \alpha = 90°$.

2.6 Viergliedrige Koppelgetriebe

2.6.1 Viergelenkkette

In der Viergelenkkette seien l_{min} das kleinste Glied, l_{max} und l' die dazu benachbarten Glieder und l'' das zu l_{min} gegenüberliegende Glied (Bild 2.49). Nach dem Satz von GRASHOF gilt als Bedingung für den vollständigen Umlauf des kleinsten Gliedes gegenüber allen anderen Gliedern der Viergelenkkette die Beziehung:

$$l_{min} + l_{max} < l' + l''. \tag{2.33}$$

Werden nach REULEAUX [88] die Glieder der kinematischen Kette des Bildes 2.49 der Reihe nach zum Gestell gemacht (*Gliedwechsel*) und jeweils ein weiteres Glied als Antriebsglied festgelegt, so ergeben sich ausgehend von (2.33) die in Tafel 2.2 dargestellten Getriebetypen:

l_{max} oder l' sei ruhend: Kurbelschwinge (Tafel 2.2a),
l_{min} sei ruhend: Doppelkurbel (Tafel 2.2b),
l'' sei ruhend: Doppelschwinge (Tafel 2.2c).

Dabei können die Glieder l_{max} und l'' im Bild 2.49 vertauscht werden.

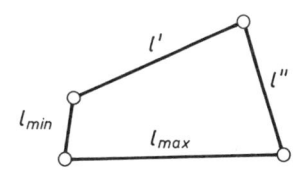

Bild 2.49: Viergliedrige kinematische Kette

Gilt die Beziehung

$$l_{min} + l_{max} > l' + l'', \tag{2.34}$$

so erhält man Doppelschwingen mit nichtumlauffähiger Koppel (Tafel 2.3); sie werden auch als *Totalschwingen* bezeichnet. Die Relation

$$l_{min} + l_{max} = l' + l'' \tag{2.35}$$

führt zu den Sonderfällen des Gelenkvierecks, von denen einige in Tafel 2.2 angegeben sind. Hierzu gehören u.a. folgende Getriebe:

Parallelkurbel: Die jeweils gegenüberliegenden Glieder sind gleich groß; beide Kurbeln ($l_{min} = l''$) laufen im gleichen Drehsinn um. Zur Überwindung der zwanglosen Getriebestellungen (*Verzweigungslagen*) ist eine doppelte Anordnung notwendig (Tafel 2.2d). Die Koppelebene vollführt eine Kreisschiebung, d.h. jeder Koppelpunkt beschreibt einen Kreis mit gleichem Radius.

Tafel 2.2: Zusammenstellung von Grundgetrieben der Viergelenkkette:

  a) Kurbelschwinge, $l_{max} \to$ Gestell,
  b) Doppelkurbel, $l_{min} \to$ Gestell,
  c) Doppelschwinge, $l''' \to$ Gestell,
  d) Parallelkurbel, $l' \to$ Gestell,
  e) Gegenläufige Antiparallelkurbel, $l_{max} = l' \to$ Gestell,
  f) Gleichläufige Antiparallelkurbel, $l_{min} = l''' \to$ Gestell,
  g) Gleichschenklige Kurbelschwinge, $l_{max} = l''' \to$ Gestell,
  h) Gleichschenklige Doppelkurbel, $l_{min} = l' \to$ Gestell

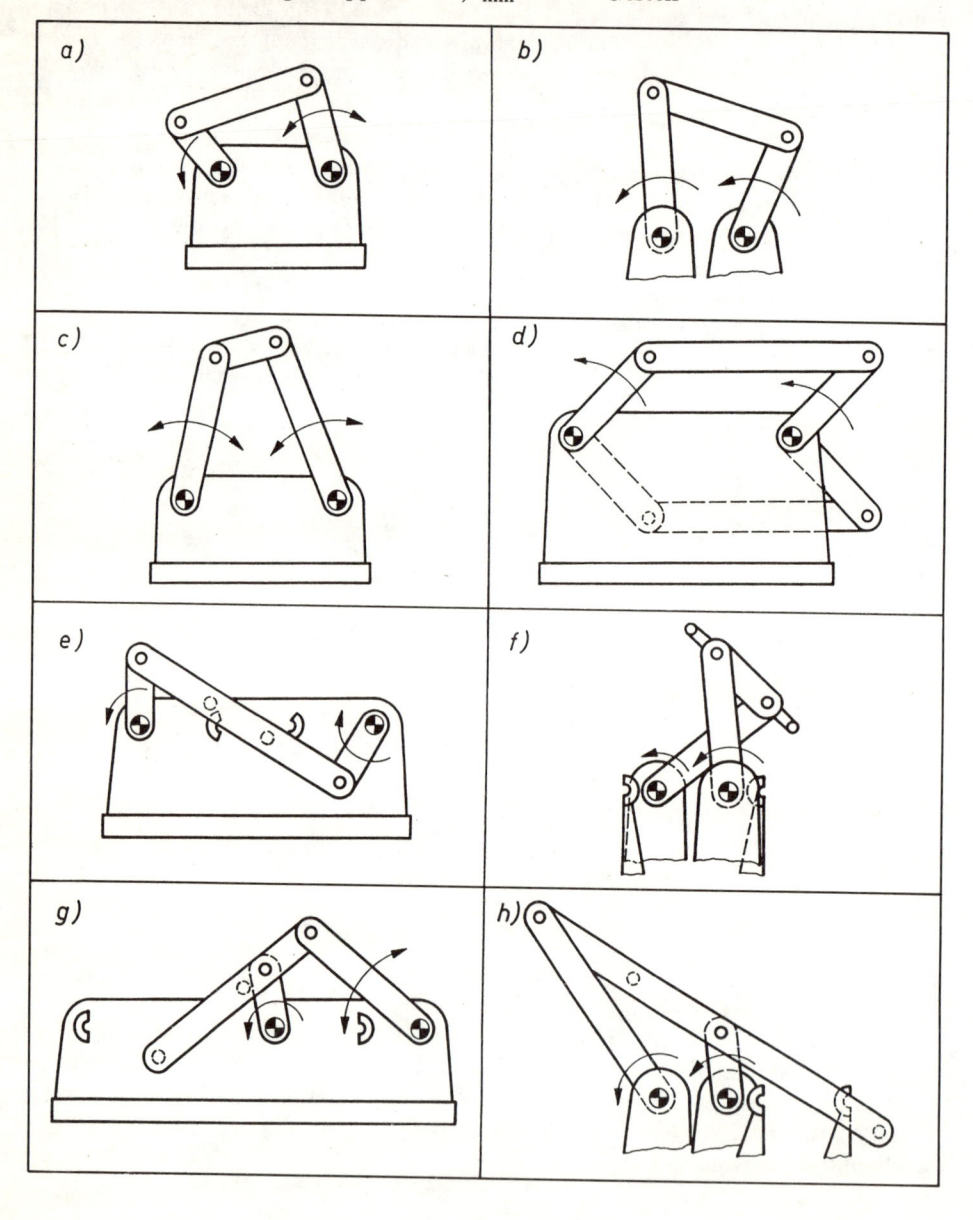

2.6 Viergliedrige Koppelgetriebe

Antiparallelkurbel: Die jeweils gegenüberliegenden Glieder sind gleich lang. Beide Kurbeln haben entgegengesetzten Drehsinn, wenn l_{max} zum Gestell gemacht wird (Tafel 2.2e). Beide Kurbeln sind gleichläufig, wenn l_{min} zum Gestell gemacht wird (Tafel 2.2.f). Verzweigungslagen werden durch *Hilfsverzahnungen* überwunden.

Gleichschenklige Koppelgetriebe: Je zwei benachbarte Glieder sind gleich groß. Wird eines der längeren Glieder zum Gestell gemacht, so entsteht eine gleichschenklige Kurbelschwinge (Tafel 2.2g), beim Feststellen eines kurzen Gliedes eine gleichschenklige Doppelkurbel (Tafel2.2h). Zur Überwindung zwangloser Lagen, in denen keine Bewegungsübertragung möglich ist, sind besondere Hilfsmittel (Hilfsverzahnungen) erforderlich.

Zur Typenuntersuchung von Viergelenkgetrieben mit Hilfe der Computertechnik ist eine Normierung der Gliedabmessungen entsprechend Bild 2.50 zweckmäßig, so daß folgende Festlegungen getroffen werden:

$$\overline{A_0B_0} = 1, \quad \overline{A_0A} = x_1, \quad \overline{AB} = x_2, \quad \overline{B_0B} = x_3. \tag{2.36}$$

Da nur endliche Gliedlängen in Betracht kommen, gelten die Nebenbedingungen:

$$0 < x_1 < \infty, \quad 0 < x_2 < \infty, \quad 0 < x_3 < \infty. \tag{2.37}$$

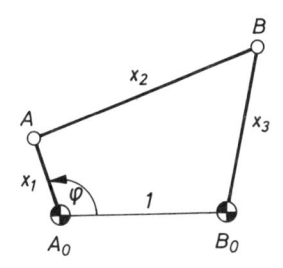

Bild 2.50: Viergelenkgetriebe mit normierten Gliedabmessungen, Gestell $\overline{A_0B_0} = 1$

Mit den normierten Gliedlängen (2.36) lassen sich auf der Grundlage des Satzes von GRASHOF die drei Funktionen

$$\left. \begin{array}{rcl} f_1(x_1,x_2,x_3) & = & +x_1 + x_2 - x_3 - 1, \\ f_2(x_1,x_2,x_3) & = & +x_1 - x_2 + x_3 - 1, \\ f_3(x_1,x_2,x_3) & = & -x_1 + x_2 + x_3 - 1 \end{array} \right\} \tag{2.38}$$

bilden [198]. Für ein gegebenes Tripel (x_1, x_2, x_3) kann aus den Vorzeichen der Funktionswerte von (2.38) der entsprechende Getriebetyp bestimmt werden. Bei den drei Funktionen existieren insgesamt acht verschiedene Vorzeichenkombinationen, deren zugeordnete Getriebetypen in Tafel 2.3 zusammengestellt sind.

1. $f_1 > 0, f_2 > 0, f_3 > 0$:
   Da das Gestell $\overline{A_0A_0} = l_{min}$ und Relation (2.33) erfüllt sind, liegt eine *Doppelkurbel* vor.

2. $f_1 < 0, f_2 < 0, f_3 > 0$:
   Da das Antriebsglied $\overline{A_0A} = l_{min}$ und Beziehung (2.33) erfüllt sind, liegt eine *Kurbelschwinge* vor.

Tafel 2.3: Ordnung der ebenen Viergelenkgetriebe hinsichtlich Umlauffähigkeit mit den dazugehörigen Ungleichungen

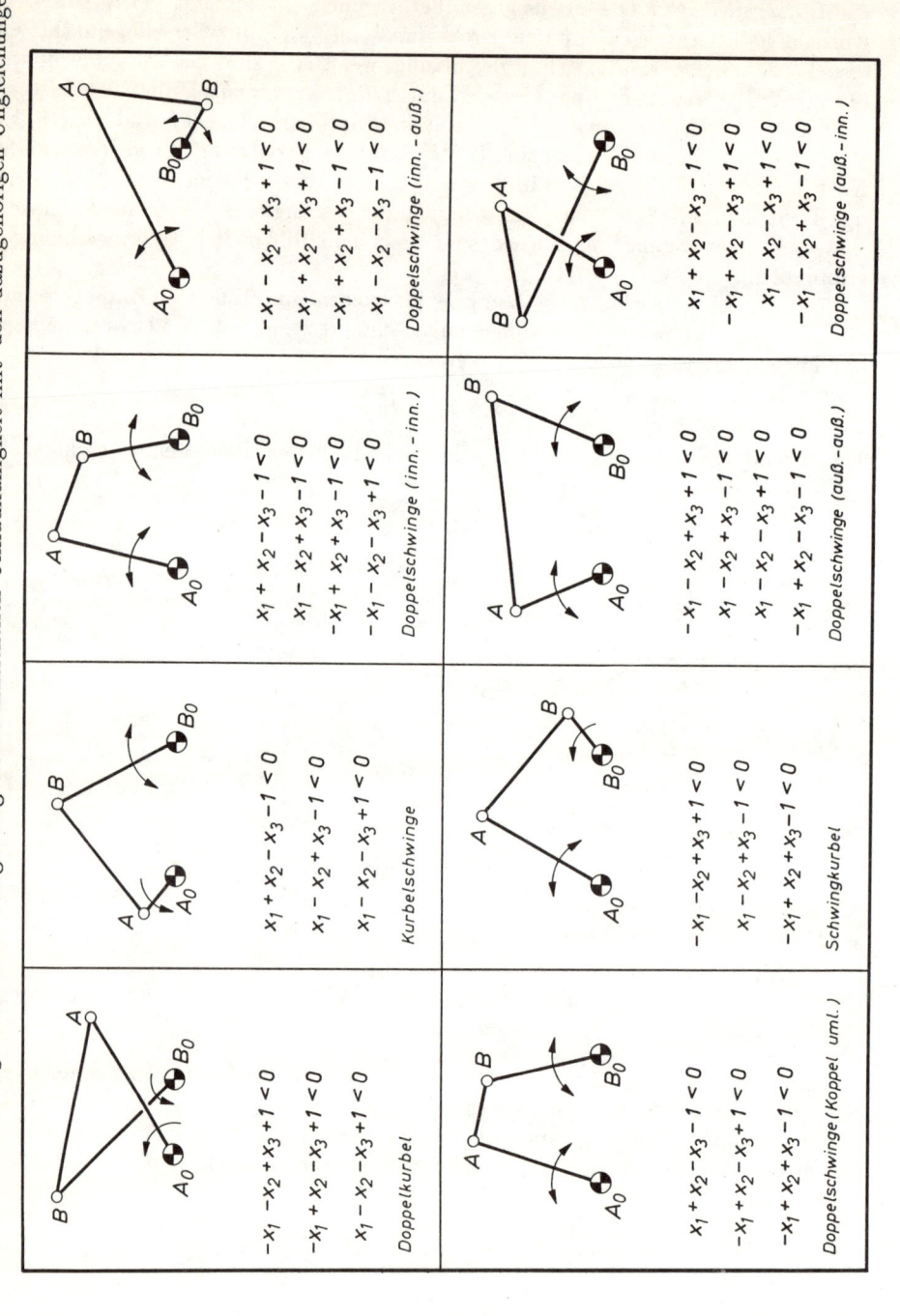

$-x_1 - x_2 + x_3 + 1 < 0$ $-x_1 + x_2 - x_3 + 1 < 0$ $-x_1 + x_2 + x_3 - 1 < 0$ $x_1 - x_2 - x_3 - 1 < 0$ *Doppelschwinge (inn.-auß.)*	$x_1 + x_2 - x_3 - 1 < 0$ $-x_1 + x_2 - x_3 + 1 < 0$ $x_1 - x_2 - x_3 + 1 < 0$ $-x_1 - x_2 + x_3 - 1 < 0$ *Doppelschwinge (auß.-inn.)*
$x_1 + x_2 - x_3 - 1 < 0$ $x_1 - x_2 + x_3 - 1 < 0$ $-x_1 + x_2 + x_3 - 1 < 0$ $-x_1 - x_2 - x_3 + 1 < 0$ *Doppelschwinge (inn.-inn.)*	$-x_1 - x_2 + x_3 + 1 < 0$ $x_1 - x_2 + x_3 - 1 < 0$ $x_1 - x_2 - x_3 + 1 < 0$ $-x_1 + x_2 - x_3 - 1 < 0$ *Doppelschwinge (auß.-auß.)*
$x_1 + x_2 - x_3 - 1 < 0$ $x_1 - x_2 + x_3 - 1 < 0$ $x_1 - x_2 - x_3 + 1 < 0$ *Kurbelschwinge*	$-x_1 - x_2 + x_3 + 1 < 0$ $x_1 - x_2 + x_3 - 1 < 0$ $-x_1 + x_2 + x_3 - 1 < 0$ *Schwingkurbel*
$-x_1 - x_2 + x_3 + 1 < 0$ $-x_1 + x_2 - x_3 + 1 < 0$ $x_1 - x_2 - x_3 + 1 < 0$ *Doppelkurbel*	$x_1 + x_2 - x_3 - 1 < 0$ $-x_1 + x_2 - x_3 + 1 < 0$ $-x_1 + x_2 + x_3 - 1 < 0$ *Doppelschwinge (Koppel uml.)*

3. $f_1 < 0, f_2 > 0, f_3 < 0$:
   Da das Koppelglied $\overline{AB} = l_{\min}$ und Relation (2.33) erfüllt sind, liegt eine *Doppelschwinge mit umlaufender Koppel* vor.

4. $f_1 > 0, f_2 < 0, f_3 < 0$:
   Da das Abtriebsglied $\overline{B_0 B} = l_{\min}$ und Beziehung (2.33) erfüllt sind, liegt eine *Schwingkurbel* vor.

Diese ersten vier Getriebetypen, die der Beziehung (2.33) genügen, sind eindeutig durch drei Ungleichungen bestimmt, die sich aus (2.38) bilden lassen (Tafel 2.3). Für die weiteren vier Getriebetypen, die der Längenbedingung (2.34) entsprechen, ist eine vierte Ungleichung als Existenzbedingung für das jeweilige Viergelenkgetriebe hinzuzufügen, damit die Eindeutigkeit gewährleistet ist. Dies führt zu den vier weiteren Getriebetypen des Gelenkvierecks, die kein umlaufendes Getriebglied besitzen.

1. $f_1 < 0, f_2 < 0, f_3 < 0$:
   Für $\overline{A_0 B_0} = l_{\max}$ und $f_1 + f_2 + f_3 + 2 > 0$ entsteht eine *innen-innen-schwingende Doppelschwinge*.

2. $f_1 > 0, f_2 > 0, f_3 < 0$:
   Für $\overline{A_0 A} = l_{\max}$ und $-f_1 - f_2 + f_3 + 2x_1 > 0$ ergibt sich *eine innen-außenschwingende Doppelschwinge*.

3. $f_1 > 0, f_2 < 0, f_3 > 0$:
   Für $\overline{AB} = l_{\max}$ und $-f_1 + f_2 - f_3 + 2x_2 > 0$ entsteht eine *außen-außenschwingende Doppelschwinge*.

4. $f_1 < 0, f_2 > 0, f_3 > 0$:
   Für $\overline{B_0 B} = l_{\max}$ und $f_1 - f_2 - f_3 + 2x_3 > 0$ ergibt sich eine *außen-innenschwingende Doppelschwinge*.

In Tafel 2.3 sind die acht verschiedenen Typen des ebenen Viergelenkgetriebes einschließlich der zugehörigen Ungleichungen zusammenfassend dargestellt. Diese Ungleichungen haben als lineare Nebenbedingungen bei der Formulierung von getriebetechnischen Optimierungsaufgaben eine große Bedeutung.

Genügen die Getriebeabmessungen des Bildes 2.50, für $l_{\min}$ und $l_{\max}$ benachbart, der Gleichung (2.33) und zusätzlich der Beziehung

$$x_1^2 + 1 = x_2^2 + x_3^2, \tag{2.39}$$

dann liegen *zentrische Viergelenkgetriebe* vor. Als zentrische Viergelenkgetriebe werden im allgemeinen nur diejenigen bezeichnet, die der Gleichung (2.39) genügen und ein umlaufendes Antriebsglied aufweisen; z.B. zentrische Kurbelschwinge und zentrische Doppelkurbel. Sie besitzen in den Getriebestellungen für $\varphi_1 = 0°$ und $\varphi_2 = 180°$ jeweils den gleichen extremalen Übertragungswinkel $\mu_{\min}$ und werden daher auch *übertragungsgünstige Getriebe* genannt.

2.6.2 Schubkurbelkette

Wird eines der vier Drehgelenke durch ein Schubgelenk ersetzt, so entsteht eine *Schubkurbelkette*. Bei $e = 0$ liegt eine *zentrische Schubkurbelkette* vor (Bild 2.51a). Nach dem

Prinzip des Gliedwechsels ergeben sich zahlreiche Getriebe, die in Tafel 2.4 zusammengestellt sind.

Im Falle der *zentrischen Schubkurbel* (Tafel 2.4a) wird d Gestell. Ist $a < b$, kann a umlaufen, und der Gleitstein c wird über die Koppel b mit einem Hub von $2a$ hin- und herbewegt. Bei Feststellung des Gleitsteines c schwingt b, und d bewegt sich geradlinig hin und her (*Schubschwinge*, Tafel 2.4b).

Wird a festgestellt, können b und d umlaufen (*umlaufende Kurbelschleife*, Tafel 2.4c). Im Falle $b < a$ kann b umlaufen und d schwingen (*schwingende Kurbelschleife*, Tafel 2.4d).

Wird beim Schubkurbelgetriebe die Schubrichtung in einem endlichen Abstand e am Kurbeldrehpunkt vorbeigeführt, so entsteht die *exzentrische* oder *versetzte Schubkurbel* (Tafel 2.4e [1]). Die zugehörige Schubkurbelkette ist im Bild 2.51b dargestellt. Der senkrechte Abstand e von der Schubrichtung wird als *kinematische Versetzung* bezeichnet. Das kleinste Glied $a = l_{\min}$ ist dann voll umlauffähig, wenn die Bedingung

$$e + l_{\min} < l_{\max} \tag{2.40}$$

erfüllt ist. In Tafel 2.4e) ist $a = l_{\min}$ und $b = l_{\max}$.

Durch Feststellen eines anderen Gliedes lassen sich weitere exzentrische Getriebe aus der Schubkurbelkette ableiten, z.B: die *versetzte schwingende Kurbelschleife* (Tafel 2.4f), die aus der exzentrischen Schubkurbel (Tafel 2.4e) durch *kinematische Umkehrung* entsteht; d.h. die Koppel b der Schubkurbel wird zum Gestell.

Sonderfälle der Schubkurbelkette entstehen bei $a = b$. Eine Feststellung von d ergibt die *gleichschenklige Schubkurbel* (Tafel 2.4g), die einen Hub von vierfacher Kurbellänge erzeugt. Mit a als Gestell ergibt sich die *gleichschenklige umlaufende Kurbelschleife* (Tafel 2.4h) mit einem konstanten Übersetzungsverhältnis von $i = 1 : 2$; d.h. zwei Umdrehungen der Antriebskurbel b entsprechen einer Umdrehung des Abtriebsgliedes d. Beide Getriebe besitzen zwanglose Lagen, sog. *Verzweigungslagen*, die durch eine geeignete Hilfsverzahnung überwunden werden müssen. Die Beziehung

$$e + l_{\min} > l_{\max} \tag{2.41}$$

liefert nur *Schubschwingen mit nichtumlaufender Koppel*.

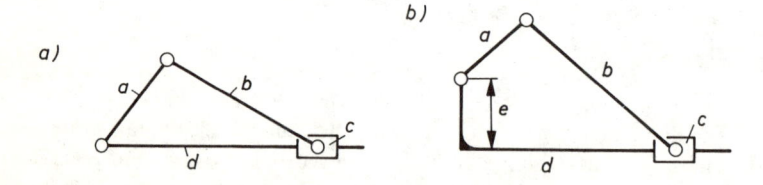

Bild 2.51: Schubkurbelkette: a) zentrisch, b) versetzt, $e \to$ kinematische Versetzung

---

[1] Bei der Benennung der aus Schubkurbelkette, Kreuzschleifen- und Schubschleifenkette abgeleiteten Getriebe werden die Worte exzentrisch und versetzt als synonyme Begriffe verwendet.

2.6 Viergliedrige Koppelgetriebe

Tafel 2.4: Zusammenstellung von Grundgetrieben der Schubkurbelkette:

  a) Zentrische Schubkurbel,
  b) Zentrische Schubschwinge,
  c) Zentrische umlaufende Kurbelschleife,
  d) Zentrische schwingende Kurbelschleife,
  e) Versetzte Schubkurbel,
  f) Versetzte schwingende Kurbelschleife,
  g) Gleichschenklige durchschlagende Schubkurbel,
  h) Gleichschenklige umlaufende Kurbelschleife

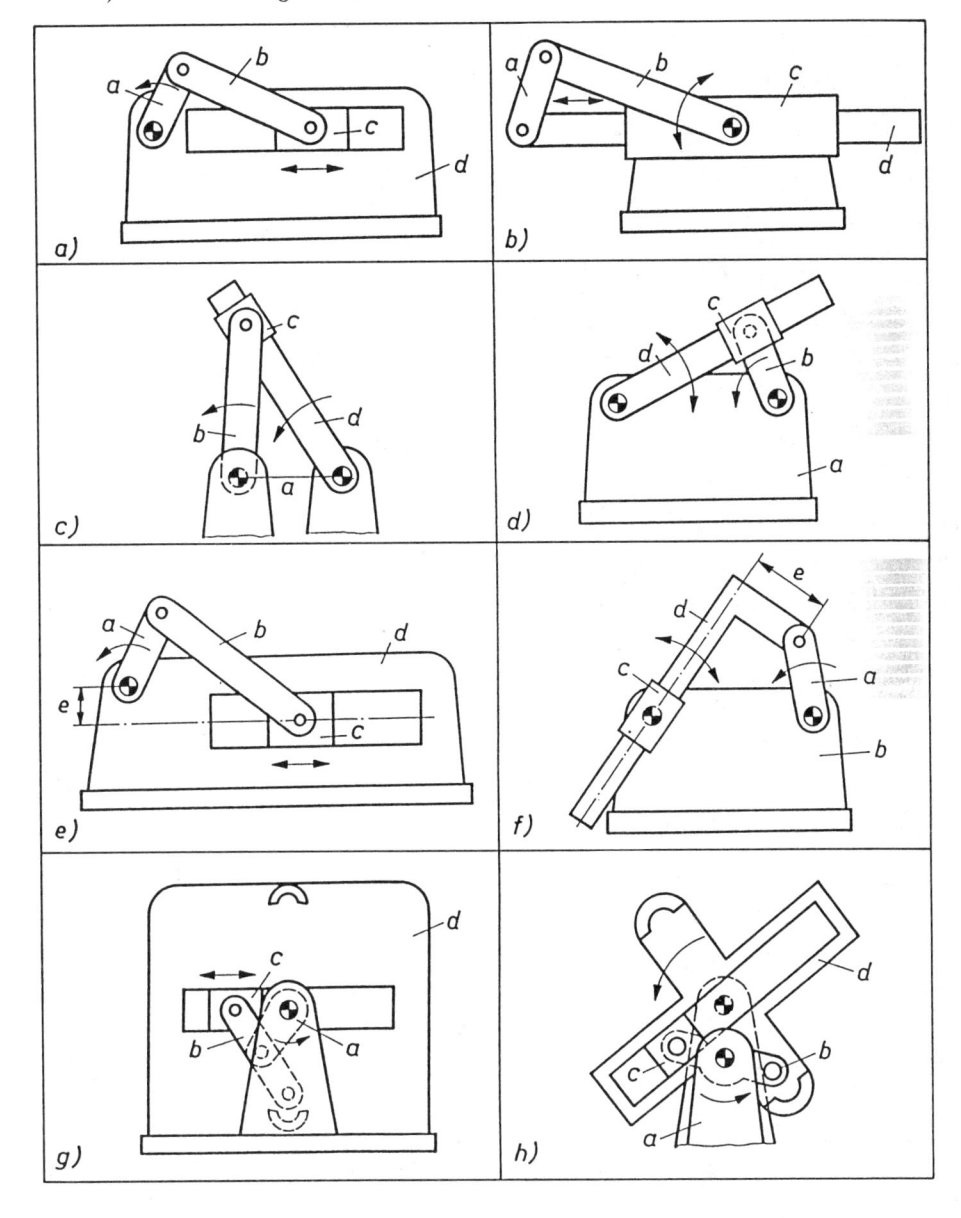

2.6.3 Kreuzschleifenkette

Wenn bei der Schubkurbel die Koppel unendlich lang wird, entsteht die hin- und hergehende Kreuzschleife oder *Kreuzschubkurbel* (Tafel 2.5a). Sie besitzt zwei Drehgelenke sowie zwei Schubgelenke und leitet sich aus der *Kreuzschleifenkette* ab (Bild 2.52), die nur ein Glied von endlicher Länge besitzt. Bei a als Gestell laufen die Glieder b und d voll um, und es ergibt sich die umlaufende Kreuzschleife oder *Doppelschleife* (Tafel 2.5b). Glied c als Gestell ergibt die feststehende Kreuzschleife oder den *Doppelschieber* (Tafel 2.5c,d).

Tafel 2.5: Zusammenstellung von Grundgetrieben der Kreuzschleifenkette:

- a) Kreuzschubkurbel,
- b) Doppelschleife,
- c) Doppelschieber (rechtwinklig),
- d) Doppelschieber (schiefwinklig)

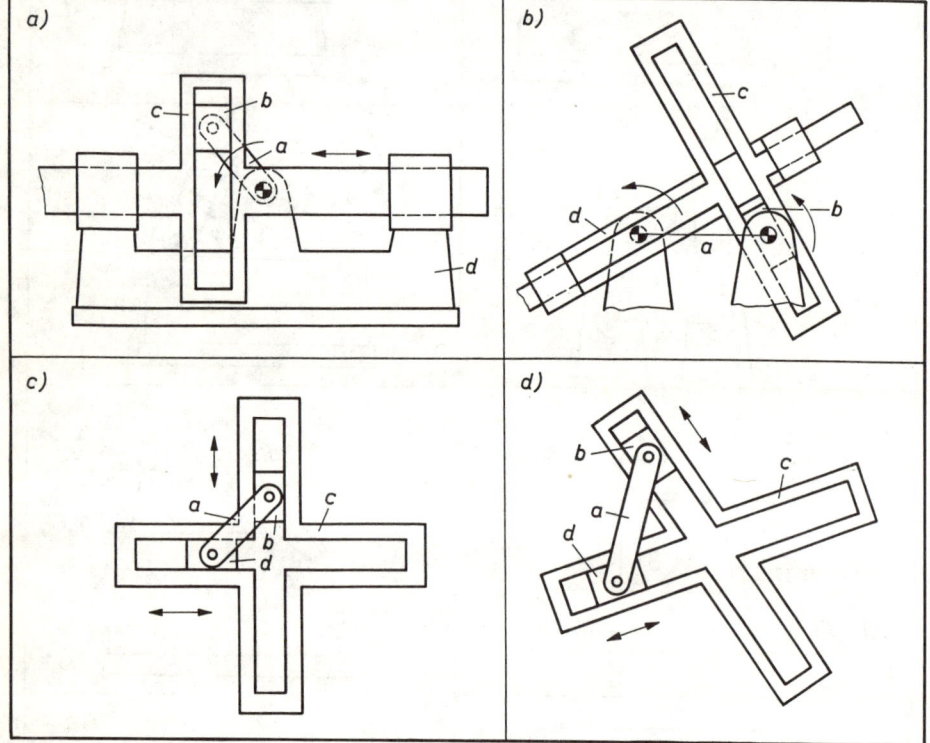

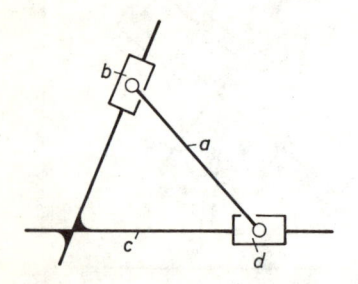

Bild 2.52: Kreuzschleifenkette

2.6.4 Schubschleifenkette

Werden in der Viergelenkkette (Bild 2.49) zwei gegenüberliegende Drehgelenke durch Schubgelenke ersetzt, dann entsteht die *Schubschleifenkette* (Bild 2.53). Durch Gliedwechsel lassen sich aus dieser Kette verschiedene *Schubschleifen* ableiten. Einige dieser Getriebe sind in Tafel 2.6 zusammengestellt. Sie zeichnen sich durch eine bzw. zwei Versetzungen aus; bei der konstruktiven Darstellung wurde von dem Prinzip des Formenwechsels Gebrauch gemacht. Schubschleifen können nur Schubbewegungen in Schwingbewegungen umformen und umgekehrt.

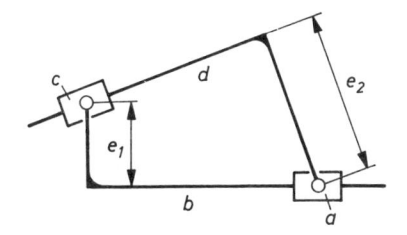

Bild 2.53: Schubschleifenkette, $e_1, e_2 \rightarrow$ kinematische Versetzungen

Tafel 2.6: Zusammenstellung von Grundgetrieben der Schubschleifenkette:

  a) Einfach versetzte Schubschleife, Schleife c als Hohlelement,
  b) Einfach versetzte Schubschleife, Gliedwechsel bezüglich 2.6a), Schleife a als Hohlelement, Formenwechsel zu 2.6a),
  c) Doppelt versetzte Schubschleife, Schleife d Vollelement,
  d) Doppelt versetzte Schubschleife, Gliedwechsel bezüglich 2.6c), Gestell d als Hohlelement, Formenwechsel zu 2.6c)

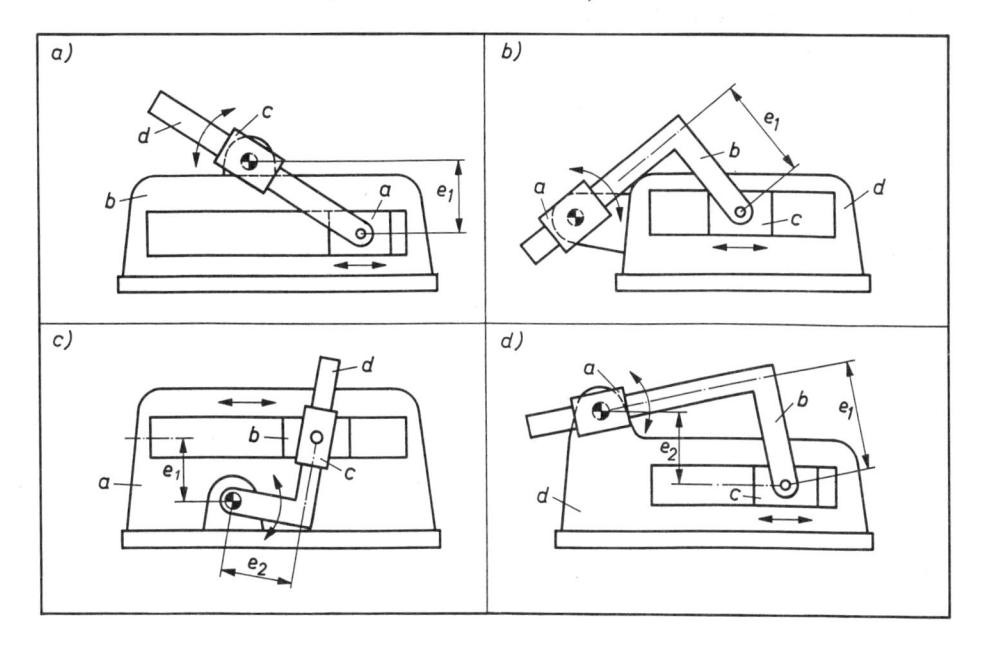

2.6.5 Koppelkurven von Viergelenkgetrieben

Ein Punkt K einer mit der Koppel AB eines viergliedrigen Koppelgetriebes A_0ABB_0 fest verbundenen Ebene heißt Koppelpunkt. Der Koppelpunkt K beschreibt eine sog. *Koppelkurve*, wenn sich das Getriebe bewegt. Die Formen der Koppelkurve wandeln sich, sobald der Punkt K unterschiedliche Lagen in der Koppelebene AB einnimmt (Bild 2.54). Eine Übersicht über die Vielfalt der Koppelkurven von Viergelenkgetrie-

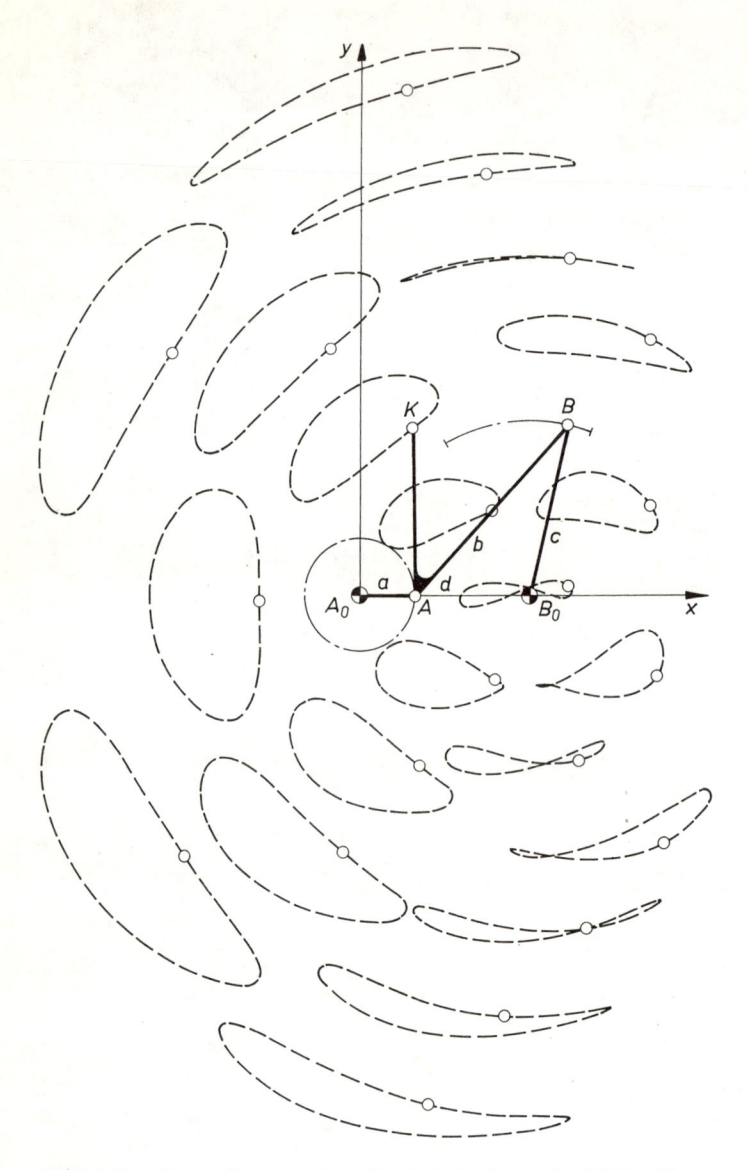

Bild 2.54: Koppelkurven der Kurbelschwinge A_0ABB_0 für verschiedene Lagen des Koppelpunktes K

2.6 Viergliedrige Koppelgetriebe

ben ist z.B. aus dem Koppelkurvenatlas von HRONES & NELSON ersichtlich [48]. Theoretische Untersuchungen wurden u.a. von HUNT und SCHMID angestellt [50, 224, 225].

Am einfachsten erfolgt für qualitative Untersuchungen das Aufzeichnen von Koppelkurven mit Transparentpapier. Das bewegliche Koppeldreieck ABK wird auf Transparentpapier übertragen. Die Punkte A und B werden auf ihren jeweiligen Führungsbahnen (Kreisbahnen beim Gelenkviereck) bewegt. In jeder Stellung wird der Koppelpunkt K auf das Zeichenblatt (ruhende Ebene) durchgestochen. Die große Vielfalt der Koppelkurven, siehe z.B. Bild 2.54, läßt sich unter Einbeziehung der Computertechnik am graphischen Display darstellen, so daß sich der Konstrukteur relativ schnell einen qualitativen Überblick über den Formenreichtum verschaffen kann [4, 71].

Haben die Viergelenkgetriebe umlauffähige Glieder, so entstehen *zweiteilige Koppelkurven*; d.h. es ergeben sich für jeden Koppelpunkt zwei geschlossene Kurvenzüge, da diese Getriebe zwei Bewegungsbereiche k_b und k'_b besitzen (Bild 2.55). Von Doppelschwingen mit nichtumlauffähiger Koppel werden nur *einteilige Koppelkurven* erzeugt.

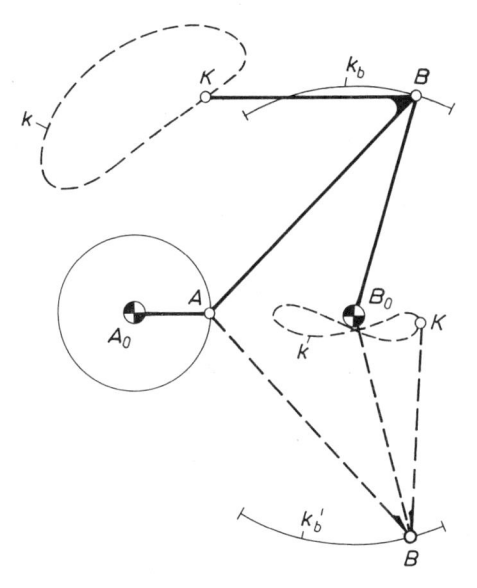

Bild 2.55: Darstellung der Kurbelschwinge A_0ABB_0 in den beiden Bewegungsbereichen k_B und k'_B

Die Koppelkurve eines Viergelenkgetriebes ist eine *trizirkulare* Kurve 6. Ordnung [224, 241]; d.h. sie geht je dreifach durch die beiden unendlich fernen imaginären Kreispunkte und hat mit einer Geraden im allgemeinen 6 Punkte gemeinsam. Bei der Schubkurbel sind die Koppelkurven *zirkular* und von 4. Ordnung [225]. Die Koppelkurven des Doppelschiebers sind Ellipsen (Bild 2.56). Sie lassen sich auch durch das sog. *Kardankreispaar* p, q erzeugen, siehe Abschnitt 3.1.2. Dabei ist der Kreis q mit der bewegten Ebene AB verbunden und rollt auf dem feststehenden Kreis p ab. Alle Punkte des Kreises q beschreiben Geraden, die durch den Punkt O hindurchgehen; z.B. A und B die Gleitbahnen g_A und g_B oder der Punkt C die Gerade g_C durch O.

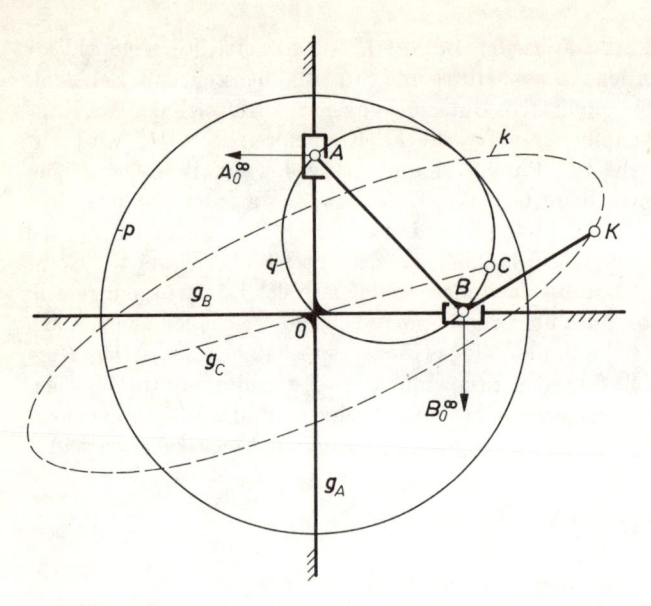

Bild 2.56: Doppelschieber $A_0^\infty ABB_0^\infty$ und Kardankreispaar (p,q) als Grundgetriebe zur Ellipsenerzeugung, $k \to$ Ellipse

2.6.6 Mehrfache Erzeugung von Koppelkurven

Bereits im vergangenen Jahrhundert wurde von dem englischen Mathematiker ROBERTS [220, 186] und dem russischen Fachgelehrten TSCHEBYSCHEW [1] die dreifache Erzeugung der Koppelkurve eines Viergelenkgetriebes (Bild 2.57) nachgewiesen. Der Satz von ROBERTS/TSCHEBYSCHEW lautet:

> *Jede Koppelkurve eines Viergelenkgetriebes läßt sich durch zwei weitere Viergelenkgetriebe erzeugen.*

Für den praktischen Einsatz von Koppelkurven hat dieses Theorem eine große Bedeutung, da es eine relative Lagenänderung zwischen Koppelkurve und Erzeugungsmechanismus ermöglicht [141, 178, 219]. Zur Beweisführung des Theorems von ROBERTS/TSCHEBYSCHEW wird in der GAUSSschen Zahlenebene gearbeitet, siehe Bild 2.57. Auf Grund der dargelegten Konstruktion gelten folgende Vektorgleichungen:

$$\left. \begin{array}{rcl} C_0 &=& A_2 + (C_2 - A_2) + (C_0 - C_2), \\ C_0 &=& \varepsilon(B_1 - A_1) + \varepsilon A_1 + \varepsilon(B_0 - B_1). \end{array} \right\} \qquad (2.42)$$

Hierin bedeutet

$$\varepsilon = \frac{\overline{A_1 K}}{\overline{A_1 B_1}} e^{i\alpha} = \frac{\overline{A_2 C_2}}{\overline{A_2 K}} e^{i\alpha} = \frac{\overline{KC_3}}{\overline{KB_3}} e^{i\alpha} \qquad (2.43)$$

den konstanten *Drehstreckungsfaktor*. Die weitere Auflösung der Beziehung (2.42) liefert

$$C_0 = \varepsilon B_0, \qquad (2.44)$$

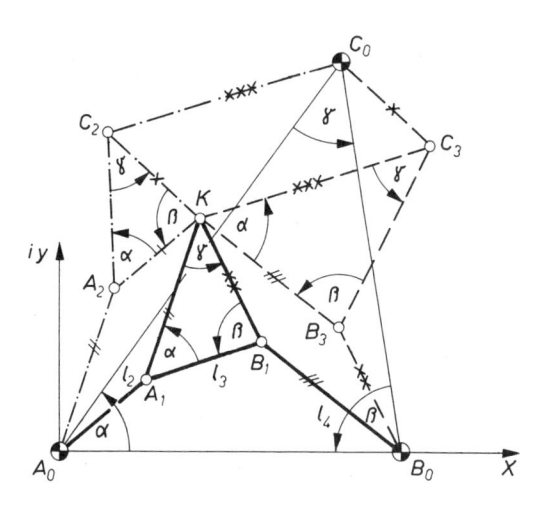

Bild 2.57: Theorem von ROBERTS zur Erzeugung der Koppelkurve des Punktes K durch drei verschiedene Viergelenkgetriebe

d.h. C_0 ist ein fester Punkt, der als Lagerpunkt benutzt werden kann. Derselbe Beweis läßt sich auch unter Einbeziehung des Winkels β führen. Es liegen daher folgende Ähnlichkeitsbeziehungen vor:

$$\triangle A_0 B_0 C_0 \sim \triangle A_1 B_1 K \sim \triangle A_2 K C_2 \sim \triangle K B_3 C_3. \tag{2.45}$$

Die Koppelkurve des Punktes K des Viergelenkgetriebes $A_0 A_1 B_1 B_0$ kann somit unter Berücksichtigung der ähnlichen Dreiecke entsprechend (2.45) durch die beiden weiteren Viergelenkgetriebe $A_0 A_2 C_2 C_0$ und $B_0 B_3 C_3 C_0$ erzeugt werden (Bild 2.57). Zur Bestimmung der Längen der bewegten Glieder dieser beiden Getriebe ist zweckmäßigerweise die Hilfsfigur nach Bild 2.58 (Glieder in Strecklage) zu benutzen [67]. Die Gestellängen $\overline{A_0 C_0}$ bzw. $\overline{B_0 C_0}$ ergeben sich aus den Gleichungen (2.42) und (2.43).

Mit dem Pantographen von SYLVESTER [26] können weitere Aussagen aus dem Satz von ROBERTS/TSCHEBYSCHEW gewonnen werden. In der GAUSSschen Zahlenebene läßt sich folgende Relation aufstellen:

$$C_2 = A_2 + (C_2 - A_2). \tag{2.46}$$

Unter Einbeziehung des konstanten Drehstreckungsfaktors ε nach (2.43) und Bild 2.59 ergibt sich

$$\left. \begin{array}{rcl} C_2 & = & \varepsilon(B_1 - A_1) + \varepsilon A_1, \\ C_2 & = & \varepsilon B_1. \end{array} \right\} \tag{2.47}$$

Bei dem SYLVESTERschen Pantographen, der aus dem Parallelogramm $A_0 A_1 K A_2$ und den ähnlichen Dreiecken $A_1 B_1 K$ sowie $A_2 K C_2$ besteht, beschreibt daher bei festem Lagerpunkt A_0 der Punkt C_2 eine zum Punkt B_1 ähnliche Kurve. Die Ähnlichkeit dieser beiden Kurven k_{C_2} und k_{B_1} wird durch den Drehstreckungsfaktor ε nach (2.43) bestimmt.

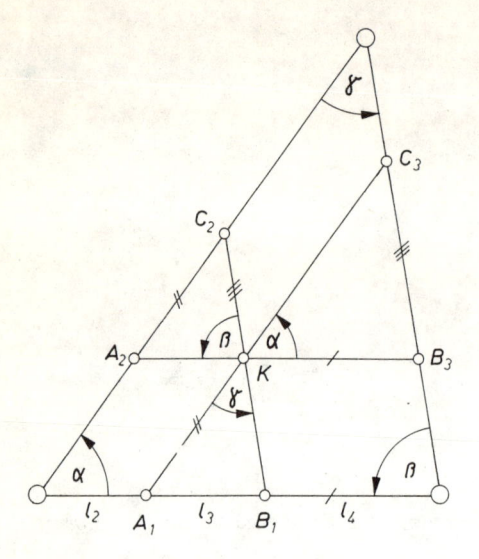

Bild 2.58: Zeichnerische Ermittlung der Längen der bewegten Getriebeglieder für die drei im Bild 2.57 dargestellten Viergelenkgetriebe

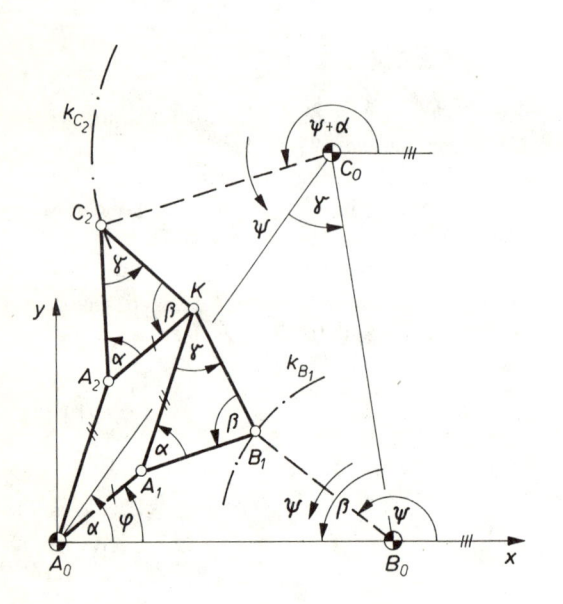

Bild 2.59: Pantograph von SYLVESTER

2.6 Viergliedrige Koppelgetriebe

Bewegt sich der Punkt B_1 auf einem Kreis um B_0, dann führt auch C_2 eine Kreisbewegung um C_0 aus (Bild 2.57). Für diese Kreisbewegung gelten die Beziehungen

$$\left.\begin{aligned} B_1 &= B_0 + \overline{B_0B_1}\mathrm{e}^{\mathrm{i}\psi}, \\ C_2 &= C_0 + \varepsilon\overline{B_0B_1}\mathrm{e}^{\mathrm{i}\psi}. \end{aligned}\right\} \qquad (2.48)$$

Unter Berücksichtigung von (2.43) ergibt sich

$$C_2 = C_0 + \frac{\overline{KC_3}}{\overline{KB_3}}\overline{B_0B_1}\mathrm{e}^{\mathrm{i}(\alpha+\psi)}$$

bzw. wegen $\overline{KC_3} = -\overline{C_0C_2}$ und $\overline{KB_3} = -\overline{B_0B_1}$

$$C_2 = C_0 + \overline{C_0C_2}\mathrm{e}^{\mathrm{i}(\alpha+\psi)}. \qquad (2.49)$$

Hinsichtlich der Geschwindigkeit und Beschleunigung beim Durchlaufen der Bahnkurven erhält man aus (2.47):

$$\left.\begin{aligned} \dot{C}_2 &= \varepsilon\dot{B}_1, \\ \ddot{C}_2 &= \varepsilon\ddot{B}_1. \end{aligned}\right\} \qquad (2.50)$$

Werden die Beziehungen (2.48) und (2.49) nach der Zeit abgeleitet, so ergeben sich:

$$\left.\begin{aligned} \dot{B}_1 &= \dot{\psi}\mathrm{i}\overline{B_0B_1}\mathrm{e}^{\mathrm{i}\psi}, \\ \dot{C}_2 &= \dot{\psi}\mathrm{i}\overline{C_0C_2}\mathrm{e}^{\mathrm{i}(\alpha+\psi)}, \end{aligned}\right\} \qquad (2.51)$$

d. h., die Punkte B_1 bzw. C_2 besitzen die gleiche Winkelgeschwindigkeit $\dot{\psi}$ bezüglich der Drehpunkte B_0 und C_0. Das bedeutet, daß die Koppelkurve des Punktes K des Viergelenkgetriebes $A_0A_1B_1B_0$ durch das Gelenkfünfeck $B_0B_1KC_2C_0$ erzeugt werden kann, dessen Kurbeln B_0B_1 und C_0C_2 sich mit derselben Winkelgeschwindigkeit drehen. Das Drehzahlverhältnis der beiden Antriebe in B_0 und C_0 ist somit $i = 1$. Das fünfgliedrige Getriebe $B_0B_1KC_2C_0$ ist aber nach Bild 2.57 aus dem Gelenkviereck $B_0B_3C_3C_0$ durch Anfügen der Parallelogramme $B_0B_3KB_1$ und $C_0C_3KC_2$ hervorgegangen. Die analoge Überlegung läßt sich auch für die beiden anderen Viergelenkgetriebe durchführen; d.h. die fünfgliedrigen Zweikurbelgetriebe $A_0A_2KB_3B_0$ und $A_0A_1KC_3C_0$ erzeugen ebenfalls dieselbe Koppelkurve des Punktes K, wenn die beiden Antriebe jeweils das Drehzahlverhältnis $i = 1$ besitzen [178, 219].

Drei Viergelenkgetriebe, die die gleiche Koppelkurve erzeugen, werden als ROBERTSsche Getriebe bezeichnet. Es läßt sich nachweisen, daß bei Gültigkeit der Beziehung (2.33) stets folgende Getriebetypen als ROBERTSsche Getriebe zusammengehören:

- Kurbelschwinge-Doppelschwinge-Kurbelschwinge,

- Doppelkurbel-Doppelkurbel-Doppelkurbel.

Bei den zugehörigen Gelenkfünfecken laufen die beiden Antriebe ($i = 1$) nur dann voll um, wenn auch die Koppel des zugehörigen Viergelenkgetriebes relativ zum Gestell eine volle Umdrehung ausführt [178] (Durchschlaglagen beachten).

Genügen die Abmessungen eines Viergelenkgetriebes der Relation (2.34), so entstehen als ROBERTSsche Getriebe nur Doppelschwingen mit nichtumlauffähiger Koppel.

Bei den zugehörigen Gelenkfünfecken führen die beiden Antriebe ($i = 1$) dann auch nur schwingende Drehbewegungen aus.

Im Bild 2.60 ist der Pantograph von SYLVESTER mit dem festen Drehpunkt C_0 und den ähnlichen Dreiecken A_2KC_2 bzw. KB_3C_3 dargestellt. Die Punkte A_2 und B_3 beschreiben Kreise um A_0 bzw. B_0. Es gilt der Streckungsfaktor nach Gleichung (2.43). Das Gelenkfünfeck $A_0A_2KB_3B_0$ erzeugt die Koppelkurve des Punktes K der beiden Kurbelschwingen $A_0A_2C_2C_0$ und $B_0B_3C_3C_0$. Für die Koppelkurven k_Q bzw. k_P der Punkte Q und P gelten die Beziehungen

$$\left. \begin{array}{rcl} Q &=& C_2 + (Q - C_2), \\ Q &=& \varepsilon_C(P - C_3) + \varepsilon_C C_3, \\ Q &=& \varepsilon_C P. \end{array} \right\} \qquad (2.52)$$

Dabei liegt der Ursprung der GAUSSschen Zahlenebene in C_0 und für den Drehstreckungsfaktor ε_C ergibt sich

$$\varepsilon_C = \frac{\overline{C_3K}}{\overline{C_3P}} \mathrm{e}^{-\mathrm{i}\delta} = \frac{\overline{C_2Q}}{\overline{C_2K}} \mathrm{e}^{-\mathrm{i}\delta}. \qquad (2.53)$$

Die Koppelkurve k_Q bzw. k_P wird von dem Viergelenkgetriebe $A_0A_2C_2C_0$ bzw. $B_0B_3C_3C_0$ erzeugt. Beide Koppelkurven sind ähnlich und werden durch das Gelenkfünfeck $A_0A_2KB_3B_0$ realisiert. Des weiteren ist die Möglichkeit gegeben, die Koppelkurve eines Gelenkvierecks, z.B. $A_0A_2C_2C_0$ durch ∞^2 verschiedene Gelenkfünfecke zu erzeugen, da der zweite Lagerpunkt B_0 beliebig in der Ebene gewählt werden kann. Diese Erkenntnis ist für praktische Anwendungen sehr wichtig und soll daher an Hand eines Beispieles erläutert werden.

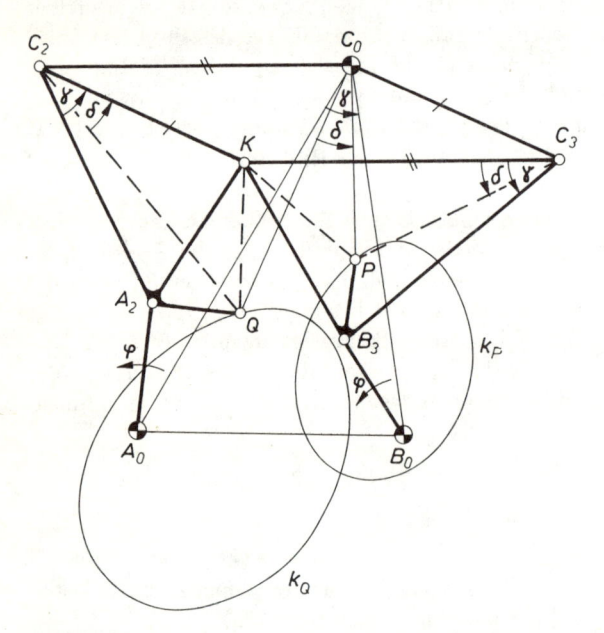

Bild 2.60: Kurvendarstellung mit Hilfe des SYLVESTERschen Pantographen; $k_P, k_Q \to$ ähnliche Koppelkurven mit Drehstreckungsfaktor ε_C nach (2.53)

2.6 Viergliedrige Koppelgetriebe

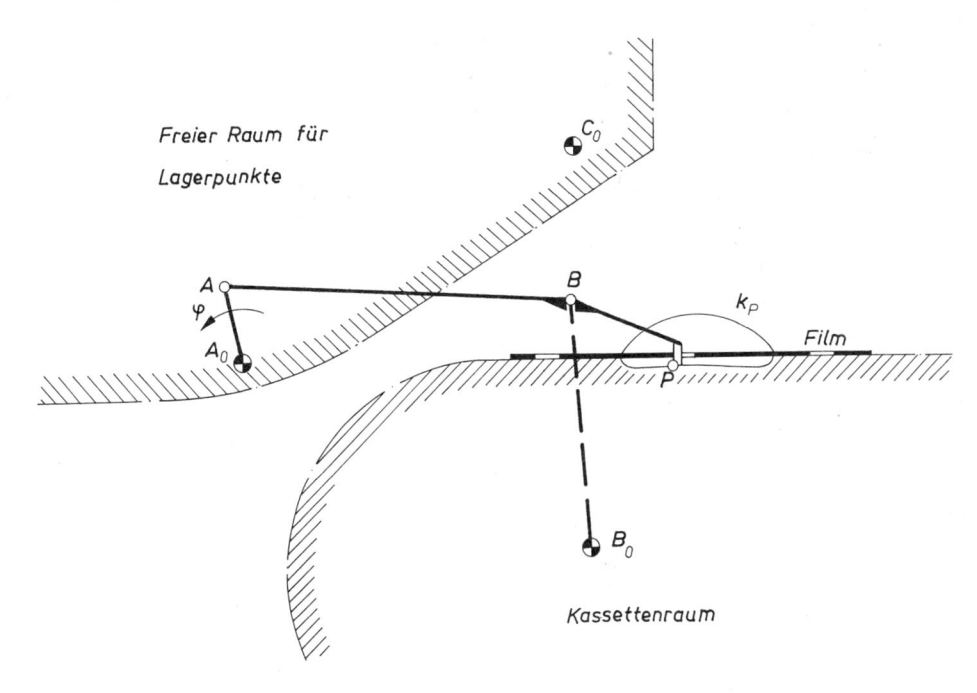

Bild 2.61: Viergliedriges Filmgreifergetriebe A_0ABB_0 in Filmaufnahmekamera, Schwingendrehpunkt B_0 im Kassettenraum

Im Bild 2.61 ist ein Führungsgetriebe für den ruckweisen Filmtransport dargestellt. Das Getriebe wurde nach vorgegebenen praktischen Forderungen mit Hilfe der Maßsynthese (Kapitel 4) in seinen Abmessungen festgelegt [71]. Die Lage des Schwingendrehpunktes B_0 ist im Bereich des Kassettenraumes nicht realisierbar. Oberhalb der Filmführungsebene ist jedoch freier Raum für Lagerpunkte vorhanden (Bild 2.61).

Nach den dargelegten Gesetzmäßigkeiten läßt sich die Koppelkurve k_P des Punktes P durch ∞^2 fünfgliedrige Koppelgetriebe erzeugen (Bild 2.62). Der neue Lagerpunkt C_0 wird in dem freien Raum nach Bild 2.61 beliebig gewählt und B_0 als Drehpunkt des SYLVESTERschen Pantographen betrachtet. Man zeichnet das Parallelogramm $B_0B_2KB_3$ unter Beachtung der ähnlichen Dreiecke

$$\triangle A_0B_0C_0 \sim \triangle A_2B_2K.$$

Auf den in K gelenkig verbundenen Parallelogrammseiten werden ebenfalls ähnliche Dreiecke errichtet, die folgender Beziehung genügen:

$$\triangle A_0B_0C_0 \sim \triangle A_2B_2K \sim \triangle KB_3C_3. \tag{2.54}$$

Sodann lassen sich folgende Relationen angeben:

$$\left.\begin{aligned}
C_3 &= B_3 + (C_3 - B_3), \\
C_3 &= \varepsilon_B(A_2 - B_2) + \varepsilon_B B_2, \\
C_3 &= \varepsilon_B A_2.
\end{aligned}\right\} \tag{2.55}$$

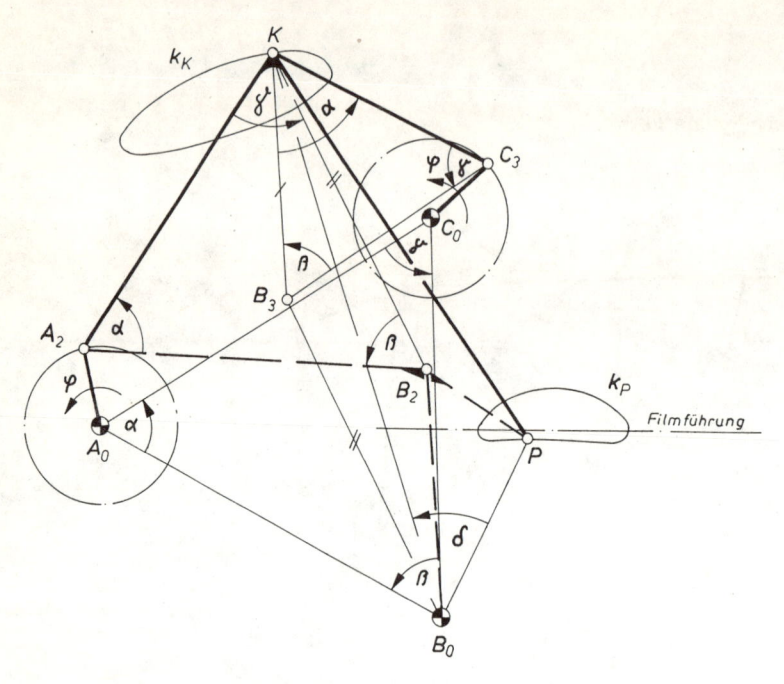

Bild 2.62: Erzeugung der Koppelkurve k_P des Bildes 2.61 mittels Fünfgelenkgetriebe A_0AKCC_0 ($i = 1$), C_0 im Freiraum für Lagerpunkte, s. Bild 2.61

Hierin bedeutet ε_B den Drehstreckungsfaktor

$$\varepsilon_B = \frac{\overline{B_2K}}{\overline{B_2A_2}} e^{-i\beta} = \frac{\overline{B_3C_3}}{\overline{B_3K}} e^{-i\beta}. \tag{2.56}$$

Da aber A_0A_2 eine umlaufende Antriebskurbel darstellt, ist entsprechend (2.55) auch C_0C_3 umlaufend. Das Drehzahlverhältnis $i = 1$ dieser beiden Kurbeln ist z.B. durch drei Zahnräder (Bild 2.63), durch Riemen- oder Kettentrieb realisierbar.

Bei der Schubkurbel ist nach SCHMID [225] eine zweifache Erzeugung der Koppelkurve des Punktes K möglich, siehe Bild 2.64. Auch hier lassen sich die Beziehungen ausgehend von dem SYLVESTERschen Pantographen ableiten. Dabei ist darauf zu achten, daß in den gegenüberliegenden Gelenkpunkten A_1 und A_2 des Parallelogramms ein Winkel des Koppeldreiecks, z.B. α, anzutragen ist. Auch die Steggeraden $A_0B_0^\infty$ und $A_0C_0^\infty$ erscheinen von A_0 aus unter demselben Winkel α, wobei $A_0A_1B_1B_0^\infty$ als Ausgangsgetriebe zu betrachten ist (Bild 2.64). Damit ist auch die Versetzung e_2 des zweiten Getriebes festgelegt.

Unter Zugrundelegung der Bedingung (2.40) ergeben sich bei der Schubkurbel nur ROBERTSsche Getriebe, nämlich Schubkurbel und Schubschwinge. Genügen die Gliedabmessungen der Beziehung (2.41), dann entstehen nur Schubschwingen mit nichtumlaufender Koppel. Für die Koppelkurven der Kurbelschleife gibt es kein weiteres viergliedriges Erzeugungsgetriebe.

2.6 Viergliedrige Koppelgetriebe

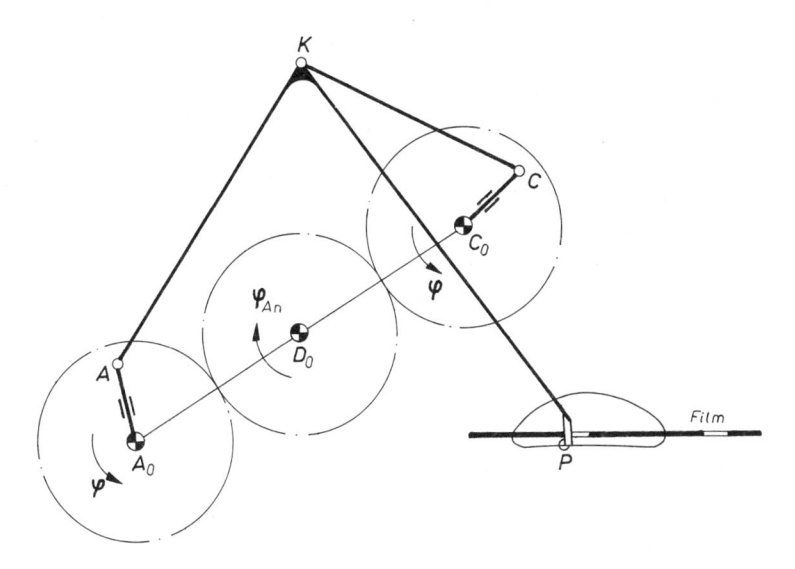

Bild 2.63: Gelenkfünfeck als Filmgreifergetriebe mit $i = 1$ durch Zahnradübersetzung

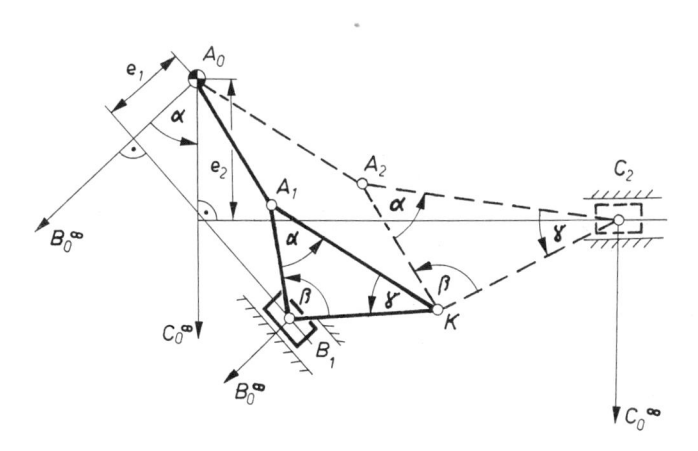

Bild 2.64: Zweifache Erzeugung der Koppelkurve einer Schubkurbel

Eine weitere Anwendung des Theorems von ROBERTS/TSCHEBYSCHEW stellt die Erzeugung einer krummlinigen Schiebung dar, siehe Bild 2.65. Die Koppelkurve k_C des Punktes K werde durch das Viergelenkgetriebe $A_0A_1B_1B_0$ erzeugt. Nach dem o.g. Theorem läßt sich das zweite Viergelenkgetriebe $C_0C_3B_3B_0$ entsprechend Bild 2.57 finden, das dieselbe Koppelkurve k_C verwirklicht. Die beiden Kurbeln A_0A_1 und C_0C_3 besitzen aber die gleiche Winkelgeschwindigkeit ω. Eine Parallelverschiebung des Getriebes $C_0C_3B_3B_0$ nach $C_0'C_3'B_3'B_0'$ bewirkt, daß in A_0 die Antriebskurbel $A_1A_0C_3'$ als Dreigelenkglied entsteht und der Koppelpunkt K' genau die gleiche Koppelkurve k_C beschreibt [153]. Somit können die gestrichelt gezeichneten Gliedlängen $\overline{B_0'B_3'}$, $\overline{C_3'B_3'}$

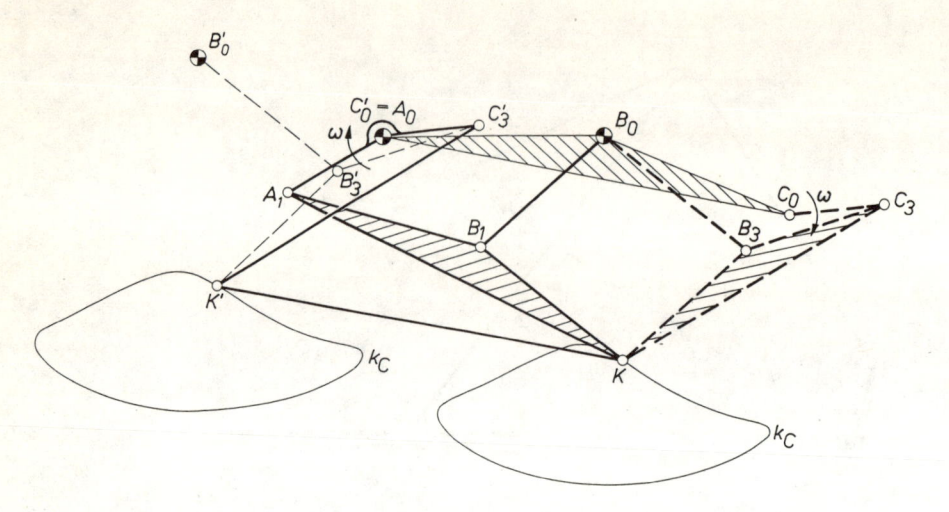

Bild 2.65: Führungsgetriebe nach HAIN zur Erzeugung einer krummlinigen Schiebung

und $\overline{B'_3K'}$ entfallen. Die Koppelebene KK' des sechsgliedrigen Zweistandgetriebes $A_0A_1C'_3K'KB_1B_0$ führt somit eine Parallelbewegung aus, die auf Grund der Koppelkurvenform k_C als Parallelführung einer Ebene auf gekrümmten Bahnen *(Kurvenschiebung)* bezeichnet werden kann, siehe Bild 2.66.

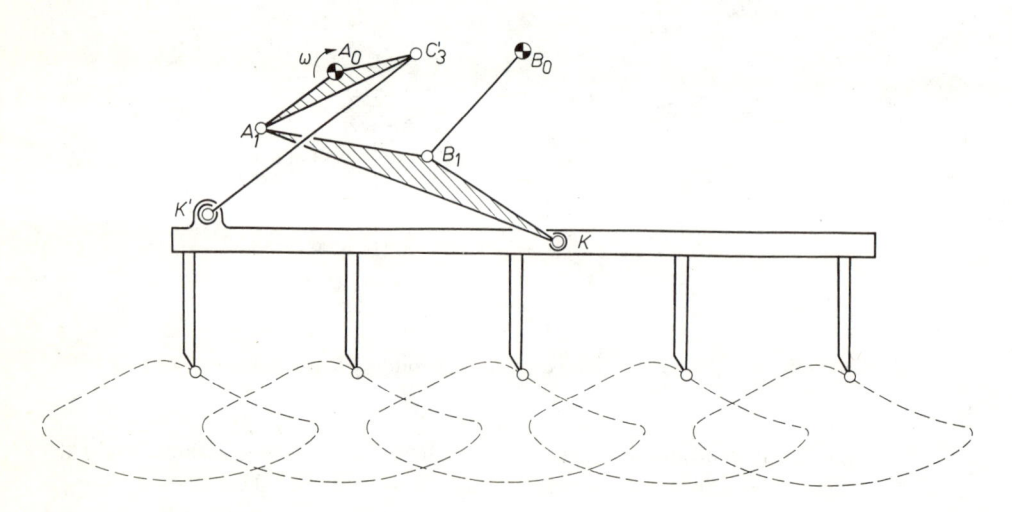

Bild 2.66: Sechsgliedriges Getriebe zur Förder- und Wendebewegung von Verarbeitungsgut

3 Grundlagen der ebenen Kinematik

3.1 Ebene Bewegung

Zur rechnerischen Erfassung der ebenen Bewegung wird die GAUSSsche Zahlenebene zugrunde gelegt. Des weiteren werden $E_1(M_1, x_1, y_1)$ als ruhende Ebene oder *Rastebene* sowie $E_3(M_3, x_3, y_3)$ als bewegte Ebene oder *Gangebene* eingeführt; siehe Bild 3.1. Der Drehwinkel φ_{31} gilt als *Bewegungsparameter*, was der Annahme einer gleichmäßigen Drehung $\varphi_{31} \sim t$ gleichkommt.

Der Punkt X wird im *Gangsystem* mit X_3 bezeichnet und ist in E_3 durch die Koordinaten (x_3, y_3) festgelegt. Im *Rastsystem* E_1 wird er mit X_1 bezeichnet und ist durch die Koordinaten (x_1, y_1) bestimmt. Die Bewegung der Ebene E_3 relativ zu der Ebene E_1 wird mit B bezeichnet [78]. Im Verlaufe dieser Bewegung beschreibt der Punkt X im Rastsystem E_1 eine Bahnkurve, die durch die Beziehung

$$X_1 = M_3 + X_3 e^{i\varphi_{31}} \tag{3.1}$$

festgelegt ist; diese Beziehung soll auch als *Führungsfunktion 0. Ordnung* bezeichnet werden.

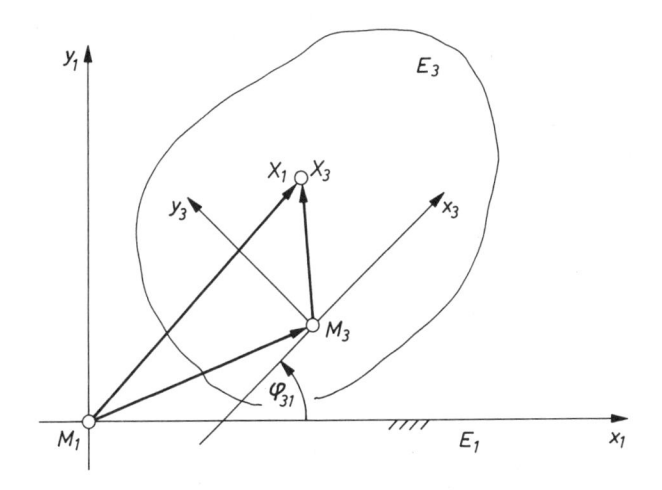

Bild 3.1: Bewegung der Gangebene $E_3(M_3, x_3, y_3)$ relativ zur Rastebene $E_1(M_1, x_1, y_1)$

Für einen Beobachter in der Ebene E_3 befindet sich dieselbe in Ruhe, und die Ebene E_1 führt eine Relativbewegung zu E_3 aus, die als *Umkehrbewegung* B^* bezeichnet wird. Die Bahnkurve des Punktes X in der Ebene E_3 wird sodann durch die Relation

$$X_3 = (X_1 - M_3)\mathrm{e}^{-\mathrm{i}\varphi_{31}} \tag{3.2}$$

beschrieben.

Für die allgemeine ebene Bewegung B der Ebene E_3 gegenüber E_1 mit $X_3 = const$ lassen sich sodann, ausgehend von (3.1), durch Differentiation nach dem Bewegungsparameter φ_{31} folgende Beziehungen angeben:

$$\left.\begin{aligned}
X_1' &= M_3' + X_3 \mathrm{i}\,\mathrm{e}^{\mathrm{i}\varphi_{31}}, \\
X_1'' &= M_3'' + X_3 \mathrm{i}^2 \mathrm{e}^{\mathrm{i}\varphi_{31}}, \\
X_1''' &= M_3''' + X_3 \mathrm{i}^3 \mathrm{e}^{\mathrm{i}\varphi_{31}}, \\
&\vdots \\
X_1^{(n)} &= M_3^{(n)} + X_3 \mathrm{i}^n \mathrm{e}^{\mathrm{i}\varphi_{31}}.
\end{aligned}\right\} \tag{3.3}$$

Sie werden als Führungsfunktion 1. bis n. Ordnung bezeichnet.

3.1.1 Momentanpol und Polkette

Werden in den Relationen (3.3) die Ableitungen $X_1'; X_1''; X_1'''\ldots$ gleich Null gesetzt, so entsteht nach BEREIS [119, 120] unter Berücksichtigung der Gleichung (3.2) die *Polkette* der ebenen Bewegung. Die Bezeichnung $X_1' = 0$ bedeutet, daß sich der Punkt X_1 in diesem Augenblick in Ruhe befindet. Es gilt:

$$X_1' = 0 = M_3' + (X_1 - M_3)\mathrm{i} \tag{3.4}$$

bzw.

$$X_1 = P_1 = M_3 - M_3'/\mathrm{i} = P. \tag{3.5}$$

Dabei ist $P_1 = P$ der 1. Pol der Bewegung, der sog. *Momentanpol*. Zwei unendlich benachbarte Lagen der Ebene E_3 gegenüber der Rastebene E_1 können durch eine Momentandrehung um P ineinander übergeführt werden. Der Momentanpol P ist somit der selbstentsprechende Punkt der beiden Ebenen E_3 und E_1. Die zweite Differentiation nach φ_{31} liefert:

$$X_1'' = 0 = M_3'' + (X_1 - M_3)\mathrm{i}^2 \tag{3.6}$$

bzw.

$$X_1 = P_2 = M_3 - M_3''/\mathrm{i}^2 = M_3 + M_3''. \tag{3.7}$$

P_2 ist der zweite Pol der Bewegung; er wird auch als *Wendepol* W bezeichnet. Die weiteren Ableitungen ergeben die Pole $P_3, P_4, \ldots P_n$ (3. bis n-ter Pol der Bewegung):

3.1 Ebene Bewegung

$$\left.\begin{aligned}
X_1''' &= 0 = M_3''' + (X_1 - M_3)\mathrm{i}^3, \\
X_1 &= P_3 = M_3 - M_3'''/\mathrm{i}^3, \\
&\vdots \quad \vdots \quad \vdots \\
X_1^{(n)} &= 0 = M_3^{(n)} + (X_1 - M_3)\mathrm{i}^n, \\
X_1 &= P_n = M_3 - M_3^{(n)}/\mathrm{i}^n.
\end{aligned}\right\} \tag{3.8}$$

Für den Momomentanpol $P_1 = P$ läßt sich die Beziehung

$$P_1 = X_1 - X_1'/\mathrm{i} \quad \text{bzw.} \quad X_1' = (X_1 - P_1)\mathrm{i} \tag{3.9}$$

angeben. Der Beweis hierzu wird durch Einsetzen der entsprechenden Beziehungen (3.1) und (3.3) in (3.9) wie folgt geführt:

$$P_1 = M_3 + X_3 \mathrm{e}^{\mathrm{i}\varphi_{31}} - M_3'/\mathrm{i} - X_3 \mathrm{e}^{\mathrm{i}\varphi_{31}} = M_3 - M_3'/\mathrm{i}.$$

Aus der Beziehung (3.9) resultiert folgender Lehrsatz:

> *Werden die in den Systempunkten X_1 angehefteten 1. Ableitungsvektoren X_1' um $90°$ gedreht (Bild 3.2), so fallen ihre Spitzen im 1. Pol der Bewegung, dem sog. Momentanpol P, zusammen.*

Der Momentanpol P ist somit der Schnittpunkt der *Bahnnormalen* aller Punkte einer bewegten Ebene. Die Bewegung der Ebene kann im betrachteten Augenblick durch eine Drehung um den Momentanpol ersetzt werden. In analoger Weise gelten entsprechend Bild 3.2 die Relationen:

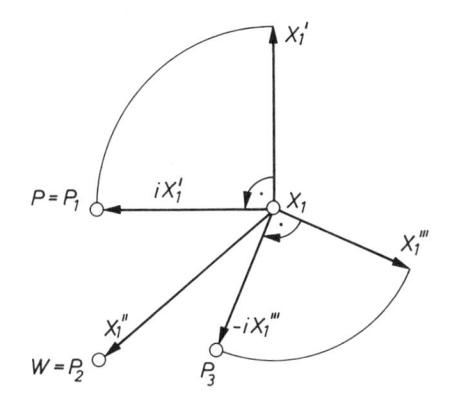

$$\left.\begin{aligned}
P_2 &= X_1 - X_1''/\mathrm{i}^2, & X_1'' &= (X_1 - P_2)\mathrm{i}^2, \\
P_3 &= X_1 - X_1'''/\mathrm{i}^3, & X_1''' &= (X_1 - P_3)\mathrm{i}^3, \\
&\vdots & &\vdots \\
P_n &= X_1 - X_1^{(n)}/\mathrm{i}^n, & X_1^{(n)} &= (X_1 - P_n)\mathrm{i}^n.
\end{aligned}\right\} \tag{3.10}$$

Bild 3.2: Ermittlung der Polkette $P_1, P_2 \ldots P_n$ einer ebenen Bewegung nach Bild 3.1 in der GAUSSschen Zahlenebene

3.1.2 Polbahnen

Zu jedem Winkel φ_{31} gehört ein Momentanpol P. Es entsteht somit im Verlaufe des Bewegungsvorganges B im Rastsystem E_1 die Rastpolkurve, auch *Rastpolbahn p* genannt (Bild 3.3). Sie ist durch die Beziehung (3.5) festgelegt, und es läßt sich unter Berücksichtigung von Abschnitt 3.1.1 der folgende Lehrsatz aufstellen:

> *Der geometrische Ort aller Momentanpole P im Rastsystem ist die Rastpolbahn p.*

Bei der Umkehrbewegung B^* (*kinematische Umkehrung*) entsteht die Gangpolkurve, auch *Gangpolbahn q* genannt, in der Ebene E_3. Geht man nach Bild 3.4 von der Beziehung

$$P_1 = M_3 + Q_1 e^{i\varphi_{31}} \tag{3.11}$$

aus, dann ergibt sich unter Berücksichtigung von (3.5)

$$M_3 - M_3'/i = M_3 + Q_1 e^{i\varphi_{31}}$$

bzw.

$$Q_1 = -(M_3'/i)e^{-i\varphi_{31}} = M_3' i e^{-i\varphi_{31}} \tag{3.12}$$

als Gleichung für die Gangpolbahn q in der Ebene E_3.

Rast- und Gangpolbahn werden auch als *Polbahnen der relativen Bewegung* bezeichnet. Der Tangentenvektor an die Rastpolbahn p im System E_1 lautet:

$$P_1' = M_3' - M_3''/i, \tag{3.13}$$

während der Tangentenvektor an die Gangpolbahn q im System E_3 der Beziehung

$$Q_1' = (M_3' - M_3''/i)e^{-i\varphi_{31}} \tag{3.14}$$

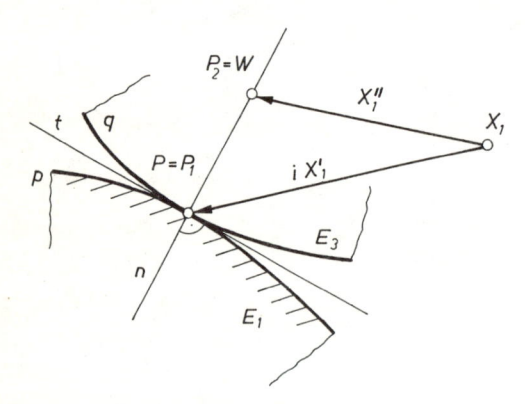

Bild 3.3: Rastpolbahn p in Rastebene E_1 und Gangpolbahn q in bewegter Ebene E_3, Berührung im Momentanpol $P_1 = P$, $t \to$ *Polbahntangente*, $n \to$ *Polbahnnormale*

3.1 Ebene Bewegung

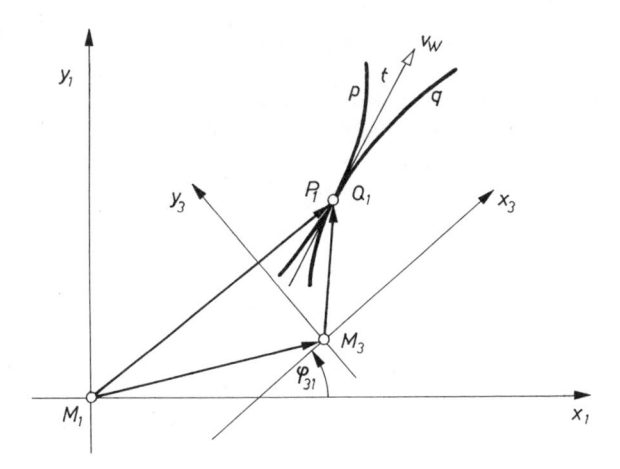

Bild 3.4: p und q als Polbahnen der relativen Bewegung, $v_W \to$ Polwechselgeschwindigkeit in Richtung der Polbahntangente t

genügt; d.h., beide Vektoren fallen für jeden Wert von φ_{31} entsprechend Bild 3.4 in einer Richtung, der sog. *Polbahntangente* t, zusammen. Die Beträge der beiden Tangentenvektoren sind für jeden φ_{31}-Wert gleich groß:

$$|P_1'| = |Q_1'|, \qquad (3.15)$$

d.h. die Polbahnen p und q rollen aufeinander ab, ohne zu gleiten. Daraus resultiert der folgende Lehrsatz:

Die Relativbewegung zweier Ebenen läßt sich durch das Abrollen der zugehörigen Polbahnen der relativen Bewegung verwirklichen.

Die Bewegung der Ebene E_3 gegenüber der Ebene E_1 wird z.B. durch das Abrollen der Gangpolbahn q auf der Rastpolbahn p realisiert; siehe Bild 3.4. Dabei tritt unter Einbeziehung der Zeit die *Polwechselgeschwindigkeit* v_W in Richtung der Polbahntangente auf. Polbahntangente und Polwechselgeschwindigkeit sind Funktionen von φ_{31}

Im folgenden sollen Rastpolbahn p und Gangpolbahn q für eine allgemeine ebene Bewegung konstruiert werden. Bewegt sich ein Getriebeglied, dargestellt durch die Strecke $\overline{AB}$ und aufgefaßt als bewegte Ebene E_3, derart, daß A und B auf Bahnen a bzw. b wandern, so ist in jedem Augenblick der Schnittpunkt der Bahnnormalen n_A und n_B der Punkte A und B bestimmt. Dieser Schnittpunkt ist der Momentanpol P der Bewegung (Bild 3.5). Bewegt sich ein Getriebeglied aus seiner Anfangslage

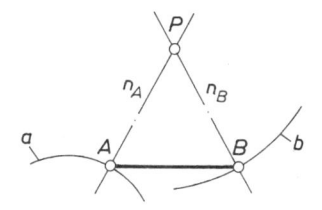

Bild 3.5: Bestimmung des Momentanpoles P

AB in die Lagen $A'B', A''B'',\ldots$ gegenüber der ruhenden Bezugsebene E_1, indem A und B auf ihren Bahnkurven a bzw. b fortschreiten, so lassen sich die Momentanpole $P, P', P'',\ldots$ als Schnittpunkte der Bahnnormalen in den Punkten $A, A', A'',\ldots$ bzw. $B, B', B'',\ldots$ finden. Die Pole $P, P', P'',\ldots$ liegen auf einer Kurve in der Bezugsebene E_1, die als Rastpolbahn p bezeichnet wird (Bild 3.6). Werden die Lagen $A'B', A''B'',\ldots$ in die Ausgangslage AB zurückbewegt, indem man beispielsweise die Seite $A'B'$ des Dreiecks $A'B'P'$ mit AB zur Deckung bringt, so gelangen $P', P'',\ldots$ in die Lagen $Q', Q'',\ldots$ und P ist identisch mit Q. Es ist dann:

$$\left.\begin{array}{l}\triangle A'B'P' \cong \triangle ABQ', \\ \triangle A''B''P'' \cong \triangle ABQ''.\end{array}\right\} \qquad (3.16)$$

Die Punkte $Q, Q', Q'',\ldots$ liegen auf einer Kurve in der bewegten Ebene E_3, die als Gangpolbahn q bezeichnet wird.

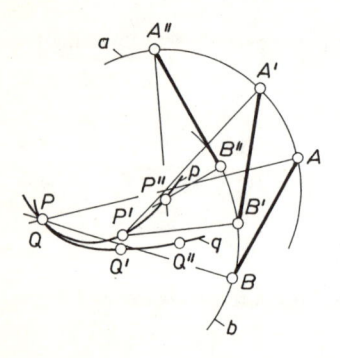

Bild 3.6: Rastpolbahn p und Gangpolbahn q einer allgemeinen ebenen Bewegung

Bei der Bewegung des Getriebegliedes AB werden die Pole $P, P', P'',\ldots$ der Reihe nach zu Momentanpolen, wobei nacheinander P mit Q, P' mit Q', P'' mit $Q'',\ldots$ zur Deckung kommen. Die Bogenelemente auf den Kurven p und q müssen nach (3.15) einander gleich lang sein, so daß bei der Bewegung die Gangpolbahn auf der Rastpolbahn abrollt, ohne zu gleiten. Die Polbahn q ist die einzige Kurve in der Ebene des Getriebegliedes, also die einzige Kurve des bewegten Systems, die beständig auf der Polbahn p abrollt, ohne zu gleiten [12, 18, 81]. In den folgenden Abschnitten wird die Konstruktion von Polbahnen bzw. Polkurven an Hand praktischer Beispiele demonstriert.

Die Polbahnen des Doppelschiebers

Die Gelenkpunkte A und B des Doppelschiebers werden im Bild 3.7 auf zwei zueinander senkrechten Geraden g_A bzw. g_B geführt. Die Normalen in A und B bilden mit den Führungsbahnen g_A und g_B stets ein Rechteck mit der Diagonalen AB, so daß auch die Entfernung des Momentanpoles vom Kreuzungspunkt 0 konstant bleibt. Der Kreis mit dem Radius AB um 0 ist die ruhende Polbahn p, und der Momentanpol ist stets die Spitze eines rechtwinkligen Dreiecks über der Basis AB. Der THALES-Kreis über AB ist daher die Gangpolbahn q. Die Bewegung der Koppel AB des Doppel-

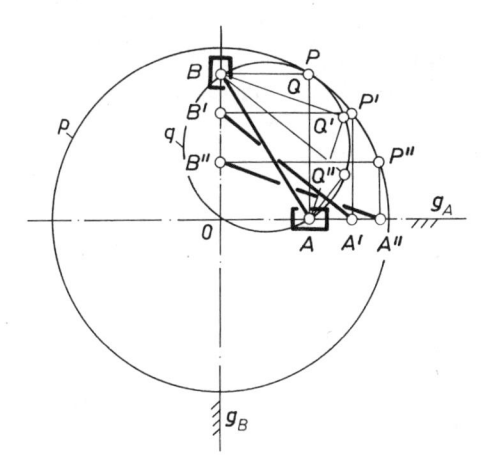

Bild 3.7: Polbahnen p und q eines Doppelschiebers als Kardankreispaar

schiebers kann daher auch durch das Abrollen des kleinen Kreises q (Gangpolbahn) in dem doppelt so großen Kreis p (Rastpolbahn) erzeugt werden. Beide Kreise bilden das sog. *Kardankreispaar*.

Die Polbahnen der Kurbelschwinge

Die beiden Kurvenäste der bewegten Polbahn q schneiden sich in B (Bild 3.8) und die der ruhenden Polbahn p in B_0. In zwei Stellungen des Getriebes sind Kurbel und

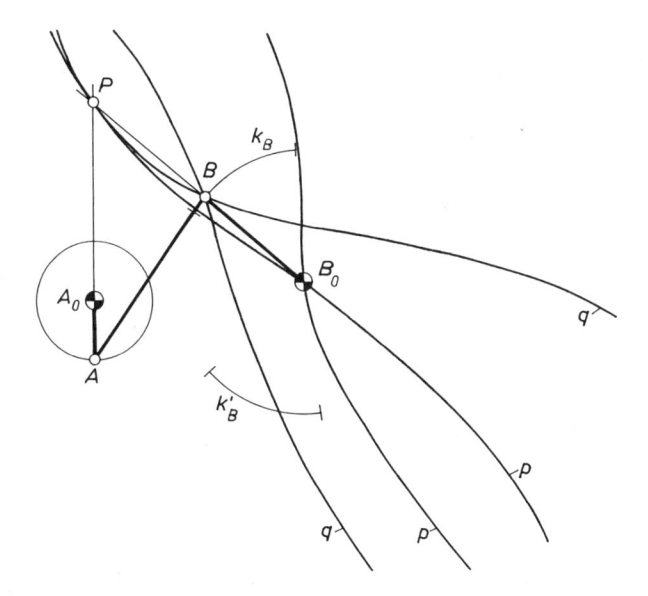

Bild 3.8: Polbahnen p und q der Kurbelschwinge: k_b, k_b' → zwei Bewegungsbereiche der Kurbelschwinge

Schwinge parallel, so daß die zugehörigen Momentanpole im Unendlichen liegen. Bei Konstruktion der bewegten Polbahn q wird das Prinzip der kinematischen Umkehrung mit herangezogen. Dabei werden die Koppel AB als ruhende Ebene und das Gestell A_0B_0 als bewegte Ebene betrachtet. Die Punkte A_0 bzw. B_0 beschreiben sodann Kreise um A bzw. B und die zugehörigen Bahnnormalen A_0A bzw. B_0B schneiden sich jeweils in Punkten der Gangpolbahn q.

Anwendung der Polbahnen beim Wälzhebelgetriebe

Die Abnutzung von Wälzkurven ist gering, wenn beide Kurven aufeinander abrollen, ohne zu gleiten. Am Beispiel einer Ventilsteuerung soll die Konstruktion von Wälzkurven als Polbahnen der relativen Bewegung veranschaulicht werden. Für den Antriebshebel wird als Wälzkurve eine Gerade vorgeschrieben; die Gegenkurve ist zu konstruieren (Bild 3.9). Die Pole der relativen Bewegung müssen nach dem Theorem von ARONHOLD/KENNEDY, siehe Abschnitt 3.2.3, stets auf der Verbindungsgeraden A_0B_0 liegen und teilen diese im augenblicklichen Übersetzungsverhältnis. Im Falle der Getriebestellung des Bildes 3.9 ist es der Pol P, der mit Q zusammenfällt. Einem Punkt P_1' der Kurve 1 entspricht im Berührungsfall mit der Kurve 2 der Pol P_1 auf A_0B_0 (Kreis um A_0 durch P_1'). Bei Berührung der Kurven in P_1 fällt P_1 mit Q_1 zusammen. Q_1' der Kurve 2 hat von B_0 die Entfernung $\overline{B_0Q_1}$ (Kreis mit $\overline{B_0Q_1}$ um B_0). Da beide Kurven aufeinander abrollen, ohne zu gleiten, muß das Bogenelement QQ_1' gleich der Strecke $\overline{PP_1'}$ sein.

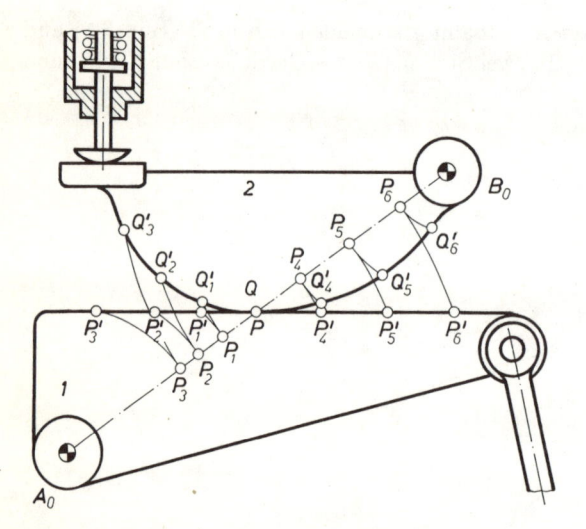

Bild 3.9: Polbahnen der relativen Bewegung bei einem Wälzhebelgetriebe

3.1.3 Krümmungsmittelpunkte der Bahnkurven

Der Punkt X der Gangebene E_3 beschreibt im Verlaufe der ebenen Bewegung B in der Rastebene E_1 die Bahnkurve k_X, die durch die Beziehung (3.1) festgelegt ist. Zwei unendlich benachbarte Lagen des Punktes X_1 im Rastsystem bestimmen

3.1 Ebene Bewegung

die *Bahntangente* t_X und die *Bahnnormale* n_X an die Bahnkurve k_X, siehe Bild 3.10. Dabei zeigt der Ableitungsvektor X_1' in Richtung der Bahntangente t_X, und der Momentanpol P_1 ist durch die Relation (3.9) festgelegt.

Drei unendlich benachbarte Lagen des Punktes X_1 bestimmen den *Krümmungskreis* k_R, dessen Mittelpunkt in X_0 liegt; der *Krümmungsradius* ist r. Für den *Krümmungsmittelpunkt* X_0 gilt nach Bild 3.10 die Beziehung:

$$(X_0 - X_1, X_1') = 0. \tag{3.17}$$

Daraus folgt nach Differentiation mit $X_0' = 0$ (X_0 fest im betrachteten Augenblick):

$$(X_0 - X_1, X_1'') + (-X_1', X_1') = 0. \tag{3.18}$$

Die Gleichungen (3.17) und (3.18) sind Geradengleichungen und bilden ein lineares Gleichungssystem für X_0, das auf folgende Form gebracht werden kann:

$$\left. \begin{array}{rcl} X_0 \overline{X}_1' + \overline{X}_0 X_1' &=& 2 \cdot (X_1, X_1'), \\ X_0 \overline{X}_1'' + \overline{X}_0 X_1'' &=& 2 \cdot ((X_1, X_1'') + (X_1', X_1')). \end{array} \right\} \tag{3.19}$$

Aus (3.19) läßt sich X_0 berechnen zu:

$$X_0 = 2 \frac{X_1''(X_1, X_1') - X_1'((X_1, X_1'') + (X_1', X_1'))}{X_1'' \overline{X}_1' - \overline{X}_1'' X_1'}. \tag{3.20}$$

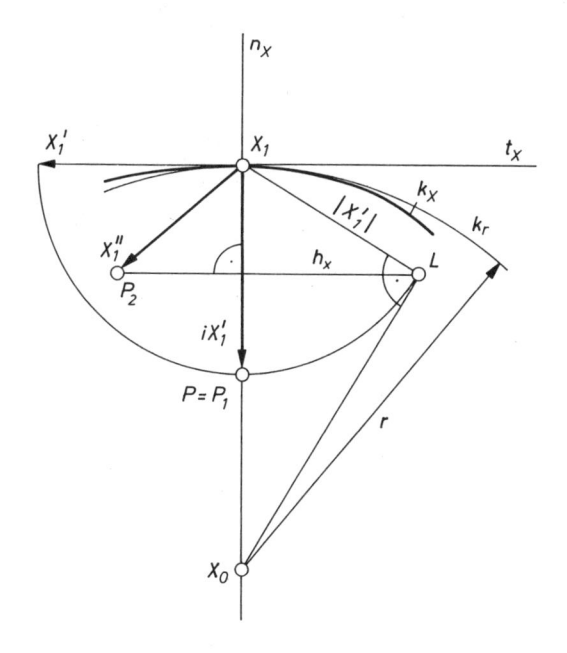

Bild 3.10: Momentanbewegung des Punktes X im Rastsystem E_1: $k_X \to$ Bahnkurve, $t_X \to$ Bahntangente, $n_X \to$ Bahnnormale, $r \to$ Krümmungsradius, $X_0 \to$ Krümmungsmittelpunkt

Ausrechnen der inneren Produkte im Zähler und entsprechende Umformungen liefern schließlich:

$$X_0 = X_1 + \mathrm{i} \frac{X_1'}{(X_1', X_1')^{1/2}} \cdot \frac{(X_1', X_1')^{3/2}}{[X_1', X_1'']}. \tag{3.21}$$

Der Ausdruck

$$r = \frac{(X_1', X_1')^{3/2}}{[X_1', X_1'']} \tag{3.22}$$

ist der Krümmungsradius r. Damit läßt sich r in jedem Punkt der Bahnkurve k_X berechnen bzw. entsprechend Bild 3.10 zeichnerisch ermitteln. Dieses grafische Verfahren ist die bekannte Konstruktion nach BEREIS [119], die einer geometrischen Interpretation der Gleichung (3.18) entspricht.

3.1.4 Die Euler–Savarysche Gleichung

Die Krümmungsverhältnisse von Bahnkurven beliebiger Punkte des Gangsystems E_3 sind im Rastsystem E_1 unter Einbeziehung von Polbahntangente t und Polbahnnormale n durch die EULER-SAVARYsche Gleichung festgelegt. Dabei ist t die Tangente und n die Normale im Punkte $P = P_1$ an die Rastpolbahn p; siehe Bild 3.11. Ausgehend von der Beziehung (3.5) für den Momentanpol $P = P_1$ ergibt sich:

$$\left. \begin{array}{rcl} P_1 & = & M_3 + \mathrm{i} M_3', \\ P_1' & = & M_3' + \mathrm{i} M_3''. \end{array} \right\} \tag{3.23}$$

Desweiteren erhält man aus (3.1) und (3.3)

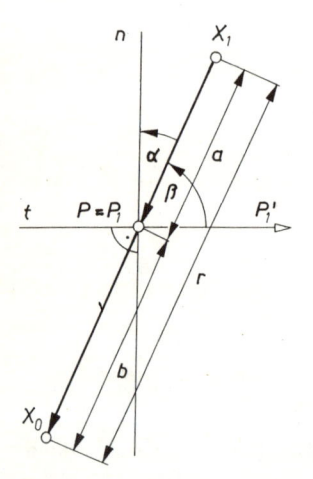

$$X_1'' = M_3'' - (X_1 - M_3) \tag{3.24}$$

Bild 3.11: Grundfigur zur Ableitung der EULER-SAVARYschen Gleichung

3.1 Ebene Bewegung

sowie unter Berücksichtigung von (3.23)

$$X_1'' = (P_1 - X_1) - \mathrm{i}P_1'. \tag{3.25}$$

Die Beziehung (3.25) wird in (3.18) eingesetzt, so daß sich nach verschiedenen Umformungen die Relation

$$(X_0 - X_1, P_1 - X_1) - (X_0 - X_1, \mathrm{i}P_1') = (X_1 - P_1, X_1 - P_1) \tag{3.26}$$

ableiten läßt. Die inneren Produkte werden nun unter Einbeziehung der Größen des Bildes 3.11 ausgewertet, so daß sich

$$ra - r|P_1'|\cos\alpha = a^2$$

bzw.

$$\frac{1}{|P_1'|} = \left(\frac{1}{a} + \frac{1}{b}\right)\cos\alpha \tag{3.27}$$

ergibt. Die Beziehung (3.27) stellt die sog. EULER-SAVARYsche Gleichung dar. In dem Abschnitt 3.1.6 wird die Gültigkeit des Ausdruckes

$$|P_1'| = w \tag{3.28}$$

nachgewiesen, wobei w den Durchmesser des *Wendekreises* k_W darstellt. Gleichung (3.27) gilt, wenn die zugeordneten Punkte X_0 und X_1 auf verschiedenen Seiten des Momentanpoles liegen. Befinden sich X_0 und X_1 von P aus gesehen auf einer Seite, dann muß ein Minuszeichen eingefügt werden, so daß die komplette EULER-SAVARYsche Gleichung

$$\left(\frac{1}{a} \pm \frac{1}{b}\right)\cos\alpha = \frac{1}{w} \tag{3.29}$$

bzw.

$$\left(\frac{1}{a} \pm \frac{1}{b}\right)\sin\beta = \frac{1}{w} \tag{3.30}$$

lautet. Der Winkel β wird zwischen der Polbahntangente t und dem Polstrahl PX_1 gemessen; es gilt:

$$\alpha + \beta = \frac{\pi}{2}. \tag{3.31}$$

Bahnpunkt und zugehöriger Krümmungsmittelpunkt werden im folgenden als zugeordnete Punkte bezeichnet.

3.1.5 Der Satz von Bobillier

Betrachtet man zwei Paare zugeordneter Punkte, z.B. X_0X_1 und Y_0Y_1 (Bild 3.12), so läßt sich momentan, d.h. für drei unendlich benachbarte Lagen, die Bewegung der Koppelebene X_1Y_1 durch ein Gelenkviereck $X_0X_1Y_1Y_0$ ersetzen. Koppel- und Gestellgerade schneiden sich in dem Punkt Q; die Verbindungsgerade PQ wird als *Kollineationsachse* bezeichnet [16]. Desweiteren seien für den vorgeschriebenen Bewegungszustand die Polbahntangente t und die Polbahnnormale n bekannt. Es gilt sodann der folgende Satz von BOBILLIER:

Die Polbahntangente t und die Kollineationsachse PQ schließen bei zwei Paaren von zugeordneten Punkten, z.B. X_0X_1 und Y_0Y_1, mit den benachbarten Polstrahlen den entgegengesetzt gleichen Winkel β ein.

Der Beweis dieses Lehrsatzes erfolgt hier deduktiv, wobei der Ursprung der GAUSSschen Zahlenebene mit $P = P_1$ und die x-Achse mit der Polbahntangente t zusammenfällt. Aus der Gleichheit der Winkel β ergibt sich die Gleichheit der Winkel φ.

Zunächst wird der Punkt Q als Schnittpunkt der Geraden X_0Y_0 und g_Q berechnet, siehe Bild 3.12. Die zugehörigen Gleichungen lauten:

$$Q = \lambda e^{i(2\varphi + (\alpha_x - \alpha_y))} \tag{3.32}$$

und

$$Q = X_0 + \mu(Y_0 - X_0). \tag{3.33}$$

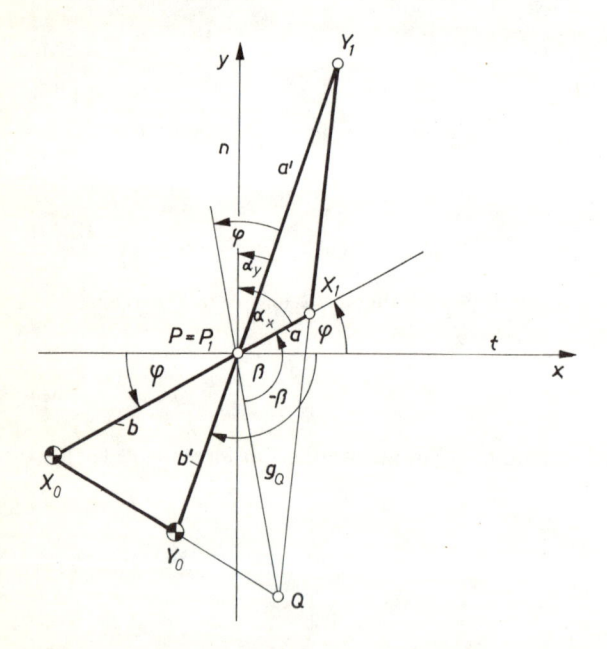

Bild 3.12: Grundfigur zur Ableitung des Lehrsatzes nach BOBILLIER

3.1 Ebene Bewegung

Zunächst wird die Beziehung (3.33) weiterentwickelt:

$$Q = -be^{i\varphi} + \mu\left(\frac{X_0 b'}{b}e^{i(\alpha_x - \alpha_y)} - X_0\right),$$

$$Q = e^{i\varphi}\left(-b + \mu(-b'e^{i(\alpha_x - \alpha_y)} + b)\right). \tag{3.34}$$

Die Gleichsetzung der Relationen (3.32) und (3.34) ergibt:

$$\lambda e^{i(\varphi + (\alpha_x - \alpha_y))} = -b + \mu(-b'e^{i(\alpha_x - \alpha_y)} + b)$$

bzw.

$$\lambda i e^{-i\alpha_y} = -b + \mu\left(b - b'e^{i(\alpha_x - \alpha_y)}\right)$$

oder

$$\lambda i = -be^{i\alpha_y} + \mu(be^{i\alpha_y} - b'e^{i\alpha_x}), \tag{3.35}$$

da

$$e^{i(\varphi + \alpha_x)} = e^{i\frac{\pi}{2}} = i \tag{3.36}$$

ist. Der Faktor μ wird durch Bildung des äußeren Produktes eliminiert, so daß man aus (3.35)

$$\lambda[i, be^{i\alpha_y} - b'e^{i\alpha_x}] = -b[e^{i\alpha_y}, be^{i\alpha_y} - b'e^{i\alpha_x}]$$

bzw.

$$\lambda = \frac{bb'[e^{i\alpha_y}, e^{i\alpha_x}]}{[i, be^{i\alpha_y} - b'e^{i\alpha_x}]} \tag{3.37}$$

erhält. Des weiteren wird der Punkt Q als Schnittpunkt der Geraden $X_1 Y_1$ und g_Q berechnet, wobei

$$Q = X_1 + \nu(Y_1 - X_1) \tag{3.38}$$

und die Beziehung (3.32) zugrunde gelegt werden. Nach Bild 3.12 ergeben sich aus (3.38) folgende Relationen:

$$Q = ae^{i\varphi} + \nu\left(X_1 e^{i(\alpha_x - \alpha_y)}\frac{a'}{a} - X_1\right),$$

$$Q = e^{i\varphi} \cdot \left(a + \nu(a'e^{i(\alpha_x - \alpha_y)} - a)\right). \tag{3.39}$$

Die Gleichsetzung der Beziehungen (3.32) und (3.39) führt schließlich zu

$$\lambda = \frac{aa'[e^{i\alpha_y}, e^{i\alpha_x}]}{[i, a'e^{i\alpha_x} - ae^{i\alpha_y}]}. \tag{3.40}$$

Da nur ein Schnittpunkt Q existiert, müssen die Relationen (3.37) und (3.40) gleich sein, und man erhält:

$$aa'[i, be^{i\alpha_y} - b'e^{i\alpha_x}] = bb'[i, a'e^{i\alpha_x} - ae^{i\alpha_y}]$$

bzw.

$$aa'(1, be^{i\alpha_y} - b'e^{i\alpha_x}) = bb'(1, a'e^{i\alpha_x} - ae^{i\alpha_y}). \tag{3.41}$$

Die Auflösung der Gleichung (3.41) führt schließlich auf die Relationen:

$$aa'(b\cos\alpha_y - b'\cos\alpha_x) = bb'(a'\cos\alpha_x - a\cos\alpha_y)$$

bzw.

$$\cos\alpha_x \left(\frac{1}{a} + \frac{1}{b}\right) = \cos\alpha_y \left(\frac{1}{a'} + \frac{1}{b'}\right); \tag{3.42}$$

d.h., die EULER-SAVARYsche Gleichung ist für die beiden zugeordneten Punkte X_0X_1 und Y_0Y_1 auf der Grundlage der BOBILLIERschen Konstruktion erfüllt. Im Bild 3.13 ist bei einem Viergelenkgetriebe A_0ABB_0 die Polbahntangente t nach diesem Konstruktionsverfahren zeichnerisch ermittelt worden.

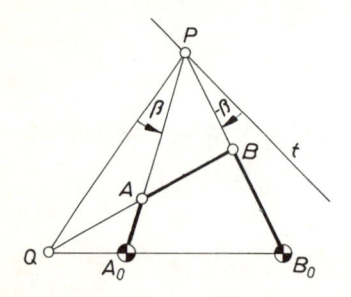

Bild 3.13: Konstruktion der Polbahntangente t am Gelenkviereck A_0ABB_0

Sind der Momentanpol und die Polbahntangente bekannt, so sind drei unendlich benachbarte Lagen einer bewegten Ebene definiert. Zu jedem Punkt der bewegten Ebene läßt sich der Krümmungsmittelpunkt nach dem BOBILLIERschen Verfahren [67] bestimmen. Nach Bild 3.14 ist ein Viergelenkgetriebe A_0ABB_0 gegeben; der Krümmungsmittelpunkt C_0 der Bahn eines Punktes C der Koppelebene ist gesucht.

Der Momentanpol P ist der Schnittpunkt der Bahnnormalen in A und B, das sind die Geraden A_0A und B_0B. Der Schnittpunkt der Geraden A_0B_0 und AB ist Q. Die Gerade PQ ist die *Kollineationsachse*. Der Winkel $APQ = \beta$ wird an PB in P in entgegengesetzter Richtung angetragen und bestimmt die Polbahntangente. Die Koppelgerade BC und der Schenkel des an PC in P angetragenen Winkels β schneiden sich in Q', dessen Verbindungsgerade mit B_0 auf der Geraden PC den Krümmungsmittelpunkt C_0 bestimmt. Das Verfahren wird leicht verständlich, wenn man B_0BCC_0 als Ersatzgelenkviereck für drei unendlich benachbarte Koppellagen betrachtet.

An den Beispielen der Schubkurbel (Bild 3.15) und der Schubschleife (Bild 3.16) werden mit Hilfe der Konstruktion von BOBILLIER die Polbahntangente t und der Krümmungsmittelpunkt K_0 der Bahnkurve des Koppelpunktes K ermittelt. Der Winkel, den die Polbahntangente t in den Bildern 3.15 und 3.16 mit der Geraden PB_0^∞ bzw. PB^∞ bildet, an PK im entgegengesetzten Sinn angetragen, ergibt mit den Geraden KB bzw. KB^∞ den Punkt Q'. Letzterer wird mit B_0^∞ bzw. B_0 verbunden und legt somit auf PK den Krümmungsmittelpunkt K_0 fest. Die Übereinstimmung des Krümmungskreises k_r mit der Bahn des Koppelpunktes ist eine dreipunktige.

3.1 Ebene Bewegung

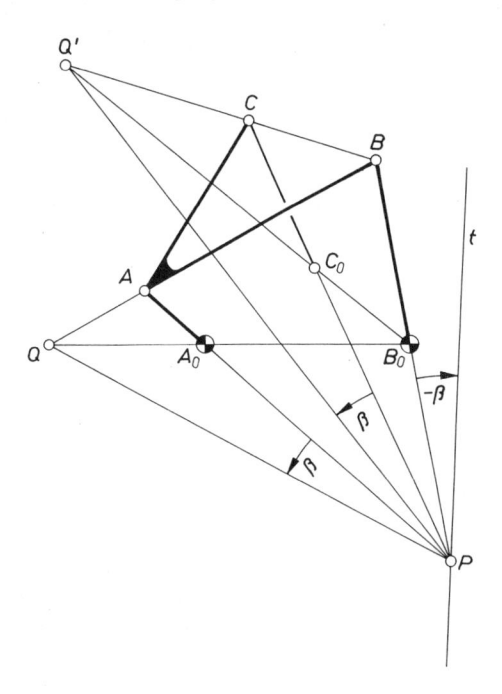

Bild 3.14: BOBILLIERsche Konstruktion zur Bestimmung des Krümmungsmittelpunktes C_0 bei einer Kurbelschwinge

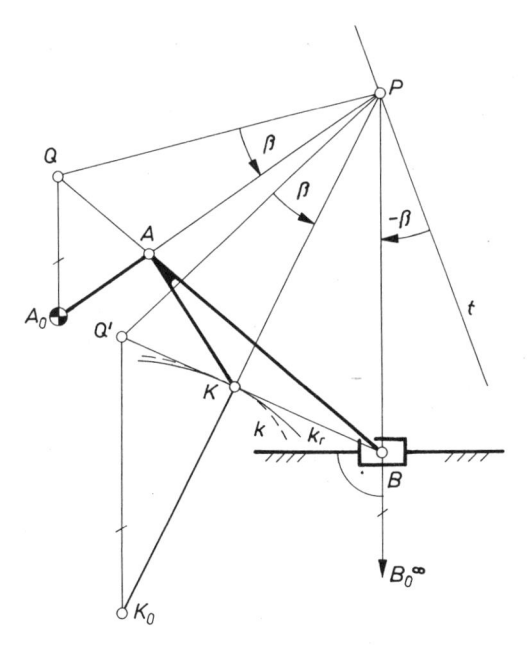

Bild 3.15: BOBILLIERsche Konstruktion zur Bestimmung des Krümmungsmittelpunktes K_0 bei einer Schubkurbel

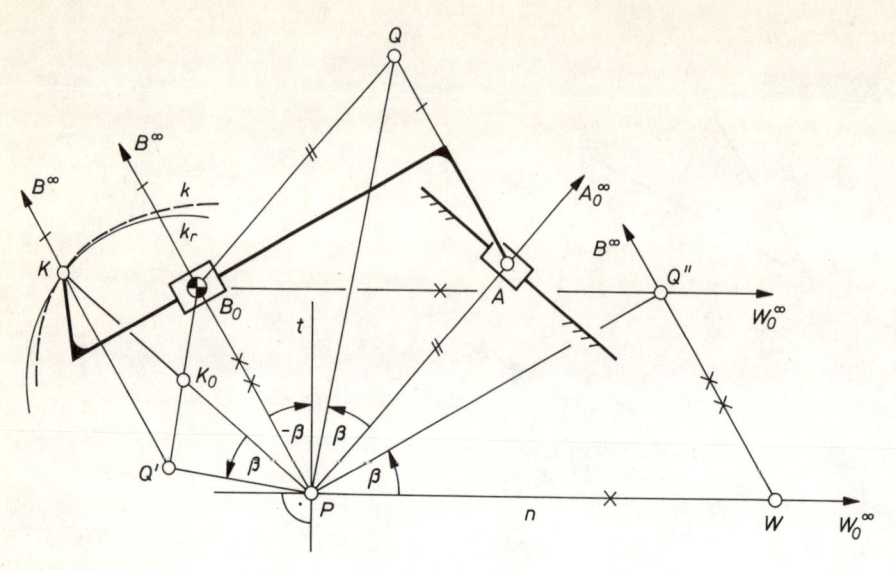

Bild 3.16: Bestimmung zugeordneter Punkte $K \leftrightarrow K_0$ und $W \leftrightarrow W_0^\infty$ bei einer Schubschleife

Wird ein Krümmungsmittelpunkt W_0^∞ auf der Polbahnnormalen n im Unendlichen angenommen, so liefert die BOBILLIERsche Konstruktion den zugeordneten Koppelpunkt W ebenfalls auf n; siehe Bild 3.16. Bei einer solchen Annahme ergibt sich stets der Wendepol W, auf den im folgenden Abschnitt noch näher eingegangen wird.

Sind bei einer ebenen Bewegung die Krümmungsmittelpunkte M_0 und M der Polbahnen p und q bekannt, dann läßt sich für jeden Punkt X des Gangsystems der zugeordnete Krümmungsmittelpunkt X_0 im Rastsystem nach der BOBILLIERschen Konstruktion finden, s. Bild 3.17.

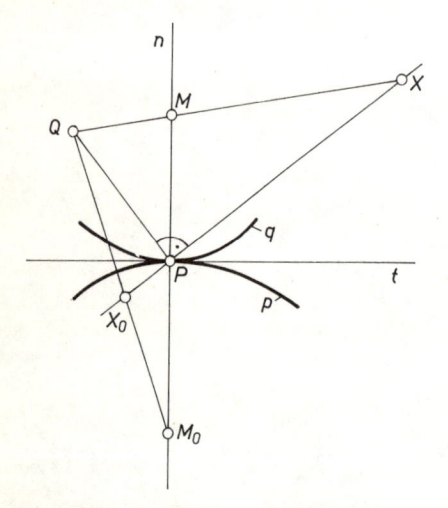

Bild 3.17: BOBILLIERsche Konstruktion bei bekannten Krümmungsmittelpunkten M_0 und M der Polbahnen p und q

3.1.6 Wendekreis und Rückkehrkreis, quadratische Verwandtschaft

Wendekreis und Wendepol

Wendepunkte einer Bahnkurve k_X liegen dann vor, wenn der zugehörige Krümmungsmittelpunkt X_0 im Unendlichen liegt. Dazu ist

$$\frac{1}{|X_0 - X_1|} = \frac{1}{r} = 0 \tag{3.43}$$

notwendig. Aus (3.22) folgt dafür

$$[X_1', X_1''] = 0. \tag{3.44}$$

Werden die Beziehungen (3.7), (3.9) und (3.24) in (3.44) eingesetzt, so ergibt sich:

$$[\mathrm{i}(X_1 - P_1), P_2 - X_1] = 0$$

bzw.

$$(X_1 - P_1, X_1 - P_2) = 0. \tag{3.45}$$

Die Gleichung (3.45) stellt nach Bild 3.18 einen Kreis über der Strecke $|P_2 - P_1| = w$ als Durchmesser dar; dieser Kreis wird als *Wendekreis* k_W bezeichnet. Es gilt der folgende Lehrsatz:

Der Wendekreis ist der geometrische Ort aller derjenigen Punkte einer bewegten Ebene, die momentan einen Wendepunkt ihrer Bahn durchlaufen und infolgedessen keine Normalbeschleunigung besitzen. Alle den Punkten des Wendekreises zugeordneten Mittelpunkte liegen in der Rastebene im Unendlichen.

Der 2. Pol der Bewegung P_2 wird auch als *Wendepol* W bezeichnet. Ohne Einschränkung der Allgemeinheit soll im Bild 3.18 der Koordinatenursprung der GAUSS-

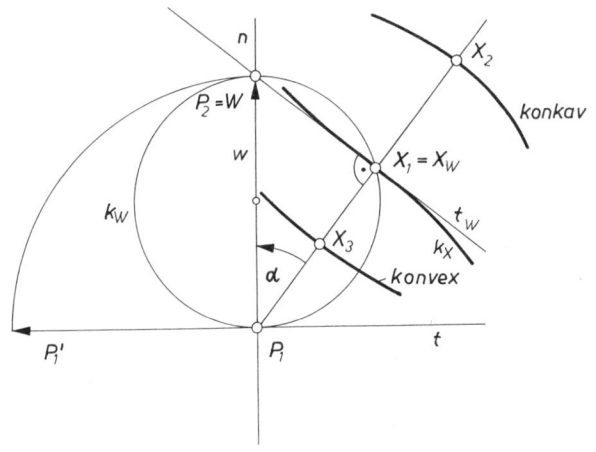

Bild 3.18: Wendekreis k_W mit Punktbahn k_X und Wendetangente t_W: $W \to$ Wendepol, $w \to$ Wendekreisdurchmesser, $t_W \to$ Wendetangente, $X_W \to$ Wendepunkt

schen Zahlenebene mit P_1 und die x-Achse mit der Polbahntangente t zusammenfallen. Dann gelten unter Berücksichtigung von (3.5) und (3.7) die Beziehungen:

$$P_1' = M_3' + iM_3'',$$
$$-iP_1' = M_3'' - iM_3' \tag{3.46}$$

sowie

$$P_2 - P_1 = W = M_3'' - iM_3', \tag{3.47}$$

d.h.

$$W = -iP_1' \tag{3.48}$$

bzw.

$$|P_2 - P_1| = |W| = w = |P_1'|. \tag{3.49}$$

Damit ist der Durchmesser des Wendekreises k_W festgelegt; er liegt in Richtung der Polbahnnormalen n. Der Wendekreis berührt die Polbahntangente t im Momentanpol P. Alle Wendetangenten t_W verlaufen sodann durch den Wendpol $P_2 = W$; der betreffende Wendepunkt wird mit X_W bezeichnet. Vom Momentanpol aus gesehen sind die Bahnkurven aller Punkte der bewegten Ebene innerhalb des Wendekreises *konvex* und außerhalb desselben *konkav* gekrümmt (Bild 3.18). Im folgenden werden verschiedene Konstruktionen des Wendekreises k_W bei einem vorgegebenen Viergelenkgetriebe demonstriert.

a) Konstruktion nach Bild 3.19

Die Strecke $\overline{AB}$ kennzeichnet die Lage der Koppelebene eines Gelenkvierecks mit den Lagerpunkten A_0 und B_0 (Bild 3.19). Die Punkte P und Q werden wie bisher konstruiert. J ist der Schnittpunkt der Geraden AB mit der Parallelen zu A_0B_0 durch P. Die Parallele zu PQ durch J schneidet PA und PB in den Punkten A_W bzw. B_W, die auf dem Wendekreis liegen [125]. Die Senkrechten in A_W und B_W zu PA bzw. PB schnei-

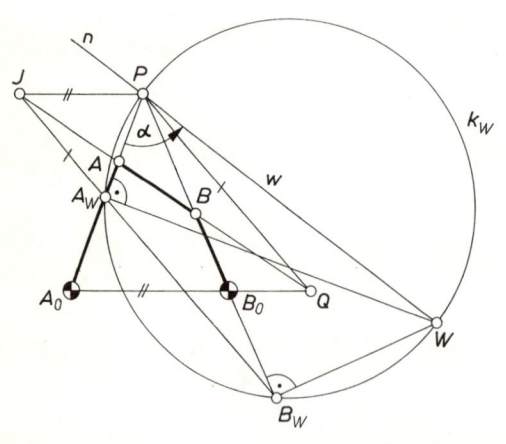

Bild 3.19: Bestimmung von Wendepol und Wendekreis bei vorgegebenem Gelenkviereck

3.1 Ebene Bewegung

den sich im Wendepol W. Die Strecke PW ist gleich dem Wendekreisdurchmesser w. Zur Beweisführung wird die EULER-SAVARYsche Gleichung (3.29) herangezogen. Aus dieser Beziehung folgt:

$$\frac{w \cos \alpha}{a} = \frac{b}{b-a}$$

bzw.

$$\overline{PA_W} : \overline{PA} = \overline{QJ} : \overline{QA} = \overline{A_0 P} : \overline{A_0 A}. \tag{3.50}$$

b) Konstruktion nach Bild 3.20

Sind die Polbahntangente t und Polbahnnormale n nach dem BOBILLIERschen Verfahren gefunden (Bild 3.20), dann schneidet sich die Senkrechte zu PA in P mit der Parallelen zu n durch A_0 in H. Die Gerade HA schneidet die Polbahnnormale in W.
Beweis: Aus der Relation (3.29) ergibt sich

$$\frac{w}{(b/\cos \alpha)} = \frac{a}{b-a},$$

bzw.

$$\overline{PW} : \overline{A_0 H} = \overline{PA} : \overline{A_0 A}. \tag{3.51}$$

In Umkehrung der Konstruktion nach Bild 3.20 läßt sich bei bekanntem Momentanpol P und Wendepol W zu jedem beliebigen Punkt A der bewegten Ebene der zugehörige Krümmungsmittelpunkt A_0 konstruieren (Bild 3.21). Der beliebige Anlenkpunkt A wird mit P und W verbunden. Die Senkrechte auf PA in P schneidet WA in H. Die Parallele zu PW durch H bestimmt auf PA den Krümmungsmittelpunkt A_0.

c) Konstruktion nach Bereis

Dieses Verfahren beruht auf der Methode nach Bild 3.10. Dort fungieren Krümmungsmittelpunkt X_0 und Senkrechte h_X durch den Wendepol als Pol und Polare hinsichtlich des Kreises um X_1 mit dem Radius $|P_1 - X_1|$. Diese Methode wird beim Gelenk-

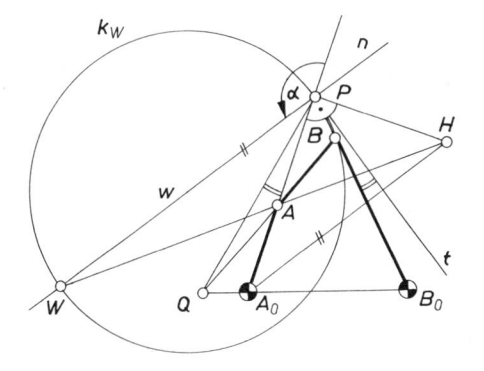

Bild 3.20: Bestimmung von Wendepol und Wendekreis bei vorgegebenem Gelenkviereck

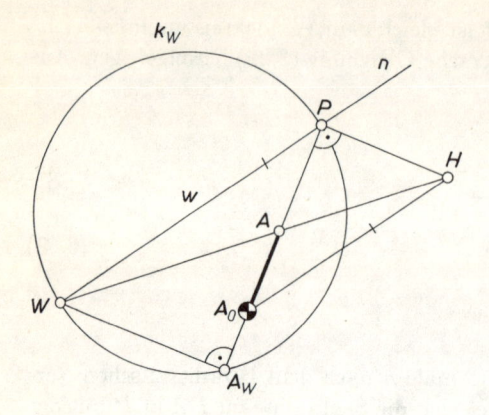

Bild 3.21: Zeichnerische Ermittlung von A_0 zum Systempunkt A bei bekanntem Wendekreis k_W

viereck des Bildes 3.22a jeweils auf die zugeordneten Punkte $A_0 \leftrightarrow A$ und $B_0 \leftrightarrow B$ angewendet. Die beiden Polaren h_{A_0} und h_{B_0} schneiden sich im Wendepol W, so daß der Wendekreis k_W gezeichnet werden kann. Ein Punkt X_W des Wendekreises wird als Koppelpunkt gewählt. Die Tangente t_X an die Bahnkurve k_X geht durch den Wendepol [119].

Bei der im Bild 3.22b dargestellten Schubkurbel wird das analoge Verfahren angewendet. Die Polare h_{A_0} schneidet die Geradführung s im Wendepol W. Die Koppelkurve k_X verläuft in Richtung der Bahntangente t_X in einem gewissen Bereich annähernd geradlinig.

Rückkehrkreis und Rückkehrpol

Im Falle der Umkehrbewegung B^* fungiert $E_1(M_1, x_1, y_1)$ als bewegte und $E_3(M_3, x_3, y_3)$ als ruhende Ebene. Die Bahnkurve k_X des Punktes X_1 in der Ebene E_3 genügt der Gleichung (3.2):

$$X_3 = (X_1 - M_3)\mathrm{e}^{-\mathrm{i}\varphi_{31}}.$$

Die Differentiation nach dem Bewegungsparameter liefert:

$$X_3' = -(X_1 - M_3)\mathrm{i}\mathrm{e}^{-\mathrm{i}\varphi_{31}} - M_3'\mathrm{e}^{-\mathrm{i}\varphi_{31}} \tag{3.52}$$

und

$$X_3'' = -(X_1 - M_3)\mathrm{e}^{-\mathrm{i}\varphi_{31}} + 2M_3'\mathrm{i}\mathrm{e}^{-\mathrm{i}\varphi_{31}} - M_3''\mathrm{e}^{-\mathrm{i}\varphi_{31}}. \tag{3.53}$$

Für $X_3' = 0$ ergibt sich der Momentanpol $P = P_1 = P_1^*$ in bekannter Weise entsprechend Gleichung (3.5). Wird $X_3'' = 0$ gesetzt, dann erhält man den Wendepol P_2^* der inversen Bewegung B^*, der als *Rückkehrpol* R der Bewegung B bezeichnet wird (Bild 3.23). Im System E_3 ist er durch den Vektor P_2^* festgelegt:

$$X_3'' = 0 = -X_3 + 2M_3'\mathrm{i}\mathrm{e}^{-\mathrm{i}\varphi_{31}} - M_3''\mathrm{e}^{-\mathrm{i}\varphi_{31}},$$

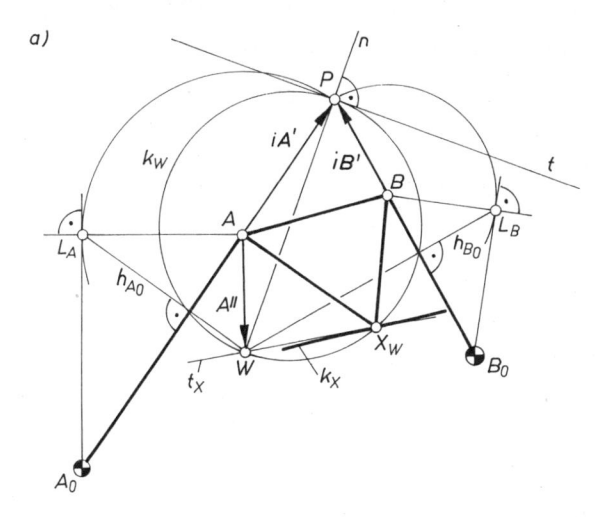

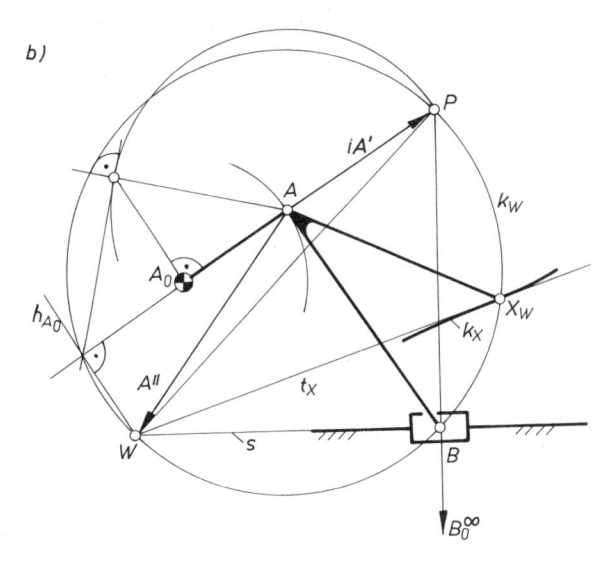

Bild 3.22: Konstruktion des Wendepols nach BEREIS: a) Gelenkviereck A_0ABB_0, b) Schubkurbel $A_0ABB_0^\infty$

bzw.
$$X_3 = P_2^* = (2\mathrm{i}M_3' - M_3'')\mathrm{e}^{-\mathrm{i}\varphi_{31}}. \tag{3.54}$$

Für die Bewegung B ist der *Rückkehrpol* R durch folgende Relation bestimmt:
$$R = M_3 + P_2^*\mathrm{e}^{\mathrm{i}\varphi_{31}},$$

bzw.
$$R = M_3 + 2\mathrm{i}M_3' - M_3''. \tag{3.55}$$

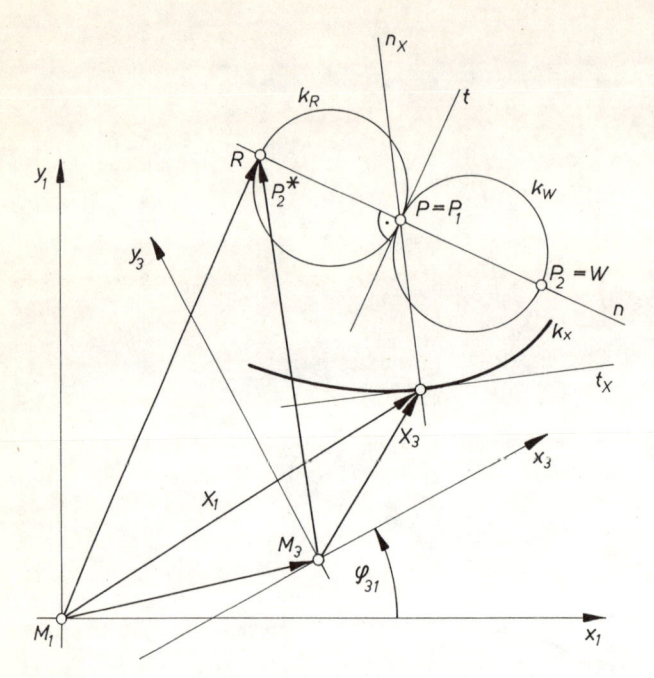

Bild 3.23: Wendekreis k_W und Rückkehrkreis k_R bei ebener Momentanbewegung

Des weiteren gilt die Beziehung

$$P = P_2 + \frac{1}{2}(R - P_2), \tag{3.56}$$

was sich durch Einsetzen von (3.7) und (3.55) in (3.56) nachweisen läßt:

$$P = M_3 + M_3'' + \frac{1}{2}(M_3 + 2\mathrm{i}M_3' - M_3'' - M_3 - M_3''),$$

$$P = M_3 + \mathrm{i}M_3';$$

d.h. die Pole P_2 und R liegen symmetrisch bezüglich des Momentanpoles P (Bild 3.23) auf der Polbahnnormalen n.

Hinsichtlich der Umkehrbewegung B^* gelten die analogen Beziehungen wie bei der Bewegung B, s. Abschnitt 3.1.3 und 3.1.6. Für den Wendepol der umgekehrten Bewegung B^* gilt daher die Relation

$$[X_3', X_3''] = 0. \tag{3.57}$$

Unter Berücksichtigung der Gleichungen (3.2),(3.52) und (3.53) ergibt sich aus (3.57) nach verschiedenen Umformungen:

$$[\mathrm{i}(X_1 - P), (X_1 - R)] = 0,$$

bzw.

$$((X_1 - P), (X_1 - R)) = 0, \tag{3.58}$$

d.h. alle Wendepunkte der inversen Bewegung B^* liegen auf einem Kreis mit $\overline{RP}$ als Durchmesser. Dieser Kreis wird als *Rückkehrkreis* k_R bezeichnet; er liegt spiegelbildlich zum *Wendekreis* k_W hinsichtlich der Polbahntangente t, s. Bild 3.23, so daß folgender Lehrsatz aufgestellt werden kann:

Der Rückkehrkreis ist der Wendekreis der inversen Bewegung; die zugehörigen Wendetangenten verlaufen durch R.

Bei Betrachtung der Bewegung B ist somit der Rückkehrkreis der geometrische Ort derjenigen Punkte S_0 der Ebene E_1, deren zugeordnete Punkte S^∞ auf der Ferngeraden der Ebene E_3 liegen, wobei stets $\sphericalangle PS_0R = 90°$ ist (Bild 3.24). Nach H.R. MÜLLER [78] ist der Rückkehrkreis der geometrische Ort der Krümmungsmittelpunkte von Geradenhüllbahnen, im besonderen der Ort, wo die *Spitzen* (Rückkehrpunkte) der Hüllkurven jener Geraden der Ebene E_3 liegen, die durch den Rückkehrpol hindurchgehen (Bild 3.24). Als Beispiel sei für diesen Fall die Kurbelschleife $K_0^\infty K S_0 S^\infty$ im Bild 3.25 genannt, deren Schleifgerade senkrecht zu $S_0 S^\infty$ durch den Rückkehrpol R verläuft. Die Koppel dieser Schubschleife kann momentan mit der Koppel AB des Gelenkvierecks A_0ABB_0 fest verbunden werden, da beide Getriebe denselben Wende- und Rückkehrkreis besitzen.

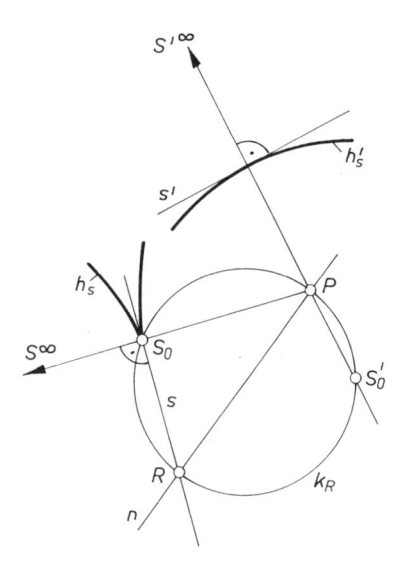

Bild 3.24: Rückkehrkreis k_R mit zugeordneten Punkten $S_0 \leftrightarrow S^\infty$, $S_0' \leftrightarrow S'^\infty$ sowie h_s und h_s' als Hüllkurven der bewegten Geraden s und s'

Quadratische Verwandtschaft zugeordneter Punkte

Die Betrachtungen werden in der GAUSSschen Zahlenebene mit $P = P_1$ als Koordinatenursprung und der Polbahntangente t als Abszisse x durchgeführt. Nach (3.22) gilt dann für den Krümmungsradius des Punktes X die Beziehung

$$r = \frac{|X'|^3}{[X', X'']}, \tag{3.59}$$

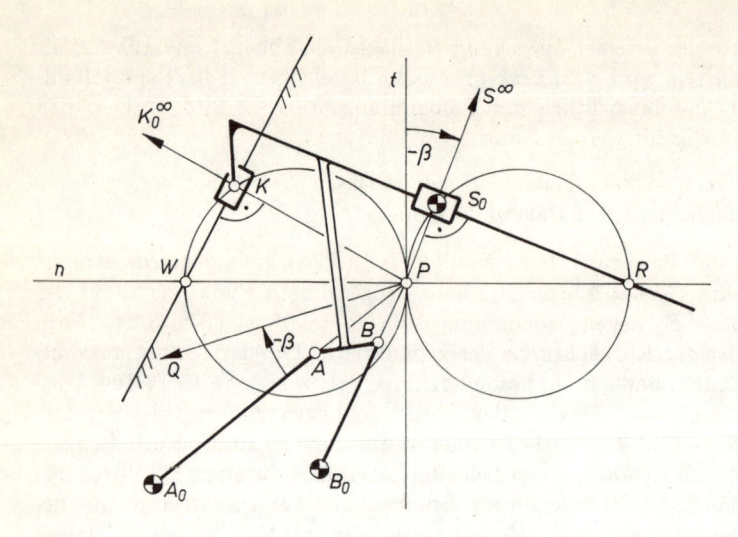

Bild 3.25: Schubschleife $K_0^\infty K S^\infty S_0$ als momentanes Ersatzgetriebe für das Gelenkviereck A_0ABB_0

und für den zugeordneten Krümmungsmittelpunkt X_0 läßt sich im Falle der Bewegung B schreiben:

$$X_0 = X + \frac{|X'|^2}{[X', X'']} X' \mathrm{i}. \tag{3.60}$$

Unter Berücksichtigung von

$$P_1 = 0 \quad und \quad P_2 = \mathrm{i}w \tag{3.61}$$

erhält man die folgenden Beziehungen:

$$X = x + \mathrm{i}y, \tag{3.62}$$

$$X' = (X - P_1)\mathrm{i} = X\mathrm{i}, \tag{3.63}$$

$$X'' = (X - P_2)\mathrm{i}^2 = \mathrm{i}w - X, \tag{3.64}$$

$$[X', X''] = \frac{\mathrm{i}}{2}(X\mathrm{i}(-\mathrm{i}w - \overline{X}) + \mathrm{i}\overline{X}(\mathrm{i}w - X)),$$

$$[X', X''] = X\overline{X} + \frac{\mathrm{i}}{2}w(X - \overline{X}) = |X|^2 - wy, \tag{3.65}$$

so daß sich für X_0

$$X_0 = \frac{|X^2| - wy - |X|^2}{|X|^2 - wy} X = -\frac{wy(x + \mathrm{i}y)}{x^2 + y^2 - wy} \tag{3.66}$$

bzw.

$$x_0 = \frac{-xyw}{x^2 + y^2 - yw}; \quad y_0 = \frac{-y^2 w}{x^2 + y^2 - yw} \tag{3.67}$$

ergibt.

3.1 Ebene Bewegung

Somit liegt eine quadratische Transformation (einfache CREMONA-Transformation) zwischen den zugeordneten Punkten X_0 und X vor. Diese Transformation hat u.a. folgende Eigenschaften:

1. $x^2 + y^2 - yw = 0$ ergibt den Wendekreis k_W.

2. $x^2 + y^2 - yw \neq 0$ liefert die Beziehung

$$\frac{x_0}{y_0} = \frac{x}{y}, \tag{3.68}$$

d.h., bei bekannten Polen P_1 und P_2 läßt sich zu jedem X bzw. X_0 der zugeordnete Punkt X_0 bzw. X entsprechend Bild 3.26 konstruieren.

3. Zu jedem Punkt der Polbahntangente ($x \neq 0; y = 0$) ist $P_1 = P$ der Krümmungsmittelpunkt.

4. Für den Punkt $X = P_1$ ist die Transformation (3.67) nicht erklärt.

5. Für $X \neq P_1$ ist die Transformation umkehrbar.

Wie sich leicht nachweisen läßt, gilt für die Umkehrbewegung B^*

$$x = \frac{x_0 y_0 w}{x_0^2 + y_0^2 + y_0 w}, \qquad y = \frac{y_0^2 w}{x_0^2 + y_0^2 + y_0 w}. \tag{3.69}$$

Diese Transformation hat analoge Eigenschaften hinsichtlich der aufgeführten Punkte 1. bis 5. Aus der Beziehung

$$x_0^2 + y_0^2 + y_0 w = 0 \tag{3.70}$$

resultiert der *Rückkehrkreis*.

Werden im Falle der Bewegung B die Punkte X auf einer Geraden g, z.B.:

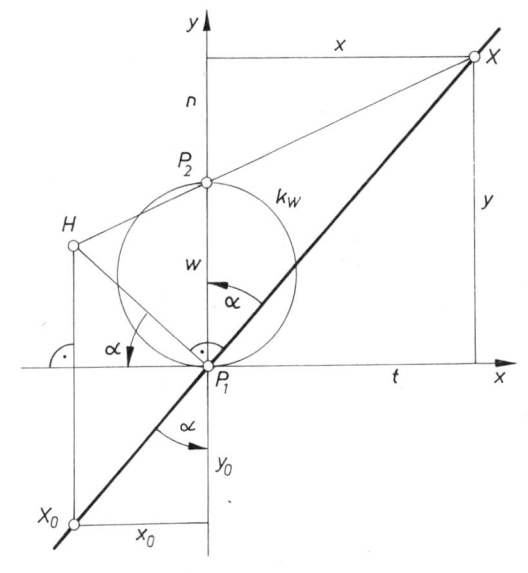

$$ax + by + c = 0 \tag{3.71}$$

Bild 3.26: Konstruktion zugeordneter Punkte mittels Wendepol

gewählt, dann ergibt sich als geometrischer Ort der zugeordneten Punkte X_0 ein Kegelschnitt. Seine Gleichung erhält man durch Einsetzen von (3.69) in (3.71):

$$ax_0y_0w + by_0^2 w + c(x_0^2 + y_0^2 + y_0 w) = 0. \tag{3.72}$$

Er verläuft durch den Pol $P_1 = P$ ($x_0 = y_0 = 0$) und berührt die Polbahntangente t [119]. Dieser Kegelschnitt ist eine *Hyperbel, Parabel* oder *Ellipse*, je nachdem, ob die *Gerade g* den *Wendekreis schneidet, berührt* oder *nicht schneidet* [20]. Liegen die Punkte X auf einem Kegelschnitt, der die Polbahntangente t in P berührt, dann ist der geometrische Ort der zugeordneten Punkte X_0 wiederum ein Kegelschnitt der gleichen Art, zu dem noch die Polbahntangente als doppelt zählende Gerade hinzukommt (quadratische Verwandtschaft). Im besonderen geht ein Kreis, der die Polbahn in P berührt, in einen ebensolchen Kreis und die doppelt zählende Polbahntangente t über [20].

Im Bild 3.27 ist eine solche quadratische Verwandtschaft zeichnerisch dargestellt. Dabei liegen die Punkte X auf einer Geraden g, die den Wendekreis k_W nicht schneidet, so daß sich eine Ellipse als zugeordnete Figur ergibt. Die durch die Pole P und W bestimmte Momentanbewegung der Ebene läßt sich z.B. durch das Gelenkviereck A_0ABB_0 realisieren. Dabei wird das im Bild 3.26 aufgezeigte Konstruktionsverfahren für zugeordnete Punkte verwendet.

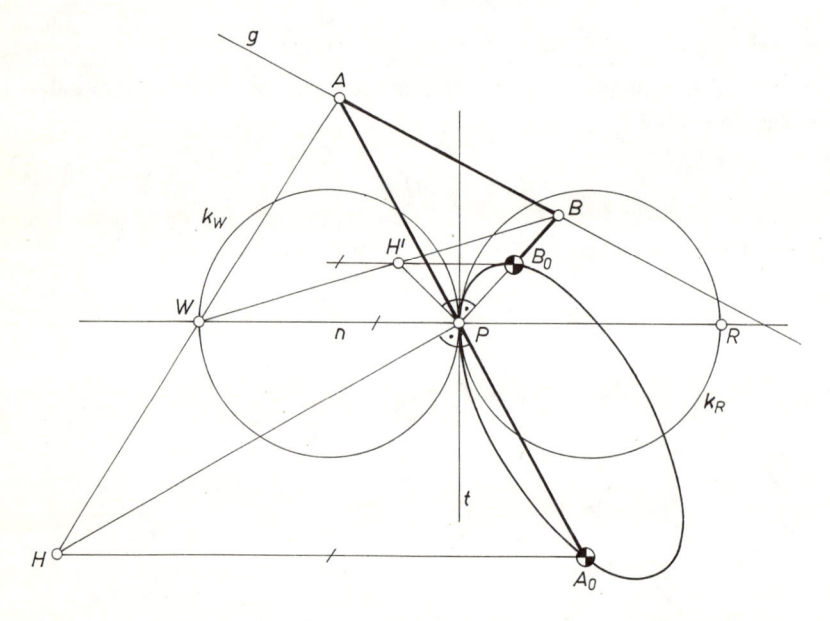

Bild 3.27: Quadratische Verwandtschaft zugeordneter Punkte, Gerade ↔ Ellipse

3.1.7 Vier unendlich benachbarte Ebenenlagen

Kreispunkt- und Mittelpunktkurve

Die Punkte der Gangebene E_3 durchlaufen im Bezugssystem E_1 Bahnkurven, deren Krümmungsradius r sich laufend ändert. In einem Bahnkurvenscheitel ist der

3.1 Ebene Bewegung

Krümmungsradius stationär, d.h., es gilt die Beziehung

$$r' = 0. \tag{3.73}$$

Wird nun Gleichung (3.22) nach dem Bewegungsparameter differenziert, so ergibt sich nach verschiedenen Umformungen aus $r' = 0$ die Relation

$$3(X'_1, X''_1)[X'_1, X''_1] - (X'_1, X'_1)[X'_1, X'''_1] = 0 \tag{3.74}$$

für die *Scheitel- bzw. Kreispunktkurve* [120, 122, 144].

Ausgehend von der obigen Voraussetzung (3.73) gilt der Lehrsatz:

> *Die Scheitel- bzw. Kreispunktkurve ist der geometrische Ort jener Punkte der Gangebene, die mit ihren vier unendlich benachbarten Lagen auf einem Kreis liegen. Die jeweils zugeordneten Krümmungsmittelpunkte befinden sich auf der Mittelpunktkurve in der Rastebene.* [1]

Unter Berücksichtigung der Beziehungen (3.9) und (3.10) erhält man aus (3.74) die folgende Gleichung für die Kreispunktkurve k_K:

$$\begin{aligned}3[X_1 - P_1, X_1 - P_2](X_1 - P_1, X_1 - P_2) - \\ (X_1 - P_1, X_1 - P_1)[X_1 - P_1, X_1 - P_3] = 0.\end{aligned} \tag{3.75}$$

Zur weiteren analytischen Erfassung der Kreispunktkurve werden die Polbahntangente als x-Achse und die Polbahnnormale als y-Achse eines neuen Koordinatensystems betrachtet, in dem die Pole P_1 und P_2 durch

$$P_1 = 0 \quad \text{sowie} \quad P_2 = w\mathrm{i} \tag{3.76}$$

festgelegt sind (Bild 3.28). Damit geht Gleichung (3.75) über in:

$$3[X, X - w\mathrm{i}](X, X - w\mathrm{i}) - (X, X)[X, X - P_3] = 0,$$

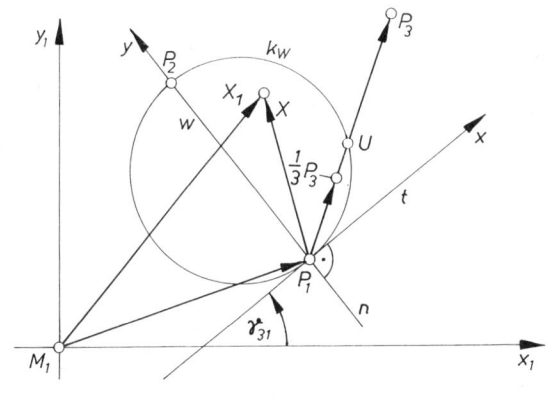

Bild 3.28: x,y-System zur rechnerischen Erfassung der Kreispunktkurve, $U \to$ BALLscher Punkt, $k_W \to$ Wendekreis

---

[1] Von GRÜBLER [144] werden diese Kurven als Kreisungs- und Angelpunktkurve bezeichnet.

bzw.

$$\left.\begin{array}{r}(X,X)\left([X,wi] - [X,\tfrac{1}{3}P_3]\right) - [X,wi](X,wi) = 0,\\ (X,X)\left(w(1,X) - \tfrac{1}{3}[X,P_3]\right) - w^2(1,X)[1,X] = 0.\end{array}\right\} \quad (3.77)$$

Für den Übergang in das x_1, y_1-System (Bild 3.28) gilt die Transformationsgleichung

$$X = (X_1 - P_1)\mathrm{e}^{-\mathrm{i}\gamma_{31}}. \qquad (3.78)$$

Unter Berücksichtigung von

$$X = x + \mathrm{i}y \qquad (3.79)$$

geht Gleichung (3.77) im x, y-System über in

$$(x^2 + y^2)\left(wx - \frac{1}{3}(xy_{P_3} - yx_{P_3})\right) - w^2 xy = 0. \qquad (3.80)$$

Die Kreispunktkurve k_K ist somit eine *zirkulare Kubik*, die im Momentanpol P_1 einen Doppelpunkt besitzt und dort die Polbahntangente t sowie die Polbahnnormale n berührt [120]. Hinsichtlich der geometrischen Konstruktionsverfahren sei auf die Literatur hingewiesen [221].

Nach dem im Abschnitt 3.1.3 aufgezeigten Verfahren kann zu jedem Kreispunkt in E_3 der zugehörige Krümmungsmittelpunkt auf der Mittelpunktkurve in E_1 gefunden werden.

Ballscher Punkt

Für Punkte der Kreispunktkurve, deren Bahnkurven momentan einen *Flachpunkt* bzw. *Undulationspunkt* U durchlaufen, müssen die Gleichungen (3.44) und (3.74) gleichzeitig erfüllt sein, so daß die Beziehung

$$[X', X''] = [X', X'''] = 0 \qquad (3.81)$$

gilt. Unter Berücksichtigung der Gleichungen (3.9) und (3.10) ergibt sich aus (3.81)

$$[X', X'''] = 0 = [(X - P_1)\mathrm{i}, -(X - P_3)\mathrm{i}]$$

bzw. für $P_1 = 0$

$$[X, P_3] = [U, P_3] = 0. \qquad (3.82)$$

Ausgehend von der Tatsache, daß der Flachpunkt nach Gleichung (3.81) auf dem Wendekreis k_W liegen muß, ergibt sich aus (3.82) für den sog. BALLschen Punkt U [118] der folgende Lehrsatz (Bild 3.29):

Der BALLsche Punkt liegt mit seinen vier unendlich benachbarten Punkten auf einer Geraden. Er ist als Schnittpunkt der Geraden P_1P_3 mit dem Wendekreis festgelegt.

3.1 Ebene Bewegung

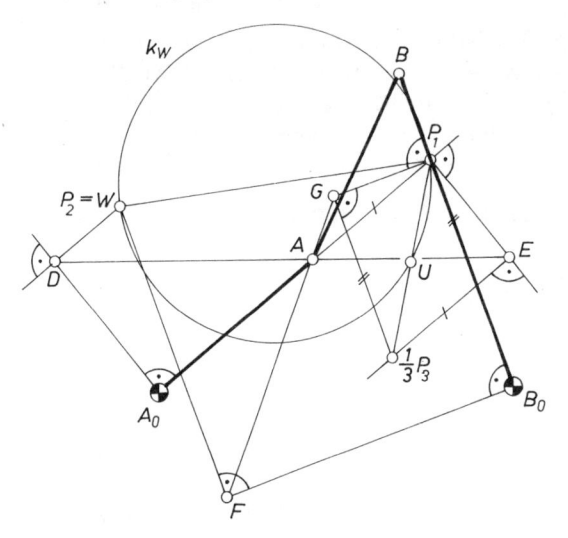

Bild 3.29: Konstruktion des BALLschen Punktes bei vorgegebenem Gelenkviereck A_0ABB_0

Die Gerade P_1P_3 verläuft aber auch durch den Punkt $\frac{1}{3}P_3$, so daß für den BALLschen Punkt gilt:

$$X = U = \frac{\lambda}{3}P_3. \tag{3.83}$$

Diese Relation wird in (3.77) eingesetzt und liefert:

$$\frac{\lambda^2}{9}(P_3, P_3)\left(w\frac{\lambda}{3}(1, P_3) - \frac{\lambda}{9}[P_3, P_3]\right) - \frac{w^2\lambda^2}{9}(1, P_3)[1, P_3] = 0$$

bzw.

$$\lambda = \frac{3w[1, P_3]}{P_3\overline{P_3}} = \frac{3wy_{P_3}}{x_{P_3}^2 + y_{P_3}^2}. \tag{3.84}$$

Somit erhält man für den BALLschen Punkt die Beziehung

$$U = \frac{\lambda}{3}P_3 = \frac{w[1, P_3]}{\overline{P_3}} \tag{3.85}$$

bzw.

$$x_U = \frac{\lambda}{3}x_{P_3}; \qquad y_U = \frac{\lambda}{3}y_{P_3}. \tag{3.86}$$

Bei bekanntem P_3 ist daher U nach (3.85) bzw. (3.86) zu berechnen.

Die zeichnerische Konstruktion soll an Hand eines Gelenkviereckes demonstriert werden (Bild 3.29). Sie stützt sich auf ein von BEREIS in [120] angegebenes Verfahren. Ausgehend von dem Gelenkviereck A_0ABB_0 bestimmt man zunächst den Wendepol $P_2 = W$ nach einer im Abschnitt 3.1.6 angegebenen Methode. Sodann wird auf der Geraden DA der Punkt E entsprechend Bild 3.29 ermittelt. Die Senkrechte in E auf P_1E ist der 1. geometrische Ort für den Punkt $\frac{1}{3}P_3$; in analoger Weise ergibt die

Senkrechte in G auf P_1G den 2. geometrischen Ort. Die Gerade durch P_1 und $\frac{1}{3}P_3$ schneidet den Wendekreis k_W in dem gesuchten BALLschen Punkt U. Als Punkt der Koppel AB des Gelenkvierecks A_0ABB_0 beschreibt U momentan eienen Flachpunkt der Koppelkurve, dessen Bahntangente durch den Wendepol W verläuft.

3.2 Kinematische Analyse der ebenen Bewegung

Während im Abschnitt 3.1 der veränderliche Winkel φ_{31} als Bewegungsparameter fungiert, wird bei der kinematischen Analyse einer gegebenen Bewegung die Zeit t als Parameter eingeführt.

3.2.1 Bewegung eines Punktes

Es werde die Momentanbewegung eines Punktes X gegenüber dem Rastsystem (x, y-System) bei bekanntem Krümmungsmittelpunkt X_0 betrachtet, so daß auch Tangente t und Normale n an die Bahnkurve k_X vorliegen, s. Bild 3.30. Der Punkt X ist durch die folgende Beziehung eindeutig festgelegt:

$$X = x(t) + \mathrm{i}y(t) = X_0 + r\mathrm{e}^{\mathrm{i}\varphi(t)}. \tag{3.87}$$

Die Differentiation nach der Zeit liefert:

$$\dot{X} = \dot{x}(t) + \mathrm{i}\dot{y}(t) = \mathrm{i}\dot{\varphi}r\mathrm{e}^{\mathrm{i}\varphi(t)} \tag{3.88}$$

und

$$\ddot{X} = \ddot{x}(t) + \mathrm{i}\ddot{y}(t) = (\mathrm{i}\ddot{\varphi} - \dot{\varphi}^2)r\mathrm{e}^{\mathrm{i}\varphi(t)}. \tag{3.89}$$

Gleichung (3.89) wird mit $\mathrm{i}\dot{\varphi}$ multipliziert:

$$\mathrm{i}\dot{\varphi}\ddot{X} = (\mathrm{i}\ddot{\varphi} - \dot{\varphi}^2)\mathrm{i}\dot{\varphi}r\mathrm{e}^{\mathrm{i}\varphi(t)} = (\mathrm{i}\ddot{\varphi} - \dot{\varphi}^2)\dot{X},$$

$$\dot{\varphi}(\mathrm{i}\ddot{X} + \dot{\varphi}\dot{X}) = \mathrm{i}\ddot{\varphi}\dot{X} \tag{3.90}$$

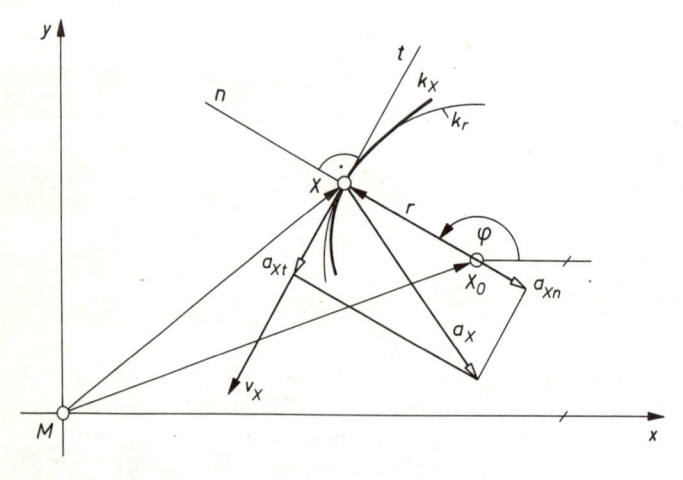

Bild 3.30: Bewegung eines Punktes im Rastsystem, $k_X \to$ Bahnkurve des Punktes X, $k_r \to$ Krümmungskreis um X_0

3.2 Kinematische Analyse der ebenen Bewegung

und ergibt durch innere Multiplikation mit X den Ausdruck

$$\dot{\varphi}\left((\mathrm{i}\ddot{X},\dot{X})+\dot{\varphi}(\dot{X},\dot{X})\right) = \ddot{\varphi}(\mathrm{i}\dot{X},\dot{X}),$$

$$\dot{\varphi}\left([\ddot{X},\dot{X}]+\dot{\varphi}(\dot{X},\dot{X})\right) = \ddot{\varphi}[\dot{X},\dot{X}] = 0$$

bzw.
$$\dot{\varphi} = \frac{[\dot{X},\ddot{X}]}{(\dot{X},\dot{X})} = \frac{\dot{x}\ddot{y}-\ddot{x}\dot{y}}{\dot{x}^2+\dot{y}^2}. \tag{3.91}$$

Durch äußere Multiplikation von (3.90) mit $\dot{X}$ erhält man

$$\dot{\varphi}[\mathrm{i}\ddot{X}.\dot{X}]+\dot{\varphi}^2[\dot{X},\dot{X}] = \ddot{\varphi}[\mathrm{i}\dot{X},\dot{X}]$$

bzw.
$$\dot{\varphi}(\dot{X},\ddot{X}) = \ddot{\varphi}(\dot{X},\dot{X}). \tag{3.92}$$

Gleichung (3.91) in (3.92) eingesetzt, ergibt

$$\ddot{\varphi} = \frac{(\dot{X},\ddot{X})[\dot{X},\ddot{X}]}{(\dot{X},\dot{X})^2} = \frac{(\dot{x}\ddot{x}+\dot{y}\ddot{y})(\dot{x}\ddot{y}-\ddot{x}\dot{y})}{(\dot{x}^2+\dot{y}^2)^2}. \tag{3.93}$$

Ausgehend von (3.88) berechnet sich das innere Produkt zu:

$$(\dot{X},\dot{X}) = (\mathrm{i}\dot{\varphi}r\mathrm{e}^{\mathrm{i}\varphi},\mathrm{i}\dot{\varphi}r\mathrm{e}^{\mathrm{i}\varphi}) = \dot{\varphi}^2 r^2$$

bzw.
$$r = \frac{(\dot{X},\dot{X})^{\frac{1}{2}}}{\dot{\varphi}}. \tag{3.94}$$

Für den Krümmungsradius r der Bahnkurve k_X ergibt sich unter Einbeziehung von (3.91) die Relation

$$r = \frac{(\dot{X},\dot{X})(\dot{X},\dot{X})^{1/2}}{[\dot{X},\ddot{X}]} = \frac{(\dot{x}^2+\dot{y}^2)^{3/2}}{\dot{x}\ddot{y}-\ddot{x}\dot{y}}. \tag{3.95}$$

Der Krümmungsmittwelpunkt X_0 läßt sich daher ausgehend von (3.87) in folgender Weise berechnen:

$$X_0 = X - r\mathrm{e}^{\mathrm{i}\varphi} = X - \dot{X}/\mathrm{i}\dot{\varphi} = X + \mathrm{i}\dot{X}/\dot{\varphi},$$

$$X_0 = X + \mathrm{i}\dot{X}\frac{(\dot{X},\dot{X})}{[\dot{X},\ddot{X}]} = X + \frac{\mathrm{i}\dot{X}}{(\dot{X},\dot{X})^{1/2}}\frac{(\dot{X},\dot{X})(\dot{X},\dot{X})^{1/2}}{[\dot{X},\ddot{X}]},$$

$$X_0 = X + r\mathrm{i}\frac{\dot{X}}{(\dot{X},\dot{X})^{1/2}}, \qquad \mathrm{e}^{\mathrm{i}\varphi} = -\mathrm{i}\frac{\dot{X}}{(\dot{X},\dot{X})^{1/2}}. \tag{3.96}$$

Die momentane Bewegung des Punktes X stimmt bis zur 2. Ableitung mit der Drehung um X_0 mit der Winkelgeschwindigkeit $\dot{\varphi} = \omega$ und der Winkelbeschleunigung $\ddot{\varphi} = \alpha$ überein. Zur geläufigen Darstellung der Geschwindigkeits- und Beschleunigungsvektoren wird entsprechend Bild 3.30 vereinbart:

$$\left.\begin{array}{rcl} dX & \triangleq & ds, \\ \dot{X} & \triangleq & v_X, \\ \ddot{X} & \triangleq & a_X = a_{Xn}+a_{Xt}. \end{array}\right\} \tag{3.97}$$

Ausgehend von (3.88) ist

$$ds = r d\varphi \tag{3.98}$$

und

$$v_X = r\dot\varphi = r\omega. \tag{3.99}$$

Wegelement ds und Geschwindigkeitsvektor v_X zeigen in Richtung der Bahntangente, ebenso der Vektor für die Tangentialbeschleunigung a_{Xt}. Ihr Betrag berechnet sich ausgehend von (3.89) zu

$$a_{Xt} = r\ddot\varphi = r\alpha. \tag{3.100}$$

Die Normalbeschleunigung a_{Xn} zeigt entsprechend (3.89) stets in Richtung des Krümmungsmittelpunktes X_0. Sie berechnet sich dem Betrag nach zu:

$$a_{Xn} = r\dot\varphi^2 = r\omega^2 = v_X^2/r. \tag{3.101}$$

Für die Gesamtbeschleunigung gilt:

$$\boldsymbol{a_X} = \boldsymbol{a_{Xn}} + \boldsymbol{a_{Xt}}; \tag{3.102}$$

ihr Betrag berechnet sich zu:

$$a_X = (a_{Xn}^2 + a_{Xt}^2)^{1/2}. \tag{3.103}$$

Bei der zahlenmäßigen Auswertung einer zeichnerischen Darstellung der Bewegung eines Punktes sind Maßstäbe zu beachten. Der Maßstab ist im allgemeinen wie folgt definiert:

$$\text{Maßstab} = \frac{\text{darstellende Größe}}{\text{wirkliche Größe}}. \tag{3.104}$$

Dabei wird die darstellende Größe (Länge in cm) in spitze Klammern gesetzt. Für die Kennzeichnung der wirklichen Größen werden die SI-Einheiten benutzt. Zur zeichnerischen Darstellung der kinematischen Größen werden u.a. folgende Maßstäbe benötigt:

Maßstäbe		Einheit
Wegmaßstab	$M_s = \dfrac{\langle s \rangle}{s}$	1
Zeitmaßstab	$M_t = \dfrac{\langle t \rangle}{t}$	cm/s
Geschwindigkeitsmaßstab	$M_v = \dfrac{\langle v \rangle}{v}$	s
Beschleunigungsmaßstab	$M_a = \dfrac{\langle a \rangle}{a}$	s^2
Zeichenmaßstab	$M = \dfrac{\langle l \rangle}{l}$	1
Drehzahlmaßstab	$M_n = \dfrac{\langle n \rangle}{n}$	$cm \cdot min$
ω-Maßstab	$M_\omega = \dfrac{\langle \omega \rangle}{\omega}$	$cm \cdot s$
⋮	⋮	⋮

3.2 Kinematische Analyse der ebenen Bewegung

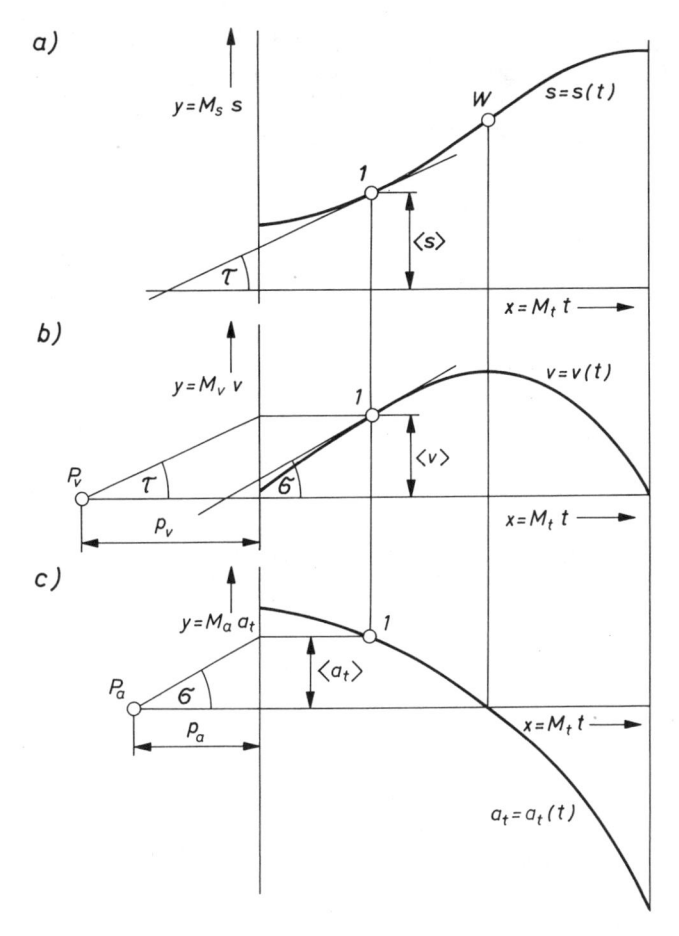

Bild 3.31: Darstellung von Weg s, Geschwindigkeit v und Tangentialbeschleunigung a_t eines Punktes in Diagrammen: a) s-t-Diagramm, b) v-t-Diagramm, c) a_t-t-Diagramm

Im Bild 3.31 ist die Bewegung des Punktes X im
- Weg-Zeit-Diagramm (s-t-Diagramm),
- Geschwindigkeits-Zeit-Diagramm (v-t-Diagramm) und
- Beschleunigungs-Zeit-Diagramm (a_t-t-Diagramm)

dargestellt. Die Tangente an die Weg-Zeit-Kurve $s = s(t)$ im Punkt 1 schneidet die x−Achse unter dem Winkel τ. Es ist

$$\tan \tau = \frac{dy}{dx} = \frac{d\langle s \rangle}{d\langle t \rangle} = \frac{M_s}{M_t} \cdot \frac{ds}{dt} = \frac{M_s}{M_t} \cdot v$$

bzw.

$$v = \frac{M_t}{M_s} \cdot \tan \tau. \tag{3.105}$$

Nach den Regeln der grafischen Differentiation wird im v-t-Diagramm auf der Abszisse ein Pol P_v gewählt und durch denselben die Parallele zum Punkt 1 der Wegkurve unter dem Winkel τ gezeichnet. Sie legt entsprechend Bild 3.31 den Punkt 1 im v-t-Diagramm fest. Der Geschwindigkeitsmaßstab im v-t-Diagramm berechnet sich unter Einbeziehung von (3.105)

$$\tan \tau = \frac{\langle v \rangle}{p_v} = \frac{v M_v}{p_v} = v \cdot \frac{M_s}{M_t},$$

$$M_v = p_v \cdot \frac{M_s}{M_t}. \qquad (3.106)$$

In analoger Weise wird der Punkt 1 im a_t-t-Diagramm ermittelt. Es gelten die Beziehungen:

$$\tan \sigma = \frac{dy}{dx} = \frac{d\langle v \rangle}{d\langle t \rangle} = \frac{M_v}{M_t} \cdot \frac{dv}{dt} = \frac{M_v}{M_t} \cdot a_t$$

bzw.

$$a_t = \frac{M_t}{M_v} \cdot \tan \sigma. \qquad (3.107)$$

Der Beschleunigungsmaßstab M_a berechnet sich zu

$$M_a = p_a \cdot \frac{M_v}{M_t}. \qquad (3.108)$$

Die vektorielle Darstellung der kinematischen Größen ist auch in Hodografenform möglich. Werden z.B. die Vektorpfeile der Geschwindigkeit von der Bahnkurve k_X aus angetragen, so beschreiben die Vektorspitzen im Lageplan eine Kurve, den sog. *lokalen Hodografen* h_l. Trägt man die Vektorpfeile von einem Pol O aus an, dann entsteht ein Geschwindigkeitsplan. Die Verbindungslinie der Vektorspitzen wird als *polarer Hodograf* h_p bezeichnet (Bild 3.32).

Die Größe der Normalbeschleunigung a_{Xn} kann zeichnerisch ermittelt werden. Es seien der Systempunkt X, der Krümmungsmittelpunkt X_0 und der Vektor v_X

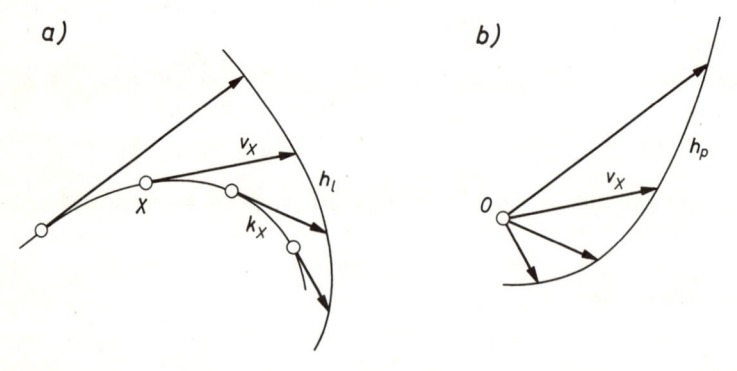

Bild 3.32: Darstellung von Geschwindigkeitshodografen, a) lokaler Hodograf, b) polarer Hodograf

3.2 Kinematische Analyse der ebenen Bewegung

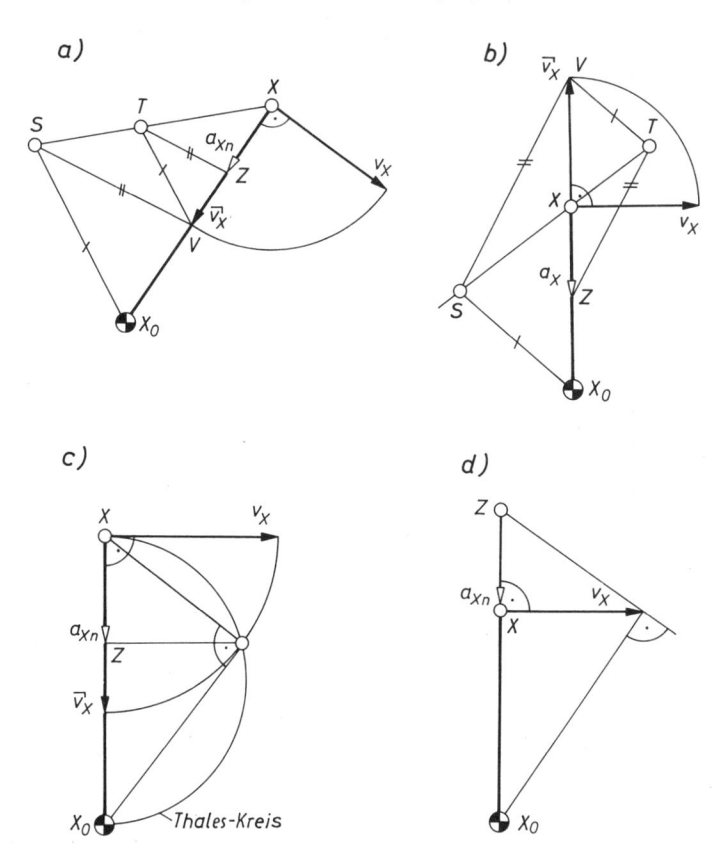

Bild 3.33: Ermittlung der Normalbeschleunigung: a) wechselnder Parallelenzug, $\vec{v}_X$ und a_{Xn} gleichgerichtet, b) wechselnder Parallelenzug, $\vec{v}_X$ und a_{Xn} entgegengesetzt gerichtet, c) Kathetensatz: $v_X^2 = r_X \cdot a_{Xn}$, d) Höhensatz: $v_X^2 = r_X \cdot a_{Xn}$

gegeben (Bild 3.33 a und b). Der Vektor v_X werde um 90° gedreht (Drehrichtung beliebig) und damit der Vektor $\vec{v}_X$ (v_X gedreht) bestimmt. Seine Spitze wird mit V bezeichnet. Zwei beliebige Geraden durch X und X_0 schneiden sich im Punkte S, der mit V verbunden wird. Eine erste Parallele zu X_0S durch V schneidet die beliebige Gerade durch X in T; eine zweite Parallele zu SV durch T schneidet X_0X im Punkte Z.

Diese Konstruktion wird als *wechselnder* oder *doppelter Parallelenzug* bezeichnet. $\overline{XZ}$ ist die darstellende Größe der Normalbeschleunigung a_{Xn}. Weitere Möglichkeiten zur zeichnerischen Ermittlung der Normalbeschleunigung a_{Xn} nach dem *Kathetensatz* oder *Höhensatz* sind im Bild 3.33c und 3.33d dargestellt [11, 12]. Aus Bild 3.33a ergibt sich nach dem Strahlensatz:

$$\frac{\overline{XV}}{\overline{XX_0}} = \frac{\overline{XT}}{\overline{XS}} = \frac{\overline{XZ}}{\overline{XV}} \qquad \text{bzw.} \qquad \overline{XZ} = \frac{(\overline{XV})^2}{\overline{XX_0}}$$

und unter Einbeziehung der Maßstäbe

$$a_{Xn}M_a = \frac{v_x^2 M_v^2}{rM},$$

so daß bei Beachtung von (3.101) für den Beschleunigungsmaßstab

$$M_a = M_v^2/M \qquad (3.109)$$

gilt. Bei den folgenden Betrachtungen wird die allgemeine Bezeichnung des Systempunktes X durch weitere Buchstaben des Alphabetes, z.B. A,B,C,...ersetzt.

3.2.2 Bewegung einer Ebene

Bei der kinematischen Analyse der Bewegung einer Ebene $E_3(M_3, x_3, y_3)$ gegenüber dem Rastsystem $E_1(M_1, x_1, y_1)$ gehen wir entsprechend Bild 3.1 davon aus, daß

und
$$\left.\begin{array}{rcl}\varphi_{31} &=& \varphi_{31}(t) \\ X_3 &=& X_3(t)\end{array}\right\} \qquad (3.110)$$

ist. Dann lautet die allgemeine Bewegungsgleichung

bzw.
$$\left.\begin{array}{rcl}X_1(t) &=& M_3(t) + X_3(t)\mathrm{e}^{\mathrm{i}\varphi_{31}(t)} \\ X_1 &=& M_3 + X_3\mathrm{e}^{\mathrm{i}\varphi_{31}}.\end{array}\right\} \qquad (3.111)$$

Die Differentiation nach der Zeit liefert:

$$\dot{X}_1 = \dot{M}_3 + X_3\mathrm{i}\dot\varphi_{31}\mathrm{e}^{\mathrm{i}\varphi_{31}} + \dot{X}_3\mathrm{e}^{\mathrm{i}\varphi_{31}} \qquad (3.112)$$

für die Geschwindigkeit und für die Beschleunigung:

$$\ddot{X}_1 = \ddot{M}_3 + (\mathrm{i}\ddot\varphi_{31}\mathrm{e}^{\mathrm{i}\varphi_{31}} - \dot\varphi_{31}^2\mathrm{e}^{\mathrm{i}\varphi_{31}})X_3 + 2\dot{X}_3\mathrm{i}\dot\varphi_{31}\mathrm{e}^{\mathrm{i}\varphi_{31}} + \ddot{X}_3\mathrm{e}^{\mathrm{i}\varphi_{31}}$$

bzw.

$$\ddot{X}_1 = \ddot{M}_3 + (\mathrm{i}\ddot\varphi_{31} - \dot\varphi_{31}^2)\mathrm{e}^{\mathrm{i}\varphi_{31}}X_3 + \ddot{X}_3\mathrm{e}^{\mathrm{i}\varphi_{31}} + 2\dot{X}_3\mathrm{i}\dot\varphi_{31}\mathrm{e}^{\mathrm{i}\varphi_{31}}. \qquad (3.113)$$

Bei der weiteren Untersuchung der ebenen Bewegung werden vier Fälle unterschieden:

1. Drehung: $M_3 = const$; $X_3 = const$,

2. Schiebung: $X_3 = const$; $\varphi_{31} = const$,

3. Bewegung im Bezugssystem: $M_3 = M_3(t)$; $X_3 = const$,

4. Relativbewegung: $M_3 = M_3(t)$; $X_3 = X_3(t)$.

Drehung einer Ebene

Ohne Beschränkung der Allgemeinheit kann $M_3 = X_0$ und $X_3 = r$ ($X_3 \in x_3$-Achse) gewählt werden, so daß sich folgende Beziehungen ergeben:

3.2 Kinematische Analyse der ebenen Bewegung

$$\left.\begin{array}{rcl} X_1 & = & X_0 + re^{i\varphi_{31}}, \\ \dot{X}_1 & = & ir\dot{\varphi}_{31}e^{i\varphi_{31}}, \\ \ddot{X}_1 & = & r(i\ddot{\varphi}_{31} - \dot{\varphi}_{31}^2)e^{i\varphi_{31}}. \end{array}\right\} \qquad (3.114)$$

An Stelle des Punktes X_1 werden weitere Systempunkte $A, B, C, \ldots$ der sich um einen Punkt O drehenden Scheibe betrachtet.

Ein Maschinenteil, beispielsweise ein Winkelhebel (Bild 3.34), drehe sich um den festen Punkt O gegenüber der ruhenden Ebene. Bekannt sei die Geschwindigkeit des Punktes A, gesucht ist die Geschwindigkeit des Punkts B. Ausgehend von den Beziehungen (3.97) und (3.114) eignen sich dazu folgende grafische Methoden:

Methode des Winkels δ

Die Spitze des Vektors v_A wird mit O verbunden, so daß bezüglich des Radius $r_A = \overline{OA}$ der Winkel δ entsteht. Dieser Winkel δ wird in O an den Radius $\overline{OB} = r_B$ in gleicher Richtung angetragen und bestimmt auf der Senkrechten zu OB in B den

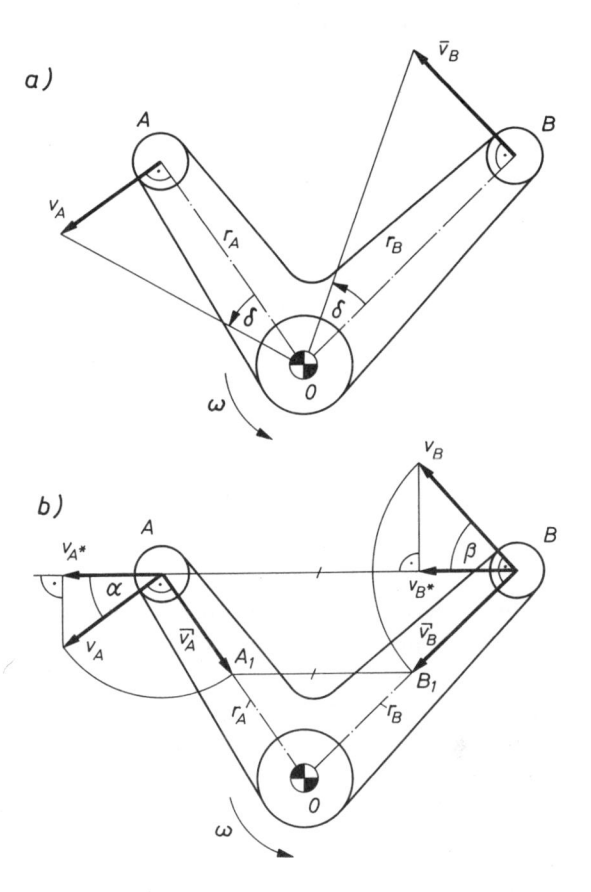

Bild 3.34: Geschwindigkeitsermittlung am Winkelhebel: a) Methode des Winkels δ, b) Methode der gedrehten Geschwindigkeiten und Projektionssatz

Geschwindigkeitsvektor v_B (Bild 3.34a). Nach der Beziehung:

$$\tan \delta = \frac{\langle v_A \rangle}{\langle r_A \rangle} = \frac{v_A}{r_A} \cdot \frac{M_v}{M} = \omega \frac{M_v}{M} \tag{3.115}$$

ist der Tangens des Winkels δ proportional zur Winkelgeschwindigkeit ω und somit für alle Punkte der Ebene gleich.

Methode der gedrehten Geschwindigkeiten

Der Vektor v_A der Geschwindigkeit des Punktes A werde in beliebiger Richtung um 90° gedreht, dann fällt $\vec{v}_A$ (v_A gedreht) in die Gerade OA. Die Parallele zu AB durch den Endpunkt A_1 des gedrehten Vektors $\vec{v}_A$ schneidet OB in B_1, dem Endpunkt des gedrehten Vektors $\vec{v}_B$. Durch Zurückdrehen um 90° wird der Geschwindigkeitsvektor v_B des Punktes B erhalten, siehe (Bild 3.34b). Die Richtigkeit dieser Konstruktion läßt sich mit dem Strahlensatz nachweisen:

$$v_A = r_A \omega, \qquad v_B = r_B \omega,$$

$$\frac{v_A}{v_B} = \frac{r_A}{r_B} = \frac{\overline{OA}}{\overline{OB}} = \frac{\overline{AA_1}}{\overline{BB_1}}. \tag{3.116}$$

Projektionssatz

Da die Spitzen der gedrehten Geschwindigkeitsvektoren $\vec{v}_A$ und $\vec{v}_B$ nach obiger Konstruktion von der Geraden AB den gleichen Abstand haben, gilt nach Bild 3.34b folgende Beziehung:

$$v_A^* = v_B^*$$

bzw.

$$v_A \cos \alpha = v_B \cos \beta. \tag{3.117}$$

Sie wird als *Projektionssatz* [25] bezeichnet, der wie folgt lautet:

> *Die Projektionen der Geschwindigkeiten aller Punkte einer Geraden auf die Gerade haben die gleiche Größe.*

Bei einer allgemeinen ebenen Bewegung tritt an die Stelle des Drehpunktes O der Momentanpol P. Der Projektionssatz gilt dann in gleicher Weise.

Ist die Beschleunigung a_A des Punktes A bekannt, dann kann die Beschleunigung a_B des Punktes B entsprechend Bild 3.35 bestimmt werden. Nach (3.97) und (3.114) läßt sich a_A in die *Normalbeschleunigung* a_{An} und die *Tangentialbeschleunigung* a_{At} zerlegen. Die Parallele zu AB durch den Endpunkt des Vektors a_{An} schneidet OB im Endpunkt des Beschleunigungsvektors a_{Bn}. Der Winkel β zwischen der Gesamtbeschleunigung und dem Normalanteil ist für alle Punkte des drehenden Systems der gleiche und bestimmt die Richtung der Beschleunigung a_B; die Senkrechte auf OB im Endpunkt des Vektors a_{Bn} legt die Größe des Vektors a_B fest.

Die Beschleunigung kann auch wie folgt bestimmt werden: Durch Rückdrehung von a_A um den Winkel β entsteht der Punkt A_2. Die Parallele zu AB durch A_2 legt B_2 auf OB fest. Dreht man BB_2 um den Winkel β, so entsteht der Vektor a_B, siehe Bild 3.35. Die Richtigkeit dieser Konstruktionen ergibt sich aus den folgenden

3.2 Kinematische Analyse der ebenen Bewegung

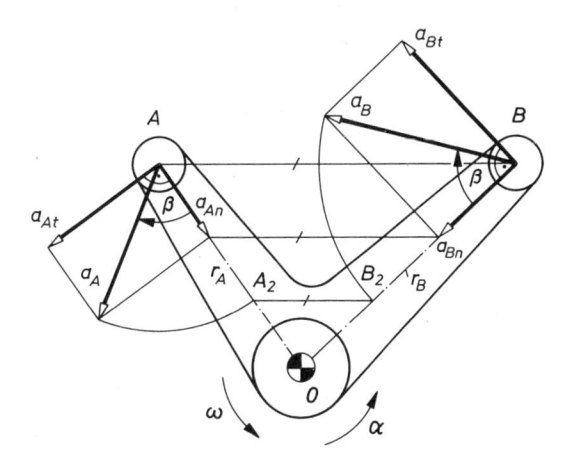

Bild 3.35: Beschleunigungsermittlung am Winkelhebel

Beziehungen:

$$\left.\begin{aligned} a_{An} &= r_A\omega^2, & a_{Bn} &= r_B\omega^2, \\ \frac{a_{An}}{a_{Bn}} &= \frac{r_A}{r_B}, & \frac{a_{At}}{a_{An}} &= \frac{a_{Bt}}{a_{Bn}} = \frac{\alpha}{\omega^2} = \tan\beta. \end{aligned}\right\} \quad (3.118)$$

Der Betrag der Beschleunigung a_A bzw. a_B berechnet sich zu :

$$\left.\begin{aligned} a_A &= (a_{At}^2 + a_{An}^2)^{1/2} = r_A(\alpha^2 + \omega^4)^{1/2}, \\ a_B &= (a_{Bt}^2 + a_{Bn}^2)^{1/2} = r_B(\alpha^2 + \omega^4)^{1/2}, \end{aligned}\right\} \quad (3.119)$$

so daß

bzw.
$$\left.\begin{aligned} \frac{a_A}{a_B} &= \frac{r_A}{r_B} = \frac{\overline{AA_2}}{\overline{BB_2}} \\ \triangle OAB &\sim \triangle OA_2B_2 \end{aligned}\right\} \quad (3.120)$$

ist.

Schiebung einer Ebene

Bewegt sich eine Ebene gegenüber dem Rastsystem so, daß zu einem Zeitpunkt t alle Punkte X_1 die gleiche Geschwindigkeit und die gleiche Beschleunigung besitzen, dann gilt für diese Punkte nach Abschnitt 3.2.2

$$\dot{X}_1 = \dot{M}_3; \qquad \ddot{X}_1 = \ddot{M}_3. \quad (3.121)$$

Die Bahnkurven aller dieser Punkte sind kongruent. Nach der Art der Bahnkurven unterscheidet man *Geradschiebung* (Translation), *Kreisschiebung* (z. B. beim Parallelkurbelgetriebe) und *Kurvenschiebung*; siehe Bilder 2.61 und 2.62.

Bewegung im Bezugssystem

Bei den folgenden Betrachtungen wird das Bezugssystem (Rastebene) mit $E(M, x, y)$ bezeichnet; siehe Bild 3.36. Ausgehend von den Gleichungen des Abschnittes 3.2.2 ergeben sich für die Bewegung der Ebene $E_3(M_3, x_3, y_3)$ im Bezugssystem die folgenden Relationen:

$$\left.\begin{aligned} X &= M_3 + X_3 e^{i\varphi_{31}}, \\ \dot{X} &= \dot{M}_3 + i\dot{\varphi}_{31}(X - M_3), \\ \ddot{X} &= \ddot{M}_3 + (i\ddot{\varphi}_{31} - \dot{\varphi}_{31}^2)(X - M_3). \end{aligned}\right\} \qquad (3.122)$$

Die allgemeine Bewegung einer Ebene läßt sich momentan durch eine Drehung um den Momentanpol P im Bezugssystem ersetzen. Er berechnet sich ausgehend von $\dot{X} = 0$ nach der Beziehung

$$P = M_3 + i\dot{M}_3/\dot{\varphi}_{31}. \qquad (3.123)$$

In der bewegten Ebene E_3 werden drei Punkte A_3, B_3, C_3 beliebig gewählt, und zwar:

$$A_3 = 0, \qquad B_3 = r_B, \qquad C_3 = r_C e^{i\alpha}. \qquad (3.124)$$

Diese Punkte werden im Bezugssystem mit A, B, C bezeichnet, und es gelten die folgenden Relationen:

$$\left.\begin{aligned} A &= M_3, \\ B &= A + r_B e^{i\varphi_{31}}, \\ C &= A + r_C e^{i(\varphi_{31} + \alpha)}. \end{aligned}\right\} \qquad (3.125)$$

Die Differentiation nach der Zeit liefert:

$$\left.\begin{aligned} \dot{A} &= \dot{M}_3, \\ \dot{B} &= \dot{A} + i\dot{\varphi}_{31}(B - A), \\ \dot{C} &= \dot{A} + i\dot{\varphi}_{31}(C - A) \end{aligned}\right\} \qquad (3.126)$$

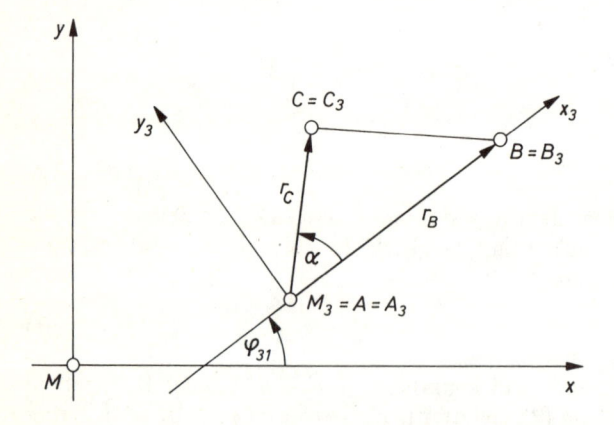

Bild 3.36: Bewegung einer Ebene $E_3(M_3, x_3, y_3)$ im Bezugssystem $E(M, x, y)$

3.2 Kinematische Analyse der ebenen Bewegung

bzw.
$$\left.\begin{aligned} \ddot{A} &= \ddot{M}_3, \\ \ddot{B} &= \ddot{A} + (i\ddot{\varphi}_{31} - \dot{\varphi}_{31}^2)(B - A), \\ \ddot{C} &= \ddot{A} + (i\ddot{\varphi}_{31} - \dot{\varphi}_{31}^2)(C - A). \end{aligned}\right\} \quad (3.127)$$

Entsprechend der in (3.97) getroffenen Vereinbarung lassen sich aus (3.126) und (3.127) die folgenden Relationen ableiten:

$$\left.\begin{aligned} \boldsymbol{v}_B &= \boldsymbol{v}_A + \boldsymbol{v}_{BA}, \\ \boldsymbol{v}_C &= \boldsymbol{v}_A + \boldsymbol{v}_{CA} \end{aligned}\right\} \quad (3.128)$$

bzw.

$$\left.\begin{aligned} \boldsymbol{a}_B &= \boldsymbol{a}_A + \boldsymbol{a}_{BAt} + \boldsymbol{a}_{BAn}, \\ \boldsymbol{a}_B &= \boldsymbol{a}_A + \boldsymbol{a}_{BA}, \\ \boldsymbol{a}_C &= \boldsymbol{a}_A + \boldsymbol{a}_{CAn} + \boldsymbol{a}_{CAt}, \\ \boldsymbol{a}_C &= \boldsymbol{a}_A + \boldsymbol{a}_{CA}. \end{aligned}\right\} \quad (3.129)$$

Aus Gleichung (3.128) ergibt sich die Zerlegung der allgemeinen Bewegung in Schiebung und Drehung (Bild 3.37) entsprechend dem Satz von EULER:

Die Momentanbewegung einer Ebene AB läßt sich in eine Translation v_A und eine Rotation um A mit der Geschwindigkeit v_{BA} zerlegen.

Des weiteren lassen sich ausgehend von den Gleichungen (3.128) und (3.129) die Sätze von BURMESTER und MEHMKE ableiten.

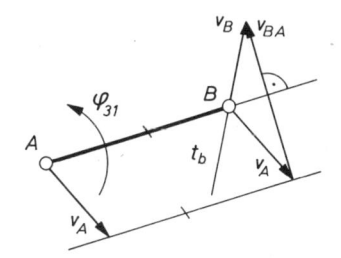

Bild 3.37: Zerlegung der allgemeinen ebenen Bewegung in Translation und Rotation

1. Satz von Burmester

Die Endpunkte der Geschwindigkeitsvektoren eines ebenen starren Systems bilden eine Figur, die der von den Systempunkten gebildeten Figur gleichsinnig ähnlich ist.

Im Bild 3.38 sind die Geschwindigkeiten v_A, v_B, v_C der Punkte A, B, C nach der Methode des Winkels δ konstruiert. Nach dem 1. Satz von BURMESTER ist:

$$\triangle ABC \sim \triangle A'B'C', \quad (3.130)$$

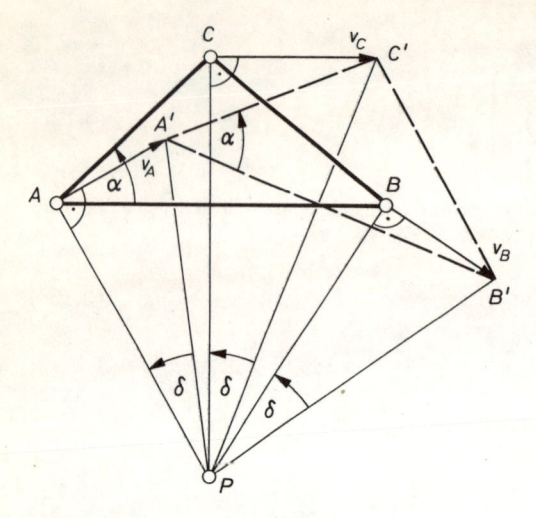

Bild 3.38: Geschwindigkeitsermittlung bei allgemein bewegter Ebene: $P \to$ Geschwindigkeitspol (Momentanpol), 1. Satz von BURMESTER: $\triangle ABC \sim \triangle A'B'C'$

d. h., die Winkelgleichheit muß in beiden Dreiecken garantiert sein. Diese Gleichheit soll für den Winkel α nachgewiesen werden. Nach Bild 3.39 gilt die Beziehung:
$$[C - A, (B - A)e^{i\alpha}] = 0. \tag{3.131}$$
Auf Grund der Ähnlichkeitsbeziehung (3.130) muß auch gelten:
$$[C' - A', (B' - A')e^{i\alpha}] = 0. \tag{3.132}$$
Die Richtigkeit dieser Gleichung läßt sich wie folgt zeigen:
$$[C + \mu\dot{C} - (A + \mu\dot{A}), \left(B + \mu\dot{B} - (A + \mu\dot{A})\right) e^{i\alpha}] = 0,$$
$$[C - A + \mu(\dot{C} - \dot{A}), \left((B - A) + \mu(\dot{B} - \dot{A})\right) e^{i\alpha}] = 0,$$
$$[(C - A)(1 + \mu i\dot{\varphi}_{31}), (B - A)(1 + \mu i\dot{\varphi}_{31})e^{i\alpha}] = 0,$$
$$[C - A, (B - A)e^{i\alpha}] = 0.$$
Da sich die allgemeine Bewegung momentan durch eine Drehung um den Momentanpol P ersetzen läßt, kann die Methode der gedrehten Geschwindigkeiten nach Abschnitt 3.2.2 in gleicher Weise zur Geschwindigkeitsermittlung angewendet werden (Bild 3.39a). Aus der Anschauung folgt sofort für die Ähnlichkeit der Dreiecke:
$$\triangle ABC \sim \triangle A_1 B_1 C_1. \tag{3.133}$$
Für gedrehte Geschwindigkeiten gilt analog (3.128) die Beziehung:
$$\vec{v}_B = \vec{v}_A + \vec{v}_{BA}. \tag{3.134}$$

3.2 Kinematische Analyse der ebenen Bewegung

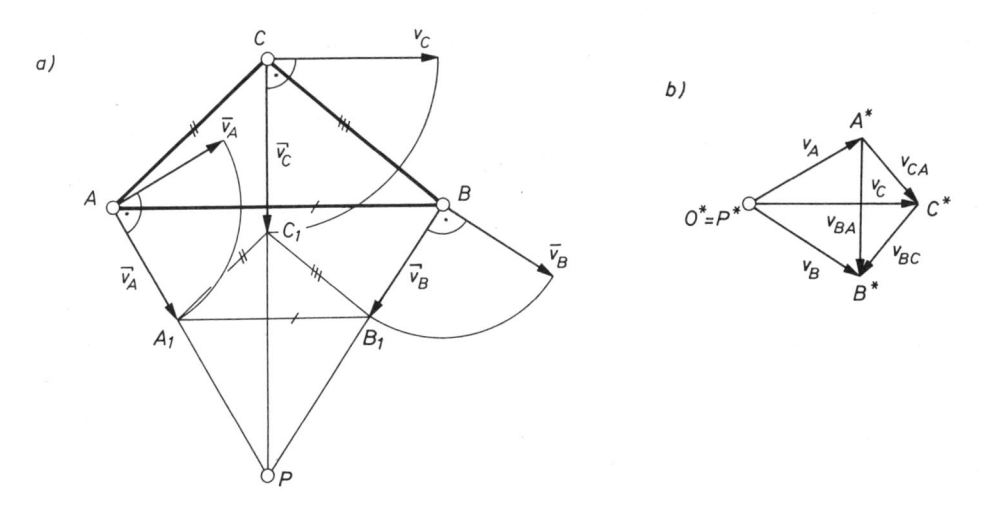

Bild 3.39: Geschwindigkeitsermittlung bei allgemein bewegter Ebene: $P \to$ Geschwindigkeitspol (Momentanpol), a) gedrehte Geschwindigkeiten $\triangle ABC \sim \triangle A_1 B_1 C_1$, b) Geschwindigkeitsplan nach MEHMKE: $\triangle ABC \sim \triangle A^* B^* C^*$

1. Satz von Mehmke

Die Endpunkte der Geschwindigkeitsvektoren eines ebenen starren Systems bilden im Geschwindigkeitsplan eine Figur, die der von den Systempunkten gebildeten Figur gleichsinnig ähnlich ist.

Werden ausgehend von einem Punkt O^* die Vektoren v_A, v_B und v_C gezeichnet, so ergibt sich der sog. v-Plan (Bild 3.39b) [12]. Die Endpunkte der Geschwindigkeitsvektoren bilden das $\triangle A^* B^* C^*$. Nach dem EULERschen Satz ist $v_{BA} \perp AB$; $v_{BC} \perp CB$; $v_{CA} \perp AC$ und somit $A^* B^* \perp AB$; $B^* C^* \perp BC$; $A^* C^* \perp AC$; daher gilt die Beziehung:

$$\triangle ABC \sim \triangle A^* B^* C^*. \tag{3.135}$$

Nach dem 1.Satz von MEHMKE ist dem Punkt $O^* = P^*$ im v-Plan ein Punkt P der bewegten Ebene zugeordnet, der momentan keine Geschwindigkeit besitzt. Er wird als *Momentanpol* oder *Geschwindigkeitspol* der Ebene bezeichnet. Seine Lage ist durch die Beziehung

$$\triangle ABP \sim \triangle A^* B^* P^* \tag{3.136}$$

eindeutig festgelegt; siehe Bild 3.39.

Die Beträge der Geschwindigkeiten aller Punkte einer allgemein bewegten Ebene sind proportional zu deren Abständen vom Momentanpol:

$$\frac{v_A}{v_B} = \frac{\overline{AP}}{\overline{BP}}. \tag{3.137}$$

2. Satz von Burmester

Die Endpunkte der Beschleunigungsvektoren eines ebenen starren Systems bilden eine Figur, die der von den Systempunkten gebildeten Figur gleichsinnig ähnlich ist.

Nach Bild 3.40a wird zunächst der Punkt A als ruhend betrachtet. Die Ermittlung der Beschleunigungen a_{BA} und a_{CA} erfolgt analog zum Winkelhebel, so daß die Beziehung

$$\triangle ABC \sim \triangle AB_2C_2 \tag{3.138}$$

gilt. Sodann wird der gesamten Ebene die Beschleunigung a_A des Punktes A erteilt, und es ergeben sich nach (3.129) die Endpunkte A'', B'', C'' der Beschleunigungsvektoren a_A, a_B und a_C. Unter Beachtung der Beziehung

$$\triangle AB_2C_2 \cong \triangle A''B''C''$$

gilt die Relation

$$\triangle ABC \sim \triangle A''B''C''. \tag{3.139}$$

Die Winkelgleichheit in beiden Dreiecken soll auch hier für den Winkel α mittels komplexer Vektoralgebra nachgewiesen werden. Nach (3.139) und Bild 3.40 muß die Bedingung

$$[C - A, (B - A)e^{i\alpha}] = [C'' - A'', (B'' - A'')e^{i\alpha}] = 0$$

erfüllt sein.

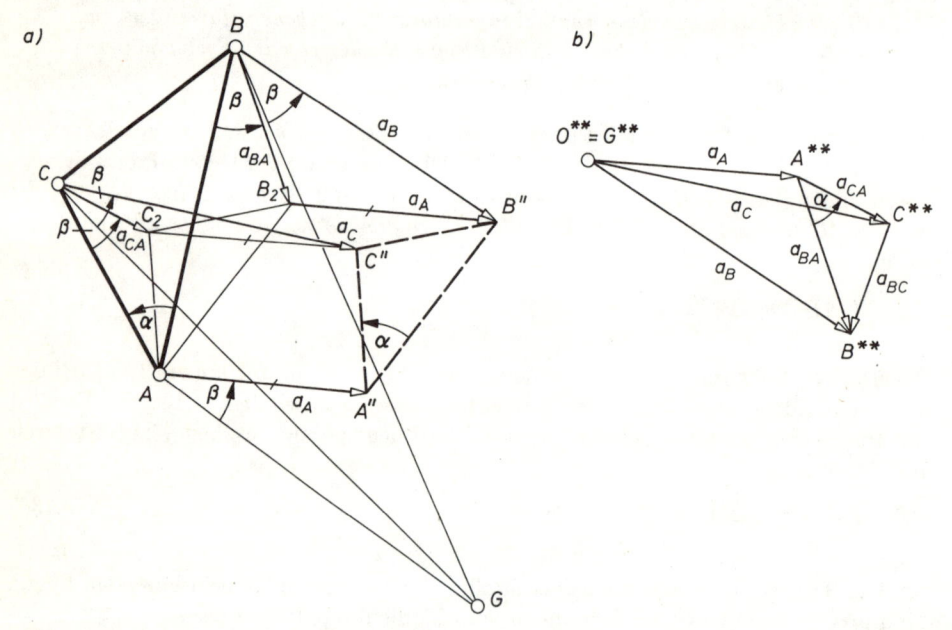

Bild 3.40: Beschleunigungsermittlung bei allgemein bewegter Ebene: $G \rightarrow$ Beschleunigungspol, a) 2. Satz von BURMESTER: $\triangle ABC \sim \triangle A''B''C''$, b) Beschleunigungsplan nach MEHMKE: $\triangle ABC \sim \triangle A^{**}B^{**}C^{**}$

3.2 Kinematische Analyse der ebenen Bewegung

Unter Berücksichtigung von (3.127) und der Existenz des Beschleunigungspoles G nach (3.141) und (3.142) gelten folgende Beziehungen:

$$[C + \nu \ddot{C} - (A + \nu \ddot{A}), (B + \nu \ddot{B} - (A + \nu \ddot{A}))e^{i\alpha}] = 0,$$

$$[C - A + \nu(\ddot{C} - \ddot{A}), (B - A + \nu(\ddot{B} - \ddot{A}))e^{i\alpha}] = 0,$$

$$[(C - A)\left(1 + \nu(i\ddot{\varphi}_{31} - \dot{\varphi}_{31}^2)\right), (B - A)\left(1 + \nu(i\ddot{\varphi}_{31} - \dot{\varphi}_{31}^2)\right)e^{i\alpha}] = 0,$$

$$[C - A, (B - A)e^{i\alpha}] = 0.$$

2. Satz von Mehmke

Die Endpunkte der Beschleunigungsvektoren eines ebenen starren Systems bilden im Beschleunigungsplan eine Figur, die der von den Systempunkten gebildeten Figur gleichsinnig ähnlich ist.

Im Bild 3.40b werden ausgehend vom Punkt O^{**} die Beschleunigungsvektoren $\boldsymbol{a}_A$, $\boldsymbol{a}_B$, $\boldsymbol{a}_C$ angetragen und ihre Spitzen mit A^{**}, B^{**}, C^{**} bezeichnet; es entsteht der sog. $\boldsymbol{a}$-Plan (Bild 3.40b) [12]. Da die Beschleunigungsvektoren $\boldsymbol{a}_{BA}$ und $\boldsymbol{a}_{CA}$ den gleichen Winkel β bezüglich der Dreieckseiten BA bzw. CA besitzen, schließen sie im $\boldsymbol{a}$-Plan den Dreieckswinkel α ein, d. h.

$$\triangle ABC \sim \triangle A^{**}B^{**}C^{**}. \tag{3.140}$$

Beschleunigungspol, Bressesche Kreise

Nach dem 2. Satz von Mehmke ist dem Punkt $O^{**} = G^{**}$ im $\boldsymbol{a}$-Plan ein Punkt G der bewegten Ebene zugeordnet, dessen Beschleunigung $\boldsymbol{a}_G = 0$ ist. Dieser Punkt G wird als Beschleunigungspol der Ebene bezeichnet. Seine Lage ist durch die Beziehung

$$\triangle ABG \sim \triangle A^{**}B^{**}G^{**} \tag{3.141}$$

eindeutig festgelegt; siehe Bild 3.41.

Die Beschleunigungsvektoren aller Punkte der bewegten Ebene schließen mit der Geraden durch G den gleichen Winkel β ein. Aus den ähnlichen Dreiecken folgt weiterhin:

$$\frac{a_A}{a_B} = \frac{\overline{AG}}{\overline{BG}}, \tag{3.142}$$

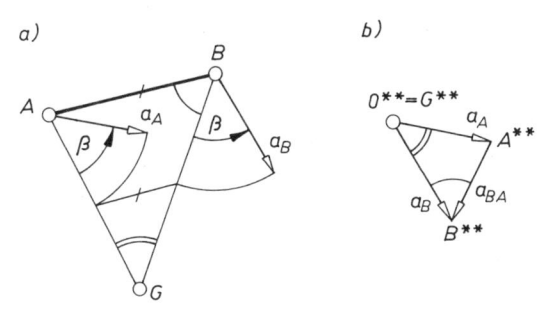

Bild 3.41: Ermittlung des Beschleunigungspoles G: a) $\triangle BAG \sim \triangle B^{**}A^{**}G^{**}$, b) Beschleunigungsplan nach MEHMKE

so daß die zeichnerische Ermittlung der Beschleunigungsvektoren aller Punkte einer bewegten Ebene nach Bild 3.41 erfolgen kann.

Mit Hilfe der komplexen Algebra erhält man den *Beschleunigungspol* G aus (3.122) und der Bedingung $\ddot{X} = 0$ wie folgt:

$$\ddot{X} = 0 = \ddot{M}_3 + (i\ddot{\varphi}_{31} - \dot{\varphi}_{31}^2)(G - M_3),$$

$$G = M_3 - \ddot{M}_3/(i\ddot{\varphi}_{31} - \dot{\varphi}_{31}^2). \tag{3.143}$$

Wird (3.143) in (3.122) eingesetzt, so ergibt sich für die Beschleunigung jedes Punktes der bewegten Ebene:

$$\ddot{X} = (i\ddot{\varphi}_{31} - \dot{\varphi}_{31}^2)(X - G), \tag{3.144}$$

d. h., die Beschleunigung eines Punktes X ist proportional zu seinem Abstand von G, und der Beschleunigungsvektor schließt mit der Geraden durch G stets den gleichen Winkel β ein. Dabei gelten folgende Beziehungen:

$$\left.\begin{aligned}
\ddot{X} &= r_a e^{i\beta}(X - G), \\
r_a &= (\ddot{\varphi}_{31}^2 + \dot{\varphi}_{31}^4)^{1/2}, \\
r_a e^{i\beta} &= i\ddot{\varphi}_{31} - \dot{\varphi}_{31}^2, \\
\beta &= \arctan(-\ddot{\varphi}_{31}/\dot{\varphi}_{31}^2).
\end{aligned}\right\} \tag{3.145}$$

Wendekreis

Alle Punkte des Wendekreises durchlaufen momentan Wendepunkte ihrer Bahn und besitzen nur eine Tangentialbeschleunigung. Daher gilt als Bedingung für den Wendekreis die Beziehung:

$$[\dot{X}, \ddot{X}] = 0. \tag{3.146}$$

Aus (3.122) und (3.123) erhält man:

$$\dot{X} = i\dot{\varphi}_{31}(X - P), \tag{3.147}$$

so daß sich unter Berücksichtigung von (3.144) und (3.147) ergibt:

$$[\dot{X}, \ddot{X}] = 0 = [i\dot{\varphi}_{31}(X - P), (i\ddot{\varphi}_{31} - \dot{\varphi}_{31}^2)(X - G)],$$

$$[i\dot{\varphi}_{31}(X - P), r_a e^{i\beta}(X - G)] = 0$$

bzw.

$$[(X - P), e^{i(\pi/2+\beta)}(X - G)] = 0. \tag{3.148}$$

Dies ist aber die Gleichung eines Kreises über der Sehne PG (Bild 3.42) mit dem Peripheriewinkel $(\pi/2 + \beta)$. Er wird als Wendekreis k_W bezeichnet; seine Punkte besitzen keine Normalbeschleunigung, siehe auch Abschnitt 3.1.6.

Tangentialkreis

Der *Tangentialkreis* k_T ist der geometrische Ort jener Punkte der bewegten Ebene, die momentan keine Tangentialbeschleunigung besitzen; sie durchlaufen folglich einen Extremwert ihrer Geschwindigkeit. In diesen Punkten stehen Geschwindigkeits- und

3.2 Kinematische Analyse der ebenen Bewegung

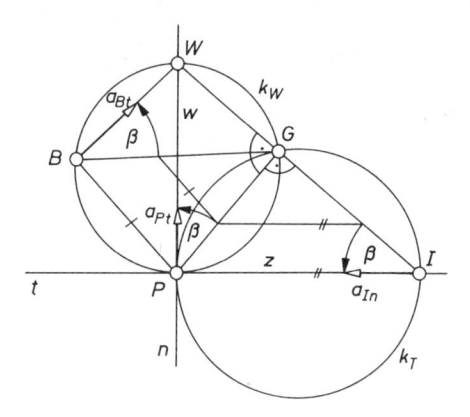

Bild 3.42: Wendekreis k_W und Tangentialkreis k_T einer allgemein bewegten Ebene, BRESSEsche Kreise

Beschleunigungsvektoren senkrecht aufeinander, so daß folgende Bedingung gilt:

$$(\dot{X}, \ddot{X}) = 0. \tag{3.149}$$

Unter Beachtung der Gleichungen (3.144), (3.145) und (3.147) ergibt sich:

$$\left(i\dot{\varphi}_{31}(X-P), (i\ddot{\varphi}_{31} - \dot{\varphi}_{31}^2)(X-G)\right) = 0,$$

$$\left(i\dot{\varphi}_{31}(X-P), r_a e^{i\beta}(X-G)\right) = 0,$$

$$\left(i(X-P), e^{i\beta}(X-G)\right) = 0$$

bzw.

$$[X - P, e^{i\beta}(X-G)] = 0. \tag{3.150}$$

Dies ist aber ein Kreis über der Sehne $\overline{PG}$ (Bild 3.42) mit dem Peripheriewinkel β. Alle Punkte des Kreises k_T besitzen eine Normalbeschleunigung, deren Richtung durch den Momentanpol P verläuft.

Da der Wendekreis die Polbahntangente t berührt und sich die Peripheriewinkel $(\pi/2 - \beta)$ sowie β über der Sehne $\overline{PG}$ zu $\pi/2$ ergänzen, berührt der Tangentialkreis die Polbahnnormale n (Bild 3.42). Sein Durchmesser z berechnet sich zu:

$$z = w \cot \beta. \tag{3.151}$$

Wendekreis und Tangentialkreis werden als BRESSEsche Kreise bezeichnet; sie schneiden sich in dem Beschleunigungspol G der allgemein bewegten Ebene [21, 25].

Die dargelegten Gesetzmäßigkeiten zur Geschwindigkeits- und Beschleunigungsermittlung werden im folgenden an einigen Beispielen demonstriert.

Viergelenkgetriebe

Das im Bild 3.43 dargestellte Viergelenkgetriebe A_0ABB_0 mit dem Koppelpunkt C wird kinematisch untersucht. Ohne Beschränkung der Allgemeinheit wird das Rastsystem $E(M, x, y)$ so gelegt, daß der Koordinatenursprung mit A_0 und die x-Achse mit

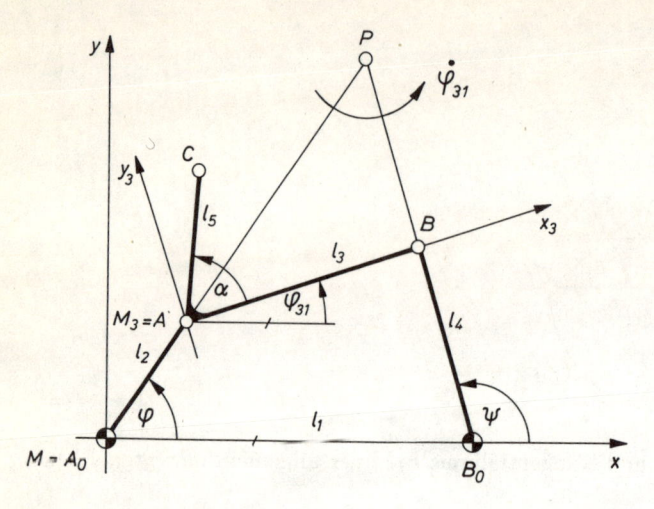

Bild 3.43: Viergelenkgetriebe, Koordinatensysteme zur rechnerischen Analyse

der Gestellgeraden zusammenfallen; beim Gangsystem $E_3(M_3, x_3, y_3)$ wird in analoger Weise verfahren; siehe Bild 3.43. Die Gliedlängen des Viergelenkgetriebes einschließlich Koppelpunkt C sind vorgegeben. Den Antriebsparameter bezeichnen wir mit φ, den Abtriebsparameter mit ψ.

Mit Hilfe der komplexen Vektoralgebra ergeben sich folgende Relationen für die Geschwindigkeit des Gelenkpunktes B:

$$B = A + l_3 e^{i\varphi_{31}}, \qquad A = l_2 e^{i\varphi},$$

$$B = l_2 e^{i\varphi} + l_3 e^{i\varphi_{31}},$$

$$\dot{B} = \dot{A} + i\dot{\varphi}_{31}(B - A), \qquad \dot{A} = i\dot{\varphi}l_2 e^{i\varphi},$$

$$\dot{B} = i\dot{\varphi}l_2 e^{i\varphi} + il_3\dot{\varphi}_{31} e^{i\varphi_{31}}$$

bzw. unter Beachtung von (3.97)

$$v_B = v_A + v_{BA}.$$

Diese Beziehung ist als EULERsche Gleichung bereits bekannt. Die weitere Differentiation nach der Zeit liefert:

$$\ddot{B} = \ddot{A} + (i\ddot{\varphi}_{31} - \dot{\varphi}_{31}^2)(B - A)$$

bzw.

$$a_B = a_A + a_{BA}.$$

Hierin bedeuten:

$$B = l_1 + l_4 e^{i\psi}, \qquad \dot{B} = i\dot{\psi}l_4 e^{i\psi},$$

$$\ddot{B} = (i\ddot{\psi} - \dot{\psi}^2)l_4 e^{i\psi},$$

$$\ddot{A} = (i\ddot{\varphi} - \dot{\varphi}^2)l_2 e^{i\varphi},$$

3.2 Kinematische Analyse der ebenen Bewegung

so daß die ausführliche Vektorgleichung lautet:

$$a_{Bn} + a_{Bt} = a_{An} + a_{At} + a_{BAn} + a_{BAt}. \tag{3.152}$$

Für die kinematischen Größen des Koppelpunktes C gelten die Beziehungen:

$$C = A + l_5 e^{i(\varphi_{31}+\alpha)},$$

$$\dot{C} = \dot{A} + i\dot{\varphi}_{31} l_5 e^{i(\varphi_{31}+\alpha)} = \dot{A} + i\dot{\varphi}_{31}(C-A),$$

$$\ddot{C} = \ddot{A} + (i\ddot{\varphi}_{31} - \dot{\varphi}_{31}^2) l_5 e^{i(\varphi_{31}+\alpha)}$$

bzw.

$$v_C = v_A + v_{CA},$$

$$a_C = a_A + a_{CA}.$$

Der Momentanpol P berechnet sich ausgehend von der Beziehung (3.123) zu:

$$P = A + i\dot{A}/\dot{\varphi}_{31}. \tag{3.153}$$

Die Momentanbewegung der Koppelebene AB läßt sich durch eine Momentandrehung um P mit der Winkelgeschwindigkeit $\dot{\varphi}_{31}$ ersetzen.

Die zeichnerische Lösung für die Geschwindigkeits- und Beschleunigungsermittlung des Punktes B ist im Bild 3.44 dargestellt. Auf der Grundlage der EULERschen Gleichung für gedrehte Geschwindigkeiten (3.134) werden zunächst v_B und v_{BA} ermittelt. Die Parallele zu AB durch A_1 ergibt auf BB_0 die gedrehte Geschwindigkeit

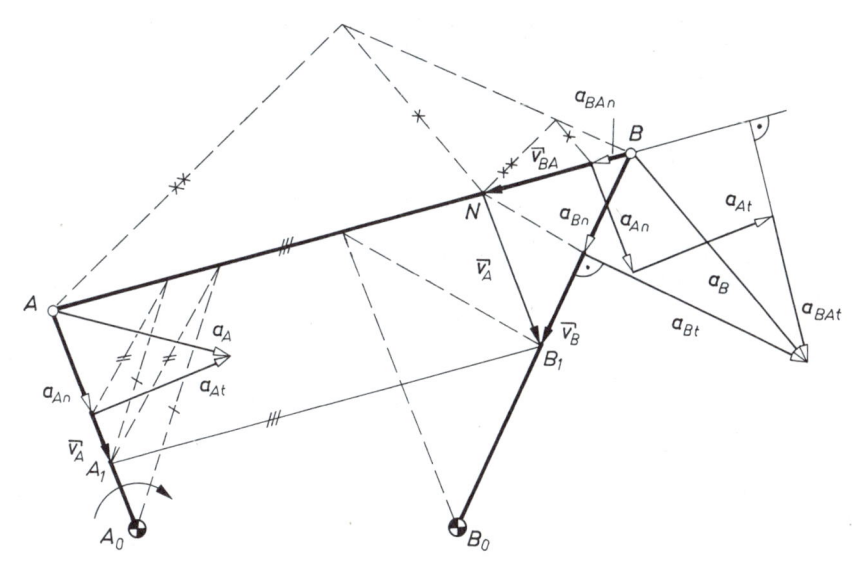

Bild 3.44: Zeichnerische Geschwindigkeits- und Beschleunigungsermittlung am Viergelenkgetriebe

$\vec{v}_B$ als Strecke $\overline{BB_1}$. Die Parallele zu AA_0 durch B_1 bestimmt auf AB die Strecke $\overline{BN}$ als gedrehte Geschwindigkeit $\vec{v'}_{BA}$.

Die Normalbeschleunigungen a_{An}, a_{Bn} und a_{BAn} werden jeweils durch einen wechselnden Parallelenzug ermittelt (Bild 3.33a und b). Die Tangentialbeschleunigung a_{At} sei gegeben und von a_{Bt} sowie a_{BAt} sind die Richtungen bekannt. Nach den Vektorgleichungen (3.129) bzw. (3.152) läßt sich der Vektorenzug ausgehend von dem Gelenkpunkt B zeichnen [5, 14, 25, 43, 67] und damit die Beschleunigung a_B ermitteln; siehe Bild 3.44. Für jeden Koppelpunkt C kann die Geschwindigkeitsermittlung mittels gedrehter Geschwindigkeitsvektoren oder nach dem 1. Satz von BURMESTER erfolgen. Die Beschleunigungsermittlung nach Gleichung (3.129) erfordert die Kenntnis des Krümmungsmittelpunktes C_0 oder die Anwendung des 2. Satzes von BURMESTER.

Für den Einsatz der Computertechnik zur Ermittlung der kinematischen Parameter beim Viergelenkgetriebe soll nach Bild 3.43 das Formelwerk mittels der komplexen Vektoralgebra bereitgestellt werden. Ausgehend von den beiden Vektorenzügen zu dem Gelenkpunkt B gilt:

$$l_2 e^{i\varphi} + l_3 e^{i\varphi_{31}} = l_1 + l_4 e^{i\psi}$$

bzw.

$$\left.\begin{array}{rcl} l_3 e^{i\varphi_{31}} &=& l_1 + l_4 e^{i\psi} - l_2 e^{i\varphi}, \\ l_3 e^{-i\varphi_{31}} &=& l_1 + l_4 e^{-i\psi} - l_2 e^{-i\varphi}. \end{array}\right\} \quad (3.154)$$

Die Multiplikation der beiden konjugiert komplexen Größen in (3.154) liefert:

$$l_3^2 = (l_1 + l_4 e^{i\psi} - l_2 e^{i\varphi})(l_1 + l_4 e^{-i\psi} - l_2 e^{-i\varphi}),$$

$$l_3^2 = l_1^2 + l_4^2 + l_2^2 + 2l_1 l_4 \cos\psi - 2l_1 l_2 \cos\varphi - 2l_2 l_4 \cos(\varphi - \psi)$$

bzw.

$$F(\varphi, \psi) = 0 = l_1^2 + l_2^2 - l_3^2 + l_4^2 - 2l_1 l_2 \cos\varphi + 2l_1 l_4 \cos\psi - 2l_2 l_4 \cos(\varphi - \psi). \quad (3.155)$$

Diese Beziehung wird *Übertragungsgleichung 0. Ordnung* genannt [9]. Sie läßt sich in vereinfachter Form wie folgt schreiben:

$$A\cos\psi + B\sin\psi + C = 0. \quad (3.156)$$

Hierin bedeuten:

$$\left.\begin{array}{rcl} A &=& 2l_4(l_1 - l_2\cos\varphi), \\ B &=& -2l_2 l_4 \sin\varphi, \\ C &=& l_1^2 + l_2^2 - l_3^2 + l_4^2 - 2l_1 l_2 \cos\varphi. \end{array}\right\} \quad (3.157)$$

Unter Anwendung der Theoreme

$$\cos\psi = \frac{1 - \tan^2\frac{\psi}{2}}{1 + \tan^2\frac{\psi}{2}}, \qquad \sin\psi = \frac{2\tan\frac{\psi}{2}}{1 + \tan^2\frac{\psi}{2}} \quad (3.158)$$

3.2 Kinematische Analyse der ebenen Bewegung

ergibt sich schließlich die Beziehung:

$$\left.\begin{array}{rl}\tan\dfrac{\psi}{2} &= \dfrac{B \pm (B^2 + A^2 - C^2)^{1/2}}{A - C} \\[2mm] \text{bzw.} \\[1mm] \psi &= 2\arctan\dfrac{B \pm (B^2 + A^2 - C^2)^{1/2}}{A - C}.\end{array}\right\} \quad (3.159)$$

Gleichung (3.159) wird auch als Übertragungsfunktion 0. Ordnung $\psi = \psi(\varphi)$ bezeichnet. Durch Ableitung nach der Variablen φ ergeben sich:

$\psi' = \psi'(\varphi)$ – Übertragungsfunktion 1. Ordnung und

$\psi'' = \psi''(\varphi)$ – Übertragungsfunktion 2. Ordnung.

Ausgehend von (3.154) erfolgt die 1. Ableitung nach φ:

$$l_3 e^{i\varphi_{31}} = l_1 + l_4 e^{i\psi} - l_2 e^{i\varphi},$$

$$\varphi'_{31} l_3 e^{i\varphi_{31}} = \psi' l_4 e^{i\psi} - l_2 e^{i\varphi}.$$

Das äußere Produkt dieser beiden Gleichungen liefert:

$$[l_3 e^{i\varphi_{31}}, \varphi'_{31} l_3 e^{i\varphi_{31}}] = [l_1 + l_4 e^{i\psi} - l_2 e^{i\varphi}, \psi' l_4 e^{i\psi} - l_2 e^{i\varphi}],$$

$$l_3^2 \varphi'_{31}[1,1] = 0 = l_4 \psi'[l_1 + l_4 e^{i\psi} - l_2 e^{i\varphi}, e^{i\psi}] - l_2[l_1 + l_4 e^{i\psi} - l_2 e^{i\varphi}, e^{i\varphi}],$$

$$\psi' = \frac{l_2}{l_4} \cdot \frac{[l_1 + l_4 e^{i\psi} - l_2 e^{i\varphi}, e^{i\varphi}]}{[l_1 + l_4 e^{i\psi} - l_2 e^{i\varphi}, e^{i\psi}]},$$

$$\psi' = \frac{l_2}{l_4} \cdot \frac{l_1[1, e^{i\varphi}] + l_4[1, e^{i(\varphi-\psi)}]}{l_1[1, e^{i\psi}] + l_2[1, e^{i(\varphi-\psi)}]},$$

$$\psi' = \frac{l_2}{l_4} \cdot \frac{l_1 \sin\varphi + l_4 \sin(\varphi - \psi)}{l_1 \sin\psi + l_2 \sin(\varphi - \psi)} \quad (3.160)$$

bzw.

$$\dot{\psi} = \psi' \dot{\varphi}. \quad (3.161)$$

Die Geschwindigkeit des Punktes B läßt sich nach

$$v_B = l_4 \dot{\psi} \quad (3.162)$$

ermitteln.

Für die *Übertragungsfunktion 2. Ordnung* erhält man durch Anwendung der entsprechenden Rechenregeln schließlich:

$$\psi'' = \frac{l_1 l_2 \cos\varphi + (1 - \psi')^2 l_2 l_4 \cos(\varphi - \psi) - \psi'^2 l_1 l_4 \cos\psi}{l_1 l_4 \sin\psi + l_2 l_4 \sin(\varphi - \psi)} \quad (3.163)$$

bzw.

$$\ddot{\psi} = \psi'' \dot{\varphi}^2 + \psi' \ddot{\varphi}, \quad (3.164)$$

so daß sich die Tangentialbeschleunigung des Punktes B nach

$$a_{Bt} = l_4\ddot{\psi} \tag{3.165}$$

berechnen läßt. Für die Normalbeschleunigung gilt:

$$a_{Bn} = l_4\dot{\psi}^2 \tag{3.166}$$

und für die Gesamtbeschleunigung

$$a_B = (a_{Bt}^2 + a_{Bn}^2)^{1/2} = l_4(\ddot{\psi}^2 + \dot{\psi}^4)^{1/2}. \tag{3.167}$$

Koppelpunkt des Viergelenkgetriebes

Die kinematischen Größen eines beliebigen Koppelpunktes C (Bild 3.43) ergeben sich unter Berücksichtigung von (3.154) aus folgenden Beziehungen:

$$C = l_2 e^{i\varphi} + l_5 e^{i(\varphi_{31}+\alpha)} = l_2 e^{i\varphi} + l_5 e^{i\varphi_{31}} e^{i\alpha},$$

$$C = l_2 e^{i\varphi} + \frac{l_5}{l_3} e^{i\alpha}(l_1 + l_4 e^{i\psi} - l_2 e^{i\varphi}) \tag{3.168}$$

bzw.

$$\left.\begin{aligned} x_C &= l_2\cos\varphi + \frac{l_5}{l_3}\left(\cos\alpha(l_1 + l_4\cos\psi - l_2\cos\varphi)\right.\\ &\quad - \sin\alpha(l_4\sin\psi - l_2\sin\varphi)\bigr),\\ y_C &= l_2\sin\varphi + \frac{l_5}{l_3}\left(\sin\alpha(l_1 + l_4\cos\psi - l_2\cos\varphi)\right.\\ &\quad + \cos\alpha(l_4\sin\psi - l_2\sin\varphi)\bigr). \end{aligned}\right\} \tag{3.169}$$

Die Relationen (3.169) liefern die Koordinaten des Koppelpunktes C, z. B. zum Aufzeichnen der Koppelkurve. Zur Ermittlung der Geschwindigkeits- und Beschleunigungskomponenten werden zunächst die Ableitungen nach φ gebildet:

$$\left.\begin{aligned} x'_C &= -l_2\sin\varphi + \frac{l_5}{l_3}\left(\cos\alpha(l_2\sin\varphi - \psi' l_4\sin\psi)\right.\\ &\quad - \sin\alpha(\psi' l_4\cos\psi - l_2\cos\varphi)\bigr),\\ y'_C &= l_2\cos\varphi + \frac{l_5}{l_3}\left(\sin\alpha(l_2\sin\varphi - \psi' l_4\sin\psi)\right.\\ &\quad + \cos\alpha(\psi' l_4\cos\psi - l_2\cos\varphi)\bigr). \end{aligned}\right\} \tag{3.170}$$

$$\left.\begin{aligned} x''_C &= -l_2\cos\varphi + \frac{l_5}{l_3}\left(\cos\alpha(l_2\cos\varphi - l_4(\psi''\sin\psi + \psi'^2\cos\psi))\right.\\ &\quad - \sin\alpha(l_4(\psi''\cos\psi - \psi'^2\sin\psi) + l_2\sin\varphi)\bigr),\\ y''_C &= -l_2\sin\varphi + \frac{l_5}{l_3}\left(\sin\alpha(l_2\cos\varphi - l_4(\psi''\sin\psi + \psi'^2\cos\psi))\right.\\ &\quad + \cos\alpha(l_4(\psi''\cos\psi - \psi'^2\sin\psi) + l_2\sin\varphi)\bigr). \end{aligned}\right\} \tag{3.171}$$

Für einen beliebigen Koppelpunkt C berechnen sich die Geschwindigkeits- und Beschleunigungswerte zu:

3.2 Kinematische Analyse der ebenen Bewegung

$$\left. \begin{array}{rl} v_{x_C} &= \dot{x}_C = x'_C\dot{\varphi}; \quad v_{y_C} = \dot{y}_C = y'_C\dot{\varphi}, \\ v_C &= (\dot{x}_C^2 + \dot{y}_C^2)^{1/2} = \dot{\varphi}(x'^2_C + y'^2_C)^{1/2}, \end{array} \right\} \quad (3.172)$$

$$\left. \begin{array}{rl} a_{x_C} &= \ddot{x}_C = x'_C\ddot{\varphi} + x''_C\dot{\varphi}^2, \\ a_{y_C} &= \ddot{y}_C = y'_C\ddot{\varphi} + y''_C\dot{\varphi}^2, \\ a_C &= (\ddot{x}_C^2 + \ddot{y}_C^2)^{1/2}. \end{array} \right\} \quad (3.173)$$

Schubkurbel

Zur analytischen Erfassung der Geschwindigkeiten und Beschleunigungen bei der Schubkurbel wird Bild 3.45 zugrunde gelegt. Analog zum Viergelenkgetriebe ergeben sich die gleichen Beziehungen (3.128) und (3.152) für die Ermittlung der entsprechenden Vektorenzüge. Da sich der Gelenkpunkt B auf einer Geraden bewegt, besitzt er nur eine Tangentialbeschleunigung, so daß Gleichung (3.152) übergeht in:

$$a_{Bt} = a_{An} + a_{At} + a_{BAn} + a_{BAt}. \quad (3.174)$$

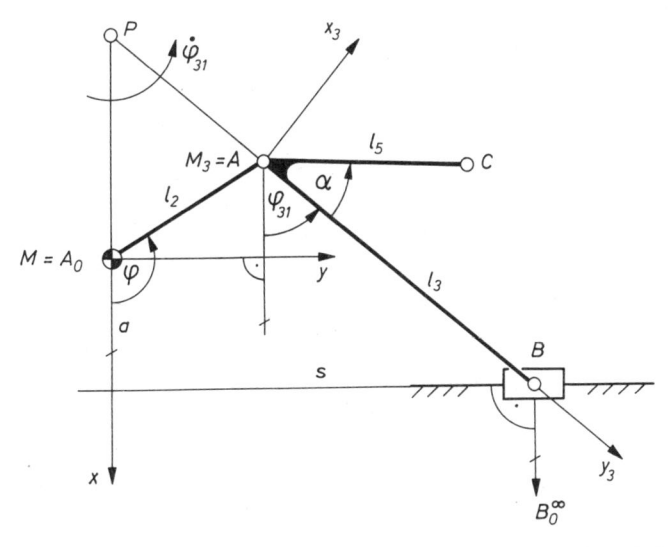

Bild 3.45: Schubkurbel, Koordinatensysteme zur rechnerischen Analyse

Die grafische Ermittlung der Geschwindigkeits- und Beschleunigungsvektoren des Gelenkpunktes B ist im Bild 3.46 angegeben. Der Kurbelpunkt A der versetzten Schubkurbel $A_0ABB_0^\infty$ (Versetzung a) habe die Geschwindigkeit v_A und die Tangentialbeschleunigung a_{At} (Bild 3.46). Die Parallele zu AB durch den Endpunkt des gedrehten Vektors $\vec{v}_A$ bestimmt $\vec{v}_B$ auf der Senkrechten zur Schubrichtung durch B. Auf Grund der EULERschen Gleichung für gedrehte Geschwindigkeiten

$$\vec{v}_B = \vec{v}_A + \vec{v}_{BA}$$

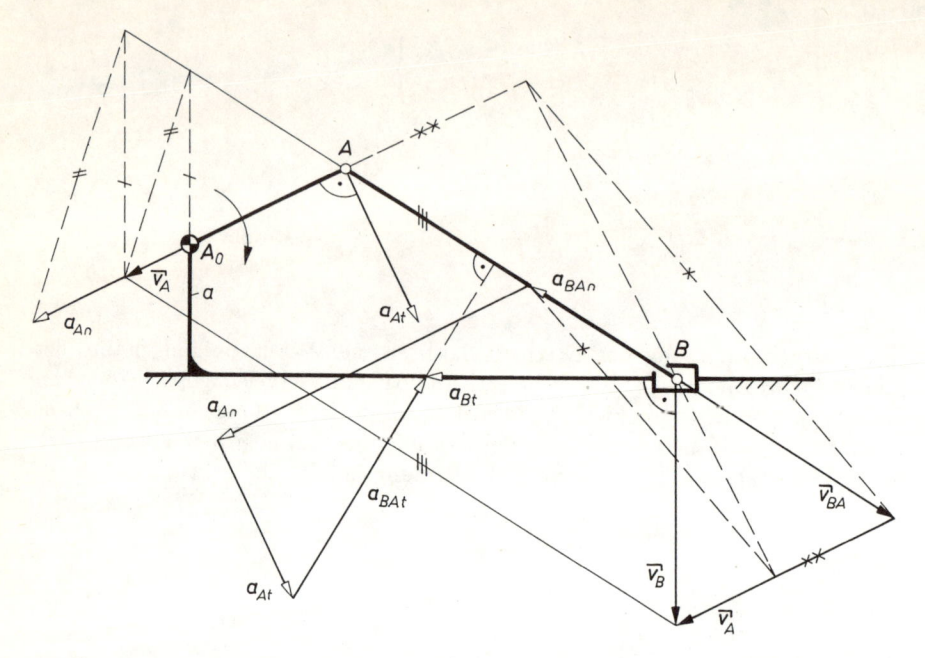

Bild 3.46: Zeichnerische Geschwindigkeits- und Beschleunigungsermittlung an der Schubkurbel

wird der Vektor $\vec{v}_{BA}$ durch Zeichnen des entsprechenden Vektordreieckes ermittelt. Mit Hilfe der wechselnden Parallelenzüge werden a_{An} und a_{BAn} bestimmt. Infolge der geradlinigen Bewegung des Punktes B ist $a_{Bn} = 0$.

Die Richtungen der Beschleunigungsvektoren a_{Bt} und a_{BAt} sind bekannt, so daß ausgehend vom Punkte B der Vektorenzug nach Gleichung (3.174) gezeichnet werden kann (Bild 3.46). Hinsichtlich des Koppelpunktes C wird analog zum Viergelenkgetriebe verfahren. Der Momentanpol P (Bild 3.45) berechnet sich nach (3.153).

Das Formelwerk für den Einsatz der Computertechnik wird ebenfalls in der GAUSS-schen Zahlenebene abgeleitet. Entsprechend Bild 3.45 werden die Versetzung a der Schubkurbel ausgehend von A_0 in x-Richtung und der Schubweg s in y-Richtung positiv gezählt.

Betrachtet man die beiden Vektorenzüge zu dem Gelenkpunkt B, so gilt:

$$\left.\begin{array}{rcl} l_2 e^{i\varphi} + l_3 e^{i\varphi_{31}} &=& a + is, \\ l_3 e^{i\varphi_{31}} &=& a + is - l_2 e^{i\varphi}, \\ l_3 e^{-i\varphi_{31}} &=& a - is - l_2 e^{-i\varphi}. \end{array}\right\} \qquad (3.175)$$

Die Multiplikation der konjugiert komplexen Größen in (3.175) liefert:

$$l_3^2 = (a + is - l_2 e^{i\varphi})(a - is - l_2 e^{-i\varphi}),$$

$$l_3^2 = a^2 + s^2 + l_2^2 - 2al_2 \cos\varphi - 2l_2 s \cdot \sin\varphi$$

3.2 Kinematische Analyse der ebenen Bewegung

bzw.
$$F(\varphi, s) = 0 = s^2 - 2sl_2 \sin \varphi + a^2 + l_2^2 - l_3^2 - 2al_2 \cos \varphi. \tag{3.176}$$

Diese Beziehung wird als *Übertragungsgleichung 0. Ordnung* bezeichnet. Ihre Auflösung nach $s = s(\varphi)$ ergibt die *Übertragungsfunktion 0. Ordnung*:

$$s = l_2 \sin \varphi \pm \left(l_3^2 - a^2 + l_2 \cos \varphi (2a - l_2 \cos \varphi)\right)^{1/2}. \tag{3.177}$$

Ausgehend von (3.175) erfolgt die 1. Ableitung nach φ:

$$l_3 e^{i\varphi_{31}} = a + is - l_2 e^{i\varphi},$$

$$\varphi'_{31} l_3 e^{i\varphi_{31}} = s' - l_2 e^{i\varphi}.$$

Das äußere Produkt dieser beiden Gleichungen ergibt:

$$[l_3 e^{i\varphi_{31}}, \varphi'_{31} l_3 e^{i\varphi_{31}}] = [a + is - l_2 e^{i\varphi}, s' - l_2 e^{i\varphi}],$$

$$l_3^2 \varphi'_{31}[1, 1] = 0 = [is - l_2 e^{i\varphi}, s'] - [a + is, l_2 e^{i\varphi}],$$

$$0 = s'[1, is - l_2 e^{i\varphi}] - al_2[e^{i\varphi}, 1] - sl_2[e^{i\varphi}, i],$$

$$0 = s'[1, is - l_2 e^{i\varphi}] + al_2[1, e^{i\varphi}] - sl_2(1, e^{i\varphi}),$$

$$0 = s'(s - l_2 \sin \varphi) + l_2(a \sin \varphi - s \cos \varphi),$$

$$s' = \frac{l_2(s \cos \varphi - a \sin \varphi)}{s - l_2 \sin \varphi} \tag{3.178}$$

bzw.
$$\dot{s} = v_B = s' \dot{\varphi}. \tag{3.179}$$

Nach (3.179) läßt sich die Geschwindigkeit des Punktes B berechnen.

Für die *Übertragungsfunktion 2. Ordnung* ergibt sich unter Beachtung der bekannten Rechenregeln:

$$s'' = \frac{l_2 \left(\cos \varphi (2s' - a) - s \cdot \sin \varphi\right) - s'^2}{s - l_2 \sin \varphi} \tag{3.180}$$

bzw.
$$\ddot{s} = a_{Bt} = s' \ddot{\varphi} + s'' \dot{\varphi}^2. \tag{3.181}$$

Somit läßt sich auch die Tangentialbeschleunigung des Punktes B berechnen.

Koppelpunkte der Schubkurbel

Die kinematischen Größen eines beliebigen Koppelpunktes C ergeben sich unter Berücksichtigung von (3.175) aus folgenden Relationen:

$$C = l_2 e^{i\varphi} + l_5 e^{i(\varphi_{31}+\alpha)} = l_2 e^{i\varphi} + l_5 e^{i\varphi_{31}} e^{i\alpha},$$

$$C = l_2 e^{i\varphi} + \frac{l_5}{l_3} e^{i\alpha}(a + is - l_2 e^{i\varphi}), \tag{3.182}$$

$$\left.\begin{aligned}x_C &= l_2\cos\varphi + \frac{l_5}{l_3}\left(\cos\alpha(a - l_2\cos\varphi) - \sin\alpha(s - l_2\sin\varphi)\right), \\ y_C &= l_2\sin\varphi + \frac{l_5}{l_3}\left(\sin\alpha(a - l_2\cos\varphi) + \cos\alpha(s - l_2\sin\varphi)\right).\end{aligned}\right\} \quad (3.183)$$

Die Beziehung (3.183) stellt die Koordinaten des Koppelpunktes C dar, z. B. zum Aufzeichnen der Koppelkurve k_C im Rastsystem. Für die Berechnung der Geschwindigkeits- und Beschleunigungswerte nach Gleichung (3.172) bzw. (3.173) werden die Ableitungen nach φ benötigt:

$$\left.\begin{aligned}x'_C &= -l_2\sin\varphi + \frac{l_5}{l_3}\left(l_2\cos\alpha\sin\varphi - \sin\alpha(s' - l_2\cos\varphi)\right), \\ y'_C &= l_2\cos\varphi + \frac{l_5}{l_3}\left(l_2\sin\alpha\sin\varphi + \cos\alpha(s' - l_2\cos\varphi)\right),\end{aligned}\right\} \quad (3.184)$$

$$\left.\begin{aligned}x''_C &= -l_2\cos\varphi + \frac{l_5}{l_3}\left(l_2\cos\alpha\cos\varphi - \sin\alpha(s'' + l_2\sin\varphi)\right), \\ y''_C &= -l_2\sin\varphi + \frac{l_5}{l_3}\left(l_2\sin\alpha\cos\varphi + \cos\alpha(s'' + l_2\sin\varphi)\right).\end{aligned}\right\} \quad (3.185)$$

Relativbewegung

Verändert der Punkt X_3 (Bild 3.1) während der allgemeinen Bewegung seine Lage gegenüber dem Gangsystem $E_3(M_3, x_3, y_3)$, dann sprechen wir von einer *Relativbewegung*. Ausgehend von den Beziehungen (3.112) und (3.113) ergeben sich unter Berücksichtigung der Vereinbarung (3.97) folgende Festlegungen:

- $\dot X_1 \triangleq \boldsymbol{v}_A$ Absolutgeschwindigkeit,
- $\dot M_3 + X_3 \mathrm{i}\dot\varphi_{31}\mathrm{e}^{\mathrm{i}\varphi_{31}} \triangleq \boldsymbol{v}_F$ Führungsgeschwindigkeit,
- $\dot X_3 \mathrm{e}^{\mathrm{i}\varphi_{31}} \triangleq \boldsymbol{v}_R$ Relativgeschwindigkeit,
- $\ddot X_1 \triangleq \boldsymbol{a}_A$ Absolutbeschleunigung,
- $\ddot M_3 + X_3(\mathrm{i}\ddot\varphi - \dot\varphi_{31}^2)\mathrm{e}^{\mathrm{i}\varphi_{31}} \triangleq \boldsymbol{a}_F$ Führungsbeschleunigung,
- $\ddot X_3 \mathrm{e}^{\mathrm{i}\varphi_{31}} \triangleq \boldsymbol{a}_R$ Relativbeschleunigung,
- $2\dot X_3\mathrm{i}\dot\varphi_{31}\mathrm{e}^{\mathrm{i}\varphi_{31}} \triangleq \boldsymbol{a}_C$ CORIOLIS-Beschleunigung.

Mithin gilt:

$$\boldsymbol{v}_A = \boldsymbol{v}_F + \boldsymbol{v}_R \qquad (3.186)$$

für die Geschwindigkeitsermittlung und

$$\boldsymbol{a}_A = \boldsymbol{a}_F + \boldsymbol{a}_R + \boldsymbol{a}_C \qquad (3.187)$$

für die Beschleunigungsermittlung.

Diese Methode soll im folgenden am Beispiel der Kurbelschleife erläutert werden.

3.2 Kinematische Analyse der ebenen Bewegung

Kurbelschleife

Die im Bild 3.47 dargestellte Kurbelschleife $A_0AB^\infty B_0$ ist kinematisch zu untersuchen. In dem vorliegenden Fall ist $E_4(M_4, x_4, y_4)$ die Gangebene, deren Punkt A_4 eine Relativbewegung zum System E_4 ausführt, und zwar in Richtung der Schubgeraden. Ohne Beschränkung der Allgemeinheit sind die Koordinatensysteme für Gang- und Rastsystem entsprechend Bild 3.47 festgelegt. Die Kurbelebene wird mit E_2 bezeichnet. Die Punkte A_2 und A_4 fallen im Kurbelgelenkpunkt zusammen. Nach den Methoden der komplexen Vektoralgebra ergeben sich folgende Beziehungen:

$$\left.\begin{aligned}
A_2 &= l_2 e^{i\varphi} = l_1 + A_4 e^{i\psi} = l_1 + (x_4 + iy_4)e^{i\psi}, \\
\dot{A}_2 &= i\dot{\varphi} l_2 e^{i\varphi} = i\dot{y}_4 e^{i\psi} + (x_4 + iy_4)i\dot{\psi}e^{i\psi}, \\
\ddot{A}_2 &= (i\ddot{\varphi} - \dot{\varphi}^2)l_2 e^{i\varphi}, \\
\ddot{A}_2 &= (i\ddot{\psi} - \dot{\psi}^2)(x_4 + iy_4)e^{i\psi} + i\ddot{y}_4 e^{i\psi} - 2\dot{\psi}\dot{y}_4 e^{i\psi}.
\end{aligned}\right\} \qquad (3.188)$$

Unter Beachtung der Vereinbarung (3.97) werden entsprechend (3.186) und (3.187) folgende Vektoren festgelegt:

- $\dot{A}_2 \triangleq \mathbf{v}_{A21}$ Absolutgeschwindigkeit,
- $(x_4 + iy_4)i\dot{\psi}e^{i\psi} \triangleq \mathbf{v}_{A41}$ Führungsgeschwindigkeit,
- $i\dot{y}_4 e^{i\psi} \triangleq \mathbf{v}_{A24}$ Relativgeschwindigkeit,
- $\ddot{A}_2 \triangleq \mathbf{a}_{A21}$ Absolutbeschleunigung,
- $(i\ddot{\psi} - \dot{\psi}^2)(X_4 + iy_4)e^{i\psi} \triangleq \mathbf{a}_{A41}$ Führungsbeschleunigung,
- $i\ddot{y}_4 e^{i\psi} \triangleq \mathbf{a}_{A24}$ Relativbeschleunigung,
- $-2\dot{\psi}\dot{y}_4 e^{i\psi} \triangleq \mathbf{a}_C$ CORIOLIS-Beschleunigung.

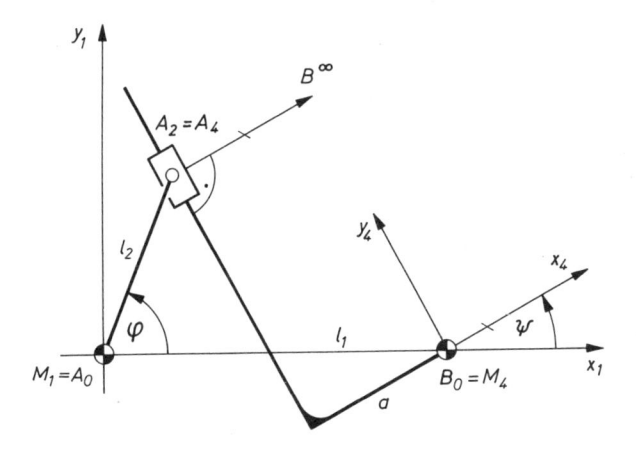

Bild 3.47: Kurbelschleife, Koordinatensysteme zur rechnerischen Analyse

Somit gelten folgende Vektorgleichungen für die Geschwindigkeits- und Beschleunigungsermittlung an der Kurbelschleife:

$$v_{A21} = v_{A41} + v_{A24} \tag{3.189}$$

bzw. für gedrehte Geschwindigkeitsvektoren

$$\vec{v}_{A21} = \vec{v}_{A41} + \vec{v}_{A24} \tag{3.190}$$

und

$$a_{A21} = a_{A41} + a_{A24} + a_C \tag{3.191}$$

bzw. in Komponentenschreibweise

$$a_{A21n} + a_{A21t} = a_{A41n} + a_{A41t} + a_{A24n} + a_{A24t} + a_C. \tag{3.192}$$

Zur Geschwindigkeitsermittlung werden im Bild 3.48 die gedrehten Geschwindigkeitsvektoren entsprechend Gleichung (3.190) benutzt. Mit Hilfe der wechselnden Parallelenzüge ergeben sich die Vektoren a_{A21n} und a_{A41n}. Die Normalbeschleunigung a_{A24n} ist Null, und die CORIOLIS-Beschleunigung a_C kann nach Bild 3.49 bestimmt werden. Da die Richtungen der Tangentialbeschleunigungen a_{A41t} und a_{A24t} bekannt sind, kann man den Vektorenzug nach Gleichung (3.192) ausgehend vom Punkt $A_2 = A_4$ zeichnen.

Für den Betrag der CORIOLIS-Beschleunigung läßt sich nach (3.188) schreiben:

$$a_C = 2 v_{A24} \dot{\psi} \qquad bzw. \qquad \frac{1}{2} a_C = v_r \dot{\psi}.$$

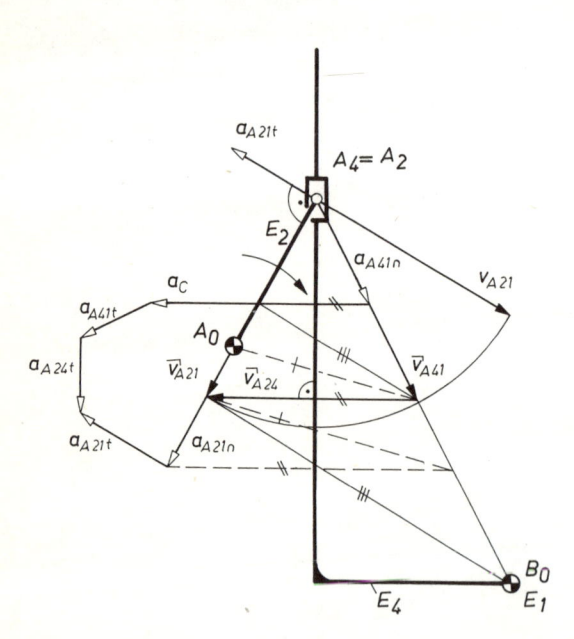

Bild 3.48: Zeichnerische Geschwindigkeits- und Beschleunigungsermittlung an der Kurbelschleife

3.2 Kinematische Analyse der ebenen Bewegung

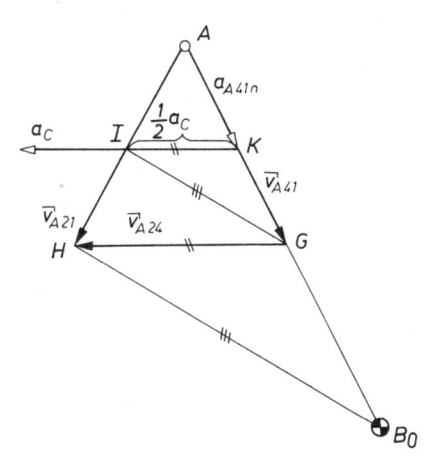

Bild 3.49: Zeichnerische Bestimmung der CORIOLIS-Beschleunigung für Bild 3.48

Im Dreieck AB_0H (Bild 3.49) ist die Normalbeschleunigung a_{A41n} mittels wechselndem Parallelenzug bestimmt worden. Es gelten auf Grund des Strahlensatzes die Proportionen

$$\overline{KI} : \overline{GH} = \overline{AI} : \overline{AH} = \overline{AG} : \overline{AB_0},$$

so daß sich unter Berücksichtigung von $r = \overline{AB_0}$ ergibt:

$$\overline{KI} = \overline{GH} \cdot \overline{AG} : \overline{AB_0} = v_r \cdot \dot\psi = \frac{1}{2}a_C.$$

Die Richtung der CORIOLIS-Beschleunigung ergibt sich entsprechend (3.188) aus der Beziehung

$$a_C \triangleq 2i\dot{y}_4 e^{i\psi} \cdot i\dot\psi, \tag{3.193}$$

d. h., die Richtung der CORIOLIS-Beschleunigung ist unabhängig von der Drehrichtung der Antriebskurbel, und die Spitze $a_C/2$ liegt stets auf der Geraden A_0A_2 (Bild 3.48).

Das Formelwerk für den Einsatz der Computertechnik wird nach Bild 3.47 abgeleitet. Dabei wird die Versetzung a in Richtung der Achse x_4 stets positiv gezählt. Es gelten die folgenden Beziehungen:

$$l_2 e^{i\varphi} = l_1 + a e^{i\psi} + \lambda i e^{i\psi}, \tag{3.194}$$

$$(l_2 e^{i\varphi}, e^{i\psi}) = (l_1, e^{i\psi}) + a(e^{i\psi}, e^{i\psi}) + (\lambda i e^{i\psi}, e^{i\psi}),$$

$$l_2(1, e^{i(\psi-\varphi)}) = l_1(1, e^{i\psi}) + a,$$

$$l_2 \cos(\psi - \varphi) = l_1 \cos\psi + a, \tag{3.195}$$

$$0 = l_1 \cos\psi + a - l_2 \cos\varphi \cos\psi - l_2 \sin\varphi \sin\psi,$$

$$0 = \cos\psi(l_2 \cos\varphi - l_1) + \sin\psi(l_2 \sin\varphi) - a,$$

so daß sich für die Übertragungsfunktion 0. Ordnung ergibt:

$$\psi = 2\arctan\frac{B \pm (B^2 + A^2 - C^2)^{1/2}}{A - C}. \tag{3.196}$$

Hierin bedeuten:

$$A = l_2\cos\varphi - l_1, \qquad B = l_2\sin\varphi, \qquad C = -a. \tag{3.197}$$

Durch Differentiation folgt aus (3.195):

$$-l_2(1 - \psi')\sin(\varphi - \psi) = -l_1\psi'\sin\psi$$

bzw.

$$\psi' = \frac{l_2\sin(\varphi - \psi)}{l_2\sin(\varphi - \psi) + l_1\sin\psi} \tag{3.198}$$

und nach Verwendung der bekannten Rechenregeln

$$\psi'' = \frac{(1 - \psi')^2 l_2\cos(\varphi - \psi) - \psi'^2 l_1\cos\psi}{l_2\sin(\varphi - \psi) + l_1\sin\psi}. \tag{3.199}$$

Somit lassen sich Winkelgeschwindigkeit $\dot\psi$ und Winkelbeschleunigung $\ddot\psi$ nach den Beziehungen (3.161) und (3.164) rechnerisch ermitteln.

3.2.3 Relativbewegung mehrerer Ebenen

Bei der Bewegung eines mehrgliedrigen ebenen Getriebes findet eine Relativbewegung der einzelnen Glieder zueinander statt. Es ist zweckmäßig, diese Relativbewegung ausgehend von einem Bezugssytem zu betrachten; in den meisten Fällen wird das Gestell als Bezugssystem zugrunde gelegt.

Momentanpole und Polkonfigurationen

Es werden drei relativ zueinander bewegte Ebenen $E_1(M_1, x_1, y_1)$, $E_2(M_2, x_2, y_2)$ und $E_3(M_3, x_3, y_3)$ betrachtet; siehe Bild 3.50a. Aus der Anschauung ergibt sich die Winkelbeziehung

$$\varphi_{31} = \varphi_{21} + \varphi_{32}, \tag{3.200}$$

die durch Differentiation nach der Zeit t übergeht in:

$$\dot\varphi_{31} = \dot\varphi_{21} + \dot\varphi_{32}. \tag{3.201}$$

Bei Beachtung von

$$\dot\varphi_{kl} = -\dot\varphi_{lk}$$

erhält man

$$\dot\varphi_{21} + \dot\varphi_{13} + \dot\varphi_{32} = 0, \tag{3.202}$$

3.2 Kinematische Analyse der ebenen Bewegung

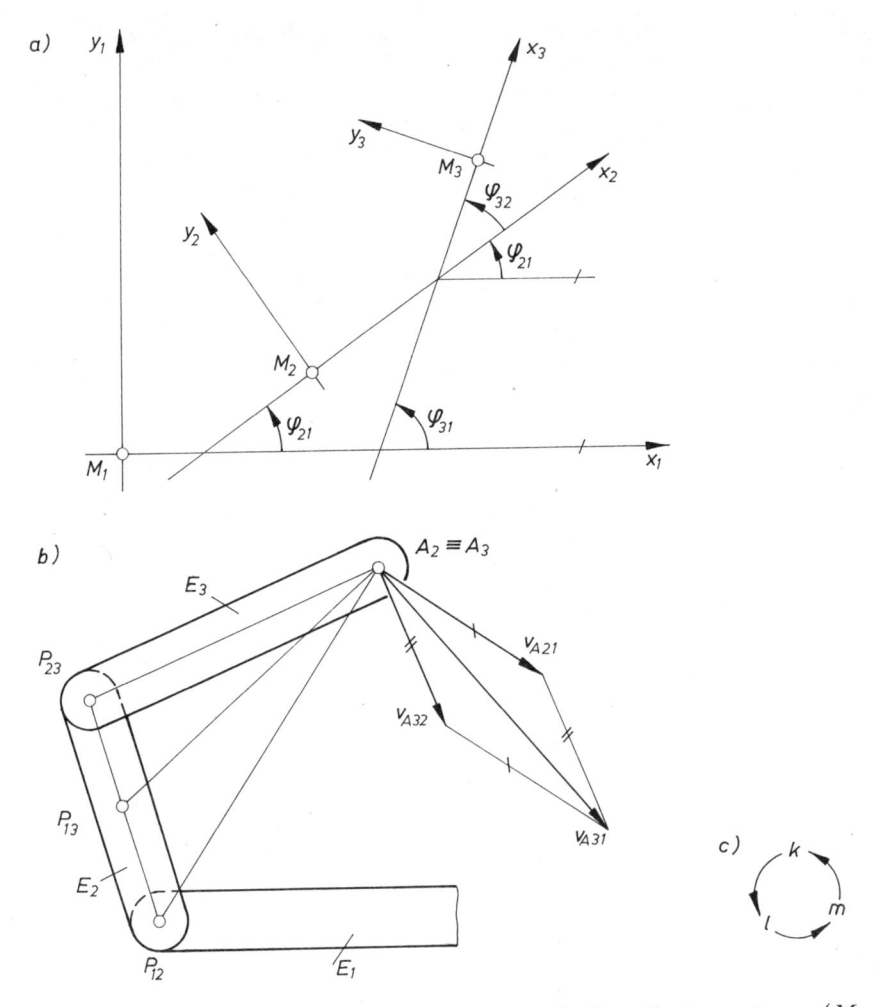

Bild 3.50: Relativbewegung dreier Ebenen: a) Koordinatensysteme (M_1, x_1, y_1), (M_2, x_2, y_2), (M_3, x_3, y_3), b) Momentanpole und Parallelogramm der relativen Geschwindigkeiten, c) Schema für zyklische Vertauschung der Indizes

bzw. bei allgemeiner Betrachtung durch die zyklische Vertauschung der Indizes k,l,m; siehe Bild 3.50c:

$$\dot{\varphi}_{kl} + \dot{\varphi}_{lm} + \dot{\varphi}_{mk} = 0. \tag{3.203}$$

Die Relativbewegung je zweier Ebenen ist augenblicklich durch den Momentanpol bestimmt. Die Anzahl z der Momentanpole läßt sich bei ebenen Getrieben nach folgender Beziehung berechnen:

$$z = \frac{n(n-1)(n-2)\ldots(n-k+1)}{k!}. \tag{3.204}$$

Darin bedeuten: z–Anzahl der Momentanpole, n–Gliederzahl des ebenen Getriebes und k–Klasse der Kombination.

Für $n = 3$ relativ zueinander bewegte Ebenen E_1, E_2, E_3 und $k = 2$ ergeben sich nach (3.204) $z = 3$ Momentanpole. Die Indizierung derselben erfolgt entsprechend den Indizes der Ebenen. Die Momentanpole P_{12}, P_{13} und P_{23} werden nach den im Abschnitt 3.1.1 abgeleiteten Gesetzmäßigkeiten ermittelt.

Entsprechend Bild 3.50a und b lassen sich bei dem gewählten Bezugssystem $E_1(M_1, x_1, y_1)$ die Geschwindigkeiten eines Punktes $A_2 = A_3$, der in den Ebenen E_2 und E_3 momentan koinzidiert, in einfacher Weise angeben. Dabei soll der zweite Index des bewegten Punktes die Bezugsebene kennzeichnen; so bedeutet z. B. $\dot{A}_{21}$ die Geschwindigkeit des Punktes A_2 relativ zur Ebene E_1.

Im folgenden werden die Einzelbewegungen betrachtet:

Bewegung E_2/E_1:

$$A_{21} = M_2 + A_2 e^{i\varphi_{21}},$$

$$\dot{A}_{21} = \dot{M}_2 + i\dot{\varphi}_{21}(A_{21} - M_2) = i\dot{\varphi}_{21}(A_{21} - P_{12}) \tag{3.205}$$

bzw.

$$\dot{A}_{21} \triangleq v_{A21} \qquad - Führungsgeschwindigkeit. \tag{3.206}$$

Bewegung E_3/E_1:

$$A_{31} = M_3 + A_3 e^{i\varphi_{31}},$$

$$\dot{A}_{31} = \dot{M}_3 + i\dot{\varphi}_{31}(A_{31} - M_3) = i\dot{\varphi}_{31}(A_{31} - P_{13}) \tag{3.207}$$

bzw.

$$\dot{A}_{31} \triangleq v_{A31} \qquad - Absolutgeschwindigkeit. \tag{3.208}$$

Bewegung E_3/E_2:

$$\dot{A}_{32} = i\dot{\varphi}_{32}(A_{31} - P_{23}), \tag{3.209}$$

$$\dot{A}_{32} \triangleq v_{A32} \qquad - Relativgeschwindigkeit. \tag{3.210}$$

Ausgehend von der Beziehung:

bzw.
$$\left. \begin{array}{l} \dot{A}_{31} = \dot{A}_{21} + \dot{A}_{32} \\ \dot{A}_{21} + \dot{A}_{32} - \dot{A}_{31} = 0 \end{array} \right\} \tag{3.211}$$

ergibt sich unter Berücksichtigung von $A_{21} = A_{31}$ sowie der Gleichungen (3.202) bis (3.209):

$$iA_{31}(\dot{\varphi}_{21} + \dot{\varphi}_{32} - \dot{\varphi}_{31}) - i(P_{12}\dot{\varphi}_{21} + P_{23}\dot{\varphi}_{32} - P_{13}\dot{\varphi}_{31}) = 0,$$

$$-i(P_{12}\dot{\varphi}_{21} + P_{13}\dot{\varphi}_{13} - P_{23}(\dot{\varphi}_{21} + \dot{\varphi}_{13})) = 0,$$

$$i(\dot{\varphi}_{21}(P_{23} - P_{12}) - \dot{\varphi}_{31}(P_{23} - P_{13})) = 0,$$

$$\dot{\varphi}_{21}(P_{23} - P_{12}) - \dot{\varphi}_{31}(P_{23} - P_{13}) = 0.$$

3.2 Kinematische Analyse der ebenen Bewegung

Durch Bildung des äußeren Produktes mit $(P_{23} - P_{13})$ erhält man

$$\dot{\varphi}_{21}[P_{23} - P_{12}, P_{23} - P_{13}] - \dot{\varphi}_{31}[P_{23} - P_{13}, P_{23} - P_{13}] = 0,$$

$$[P_{23} - P_{12}, P_{23} - P_{13}] = 0, \qquad (3.212)$$

d. h. es gilt der folgende Satz von den drei Momentanpolen, der auch als Theorem von ARONHOLD/KENNEDY bezeichnet wird:

Die Momentanpole dreier relativ zueinander bewegter Ebenen liegen stets auf einer Geraden.

Entsprechend der Bedeutung eines Momentanpoles gehört P_{23} sowohl der Ebene E_2 als auch der Ebene E_3 an. Er besitzt bezüglich E_1 eine bestimmte Geschwindigkeit; siehe Bild 3.50. Unter Berücksichtigung der Beziehungen (3.206) bis (3.210) erhält man aus (3.211):

bzw.
$$\left. \begin{array}{l} \boldsymbol{v}_{A31} = \boldsymbol{v}_{A21} + \boldsymbol{v}_{32} \\ \boldsymbol{v}_{A31} + \boldsymbol{v}_{A12} + \boldsymbol{v}_{23} = 0, \end{array} \right\} \qquad (3.213)$$

den sog. *Parallelogrammsatz für relative Geschwindigkeiten* [67] ; siehe Bild 3.50c, so daß der Parallelogrammsatz in allgemeiner Form wie folgt lautet:

$$\left. \begin{array}{l} \boldsymbol{v}_{kl} + \boldsymbol{v}_{lm} + \boldsymbol{v}_{mk} = 0, \\ \boldsymbol{v}_{kl} = -\boldsymbol{v}_{lk}. \end{array} \right\} \qquad (3.214)$$

Bei der Ermittlung von Momentanpolen ist die Klasse der Kombination stets $k = 2$. Im Falle des Gelenkvierecks ist $n = 4$, so daß

$$z = \frac{4 \cdot 3}{2} = 6$$

Momentanpole vorliegen. Die Polkonfiguration ist im Bild 3.51a dargestellt, wobei Drehgelenke gleichzeitig als Momentanpole fungieren. Im folgenden werden die Momentanpole lediglich durch ihre Indizes bezeichnet. Der Momentanpol 24 ergibt sich z. B. durch Anwendung des Theorems von ARONHOLD/KENNEDY als Schnittpunkt der beiden Polgeraden (23 34) und (12 14); auf beiden Polgeraden sind 2 und 4 die nicht gemeinsamen Indizes der jeweiligen Pole. Der Momentanpol 13 wird in analoger Weise bestimmt:

$$\left. \begin{array}{l} (12 \ 23) \\ (14 \ 34) \end{array} \right\} 13.$$

Die Polkonfiguration einer Schubkurbel ist im Bild 3.51b dargestellt. Der Momentanpol 14^∞ liegt in diesem Falle senkrecht zur Schubrichtung auf der Ferngeraden der Ebene.

Übersetzungsverhältnisse

Für die kinematische Analyse von Getrieben ist der Begriff des Übersetzungsverhältnisses von großer Bedeutung. Das Übersetzungsverhältnis wird als Quotient zwei-

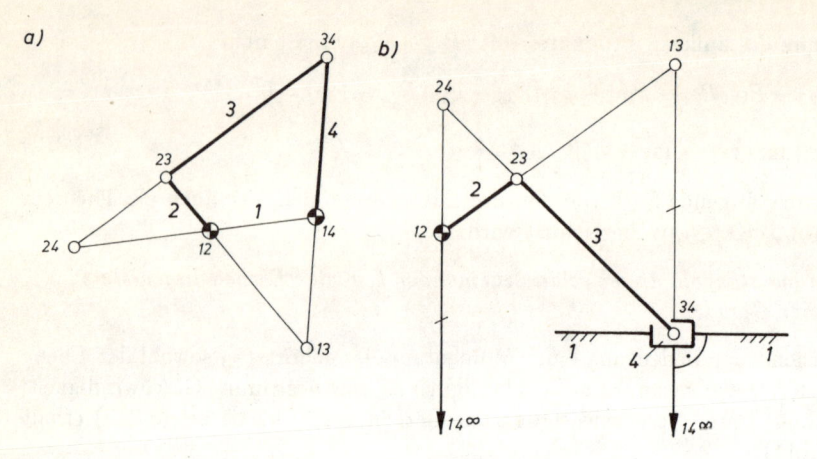

Bild 3.51: Ermittlung der Momentanpole: a) Gelenkviereck, b) Schubkurbel

er Winkelgeschwindigkeiten definiert und läßt sich als Verhältnis zweier Polstrecken darstellen. Im allgemeinen werden das

- *einfache* Übersetzungsverhältnis und das
- *diagonale* Übersetzungsverhältnis

unterschieden.

Einfaches Übersetzungsverhältnis

Ausgehend von der Relativbewegung dreier Ebenen setzen wir die Momentanpole 12, 13 und 23 als bekannt voraus. siehe Bild 3.52. Der Punkt A_2 der Ebene E_2 fällt mit dem Punkt A_3 der Ebene E_3 in dem Momentanpol 23 zusammen. Es gelten daher die Beziehungen:

$$\left. \begin{array}{rcl} v_{A21} & = & v_{A31}, \\ \omega_{21} & = & \dfrac{v_{A21}}{\overline{12\ 23}}, \qquad \omega_{31} = \dfrac{v_{A31}}{\overline{13\ 23}}. \end{array} \right\} \qquad (3.215)$$

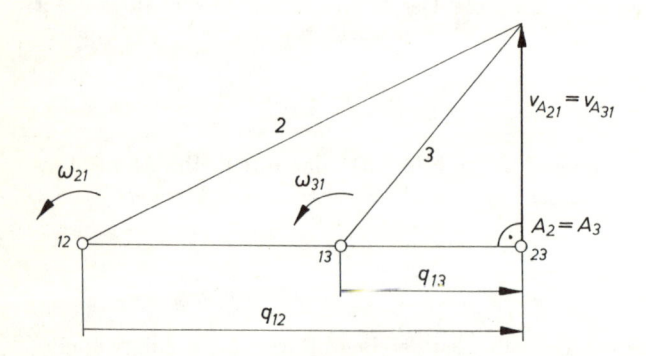

Bild 3.52: Grundfigur zur Ableitung des einfachen Übersetzungsverhältnisses

3.2 Kinematische Analyse der ebenen Bewegung

Bei drei relativ zueinander bewegten Ebenen wird das Verhältnis zweier Winkelgeschwindigkeiten als einfaches Übersetzungsverhältnis bezeichnet. Ausgehend von den Beziehungen (3.215) ergibt sich:

$$i_{23} = \frac{\omega_{21}}{\omega_{31}} = \frac{\overline{13\ 23}}{\overline{12\ 23}} = \frac{q_{13}}{q_{12}}, \qquad (3.216)$$

d. h., das einfache Übersetzungsverhältnis i läßt sich als Quotient zweier gerichteter Polstrecken darstellen. Seine Indizierung erfolgt nach den nicht gemeinsamen Indizes der ω-Werte von Zähler und Nenner. Es ist positiv (negativ), wenn beide Strecken die gleiche (entgegengesetzte) Richtung aufweisen. Da alle drei Ebenen gleichberechtigt sind, lassen sich die folgenden weiteren Übersetzungsverhältnisse angeben:

$$i_{21} = \frac{\omega_{32}}{\omega_{31}} = \frac{\overline{13\ 12}}{\overline{23\ 12}}, \qquad i_{31} = \frac{\omega_{23}}{\omega_{21}} = \frac{\overline{12\ 13}}{\overline{23\ 13}}. \qquad (3.217)$$

Bei dem Viergelenkgetriebe nach Bild 3.53 ist das einfache Übersetzungsverhältnis

$$i_{42} = \frac{\omega_{41}}{\omega_{21}} = \frac{\overline{12\ 24}}{\overline{14\ 24}} = \frac{q_{12}}{q_{14}} = \frac{g_{12}}{g_{14}} \qquad (3.218)$$

positiv, da die Polstrecken $\overline{12\ 24}$ und $\overline{14\ 24}$ gleichgerichtet sind. Liegt der Momentanpol 24 außerhalb des Zeichenblattes, so ist es zweckmäßig, auf der Grundlage des Strahlensatzes mit den g-Strecken zu arbeiten. In dem vorliegenden Beispiel ist $i_{42} = \frac{d\psi}{d\varphi} = \psi'$, d. h. gleich der Übertragungsfunktion 1. Ordnung. Im Bild 3.54 ist ein fünfgliedriges Zweiräderkoppelgetriebe dargestellt. Das momentane Übersetzungsverhältnis

$$i_{25} = \frac{\omega_{21}}{\omega_{51}} = \frac{\overline{15\ 25}}{\overline{12\ 25}}$$

ist ebenfalls positiv.

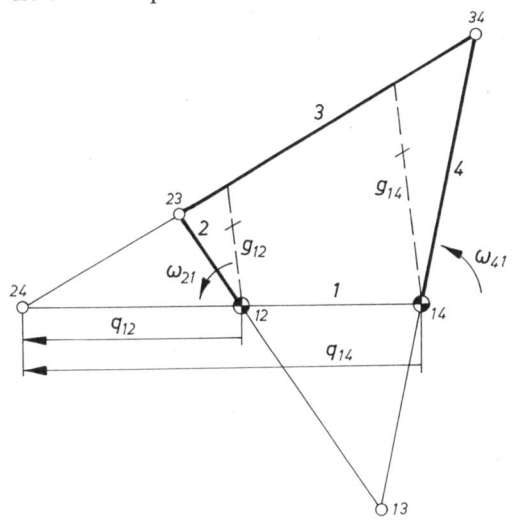

Bild 3.53: Einfaches Übersetzungsverhältnis bei einem Viergelenkgetriebe

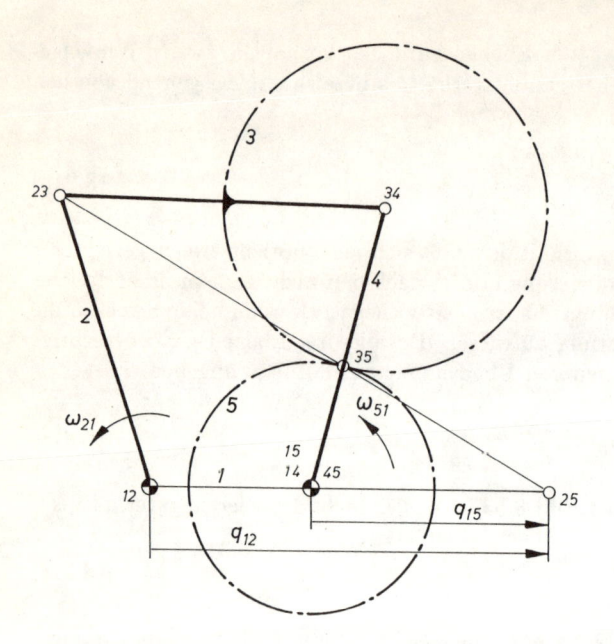

Bild 3.54: Einfaches Übersetzungsverhältnis bei einem fünfgliedrigen Zweiräderkoppelgetriebe

Mit den dargelegten Gesetzmäßigkeiten können auch Stirnrädergetriebe analysiert und modifiziert werden. Bild 3.55 zeigt ein Standgetriebe mit Innenverzahnung. Es soll unter Beibehaltung von Rad 1 sowie des Übersetzungsverhältnisses i_{13} durch ein Getriebe mit Außenverzahnung ersetzt werden. Da $\omega \sim n$ ist, gilt auf Grund der dargelegten Gesetzmäßigkeiten:

$$i_{13} = n_{1s} : n_{3s} = \overline{3S\ 13} : \overline{1S\ 13}.$$

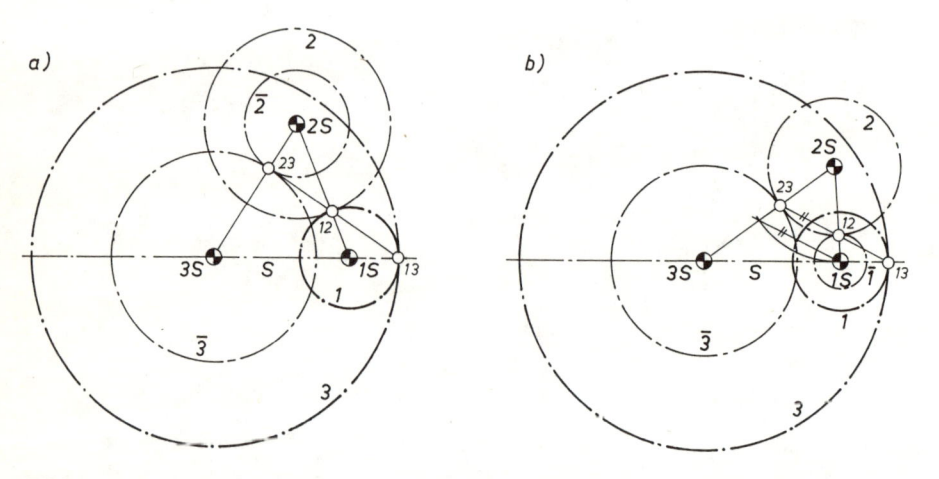

Bild 3.55: Ersatz der Innenverzahnung durch eine Außenverzahnung: a) Doppelrad, b) einfaches Zwischenrad

3.2 Kinematische Analyse der ebenen Bewegung

Für ein Ersatzgetriebe mit gleichem Übersetzungsverhältnis muß die Lage der Momentanpole beibehalten werden. Dies wird durch die nachfolgende Konstruktion erreicht. Der Lagerpunkt $2S$ des Zwischenrades sei vorgegeben. Auf der Polgeraden $\overline{1S\ 2S}$ liegt der Wälzpunkt (Momentanpol) 12 und auf $\overline{2S\ 3S}$ der Wälzpunkt 23. Nach dem Theorem von ARONHOLD/KENNEDY ist der Wälzpunkt 23 eindeutig bestimmt und damit sind auch die Teilkreisdurchmesser der außenverzahnten Räder 2, $\overline{2}$ und $\overline{3}$ festgelegt (Bild 3.55a); 2 und $\overline{2}$ sind zu einem Doppelrad vereinigt. Soll anstelle dieses Doppelrades ein einfaches Zwischenrad verwendet werden, dann müssen die Momentanpole 12, 13, 23 derart auf einer Geraden liegen, daß die Abstände der Pole 12 und 23 von $2S$ einander gleich sind (Bild 3.55b). Für dieses Ersatzgetriebe muß das Ritzel 1 geändert werden; es ergeben sich die außenverzahnten Räder $\overline{1}$, 2 und $\overline{3}$.

Diagonales Übersetzungsverhältnis

Das diagonale Übersetzungsverhältnis bezieht die Relativbewegung von vier Ebenen ein und ist ebenfalls als Verhältnis zweier gerichteter Strecken festgelegt. Beim Viergelenkgetriebe, siehe Bild 3.56, ist das diagonale Übersetzungsverhältnis wie folgt definiert:

bzw.
$$\left.\begin{array}{l} i_{34-21} = \dfrac{\omega_{34}}{\omega_{21}}, \quad i_{43-21} = \dfrac{\omega_{43}}{\omega_{21}} \\[2mm] i_{43-21} = \dfrac{\omega_{43}}{\omega_{21}} = -i_{34-21}. \end{array}\right\} \quad (3.219)$$

Ausgehend von den Winkelgeschwindigkeiten werden zunächst die jeweiligen Kollineationsachsen k_{14-23} und k_{13-24} wie in [5]

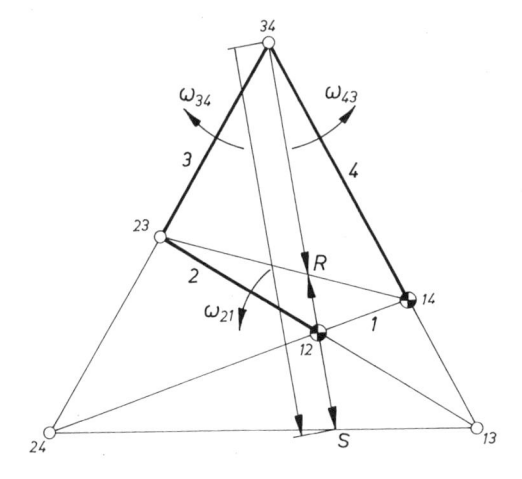

$$\left.\begin{array}{c} 34 \\ || \\ 21 \end{array}\right\} k_{14-23} \qquad \left.\begin{array}{c} 43 \\ || \\ 21 \end{array}\right\} k_{13-24}$$

Bild 3.56: Diagonales Übersetzungsverhältnis beim Gelenkviereck

bestimmt. Sie verbinden die Pole, die sich durch Kombination der Indexziffern der jeweiligen Winkelgeschwindigkeiten ergeben. Die Kollineationsachsen schneiden die Polgerade (12 34) in den Punkten R bzw. S, und es gilt:

bzw.
$$\left.\begin{array}{l} i_{34-21} = \dfrac{\omega_{34}}{\omega_{21}} = \dfrac{\overline{12\ R}}{\overline{34\ R}} \\[2ex] i_{43-21} = \dfrac{\omega_{43}}{\omega_{21}} = \dfrac{\overline{12\ S}}{\overline{34\ S}} = -\dfrac{\overline{12\ R}}{\overline{34\ R}}. \end{array}\right\} \tag{3.220}$$

Zum Beweis der Gleichungen (3.220) geht man von der Überlegung aus, daß durch vier relativ zueinander bewegte Ebenen 6 Momentanpole festgelegt sind. Um in dem Viereck 12, 23, 34, 14 des Bildes 3.56 das Verhältnis ω_{34}/ω_{21} beurteilen zu können, wird entsprechend Bild 3.57a eine Umnumerierung der Ebenen durchgeführt. Dabei wird die neue Bezeichnung der Ebenen und Momentanpole in runde Klammern gesetzt. Das einfache Übersetzungsverhältnis des neuen Gelenkviereckes (12), (23), (34), (14), nämlich:

$$i_{(42)} = \frac{\omega_{(41)}}{\omega_{(21)}} = \frac{\overline{(12)\ (24)}}{\overline{(14)\ (24)}} = \frac{\overline{(12)\ R}}{\overline{(14)\ R}},$$

liefert das gleiche Streckenverhältnis wie im Bild 3.56 und ist daher äquivalent dem diagonalen Übersetzungsverhältnis entsprechend der Gleichung (3.220). Es gilt somit die Beziehung:

$$\frac{\omega_{(41)}}{\omega_{(21)}} = \frac{\omega_{34}}{\omega_{21}}.$$

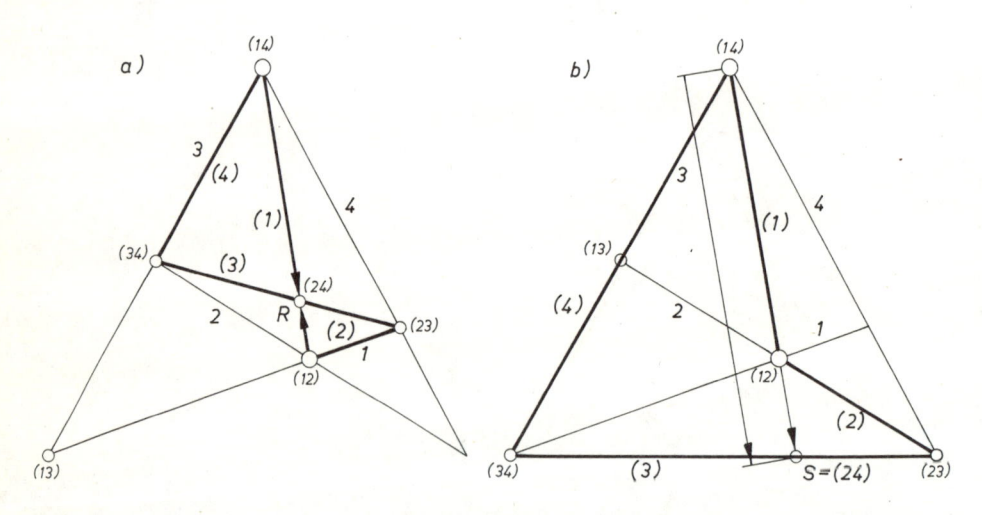

Bild 3.57: Beweisführung zum diagonalen Übersetzungsverhältnis durch Umnumerierung der Ebenen: a) $i_{(42)} = \dfrac{\omega_{(41)}}{\omega_{(21)}} = \dfrac{\omega_{34}}{\omega_{21}}$, b) $i_{(42)} = \dfrac{\omega_{(41)}}{\omega_{(21)}} = \dfrac{\omega_{43}}{\omega_{21}}$

3.2 Kinematische Analyse der ebenen Bewegung

In analoger Weise läßt sich diese Betrachtung auch für das Verhältnis ω_{43}/ω_{21} durchführen; siehe Bild 3.57b:

$$i_{(42)} = \frac{\omega_{(41)}}{\omega_{(21)}} = \frac{\overline{(12)\ (24)}}{\overline{(14)\ (24)}} = \frac{\overline{(12)\ S}}{\overline{(14)\ S}} = \frac{\omega_{43}}{\omega_{21}}.$$

Drehschubstrecken

Die Drehschubstrecke wurde von HAIN [43] eingeführt und wird vor allem bei der Kraft- und Momentenübertragung nach dem *Leistungsprinzip*, s. Abschnitt 8.3.2, benötigt. Sie wird durch eine Polstrecke dargestellt und ist maßstabsabhängig. Insbesondere ist zwischen der

- einfachen Drehschubstrecke und der
- diagonalen Drehschubstrecke

zu unterscheiden.

Einfache Drehschubstrecke

Die einfache Drehschubstrecke tritt bei der Relativbewegung dreier Ebenen in Erscheinung, wobei eine Ebene eine Translationsbewegung ausführt. Nach Bild 3.58 ist die Drehschubstrecke bei einer Schubkurbel

$$r_{41-21} = \frac{v_{41}}{\omega_{21}} = \overline{12\ 24} \tag{3.221}$$

als Polstrecke stets positiv und wird in Längeneinheiten gemessen. Bei der Darstellung des Getriebes im Zeichenmaßstab M gilt:

$$r_{41-21} = \frac{\langle \overline{12\ 24} \rangle}{M}.$$

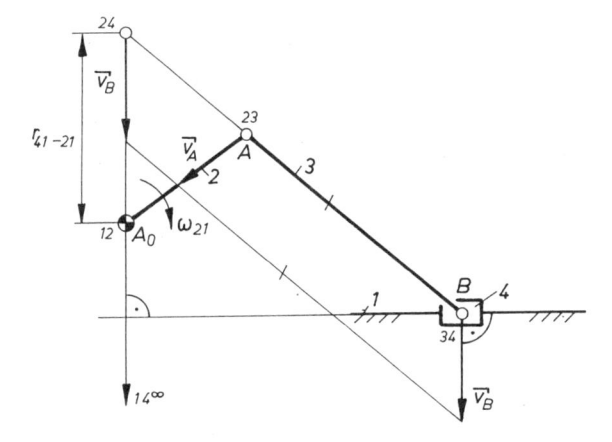

Bild 3.58: Einfache Drehschubstrecke r_{41-21} bei einer Schubkurbel

Der Beweis für Gleichung (3.221) läßt sich an Hand des Bildes 3.58 wie folgt führen:

$$\frac{\overline{\langle 12\ 23\rangle} - \langle v_A\rangle}{\overline{\langle 12\ 23\rangle}} = \frac{\overline{\langle 12\ 24\rangle} - \langle v_B\rangle}{\overline{\langle 12\ 24\rangle}},$$

$$\frac{v_A}{\overline{12\ 23}} = \omega_{21} = \frac{v_B}{\overline{12\ 24}} = \frac{v_{41}}{\overline{12\ 24}}.$$

Diagonale Drehschubstrecke

Bei der diagonalen Drehschubstrecke wird die Relativbewegung von vier Ebenen betrachtet, wobei die Relativbewegung zweier Ebenen eine Translationsbewegung darstellt. An Hand einer Kurbelschleife, siehe Bild 3.59a, wird die diagonale Drehschubstrecke wie folgt definiert:

$$\left.\begin{array}{l} r_{34-21} = \dfrac{v_{34}}{\omega_{21}} = \overline{12\ R}, \qquad r_{43-21} = \dfrac{v_{43}}{\omega_{21}} = \overline{12\ S} \\[2mm] \text{bzw.} \\[2mm] r_{43-21} = \dfrac{v_{43}}{\omega_{21}} = \overline{12\ S} = -\overline{12\ R}. \end{array}\right\} \qquad (3.222)$$

Die diagonale Drehschubstrecke steht senkrecht zur Schubrichtung, und zwar ausgehend von dem Pol, in dem die Winkelgeschwindigkeit auftritt. Durch Kombination der Indexziffern der ins Verhältnis gesetzten Größen erhält man die Kollineationsachsen

$$\left.\begin{array}{c} v_{34} \\ \| \\ \omega_{21} \end{array}\right\} k_{14-23}, \qquad \left.\begin{array}{c} v_{43} \\ \| \\ \omega_{21} \end{array}\right\} k_{13-24},$$

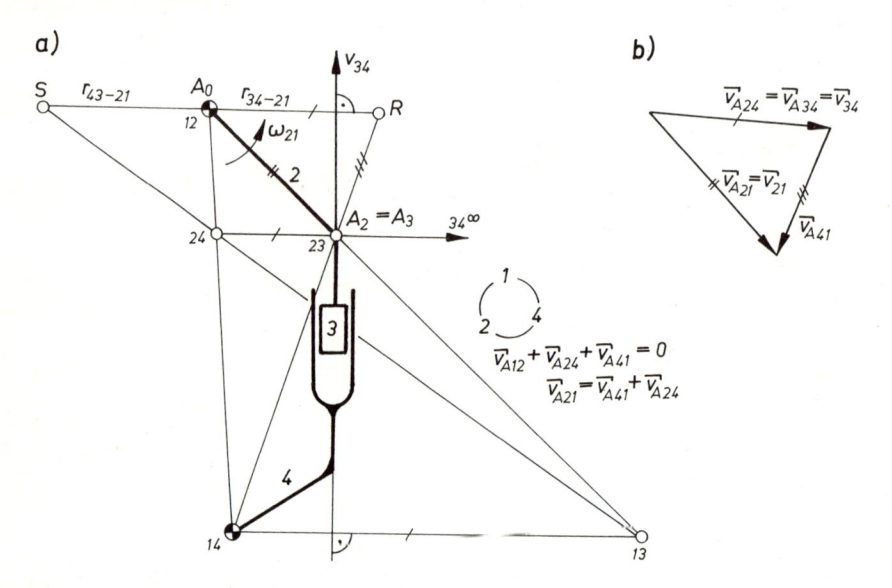

Bild 3.59: Diagonale Drehschubstrecke r_{43-21} und r_{34-21} bei einer Kurbelschleife: a) Konstruktionsverfahren, b) Geschwindigkeitsbetrachtung

die die obengenannte Senkrechte in den Punkten R bzw. S schneiden. Die Richtigkeit der Konstruktion ergibt sich unter Einbeziehung des Geschwindigkeitsplanes (Bild 3.59b) wie folgt:

$$\frac{\overline{12\ R}}{\overline{12\ 23}} = \frac{v_{A34}}{v_{A21}}; \qquad \overline{12\ R} = \frac{v_{34}}{\omega_{21}}.$$

Die Strecken $\overline{12\ R}$ und $\overline{12\ S}$ sind gleich, aber entgegengesetzt gerichtet, was sich mit Hilfe des Strahlensatzes nachweisen läßt:

$$\frac{\overline{12\ R}}{\overline{24\ 23}} = \frac{\overline{12\ 14}}{\overline{24\ 14}} = \frac{\overline{12\ 13}}{\overline{23\ 13}} = \frac{\overline{12\ S}}{\overline{23\ 24}}.$$

Winkelgeschwindigkeitsplan

Der Winkelgeschwindigkeitsplan ist eine grafische Methode zur raschen Ermittlung der Winkelgeschwindigkeiten aller Glieder eines ebenen Getriebes [81]. Es sind drei komplan bewegte Ebenen in den Achsen 12 und 23 gelenkig miteinander verbunden; siehe Bild 3.60. Die Winkelgeschwindigkeiten ω_{21} der Ebene E_2 gegenüber der Ebene E_1 und ω_{32} der Ebene E_3 gegenüber der Ebene E_2 sind bekannt. Es ist nach der Winkelgeschwindigkeit ω_{31} der Ebene E_3 gegenüber der Ebene E_1 gefragt, die sich analog der Gleichung (3.201) zu

bzw.
$$\left.\begin{array}{rcl}\omega_{31} &=& \omega_{21} + \omega_{32} \\ \omega_{31} &=& \omega_{21} + \omega_{32}\end{array}\right\} \qquad (3.223)$$

ergibt. Da bei ebenen Getrieben alle Drehachsen parallel zueinander verlaufen, können die Winkelgeschwindigkeiten gleichzeitig auch als Vektoren aufgefaßt werden. Der ω-Vektor steht somit senkrecht zur Ebene und ist positiv, wenn in Fortschreitungsrichtung des Vektors eine Rechtsdrehung erfolgt (Rechtsschraubenregel). Die Aufgabenstellung wird mit dem aus der Statik bekannten *Seileckverfahren* unter Einbeziehung von *Lageplan* und ω-*Plan* gelöst.

Im Lageplan (Bild 3.60a) verlaufen die in die Zeichnung hineingeklappten *Momentandrehachsen* 12 und 23 parallel zueinander. Sie stellen gleichzeitig die Wirkungslinien der Vektoren ω_{21} und ω_{32} dar. Im ω-Plan werden diese Vektoren laut Vektorgleichung addiert und von einem beliebig gewählten Pol O durch Polstrahlen verbunden. Die Numerierung der Polstrahlen erfolgt so, daß sie ausgehend von der Richtung des Vektors mit seiner Indizierung übereinstimmen. Damit ist auch die Länge des Vektors ω_{31} festgelegt (Bild 3.60b).

Zu den Polstrahlen 1 und 2 werden im Lageplan die Parallelen 1' und 2' durch den auf der Wirkungslinie von ω_{21} gewählten Punkt A gezeichnet. Im Schnittpunkt B des Seilstrahles 2' mit der Wirkungslinie von ω_{32} wird gewissermaßen der Index 3 freigeschnitten (Prinzip des *Freischneidens der Indizes*). Durch diesen Punkt verläuft der Seilstrahl 3' als Parallele zum Polstrahl 3. Die Seillinien 1' und 3' schneiden sich im Punkt C, durch den die Wirkungslinie des Vektors ω_{31} parallel zu den benachbarten Drehachsen verläuft. Diese Wirkungslinie bestimmt auf der Polgeraden (12 23) den Momentanpol 13. Einem *Knotenpunkt* im Lageplan entspricht stets ein *Vektorpolygon* im ω-Plan. Dabei werden die durch O verlaufenden Polstrahlen als Hilfsvektoren betrachtet, die sich bei Erfüllung der Beziehung $\omega_{21} + \omega_{13} + \omega_{32} = 0$ insgesamt aufheben.

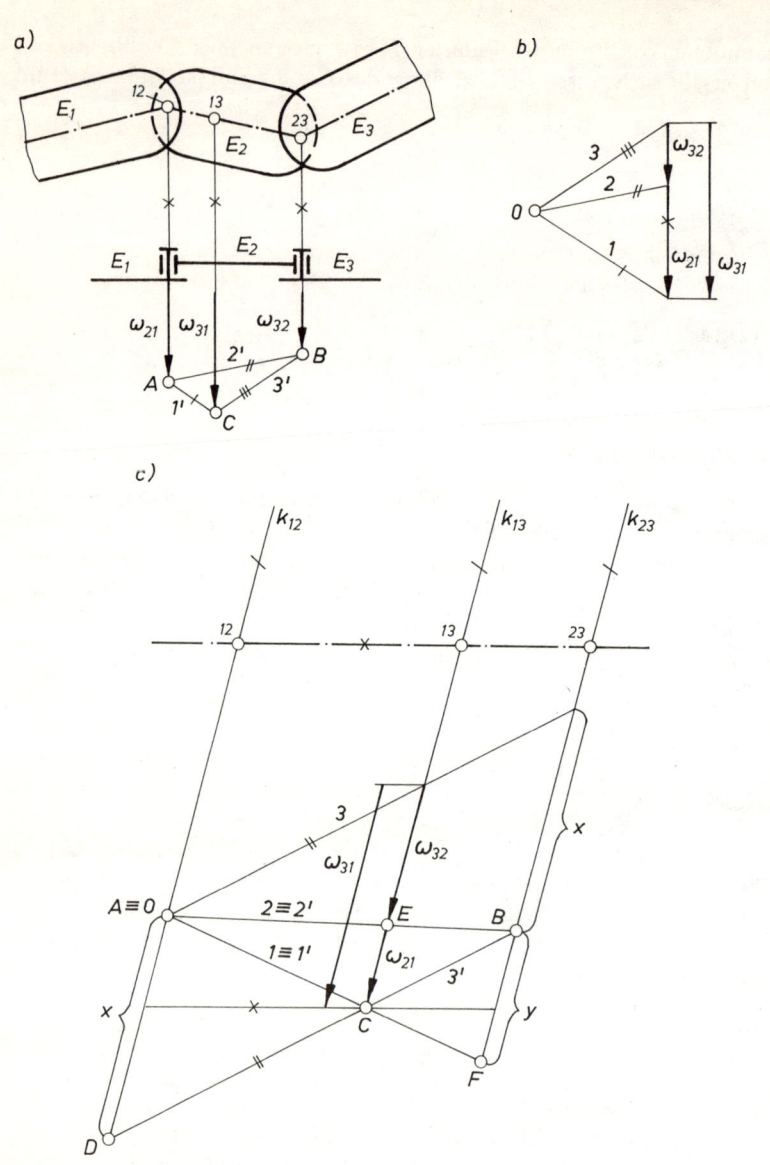

Bild 3.60: Drei komplan bewegte Ebenen: a) Lageplan mit Seileck, b) ω-Plan, c) Beweisführung

Die Beweisführung für eine allgemeine parallele Lage der Momentandrehachsen erfolgt mit Hilfe des Strahlensatzes nach Bild 3.60c. Der Pol O des ω-Planes wird im Punkt A auf k_{12} gewählt, so daß Lageplan und ω-Plan in einer Figur zusammenfallen. Da die Vektoren ω_{21} und ω_{32} gegeben sind, lassen sich die Polstrahlen 1,2, und 3 zeichnen. Die Linie $2 \equiv 2'$ schneidet k_{23} im Punkt B, durch den $3'$ als Parallele zu 3 gezogen wird. Durch den Schnittpunkt C der Geraden $1 \equiv 1'$ und $3'$ verläuft k_{13} parallel zu den anderen Momen-

3.2 Kinematische Analyse der ebenen Bewegung

tandrehachsen. Damit liegen der Momentanpol 13 auf (12 23) und der Vektor ω_{31} fest. Auf Grund dieser Konfiguration gelten entsprechend Bild 3.60c folgende Beziehungen:

$$\frac{y}{\langle\omega_{21}\rangle} = \frac{\overline{BA}}{\overline{EA}} = \frac{x}{\langle\omega_{32}\rangle}, \qquad \frac{x}{y} = \frac{\langle\omega_{32}\rangle}{\langle\omega_{21}\rangle},$$

$$\frac{x}{y} = \frac{\overline{DC}}{\overline{BC}} = \frac{\overline{12\ 13}}{\overline{23\ 13}} = \frac{\langle\omega_{32}\rangle}{\langle\omega_{21}\rangle}.$$

Auf der Grundlage des ω-Planes ergibt sich entsprechend Gleichung (3.223)

$$\omega_{31} = \omega_{21} + \omega_{32}.$$

Bild 3.61 zeigt die Anwendung beim Gelenkviereck. Zunächst werden alle Momentanpole des Getriebes bestimmt und anschließend alle Momentandrehachsen so in die Zeichenebene hineingeklappt, daß sie senkrecht zur Gestellgeraden erscheinen. Im Lageplan liege der Seilstrahl $1'$ im Gestellglied 1. Die Winkelgeschwindigkeit ω_{21} der Kurbel 2 gegenüber dem Glied 1 sei gegeben und wird im wählbaren Maßstab senkrecht zur Geraden 1 gezeichnet. Der Pol O kann auf 1 willkürlich gewählt werden; dann ist der Polstrahl 2 bestimmt. Zum Polstrahl 2 wird durch $12 \equiv A$ die Parallele gezogen und in B mit der Senkrechten durch 23 zum Schnitt gebracht. In dem Schnittpunkt B des Seilstrahles $2'$ mit der Senkrechten durch 23 wird gewissermaßen der Index 2 freigeschnitten. Des weiteren schneidet der Seilstrahl $1'$ die Senkrechte durch 13 in D, so daß hier ebenfalls der Index 3 freigeschnitten wird; B mit D verbunden ergibt daher den Seilstrahl $3'$, der als Parallele in den ω-Plan übertragen werden kann und dort die Winkelgeschwindigkeit ω_{31} bestimmt. Die Senkrechte durch 24 liefert auf $2'$ den Punkt C und die Senkrechte durch 34 auf $3'$ den Punkt E. Die Verbindungsgerade CE stellt den Seilstrahl $4'$ dar, der in dem vorliegenden Beispiel durch 14 hindurchgehen muß (Kontrolle!). Die Gerade $4'$ wird parallel verschoben und ergibt im ω-Plan den Polstrahl 4, der die Winkelgeschwindigkeit ω_{41} festlegt. Dabei wird die Indizierung und Richtung der ω-Vektoren durch die Nummern der Polstrahlen bestimmt.

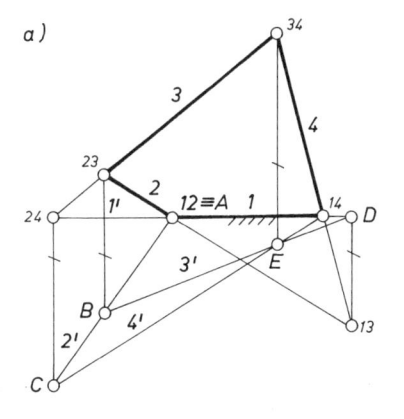

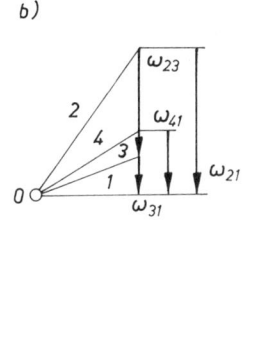

Bild 3.61: Gelenkviereck mit ω-Plan

In der gleichen Weise wird das Verfahren bei einem *sechsgliedrigen Koppelgetriebe* Bild 3.62 angewendet. Dabei ist zu beachten, daß sich beispielsweise auf der Senkrechten durch den Pol 23 die Geraden 2' und 3' schneiden. Für das Auffinden der weiteren Seilstrahlen wird auch hier das Prinzip des *Freischneidens der Indizes* benutzt.

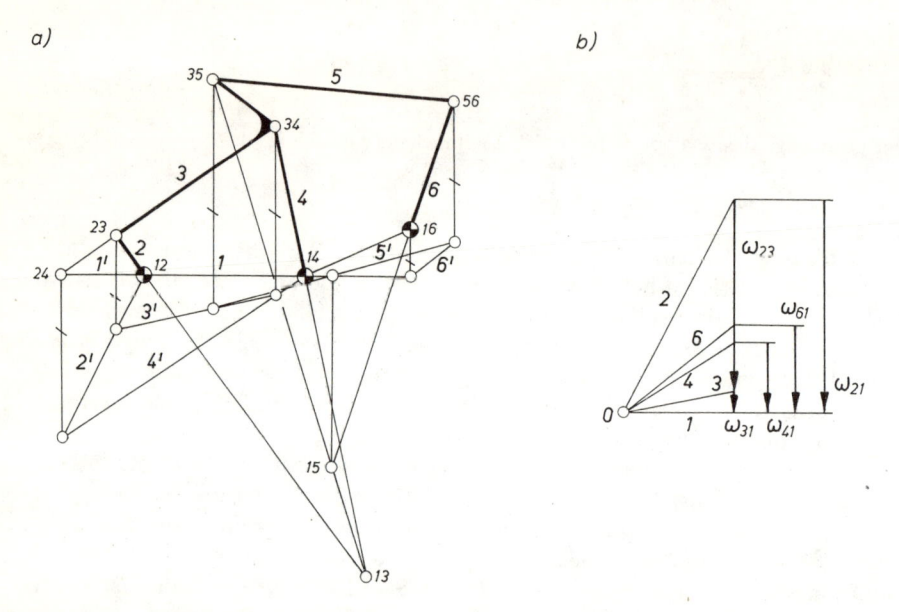

Bild 3.62: Sechsgliedriges Dreistandgetriebe mit ω-Plan: a) Lageplan, b) ω-Plan

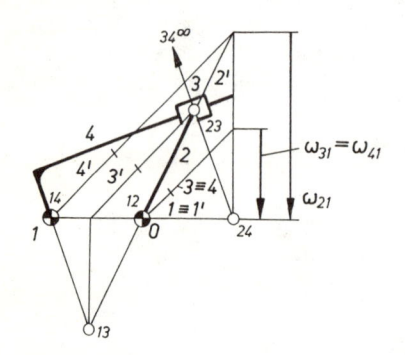

Bild 3.63: Versetzte Kurbelschleife mit ω-Plan

Bei der *versetzten Kurbelschleife* (Bild 3.63) ist zu berücksichtigen, daß der Momentanpol 34 im Unendlichen liegt und demzufolge die Seilstrahlen 3' und 4' parallel sein müssen. Der Pol O des ω-Planes wird in diesem Beispiel in den Momentanpol 12 gelegt. Die Seilstrahlen 2' und 4' schneiden sich senkrecht über dem Pol 24, der als Schnittpunkt der Verbindungsgeraden der Pole 12 und 14 und der Senkrechten auf der Schleife im Pol 23 bestimmt ist (Kontrolle!).

3.2 Kinematische Analyse der ebenen Bewegung

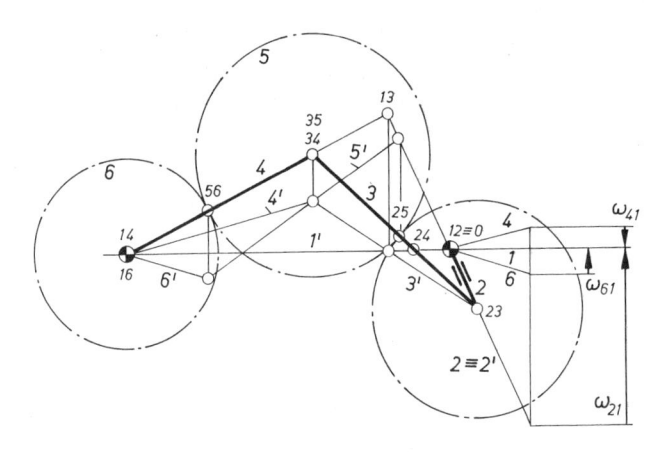

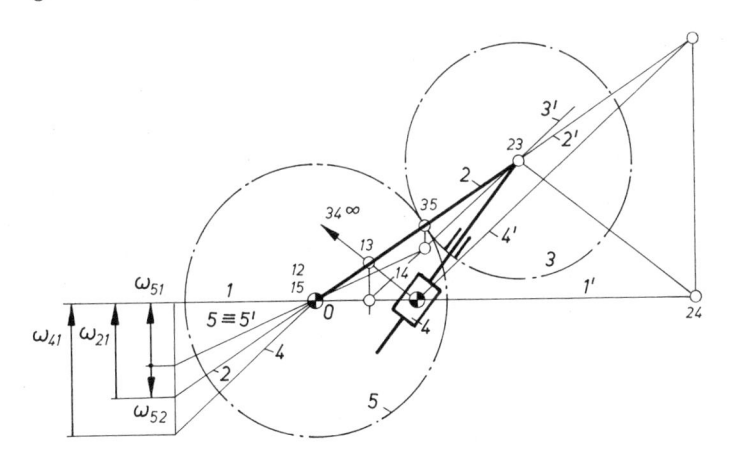

Bild 3.64: Dreiräderkoppelgetriebe mit ω-Plan

Besonders nützlich ist die Anwendung dieses Verfahrens bei den sog. *Räderkoppelgetrieben*. Ein solches ist als Dreiräderkoppelgetriebe im Bild 3.64 dargestellt. Die Winkelgeschwindigkeit ω_{21} des mit der Antriebskurbel 2 fest verbundenen Stirnrades 2 sei bekannt. Nach dem Einzeichnen der Momentanpole werden auf den Senkrechten durch diese die entsprechenden Seilstrahlen zum Schnitt gebracht. Dabei wird ebenfalls das Prinzip des *Freischneidens der Indizes* angewendet. Ist nach der augenblicklichen Winkelgeschwindigkeit ω_{61} des Rades 6 gegenüber dem Steg 1 gefragt, so kann diese im ω-Plan nach dem Einzeichnen des Polstrahles 6 (Parallele zu 6') durch den Pol $12 \equiv 0$ abgelesen werden [67]. Das momentane Übersetzungsverhältnis beträgt:

$$i_{26} = \langle \omega_{21}\rangle / \langle \omega_{61}\rangle.$$

Ein *Zweiräderkoppelgetriebe* mit einer Kurbelschleife als Grundgetriebe zeigt Bild 3.65. Die Winkelgeschwindigkeit ω_{51} des Rades 5 gegenüber dem Steg 1 kann abgelesen werden, wenn der Strahl $5 \equiv 5'$ eingezeichnet worden ist. Er verläuft durch

Bild 3.65: Zweiräderkoppelgetriebe mit ω-Plan

den Pol $12 \equiv 15 \equiv 0$ und durch den Schnittpunkt der durch den Pol 35 gehenden Senkrechten mit der Geraden $3'$. Das momentane Übersetzungsverhältnis läßt sich als Quotient zweier gerichteter Strecken darstellen:

$$i_{25} = \langle \omega_{21}\rangle / \langle \omega_{51}\rangle.$$

Drehzahlplan

Der *Drehzahlplan* ist eine grafische Methode zur raschen Ermittlung der Drehzahlen in Rädergetrieben. Sowohl die Platzverhältnisse als auch die Einhaltung vorgegebener Übersetzungsverhältnisse erfordern oft den Einsatz mehrgliedriger Zahnradgetriebe. Dabei ist es von Vorteil, zuerst auf Grund eines zeichnerischen Verfahrens die Übersetzungsverhältnisse zu überprüfen sowie gegebenenfalls zu ändern, und anschließend mittels bekannter Algorithmen die umfassende mathematische Nachrechnung und Optimierung durchzuführen [70, 92, 98, 99, 103].

Stirnradgetriebe

Die Arbeiten von KUTZBACH sind zur Untersuchung von Stirnradgetrieben vorzüglich geeignet [165]. Sie finden ihren Niederschlag in dem sog. KUTZBACH*schen Drehzahlplan*, der im folgenden am Beispiel eines einstufigen Standgetriebes erläutert wird.

Das einfache Standgetriebe besteht aus einem Steg S (ruhende Ebene S), einem Rad R_1 (Ebene E_1) und einem Rad R_2 (Ebene E_2), die sich in den Teilkreisen bzw. Wälzkreisen berühren. Ihr Berührungspunkt ist der Wälzpunkt bzw. Momentanpol 12 (Bild 3.66), in dem die Geschwindigkeit für beide Räder gleich groß ist. Die vom Anfangspunkt des Geschwindigkeitsvektors $v = v_{1S} = v_{2S}$ nach den Radachsen gezogenen Geraden kennzeichnen die Abnahme der Geschwindigkeit von der Größe v bis zum Wert Null in den Achsen. Die Gerade $1 \equiv 1'$ und die Parallele 2 zur Geraden $2'$ schneiden eine in beliebigem Abstand a von der Achse $1S \equiv O$ (Pol O) gezeichnete Horizontale in den Punkten I und II. Das Verhältnis der Strecken $\overline{IS} : \overline{IIS}$ ist gleich dem Drehzahlverhältnis $n_{1S} : n_{2S}$, entsprechend den folgenden Relationen:

$$\frac{v}{r_1} = \frac{\overline{IS}}{a}, \qquad \frac{v}{r_2} = \frac{\overline{IIS}}{a}, \qquad \frac{\omega_{1S}}{\omega_{2S}} = \frac{\overline{IS}}{\overline{IIS}} = \frac{n_{1S}}{n_{2S}} = i_{12}. \qquad (3.224)$$

Die Indezes $1S$ in ω_{1S} bzw. n_{1S} sollen kennzeichnen, daß sich das Rad R_1 mit der Winkelgeschwindigkeit ω_1 bzw. Drehzahl n_1 gegenüber dem Steg S dreht.

Vom Prinzip her ist der Drehzahlplan von KUTZBACH nach dem Seileckverfahren der Statik aufgebaut [25, 37]. Es werden ein Lageplan und ein n-Plan benötigt. Die Polstrahlen im n-Plan werden durch Zahlen oder Buchstaben, die Seillinien im Lageplan durch dieselben Zahlen oder Buchstaben mit zusätzlichem Strich gekennzeichnet. Der Seilstrahl s' ist als Bezugsgerade mit einer Schraffur versehen. Im vorliegenden Beispiel fällt der Pol O des Drehzahlplanes (n-Plan) mit dem Momentanpol $1S$ zusammen. Die Indizierung der Drehzahlvektoren erfolgt auf Grund ihrer Richtung nach der Bezeichnung der durch O verlaufenden Polstrahlen; z.B. liegt der Drehzahlvektor n_{1s} zwischen den Polstrahlen 1 und s. Da es sich um die Relativbewegung der drei Ebenen $1,2,S$ handelt und $\omega \sim n$ ist, gilt nach der Regel der zyklischen Vertauschung der Indizes die Vektorengleichung:

$$\left.\begin{array}{rcl} \boldsymbol{n}_{12} + \boldsymbol{n}_{2S} + \boldsymbol{n}_{S1} &=& 0 \quad \text{bzw.} \\ \boldsymbol{n}_{2S} &=& \boldsymbol{n}_{1S} + \boldsymbol{n}_{21}, \end{array}\right\} \qquad (3.225)$$

3.2 Kinematische Analyse der ebenen Bewegung

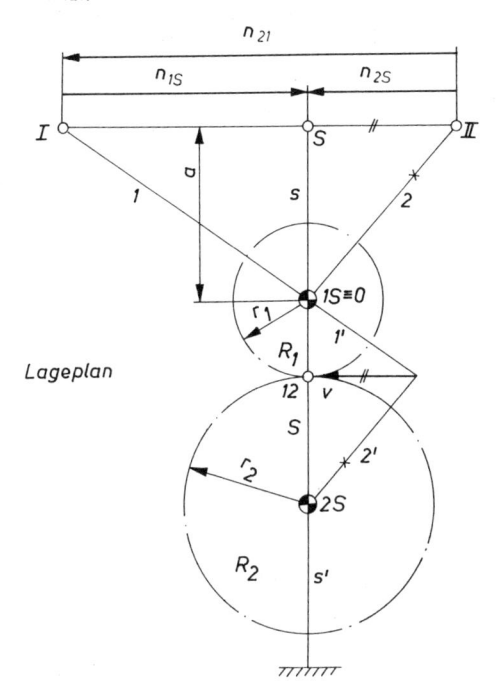

$\vec{n}$-Plan

Lageplan

Bild 3.66: KUTZBACHscher Drehzahlplan (n-Plan) bei einstufigem Standgetriebe

die im Bild 3.66 grafisch dargestellt ist. In den Bildern sind die Vektoren nicht durch besonders hervorgehobene Buchstaben oder Pfeile gekennzeichnet.

Im Lageplan ist der Abstand zweier Seillinien dem Vektor der Relativgeschwindigkeit zwischen den bewegten Ebenen proportional, z.B. ist $v = v_{1S} = v_{2S}$ der Geschwindigkeitsvektor der beiden Räder R_1 und R_2 im Wälzpunkt 12 gegenüber dem Steg. Seine Wirkungslinie verläuft parallel zu den Drehzahlvektoren.

Für den KUTZBACHschen Drehzahlplan gilt der folgende Maßstab:

$$M_n = \frac{\langle n_{1S} \rangle}{n_{1S}} \cdot \frac{\text{cm}}{\text{min}^{-1}}. \qquad (3.226)$$

Das Übersetzungsverhältnis i_{12} läßt sich daher auch als Quotient zweier gerichteter Strecken darstellen:

$$i_{12} = \langle n_{1S} \rangle / \langle n_{2S} \rangle.$$

Es ist im Bild 3.66 negativ, da beide Strecken entgegengesetzt gerichtet sind.

Bei mehreren hintereinandergeschalteten Zahnradstufen können die Achsen der An- und Abtriebswelle zusammenfallen, so daß *gleichachsige Getriebe* entstehen. Sind alle Achsen im Gestell gelagert, dann wird das Getriebe als *Standgetriebe* bezeichnet (Bild 3.67); läuft der Steg mit den in ihm gelagerten Radachsen um, dann entsteht ein *Umlaufräder-* oder *Planetengetriebe* (Bild 3.68) [7, 210, 214].

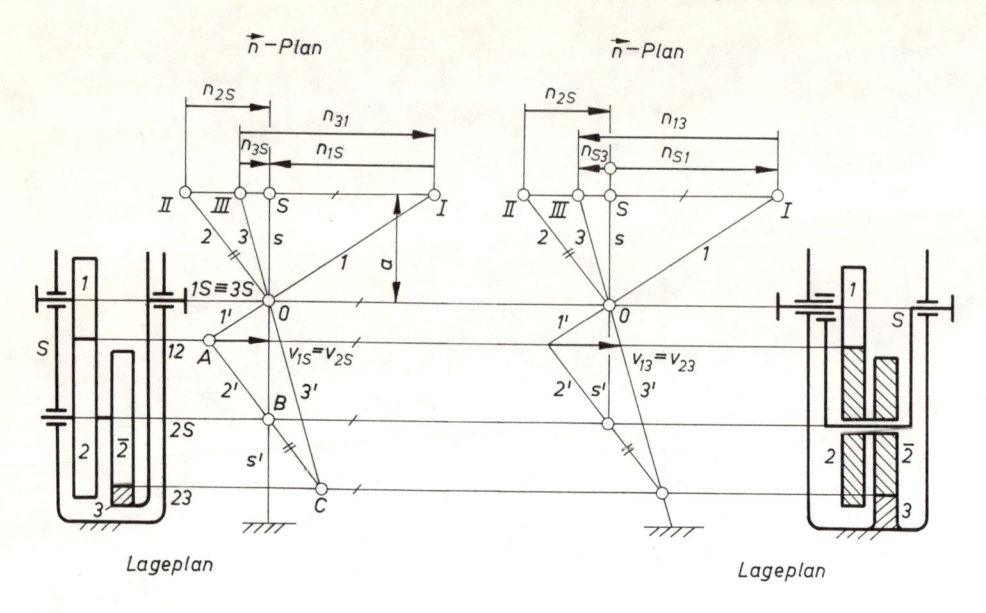

Bild 3.67: Drehzahlplan für gleichachsiges Standgetriebe (links)
Bild 3.68: Drehzahlplan für gleichachsiges Umlaufrädergetriebe (rechts)

In dem Beispiel des Bildes 3.67 sei die Antriebsdrehzahl n_{1S} gegeben und die Abtriebsdrehzahl n_{3S} gesucht. Alle Drehachsen liegen in einer Ebene, so daß es zweckmäßig ist, das Getriebe in dieser Ebene darzustellen. Die Drehachsen $1S \equiv 3S$, 12, 2S, 23 erscheinen sodann als parallele Geraden. Auf der Antriebsachse $1S$ wird der Pol O des KUTZBACHschen Drehzahlplanes beliebig gewählt. Die Strahlen $s \equiv s'$ (Bezugsstrahl) und $1 \equiv 1'$ legen auf der Parallelen im Abstand a die Punkte S und I fest. Damit ist der Drehzahlvektor n_{1S} und der Maßstab M_n des KUTZBACHschen Drehzahlplanes bestimmt. Die weiteren Strahlen werden in der gleichen Weise wie im Bild 3.66 gefunden. Aus diesem Prinzip resultiert die Regel des *Freischneidens der Indizes*, die beim KUTZBACHschen Drehzahlplan stets angewendet werden kann:
Der Strahl $1 \equiv 1'$ schneidet die Momentandrehachse 12 im Punkt A. Beim Vergleich der Indizes von Drehachse und Strahl ist die 1 gemeinsam, die 2 wird freigeschnitten. Weiterhin schneidet der Strahl $s \equiv s'$ die Drehachse $2S$ in B. In diesem Punkt wird ebenfalls die 2 frei; folglich verläuft der Strahl $2'$ durch A und B. Die Parallele zu $2'$ durch O liefert den Strahl 2, der auf der Parallelen im Abstand a den Punkt II ergibt. In den Punkten O und C wird in analoger Weise die 3 freigeschnitten, so daß der Strahl $3 \equiv 3'$ durch diese Punkte verläuft und im Drehzahlplan den Punkt III festlegt. Damit läßt sich der KUTZBACHsche Drehzahlplan komplett zeichnen. Mittels zyklischer Vertauschung der Indizes 1,3 und S ergibt sich die Vektorgleichung:

$$n_{13} + n_{3S} + n_{S1} = 0 \quad \text{bzw.} \quad n_{3S} = n_{31} + n_{1S}.$$

Der KUTZBACHsche Drehzahlplan läßt sich entsprechend Bild 3.67 auch in folgender Weise entwickeln:
Die Drehachsen $1S \equiv 3S$, 12, $2S$, 23 werden als parallele Linien gezeichnet. Durch den Pol O des KUTZBACHschen Drehzahlplanes verläuft die Bezugslinie $s \equiv s'$ zweckmässigerwei-

3.2 Kinematische Analyse der ebenen Bewegung

se senkrecht zu den Drehachsen. Die Umfangsgeschwindigkeiten v_{1S} und v_{2S} der Räder 1 und 2 sind im Wälzpunkt gleich groß. Zur Entwicklung des KUTZBACHschen Drehzahlplanes wird der Vektor $v_{1S} = v_{2S}$ in die Zeichenebene hineingeklappt und erscheint in Richtung der Wälzachse 12. Ausgehend vom Punkt A (Anfangspunkt) werden die Linien $1'$ durch O und $2'$ durch B gezeichnet, da die Umfangsgeschwindigkeit des Rades 1 in O und des Rades 2 in B Null ist. Auf der Wälzachse 23 sind aber die Umfangsgeschwindigkeiten der Räder 2 und 3 gleich groß, so daß die Linie $3'$ durch den Punkt C hindurchgehen muß. Die Geschwindigkeit des Rades 3 ist im Punkt O ebenfalls Null. Damit ist die Linie $3 \equiv 3'$ durch die Punkte C und O eindeutig bestimmt.

Die Parallele zu den Drehachsen im Abstand a von O schneidet die Linien 1, s und 3 in den Punkten I, S und III, wodurch die Drehzahlvektoren n_{1S} und n_{3S} festgelegt sind. Wird durch O die Parallele 2 zur Linie $2'$ gezeichnet, so ergibt sich der Schnittpunkt II und damit der Drehzahlvektor n_{2S}. Im übrigen gilt für die Relativbetrachtung dreier Ebenen die Regel der zyklischen Vertauschung der Indizes.

Im Bild 3.67 wird S festgehalten; das Drehzahlverhältnis $n_{1S} : n_{3S}$ ist gleich dem Verhältnis der Strecken $\overline{IS} : \overline{IIIS}$. Steht das mit dem Gehäuse verbundene Rad 3 fest (Bild 3.68) und der Steg S läuft um, dann ist $n_{13} : n_{S3} = \overline{I\,III} : \overline{S\,III}$. Im KUTZBACHschen Drehzahlplan wird deshalb der Strahl $3 \equiv 3'$ als Bezugsgerade betrachtet und durch Schraffur gekennzeichnet. Der Drehzahlplan wird in der beschriebenen Weise konstruiert. Bei gleichen Abmessungen der Zahnräder läßt sich mit dem Umlaufrädergetriebe eine höhere Übersetzung erzielen als mit dem Standgetriebe. In dem vorliegenden Beispiel sind beim Standgetriebe An- und Abtriebsrichtung verschieden, beim Umlaufrädergetriebe laufen An- und Abtrieb in gleicher Drehrichtung [117, 115, 79].

Ist bei einem vorgeschriebenen Achsabstand d das Übersetzungsverhältnis $i_{S3} = n_{S1} : n_{31}$ bekannt und ein Umlaufrädergetriebe gefordert, dann wird zuerst der Drehzahlplan gezeichnet (Bild 3.69). Die von O ausgehenden Geraden s, 1, und 3 führen zu den Punkten S, I und III, die das Übersetzungsverhältnis kennzeichnen. Der Achsabstand d bestimmt den Ausgangspunkt der Geraden $2'$, die z. B. nach rechts oben verlaufen kann und die Dimensionen außenverzahnter Stirnräder festlegt oder im Falle

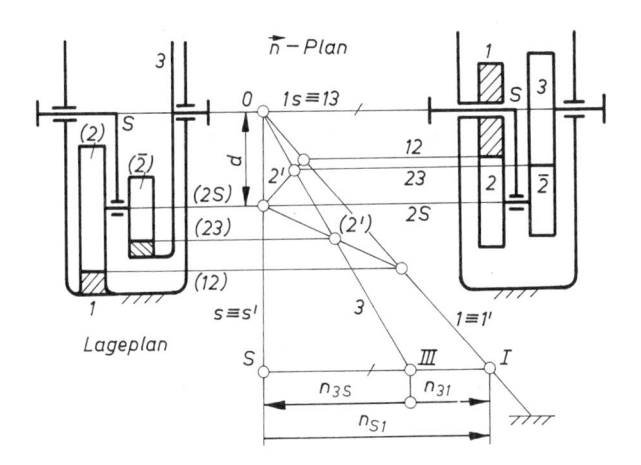

Bild 3.69: Gleiches Übersetzungsverhältnis bei Umlaufrädergetrieben mit Innen- bzw. Außenverzahnung

(2') beim Verlauf nach rechts unten ein Umlaufrädergetriebe bestimmt, bei dem zwei innenverzahnte Räder mit dem Doppelrad (2)($\overline{2}$) im Eingriff stehen [165].

Das Umlaufrädergetriebe des Bildes 3.70 besteht aus einem Stirnräderpaar und einem Parallelkurbelgetriebe. Die Kurbel 1 läßt das Rad 2 innerhalb des Zahnkranzes 3 abrollen. Die Scheibe 5 ist durch vier Koppeln 4, deren Länge gleich dem Radius der Kurbel 1 sein muß, mit dem Rad 2 gelenkig verbunden, so daß 5 relativ zu 2 nur eine Kreisschiebung vollführen kann. Im Drehzahlplan müssen daher die Geraden 2' und 5' parallel sein [60, 116].

Bild 3.71 zeigt das Schema eines Umlaufrädergetriebes für einen Elektroaufzug. Beim Aufzeichnen des Drehzahlplanes kann mit der Geschwindigkeit v_L des auf der

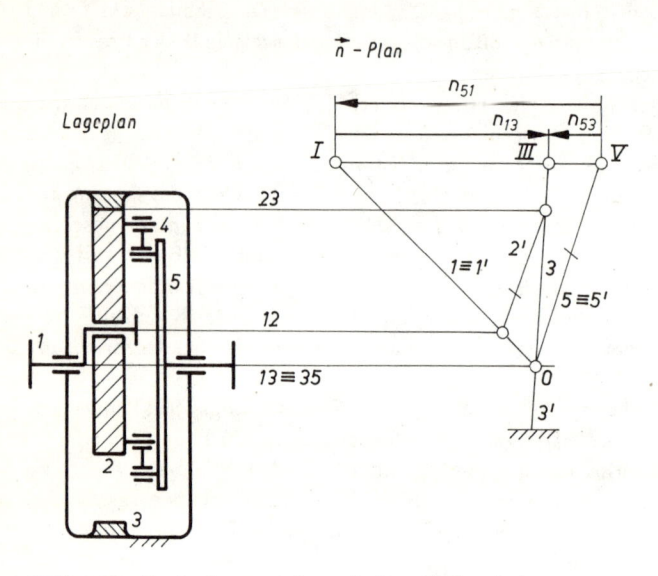

Bild 3.70: Reduziergetriebe mit Parallelkurbel

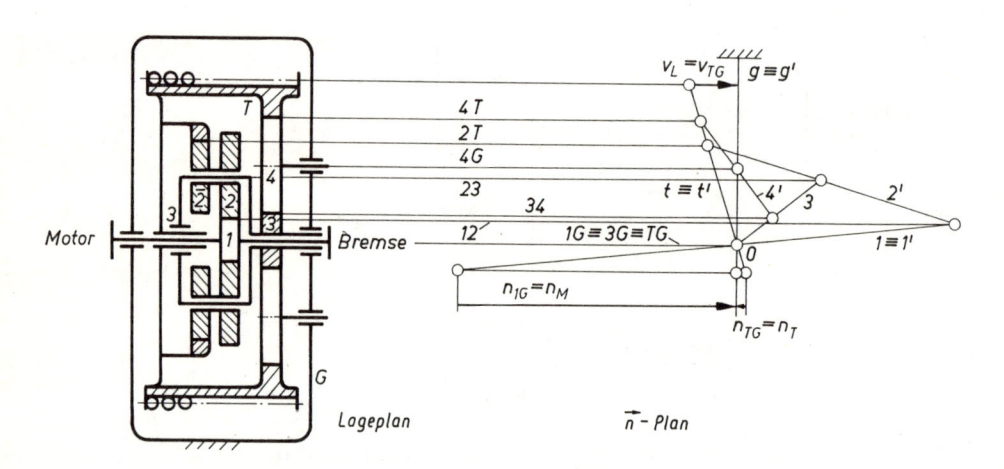

Bild 3.71: Drehzahlplan für Elektroflaschenzug

3.2 Kinematische Analyse der ebenen Bewegung

Trommel aufzuwickelnden Seiles begonnen werden. Man erhält die Gerade $t \equiv t'$ und durch Übernahme der Achsen in den Drehzahlplan der Reihe nach die Geraden $4'$, 3, $2'$, und $1 \equiv 1'$. Damit ist das Verhältnis der Drehzahl n_M des Motors zur Drehzahl n_T der Trommel festgelegt [117].

Mehrere Umlaufrädergetriebe, die sich durch elektromagnetische Kupplungen betätigen lassen, können zu einem Schaltgetriebe für Kraftfahrzeuge, dem sog. COTAL-Getriebe, vereinigt werden (Bild 3.72). Im 4. Gang sind die Räderpaare 5/6, 7/8 durch die eingeschalteten Kupplungen C und D blockiert, so daß die Abtriebsdrehzahl gleich der Motordrehzahl n_M wird. Im Drehzahlplan werden auf der Geraden $\overline{G\,IV}$ die geforderten Übersetzungsverhältnisse für den 1., 2., 3. Gang und den Rückwärtsgang durch die Punkte I, II, III', und R maßstäblich festgelegt. Bei willkürlicher Annahme des Durchmessers des Rades 2 und vorgeschriebenem Abstand d ergeben sich die Räderpaare 7/8 bzw. 5/6 für den 1. Gang (A und C eingeschaltet) bzw. den Rückwärtsgang (A und D eingeschaltet). Dabei wird die Geschwindigkeitsverteilung im Räderblock durch den Strahl $2'$ des Drehzahlplanes festgelegt. Räderpaar 5/6 wird für den 2. Gang verwendet (B und D eingeschaltet), und die Gerade $3'$ bestimmt den Durchmesser des Rades 3 bei festgehaltenem Rad 4. Damit sind alle vier Räderpaare festgelegt. Im 3. Gang übertragen die Räderpaare 3/4 (B eingeschaltet) und 7/8 (C eingeschaltet) die Drehbewegung auf das Abtriebsglied a. Es ergibt sich ein Punkt III, der nicht mit III' zusammenfällt und deshalb das geforderte Übersetzungsverhältnis nur angenähert verwirklicht. Eine Verbesserung kann durch Änderung des willkürlich angenommenen Durchmessers des Rades 2 erzielt werden [196].

Harmonic-Drive-Getriebe

Harmonic-Drive-Getriebe, die mitunter in der Literatur auch als *Wellgetriebe* bezeichnet werden, lassen sich aus einem einfachen Planetenradgetriebe mit feststehendem

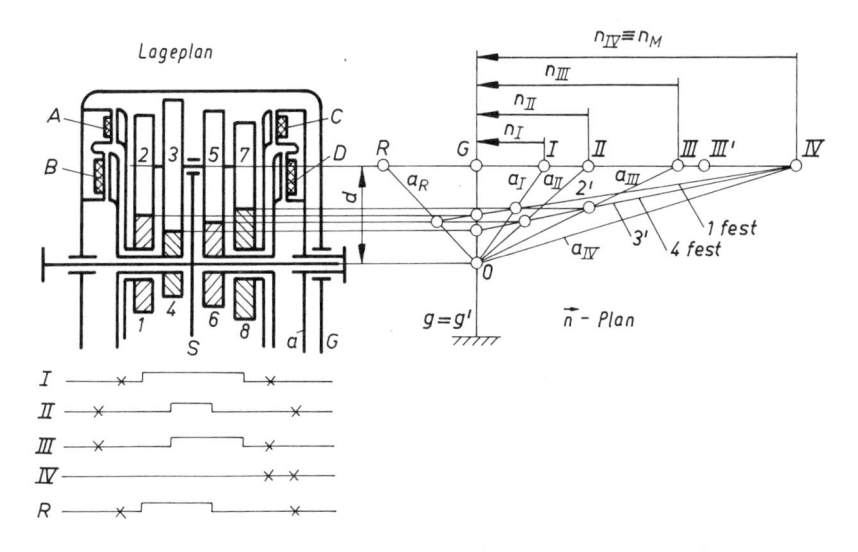

Bild 3.72: Drehzahlplan des COTAL-Getriebes

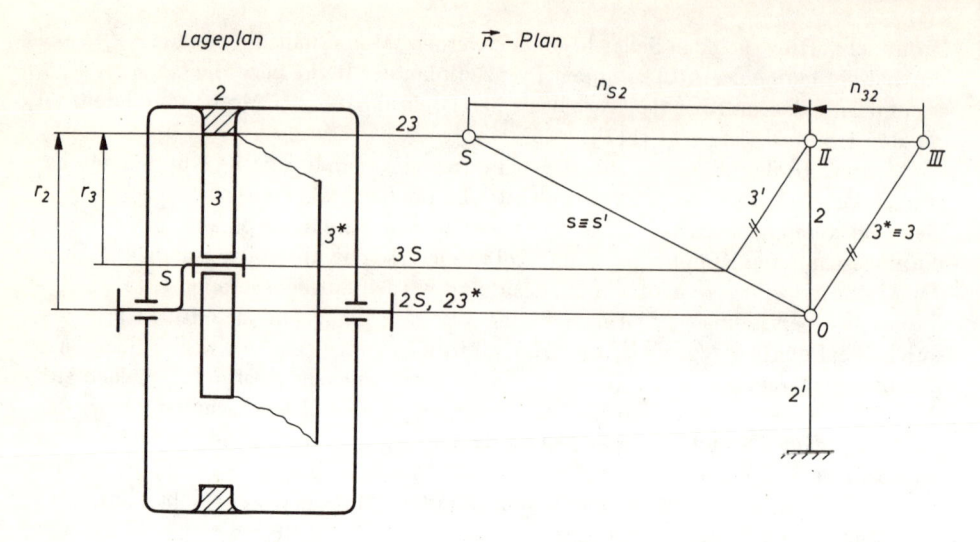

Bild 3.73: Grundfigur zum Harmonic-Drive-Getriebe mit KUTZBACHschem Drehzahlplan, Steg S als Antriebsglied

Innenrad ableiten (Bild 3.73). Die Bewegungsübertragung vom Planetenrad 3 auf die Abtriebswelle ist dabei durch ein elastisches Glied zu realisieren. Bei abnehmender Zähnezahldifferenz zwischen den Rädern 2 und 3 zeigt der KUTZBACHsche Drehzahlplan ein stark ansteigendes Übersetzungsverhältnis i_{S3}; siehe Bild 3.73. Durch das elastische Zwischenglied ist die Bedingung

$$n_{32} = n_{3*2} \tag{3.227}$$

gewährleistet, so daß

$$i_{S3} = \frac{\langle n_{S2} \rangle}{\langle n_{32} \rangle} \tag{3.228}$$

bei feststehendem Rad 2 einen negativen Wert besitzt. Die zahlenmäßige Größe läßt sich ausgehend vom Bild 3.73 wir folgt berechnen [164, 215]:

$$\omega_S(r_2 - r_3) = -\omega_3 r_3,$$

$$i_{S3} = \frac{\omega_S}{\omega_3} = -\frac{r_3}{r_2 - r_3} = \frac{r_3}{r_3 - r_2},$$

$$i_{S3} = \frac{z_3}{z_3 - z_2} \quad \text{(Rad 2 Gestell)}. \tag{3.229}$$

Wird Glied 3 zum Gestell gewählt, so lautet die Gleichung:

$$i_{S2} = \frac{z_2}{z_2 - z_3}. \tag{3.230}$$

Die Beziehungen (3.229) und (3.230) bleiben erhalten, wenn Rad 3 als *elastischer Zahnkranz* bzw. *Flexspline* ausgebildet und durch zwei diametral gegenüberliegende

3.2 Kinematische Analyse der ebenen Bewegung

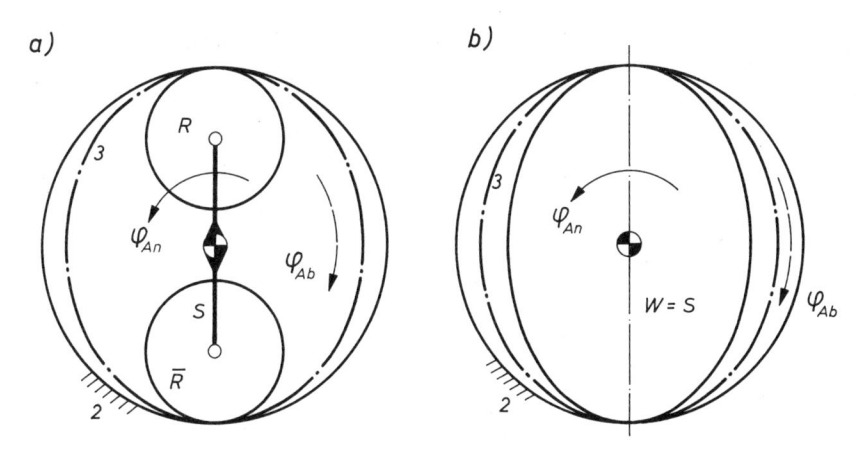

Bild 3.74: Grundprinzip des Harmonic-Drive-Getriebes mit feststehendem Zahnrad 2 und elastischem Zahnkranz 3: a) einfacher Wellgenerator mit zwei Rollen R und $\overline{R}$, b) elliptischer Wellgenerator $W = S$

Rollen $R, \overline{R}$ mit dem innenverzahnten Rad 2 (*Circular Spline*) in Kontakt gebracht wird (Bild 3.74a). Dabei sind die Rollen R und $\overline{R}$ symmetrisch in dem Steg S gelagert. An Stelle der beiden Rollen kann auch ein elliptischer Zylinder W als *Wellgenerator* bzw. *Wave Generator* eingesetzt werden (Bild 3.74b), so daß sich eine Bewegungsumformung über das elastische Rad 3 direkt auf die Abtriebswelle ergibt.

Bei diesem Getriebetyp wird erstmals die elastische Deformation eines Radkörpers zur Bewegungsumformung und -weiterleitung genutzt. Eine konstruktive Ausführungsform ist im Bild 3.75 dargestellt. Die Einsatzmöglichkeiten von Harmonic-Drive-Getrieben erstrecken sich von Stell- und Regelantrieben kleiner Leistung in der Fein-

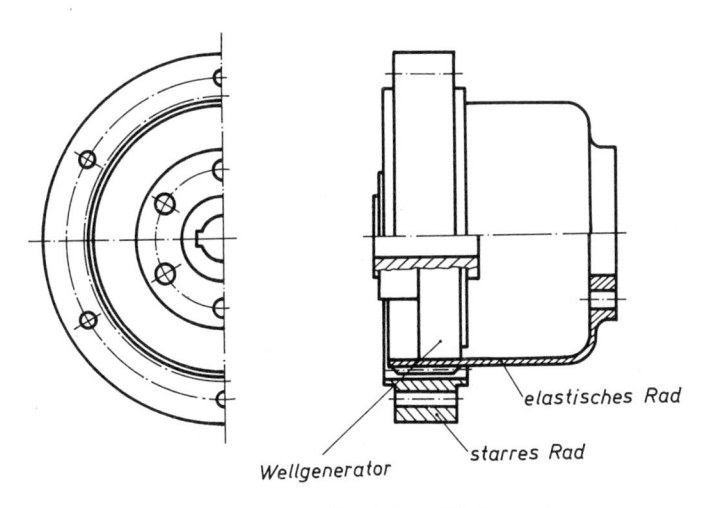

Bild 3.75: Harmonic-Drive-Getriebe / Einbausatz

gerätetechnik bis zu Antrieben im Maschinenbau. Auf Grund ihrer speziellen Eigenschaften (Übersetzungsverhältnis, Baugröße, geringes Spiel ...) haben sie u.a. bei Industrierobotern sowie in der Satellitentechnik ein breites Anwendungsgebiet gefunden. In diesem Zusammenhang sei auf HD-*Getriebe in Flachbauweise* besonders hingewiesen; siehe Bild 3.76.

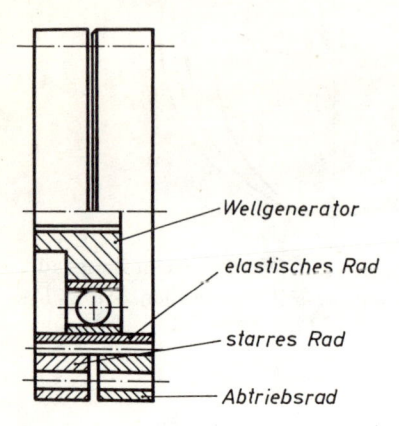

Bild 3.76: Harmonic-Drive-Getriebe in Flachbauweise

WANKEL–*Motor*

Eine weitere technische Anwendung des einfachen Umlaufrädergetriebes ist der sog. *Kreiskolben-* bzw. WANKEL–*Motor* [245]. Auf einem feststehenden außenverzahnten Rad 1 rollt ein innenverzahntes Rad 3 ab, das mit dem Kreiskolben K fest verbunden ist. Die drei Spitzen Z_1, Z_2 und Z_3 des Kreiskolbens beschreiben dann ein und dieselbe *Perizykloide* k_Z, wenn das Radienverhältnis $\varrho = |r_3/r_1| = 3$ ist; siehe Bild 3.77. Der KUTZBACHsche Drehzahlplan liefert die Drehzahlen der einzelnen Räder und das Übersetzungsverhältnis:

$$i_{32} = \langle n_{31} \rangle / \langle n_{21} \rangle,$$

d. h., in diesem Falle entsprechen einer Umdrehung des Kreiskolbens K drei Umdrehungen der Kurbelwelle 2. Bild 3.78 zeigt den Kreiskolbenmotor in vereinfachter Darstellung. Das angesaugte Kraftstoff-Luft-Gemisch wird verdichtet und gezündet. Die daraus resultierenden Gaskräfte bewirken die Bewegung des Kreiskolbens, so daß Ansaugen, Verdichten und Arbeitshub mit anschließendem Ausstoß der Verbrennungsgase der Reihe nach durchlaufen werden. Die Form des Kreiskolbens ergibt sich aus der Umhüllung durch die Perizykloide k_Z (Bild 3.77). Besondere Schwierigkeiten bereitet die Abdichtung zwischen Kreiskolben und Zykloidenzylinder, da in Z_1, Z_2, Z_3 theoretisch nur eine Linienberührung vorliegt. Zur Herstellung des Zykloidenzylinders können zwei Erzeugungsarten genutzt werden. Die Kurbelwelle selbst wird im allgemeinen als Kreisexzenter ausgeführt.

SWAMP*sche Regel*

Mit Hilfe des KUTZBACHschen Drehzahlplanes kann man sich eine gute Übersicht über Drehrichtung und Drehzahlen der Räder bei komplizierten Getrieben verschaffen. Eine

3.2 Kinematische Analyse der ebenen Bewegung

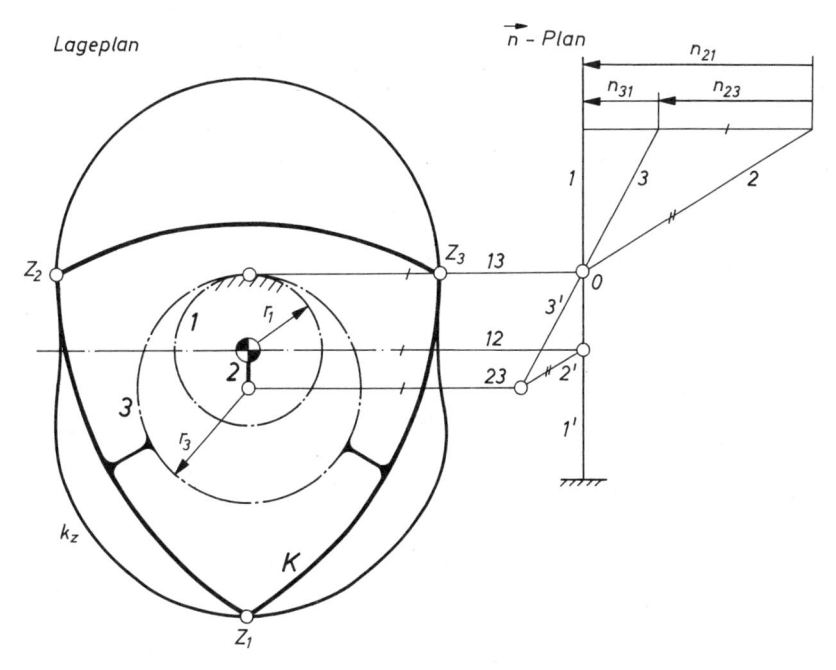

Bild 3.77: KUTZBACHscher Drehzahlplan für WANKEL-Motor $\varrho = |r_3/r_1|$, $k_Z \to$ Perizykloide

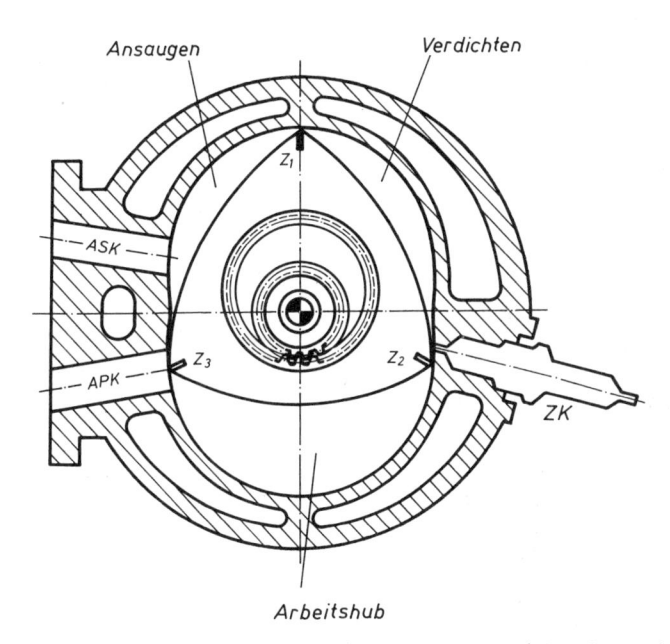

Bild 3.78: Kreiskolbenmotor (Bauart WANKEL) in schematischer Darstellung: $ASK \to$ Ansaugkanal, $APK \to$ Auspuffkanal, $ZK \to$ Zündkerze, $Z_1, Z_2, Z_3 \to$ Dichtleisten

exakte Drehzahlberechnung ist mit Hilfe der SWAMPschen Regel bei rückkehrenden Umlaufrädergetrieben möglich. Diese Regel nach SWAMP wird an Hand des Bildes 3.79 erläutert. Bei feststehendem Rad 1 und Steg S als Antriebsglied ist die Drehzahl des Abtriebsrades 4 gesucht (Bild 3.79a). Die Teilkreisradien seien $r_1 = 18,5$; $r_2 = 12$; $r_3 = 10,75$ und $r_4 = 64$. Es ist zweckmäßig, für die zwei Teilbewegungen I und II die Umdrehungszahlen der Räder tabellarisch zu erfassen (Bild 79c). Bei der ersten Teilbewegung I führt das gesamte Getriebe einschließlich des feststehenden Rades 1 eine Umdrehung im Sinne der Antriebsdrehrichtung des Steges S aus. Die Zahl der Umdrehungen ist daher $+1$ für alle Getriebeglieder. Bei der zweiten Teilbewegung II wird der Steg S festgehalten und Rad 1 um eine Umdrehung (-1) zurückgedreht. Die Drehungen der übrigen Räder lassen sich dann nach den einfachen Beziehungen eines Standgetriebes berechnen und werden in die Tabelle (Bild 3.79c) eingetragen.

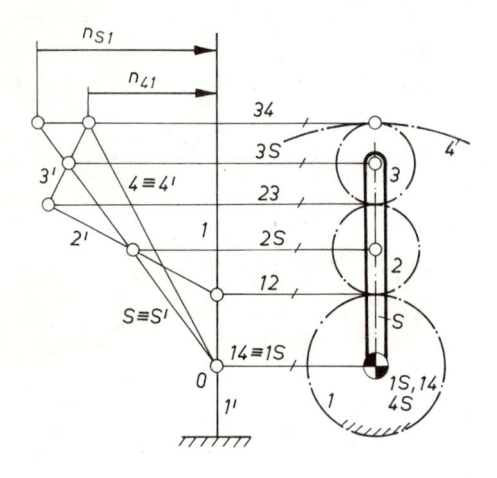

b) $\vec{n}$-Plan a) Lageplan

c) Tabelle

Teilbe- wegung	Zahl der Umdrehungen				
	Steg S	Rad 1	Rad 2	Rad 3	Rad 4
I	$+1$	$+1$	$+1$	$+1$	$+1$
II	0	-1	$\dfrac{d_1}{d_2}$	$-\dfrac{d_1 \cdot d_2}{d_2 \cdot d_3}$	$-\dfrac{d_1 \cdot d_3}{d_3 \cdot d_4}$
Σ	1	0	$1+\dfrac{d_1}{d_2}$	$1-\dfrac{d_1}{d_3}$	$1-\dfrac{d_1}{d_4}$

Bild 3.79: Anwendung der SWAMPschen Regel: a) rückkehrendes Umlaufrädergetriebe, b) KUTZBACHscher Drehzahlplan, c) tabellarische Erfassung der Teilbewegungen I und II (SWAMPsche Regel)

3.2 Kinematische Analyse der ebenen Bewegung

Eine Summierung der beiden Teilbewegungen liefert die Zahl der Umdrehungen für die einzelnen Getriebeglieder.

Das Übersetzungsverhältnis dieses Umlaufrädergetriebes berechnet sich nach der Beziehung:

$$i_{S4} = \frac{n_{S1}}{n_{41}} = \frac{1}{1 - \frac{d_1}{d_4}} = \frac{d_4}{d_4 - d_1}. \tag{3.231}$$

Im vorliegenden Beispiel liefert die Rechnung:

$$i_{S4_{rech.}} = \frac{128}{128 - 37} = 1,4066.$$

Aus dem KUTZBACHschen Drehzahlplan, siehe Bild 3.79b ergibt sich:

$$i_{S4_{zeich.}} = \frac{n_{S1}}{n_{41}} = \frac{49,2}{35} = 1,4057.$$

Zur praktischen Auslegung von Planetengetrieben sei auf die Literatur verwiesen [70, 99, 103].

Kegelradgetriebe

Zur Bestimmung der Drehzahlverhältnisse bei Kegelradgetrieben wird der Drehzahlvektorenplan nach BEYER [11, 123] benutzt. Die Lage des Vektors ω_{1S} gibt die Lage der Drehachse des konischen Radkörpers an (Bild 3.80), seine Länge die Winkelgeschwindigkeit (oder die Drehzahl) und die Pfeilspitze die Drehrichtung; die Pfeilspitze zeigt in die Fortschreitungsrichtung einer Rechtsschraube. Die Drehachsen des Kegelradpaares 1/2 und des Steges S (Bild 3.81a) sind mit $S1$, $2S$ und 21 bezeichnet; sie

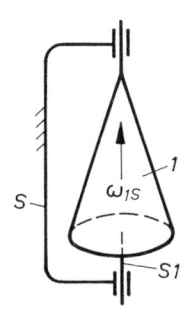

Bild 3.80: Drehkörper mit ω-Vektor

a) *Lageplan*   b) $\vec{n}$-*Plan*

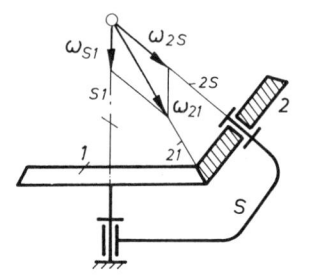

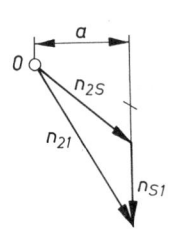

Bild 3.81: Einfaches Kegelradgetriebe: a) Lage der ω-Vektoren, b) Drehzahlvektorenplan nach BEYER

schneiden sich in einem Punkt und liegen in einer Ebene. Aus dem Vektorparallelogramm folgt die Beziehung:

$$\omega_{2S} + \omega_{S1} = \omega_{21},$$

wobei Rad 1 festgehalten wird. Der Steg S dreht sich um die Achse $S1$, und Rad 2 rollt auf Rad 1 ab [12, 124]. Da $\omega = 2\pi n$ ist, gilt analog die folgende Vektorgleichung für die Drehzahlen:

$$n_{2S} + n_{S1} = n_{21}. \qquad (3.232)$$

Sie ergibt sich bei zyklischer Vertauschung der Indizes $1, 2, S$ aus

$$n_{12} + n_{2S} + n_{S1} = 0 \qquad (3.233)$$

unter Berücksichtigung der Beziehung $n_{ik} = -n_{ki}$. Der n-Plan wird ausgehend von einem beliebigen Punkt O gezeichnet (Bild 3.81b). Dabei besitzen die von O ausgehenden Vektoren die Nummer des im Steg gelagerten Rades als ersten Index. In einem beliebigen Abstand a vom Pol O wird die Parallele zur Drehachse $S1$ gezeichnet. Ausgehend von der Vektorrichtung ergibt sich die Indizierung des in dieser Geraden liegenden Vektors aus den nicht gemeinsamen Indizes der beiden zugehörigen durch den Pol O verlaufenden Drehzahlvektoren. Für den n-Plan gilt der Maßstabsfaktor $M_n = \langle n \rangle / n$. Die abgeleiteten allgemeinen Gesetzmäßigkeiten werden an verschiedenen Beispielen erläutert.

Beim *zweistufigen Kegelradgetriebe* des Bildes 3.82 sind die Räder $\overline{2}$ und 2 zu einem Doppelrad vereinigt, das sich lose auf dem Steg S dreht. Das Rad 3 dreht sich um die Achse des Rades 1. Die Drehachsen $2S$, 23, 21, und $31 \equiv S1$ liegen alle in einer Ebene. Der n-Plan wird in bekannter Weise gezeichnet. Aus dem Drehzahlvektorenplan folgen die Gleichungen:

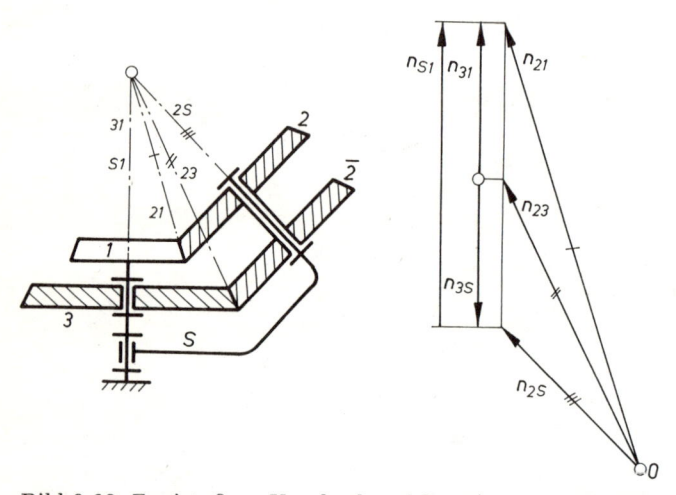

$$n_{S1} + n_{2S} = n_{21}, \qquad n_{31} + n_{23} = n_{21}, \qquad n_{S1} + n_{3S} = n_{31}. \qquad (3.234)$$

Bild 3.82: Zweistufiges Kegelradgetriebe: a) Lageplan mit Momentandrehachsen, b) Drehzahlvektorenplan

3.2 Kinematische Analyse der ebenen Bewegung

Bei festgehaltenem Rad 1 und vorgeschriebener Drehzahl des Steges S ist die Drehzahl n_{31} des Rades 3 bestimmt. Darüber hinaus können sämtliche Relativdrehzahlen der Drehkörper untereinander dem Drehzahlvektorenplan entnommen werden [61].

Das Kegelradgetriebe (Bild 3.83a) kann als Standgetriebe mit dem Gestell S benutzt werden. Wird eine hohe Drehzahl am Rad 1 eingeleitet, so kann eine niedrige Drehzahl am Rad 3 entnommen werden; siehe Bild 3.83b:

$$n_{1S} + n_{31} = n_{3S}.$$

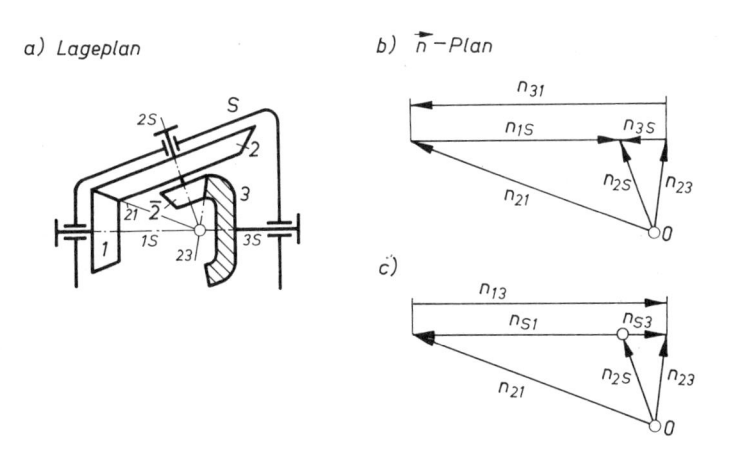

Bild 3.83: Zweistufiges Kegelradgetriebe: a) Lageplan mit Momentandrehachsen, b) Drehzahlvektorenplan bei feststehendem Steg S, c) Drehzahlvektorenplan bei feststehendem Rad 3

Bei festgehaltenem Rad 3 läuft der Steg S um. Die hohe Drehzahl wird am Rad 1 eingeleitet und die niedrige Drehzahl am Steg S abgenommen; siehe Bild 3.83c:

$$n_{13} + n_{S1} = n_{S3}.$$

Ein *Kegelradumlaufgetriebe* mit einfachem Zwischenrad zeigt Bild 3.84. Bei fest mit dem Gehäuse verbundenem Rad 3 und angetriebenem Rad 1 läuft der Steg S infolge des auf 3 abrollenden Zwischenrades 2 um. Das Übersetzungsverhältnis i_{1S} zwischen Antriebsrad 1 und dem Steg S kann aus dem Vektorplan als Streckenverhältnis ent-

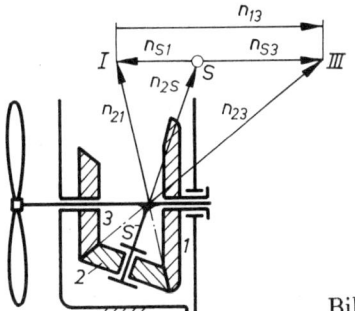

Bild 3.84: FARMAN-Getriebe mit Drehzahlvektorenplan

nommen werden:

$$i_{1S} = \frac{\langle n_{13}\rangle}{\langle n_{S3}\rangle} = \frac{\overline{I\ III}}{\overline{S\ III}}.$$

Beim *Tweedale-Getriebe* (Bild 3.85) werden zwei Antriebe, z.B. n_{1G} und n_{3G} zu einem Abtrieb n_{SG} vereinigt; man spricht von einem Summiergetriebe. Durch Veränderung von n_{3G} mittels Hilfsmotor ist eine stufenlose Variation des Übersetzungsverhältnisses $i_{1S} = \langle n_{1G}\rangle/\langle n_{SG}\rangle$ möglich. Es ergeben sich verschiedene Arbeitspunkte G_i; siehe Bild 3.85:

G_1: n_{3G} und n_{SG} positiv, $i_{1S} > 0$

G_2: $n_{SG} = 0$, $\quad i_{1S} = \infty$

G_3: $n_{3G} = 0$, $\quad i_{1S} < 0$

G_4: $n_{3G} < 0$, $\quad i_{1S} < 0$.

Für jeden Arbeitspunkt G_i ist der Drehzahlmaßstab $M_n = \langle n\rangle/n$ gesondert festzulegen.

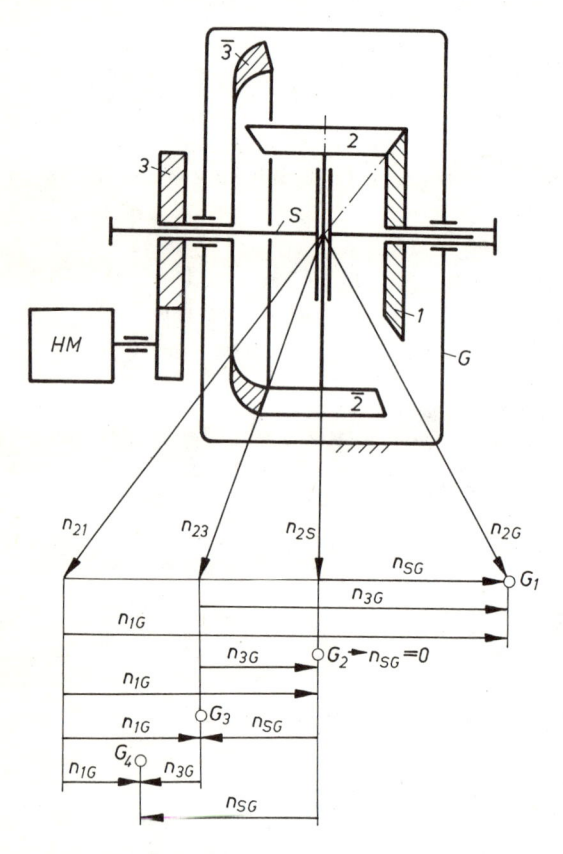

Bild 3.85: Differentialgetriebe nach TWEEDALE mit Drehzahlvektorenplan

3.2 Kinematische Analyse der ebenen Bewegung

Dem *Differentialgetriebe* beim Kraftfahrzeug obliegt die umgekehrte Aufgabenstellung, nämlich einen Antrieb in zwei Abtriebe zu zerlegen; man spricht von einem *Ausgleichsgetriebe*. Der vom Motor kommende Antrieb wird nach einer Drehzahlumformung über die Ritzelwelle auf das Tellerrad S (Bild 3.86) übertragen. Das mit dem Tellerrad verbundene Gehäuse S enthält das Differentialgetriebe mit den drei Kegelrädern 1, 2, und 3. Entsprechend der jeweiligen Fahrtkurve wird die Antriebsbewegung durch das Kegelrad 1 bzw. 2 auf Rad 1 bzw. Rad 2 des Kraftfahrzeuges so übertragen, daß zwischen Rad und Fahrbahn eine reine Rollbewegung gewährleistet ist. Es werden auch bei dem *Ausgleichsgetriebe* entsprechend Bild 3.86 verschiedene Arbeitspunkte G_i betrachtet:

$G_1:$ $n_{1G} \neq n_{2G},$ allgemeine Fahrtkurve,

$G_2:$ $n_{1G} = 0, \quad n_{2G} = 2n_{SG},$ Kurvenfahrt,

$G_3:$ $n_{1G} = -n_{2G}, \quad n_{SG} = 0,$ Drehung am Ort,

$G_4:$ $n_{1G} = n_{2G} = n_{SG} = n_{3G},$ Geradeausfahrt.

Für jeden Arbeitspunkt G_i ist der Drehzahlmaßstab $M_n = \langle n \rangle / n$ gesondert festzulegen.

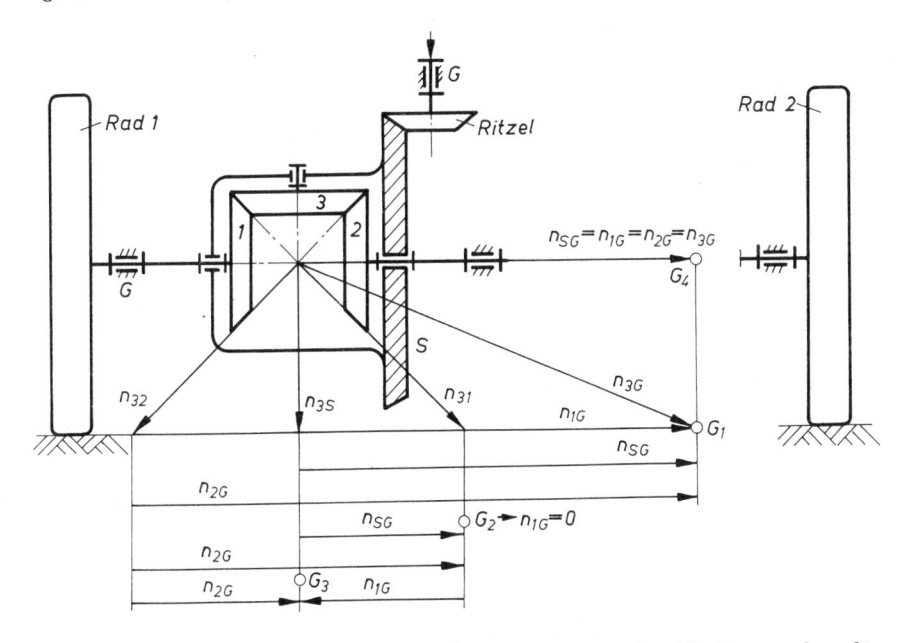

Bild 3.86: Kraftfahrzeug-Differentialgetriebe mit Drehzahlvektorenplan für unterschiedliche Fahrtoperationen

4 Maßsynthese ebener Koppelgetriebe – Burmestersche Theorie

4.1 Vorgabe von Ebenenlagen

Die Lage einer bewegten Ebene E gegenüber der ruhenden Bezugsebene E_0 läßt sich in einfacher Weise durch zwei Punkte, z.B. A und B, oder durch einen Punkt A und den Winkel β festlegen, s. Bild 4.1. Die Winkelmessung erfolgt ausgehend von einer Bezugsgeraden grundsätzlich mathematisch positiv. Mit der Bezugsebene E_0 ist ein Koordinatensystem x, y verbunden. Es wird als GAUSSsche Zahlenebene ohne die Ferngerade betrachtet. Die x-Achse ist gleichzeitig Bezugsgerade für den Winkel β.

Im folgenden wird an Hand des Bildes 4.2 die *1. Grundaufgabe der Maßsynthese* formuliert:

> *Gegeben sind verschiedene Lagen einer bewegten Ebene E, etwa E_1, E_2, E_3, ... gegenüber der Bezugsebene E_0. Gesucht sind diejenigen Punkte X der Ebene E, deren homologe Punkte X_1, X_2, X_3, ... im Verlaufe der Bewegung auf einem Kreise liegen.*

Solche Punkte wird es im allgemeinen mehrere geben, z.B. C, D, ... Die zugehörigen Mittelpunkte, z.B. C_0, D_0, ..., liegen in der ruhenden Bezugsebene E_0. Werden zwei solcher Punkte, z.B. C und D herausgegriffen, so ist ein Gelenkviereck C_0CDD_0 bestimmt, das die vorgeschriebenen Lagen der bewegten Ebene realisiert, s. Bild 4.5.

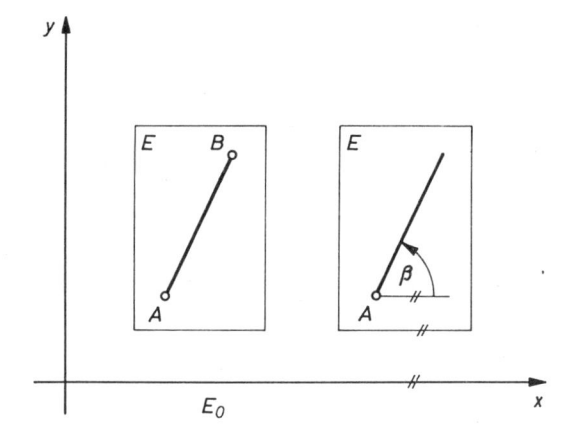

Bild 4.1: Definition einer Ebenenlage E im Bezugssystem E_0

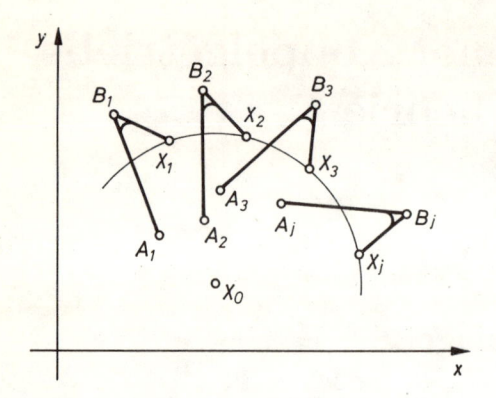

Bild 4.2: Vorgabe von Ebenenlagen E_j durch $\overline{A_j B_j}$, homologe Punkte $X_1, X_2, X_3 \ldots$ auf Kreis um Mittelpunkt X_0

Diese Problematik wurde erstmals von BURMESTER [20] mittels geometrischer Gesetzmäßigkeiten untersucht und wird daher als BURMESTERsche Theorie bezeichnet [67]. Des weiteren sei unter diesem Aspekt auf folgende Literatur hingewiesen: [12, 22, 23, 24, 26, 32, 66, 69, 72, 83, 96, 30].

4.1.1 Zwei Ebenenlagen

Bei zwei Lagen $\overline{A_1 B_1}$ und $\overline{A_2 B_2}$ der bewegten Ebene E (Getriebeglied) gibt es einen selbstentsprechenden Punkt P_{12} (lies P eins zwei), der beiden Ebenenlagen angehört. P_{12} ist nach Bild 4.3 der Schnittpunkt der Mittelsenkrechten a_{12} auf $\overline{A_1 A_2}$ und b_{12} auf $\overline{B_1 B_2}$. Um diesen Punkt bzw. Pol kann die Ebene E aus der Lage E_1 in die Lage E_2 gedreht werden, wobei folgende Beziehung vorliegt:

$$\varphi_{12}^o + \varphi_{21}^o = 360^\circ. \tag{4.1}$$

Es ist daher stets $P_{12} = P_{21}$. Des weiteren gilt

$$\triangle P_{12} A_1 B_1 \cong \triangle P_{12} A_2 B_2,$$

folglich ist:

$$\left.\begin{array}{rl} \sphericalangle A_1 P_{12} B_1 &= \sphericalangle A_2 P_{12} B_2, \\ \sphericalangle A_1 P_{12} A_2 &= \sphericalangle B_1 P_{12} B_2 = \varphi_{12}. \end{array}\right\} \tag{4.2}$$

Da die Ebene E als starres System betrachtet wird, läßt sich Gleichung (4.2) für jeden Punkt der Ebene erweitern.

Zur Berechnung von Pol und Ebenendrehwinkel wird die zweite Darstellung der bewegten Ebene durch Punkt und Winkel zugrunde gelegt. Nach Bild 4.3 gelten in der GAUSSschen Zahlenebene folgende Beziehungen:

$$\left.\begin{array}{rl} (A_1 - P_{12})e^{i\varphi_{12}} &= A_2 - P_{12}, \\ (B_1 - P_{12})e^{i\varphi_{12}} &= B_2 P_{12} \end{array}\right\} \tag{4.3}$$

sowie für $\overline{AB} = r$:

$$B_l = A_l + re^{i\beta_l} \qquad (l = 1, 2). \tag{4.4}$$

4.1 Vorgabe von Ebenenlagen

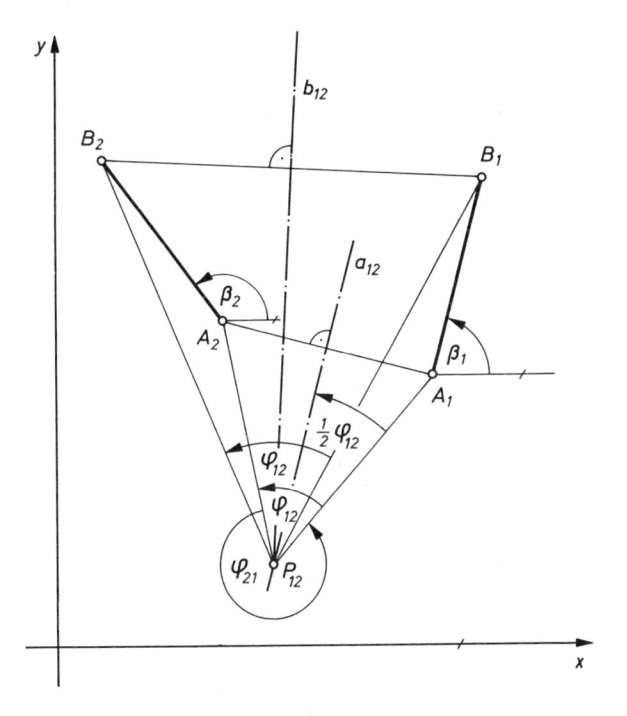

Bild 4.3: Drehpol P_{12} und Drehwinkel φ_{12} bei zwei endlich benachbarten Ebenenlagen

Aus (4.3) und (4.4) resultieren:

$$(A_1 + re^{i\beta_1} - P_{12})e^{i\varphi_{12}} = A_2 + re^{i\beta_2} - P_{12},$$

$$(A_1 - P_{12})e^{i\varphi_{12}} + re^{i\beta_1}e^{i\varphi_{12}} = A_2 - P_{12} + re^{i\beta_2},$$

$$e^{i\beta_1}e^{i\varphi_{12}} = e^{i\beta_2},$$

$$e^{i\varphi_{12}} = e^{i(\beta_2 - \beta_1)},$$

$$\varphi_{12} = \beta_2 - \beta_1. \tag{4.5}$$

Des weiteren ergeben sich aus (4.3) und der Definition

$$\alpha_{12} = \frac{1}{2}\varphi_{12} \tag{4.6}$$

folgende Beziehungen:

$$P_{12}(1 - e^{i\varphi_{12}}) = A_2 - A_1 e^{i\varphi_{12}} \Big| \cdot e^{-\frac{i}{2}\varphi_{12}},$$

$$P_{12}\left(e^{-\frac{i}{2}\varphi_{12}} - e^{\frac{i}{2}\varphi_{12}}\right) = A_2 e^{-\frac{i}{2}\varphi_{12}} - A_1 e^{\frac{i}{2}\varphi_{12}},$$

$$P_{12} = \frac{A_2 e^{-i\alpha_{12}} - A_1 e^{i\alpha_{12}}}{e^{-i\alpha_{12}} - e^{i\alpha_{12}}}. \tag{4.7}$$

Eine Erweiterung von Zähler und Nenner mit i/2 liefert:

$$P_{12} = \frac{\frac{i}{2}(A_2 e^{-i\alpha_{12}} - A_1 e^{i\alpha_{12}})}{\frac{i}{2}(e^{-i\alpha_{12}} - e^{i\alpha_{12}})} = \frac{i}{2}\frac{A_2 e^{-i\alpha_{12}} - A_1 e^{i\alpha_{12}}}{[1, e^{i\alpha_{12}}]}$$

bzw.

$$P_{12} = \frac{i}{2}\frac{A_2 e^{-i\alpha_{12}} - A_1 e^{i\alpha_{12}}}{\sin\alpha_{12}}. \tag{4.8}$$

Für die Koordinaten des Drehpoles P_{12} ergeben sich somit folgende Beziehungen:

$$x_{P_{12}} = \frac{i}{2\sin\alpha_{12}}(-ix_{A_2}\sin\alpha_{12} + iy_{A_2}\cos\alpha_{12} - ix_{A_1}\sin\alpha_{12} - iy_{A_1}\cos\alpha_{12}),$$

$$\left.\begin{aligned} x_{P_{12}} &= \frac{1}{2}(x_{A_1} + x_{A_2}) + \frac{1}{2\tan\alpha_{12}}(y_{A_1} - y_{A_2}), \\ y_{P_{12}} &= \frac{1}{2}(y_{A_1} + y_{A_2}) - \frac{1}{2\tan\alpha_{12}}(x_{A_1} - x_{A_2}). \end{aligned}\right\} \tag{4.9}$$

Werden an Stelle der Indizes 1 und 2 die Bezeichnungen j und k mit

$$j < k, \qquad j,k \in \{1, 2, \cdots, n,\, j \neq k\} \tag{4.10}$$

eingeführt, so lauten die wesentlichen Gleichungen in verallgemeinerter Form:

$$\left.\begin{aligned} \varphi_{jk} + \varphi_{kj} &= 2\pi, \\ \varphi_{jk} &= \beta_k - \beta_j, \\ \alpha_{jk} &= \frac{1}{2}\varphi_{jk}, \end{aligned}\right\} \tag{4.11}$$

$$\left.\begin{aligned} P_{jk} &= \frac{A_k e^{-i\alpha_{jk}} - A_j e^{i\alpha_{jk}}}{e^{-i\alpha_{jk}} - e^{i\alpha_{jk}}}, \\ P_{jk} &= \frac{i}{2}\frac{A_k e^{-i\alpha_{jk}} - A_j e^{i\alpha_{jk}}}{\sin\alpha_{jk}}, \\ x_{P_{jk}} &= \frac{1}{2}(x_{A_j} + x_{A_k}) + \frac{1}{2\tan\alpha_{jk}}(y_{A_j} - y_{A_k}), \\ y_{P_{jk}} &= \frac{1}{2}(y_{A_j} + y_{A_k}) - \frac{1}{2\tan\alpha_{jk}}(x_{A_j} - x_{A_k}). \end{aligned}\right\} \tag{4.12}$$

Sind zwei Ebenenlagen parallel (Bild 4.4), dann liegt der zugehörige Pol im Unendlichen (P_{jk}^{∞}). Daher ist es notwendig, aus der Gleichung 4.12 durch Trennen des Zählers vom reellen Nenner die homogenen Minimalkoordinaten für die Pole einzuführen:

$$\left.\begin{aligned} P_{jk}^{0} &= \sin\alpha_{jk}, \\ P_{jk} &= \tfrac{i}{2}(A_k e^{-i\alpha_{jk}} - A_j e^{i\alpha_{jk}}), \\ \overline{P}_{jk} &= -\tfrac{i}{2}(\overline{A}_k e^{i\alpha_{jk}} - \overline{A}_j e^{-i\alpha_{jk}}). \end{aligned}\right\} \tag{4.13}$$

Dabei ist zu beachten, daß P_{jk} in den Gleichungen (4.12) und (4.13) eine unterschiedliche Bedeutung hat.

4.1 Vorgabe von Ebenenlagen

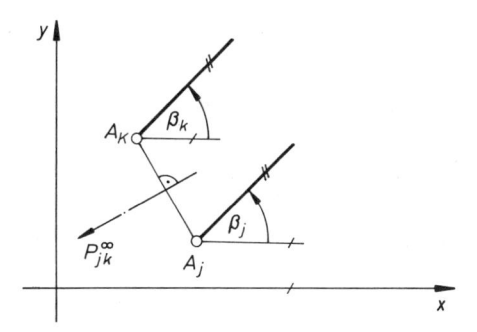

Bild 4.4: Drehpol P_{jk} als uneigentlicher Punkt bei parallelen Ebenenlagen

Aus Gleichung (4.13) ergibt sich auf Grund der Beziehung

$$\beta_j = \beta_k, \qquad \alpha_{jk} = \frac{1}{2}(\beta_k - \beta_j) = 0$$

sofort

$$P_{jk} = P_{jk}^\infty = \frac{i}{2}(A_k - A_j). \tag{4.14}$$

Damit ist die Richtung nach dem Fernpol P_{jk}^∞ festgelegt.

An einem Beispiel werden die abgeleiteten Beziehungen angewendet und erweitert. Es seien zwei Ebenenlagen E_1 $(A_1 = (30;0); \beta_1 = 0)$ und E_2 $(A_2 = (-30;0); \beta_2 = \pi/2)$ sowie die Punkte C_1 und D_1 in E_1 gegeben (Längenmaße in mm). Der Pol P_{12} und das zugehörige Viergelenkgetriebe sind gesucht.

Entsprechend Bild 4.5 wird zunächst der Pol P_{12} als Schnittpunkt der Mittelsenkrechten $a_{12} = \perp \overline{A_1 A_2}$ und $b_{12} = \perp \overline{B_1 B_2}$ konstruiert. Seine Koordinaten werden nach

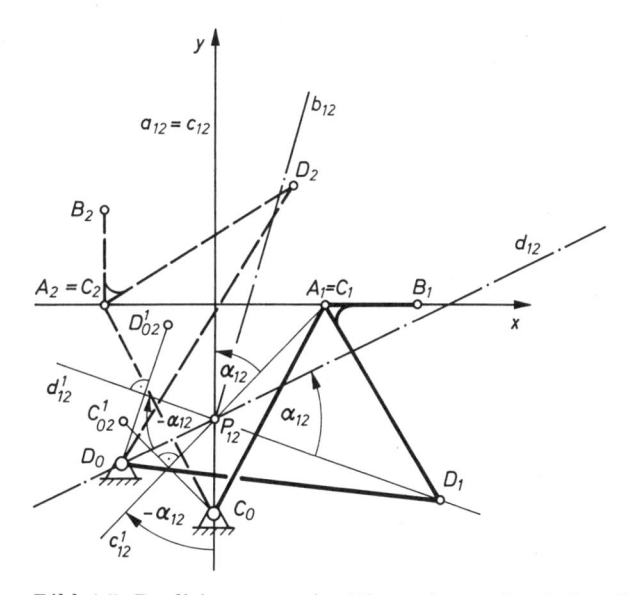

Bild 4.5: Realisierung zweier Ebenenlagen durch das Gelenkviereck $C_0 C D D_0$

den Gleichungen (4.9) berechnet:

$$x_{P_{12}} = \frac{1}{2}(30-30) + \frac{1}{2\tan \pi/4}(0-0) = 0,$$

$$y_{P_{12}} = \frac{1}{2}(0+0) - \frac{1}{2\tan \pi/4}(30+30) = -30.$$

Für die homologen Punkte D_1 und D_2 gilt die Beziehung

$$\triangle A_1 B_1 D_1 \cong \triangle A_2 B_2 D_2.$$

In dem vorliegenden Beispiel ist $A_1 = C_1$ und somit $A_2 = C_2$. Der homologe Punkt D_2 ergibt sich nach folgender Gleichung:

$$D_2 = P_{12} + (D_1 - P_{12})e^{i\varphi_{12}}.$$

Bei zwei Ebenenlagen können die zugehörigen Mittelpunkte C_0 und D_0 auf den betreffenden Mittelsenkrechten $c_{12} = \perp \overline{C_1 C_2}$ und $d_{12} = \perp \overline{D_1 D_2}$ beliebig gewählt werden. Mithin gelten die Relationen:

$$C_0 = P_{12} + \lambda_1(C_1 - P_{12})e^{i\alpha_{12}},$$

$$D_0 = P_{12} + \lambda_2(D_1 - P_{12})e^{i\alpha_{12}}, \qquad (\lambda_1, \lambda_2 \to \text{reell, beliebig}).$$

Demzufolge werden die Mittelpunkte C_0 auf c_{12} und D_0 auf d_{12} beliebig gewählt, und es ergibt sich somit das im Bild 4.5 dargestellte Viergelenkgetriebe $C_0 C_1 D_1 D_0$.

Werden in Umkehrung des zweiten Teiles der Aufgabenstellung die Mittelpunkte C_0 und D_0 in der Bezugsebene E_0 vorgegeben, dann sind die zugeordneten Anlenkpunkte C_1 und D_1 in E_1 gesucht. Die Lösung erfolgt auf der Grundlage einer Relativbetrachtung. Man denkt sich C_0 bzw. D_0 mit $E_2(\overline{A_2 B_2})$ fest verbunden und dreht E_2 nach $E_1(\overline{A_1 B_1})$ zurück. Dabei gelangen C_0 nach C_{02}^1 bzw. D_0 nach D_{02}^1, und zwar durch eine Drehung um den Pol P_{12} mit dem Ebenendrehwinkel $-\varphi_{12}$. Die Mittelsenkrechten $c_{12}^1 = \perp \overline{C_0 C_{02}^1}$ und $d_{12}^1 = \perp \overline{D_0 D_{02}^1}$ sind geometrische Orte, auf denen C_1 und D_1 beliebig gewählt werden können. Es gelten somit die Beziehungen:

$$C_1 = P_{12} + \nu_1(C_0 - P_{12})e^{-i\alpha_{12}},$$

$$D_1 = P_{12} + \nu_2(D_0 - P_{12})e^{-i\alpha_{12}}, \qquad (\nu_1, \nu_2 \to \text{reell, beliebig}).$$

An Hand der vorgegebenen zwei Ebenenlagen werden des weiteren drei Sonderfälle betrachtet. Im Bild 4.6 sind die gleichen Ebenenlagen einschließlich des Pols P_{12} dargestellt. Wird der Punkt C_0 auf c_{12} im Unendlichen gewählt (C_0^∞), so entsteht in Verbindung mit D_0 die Schubschwinge $D_0 D_1 C_1 C_0^\infty$. Das unendlich lange Getriebeglied $C_1 C_0^\infty$ wird dabei durch einen Gleitstein in C_1 ersetzt, dessen Schubrichtung s_C senkrecht zu $C_1 C_0^\infty$ verläuft. Der senkrechte Abstand des Kurbelpunktes D_0 von s_C heißt Exzentrizität der Schubschwinge.

Läßt man andererseits den Punkt D_1 auf d_{12}^1 ins Unendliche wandern (D_1^∞), dann ergibt sich die Kurbelschleife $C_0 C_1 D_1^\infty D_0$. Das unendlich lange Getriebeglied $D_0 D_1^\infty$ wird durch einen in D_0 drehbaren Gleitstein ersetzt, dessen Schleifgerade senkrecht zu $P_{12} D_1^\infty$ durch D_0 verläuft, s. Bild 4.6. Der senkrechte Abstand dieser Schleifgeraden vom Kurbelpunkt C_1 heißt Exzentrizität der Kurbelschleife.

4.1 Vorgabe von Ebenenlagen

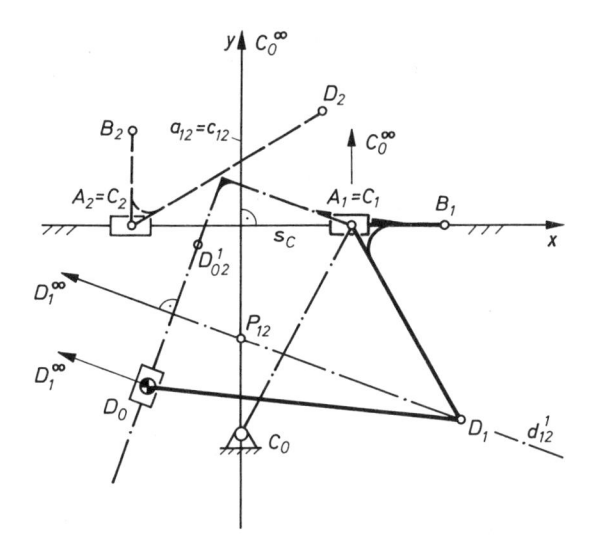

Bild 4.6: Realisierung zweier Ebenenlagen durch eine Schubkurbel $D_0 D_1 C_1 C_0^\infty$, eine Kurbelschleife $C_0 C_1 D_1^\infty D_0$ sowie eine Schubschleife $C_0^\infty C_1 D_1^\infty D_0$

Schließlich lassen sich die beiden Ebenenlagen auch durch eine Schubschleife $C_0^\infty C_1 D_1^\infty D_0$ realisieren. Dabei ist der Koppelpunkt B_1 mit der Schleife fest verbunden. Die Schleifgerade verläuft senkrecht zu $P_{12} D_1^\infty$ durch D_0, während der Punkt C_1 auf der Schubgeraden s_C wandert, s. Bild 4.6.

Sind die beiden Ebenenlagen E_1 und E_2 unendlich benachbart, so müssen in den Punkten A_1 bzw. B_1 die Tangenten t_A bzw. t_B bekannt sein, auf denen die infinitesimal benachbarten Punkte A_1, A_2 bzw. B_1, B_2 liegen [12]. Der Drehpol P_{12} geht sodann in den Momentanpol P_1 über, s. Bild 4.7.

Die Gleichungen der Tangenten in A_1 bzw. B_1 lauten:

$$[e^{i\alpha_1}, X - A_1] = 0,$$

$$[e^{i\beta_1}, X - B_1] = 0,$$

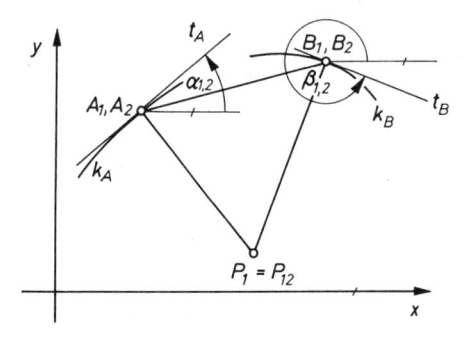

Bild 4.7: Drehpol gleich Momentanpol bei infinitesimal benachbarten Ebenenlagen

wobei $e^{i\alpha_1}$ und $e^{i\beta_1}$ die jeweiligen Richtungsfaktoren darstellen. Für die Normalen in diesen Punkten gelten unter Anwendung des inneren Produktes die Beziehungen:

$$(e^{i\alpha_1}, Y - A_1) = 0,$$

$$(e^{i\beta_1}, Y - B_1) = 0$$

bzw.

$$(e^{i\alpha_1}, Y) = (e^{i\alpha_1}, A_1) = a = (A, A_1),$$

$$(e^{i\beta_1}, Y) = (e^{i\beta_1}, B_1) = b = (B, B_1).$$

In diesem Falle wird der Schnittpunkt der Normalen wie folgt berechnet:

$$P_1 = i\frac{\begin{vmatrix} A & B \\ a & b \end{vmatrix}}{[A, B]} = i\frac{\begin{vmatrix} e^{i\alpha_1} & e^{i\beta_1} \\ (e^{i\alpha_1}, A_1) & (e^{i\beta_1}, B_1) \end{vmatrix}}{[e^{i\alpha_1}, e^{i\beta_1}]}. \tag{4.15}$$

Demzufolge ergeben sich für die homogenen Minimalkoordinaten des Momentanpoles $P_1 = P_{12}$ die folgenden Beziehungen:

$$\left.\begin{aligned} P_1^0 &= [e^{i\alpha_1}, e^{i\beta_1}] = \sin(\beta_1 - \alpha_1), \\ P_1 &= i\left(e^{i\alpha_1}(e^{i\beta_1}, B_1) - e^{i\beta_1}(e^{i\alpha_1}, A_1)\right), \\ \overline{P}_1 &= -i\left(e^{-i\alpha_1}(e^{i\beta_1}, B_1) - e^{-i\beta_1}(e^{i\alpha_1}, A_1)\right). \end{aligned}\right\} \tag{4.16}$$

4.1.2 Drei Ebenenlagen

Zu den beiden Lagen E_1 und E_2 der Ebene E soll eine dritte Lage hinzugenommen werden. Die drei Lagen der Ebene E werden durch die Strecken $\overline{A_1B_1}$, $\overline{A_2B_2}$, $\overline{A_3B_3}$ bestimmt, und zwar unter der Bedingung $\overline{A_jB_j} = const$ $(j = 1, 2, 3)$. Ebenso ist die Lagenvorgabe durch $(A_1; \beta_1)$, $(A_2; \beta_2)$ und $(A_3; \beta_3)$ möglich. Die Mittelsenkrechten auf $\overline{A_1A_2}$ und $\overline{B_1B_2}$ schneiden sich in P_{12}. In analoger Weise ergeben sich die Pole P_{13} und P_{23}. Die rechnerische Ermittlung der drei Pole P_{12}, P_{13} und P_{23} erfolgt nach den Gleichungen (4.11) und (4.12).

Poldreieck und Grundpunkt

Die drei Pole $P_{12}P_{13}P_{23}$ bilden das *Poldreieck* $\triangle_{123}$ der Lagen E_1, E_2, E_3, s. Bild 4.8. Nach Konstruktion liegen A_1 und A_2 auf einem Kreis um k_{12} um P_{12}, A_1 und A_3 auf einem Kreis k_{13} um P_{13} sowie A_2 und A_3 auf einem Kreis k_{23} um P_{23}. Die drei Kreise k_{12}, k_{13} und k_{23} schneiden sich in einem Punkt, dem sog. *Grundpunkt* A_{123}. Durch Spiegelung dieses Grundpunktes an den Poldreieckseiten ergeben sich die sog. homologen Punkte A_1, A_2 und A_3.

Der Grundpunkt A_{123} ist der Symmetriepunkt zu A_1 bezüglich der Polgeraden $P_{12}P_{13}$ (die Eins ist gemeinsam), zu A_2 gegenüber der Polgeraden $P_{12}P_{23}$ (die Zwei ist gemeinsam), und zu A_3 bezüglich der Polgeraden $P_{13}P_{23}$ (die Drei ist gemeinsam). Das gilt in entsprechender Weise für beliebige Grundpunkte der Bezugsebene, z.B. für B_{123}. Durch Spiegelung von B_{123} an den drei Polgeraden ergeben sich die homologen Punkte B_1, B_2 und B_3.

4.1 Vorgabe von Ebenenlagen

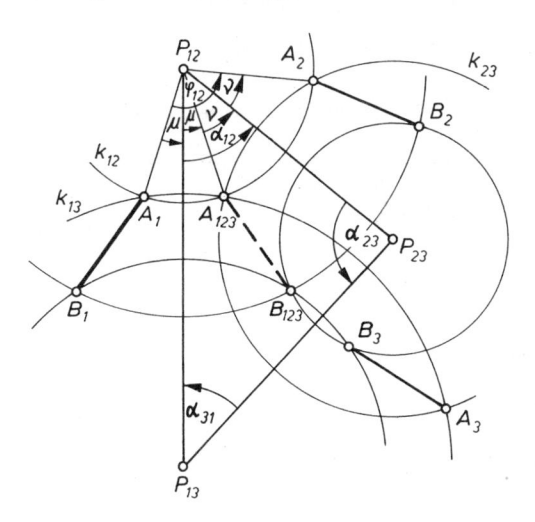

Bild 4.8: Poldreieck und Grundpunkte A_{123} bzw. B_{123} bei drei vorgegebenen Ebenenlagen $\overline{A_1B_1}$, $\overline{A_2B_2}$, $\overline{A_3B_3}$

Diese Gesetzmäßigkeit soll für die Punkte A_1 und A_2 hinsichtlich des Grundpunktes A_{123} bewiesen werden. Auf Grund der Konstruktion (Bild 4.8) gilt

$$\sphericalangle A_1 P_{12} A_2 = 2\mu + 2\nu = \varphi_{12}.$$

Der Poldreieckswinkel α_{12} ergibt sich zu:

$$\left.\begin{array}{rl}\sphericalangle P_{13}P_{12}P_{23} = \alpha_{12} &= \mu + \nu, \\ \alpha_{12} &= \tfrac{1}{2}\varphi_{12}.\end{array}\right\} \qquad (4.17)$$

Für den homologen Punkt A_2 gilt die Beziehung:

$$A_2 = P_{12} + (A_1 - P_{12})e^{i2\alpha_{12}}. \qquad (4.18)$$

Die homologen Punkte A_1 und A_2 liefern durch Spiegelung an den jeweiligen Poldreieckseiten den Grundpunkt A_{123}:

$$\left.\begin{array}{rl}A_{123} &= P_{12} + (A_1 - P_{12})e^{i2\mu}, \\ A_{123} &= P_{12} + (A_2 - P_{12})e^{-i2\nu}.\end{array}\right\} \qquad (4.19)$$

Zum Beweis wird (4.18) in (4.19) eingesetzt und liefert unter Berücksichtigung von (4.17):

$$A_{123} = P_{12} + (P_{12} + (A_1 - P_{12})e^{i2\alpha_{12}} - P_{12})e^{-i2\nu},$$
$$A_{123} = P_{12} + P_{12}e^{-i2\nu} + (A_1 - P_{12})e^{i2(\alpha_{12}-\nu)} - P_{12}e^{-i2\nu},$$
$$A_{123} = P_{12} + (A_1 - P_{12})e^{i2\mu},$$

d.h., der Grundpunkt A_{123} ergibt sich durch Spiegelung der homologen Punkte A_1 und A_2 an den entsprechenden Poldreieckseiten.

Für die homologen Punkte A_1 und A_3 bzw. A_2 und A_3 ist die analoge Beweisführung möglich, so daß der folgende Satz gilt:

Die Spiegelung des Grundpunktes A_{123} an den Poldreieckseiten liefert die homologen Punkte A_1, A_2 und A_3. Ihre Indizierung erfolgt entsprechend dem gemeinsamen Index der Pole der jeweiligen Poldreieckseite.

Entsprechend der Anordnung der Pole kann die mathematisch positive Umlaufrichtung des Poldreiecks $\triangle_{123}$ durch [1 2 3] (Bild 4.9a) bzw. des $\triangle_{132}$ durch [1 3 2] (Bild 4.9b) gekennzeichnet werden. Durch zyklische Vertauschung dieser Indizes ergibt sich die Beziehung für die Außenwinkel des jeweiligen Poldreiecks. Sie lautet für das Dreieck im Bild 4.9a:

$$\alpha_{12} + \alpha_{23} + \alpha_{31} = 2\pi. \tag{4.20}$$

Unter Beachtung von

$$\alpha_{jk} + \alpha_{kj} = \pi, \qquad j \neq k \in \{1,2,3;\, j \neq k\}, \tag{4.21}$$

ergibt sich für die Innenwinkel die Bezeichnung

$$\pi - \alpha_{21} + \pi - \alpha_{32} + \pi - \alpha_{13} = 2\pi,$$

$$\alpha_{21} + \alpha_{13} + \alpha_{32} = \pi, \tag{4.22}$$

wobei die Indizes (1 3 2) zyklisch vertauscht wurden. Analoge Beziehungen lassen sich für das andere Poldreieck (Bild 4.9b) angeben. Des weiteren gilt der folgende Lehrsatz:

Die Poldreieckswinkel entsprechen den halben Ebenendrehwinkeln in den jeweiligen Drehpolen.

Seine Richtigkeit wird für den Pol P_{12} und den Poldreieckswinkel $\alpha_{12} = \frac{1}{2}\varphi_{12}$ mit Hilfe der Gesetzmäßigkeiten in der GAUSSschen Zahlenebene bewiesen. Nach Bild 4.8 gilt:

$$[(P_{13} - P_{12})e^{i\alpha_{12}}, (P_{23} - P_{12})] = 0.$$

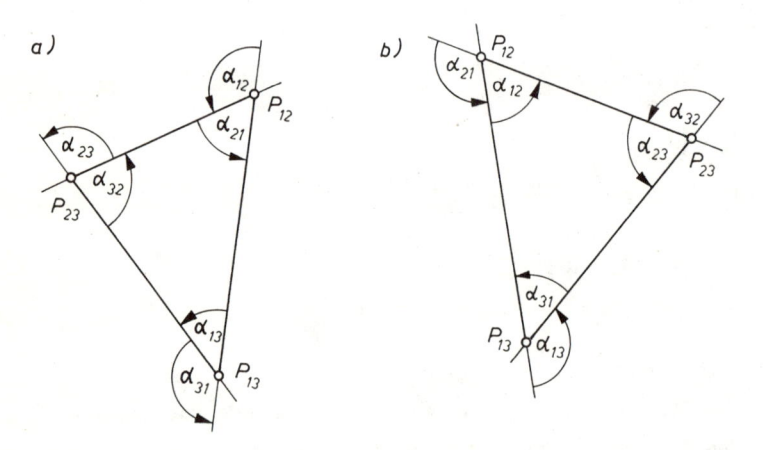

Bild 4.9: Poldreieck $P_{12}P_{13}P_{23}$ in zwei Varianten a) und b) mit zugehörigen Poldreieckswinkeln

4.1 Vorgabe von Ebenenlagen

Bei freier Wahl des Koordinatenursprungs ergibt sich für $P_{12} = 0$

$$[P_{13}e^{i\alpha_{12}}, P_{23}] = 0,$$

bzw. nach Einsetzen der Beziehungen für die Pole

$$\left[\frac{i}{2}\frac{A_3 e^{-i\alpha_{13}} - A_1 e^{i\alpha_{13}}}{\sin\alpha_{13}}e^{i\alpha_{12}}, \frac{i}{2}\frac{A_3 e^{-i\alpha_{23}} - A_2 e^{i\alpha_{23}}}{\sin\alpha_{23}}\right] = 0.$$

Das Poldreieck im Bild 4.8 hat die Orientierung [1 3 2]; mithin gilt bei zyklischer Vertauschung der Indizes (1 2 3):

$$\alpha_{12} + \alpha_{23} + \alpha_{31} = \pi,$$

$$\alpha_{23} = -(\alpha_{12} - \alpha_{13}), \qquad \alpha_{13} + \alpha_{31} = \pi.$$

Berücksichtigung dieser Beziehungen und Einsetzen von $A_2 = A_1 e^{i 2 \alpha_{12}}$ ergibt schließlich:

$$0 = \left[A_3 e^{i(\alpha_{12}-\alpha_{13})} - A_1 e^{i(\alpha_{12}+\alpha_{13})}, A_3 e^{i(\alpha_{12}-\alpha_{13})} - A_1 e^{i(\alpha_{12}+\alpha_{13})}\right].$$

Damit liegt der Beweis für $\alpha_{12} = \frac{1}{2}\varphi_{12}$ vor, der in entsprechender Weise verallgemeinert werden kann.

Kreispunkt und Mittelpunkt

Bei Vorgabe von drei Ebenenlagen $\overline{A_1 B_1}$, $\overline{A_2 B_2}$ und $\overline{A_3 B_3}$ lassen sich für jeden Punkt X_1 der Ebene E_1 die homologen Punkte X_2 in E_2 und X_3 in E_3 durch die folgende Relation ermitteln:

$$\triangle A_1 B_1 X_1 \cong \triangle A_2 B_2 X_2 \cong \triangle A_3 B_3 X_3. \tag{4.23}$$

Drei homologe Punkte, z.B. X_1, X_2, X_3, liegen aber stets auf einem Kreis um den Mittelpunkt X_0, der dem Bezugssystem E_0 angehört. Im Bild 4.10 seien die beiden Pole P_{12} und P_{13} sowie der Kreispunkt X_1 gegeben. Nach Bild 4.5 schließt der geometrische Ort d_{12} für den Mittelpunkt D_0 mit der Verbindungsgeraden $P_{12}D_1$ den Winkel α_{12} ein. In Erweiterung dieser Konstruktion werden im Bild 4.10 die Verbindungsgeraden $P_{12}X_1$ bzw. $P_{13}X_1$ in den entsprechenden Polen um die Winkel α_{12} bzw. α_{13} gedreht. Sie schneiden sich in dem zugeordneten Mittelpunkt X_0 [199].

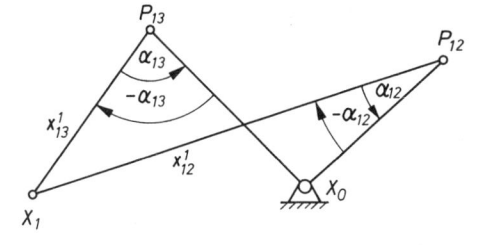

Bild 4.10: Beziehungen zwischen Mittelpunkt X_0 und Kreispunkt X_1 hinsichtlich der Pole P_{12} und P_{13}

Diese Überlegung läßt sich analytisch wie folgt formulieren:

$$0 = [X_0 - P_{12}, (X_1 - P_{12})e^{i\alpha_{12}}],$$

$$0 = [X_0 - P_{13}, (X_1 - P_{13})e^{i\alpha_{13}}].$$

Die Auflösung der äußeren Produkte ergibt:

$$\left.\begin{array}{rcl} [X_0, (X_1 - P_{12})e^{i\alpha_{12}}] & = & [P_{12}, (X_1 - P_{12})e^{i\alpha_{12}}], \\ [X_0, (X_1 - P_{13})e^{i\alpha_{13}}] & = & [P_{13}, (X_1 - P_{13})e^{i\alpha_{13}}] \end{array}\right\} \quad (4.24)$$

bzw.

$$\left.\begin{array}{rcl} [A, X_0] & = & [A, P_{12}] = a, \\ [B, X_0] & = & [A, P_{13}] = b. \end{array}\right\} \quad (4.25)$$

Hierin bedeuten:

$$\left.\begin{array}{rcl} A & = & (X_1 - P_{12})e^{i\alpha_{12}}, \\ B & = & (X_1 - P_{13})e^{i\alpha_{13}}. \end{array}\right\} \quad (4.26)$$

Aus dem linearen Gleichungssystem (4.25) ergibt sich unter Einbeziehung von (4.26) X_0 zu:

$$X_0 = -\frac{\begin{vmatrix} A & B \\ a & b \end{vmatrix}}{[A, B]} = \frac{aB - bA}{[A, B]}. \quad (4.27)$$

Eine weitere Möglichkeit zur rechnerischen Ermittlung von X_0 entsprechend Bild 4.10 geht von den folgenden Beziehungen aus:

$$\left.\begin{array}{rcl} X_0 & = & P_{12} + \nu_0(X_1 - P_{12})e^{i\alpha_{12}}, \\ X_0 & = & P_{13} + \mu_0(X_1 - P_{13})e^{i\alpha_{13}}. \end{array}\right\} \quad (4.28)$$

Aus (4.28) ergibt sich:

$$\nu_0(X_1 - P_{12})e^{i\alpha_{12}} = P_{13} - P_{12} + \mu_0(X_1 - P_{13})e^{i\alpha_{13}}$$

und durch äußere Multiplikation mit dem Faktor $(X_1 - P_{13})e^{i\alpha_{13}}$

$$[\nu_0(X_1 - P_{12})e^{i\alpha_{12}}, (X_1 - P_{13})e^{i\alpha_{13}}] = [P_{13} - P_{12}, (X_1 - P_{13})e^{i\alpha_{13}}]$$

bzw.

$$\nu_0 = \frac{[P_{13} - P_{12}, (X_1 - P_{13})e^{i\alpha_{13}}]}{[(X_1 - P_{12})e^{i\alpha_{12}}, (X_1 - P_{13})e^{i\alpha_{13}}]}. \quad (4.29)$$

In analoger Weise erhält man:

$$[P_{12} - P_{13}, (X_1 - P_{12})e^{i\alpha_{12}}] = [\mu_0(X_1 - P_{13})e^{i\alpha_{13}}, (X_1 - P_{12})e^{i\alpha_{12}}],$$

$$\mu_0 = \frac{[P_{12} - P_{13}, (X_1 - P_{12})e^{i\alpha_{12}}]}{[(X_1 - P_{13})e^{i\alpha_{13}}, (X_1 - P_{12})e^{i\alpha_{12}}]}. \quad (4.30)$$

4.1 Vorgabe von Ebenenlagen

Ist in Umkehrung der Aufgabenstellung der Mittelpunkt X_0 im Bezugssystem gegeben und der Kreispunkt X_1 gesucht, so wird X_0 mit den Polen P_{12} und P_{13} verbunden. Werden diese Geraden um P_{12} bzw. P_{13} um den Winkel $-\alpha_{12}$ bzw. $-\alpha_{13}$ gedreht, so entsteht als Schnittpunkt der Geraden x_{12}^1 und x_{13}^1 der gesuchte Kreispunkt X_1. Er läßt sich nach den Gleichungen:

$$\left.\begin{aligned} X_1 &= P_{12} + \nu_1(X_0 - P_{12})\mathrm{e}^{-i\alpha_{12}}, \\ X_1 &= P_{13} + \mu_1(X_0 - P_{13})\mathrm{e}^{-i\alpha_{13}} \end{aligned}\right\} \qquad (4.31)$$

ermitteln. Aus (4.31) folgen durch Gleichsetzen sowie Anwendung der äußeren Multiplikation die Faktoren:

$$\left.\begin{aligned} \nu_1 &= \frac{[P_{13}-P_{12},(X_0-P_{13})\mathrm{e}^{-i\alpha_{13}}]}{[(X_0-P_{12})\mathrm{e}^{-i\alpha_{12}},(X_0-P_{13})\mathrm{e}^{-i\alpha_{13}}]}, \\ \mu_1 &= \frac{[P_{12}-P_{13},(X_0-P_{12})\mathrm{e}^{-i\alpha_{12}}]}{[(X_0-P_{13})\mathrm{e}^{-i\alpha_{13}},(X_0-P_{12})\mathrm{e}^{i\alpha_{12}}]}. \end{aligned}\right\} \qquad (4.32)$$

Im folgenden wird die Gesamtproblematik am Poldreieck betrachtet, s. Bild 4.11. Die Konstruktion der homologen Punkte X_1, X_2, X_3 erfolgt bei vorgegebenem Mittelpunkt X_0 in folgender Weise:

$$X_0 \longrightarrow X_1: \qquad P_{12}, P_{13}, \qquad -\alpha_{12}, -\alpha_{13},$$

d.h., X_0 wird mit den Polen verbunden, bei denen die 1 gemeinsam ist. Ausgehend von den Geraden X_0P_{12} bzw. X_0P_{13} werden die Winkel $-\alpha_{12}$ in P_{12} sowie $-\alpha_{13}$ in P_{13} angetragen. Ihre freien Schenkel schneiden sich in X_1. Ebenso werden die übrigen homologen Punkte konstruiert, s. Bild 4.11:

$$X_0 \longrightarrow X_2: \qquad P_{12}, P_{23}, \qquad -\alpha_{21}, -\alpha_{23},$$

$$X_0 \longrightarrow X_3: \qquad P_{13}, P_{23}, \qquad -\alpha_{31}, -\alpha_{32}.$$

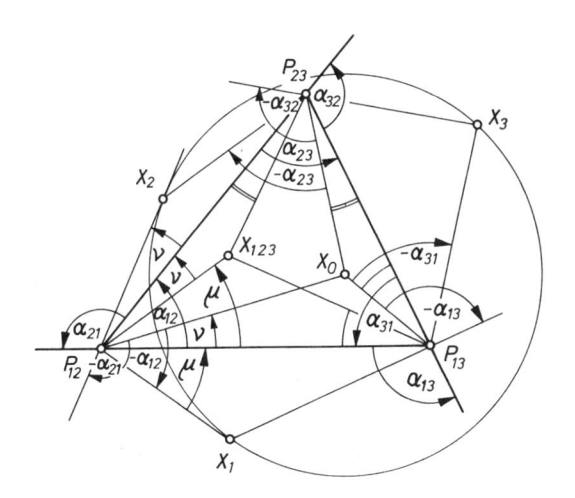

Bild 4.11: Beziehungen zwischen Mittelpunkt X_0 und Grundpunkt X_{123} am Poldreieck

Die Berechnung der homologen Punkte X_2 und X_3 erfolgt durch Verallgemeinerung der Beziehungen (4.31) und (4.32):

$$\left.\begin{aligned}
X_j &= P_{jk} + \nu_j(X_0 - P_{jk})\mathrm{e}^{-i\alpha_{jk}}, \\
X_j &= P_{jl} + \mu_j(X_0 - P_{jl})\mathrm{e}^{-i\alpha_{jl}}, \\
\nu_j &= \frac{[P_{jl} - P_{jk}, (X_0 - P_{jl})\mathrm{e}^{-i\alpha_{jl}}]}{[(X_0 - P_{jk})\mathrm{e}^{-i\alpha_{jk}}, (X_0 - P_{jl})\mathrm{e}^{-i\alpha_{jl}}]}, \\
\mu_j &= \frac{[P_{jk} - P_{jl}, (X_0 - P_{jk})\mathrm{e}^{-i\alpha_{jk}}]}{[(X_0 - P_{jl})\mathrm{e}^{-i\alpha_{jl}}, (X_0 - P_{jk})\mathrm{e}^{i\alpha_{jk}}]}.
\end{aligned}\right\} \quad (4.33)$$

Dabei gilt:

$$\left.\begin{aligned}
(j\,k\,l) &\in \{(1\,2\,3),(2\,3\,1),(3\,1\,2)\}, \\
P_{jk} &= P_{kj}, \quad P_{jl} = P_{lj}, \quad P_{kl} = P_{lk}.
\end{aligned}\right\} \quad (4.34)$$

Hinsichtlich der Poldreieckswinkel α_{jk} sind größte Sorgfalt zu wahren und die Gleichungen (4.20) bis (4.22) zu beachten. Die Konstruktion der homologen Punkte nach Bild 4.11 garantiert, daß X_0 stets auf der Mittelsenkrechten zweier homologer Punkte liegt. So gilt z.B. für die homologen Punkte X_1 und X_2:

$$\sphericalangle X_1 P_{12} X_2 = 2\alpha_{12} = \varphi_{12},$$

$$\sphericalangle X_1 P_{12} X_0 = \alpha_{12}.$$

Das analoge läßt sich für X_2 und X_3 bzw. X_1 und X_3 aus Bild 4.11 sofort ablesen. Des weiteren ist aus dieser Abbildung zu erkennen, daß die Spiegelung von X_1 an der Polgeraden $P_{12}P_{13}$, von X_2 an $P_{12}P_{23}$ und von X_3 an $P_{13}P_{23}$ exakt den Grundpunkt X_{123} ergibt.

Aus geometrischer Sicht lassen sich zwischen X_0 und X_{123} folgende Relationen hinsichtlich der benachbarten Polgeraden durch P_{12} aufstellen:

$$\left.\begin{aligned}
\sphericalangle X_{123}P_{12}P_{23} &= \nu, \\
\sphericalangle P_{13}P_{12}P_{23} &= \alpha_{12} = \mu + \nu, \\
\sphericalangle X_0 P_{12} X_1 &= -\alpha_{12}, \\
\sphericalangle X_0 P_{12} P_{13} &= -\alpha_{12} + \mu = -\nu.
\end{aligned}\right\} \quad (4.35)$$

Analoge Winkelbeziehungen existieren auch hinsichtlich der benachbarten Polgeraden durch P_{13} bzw. P_{23}, so daß sich der folgende Lehrsatz ergibt:

Die Verbindungslinien des Mittelpunktes X_0 und des Grundpunktes X_{123} mit den Polen eines Poldreiecks schließen jeweils mit den benachbarten Poldreieckseiten entgegengesetzt gleiche Winkel ein.

Diese Gesetzmäßigkeit ermöglicht die Konstruktion des Grundpunktes und damit der homologen Punkte in drei Lagen einer bewegten Ebene E, wenn der diesbezügliche Mittelpunkt im Bezugssystem E_0 vorgeschrieben wird. Zwischen dem Grundpunkt X_{123} und dem Mittelpunkt X_0 besteht eine *involutorische quadratische Verwandtschaft*, die als *isogonale Inversion am Poldreieck* bezeichnet wird [20, 67].

4.1 Vorgabe von Ebenenlagen

An Hand eines Beispieles werden diese Gesetzmäßigkeiten demonstriert. Im Bild 4.12 sind drei Lagen $\overline{A_1B_1}$, $\overline{A_2B_2}$, $\overline{A_3B_3}$ einer bewegten Ebene vorgegeben. Sie sollen durch ein Viergelenkgetriebe mit den im Maschinengestell festgelegten Drehpunkten C_0 und D_0 realisiert werden. Die Schnittpunkte der Mittelsenkrechten auf $\overline{A_1A_2}$, $\overline{B_1B_2}$ bzw. $\overline{A_1A_3}$, $\overline{B_1B_3}$ bzw. $\overline{A_2A_3}$, $\overline{B_2B_3}$ bestimmen das Poldreieck $P_{12}P_{13}P_{23}$. C_0 ist mit zwei Polen, etwa P_{12} und P_{13}, zu verbinden. Die Winkel, die diese Verbindungsgeraden mit $P_{12}P_{23}$ bzw. $P_{13}P_{23}$ einschließen, werden an der benachbarten Poldreieckseite im Gegensinne angetragen, und der Schnittpunkt ihrer freien Schenkel ist der Grundpunkt C_{123}. Die homologen Punkte C_1, C_2, C_3 sind die Symmetriepunkte von C_{123} bezüglich der Polgeraden $P_{12}P_{13}$, $P_{12}P_{23}$ und $P_{13}P_{23}$. In analoger Weise wird D_0 mit zwei Polen, z.B. P_{13} und P_{23}, verbunden und der Grundpunkt D_{123} ermittelt. Die Spiegelung von D_{123} an den Polgeraden liefert die homologen Punkte D_1, D_2, D_3. Das ermittelte Gelenkviereck $C_0C_1D_1D_0$ ist in der Stellung 1 gezeichnet und arbeitet als Kurbelschwinge. Die Ebenenlage $\overline{A_1B_1}$ ist starr mit der Koppel $\overline{C_1D_1}$ des Getriebes verbunden. Wird die Antriebskurbel $\overline{C_0C_1}$ in die Stellungen $\overline{C_0C_2}$ und $\overline{C_0C_3}$ bewegt, so gelangt die Lage $\overline{A_1B_1}$ in die vorgeschriebenen Lagen $\overline{A_2B_2}$ und $\overline{A_3B_3}$.

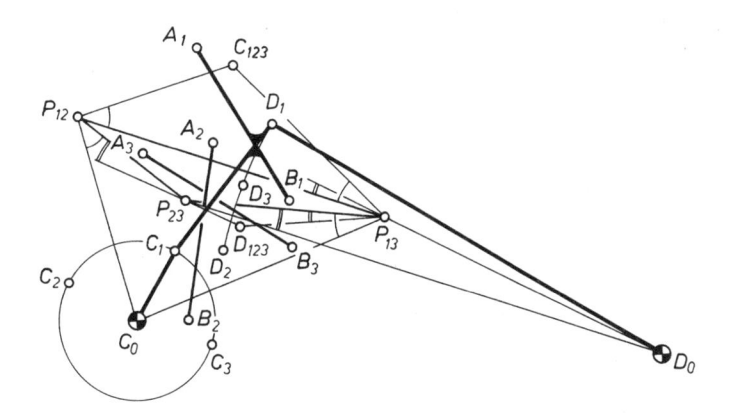

Bild 4.12: Realisierung dreier Ebenenlagen durch das Gelenkviereck C_0CDD_0

Mittelpunkt im Unendlichen

Drei Lagen einer bewegten Ebene seien durch das Poldreieck $P_{12}P_{13}P_{23}$ definiert. Die zu einem unendlich fernen Mittelpunkt X_0^∞ gehörigen homologen Punkte X_1, X_2, X_3 sind gesucht, s. Bild 4.13. In diesem Falle wird der Radius unendlich groß, so daß in Gleichung (4.29) der Nenner gleich Null werden muß:

$$[(X_1 - P_{12})e^{i\alpha_{12}}, (X_1 - P_{13})e^{i\alpha_{13}}] = 0$$

bzw.

$$[(X_1 - P_{12})e^{i(\alpha_{12}-\alpha_{13})}, (X_1 - P_{13})] = 0.$$

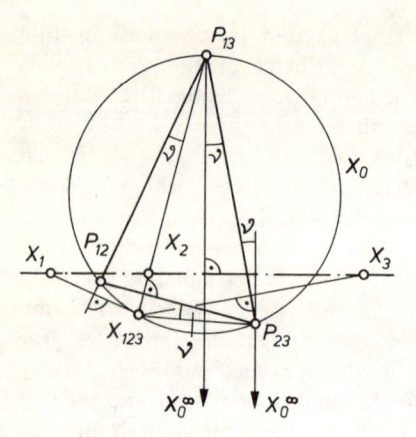

Bild 4.13: Beziehungen zwischen unendlich fernem Mittelpunkt X_0^∞ und zugehörigem Grundpunkt X_{123}

Das im Bild 4.14 dargestellte Poldreieck hat die Orientierung [1 3 2]. Zur Bestimmung der Innenwinkel werden nach (4.20) bis (4.23) die Indizes (1 2 3) zyklisch vertauscht. Dadurch ergeben sich die Relationen:

$$\alpha_{12} + \alpha_{23} + \alpha_{31} = \pi,$$

$$\alpha_{12} + \alpha_{23} + \pi - \alpha_{13} = \pi,$$

$$\alpha_{12} - \alpha_{13} = -\alpha_{23}$$

und somit

$$[(X_1 - P_{12})\mathrm{e}^{-i\alpha_{23}}, (X_1 - P_{13})] = 0. \tag{4.36}$$

Die Beziehung (4.36) stellt aber die Gleichung eines Kreises x_1 durch die Pole P_{12} und P_{13} dar mit dem Peripheriewinkel $-\alpha_{23}$. Denkt man sich nach Bild 4.14 das Poldreieck $P_{12}P_{13}P_{23}$ an der Poldreieckseite $P_{12}P_{13}$ gespiegelt, so entsteht der Spiegelpol P_{23}^1 mit dem dazugehörigen Winkel $-\alpha_{23}$ im Spiegelpoldreieck $P_{12}P_{13}P_{23}^1$. Der homologe Punkt X_1 liegt somit auf dem Umkreis x_1 des Spiegelpoldreieckes in der Lage E_1. Mithin gilt der folgende Lehrsatz:

Der geometrische Ort aller Punkte in der Ebenenlage E_1, die mit ihren drei homologen Punkten auf einer Geraden liegen, ist der Umkreis des Spiegelpoldreieckes $P_{12}P_{13}P_{23}^1$.

Diese Gesetzmäßigkeit läßt sich in analoger Weise auf den Umkreis x_2 des Spiegelpoldreieckes $P_{12}P_{23}P_{13}^2$ sowie den Umkreis x_3 des Spiegelpoldreieckes $P_{13}P_{23}P_{12}^3$ übertragen. Des weiteren sind die Geraden $P_{12}P_{12}^3$, $P_{13}P_{13}^2$, $P_{23}P_{23}^1$ die drei Höhen des Poldreieckes $P_{12}P_{13}P_{23}$ und schneiden sich daher in dem Höhenschnittpunkt H. Wird der Umkreis x_0 des Poldreieckes an den Poldreieckseiten $P_{12}P_{13}$, $P_{12}P_{23}$, $P_{13}P_{23}$ gespiegelt, so entstehen in gleicher Weise die Umkreise x_1, x_2, x_3 der Spiegelpoldreiecke, die sich in dem Höhenschnittpunkt H schneiden. Dies resultiert nach BEYER aus der Überlegung, daß sich die gleichen Peripheriewinkel δ der gleichgroßen Umkreise x_2 und x_3 auf die gleiche Sehne $\overline{HP_{23}}$ stützen, s. Bild 4.14, [13].

4.1 Vorgabe von Ebenenlagen

Die Forderung, daß die Schubgerade mit den homologen Punkten X_1, X_2, X_3 jeden Umkreis x_1, x_2, x_3 in zwei Punkten schneiden muß, führt somit deduktiv zu der Erkenntnis, daß sie durch den Höhenschnittpunkt H des Poldreieckes verläuft. Da auf dem Umkreis x_1 des Spiegelpoldreieckes $P_{12}P_{13}P_{23}^1$ alle Punkte gleichberechtigt sind, gilt der folgende Lehrsatz:

Der Höhenschnittpunkt H des Poldreieckes ist der Büschelpunkt für sämtliche Geraden, die drei homologe Punkte enthalten.

Die Schubrichtung für den Punkt X_1 auf x_1 verläuft somit durch H und schneidet die Umkreise x_2 und x_3 in den homologen Punkten X_2 und X_3.

Im folgenden sei die geometrische Betrachtung für einen unendlich fernen Mittelpunkt X_0^∞ aufgezeigt, s. Bild 4.13. Gefragt ist nach den homologen Punkten X_1, X_2, X_3, die auf einer Geraden senkrecht zu der Richtung nach X_0^∞ liegen. Zur Bestimmung des Grundpunktes X_{123} wird X_0^∞ beispielsweise mit P_{13} und P_{23} verbunden, und die Winkel, die diese Verbindungsgeraden mit der Polgeraden $P_{13}P_{23}$ einschließen, sind im Gegensinne an die benachbarten Polgeraden anzutragen. Im vorliegenden Falle sind die Winkel einander gleich und mit ν bezeichnet. Ihre freien Schenkel schneiden sich in X_{123}. Nach dieser Konstruktion stützen sich die Pole P_{13} und P_{23} mit gleichen Winkeln ν auf die Strecke $P_{12}X_{123}$, so daß der Grundpunkt X_{123} auf dem Umkreis x_0 des Poldreieckes liegt. Die Symmetriepunkte zu X_{123} bezüglich der drei Polgeraden sind die drei homologen Punkte X_1, X_2, X_3. Diese Gesetzmäßigkeit läßt sich in dem folgenden Lehrsatz zusammenfassen:

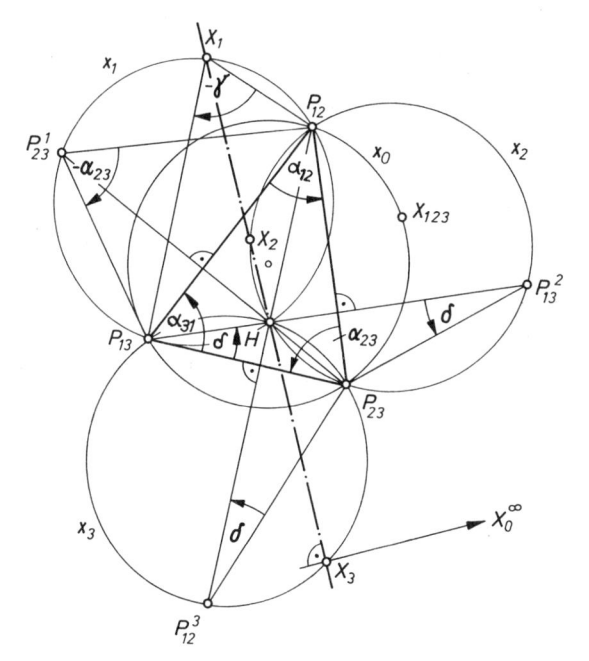

Bild 4.14: Höhenschnittpunkt H des Poldreiecks als Büschelpunkt für alle möglichen Schubrichtungen bei drei Ebenenlagen

Liegen drei homologe Punkte auf einer Geraden, dann liegt ihr zugehöriger Mittelpunkt unendlich fern, und der zugehörige Grundpunkt liegt auf dem Umkreis des Poldreieckes.

Anwendungsbeispiel Schubkurbel

Sollen drei Lagen $\overline{A_1B_1},\ldots,\overline{A_3B_3}$ einer bewegten Ebene durch ein Schubkurbelgetriebe verwirklicht werden, dann ist zu beachten, daß die Schubrichtung durch den Höhenschnittpunkt H des Poldreieckes verlaufen muß; die Richtung selber ist zunächst beliebig, s. Bild 4.15. Wird Punkt A als Kurbelanlenkpunkt benutzt, dann ist der Kurbeldrehpunkt A_0 als Mittelpunkt eines Kreises durch $A_1A_2A_3$ bekannt oder wird mit Hilfe des Grundpunktes A_{123} gefunden. Bei vorgeschriebener Versetzung e wird die Schubrichtung durch H im Abstande e von A_0 gezeichnet; damit liegt die Richtung nach D_0^∞ fest. Der Winkel, der von der Poldreieckseite $P_{12}P_{23}$ mit der Verbindungsgeraden $P_{23}D_0^\infty$ gebildet wird, ist im Gegensinne an $P_{13}P_{23}$ anzutragen, und der freie Schenkel bestimmt auf dem Umkreis x_0 des Poldreieckes den Grundpunkt D_{123}. Die Symmetriepunkte zu D_{123} bezüglich der Poldreieckseiten sind die Gleitsteingelenkpunkte $D_1D_2D_3$. Damit sind die Abmessungen eines Schubkurbelgetriebes, das die Lagen $\overline{A_1B_1}$, $\overline{A_2B_2}$, $\overline{A_3B_3}$ verwirklicht, festgelegt.

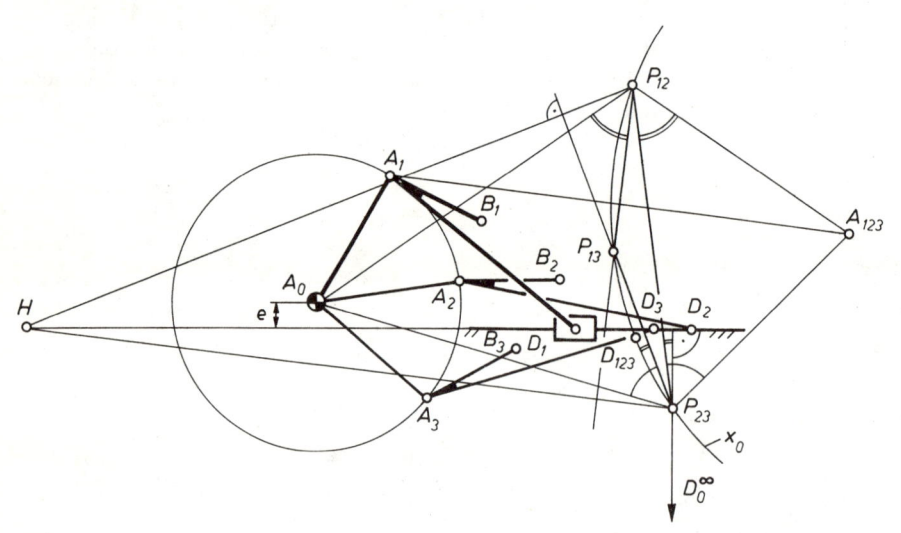

Bild 4.15: Realisierung dreier Ebenenlagen durch eine Schubkurbel

Kreispunkt im Unendlichen

Es seien wiederum drei Lagen einer bewegten Ebene E durch das Poldreieck $P_{12}P_{13}P_{23}$ vorgegeben. Für einen unendlich fernen Kreispunkt X_1^∞ in E_1 sei der zugehörige Mittelpunkt X_0 im Bezugssystem E_0 gesucht. Da auch hier der Radius unendlich groß wird, muß in Gleichung (4.32) der Nenner gleich Null werden, d.h.

$$[(X_0 - P_{12})\mathrm{e}^{-\mathrm{i}\alpha_{12}}, (X_0 - P_{13})\mathrm{e}^{-\mathrm{i}\alpha_{13}}] = 0,$$
$$[(X_0 - P_{12})\mathrm{e}^{-\mathrm{i}(\alpha_{12}-\alpha_{13})}, (X_0 - P_{13})] = 0$$

4.1 Vorgabe von Ebenenlagen

bzw. unter Berücksichtigung von (4.20) bis (4.22) gilt:

$$[(X_0 - P_{12})e^{i\alpha_{23}}, (X_0 - P_{13})] = 0. \tag{4.37}$$

Die Beziehung (4.37) stellt aber die Gleichung eines Kreises dar, der durch die Punkte $P_{12}P_{13}$ verläuft und den Peripheriewinkel α_{23} besitzt. Nach Bild 4.16 ist damit der Umkreis x_0 des Poldreieckes $P_{12}P_{13}P_{23}$ festgelegt. Zur Bestimmung von X_1^∞ wird X_0 mit P_{12} verbunden und der Winkel $-\alpha_{12}$ an der Verbindungslinie X_0P_{12} in P_{12} angetragen. In analoger Weise ergeben sich die Richtungen nach X_2^∞ und X_3^∞, s. Bild 4.17.

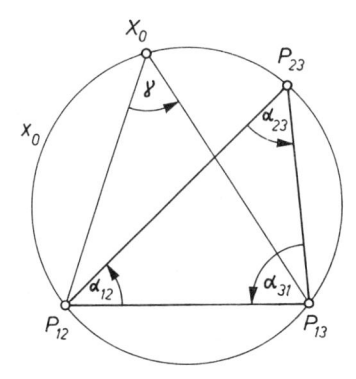

Bild 4.16: Umkreis x_0 des Poldreiecks als geometrischer Ort aller Mittelpunkte X_0, deren zugeordnete Kreispunkte im Unendlichen liegen

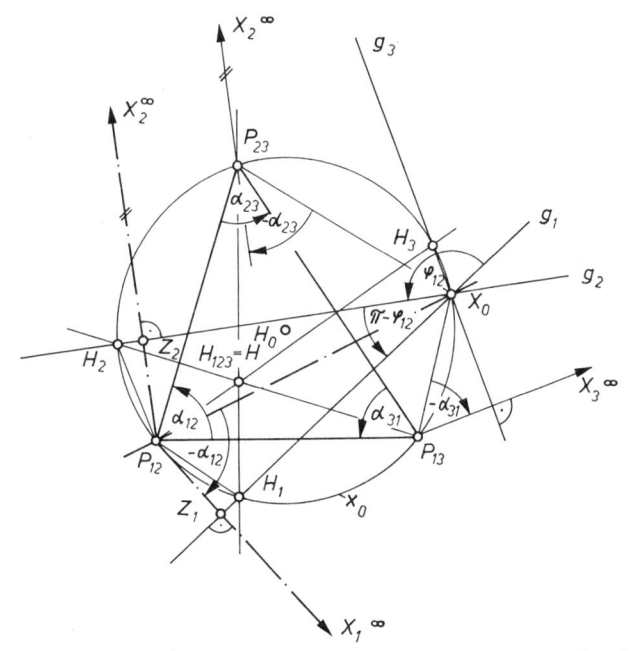

Bild 4.17: Konstruktion der homologen Schleifgeraden für einen Mittelpunkt X_0 auf dem Umkreis des Poldreieckes

Betrachtet man den Höhenschnittpunkt $H = H_{123}$ als Grundpunkt, so liegen seine homologen Punkte H_1, H_2, H_3 auf dem Umkreis x_0. Dies resultiert aus der Tatsache, daß sich die Umkreise x_1, x_2, x_3 in H schneiden. Wird nun ein beliebiger Punkt X_0 des Umkreises x_0 mit H_1, H_2, H_3 verbunden, so ergeben sich die homologen Geraden g_1, g_2, g_3 nach Bild 4.17. Hinsichtlich der Frage nach drei homologen Punkten auf einer Geraden liegt hier die *duale Fragestellung* nach *drei Geraden durch einen Punkt* vor [13].

In dem Sehnenviereck $H_1 P_{12} H_2 X_0$ gelten die Beziehungen:

$$\sphericalangle H_1 P_{12} H_2 = \varphi_{12},$$

$$\sphericalangle H_2 X_0 H_1 = \pi - \varphi_{12}.$$

Des weiteren ist

$$\sphericalangle X_0 P_{12} X_1^\infty = -\alpha_{12},$$

$$\sphericalangle X_1^\infty P_{12} X_2^\infty = \sphericalangle Z_1 P_{12} Z_2 = 2\alpha_{12} = \varphi_{12}.$$

Die Gerade $X_0 P_{12}$ ist somit die Halbierende des Winkels $Z_1 P_{12} Z_2$. Da $Z_1 P_{12} Z_2 X_0$ kein Sehnenviereck darstellt, müssen die gegenüberliegenden Winkel in Z_1 und Z_2 gleich $\pi/2$ sein:

$$\sphericalangle P_{12} Z_2 X_0 = \sphericalangle X_0 Z_1 P_{12} = \frac{\pi}{2}$$

bzw.

$$\sphericalangle X_1^\infty Z_1 X_0 = \sphericalangle X_0 Z_2 X_2^\infty = \frac{\pi}{2}.$$

Demzufolge gilt $g_1 \perp P_{12} X_1^\infty$ und $g_2 \perp P_{12} X_2^\infty$. Ebenso läßt sich $g_3 \perp P_{13} X_3^\infty$ nachweisen. Ein Punktepaar $X_0 X_1^\infty$ kann daher durch einen in X_0 drehbar gelagerten Gleitstein ersetzt werden, dessen Schleifgerade g_1 durch H_1 verläuft und somit senkrecht zur Richtung $X_0 X_1^\infty$ steht. Zu den homologen Punkten X_2^∞, X_3^∞ gehören die Schleifgeraden g_2 durch H_2 und g_3 durch H_3 in den Ebenenlagen E_2 und E_3. Daraus resultiert der folgende Lehrsatz:

> *Liegen drei homologe Punkte unendlich fern, dann befindet sich ihr zugehöriger Mittelpunkt auf dem Umkreis des Poldreiecks und die zugehörigen Schleifgeraden verlaufen durch die Spiegelpunkte des Höhenschnittpunktes H des Poldreiecks.*

Anwendungsbeispiel Kurbelschleife

Drei Ebenenlagen $\overline{A_1 B_1}, \ldots, \overline{A_3 B_3}$ seien vorgegeben und durch eine Kurbelschleife zu realisieren, s. Bild 4.18. Zunächst wird das Poldreieck $P_{12} P_{13} P_{23}$ sowie sein Umkreis x_0 zeichnerisch oder rechnerisch ermittelt. Die Spiegelung des Höhenschnittpunktes H an den Poldreiecksseiten liefert die Symmetriepunkte H_1, H_2, H_3. Auf x_0 wird ein Mittelpunkt S_0 beliebig gewählt. Die Verbindung von S_0 mit H_1, H_2 und H_3 ergibt die zugehörigen Schleifgeraden. Dadurch sind auch die Richtungen nach S_1^∞, S_2^∞ und S_3^∞ festgelegt. Als Kurbelgelenkpunkt soll A_1 benutzt werden, so daß sich A_0 als Schnittpunkt der Mittelsenkrechten auf $\overline{A_1 A_2}$ und $\overline{A_2 A_3}$ oder über den Grundpunkt A_{123} bestimmen läßt. Im Bild 4.18 ist die Kurbelschleife $A_0 A_1 S_1^\infty S_0$ in der Stellung 1

4.1 Vorgabe von Ebenenlagen 165

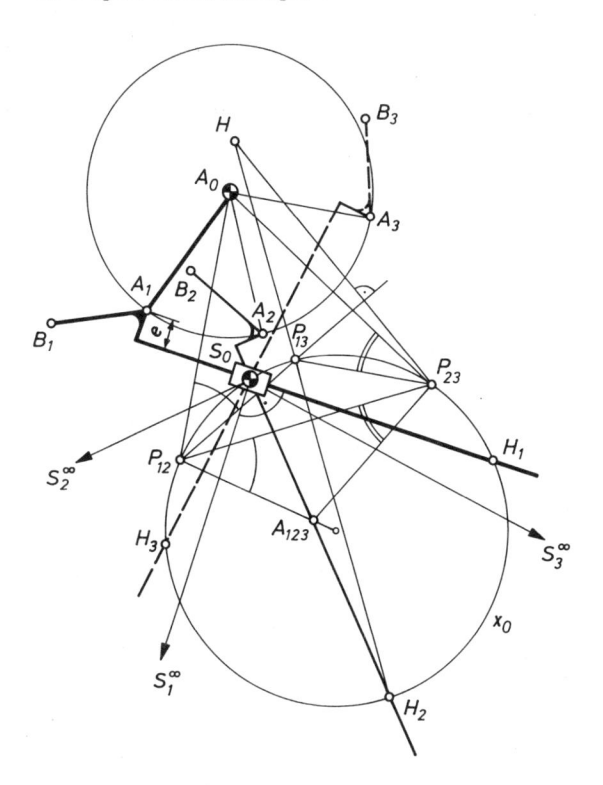

Bild 4.18: Realisierung dreier Ebenenlagen durch eine Kurbelschleife

besonders hervorgehoben. Der Abstand des Punktes A_1 von der Schleifgeraden S_0H_1 wird als Exzentrizität oder Versetzung e der Kurbelschleife bezeichnet. Ist umgekehrt eine bestimmte Größe e vorgegeben, dann ist S_0 auf dem Umkreis x_0 eindeutig bestimmt.

Anwendungsbeispiel Schubschleife

Wird ein Gelenkpunkt nicht auf einem Kreis, sondern auf einer Geraden geführt und liegt der zweite Gelenkpunkt auf der Ferngeraden der bewegten Ebene, dann entsteht als Getriebe zur Realisierung der Ebenenlagen $\overline{A_1B_1}, \overline{A_2B_2}, \overline{A_3B_3}$ eine Schubschleife, s. Bild 4.19. Nach Konstruktion des Poldreiecks wird der Höhenschnittpunkt H ermittelt und an den Poldreiecksseiten gespiegelt. Dadurch ergeben sich die Symmetriepunkte H_1, H_2, H_3 auf dem Umkreis x_0 des Poldreiecks. Bei gewähltem Mittelpunkt S_0 auf x_0 sind die Schleifgeraden sowie die homologen Fernpunkte S_1^∞, S_2^∞ und S_3^∞ entsprechend Bild 4.18 festgelegt.

Die homologen Punkte D_1, D_2, D_3 der bewegten Ebene liegen auf einer Geraden durch den Höhenschnittpunkt H des Poldreiecks $P_{12}P_{13}P_{23}$. Die Schubrichtung durch H kann gewählt werden. Damit liegt die Richtung nach D_0^∞ fest. Wird der Winkel, den die Verbindungsgerade $P_{12}D_0^\infty$ mit der Poldreieckseite $P_{12}P_{13}$ einschließt, an der benachbarten Poldreieckseite im Gegensinn angetragen, so schneidet sein freier Schenkel den Umkreis x_0 im Grundpunkt D_{123}. Die Symmetriepunkte zu D_{123} hinsichtlich

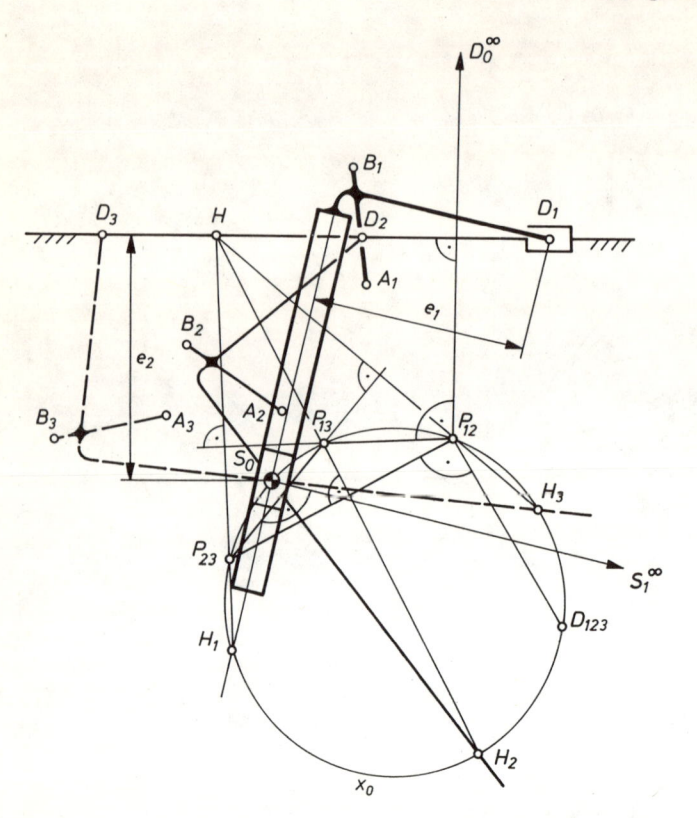

Bild 4.19: Realisierung dreier Ebenenlagen durch eine Schubschleife

der Polgeraden sind die Gelenkpunkte auf der gewählten Schubgeraden. Die Schubschleife $S_0 S_1^\infty D_1 D_0^\infty$ ist in der Lage 1 besonders hervorgehoben und bewegt die Ebene $\overline{AB}$ durch die Lagen $\overline{A_1 B_1}, \overline{A_2 B_2}, \overline{A_3 B_3}$.

4.1.3 Vier Ebenenlagen und die Mittelpunktkurve

Werden vier Lagen $\overline{A_1 B_1}, \ldots, \overline{A_4 B_4}$ einer Ebene, d.h. eines bewegten Getriebegliedes, vorgeschrieben, so ergeben sich als Schnittpunkte der Mittelsenkrechten auf $\overline{A_j A_k}$ und $\overline{B_j B_k}$ bei $j < k$ und $j, k \in \{1, 2, 3, 4\}$ die folgenden sechs Pole:

$P_{12}, P_{13}, P_{14}, P_{23}, P_{24}, P_{34},$

die insgesamt vier Poldreiecke

$\triangle P_{12} P_{13} P_{23}, \quad \triangle P_{12} P_{14} P_{24}, \quad \triangle P_{13} P_{14} P_{34}, \quad \triangle P_{23} P_{24} P_{34}$

festlegen, s. Bild 4.20 sowie [20, 11]. Dabei ist jeder Pol in zwei Poldreiecken verankert. Die rechnerische Ermittlung der Pole P_{jk} einschließlich der Ebenendrehwinkel und Poldreieckswinkel erfolgt nach den Gleichungen (4.10) bis (4.12) unter Berücksichtigung von (4.20) bis (4.22).

4.1 Vorgabe von Ebenenlagen

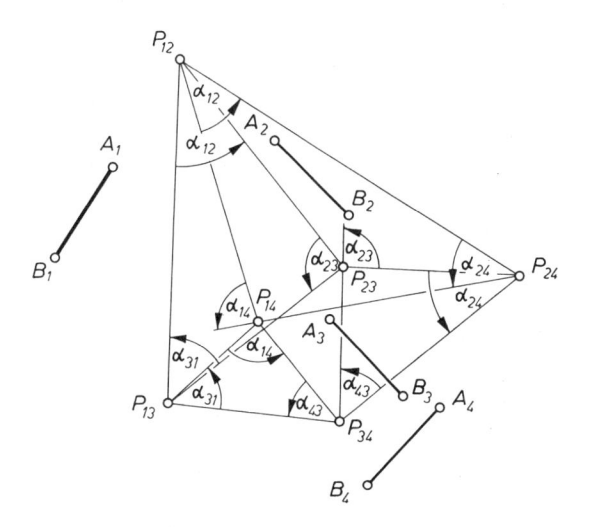

Bild 4.20: Vier Lagen einer bewegten Ebene und sechs Drehpole

Bei drei Ebenenlagen ist entsprechend Bild 4.10 jedem Mittelpunkt X_0 des Bezugssystems E_0 ein Kreispunkt X_1 in E_1 zugeordnet, der mit seinen homologen Punkten X_2 und X_3 auf einem Kreis um X_0 liegt. Wird die Konstruktion des Bildes 4.10 bei vier Ebenenlagen für einen beliebig gewählten Punkt X_0 der Ebene E_0 durchgeführt, so schneiden sich die Geraden $x_{12}^1, x_{13}^1, x_{14}^1$ nicht in einem Punkt. Es erhebt sich daher die Frage nach jenen Punkten X_0 in E_0, für die sich die Geraden x_{12}^1, x_{13}^1 und x_{14}^1 in einem Kreispunkt X_1 der Ebene E_1 schneiden. Für eine solche Konfiguration müssen nach Bild 4.21 folgende Bedingungsgleichungen eingehalten werden [198]:

$$\left.\begin{aligned} 0 &= [X_1 - P_{12}, (X_0 - P_{12})e^{-i\alpha_{12}}], \\ 0 &= [X_1 - P_{13}, (X_0 - P_{13})e^{-i\alpha_{13}}], \\ 0 &= [X_1 - P_{14}, (X_0 - P_{14})e^{-i\alpha_{14}}]. \end{aligned}\right\} \quad (4.38)$$

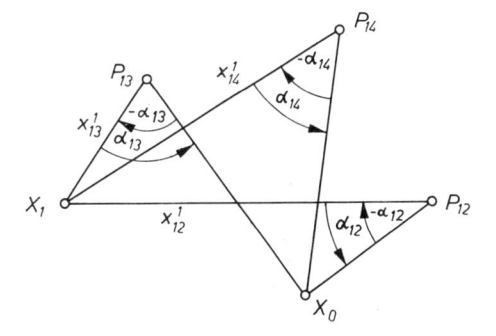

Bild 4.21: Beziehungen zwischen Mittelpunkt X_0 und Kreispunkt X_1 bei vier Ebenenlagen hinsichtlich der Pole P_{12}, P_{13}, P_{14}

Unter Verwendung von

$$\left.\begin{array}{l}(X_0 - P_{12})\mathrm{e}^{-\mathrm{i}\alpha_{12}} = K_{12},\\(X_0 - P_{13})\mathrm{e}^{-\mathrm{i}\alpha_{13}} = K_{13},\\(X_0 - P_{14})\mathrm{e}^{-\mathrm{i}\alpha_{14}} = K_{14}\end{array}\right\} \qquad (4.39)$$

lassen sich die Gleichungen (4.38) vereinfachen zu:

$[X_1 - P_{12}, K_{12}] = 0, \quad [X_1, K_{12}] = [P_{12}, K_{12}],$

$[X_1 - P_{13}, K_{13}] = 0, \quad [X_1, K_{13}] = [P_{13}, K_{13}],$

$[X_1 - P_{14}, K_{14}] = 0, \quad [X_1, K_{14}] = [P_{14}, K_{14}].$

Damit ergibt sich das folgende lineare Gleichungssystem für X_1 und $\overline{X_1}$:

$$\left.\begin{array}{l}\overline{X}_1 K_{12} - X_1 \overline{K}_{12} = 2\mathrm{i}[P_{12}, K_{12}],\\\overline{X}_1 K_{13} - X_1 \overline{K}_{13} = 2\mathrm{i}[P_{13}, K_{13}],\\\overline{X}_1 K_{14} - X_1 \overline{K}_{14} = 2\mathrm{i}[P_{14}, K_{14}].\end{array}\right\} \qquad (4.40)$$

Dieses Gleichungssystem ist nur lösbar, wenn die Systemdeterminante gleich Null ist:

$$\begin{vmatrix} K_{12} & \overline{K}_{12} & [P_{12}, K_{12}] \\ K_{13} & \overline{K}_{13} & [P_{13}, K_{13}] \\ K_{14} & \overline{K}_{14} & [P_{14}, K_{14}] \end{vmatrix} = 0. \qquad (4.41)$$

Die Auflösung von (4.41) liefert schließlich die folgende Beziehung für X_0:

$$\left.\begin{array}{l}0 = [P_{12}\mathrm{e}^{\mathrm{i}\alpha_{12}}, (X_0 - P_{12})] \cdot [(X_0 - P_{13})\mathrm{e}^{\mathrm{i}\alpha_{14}}, (X_0 - P_{14})\mathrm{e}^{\mathrm{i}\alpha_{13}}]\\\quad + [P_{13}\mathrm{e}^{\mathrm{i}\alpha_{13}}, (X_0 - P_{13})] \cdot [(X_0 - P_{14})\mathrm{e}^{\mathrm{i}\alpha_{12}}, (X_0 - P_{12})\mathrm{e}^{\mathrm{i}\alpha_{14}}]\\\quad + [P_{14}\mathrm{e}^{\mathrm{i}\alpha_{14}}, (X_0 - P_{14})] \cdot [(X_0 - P_{12})\mathrm{e}^{\mathrm{i}\alpha_{13}}, (X_0 - P_{13})\mathrm{e}^{\mathrm{i}\alpha_{12}}].\end{array}\right\} \qquad (4.42)$$

Durch Gleichung (4.42) ist der geometrische Ort für alle diejenigen Punkte X_0 in E_0 festgelegt, die Mittelpunkte von Kreisen durch vier homologe Punkte sind. Dieser geometrische Ort wird als *Mittelpunktkurve m_0* bezeichnet. Es gilt daher folgende Definition

> *Die Mittelpunktkurve m_0 ist der geometrische Ort für alle Punkte im Bezugssystem, die Mittelpunkte von Kreisen durch vier homologe Punkte sind.*

Zu jedem Punkt X_0 der Mittelpunktkurve m_0 kann mittels der Beziehungen (4.31) bis (4.34) der zugeordnete Kreispunkt X_1 in E_1 ermittelt werden. Alle Punkte X_1 in E_1, die mit ihren homologen Punkten X_2, X_3 und X_4 auf einem Kreis liegen, sind in E_1 durch die sog. *Kreispunktkurve k_1* festgelegt. Es gilt daher folgende Definition:

> *Die Kreispunktkurve k_1 ist der geometrische Ort für alle Punkte in der Ebenenlage E_1, die mit ihren homologen Punkten auf einem Kreis liegen.*

4.1 Vorgabe von Ebenenlagen

Für einen solchen Punkt X_1 auf k_1 läßt sich der zugeordnete Mittelpunkt X_0 entsprechend Bild 4.21 konstruieren. Die zugehörigen Bedingungsgleichungen lauten analog (4.38):

$$\left. \begin{array}{rcl} 0 & = & [(X_1 - P_{12})e^{i\alpha_{12}}, (X_0 - P_{12})], \\ 0 & = & [(X_1 - P_{13})e^{i\alpha_{13}}, (X_0 - P_{13})], \\ 0 & = & [(X_1 - P_{14})e^{i\alpha_{14}}, (X_0 - P_{14})]. \end{array} \right\} \quad (4.43)$$

Daraus ergibt sich, wie (4.42) aus (4.41), die Gleichung der Kreispunktkurve k_1 zu

$$\left. \begin{array}{rcl} 0 & = & [P_{12}, (X_1 - P_{12})e^{i\alpha_{12}}] \cdot [(X_1 - P_{13})e^{i\alpha_{13}}, (X_1 - P_{14})e^{i\alpha_{14}}] \\ & & +[P_{13}, (X_1 - P_{13})e^{i\alpha_{13}}] \cdot [(X_1 - P_{14})e^{i\alpha_{14}}, (X_1 - P_{12})e^{i\alpha_{12}}] \\ & & +[P_{14}, (X_1 - P_{14})e^{i\alpha_{14}}] \cdot [(X_1 - P_{12})e^{i\alpha_{12}}, (X_1 - P_{13})e^{i\alpha_{13}}]. \end{array} \right\} \quad (4.44)$$

Konstruktion und rechnerische Bestimmung der Mittelpunktkurve

Aus geometrischen Überlegungen [20, 12, 67, 72], auf die an dieser Stelle nicht näher eingegangen wird, resultiert entsprechend Bild 4.22a der folgende Lehrsatz:

Von jedem Punkt X_0 bzw. X_0' der Mittelpunktkurve m_0 aus erscheinen je zwei Pole, die keine Gegenpole sind, unter dem gleichen Winkel bzw. unter Winkeln, die sich zu π ergänzen. Die vier Pole, auf die sich die beiden Winkel stützen, müssen zwei Paar Gegenpolen angehören.

Zwei Pole, deren Indizes keine gleichen Ziffern enthalten, heißen Gegenpole. Die bei vier Ebenenlagen auftretenden sechs Pole lassen sich zu drei Gegenpolpaaren zusammenfassen, und zwar:

$$P_{12}P_{34}, \qquad P_{13}P_{24}, \qquad P_{14}P_{23}.$$

Zwei Gegenpolpaare genügen zur Konstruktion der Mittelpunktkurve m_0. Von den verschiedenen bekannten geometrischen Verfahren [20, 26, 67] soll die *kinematische Erzeugung der Mittelpunktkurve* als Drehpunktkurve eines Viergelenkgetriebes vorgestellt werden. Sie beruht auf der *kinematischen Abbildung* nach BLASCHKE/GRÜNWALD [145], die jeder ebenen Bewegung eine Raumkurve zuordnet. Eine Verknüpfung der kinematischen Abbildung mit der *Netzprojektion* nach BEREIS [121] liefert die sog. *Drehpunktkurve* der ebenen Bewegung. Im Falle eines *Polgelenkviereckes* entsteht die Mittelpunktkurve m_0 als Drehpunktkurve desselben [72].

Es werden zwei Paar Gegenpole, z.B. $P_{12}P_{34}$, $P_{13}P_{24}$ gewählt, s. Bild 4.22a. Die Verbindung der Pole mit gleichen Indizes liefert das Polgelenkviereck $P_{12}P_{24}P_{34}P_{13}$. Jedes Glied dieses Gelenkviereckes kann als Gestell verwendet werden.

Wir wählen $P_{12}P_{13}$ als ruhendes Glied. Die Koppelebene $P_{24}P_{34}$ bzw. AB betrachten wir als Ausgangslage. Während einer Kurbelumdrehung wandern die Punkte A_j auf einem Kreis k_a und die Punkte B_j auf dem Kreisbogen k_b bzw. k_b'. In dem vorliegenden Fall ergeben sich zwei Bewegungsbereiche des Polgelenkviereckes. Die Koppellage $\overline{A_1B_1'}$ im 2. Bewegungsbereich läßt sich auf eine Drehung der Ausgangslage um den Punkt X_0' und den Drehwinkel 2σ zurückführen. Dieser Drehpunkt entsteht als Schnittpunkt der Mittelsenkrechten auf $\overline{AA_1}$ und $\overline{BB_1'}$. Über die Kreise w_a bzw. w_b lassen sich diese Mittelsenkrechten $A_1^w P_{12}$ und $B_1'^w P_{13}$ rasch konstruieren. Die zu A_1

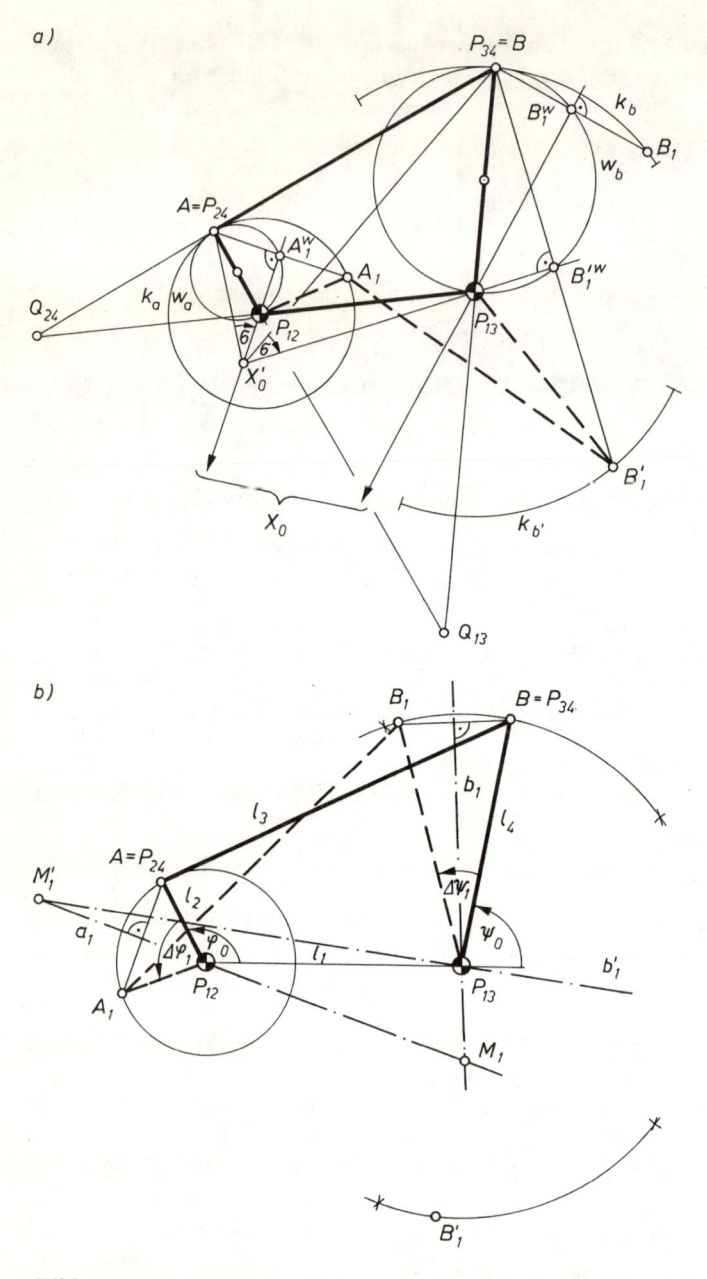

Bild 4.22: Kinematische Erzeugung der Mittelpunktkurve mittels Polgelenkviereck: a) Grundfigur zur geometrischen Konstruktion, b) Grundfigur zur rechnerischen Ermittlung

gehörige Koppellage $\overline{A_1B_1}$ im 1. Bewegungsbereich liefert über die Mittelsenkrechten $A_1^w P_{12}$ und $B_1^w P_{13}$ den Drehpunkt X_0.

Auf Grund der dargelegten Konstruktion erscheinen von X_0' aus je zwei Pole, die keine Gegenpole sind, unter dem gleichen Winkel σ, d. h., X_0' ist ein Punkt der Mittelpunktkurve. Die Drehpunktkurve des Polgelenkviereckes, die bei Einbeziehung aller Koppellagen entsteht, ist daher mit der durch diese Gegenpolpaare bestimmten Mittelpunktkurve m_0 identisch.

Nach dieser Konstruktion liegen auch die Schnittpunkte der gegenüberliegenden Seiten des Polgelenkviereckes, die sog. Q-Punkte $Q_{24}Q_{13}$, auf m_0. Des weiteren erfüllen alle sechs Pole P_{12}, P_{13}, P_{14}, P_{23}, P_{24}, P_{34} und die dazugehörigen sechs Q-Punkte Q_{12}, Q_{13}, Q_{14}, Q_{23}, Q_{24}, Q_{34} die Bedingungen der Mittelpunktkurve. Die Q-Punkte entstehen als Gegenpunkte aus je zwei Gegenpolpaaren in folgender Weise:

$$\left.\begin{array}{ccc}P_{12} & - & P_{23} \\ P_{14} & - & P_{34}\end{array}\right\} Q_{13}, Q_{24}, \quad \left.\begin{array}{ccc}P_{12} & - & P_{24} \\ P_{13} & - & P_{34}\end{array}\right\} Q_{14}, Q_{23}, \quad \left.\begin{array}{ccc}P_{13} & - & P_{23} \\ P_{14} & - & P_{24}\end{array}\right\} Q_{12}, Q_{34}.$$

Des weiteren liegen die Halbierungspunkte der Gegenpolpaare sowie der Gegen-Q-Punkte auf der Mittellinie z der Mittelpunktkurve (Bild 4.24). In Richtung von z liegt der reelle Fernpunkt der Mittelpunktkurve [20].

Die rechnerische Behandlung der Mittelpunktkurve nach dem dargelegten Konstruktionsverfahren läßt sich an Hand des Bildes 4.22b in einfacher Weise durchführen. Die Gestellänge des Polgelenkvierecks wird mit l_1, die weiteren Gliedlängen werden mit l_2, l_3 und l_4 bezeichnet. Für die Ausgangslage φ_0 der Kurbel werden die zugehörigen Abtriebswinkel ψ_0 entsprechend Abschnitt 3.2.2 aus der Übertragungsgleichung berechnet:

$$F(\varphi, \psi) = A \cos \psi + B \sin \psi + C = 0. \tag{4.45}$$

Hierin bedeuten:

$$\left.\begin{array}{l}A = 2l_4(l_1 - l_2 \cos \varphi), \quad B = -2l_2 l_4 \sin \varphi, \\ C = l_1^2 + l_2^2 - l_3^2 + l_4^2 - 2l_1 l_2 \cos \varphi.\end{array}\right\} \tag{4.46}$$

Aus den Gleichungen (4.45) und (4.46) ergeben sich für φ_0 die Abtriebswinkel ψ_0 zu:

$$\psi_0 = 2 \arctan \left(\frac{B \pm \sqrt{B^2 + A^2 - C^2}}{A - C}\right). \tag{4.47}$$

Benachbarte Getriebestellungen sind durch $\varphi_0 + \triangle\varphi_j$, $(j = 1, 2, 3, \ldots, n)$ festgelegt. Die zugehörigen Lagen des Abtriebsgliedes ergeben sich nach (4.47) zu $\psi_0 + \triangle\psi_j$, $(j = 1, 2, 3, \ldots, n)$. Für die punktweise Bestimmung der Mittelpunktkurve werden jeweils die Geraden a_j und b_j $(j = 1, 2, 3, \ldots, n)$ zum Schnitt gebracht. Sie sind entsprechend Bild 4.22b durch die Beziehungen

$$\left.\begin{array}{l}[X - P_{12}, A_j] = 0, \quad \text{für} \quad a_j, \quad \text{und} \\ [X - P_{13}, B_j] = 0, \quad \text{für} \quad b_j,\end{array}\right\} \tag{4.48}$$

festgelegt. Hierin bedeuten:

$$\left.\begin{array}{l}A_j = e^{i\left(\varphi_0 + \frac{1}{2}\Delta\varphi_j\right)}, \\ B_j = e^{i\left(\psi_0 + \frac{1}{2}\Delta\psi_j\right)}.\end{array}\right\} \quad (4.49)$$

Der Schnittpunkt zweier zugehöriger Geraden a_j und b_j liefert einen Punkt M_j der Mittelpunktkurve m_0. Dabei wird M_j aus den Geradengleichungen:

$$[A_j, X] = [A_j, P_{12}] = a,$$
$$[B_j, X] = [B_j, P_{13}] = b,$$

berechnet zu

$$M_j = \frac{aB_j - bA_j}{[A_j, B_j]}. \quad (4.50)$$

Die Vorzeichen vor der Wurzel in Gleichung (4.47) sind den jeweiligen Bewegungsbereichen des Polgelenkvierecks zugeordnet, so daß jeder Kurbelstellung zwei Lagen des Abtriebsgliedes entsprechen, d.h. jede Gerade a_j wird von zwei zugeordneten Geraden b_j und b'_j geschnitten, so daß sich die Punkte M_j und M'_j ergeben, s. Bild 4.22b.

Analytische Erfassung der Mittelpunktkurve

Durch Verknüpfung der kinematischen Abbildung sowie der Netzprojektion mit der Bewegung des Polgelenkvierecks ergibt sich nach Bild 4.23 die folgende algebraische Gleichung der Mittelpunktkurve [72]:

$$\left.\begin{array}{l}x^3(d-b) + y^3(a-c) + x^2y(a-c) + y^2x(d-b) \\ + \; x^2(2br_{13} + 2bc - 2ad - dr_{13}) + y^2(2bc - 2ad - dr_{13}) - xy2r_{13} \\ + \; x(2adr_{13} - br_{13}^2 - 2bcr_{13}) + y(2bdr_{13} + 2acr_{13} + ar_{13}^2) = 0.\end{array}\right\} \quad (4.51)$$

Hierin bedeuten:

$$\left.\begin{array}{ll}a = \frac{1}{2}r_{24}\cos\delta_{24}, & c = \frac{1}{2}r_{34}\cos\delta_{34} - \frac{1}{2}r_{13}, \\ b = \frac{1}{2}r_{24}\sin\delta_{24}, & d = \frac{1}{2}r_{34}\sin\delta_{34}.\end{array}\right\} \quad (4.52)$$

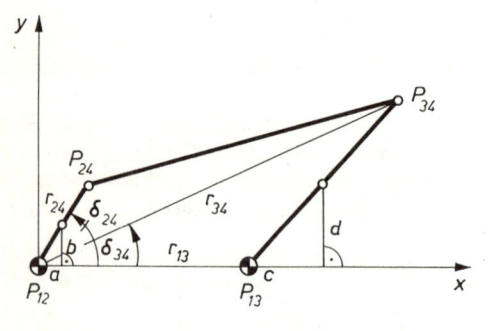

Bild 4.23: Polgelenkviereck und Koordinatensystem zur rechnerischen Erfassung der Mittelpunktkurve

4.1 Vorgabe von Ebenenlagen

Die Mittelpunktkurve m_0 geht somit durch den Ursprung des Koordinatensystems. Jede Gerade durch den Koordinatenursprung schneidet m_0 noch in zwei weiteren Punkten; ihre Koordinaten lassen sich mit Hilfe einer quadratischen Gleichung berechnen.

Bei drei Gegenpolpaaren sind aber insgesamt drei Polgelenkvierecke möglich. Gleichung (4.51) läßt sich sinngemäß auf jedes Polgelenkviereck analog Bild 4.23 anwenden. Zu jedem Punkt X_0 der Mittelpunktkurve m_0 kann nach den Beziehungen (4.33) bis (4.34) der zugeordnete Kreispunkt X_1 in E_1 ermittelt werden. Alle Punkte X_1 in E_1 liegen auf der sog. Kreispunktkurve k_1. Diese Kurve ist durch zwei Gegenpolpaare in der Ebene E_1, z.B. $P_{12}P_{34}^1, P_{13}P_{24}^1$ festgelegt, die das Polgelenkviereck $P_{12}P_{24}^1P_{34}^1P_{13}$ ergeben. Auf der Grundlage dieses Gelenkvierecks läßt sich die Kreispunktkurve k_1 in analoger Weise konstruieren bzw. sinngemäß berechnen.

Eigenschaften der Mittelpunktkurve

Gleichung (4.51) läßt sich durch Einführung der Konstanten

$$\left.\begin{aligned}
A &= d - b, \quad B = a - c, \\
C &= 2br_{13} + 2bc - 2ad - dr_{13}, \\
D &= 2bc - 2ad - dr_{13}, \quad E = -2ar_{13}, \\
F &= 2adr_{13} - br_{13}^2 - 2bcr_{13}, \\
G &= 2bdr_{13} + 4acr_{13} + ar_{13}^2
\end{aligned}\right\} \quad (4.53)$$

wie folgt schreiben:

$$H = x^3 A + y^3 B + x^2 y B + y^2 x A + x^2 C + y^2 D + xyE + xF + yG = 0. \quad (4.54)$$

Durch Verwendung der homogenen Koordinaten

$$x = \frac{x_1}{x_0}, \quad y = \frac{x_2}{x_0} \quad (4.55)$$

geht die Beziehung (4.54) über in

$$\left.\begin{aligned}
H &= x_1^3 A + x_2^3 B + x_1^2 x_2 B + x_1 x_2^2 A + x_0 x_1^2 C + x_0 x_2^2 D \\
&\quad + x_0 x_1 x_2 E + x_0^2 x_1 F + x_0^2 x_1 G = 0.
\end{aligned}\right\} \quad (4.56)$$

Der Schnitt mit der Ferngeraden $x_0 = 0$ liefert schließlich:

$$x_1^3 A + x_2^3 B + x_1^2 x_2 B + x_1 x_2^2 A = 0$$

bzw.

$$(x_1^2 + x_2^2)(x_1 A + x_2 B) = 0.$$

Diese Relation stellt die beiden unendlich fernen imaginären Kreispunkte I und J

$$\left.\begin{aligned}
x_1/x_2 &= \pm \mathrm{i}, \quad I(0 : \mathrm{i} : 1), \\
&\qquad\qquad J(0 : -\mathrm{i} : 1)
\end{aligned}\right\} \quad (4.57)$$

sowie einen dritten reellen Fernpunkt F_u dar:

$$x_1/x_2 = -B/A, \quad F_u(0 : -B : A). \tag{4.58}$$

Zur rechnerischen Ermittlung des *Fokalzentrums* sind die Gleichungen der *Minimalasymptoten* erforderlich. Die allgemeine Tangentialgleichung der Kurve (4.56) lautet:

$$H_0 y_0 + H_1 y_1 + H_2 y_2 = 0, \tag{4.59}$$

wobei $H_k = \dfrac{\partial H}{\partial x_k}$ ($k = 0, 1, 2$) gilt und y_k die laufenden Koordinaten

$$x = \frac{y_1}{y_0}, \quad y = \frac{y_2}{y_0} \tag{4.60}$$

darstellen. Werden die Punktkoordinaten der absoluten Kreispunkte $I(0 : i : 1)$ und $J(0 : -i : 1)$ in Gleichung (4.59) eingesetzt, so ergeben sich die Minimalasymptoten t_I und t_J zu:

$$\left. \begin{aligned} t_I &: x(2iB - 2A) + y(2B + 2iA) - C + D + iE = 0, \\ t_J &: x(-2iB - 2A) + y(2B - 2iA) - C + D - iE = 0. \end{aligned} \right\} \tag{4.61}$$

Der Schnittpunkt dieser beiden Minimalasymptoten liefert den *reellen außerordentlichen Brennpunkt* Φ dieser Kurve:

$$x_\Phi = \frac{AD - AC - BE}{2(A^2 + B^2)},$$

$$y_\Phi = \frac{BC - AE - BD}{2(A^2 + B^2)}$$

bzw. unter Berücksichtigung von (4.53)

$$\left. \begin{aligned} x_\Phi &= \frac{r_{13}(a^2 + b^2 - ac - bd)}{(a-c)^2 + (b-d)^2}, \\ y_\Phi &= \frac{r_{13}(ad - bc)}{(a-c)^2 + (b-d)^2}. \end{aligned} \right\} \tag{4.62}$$

Es läßt sich nachweisen, daß diese Koordinaten der Gleichung (4.51) genügen, d.h., der Brennpunkt Φ liegt auf der Mittelpunktkurve. Somit gilt der folgende Lehrsatz:

Die Mittelpunktkurve m_0 ist eine zirkulare Fokalkurve 3. Ordnung, die durch die sechs Eckpunkte des vom Polgelenkviereck gebildeten Vierseits hindurchgeht.

Arten der Mittelpunktkurve

Entsprechend der punktweisen kinematischen Erzeugung der Mittelpunktkurve auf der Grundlage des Polgelenkvierecks lassen sich sofort Aussagen über die Form der jeweiligen Kurve machen. Im allgemeinen existieren *einteilige* und *zweiteilige* Mittelpunktkurven, je nachdem ob das Polgelenkviereck ein oder zwei Bewegungsbereiche aufweist. Durchschlagende Polgelenkvierecke führen zu Kurven mit Doppelpunkt.

4.1 Vorgabe von Ebenenlagen

Aus den Gliedabmessungen l_{min}, l_{max}, l' und l'' der Polgelenkvierecke lassen sich daher nach dem Satz von GRASHOF folgende Kurvenformen ableiten [72]:

- zweiteilige Mittelpunktkurve m_0, m_0' bei

$$l_{min} + l_{max} < l' + l'', \quad \text{s. Bild 4.24,} \tag{4.63}$$

- einteilige Mittelpunktkurve m_0 bei

$$l_{min} + l_{max} > l' + l'', \quad \text{s. Bild 4.25,} \tag{4.64}$$

- doppelpunktige Mittelpunktkurve m_0 bei

$$l_{min} + l_{max} = l' + l'', \quad \text{s. Bild 4.26.} \tag{4.65}$$

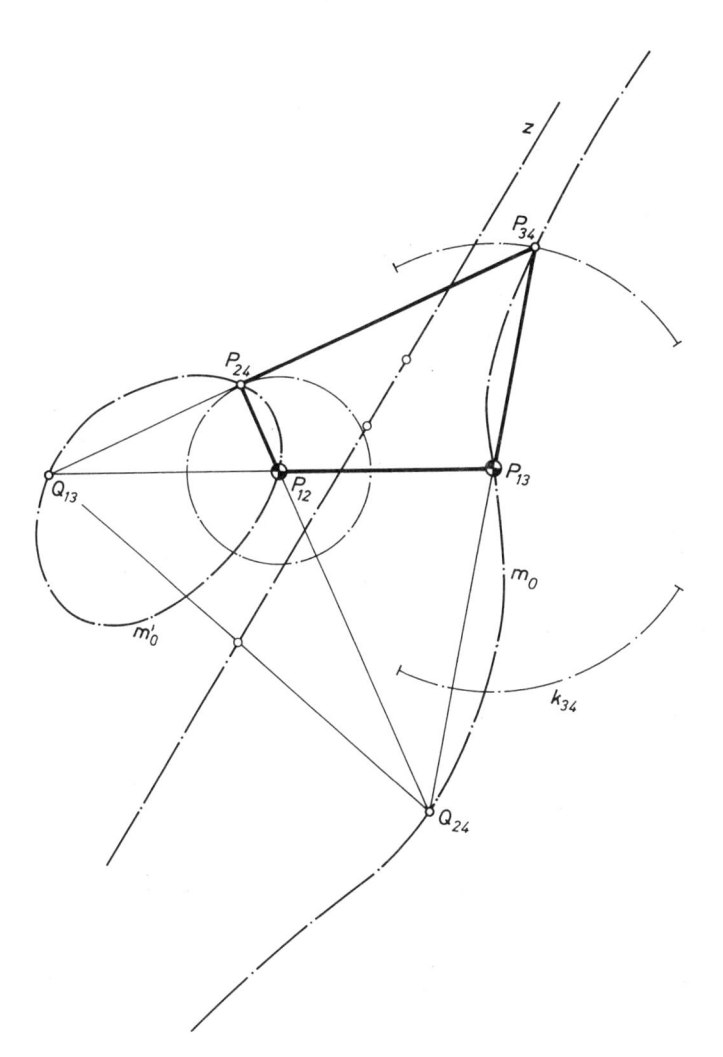

Bild 4.24: Zweiteilige Mittelpunktkurve mit Polgelenkviereck: $l_{min} + l_{max} < l' + l''$

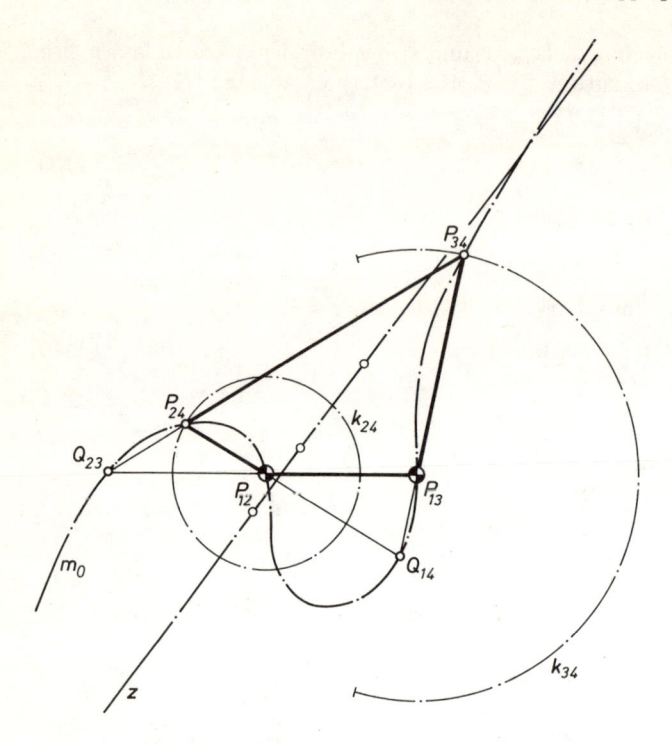

Bild 4.25: Einteilige Mittelpunktkurve mit Polgelenkviereck: $l_{min} + l_{max} > l' + l''$

Sonderfälle der Mittelpunktkurve: Als Sonderfälle der Mittelpunktkurve sollen die zerfallenden Mittelpunktkurven verstanden werden. Sie entstehen, wenn zwei Gegenpolpaare eine für den Sonderfall charakteristische Polkonfiguration einnehmen, so daß sich spezielle Polgelenkvierecke ergeben. Für den Zerfall einer *zirkularen Fokalkurve 3. Ordnung* [20, 66] bestehen im Prinzip folgende Möglichkeiten des Zerfalls in:

- Kreis und Gerade,
- Kreis und Ferngerade,
- Hyperbel und Ferngerade,
- zwei aufeinander senkrecht stehende Geraden und Ferngerade,
- Gerade und Minimalgeraden.

In Tafel 4.1 sind die verschiedenen Sonderfälle der Mittelpunktkurve auf der Grundlage der jeweiligen Polgelenkvierecke zusammengestellt. Alle Polgelenkvierecke genügen der Beziehung (4.65).

In den Fällen a) und c) der Tafel 4.1 liegen die Schnittpunkte, in denen der Kreis m'' die Gerade schneidet, harmonisch zu den Gegenpolpaaren $P_{12}P_{34}$ bzw. $P_{13}P_{24}$. Mittelpunkt und Radius des Kreises m'' lassen sich in der dargestellten Weise konstruieren [72]. Die gleichseitigen Hyperbeln entstehen punktweise nach der Konstruktion im Bild 4.22a.

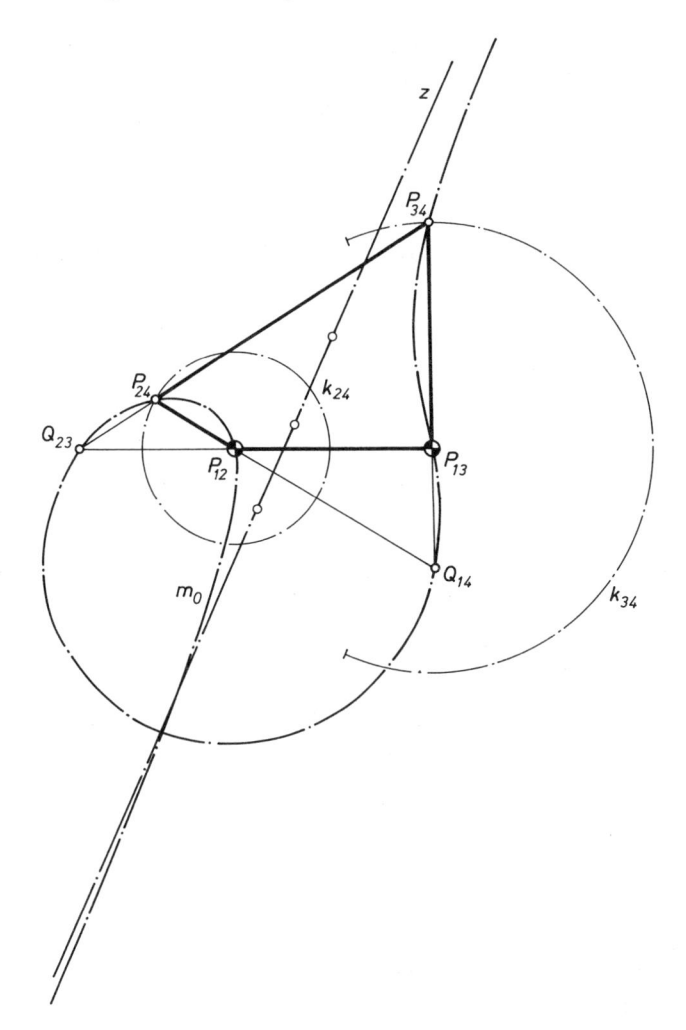

Bild 4.26: Doppelpunktige Mittelpunktkurve mit Polgelenkviereck: $l_{min} + l_{max} = l' + l''$

Hinsichtlich der Anordnung von Ebenenlagen, die diese charakteristischen Polkonfigurationen liefern, gibt die Literatur [66, 243] hinreichend Auskunft. Der Zerfall der Mittelpunktkurve ist für die Entwicklung einfacher Konstruktionsverfahren von großer Bedeutung. In solchen Fällen tritt meist auch ein Zerfall der zugeordneten Kreispunktkurve auf. Unter diesem Aspekt sind die Arbeiten von LICHTENHELDT besonders hervorzuheben, u.a. [66, 174, 175, 176, 177].

Reihenfolge der homologen Punkte

Bei der Anwendung der BURMESTERschen Theorie erhebt sich u.a. die folgende Frage:

In welcher Reihenfolge werden die zu einem Punkt der Mittelpunktkurve zugehörigen homologen Punkte durchlaufen ?

Tafel 4.1: Zusammenstellung von Sonderfällen der Mittelpunktkurve auf der Grundlage spezieller Polgelenkvierecke, [72]

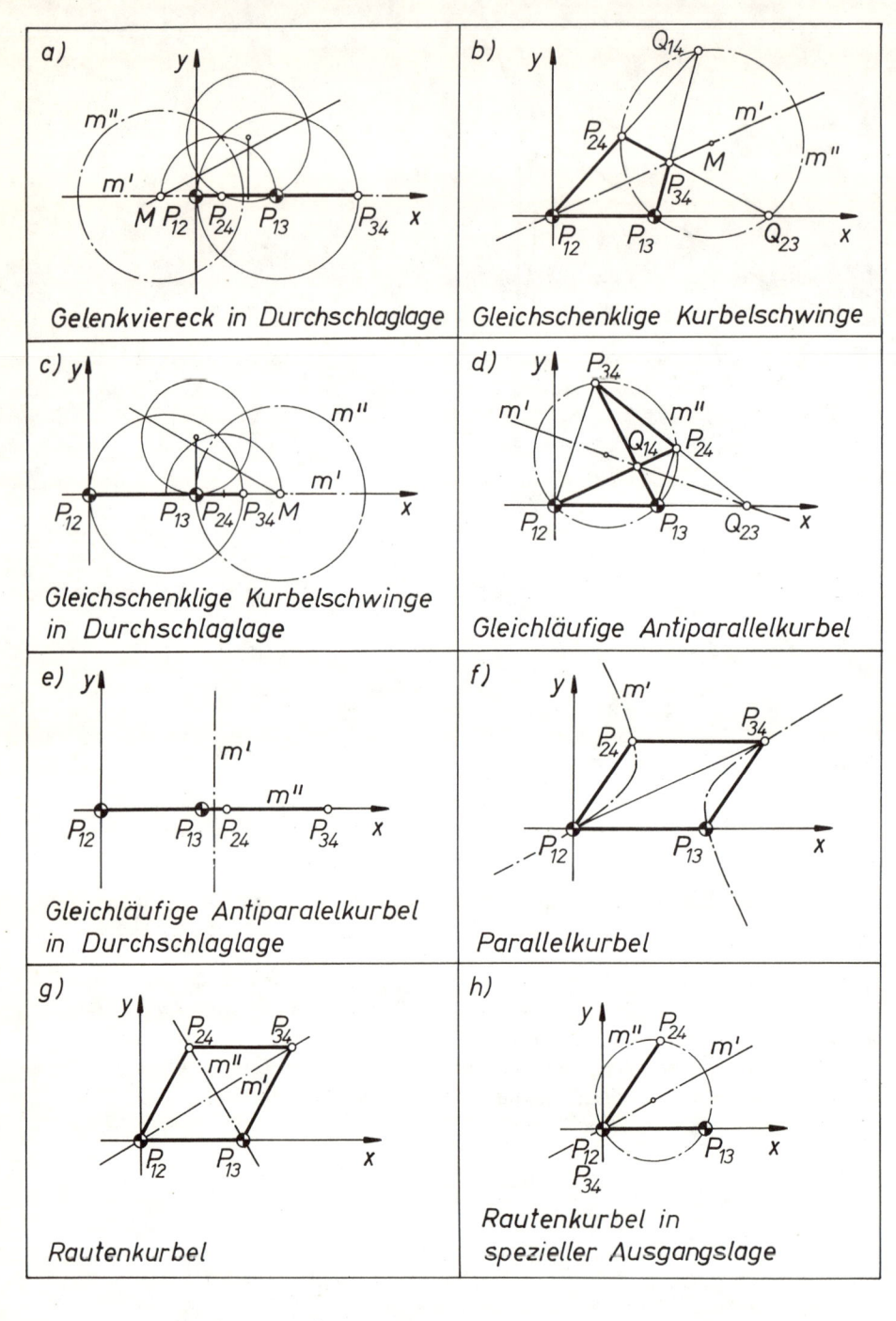

a) Gelenkviereck in Durchschlaglage	b) Gleichschenklige Kurbelschwinge
c) Gleichschenklige Kurbelschwinge in Durchschlaglage	d) Gleichläufige Antiparallelkurbel
e) Gleichläufige Antiparalelkurbel in Durchschlaglage	f) Parallelkurbel
g) Rautenkurbel	h) Rautenkurbel in spezieller Ausgangslage

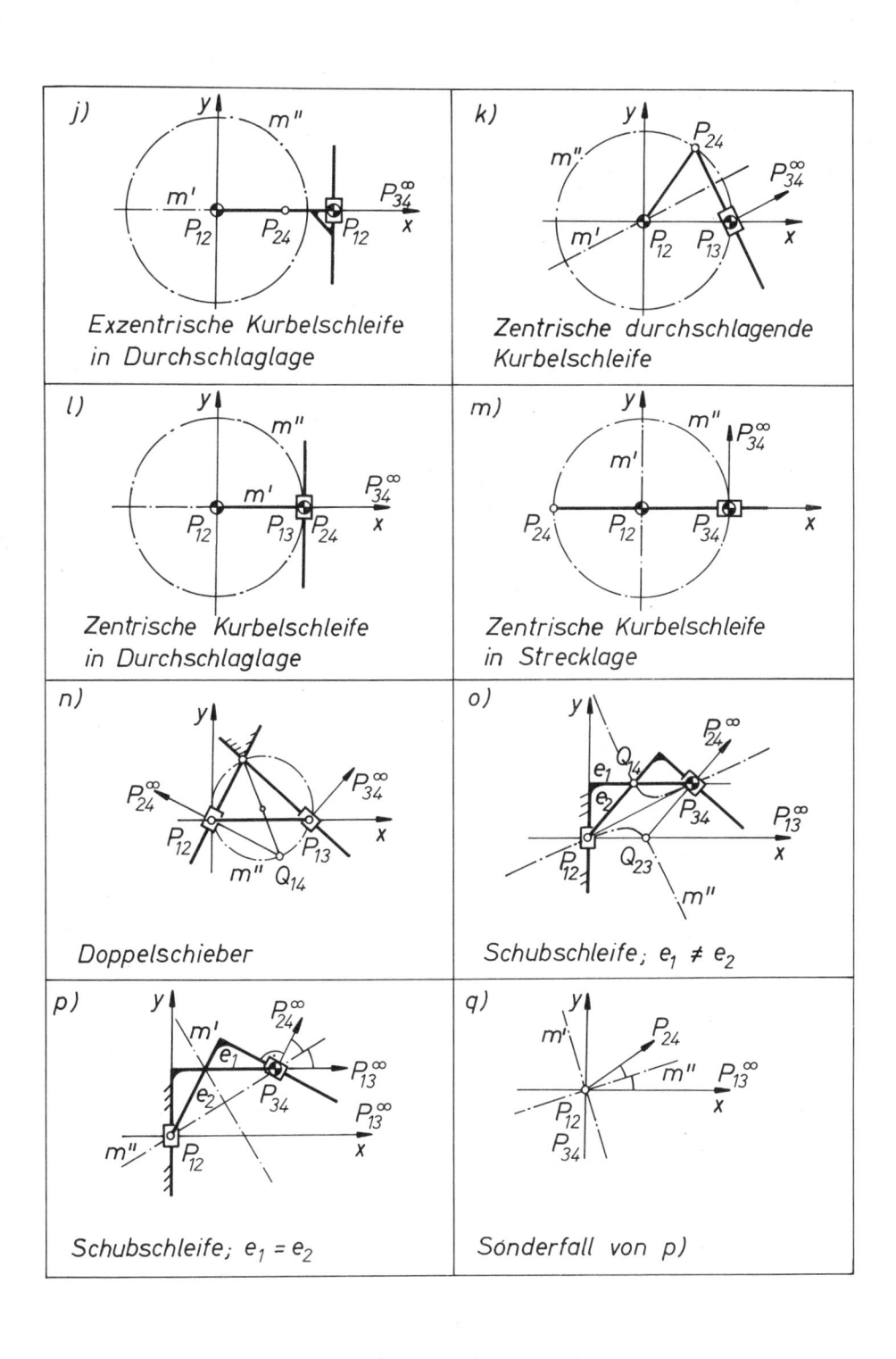

4.1 Vorgabe von Ebenenlagen

j) Exzentrische Kurbelschleife in Durchschlaglage	k) Zentrische durchschlagende Kurbelschleife
l) Zentrische Kurbelschleife in Durchschlaglage	m) Zentrische Kurbelschleife in Strecklage
n) Doppelschieber	o) Schubschleife; $e_1 \neq e_2$
p) Schubschleife; $e_1 = e_2$	q) Sonderfall von p)

Diese Problematik ist in [143, 200, 201] näher untersucht worden. Zunächst soll die Reihenfolge der homologen Punkte bei Vorgabe von drei Ebenenlagen betrachtet werden. Dem Poldreieck $\triangle_{ijk} = \triangle P_{ij}P_{jk}P_{ki}$ kommt eine mathematisch positive Umlaufrichtung oder *Orientierung* zu, die entweder durch [i j k] oder durch [i k j] gekennzeichnet werden kann, s. Bild 4.27. Betrachtet man das Poldreieck in der projektiv abgeschlossenen Ebene, so ergibt sich die im Bild 4.28 angegebene Einteilung. Dabei werden die Poldreieckseiten mit s_i, s_j, s_k, der Umkreis des Poldreiecks mit u und die Ferngerade der Ebene mit f angegeben (gestrichelter Kreis im Bild 4.28). Die entstehenden Teile E_i, E_j, E_k und F_i, F_j, F_k sind Gebiete ohne Rand; D_{ijk} ist ein Gebiet mit Rand. Zu den Teilen der Ebene gehören die Punkte $P_{ij}, P_{jk}, P_{ki}, S_i^\infty, S_j^\infty, S_k^\infty$ sowie die dargestellten Geraden und Kreise.

Unter Zugrundelegung der involutorischen quadratischen Verwandtschaft am Poldreieck [20] ergibt sich schließlich für die projektiv abgeschlossene Ebene (Bild 4.28) der folgende Satz:

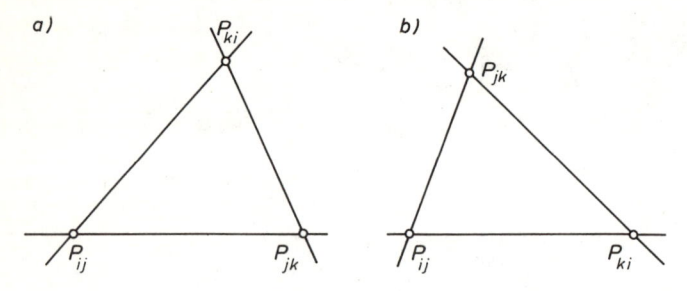

Bild 4.27: Mathematisch positive Orientierung am Poldreieck $\triangle_{ijk}$: a) Umlauf [i j k], b) Umlauf [i k j]

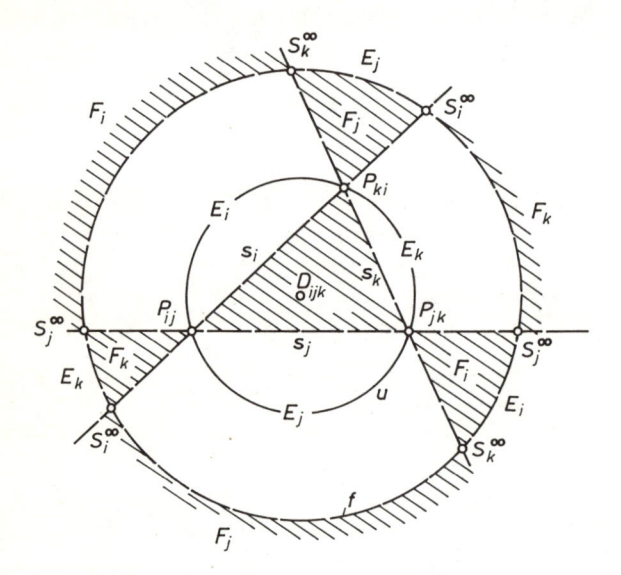

Bild 4.28: Poldreieck mit Teilgebieten: E_i, E_j, E_k; F_i, F_j, F_k und D_{ijk} in der projektiv abgeschlossenen Ebene

4.1 Vorgabe von Ebenenlagen

Ist [i j k] die positive Orientierung des Poldreiecks $\triangle_{ijk}$, dann liegen in den schraffierten Teilen der Ebene die Mittelpunkte zur gleichen Reihenfolge [i j k] und in den nicht schraffierten Teilen die Mittelpunkte zur umgekehrten Reihenfolge [i k j]. Bei Wahl des Mittelpunktes auf s_i, s_j, s_k, u oder f kann die Reihenfolge beliebig gesetzt werden. Bei Wahl eines Poles als Mittelpunkt hängt die Reihenfolge von der Wahl des Grundpunktes auf der gegenüberliegenden Poldreiecksseite ab. Linien, deren Überschreitung Reihenfolgewechsel nach sich ziehen können, sind gestrichelt gezeichnet.

Bei der Betrachtung von vier Ebenenlagen zeigt sich, daß in den Q-Punkten auf der Mittelpunktkurve ein Wechsel in der Reihenfolge der homologen Punkte auftritt, und zwar bezüglich der Indizes dieser Q-Punkte. Die Q-Punkte und der reelle Fernpunkt M^∞ der Mittelpunktkurve zerlegen dieselbe in sieben Kurvenstücke mit jeweils gleicher Reihenfolge. Von den sechs möglichen Reihenfolgen kommt eine nicht vor; zwei Reihenfolgen treten zweimal auf.

Am Beispiel einer einteiligen Mittelpunktkurve wird gezeigt, wie die Reihenfolge der entsprechenden homologen Punkte bestimmt werden kann, s.Bild 4.29. Es gelten diesbezüglich folgende Vereinbarungen:

$M^\infty Q_{ij}$ – Kurvenstück zwischen Fernpunkt M^∞ und Q_{ij},
$Q_{ij} Q_{ik}$ – Kurvenstück zwischen den Q-Punkten Q_{ij} und Q_{ik}

Ein Mittelpunkt A_0 wird beliebig in einem Kurvenstück gewählt. Dann gilt bezüglich der vier Poldreiecke unter Zugrundelegung des genannten Lehrsatzes:

$\triangle_{132}:\quad A_0 \in F_1 \rightarrow \quad$ Reihenfolge $\quad [1\ 3\ 2],$
$\triangle_{142}:\quad A_0 \in F_1 \rightarrow \quad$ Reihenfolge $\quad [1\ 4\ 2],$

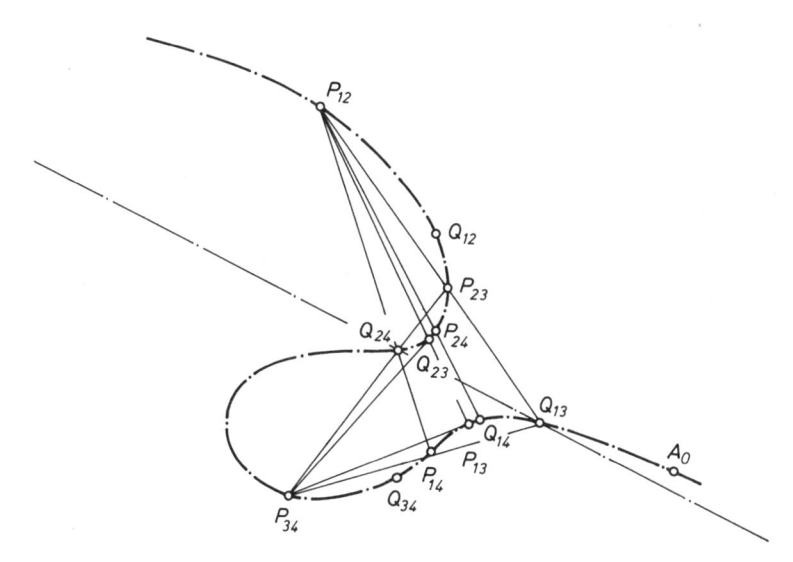

Bild 4.29: Einteilige Mittelpunktkurve mit allen Polen und Q-Punkten zur Bestimmung der Reihenfolge von homologen Punkten

$\triangle_{134}$: $A_0 \in F_3$ → Reihenfolge   [1 3 4],

$\triangle_{234}$: $A_0 \in F_3$ → Reihenfolge   [2 3 4] .

Aus den Reihenfolgen bezüglich der vier Poldreiecke ergibt sich die Reihenfolge der homologen Punkte hinsichtlich A_0 zu [1 3 4 2]. Sie kann natürlich auch zeichnerisch bzw. rechnerisch ermittelt werden.

Punkt A_0 liegt in dem Kurvenstück $M^\infty Q_{13}$. Der Wechsel in der Reihenfolge im Punkt Q_{13} bezieht sich auf die Indizes 13, so daß insgesamt folgende Reihenfolgen auftreten:

$M^\infty Q_{13}$ → Reihenfolge   [1 3 4 2],

$Q_{13}Q_{14}$ → Reihenfolge   [1 4 2 3],

$Q_{14}Q_{34}$ → Reihenfolge   [1 2 3 4],

$Q_{34}Q_{24}$ → Reihenfolge   [1 2 4 3],

$Q_{24}Q_{23}$ → Reihenfolge   [1 4 2 3],

$Q_{23}Q_{12}$ → Reihenfolge   [1 4 3 2],

$Q_{12}M^\infty$ → Reihenfolge   [1 2 4 3] .

Für den Konstrukteur ist die Kenntnis dieser Kurvenstücke sehr wichtig, da bei der Festlegung eines Koppelgetriebes gewährleistet sein muß, daß die Reihenfolge der vorgeschriebenen Ebenenlagen eingehalten wird. Kurbeldrehpunkte können daher nur auf jenem Kurvenstück gewählt werden, dem die Reihenfolge [1 2 3 4] für Linksdrehung bzw. [1 4 3 2] für Rechtsdrehung der Kurbel zugeordnet ist. Im günstigsten Falle kann das bei zwei Kurvenstücken einer Mittelpunktkurve auftreten.

Zur Realisierung von vier Ebenenlagen können unter Zugrundelegung der Mittelpunktkurve folgende Getriebetypen herangezogen werden:

∞^2 Viergelenkgetriebe C_0CDD_0,

∞^1 Schubkurbelgetriebe $C_0CDD_0^\infty$,

∞^1 Kurbelschleifen $C_0CD^\infty D_0$,

1   Schubschleife $C_0^\infty CD^\infty D_0$.

Die analytische Erfassung der BURMESTER-Theorie ermöglicht die volle Einbeziehung der Computertechnik. In diesem Zusammenhang sei u.a. auf die Arbeiten [187, 188, 191] hingewiesen. Die Anwendung der BURMESTERschen Theorie auf Bandgetriebe wird in [189] behandelt.

4.1.4   Fünf Ebenenlagen und die Burmesterschen Punkte

Werden fünf Ebenenlagen $\overline{A_1B_1} \ldots \overline{A_5B_5}$ einer bewegten Ebene vorgeschrieben, dann lassen sich zehn Pole als Schnittpunkte der entsprechenden Mittelsenkrechten bestimmen, und zwar:

$P_{12}, P_{13}, P_{14}, P_{15}, P_{23}, P_{24}, P_{25}, P_{34}, P_{35}, P_{45}$.

Für die Lagen E_1, E_2, E_3, E_4 kann die Mittelpunktkurve m_{1234} und für die Lagen E_1, E_2, E_3, E_5 die Mittelpunktkurve m_{1235} konstruiert werden (Bild 4.30). Die Schnittpunkte beider Kurven sind Mittelpunkte von Kreisen durch fünf homologe Lagen

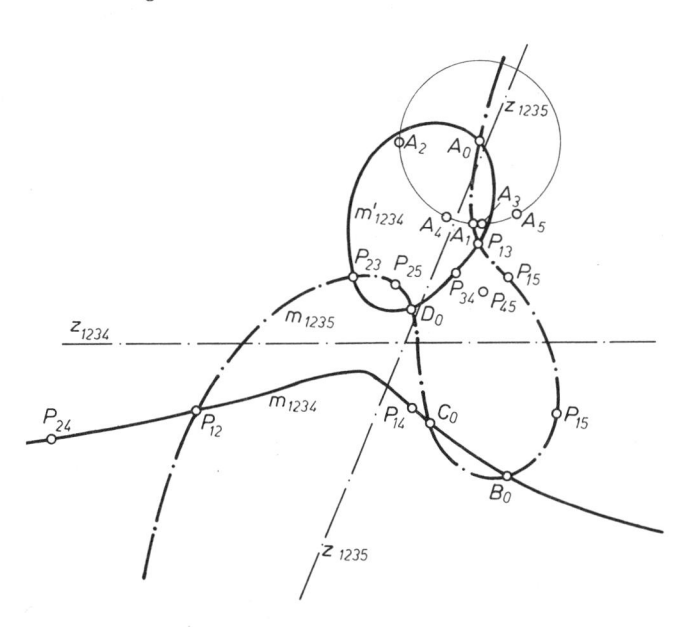

Bild 4.30: BURMESTERsche Punkte A_0, B_0, C_0, D_0 als Schnittpunkte zweier Mittelpunktkurven

eines Punktes [20, 90, 95, 147]. Da beide Kurven zirkular und von 3. Ordnung sind, treten insgesamt neun Schnittpunkte auf. Zwei Schnittpunkte fallen mit den unendlich fernen imaginären Kreispunkten zusammen und drei mit den Polen P_{12}, P_{13}, P_{23}, die beiden Mittelpunktkurven angehören, so daß vier Schnittpunkte, die sog. BURMESTERschen Punkte, übrig bleiben. Von diesen vier Schnittpunkten können vier reell, zwei reell und zwei imaginär oder alle vier imaginär sein. Ergeben sich nach Bild 4.30 vier reelle Schnittpunkte A_0, B_0, C_0, D_0, so sind sechs Gelenkvierecke mit den Gestellgeraden A_0B_0, A_0C_0, A_0D_0, B_0C_0, B_0D_0, C_0D_0 möglich, die jeweils die fünf vorgeschriebenen Ebenenlagen erfüllen. Von den sechs Getrieben ist dasjenige auszuwählen, das die vorgeschriebene Reihenfolge der Ebenenlagen erfüllt und eine günstige Bewegungsübertragung gewährleistet. Zur rechnerischen Ermittlung der BURMESTERschen Punkte sei auf die Arbeit von GEISE [142] besonders hingewiesen.

4.2 Relativlagen

Gegenüber einer Bezugsebene E_0 durchlaufen zwei Ebenen P und Q die homologen Lagen $P_1, P_2, P_3, \ldots$ und $Q_1, Q_2, Q_3, \ldots$. Im Bild 4.31 werden die Ebenen P_j bzw. Q_j durch die Strecken $\overline{A_jB_j}$ bzw. $\overline{C_jD_j}$ ($j = 1, 2, 3, \ldots, n$) dargestellt. Je zwei Lagen $P_1 - Q_1, P_2 - Q_2, P_3 - Q_3, \ldots$ werden als zugeordnete Lagen bezeichnet. In dem vorliegenden Fall besteht die Aufgabenstellung darin, die Ebenen P_j und Q_j durch ein Getriebeglied X_jY_j derart gelenkig miteinander zu verbinden, daß die zugeordneten Lagen eingehalten werden. Diese Problematik wird als *2. Grundaufgabe der Maßsynthese* bezeichnet [69, 107].

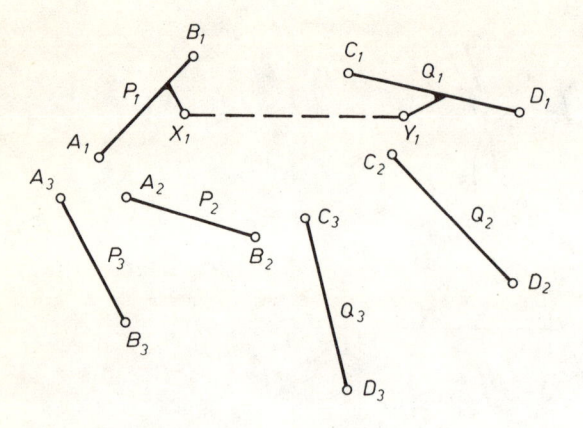

Bild 4.31: Zugeordnete Lagen: $P_1 - Q_1$, $P_2 - Q_2$, $P_3 - Q_3$ mit Verbindungsglied XY

4.2.1 Zeichnerische und rechnerische Ermittlung der Relativpole

Für die Bestimmung der *Relativpole* wird eine der Lagen $P_1, P_2, P_3, \ldots$ oder $Q_1, Q_2, Q_3, \ldots$ als *Bezugslage* gewählt. In den meisten Fällen werden Q_1 oder P_1 als Bezugslage herausgegriffen. Beide Fälle werden im folgenden dargelegt.

Q_1-Bezugslage: Die Relativlagen der Ebenen P gegenüber der Bezugslage Q_1 werden erhalten, indem man beispielsweise Q_2 mit P_2 fest verbindet und Q_2 nach Q_1 bewegt. Dadurch gelangt P_2 in die Relativlage P_2^1. Bei mehreren zugeordneten Ebenenlagen $P_j - Q_j$ ergeben sich somit für die Bezugslage Q_1 die Relativlagen $P_1, P_2^1, P_3^1, \ldots$.

Die zeichnerische Ermittlung der Relativlagen erfolgt am einfachsten mittels Transparentpapier. Es werden z.B. die Punkte A_2, B_2 der Lage P_2 sowie die Punkte C_2, D_2 der Lage Q_2 auf Transparentpapier übertragen und die Lage Q_2 nach Q_1 bewegt, s. Bild 4.32. Mittels Durchstechen ergibt sich $\overline{A_2^1 B_2^1}$ als Relativlage P_2^1, entsprechend der Beziehung:

$$\Box A_2 B_2 C_2 D_2 \cong \Box A_2^1 B_2^1 C_1 D_1.$$

Die Mittelsenkrechten $a_{12}^1 = \bot \overline{A_1 A_2^1}$ und $b_{12}^1 = \bot \overline{B_1 B_2^1}$ bestimmen den Relativpol R_{12}. Diese Methode läßt sich für mehrere Relativlagen und die dazugehörigen Relativpole verallgemeinern. Bei Vorgabe von vier zugeordneten Ebenenlagen $P_j - Q_j$ ($j = 1, 2, 3, 4$) ergeben sich z.B. sechs Relativpole, die sich analog Bild 4.32 zeichnerisch wie folgt ermitteln lassen:

$$\begin{aligned}
a_{12}^1 &= \bot \overline{A_1 A_2^1}, & b_{12}^1 &= \bot \overline{B_1 B_2^1}, & R_{12} &= a_{12}^1 \cap b_{12}^1, \\
a_{13}^1 &= \bot \overline{A_1 A_3^1}, & b_{13}^1 &= \bot \overline{B_1 B_3^1}, & R_{13} &= a_{13}^1 \cap b_{13}^1, \\
a_{14}^1 &= \bot \overline{A_1 A_4^1}, & b_{14}^1 &= \bot \overline{B_1 B_4^1}, & R_{14} &= a_{14}^1 \cap b_{14}^1, \\
a_{23}^1 &= \bot \overline{A_2^1 A_3^1}, & b_{23}^1 &= \bot \overline{B_2^1 B_3^1}, & R_{23} &= a_{23}^1 \cap b_{23}^1, \\
a_{24}^1 &= \bot \overline{A_2^1 A_4^1}, & b_{24}^1 &= \bot \overline{B_2^1 B_4^1}, & R_{24} &= a_{24}^1 \cap b_{24}^1, \\
a_{34}^1 &= \bot \overline{A_3^1 A_4^1}, & b_{34}^1 &= \bot \overline{B_3^1 B_4^1}, & R_{34} &= a_{34}^1 \cap b_{34}^1.
\end{aligned}$$

4.2 Relativlagen

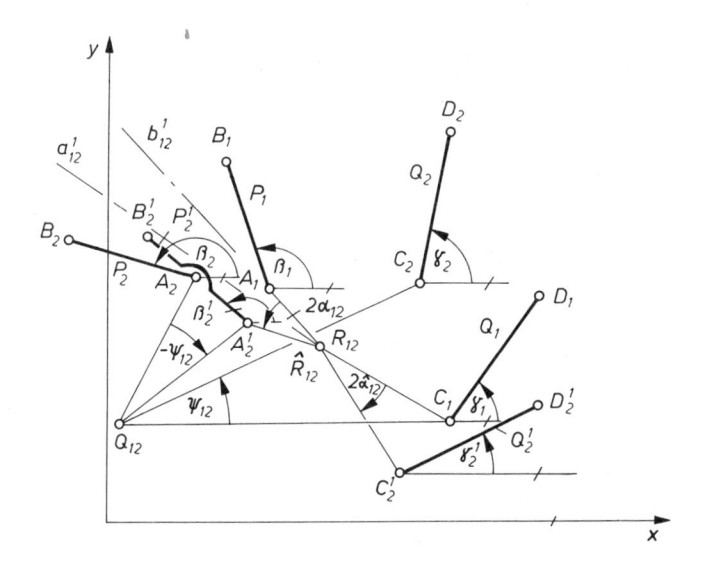

Bild 4.32: Relativlagen P_1 und P_2^1 bei Bezugslage Q_1, Ermittlung von R_{12}

Die Relativpole in der Bezugsebene Q_1 können wie Drehpole im Bezugssystem E_0 betrachtet werden. So gelten z.B. für das Relativpoldreieck $R_{12}R_{13}R_{23}$ sinngemäß dieselben Gesetzmäßigkeiten wie für das Poldreieck $P_{12}P_{13}P_{23}$. Zur rechnerischen Bestimmung sind zunächst die Pole Q_{1j} ($j=2,3,\ldots,n$) der Ebenenlagen $Q_1, Q_2, Q_3, \ldots$ erforderlich. Sie errechnen sich sinngemäß nach den Beziehungen (4.10) bis (4.12), wobei die Ebenenlagen jeweils durch Punkt und Winkel vorgegeben sind, z.B.: Q_1 durch C_1 und γ_1, s. Bild 4.32.

Für die Ermittlung des Poles Q_{12}, der die Ebenenlagen Q_1 und Q_2 ineinander überführt, ergeben sich nach Bild 4.32 folgende Relationen:

$$Q_{12} = \frac{C_1 e^{\frac{i}{2}\psi_{12}} - C_2 e^{-\frac{i}{2}\psi_{12}}}{e^{\frac{i}{2}\psi_{12}} - e^{-\frac{i}{2}\psi_{12}}}, \qquad \psi_{12} = \gamma_2 - \gamma_1. \tag{4.66}$$

Die Relativlage P_2^1 entsteht letztlich durch eine Drehung der Lage P_2 um den Pol Q_{12}, die sich rechnerisch wie folgt erfassen läßt:

$$\left.\begin{aligned}
A_2^1 &= Q_{12} + (A_2 - Q_{12})e^{-i\psi_{12}}, \\
x_{A_2^1} &= x_{Q_{12}} + (x_{A_2} - x_{Q_{12}})\cos\psi_{12} + (y_{A_2} - y_{Q_{12}})\sin\psi_{12}, \\
y_{A_2^1} &= y_{Q_{12}} + (y_{A_2} - y_{Q_{12}})\cos\psi_{12} - (x_{A_2} - x_{Q_{12}})\sin\psi_{12},
\end{aligned}\right\} \tag{4.67}$$

$$\beta_2^1 = \beta_2 - (\gamma_2 - \gamma_1), \tag{4.68}$$

$$\alpha_{12} = \frac{1}{2}(\beta_2^1 - \beta_1) = \frac{1}{2}((\beta_1 - \beta_1) - (\gamma_2 - \gamma_1)) = \frac{1}{2}(\varphi_{12} - \psi_{12}). \tag{4.69}$$

Ausgehend von den beiden Relativlagen P_1 und P_2^1 wird der Relativpol R_{12} analog Gleichung (4.7) berechnet:

$$R_{12} = \frac{A_1 e^{i\alpha_{12}} - A_2^1 e^{-i\alpha_{12}}}{e^{i\alpha_{12}} - e^{-i\alpha_{12}}} \quad \text{bzw.}$$

$$R_{12} = \frac{A_1 e^{i\alpha_{12}} - \left(Q_{12} + (A_2 - Q_{12})e^{-i\psi_{12}}\right) e^{-i\alpha_{12}}}{e^{i\alpha_{12}} - e^{-i\alpha_{12}}}.$$
(4.70)

Nach verschiedenen Rechenoperationen ergibt sich schließlich die folgende Beziehung:

$$R_{12} = \frac{\left(C_1 e^{\frac{i}{2}\psi_{12}} - C_2 e^{-\frac{i}{2}\psi_{12}}\right) e^{-\frac{i}{2}\varphi_{12}} - \left(A_1 e^{\frac{i}{2}\varphi_{12}} - A_2 e^{-\frac{i}{2}\varphi_{12}}\right) e^{-\frac{i}{2}\psi_{12}}}{e^{\frac{i}{2}(\psi_{12}-\varphi_{12})} - e^{-\frac{i}{2}(\psi_{12}-\varphi_{12})}}$$
(4.71)

bzw. nach Verallgemeinerung:

$$\begin{aligned}
R_{1j} &= \frac{\left(C_1 e^{\frac{i}{2}\psi_{1j}} - C_j e^{-\frac{i}{2}\psi_{1j}}\right) e^{-\frac{i}{2}\varphi_{1j}} - \left(A_1 e^{\frac{i}{2}\varphi_{1j}} - A_j e^{-\frac{i}{2}\varphi_{1j}}\right) e^{-\frac{i}{2}\psi_{1j}}}{e^{\frac{i}{2}(\psi_{1j}-\varphi_{1j})} - e^{-\frac{i}{2}(\psi_{1j}-\varphi_{1j})}}, \\
\alpha_{1j} &= \tfrac{1}{2}\left((\beta_j - \beta_1) - (\gamma_j - \gamma_1)\right) = \tfrac{1}{2}(\varphi_{1j} - \psi_{1j}), \\
\varphi_{1j} &= \beta_j - \beta_1, \quad \psi_{1j} = \gamma_j - \gamma_1, \quad j = 2, 3, \ldots, n.
\end{aligned}$$
(4.72)

Zur rechnerischen Ermittlung des Relativpoles R_{23} werden entsprechend Bild 4.33 die bekannten Beziehungen am Poldreieck sinngemäß angewendet. Der Relativpol R_{23} ergibt sich als Schnittpunkt zweier Poldreieckseiten:

$$\begin{aligned}
0 &= [R_{23} - R_{12}, (R_{13} - R_{12})e^{i\alpha_{12}}], \\
0 &= [R_{23} - R_{13}, (R_{13} - R_{12})e^{i\alpha_{13}}]
\end{aligned}$$
(4.73)

bzw.

$$\begin{aligned}
[R_{23}, (R_{13} - R_{12})e^{i\alpha_{12}}] &= [R_{12}, (R_{13} - R_{12})e^{i\alpha_{12}}], \\
[R_{23}, (R_{13} - R_{12})e^{i\alpha_{13}}] &= [R_{13}, (R_{13} - R_{12})e^{i\alpha_{13}}].
\end{aligned}$$
(4.74)

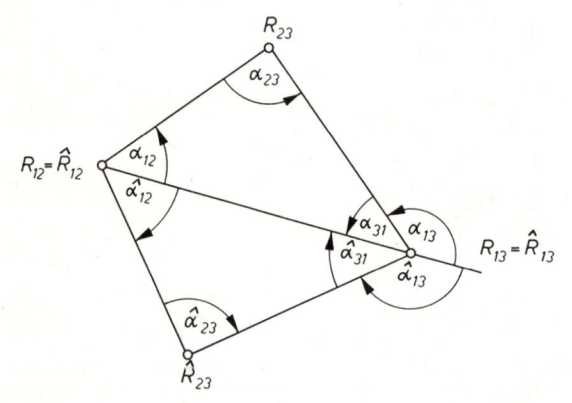

Bild 4.33: Relativpole R_{23} und $\widehat{R}_{23}$ spiegelbildlich zur Polgeraden $R_{12}R_{13}$ bzw. $\widehat{R}_{12}\widehat{R}_{13}$

4.2 Relativlagen

Nach Umrechnungen analog Abschnitt 4.1.2 folgt:

$$R_{23} = \frac{(R_{13} - R_{12})e^{i\alpha_{12}}[R_{13},(R_{13} - R_{12})e^{i\alpha_{13}}]}{[(R_{13} - R_{12})e^{i\alpha_{12}},(R_{13} - R_{12})e^{i\alpha_{13}}]}$$

$$- \frac{(R_{13} - R_{12})e^{i\alpha_{13}}[R_{12},(R_{13} - R_{12})e^{i\alpha_{12}}]}{[(R_{13} - R_{12})e^{i\alpha_{12}},(R_{13} - R_{12})e^{i\alpha_{13}}]}$$

bzw.

$$R_{23} = \frac{e^{i\alpha_{12}}[R_{13}e^{-i\alpha_{13}},(R_{13} - R_{12})] - e^{i\alpha_{13}}[R_{12}e^{-i\alpha_{12}}(R_{13} - R_{12})]}{(\overline{R}_{13} - \overline{R}_{12})[e^{i\alpha_{12}},e^{i\alpha_{13}}]}.$$

Weitere Vereinfachungen im Zähler und Nenner führen schließlich zu der Beziehung:

$$\left.\begin{aligned}R_{23} &= \frac{R_{13}e^{i\alpha_{12}}[1,e^{i\alpha_{13}}] - R_{12}e^{i\alpha_{13}}[1,e^{i\alpha_{12}}]}{[e^{i\alpha_{12}},e^{i\alpha_{13}}]} \quad \text{bzw.} \\ R_{23} &= \frac{R_{13}e^{i\alpha_{12}}\sin\alpha_{13} - R_{12}e^{i\alpha_{13}}\sin\alpha_{12}}{\sin(\alpha_{13} - \alpha_{12})}.\end{aligned}\right\} \quad (4.75)$$

Allgemein werden die Relativpole R_{jk} ohne den Index 1 berechnet:

$$\left.\begin{aligned}R_{jk} &= \frac{R_{1k}e^{i\alpha_{1j}}\sin\alpha_{1k} - R_{1j}e^{i\alpha_{1k}}\sin\alpha_{1j}}{\sin(\alpha_{1k} - \alpha_{1j})}, \\ j &< k, \quad j,k \in \{2,3,\ldots,n\}.\end{aligned}\right\} \quad (4.76)$$

Alle ermittelten Relativpole liegen in der Bezugsebene Q_1. Damit ist die *2. Grundaufgabe* auf die *1. Grundaufgabe* der Maßsynthese zurückgeführt, d.h., alle in Q_1 gewählten Anlenkpunkte fungieren als Mittelpunkte. Die zugehörigen Kreispunkte liegen in der Relativlage P_1. Somit können die Gesetzmäßigkeiten der BURMESTERschen Theorie in vollem Umfange auch bei Relativlagen angewendet werden. Die Relativpole R_{jk} werden dabei als die Pole P_{jk} und die Relativlagen wie vorgegebene Ebenenlagen im Sinne der BURMESTERschen Theorie betrachtet. Es haben somit die abgeleiteten Gesetzmäßigkeiten am Poldreieck sinngemäß volle Gültigkeit, s. Abschnitt 4.1.2.

Bei vier Relativlagen existiert in der Bezugslage Q_1 eine Mittelpunktkurve. Die zugehörigen Kreispunkte liegen in der Relativlage P_1 und bestimmen dort die Kreispunktkurve.

P_1-**Bezugslage:** In analoger Weise kann auch P_1 als Bezugslage betrachtet werden; es ergeben sich sodann entsprechende Beziehungen zur Realisierung der BURMESTERschen Theorie. Die dabei entstehenden Relativpole sollen mit $\widehat{R}_{jk}$ bezeichnet werden. Es läßt sich nachweisen, daß bei einer Dreilagenzuordnung die Poldreiecke $\triangle R_{12}R_{13}R_{23}$ und $\triangle \widehat{R}_{12}\widehat{R}_{13}\widehat{R}_{23}$ zueinander spiegelbildlich kongruent sind, s. Bild 4.33 und [67]. Dabei gelten allgemein die folgenden Beziehungen:

$$R_{1j} = \widehat{R}_{1j}, \quad \alpha_{1j} = -\widehat{\alpha}_{1j}, \quad j = 1,2,3,\ldots,n. \tag{4.77}$$

4.2.2 Relativpole bei drehbar gelagerten Ebenen P und Q

Im Bild 4.34 sind die zugeordneten Ebenenlagen $P_j - Q_j$ jeweils drehbar in den Punkten A_0 und C_0 gelagert, wobei $A_0 = A_1 = A_2 = \ldots$, $C_0 = C_1 = C_2 = \ldots$ und $\overline{A_0 C_0} = 1$ ist [67].

Zeichnerische Ermittlung der Relativpole

Es werde Q_1 als Bezugslage betrachtet. Die zugehörige Relativlage P_2^1 ergibt sich durch Drehung von P_2 um C_0, und zwar um den Winkel $-\psi_{12}$. Der 1. geometrische Ort für den Relativpol R_{12} ist daher der freie Schenkel des an der Steggeraden $A_0 C_0$ in C_0 angetragenen Winkels $-\psi_{12}/2$.

Anschließend wird P_1 als Bezugslage betrachtet. Die Relativlage Q_2^1 entsteht durch Drehung von Q_2 um A_0 um den Winkel $-\varphi_{12}$. Mithin ist der 2. geometrische Ort des Relativpoles $R_{12} = \widehat{R}_{12}$ der freie Schenkel des an $C_0 A_0$ in A_0 angetragenen Winkels $-\varphi_{12}/2$.

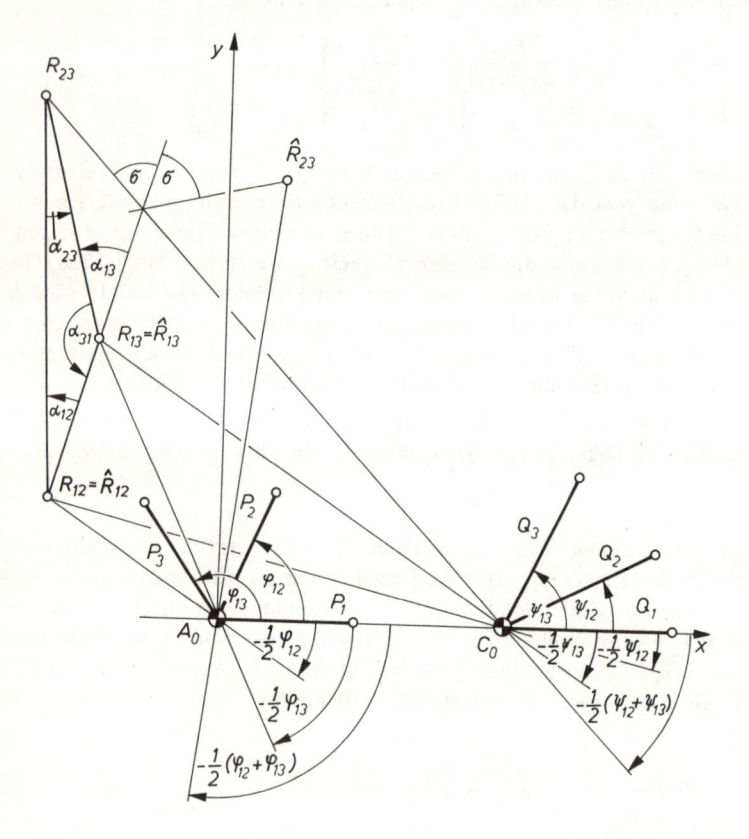

Bild 4,34: Relativlagen und Relativpole bei drehbar gelagerten Ebenen P und Q, Bezugslage $Q_1 \to R_{12}, R_{13}, R_{23}$

4.2 Relativlagen

Auf dieser Grundlage lassen sich bei mehreren drehbar gelagerten Ebenen $P_j - Q_j$ ($j = 1, 2, 3, 4$) die Relativpole in der Weise zeichnerisch ermitteln, daß an der Steggeraden A_0C_0 die folgenden Winkel (in Drehrichtung nach der Bezugslage 1) angetragen werden:

$R_{12} = \widehat{R}_{12}:$ in A_0 $\quad -\varphi_{12}/2,$ in C_0 $\quad -\psi_{12}/2,$

$R_{13} = \widehat{R}_{13}:$ in A_0 $\quad -\varphi_{13}/2,$ in C_0 $\quad -\psi_{13}/2,$

$R_{14} = \widehat{R}_{14}:$ in A_0 $\quad -\varphi_{14}/2,$ in C_0 $\quad -\psi_{14}/2,$

$R_{23}:$ in C_0 $\quad -(\psi_{12}+\psi_{13})/2,$ $\widehat{R}_{23}:$ in A_0 $\quad -(\varphi_{12}+\varphi_{13})/2,$

$R_{24}:$ in C_0 $\quad -(\psi_{12}+\psi_{14})/2,$ $\widehat{R}_{24}:$ in A_0 $\quad -(\varphi_{12}+\varphi_{14})/2,$

$R_{34}:$ in C_0 $\quad -(\psi_{13}+\psi_{14})/2,$ $\widehat{R}_{34}:$ in A_0 $\quad -(\varphi_{13}+\varphi_{14})/2\,.$

Da R_{23} und $\widehat{R}_{23}$ entsprechend Bild 4.33 symmetrisch zur Polgeraden $R_{12}R_{13}$ liegen, muß der Winkel σ, den der freie Schenkel $-(\psi_{12}+\psi_{13})/2$ mit der Polgeraden $R_{12}R_{13}$ bildet, symmetrisch zu dieser Geraden angetragen werden. Auf dem freien Schenkel des Winkels $-(\varphi_{12}+\varphi_{13})/2$ ist damit der Relativpol $\widehat{R}_{23}$ bestimmt und durch Spiegelung an $R_{12}R_{13}$ auch R_{23} festgelegt. Bei den übrigen Relativpolen R_{jk} und $\widehat{R}_{jk}$ wird in analoger Weise verfahren. Nach Festlegung einer Bezugslage, vorzugsweise Q_1, ist damit die Grundlage zur Anwendung der BURMESTERschen Theorie gegeben.

Als konstruktives Beispiel wird zunächst eine Zweilagenzuordnung behandelt. Im Bild 4.35 ist die Zuordnung der Lagen $P_1 - Q_1$ und $P_2 - Q_2$ gegeben, wobei sich P_j um A_0 und Q_j um B_0 drehen sollen. Der Gelenkpunkt A_1 wird in P_1 gewählt, so daß auch A_2 festliegt. Als Bezugslage wird Q_1 angenommen, so daß die Relativlage $P_2^1 = \overline{A_{02}^1 A_2^1}$ mittels Transparentpapier konstruiert werden kann. Die Mittelsenkrechte $a_{12}^1 = \perp A_1 A_2^1$ ist der geometrische Ort für den zugeordneten Gelenkpunkt B_1 in Q_1. Somit fungiert der Gelenkpunkt B_1 in der Bezugslage Q_1 als Mittelpunkt und A_1 in der Relativlage P_1 als Kreispunkt.

Rechnerische Ermittlung der Relativpole

Ausgehend von den Gleichungen (4.70), (4.72) und (4.77) werden bei einer gewählten Bezugslage Q_1 entsprechend Bild 4.34 die Relativpole $R_{1j} = \widehat{R}_{1j}$ ($j = 2, 3, \ldots, n$) wie folgt berechnet:

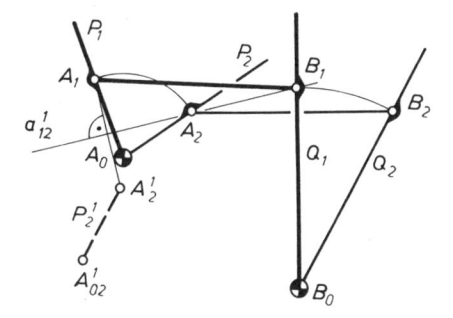

Bild 4.35: Realisierung zweier Lagenzuordnungen $P_j - Q_j$ ($j = 1, 2$) durch ein Gelenkviereck

$$R_{1j} = \widehat{R}_{1j} = \frac{\left(e^{\frac{i}{2}\psi_{1j}} - e^{-\frac{i}{2}\psi_{1j}}\right) e^{-\frac{i}{2}\varphi_{1j}}}{e^{\frac{i}{2}(\psi_{1j}-\varphi_{1j})} - e^{-\frac{i}{2}(\psi_{1j}-\varphi_{1j})}},$$

$$x_{R_{1j}} = \frac{\sin(\psi_{1j}/2)\cos(\varphi_{1j}/2)}{\sin(\psi_{1j}/2 - \varphi_{1j}/2)},$$

$$y_{R_{1j}} = -\frac{\sin(\psi_{1j}/2)\sin(\varphi_{1j}/2)}{\sin(\psi_{1j}/2 - \varphi_{1j}/2)}.$$

(4.78)

Dabei sind die Lage des Koordinatensystems zur Festlegung der GAUSSschen Zahlenebene sowie $\overline{A_0 C_0} = 1$ zu beachten.

Für die Winkel α_{1j} im Relativpoldreieck, s. Bild 4.33, gilt die Beziehung:

$$\alpha_{1j} = \frac{1}{2}(\varphi_{1j} - \psi_{1j}) = -\widehat{\alpha}_{1j}, \qquad j = 2, 3, \ldots, n. \tag{4.79}$$

Die weiteren Relativpole R_{jk} werden nach der Relation (4.76) berechnet.

4.2.3 Relativpole bei dreh- und schiebbar gelagerten Ebenen P und Q

Im Bild 4.36 sind die Ebenen $P_1, P_2, P_3, \ldots$ in A_0 drehbar gelagert. Für die Ebenenlagen $Q_1, Q_2, Q_3, \ldots$ liegt der Drehpunkt C_0^∞ unendlich fern; sie sind daher zuein-

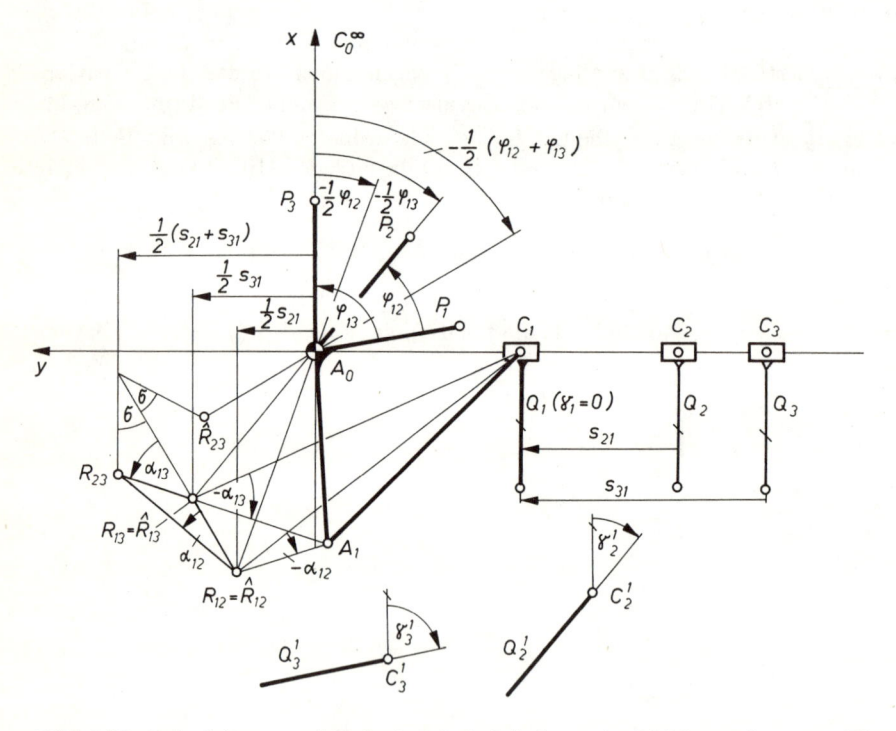

Bild 4.36: Relativlagen und Relativpole bei dreh- und schiebbar gelagerten Ebenen P und Q, Bezugslage $Q_1 \to R_{12}, R_{13}, R_{23}, \gamma_j = 0, j = 1, 2, 3, 4 \ldots n$

ander parallel und schließen mit der x-Achse den Winkel $\gamma_j = 0$ $(j = 1,2,3,\ldots,n)$ ein. Durch die Punkte $C_1, C_2, C_3, \ldots$ sind die jeweiligen Schubstrecken $s_{21}, s_{31} \ldots$ bestimmt. Die Ebenenlagen $P_1, P_2, P_3, \ldots$ sind durch A_0 und die jeweiligen Winkel $\varphi_{12}, \varphi_{13}, \ldots$ festgelegt.

Zeichnerische Ermittlung der Relativpole

Zunächst wird P_1 als Bezgslage betrachtet. Die zugehörige Relativlage Q_2^1 ergibt sich durch Drehung von Q_2 um A_0 um den Winkel $-\varphi_{12}$. Der 1. geometrische Ort für den Relativpol $R_{12} = \widehat{R}_{12}$ ist daher der freie Schenkel des an der Steggeraden $C_0^\infty A_0$ in A_0 angetragenen Winkels $-\varphi_{12}/2$.

Anschließend wird Q_1 als Bezugslage betrachtet. Die Relativlage P_2^1 entsteht durch Verschiebung von P_2 in Richtung der Schubgeraden um die Strecke $s_{21}/2$. Unter Einbeziehung der Betrachtungen im Abschnitt 4.2.1 lassen sich daher bei mehreren zugeordneten Ebenenlagen $P_j - Q_j$ $(j = 1,2,3,4)$ die Relativpole in der Weise zeichnerisch ermitteln, daß ausgehend von der Steggeraden $A_0 C_0^\infty$ die entsprechenden halben Schubstrecken mit den zugehörigen freien Schenkeln der in A_0 angetragenen Winkel zum Schnitt gebracht werden. Die Antragung der halben Schubstrecken und Winkel erfolgt stets in Richtung auf die Bezugslage 1. Analog Bild 4.36 ergeben sich die Relativpole aus folgender Übersicht:

$R_{12} = \widehat{R}_{12}:$ in A_0 $-\varphi_{12}/2$, Parallelenabstand zur x-Achse $s_{21}/2$,

$R_{13} = \widehat{R}_{13}:$ in A_0 $-\varphi_{13}/2$, Parallelenabstand zur x-Achse $s_{31}/2$,

$R_{14} = \widehat{R}_{14}:$ in A_0 $-\varphi_{14}/2$, Parallelenabstand zur x-Achse $s_{41}/2$,

$\widehat{R}_{23}:$ in A_0 $-(\varphi_{12}+\varphi_{13})/2$, $R_{23}:$ Abstand zur x-Achse $(s_{21}+s_{31})/2$,

$\widehat{R}_{24}:$ in A_0 $-(\varphi_{12}+\varphi_{14})/2$, $R_{24}:$ Abstand zur x-Achse $(s_{21}+s_{41})/2$,

$\widehat{R}_{34}:$ in A_0 $-(\varphi_{13}+\varphi_{14})/2$, $R_{34}:$ Abstand zur x-Achse $(s_{31}+s_{41})/2$.

Da R_{23} und $\widehat{R}_{23}$ symmetrisch zur Polgeraden $R_{12}R_{13}$ liegen, muß der Winkel σ, den die Parallele zur x-Achse im Abstand $(s_{21}+s_{31})/2$ mit der Polgeraden $R_{12}R_{13}$ einschließt, symmetrisch zu dieser Geraden angetragen werden. Auf dem freien Schenkel des Winkels $-(\varphi_{12}+\varphi_{13})/2$ ist damit der Relativpol $\widehat{R}_{23}$ bestimmt und durch Spiegelung an $R_{12}R_{13}$ auch R_{23} festgelegt. Bei den übrigen Relativpolen R_{jk} und $\widehat{R}_{jk}$ wird in analoger Weise verfahren.

Zur Realisierung der im Bild 4.36 vorgegebenen Relativlagen $P_j - Q_j$ $(j = 1,2,3)$ wird Q_1 als Bezugslage gewählt. Des weiteren wird in Q_1 ein Anlenkpunkt C_1 festgelegt, der im Sinne der BURMESTERschen Theorie als Mittelpunkt fungiert. Nach den bekannten Gesetzmäßigkeiten ergibt sich der zugeordnete Kreispunkt A_1 in P_1, s. Bild 4.36.

Rechnerische Ermittlung der Relativpole

Es werde P_1 als Bezugslage gewählt. Dann ergibt sich für die Relativlagen Q_j^1 bei $(j = 1,2,3,\ldots,n)$:

$$\left.\begin{aligned} C_j^1 &= C_j \mathrm{e}^{-\mathrm{i}\varphi_{1j}}, \quad j = 2,3,\ldots,n, \\ \gamma_j^1 &= \gamma_j - (\beta_j - \beta_1) = -\varphi_{1j}, \quad \gamma_1 = \gamma_j = 0. \end{aligned}\right\} \quad (4.80)$$

Der Winkel β_j ($j = 1, 2, 3, \ldots, n$) wird dabei analog Bild 4.32 gezählt. Die Relativpole $R_{1j} = \widehat{R}_{1j}$ lassen sich sodann analog Gleichung (4.70) wie folgt ermitteln:

$$\left.\begin{aligned}
R_{1j} &= \widehat{R}_{1j} = \frac{C_1 e^{i\widehat{\alpha}_{1j}} - C_j^1 e^{-i\widehat{\alpha}_{1j}}}{e^{i\widehat{\alpha}_{1j}} - e^{-i\widehat{\alpha}_{1j}}}, \\
\widehat{\alpha}_{1j} &= \tfrac{1}{2}\left((\gamma_j - \gamma_1) - (\beta_j - \beta_1)\right) = -\tfrac{1}{2}\varphi_{1j} = -\alpha_{1j}, \\
j &= 2, 3, \ldots, n.
\end{aligned}\right\} \qquad (4.81)$$

Die Relativpole R_{jk} ohne den Index 1 erhält man nach Gleichung (4.76).

4.3 Einfache Konstruktionsverfahren

Der Zerfall der Mittelpunkt- und Kreispunktkurve entsprechend Abschnitt 4.1.3 bietet die Möglichkeit zur Entwicklung einfacher Konstruktionsverfahren. Unter diesem Aspekt sei besonders auf die Arbeiten von ALT und LICHTENHELDT hingewiesen [66, 108, 109, 110, 111, 172, 174, 176].

4.3.1 Totlagenkonstruktion

Allgemeine Kurbelschwinge

Im Bild 4.37 ist eine Kurbelschwinge in ihren beiden Totlagenstellungen gegeben. Dabei werden die Totlagenwinkel φ_0 und ψ_0, ausgehend von der äußeren Totlagenstellung $A_0 A_a$ bzw. $B_0 B_a$ bis zur inneren $A_0 A_i$ bzw. $B_0 B_i$, mathematisch positiv gezählt.

Die Kurbelebene werde allgemein mit P und die Schwingenebene mit Q bezeichnet. In einer Totlagenstellung entsprechen zwei unendlich benachbarte Lagen von P zwei zusammenfallenden Lagen von Q, s. Bild 4.38, d.h., einem infinitesimal kleinen Kurbeldrehwinkel $d\varphi$ entspricht der Schwingendrehwinkel Null:

$$\varphi_{12} = d\varphi, \qquad \psi_{12} = 0.$$

Das im Gestell gelagerte Glied Q befindet sich somit in einer Umkehrlage. Im folgenden werden die Begriffe *Totlage* und *Umkehrlage* synonym verwendet.

Bei vorgegebener Gestellänge soll eine Kurbelschwinge für die zugeordneten Totlagenwinkel φ_0 und ψ_0 konstruiert werden, s. Bild 4.38 und 4.39. Zur Bestimmung

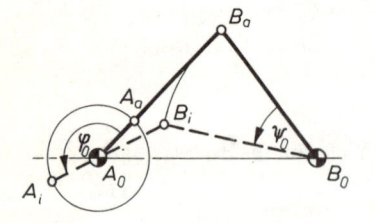

Bild 4.37: Kurbelschwinge in der äußeren und inneren Totlagenstellung, zugeordnete Totlagenwinkel φ_0 und ψ_0

4.3 Einfache Konstruktionsverfahren

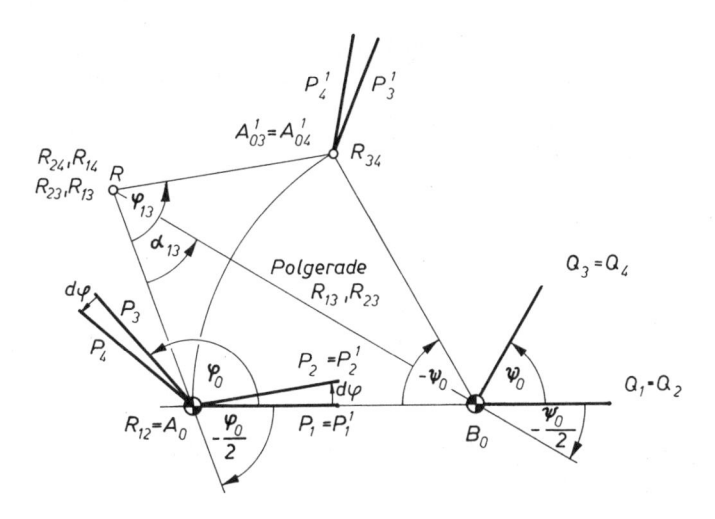

Bild 4.38: Zugeordnete Ebenenlagen P und Q für die Totlagenstellungen einer Kurbelschwinge, Relativlagen und Relativpole

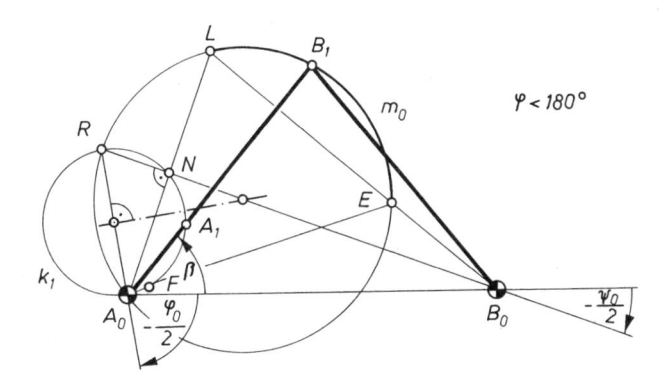

Bild 4.39: ALTsche Totlagenkonstruktion bei $\varphi_0 < 180°$, $\varphi_0 = 160°$ und $\psi_0 = 40°$, β für Kurbelschwinge mit $max\,\mu_{min}$

der Relativpole werden entsprechend Abschnitt 4.2.2 an A_0B_0 die Winkel $-\varphi_0/2$ in A_0 und $-\psi_0/2$ in B_0 angetragen. Dabei erfolgt die Winkelantragung im Sinne der Drehung in die Bezugslage 1. Die freien Schenkel dieser Winkel schneiden sich in R_{13}, in dem auch R_{14} unendlich benachbart liegt. Ebenso fallen bei Q_1 als Bezugslage auf Grund der Relativlagen P_1, $P_2 = P_2^1$, P_3^1, P_4^1 die Pole R_{23} und R_{24} in dem Punkt R zusammen. Die Verbindungslinie RB_0 stellt gleichzeitig die Polgeraden $R_{13}R_{23}$, $R_{14}R_{24}$ und $R_{13}R_{14}$ dar. Mit $R_{34} = A_{03}^1 = A_{04}^1$ sind alle sechs Relativpole hinsichtlich der Bezugsebene Q_1 bekannt. Auf Grund dieser Polkonfiguration zerfällt die Mittelpunktkurve in Q_1 in den Kreis m_0 und die Gerade RB_0, s. Bild 4.39. Die zugehörige Kreispunktkurve in P_1 zerfällt in den Kreis k_1 und die Gerade RA_0. Beide Kreismittelpunkte ergeben sich als Schnittpunkte der Mittelsenkrechten auf $\overline{RA_0}$ mit den Geraden RB_0 und RA_0; die zwei Kreise m_0 und k_1 schneiden sich in den Punkten R und A_0. Zugeordnete Gelenkpunkte A_1 auf k_1 und B_1 auf m_0 werden durch ein Strahlbüschel mit dem Büschelpunkt A_0 festgelegt, wobei der stark ausgezogene Bereich LE auf m_0 Kurbelschwingen liefert (Bild 4.39). Diese Konstruktion ist erstmals von H. ALT angegeben worden und wird daher als ALTsche *Totlagenkonstruktion* bezeichnet, s.auch [67].

Von den unendlich vielen Lösungen in diesem Bereich besitzt eine Kurbelschwinge den günstigsten Übertragungswinkel $max\mu_{min}$ [105, 106]. Diese Kurbelschwinge ergibt sich, wenn der Strahl A_0B_1 unter einem bestimmten Winkel β gegenüber A_0B_0 gezeichnet wird. Es liegt daher nahe, die Lösungsfindung für den Konstrukteur in Form einer Kurventafel (Bild 4.40) so aufzubereiten, daß er die entsprechenden β-Werte direkt entnehmen kann. Ebenso läßt sich der Bestwert des kleinsten Übertragungswinkels $max\mu_{min}$ aus dieser Tafel ablesen. Für einen Totlagenwinkel $\varphi_0 > 180°$ mit $(\varphi_0 - \psi_0) < 180°$ ergibt sich bei den speziellen Werten $\varphi_0 = 200°$ und $\psi_0 = 60°$ die im Bild 4.41a dargestellte Konstruktion. Aus der Kurventafel (Bild 4.40) sind die Winkelwerte für $\beta = 41°$ und $max\mu_{min} = 39°$ direkt abzulesen. Die Längen von Kurbel, Koppel und Schwinge können aus separaten Konstruktionstafeln entnommen werden [242]. Für die rechnerische Ermittlung dieser Gliedlängen wurden in [244] entsprechende Beziehungen abgeleitet.

Der Fall $\varphi_0 > 180°$ mit $(\varphi_0 - \psi_0) > 180°$ ist im Bild 4.41b dargestellt. Das unter dem Winkel β eingezeichnete Getriebe $A_0A_1B_1B_0$ befindet sich in der äußeren Totlagenstellung.

In dem Sonderfall $\varphi > 180°$ mit $\varphi_0 - \psi_0 = 180°$ liegt die Mittelsenkrechte auf $\overline{A_0R}$ parallel zur Geraden B_0R, d.h., die Gerade A_0R ist ein Teil der zerfallenden Mittelpunktkurve m_0. Wird B_1 auf der Geraden A_0R im Endlichen gewählt, entstehen Kurbelschwingen, s. Bild 4.41c; wird B_1 auf der Ferngeraden angenommen, so ergeben sich Kurbelschleifen [4]. Bei der Konstruktion von Kurbelschwingen in der äußeren Totlagenstellung liegt A_1 in R und B_1 auf der Geraden A_0R in beliebigem Abstand

$$\overline{A_0B_1} > \overline{A_0L} = \overline{2A_0R},$$

d.h., der Konstruktionswinkel β ist stets

$$\beta = 180° - \varphi_0/2.$$

Das übertragungsgünstigste Getriebe ergibt sich wie folgt:

Der Kreis mit dem Radius $\overline{A_0R}$ legt auf der Gestellgeraden die Punkte A_S und A_D fest. Über der Strecke $\overline{B_0A_S}$ wird der THALES-Kreis gezeichnet, der die Senkrechte in A_0 zur Gestellgeraden im Punkte Z schneidet. B_1 ist der Schnittpunkt des Kreises um B_0 mit $\overline{B_0Z}$ als Radius und der Geraden A_0R. Der minimale Übertragungswinkel ist $\mu_{min} = \sphericalangle A_DZB_0$.

Der kleinste Übertragungswikel μ_{min} tritt bei Kurbelschwingen mit $\varphi_0 > 180°$ in der Decklage und mit $\varphi_0 < 180°$ in der Strecklage von Kurbel und Gestell auf. Zentrische Kurbelschwingen zeichnen sich dadurch aus, daß μ_{min} in gleicher Größe in der Deck- und Strecklage von Kurbel und Gestell vorliegt.

Soll eine weitere Lagenzuordnung $P_5 - Q_5$ realisiert werden, dann sind 5 Lagen der Kurbelebene P den entsprechenden 5 Lagen der Schwingenebene Q zugeordnet, so daß die Konstruktion auf die Ermittlung der BURMESTERschen Punkte hinausläuft. Zur Lösung dieser Problematik sei auf die Literatur [90, 51] hingewiesen.

4.3 Einfache Konstruktionsverfahren

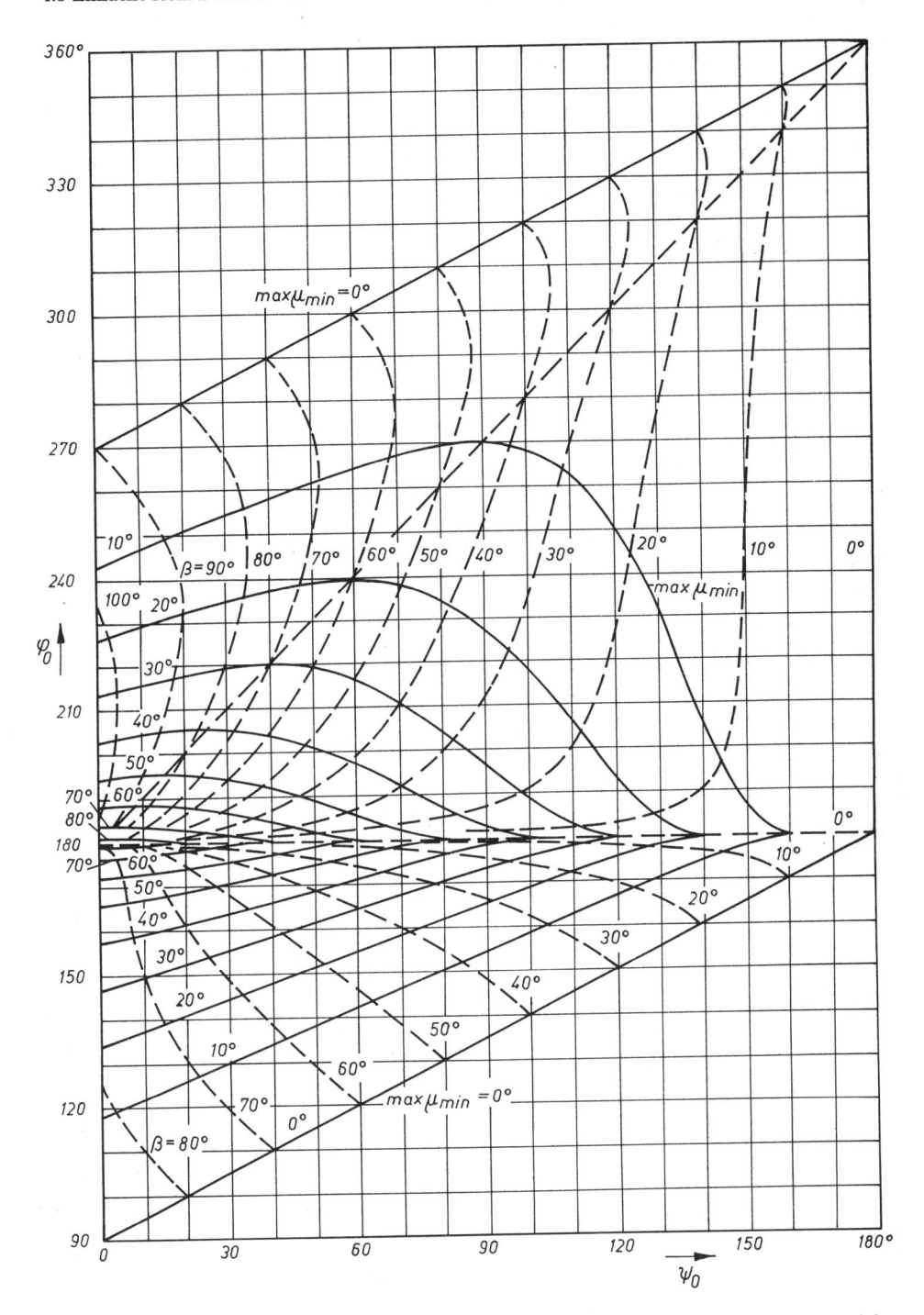

Bild 4.40: Kurventafel zur ALTschen Totlagenkonstruktion, β-Kurven liefern Getriebe mit $max\,\mu_{min}$

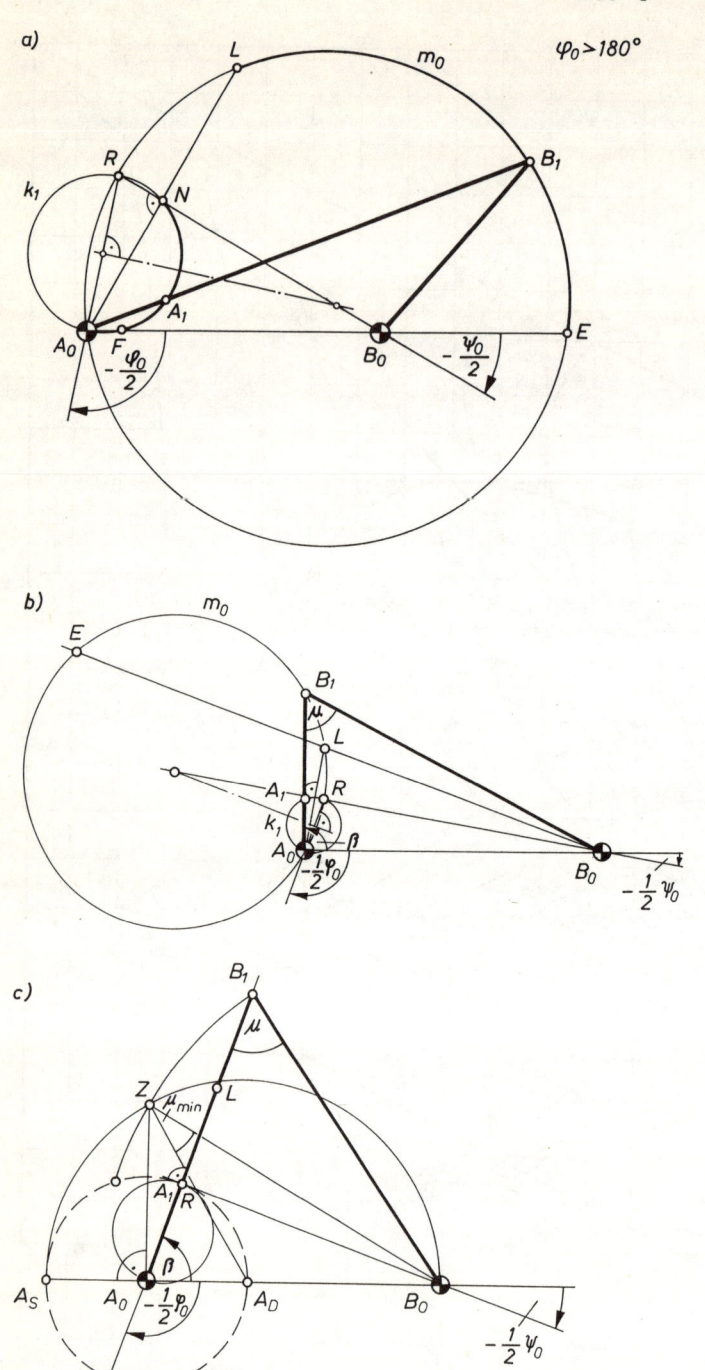

Bild 4.41: ALTsche Totlagenkonstruktion bei $\varphi_0 > 180°$: a) Konstruktion für $(\varphi_0 - \psi_0) < 180°$, b) Konstruktion für $(\varphi_0 - \psi_0) > 180°$, c) Konstruktion für $(\varphi_0 - \psi_0) = 180°$

Zentrische Kurbelschwinge

Bei einer *zentrischen Kurbelschwinge* ist $\varphi_0 = 180°$; die zugehörige Konstruktion ist im Bild 4.42 dargestellt. Mit einer beliebigen Geraden durch A_0 wird auf k_1 der Punkt A_1 und auf m_0 der Punkt B_1 festgelegt. Damit ist die Kurbelschwinge $A_0 A_1 B_1 B_0$ in ihrer äußeren Totlagenstellung bestimmt. In diesem Falle erstreckt sich der brauchbare Bereich auf m_0 von L bis B_0.

Aus der Kurventafel des Bildes 4.40 ist ersichtlich, daß bei einem vorgegebenen Totlagenwinkel ψ_0 die zentrische Kurbelschwinge ($\varphi_0 = 180°$) auf der Linie $\beta = 0°$ das günstigste μ_{min} aufweist. Ein solches Getriebe ist jedoch unbrauchbar, da für $\beta = 0°$ auch Kurbel- und Schwingenlänge zu Null werden. Für zentrische Kurbelschwingen lassen sich aber bei Vorgabe von ψ_0 und/oder Gliedlängen bzw. μ_{min} im Bereich von $0 < \mu_{min} < max\mu_{min}$ einfache Formeln zur Berechnung der Gliedabmessungen angeben [236, 226].

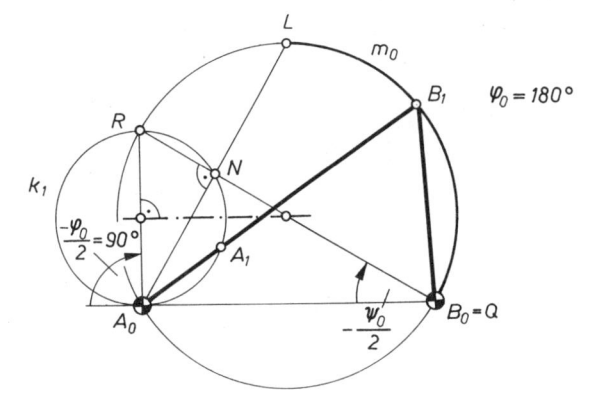

Bild 4.42: ALTsche Totlagenkonstruktion für zentrische Kurbelschwinge, $\varphi_0 = 180°$

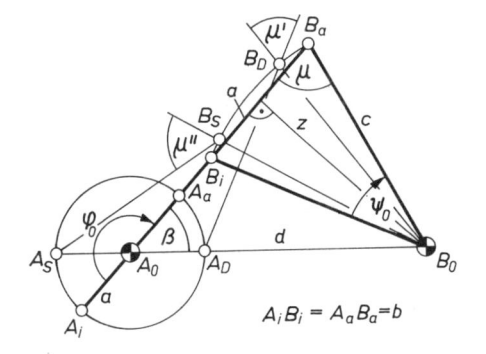

Bild 4.43: Zentrische Kurbelschwinge in innerer und äußerer Totlagenstellung, $\mu' = \mu'' = \mu_{min}$

Vorgabe von a, d und ψ_0: Im Bild 4.43 ist eine zentrische Kurbelschwinge dargestellt, für die nach [226] folgende Gleichungen gelten:

$$b^2 = d^2 - a^2 \cot^2(\psi_0/2), \qquad c^2 = \frac{a^2}{\sin^2(\psi_0/2)}$$
$$\sin\beta = \frac{a}{d}\cot(\psi_0/2), \qquad \cos\mu_{\min} = \frac{ad}{bc}.$$
$$\left.\begin{array}{c}\\\\\end{array}\right\} \quad (4.82)$$

Der kleinste Übertragungswinkel ist in den beiden Getriebestellungen, die durch Deck- bzw. Strecklage von Kurbel und Gestell gekennzeichnet sind, gleich groß. Es gilt die Beziehung $\mu' = \mu'' = \mu_{\min}$. Während d und ψ_0 frei wählbar sind, darf die Kurbellänge a nur in dem Bereich $0 < a < a_{\max}$ angenommen werden. Bei

$$a_{\max} = d\sin(\psi_0/2) \qquad (4.83)$$

wird $\mu_{\min} = 0°$, s. Bild 4.45. Die zeichnerische Ermittlung der zentrischen Kurbelschwinge erfolgt entsprechend Bild 4.44. Der Winkel $\psi_0/2$ wird an A_0B_0 in B_0 angetragen. Sein freier Schenkel schneidet die Parallele zu d durch A in N. Der Kreisbogen mit dem Radius $c = \overline{B_0 N}$ um B_0 schneidet den THALES-Kreis über $\overline{A_0 X} = d + a$ in B_D. Damit sind $b = \overline{A_D B_D}$ und $\mu_{\min} = \sphericalangle A_D B_D B_0$ der gezeichneten Getriebestellung zu entnehmen.

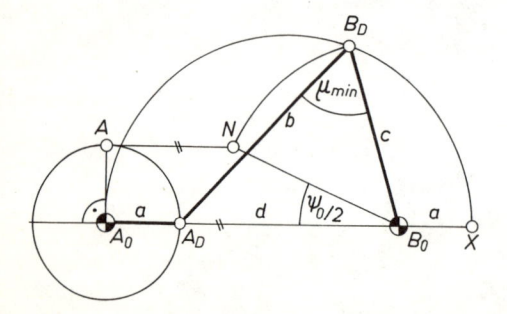

Bild 4.44: Konstruktion einer zentrischen Kurbelschwinge bei Vorgabe von: a, d und $\psi_0/2$

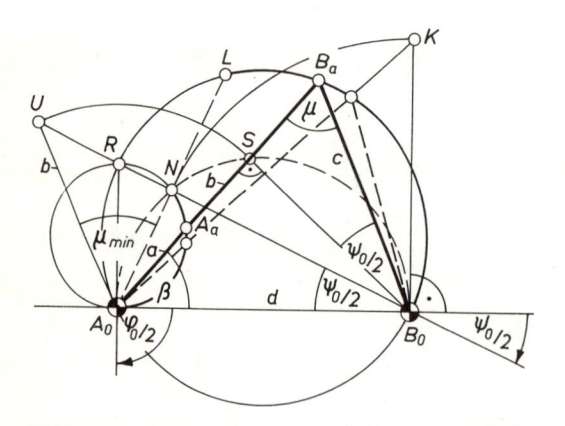

Bild 4.45: Totlagenkonstruktion einer zentrischen Kurbelschwinge für vorgegebenes $\mu_{\min}$ oder $b = c$ nach VOLMER

4.3 Einfache Konstruktionsverfahren

Vorgabe von a, ψ_0 und $\mu_{\min}$: Die Gliedlängen der zentrischen Kurbelschwinge ergeben sich nach [226] zu:

$$\left.\begin{aligned} d^2 &= a^2 \frac{\cos^2\mu_{\min}\cot^2(\psi_o/2)}{\cos^2\mu_{\min} - \sin^2(\psi_0/2)}, \\ b^2 &= a^2 \frac{\cos^2(\psi_0/2)}{\cos^2\mu_{\min} - \sin^2(\psi_0/2)}, \\ c^2 &= \frac{a^2}{\sin^2(\psi_0/2)}. \end{aligned}\right\} \quad (4.84)$$

Der Anwendungsbereich der Relationen (4.84) ist durch die Beziehung

$$0 < \mu_{\min} < max\,\mu_{\min}$$

begrenzt, wobei

$$max\,\mu_{\min} = 90^\circ - \psi_0/2 \qquad (4.85)$$

zu beachten ist (Bild 4.45).

Vorgabe von d, ψ_0 und $\mu_{\min}$: In Erweiterung der ALTschen Totlagenkonstruktion ergibt sich nach [236] das im Bild 4.45 dargestellte einfache Konstruktionsverfahren. An $\overline{A_0L}$ wird der Winkel $\mu_{\min}$ in A_0 angetragen und der freie Schenkel dieses Winkels mit der Geraden B_0R in U zum Schnitt gebracht. Damit liegt nach der Beziehung:

$$b\cos\mu_{\min} = d\sin(\psi_0/2) \qquad (4.86)$$

die Koppellänge b fest. Der Kreis um A_0 mit b als Radius schneidet den THALES-Kreis über $\overline{A_0B_0}$ in S, wodurch der Winkel β und damit alle Gliedabmessungen festgelegt sind. Zur Erfüllung der Bedingung $b = c$ (an Stelle von $\mu_{\min}$) trägt man auf der Senkrechten zu A_0B_0 in B_0 die Strecke $\overline{NB_0} = \overline{B_0K}$ ab. Der Strahl A_0K legt die Abmessungen des Getriebes fest (Bild 4.45).

Die Gliedlängen werden nach folgenden Beziehungen berechnet:

$$\left.\begin{aligned} a &= d\sin\beta\tan(\psi_0/2), \qquad \cos\beta = \frac{\sin(\psi_0/2)}{\cos\mu_{\min}}, \\ b &= d\cos\beta, \qquad c = \frac{d\sin\beta}{\cos(\psi_0/2)}. \end{aligned}\right\} \quad (4.87)$$

Bei der Totlagenkonstruktion nach ALT kann die Gestellänge d beliebig vorgegeben werden. Wird sie z.B. mit $\mu_{\min}$ in der Form

$$d = M_1 \cdot \cos\mu_{\min}, \qquad M_1 = d/d^* \qquad (4.88)$$

gekoppelt, so ergeben sich mit

$$\left.\begin{aligned} d^* &= \cos\mu_{\min}, \qquad d = M_1\cdot d^*, \\ b^* &= \sin(\psi_0/2), \qquad b = M_1\cdot b^* \end{aligned}\right\} \quad (4.89)$$

nach [226] die Beziehungen

$$\left.\begin{aligned} c^* &= \frac{1}{\cos(\psi_0/2)}\sqrt{\cos^2\mu_{\min} - \sin^2(\psi_0/2)}, \qquad c = M_1\cdot c^*, \\ a^* &= b^*c^*, \qquad a = M_1\cdot a^* \end{aligned}\right\} \quad (4.90)$$

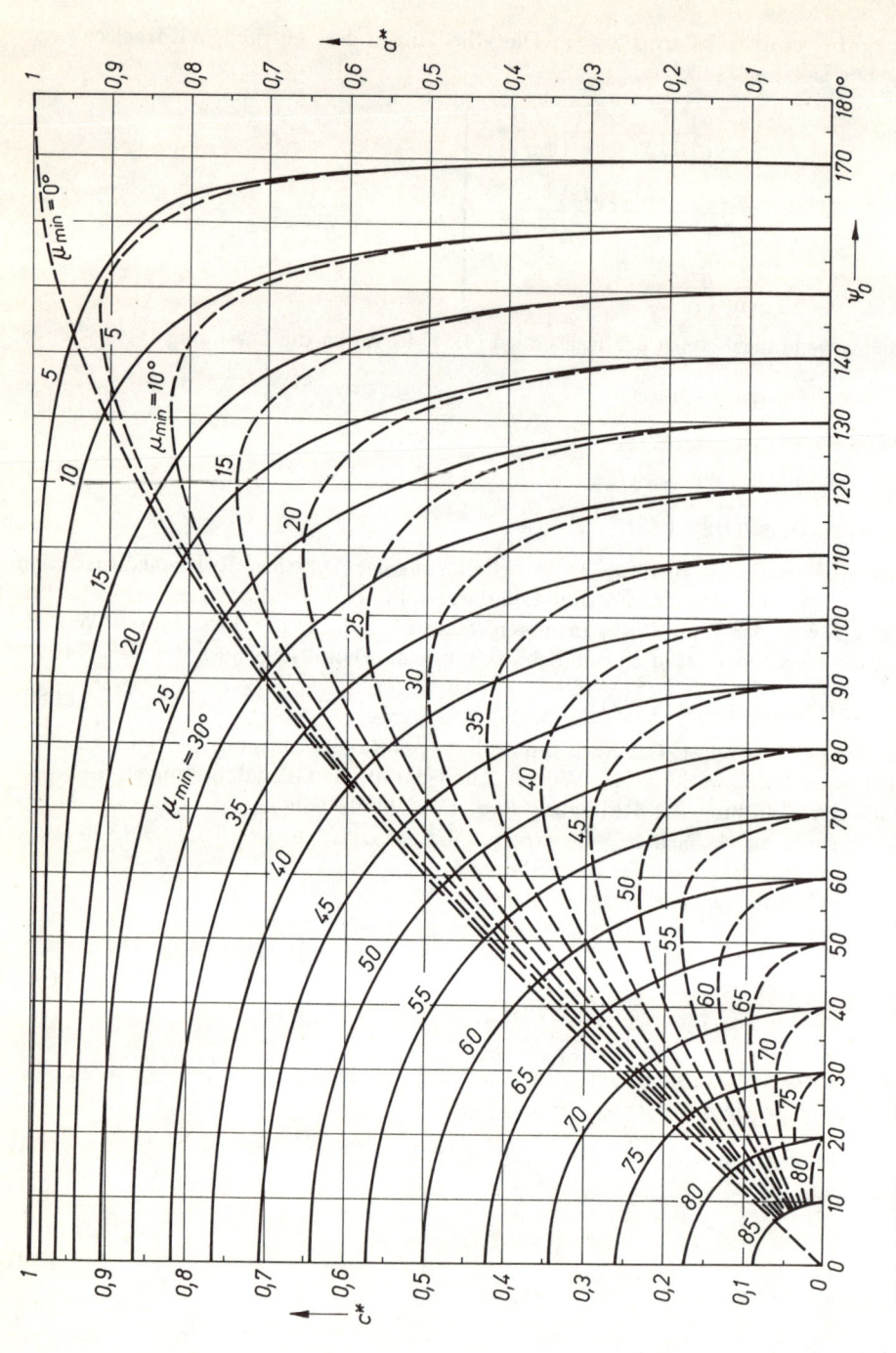

Bild 4.46: Konstruktionstafel für zentrische Kurbelschwingen

4.3 Einfache Konstruktionsverfahren

und damit nur zwei Kurvenscharen in einer entsprechenden Kurventafel, s. Bild 4.46.
Zeichnerisch werden die Gliedlängen nach Bild 4.47 wie folgt ermittelt:

Der Übertragungswinkel μ_{min} bestimmt die Gestellänge d^*, die unter Berücksichtigung des Längenmaßstabes M_1 aufzuzeichnen ist. Über $d = M_1 \cdot \cos\mu_{min}$ wird ein Halbkreis geschlagen und auf seinem Umfang mit $b = M_1 \sin(\psi_0/2)$ der Punkt Z festgelegt. An die Gerade $B_0 Z$ wird in B_0 der Winkel $\psi_0/2$ angetragen, dessen freier Schenkel die Gerade $A_0 Z$ in B schneidet. Damit sind die Gliedlängen $a = BZ$ und $c = B_0 B$ bekannt.

> Lehraufgabe:
> Konstruktion einer zentrischen Kurbelschwinge für $\psi_0 = 60°$ und $\mu_{min} = 50°$ mittels Kurventafel in Bild 4.46.
> In der Kurventafel schneidet die Senkrechte durch $\psi_0 = 60°$ die gestrichelte Parameterkurve für $\mu_{min} = 50°$ in einem Punkt, dessen Ordinate den Wert a^* ergibt. Des weiteren schneidet die gleiche Senkrechte die ausgezogene Parameterkurve für $\mu_{min} = 50°$ in einem zweiten Punkt, dessen Ordinate den Wert c^* liefert. Die dimensionslosen Gliedlängen:
>
> $$c^* \approx 0{,}47 \; (genau: 0{,}4665), \quad a^* \approx 0{,}23 \; (genau: 0.2333),$$
>
> $$b^* \sin(\psi_0/2) = 0.5, \quad d^* = \cos\mu_{min} = 0{,}6428$$
>
> werden über den Längenmaßstab M_1 entsprechend (4.89) in die tatsächlichen Gliedlängen umgerechnet.

Getriebeabmessungen für gleichschenklige zentrische Kurbelschwingen:
Aus Bild 4.43 lassen sich für zentrische Kurbelschwingen die Beziehungen

$$d^2 = b^2 + z^2 \quad und \quad z^2 + a^2 = c^2,$$

ablesen, die zu der Grundformel

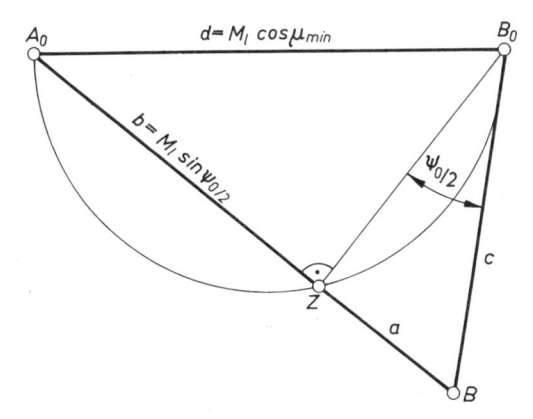

$$a^2 + d^2 = b^2 + c^2 \tag{4.91}$$

Bild 4.47: Zeichnerische Ermittlung der Gliedlängen einer zentrischen Kurbelschwinge bei Vorgabe von d, ψ_0 und μ_{min}

führen. Die grafische Interpretation zeigt das Bild 4.48, und zwar für gleichschenklige zentrische Kurbelschwingen ($b = c$). Für $b \neq c$ läßt sich das Sehnenviereck des Bildes 4.48 in analoger Weise darstellen.

Bei gleichschenkligen zentrischen Kurbelschwingen kann bei Vorgabe des Totlagenwinkels ψ_0 und einer Gliedlänge der Winkel $\mu_{\min}$ nicht zusätzlich vorgeschrieben werden. Ist die Kurbellänge a bekannt, dann wird entsprechend Bild 4.48 die Schwingenlänge c und somit auch $b = c$ ermittelt. Damit liegt der Durchmesser AB_0 des THALES-Kreises über dem rechtwinkligen Dreieck ABB_0 fest. Der Kreis um A mit a liefert A_0, so daß die Gestellänge d bekannt ist. Bei Vorgabe der Gliedlänge $b \neq c$ kann in analoger Weise verfahren werden.

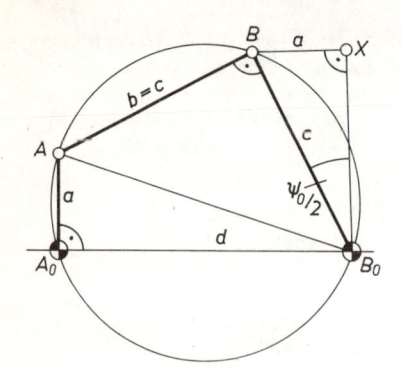

Bild 4.48: Gleichschenklige zentrische Kurbelschwinge als Sehnenviereck, $a^2 + d^2 = 2c^2$

Wird außer ψ_0 die Steglänge d vorgegeben (Bild 4.45), so lassen sich die übrigen Gliedlängen und $\mu_{\min}$ nach folgenden Gleichungen berechnen:

$$a^2 = \frac{d^2 \sin^2(\psi_0/2)}{1 + \cos^2(\psi_0/2)}, \quad b = c = \frac{a}{\sin(\psi_0/2)}, \quad \cos\mu_{\min} = \frac{ad}{b^2}. \quad (4.92)$$

Um aus der Vielzahl der zentrischen Kurbelschwingen (Bild 4.45) diejenige herauszufinden, bei der $b = c$ ist, muß die Bedingung

$$\tan\beta = \cos(\psi_0/2) \quad (4.93)$$

erfüllt werden. Zu ihrer Realisierung wird auf $A_0 B_0$ in B_0 die Senkrechte errichtet. Der Kreis um B_0 mit $B_0 N$ als Radius schneidet diese in K. Wird K mit A_0 verbunden, dann liegen die Abmessungen der gleichschenkligen zentrischen Kurbelschwinge fest [236]; sie ist im Bild 4.45 gestrichelt eingezeichnet.

Schubkurbel

In der Totlagenstellung der Schubkurbel entsprechen zwei unendlich benachbarten Lagen der Kurbel zwei identische Lagen des Gleitsteines. Im Bild 4.49 stellen $A_0 A_i B_i B_0^\infty$ die *innere* und $A_0 A_a B_a B_0^\infty$ die *äußere Totlagenstellung* der Schubkurbel dar. Aus der Anschauung ist des weiteren sofort erkennbar, daß in der senkrechten oberen Kurbelstellung der Kleinstwert $\mu_{\min}$ des Übertragungswinkels erreicht wird. Das Zeitverhältnis für Hin- und Rückgang des Gleitsteines ist durch das Verhältnis der Kurbeldrehwinkel $\varphi_0 : \varphi_0'$, der Schubweg durch die Länge $h = \overline{B_i B_a}$ gegeben. Während

4.3 Einfache Konstruktionsverfahren

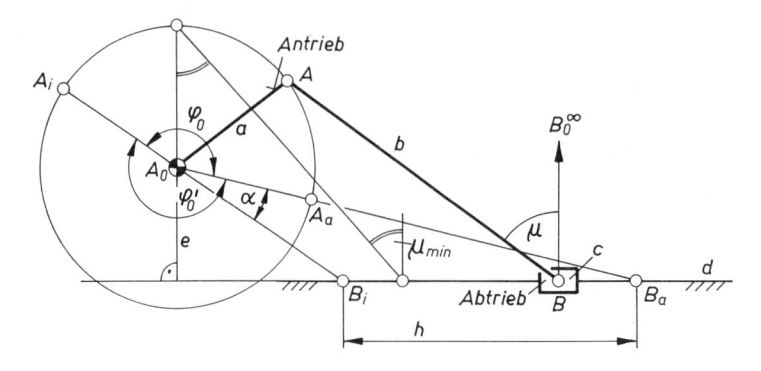

Bild 4.49: Schubkurbel in innerer und äußerer Totlagenstellung sowie Getriebestellung mit μ_{min}

des Totlagenwinkels φ_0 soll der Gleitstein c von der inneren Totlage B_i in die äußere Totlage B_a gelangt sein.

Bei der Lösung dieser Aufgabe ist an $\overline{B_i B_a}$ in B_a der Winkel $\varphi_0 - 90°$ anzutragen und der freie Schenkel mit dem Mittellot auf $\overline{B_i B_a}$ in M zum Schnitt zu bringen, s. Bild 4.50. Aus der Polkonfiguration für die speziellen Koppellagen AB der Schubkurbel in den beiden Totlagenstellungen resultiert der Zerfall der Mittelpunktkurve in den Kreis m um M und die Gerade NT; ihr brauchbarer Bereich liegt zwischen den Punkten L und B_i. Die zugehörige Kreispunktkurve k_a ergibt sich als Kreis über der Strecke NB_1 als Durchmesser. Das Strahlbüschel durch B_a schneidet k_a und m in den zugeordneten Punkten A_a und A_0. Jeder Strahl durch B_a liefert somit die Abmessungen eines Schubkurbelgetriebes in der äußeren Totlagenstellung [109]. Innerhalb des Bereiches LB_i ergibt sich ein Schubkurbelgetriebe mit maximalem μ_{min}. Die zugehörige Versetzung e dieses Getriebes kann der Kurventafel in Bild 4.51 entnommen werden [241].

Wird einer 5. Lage der Kurbel eine 5. Lage des Gleitsteines zugeordnet, so kann diese Aufgabe mit Hilfe der kurbelparallelen Ebene nach ROESSNER gelöst werden [90].

Lehraufgabe:
Konstruktion einer Schubkurbel für $h = 100$ mm und $\varphi_0 = 160°$ (Zeitverhältnis für Hin- und Rückgang des Gleitsteines 4:5) mittels Kurventafel in Bild 4.51.
In der Kurventafel sind alle Gliedabmessungen auf den Gleitsteinhub h bezogen. Auf der gestrichelten Kurve liegen die Maximalwerte von μ_{min}. Bei $\varphi_0 = 160°$ ergibt sich für eine Schubkurbel mit $max\,\mu_{min} \approx 43°$ das Verhältnis $e/h = 0,378$ und damit eine Versetzung von $e = 37,8$ mm. Das Schubstangenverhältnis $\lambda = a/b = 0,406$ und die auf den Hubweg h bezogenen Gliedabmessungen sind der Kurventafel in Bild 4.52 zu entnehmen.

Kurbelschleife

Für die Totlagenkonstruktion einer schwingenden Kurbelschleife gilt nach Bild 4.53 die Beziehung:

$$\varphi_0 - \psi_0 = 180°.$$

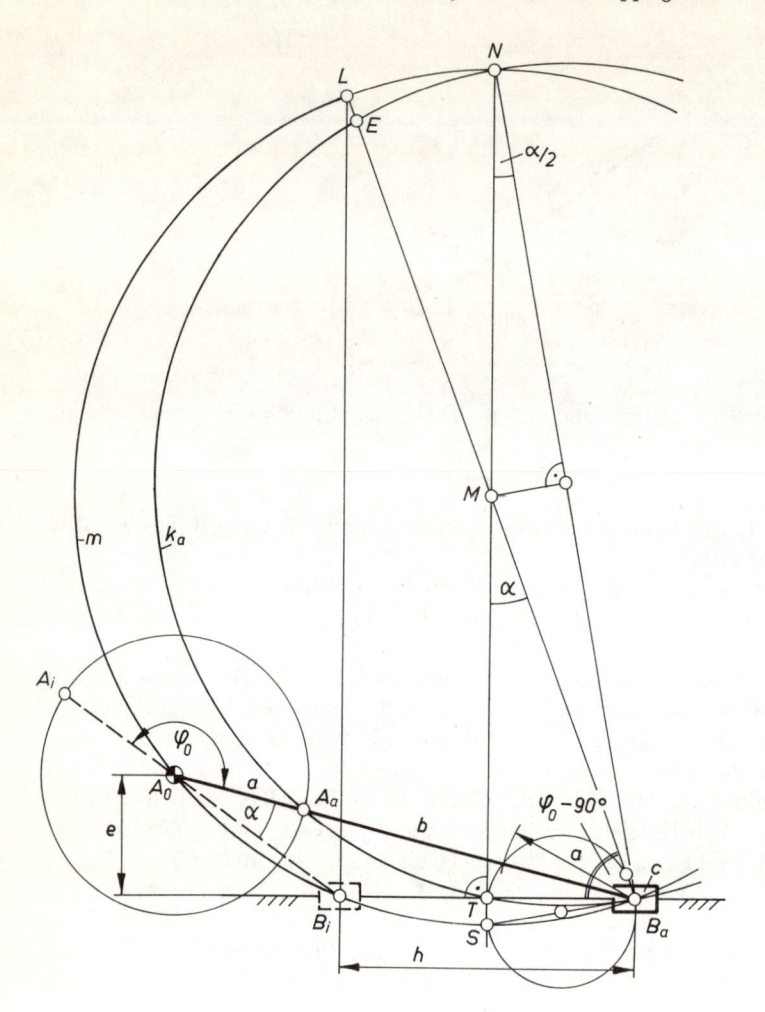

Bild 4.50: ALTsche Totlagenkonstruktion der Schubkurbel

An der Steggeraden A_0B_0 werden die Winkel $-\varphi_0/2$ und $-\psi_0/2$ im Sinne der Drehung in die Bezugslage (äußere Totlage) angetragen. Ihre freien Schenkel schneiden sich im Relativpol R. Wird die Schleife in der äußeren Totlage als Bezugslage gewählt, dann zerfällt die Mittelpunktkurve m_0 in die beiden aufeinander senkrecht stehenden Geraden RB_0 und A_0R und die Ferngerade. Die Kreispunktkurve wird durch die Gerade A_0R und den Kreis k_1 mit $\overline{A_0R}$ als Durchmesser dargestellt. Ein Strahl durch A_0 unter dem Winkel β liefert die Abmessungen einer versetzten Kurbelschleife $A_0A_aB_a^\infty B_0$ in der äußeren Totlagenstellung. Die Schleifenrichtung RA_a schneidet den THALES-Kreis k_G über $\overline{RB_0}$ in G_a, wodurch die Versetzung $e = \overline{B_0G_a}$ festgelegt ist. Für die zentrische Kurbelschleife verläuft die Schleifenrichtung durch RB_0. Als Zusatzbedingung kann die Vorgabe einer Kurbellänge a, einer Versetzung e oder einer Zwischenlage realisiert werden. Bei Wahl des Totlagenwinkels ψ_0 sowie einer Gliedlänge a oder e

4.3 Einfache Konstruktionsverfahren

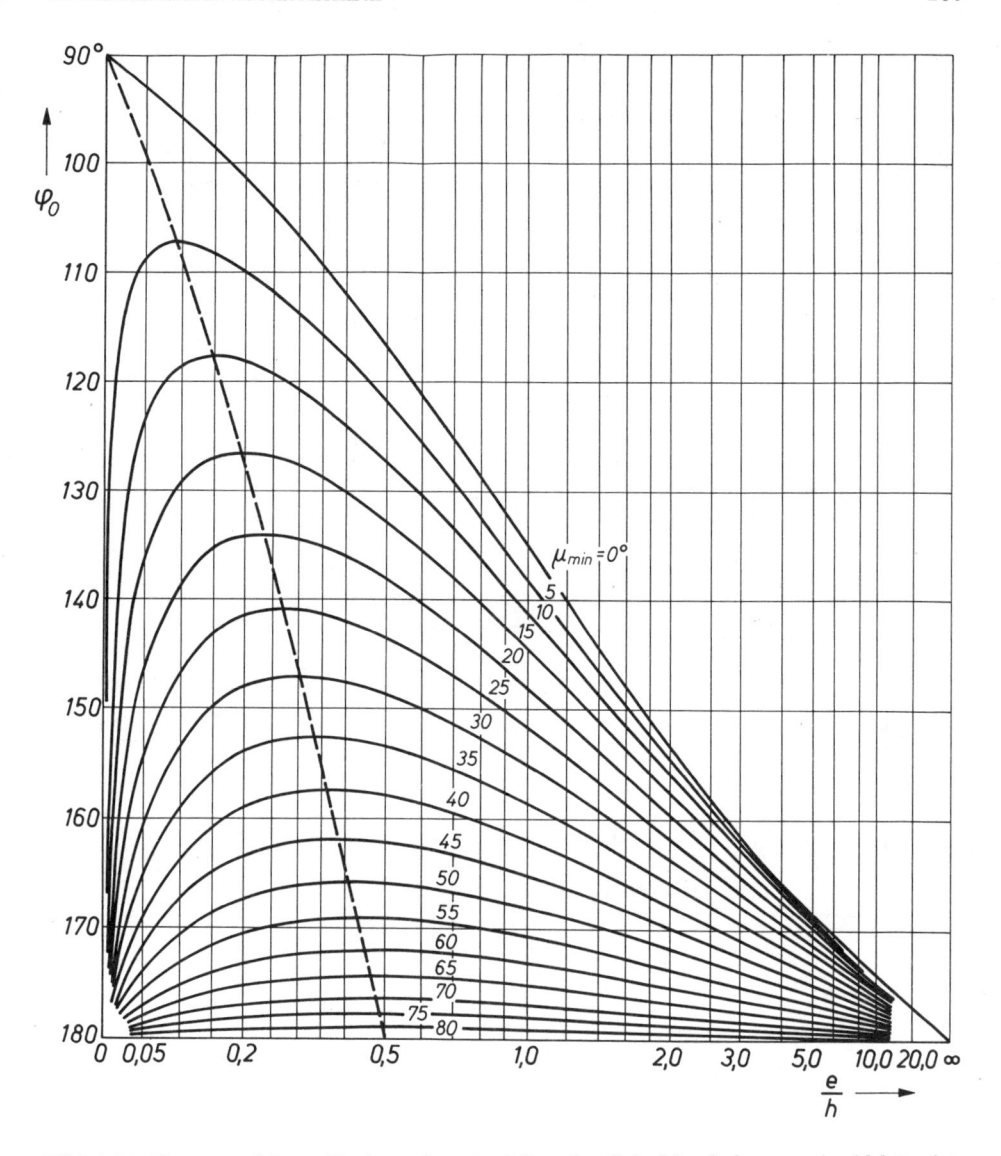

Bild 4.51: Kurventafel zur Totlagenkonstruktion der Schubkurbel, μ_{min} in Abhängigkeit von φ_0 und e/h

läßt sich die andere nach folgender Beziehung berechnen [134]:

$$\frac{a^2}{d^2} = \sin^2(\psi_0/2) - \frac{e^2}{d^2}\tan^2(\psi_0/2).$$

Die Gestellänge d fungiert dabei als bekannte Bezugsgröße. Ist der Winkel β gegeben, so gelten die Gleichungen:

$$d \cdot \cos\beta = a + e$$

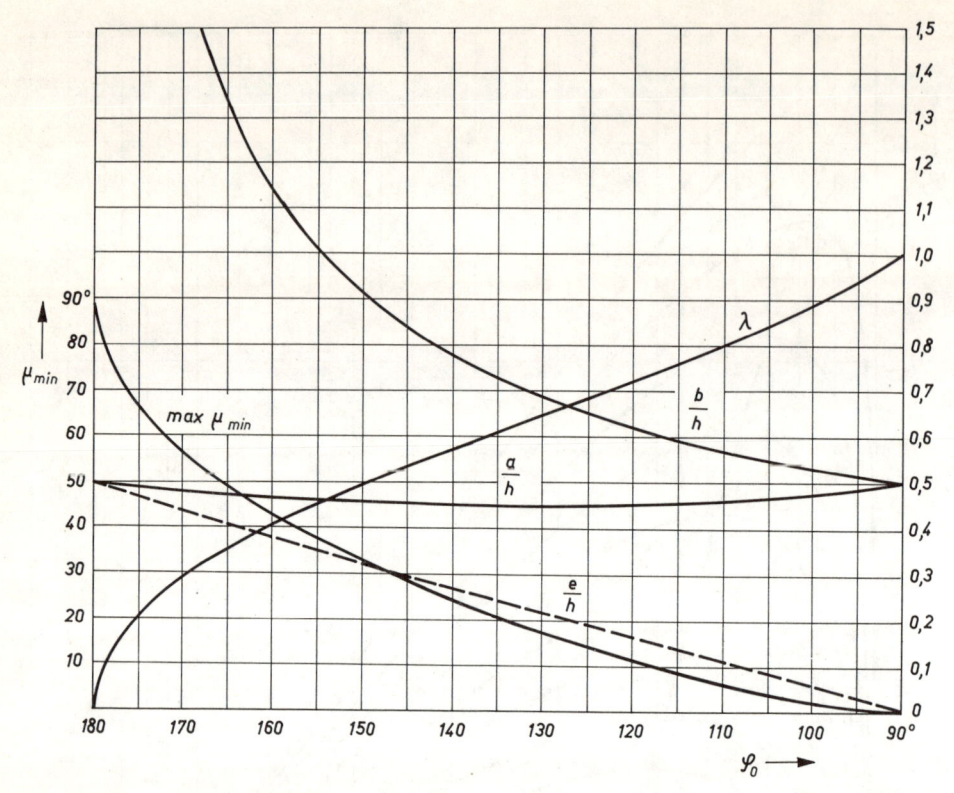

Bild 4.52: Konstruktionstafel für optimale Schubkurbeln hinsichtlich $max\mu_{min}$, Gliedlängen bezogen auf den Hubweg h

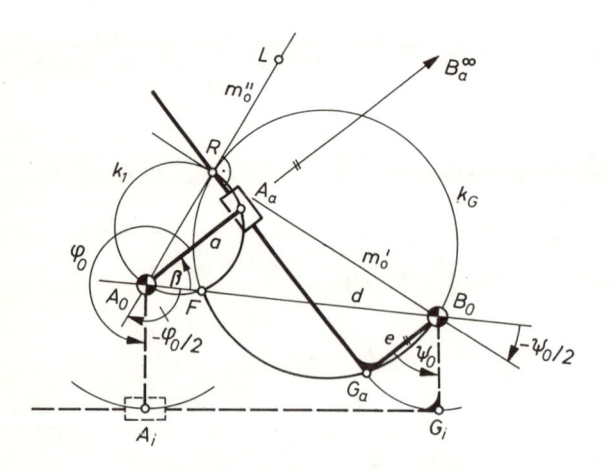

Bild 4.53: Totlagenkonstruktion der Kurbelschleife

und

$$d \cdot \cos(\psi_0/2) = e/\sin(\pi/2 - \beta - \psi_0/2).$$

Damit ist die analytische Bestimmung der Gliedlängen bei Vorgabe verschiedener Größen möglich. Die Realisierung einer 5. Lagenzuordnung ist in [161] dargelegt.

Kurbelschwingen ergeben sich dann, wenn B_1 auf dem Strahl A_0R außerhalb der Strecke $\overline{A_0L}$ gewählt wird. Die Kurbellänge a ist dabei stets gleich der Strecke $\overline{A_0R}$, s. auch Bild 4.41c.

4.3.2 Lenkergeradführungen

Lenkergeradführungen dienen dazu, einen Koppelpunkt auf einer vorgeschriebenen Bahn näherungsweise geradezuführen. Als Beispiel sei der Wippkran genannt, bei dem die Schnabelrolle für den horizontalen Lasttransport eine größere Wegstrecke annähernd geradlinig durchlaufen muß.

Kurbelschwinge als Geradführungsgetriebe

Ausgangspunkt dieser Konstruktion ist die von LICHTENHELDT [66] vorgeschlagene paarweise Vorgabe von je zwei parallelen Ebenenlagen, und zwar ausgehend von dem Schubkurbelprinzip. Im Bild 4.54 ist A_0 der Drehpunkt der Antriebskurbel einer zentrischen Schubkurbel. Die Schubrichtung wird waagerecht angenommen, und der Winkel φ_g, über den sich die Geradführung erstrecken soll, ist vorgeschrieben. Der Winkel $\varphi_g/2$ wird an die Senkrechte zur Geradführung in A_0 nach beiden Seiten angetragen. Die Parallelen zu dieser Senkrechten im Abstand der halben Geradführungslänge bestimmen die Kurbelgelenkpunkte A_1 und A_4. Die Punkte A_2 und A_3 werden so ermittelt, daß alle Kurbelgelenkpunkte gleichweit voneinander entfernt sind. Die Länge s der Geradführung entspricht der Entfernung der Punktlagen D_1 und D_4, wobei $\overline{A_4D_4}$ gleich $\overline{A_1D_1}$ sein muß. A_1 und D_1 sind die beiden Gelenkpunkte der Koppel einer zentrischen Schubkurbel; das Konstruktionsverfahren ist aber auch für versetzte Schubkurbeln anwendbar.

Von den vier Koppellagen $\overline{A_1D_1}...\overline{A_4D_4}$ sind je zwei Lagen einander parallel, so daß von den sechs Polen zwei im Unendlichen liegen ($P_{14}^\infty, P_{23}^\infty$). Die beiden anderen Gegenpolpaare bilden ein Parallelogramm. Die Mittelpunktkurve m_0 zerfällt in eine gleichseitige Hyperbel und die unendlich ferne Gerade. Die Kreispunktkurve k_1 zerfällt in zwei aufeinander senkrecht stehende Geraden (durch die Pole $P_{12}, P_{13}, P_{24}^1, P_{34}^1$) und die unendlich ferne Gerade. Durch P_{12} und D_1 ist die eine und durch A_1 ist die dazu senkrechte Gerade bestimmt (Schnittpunkt L). Auf A_1L kann ein Gelenkpunkt B_1 willkürlich gewählt werden (Bild 4.55), seine homologen Lagen $B_1...B_4$ liegen auf einem Kreis. Der Mittelpunkt B_0 dieses Kreises ist der Schnittpunkt einer Senkrechten zur Geradführungsrichtung im Abstand $s/2$ von B_1 und dem Mittellot zu $\overline{B_1B_2}$, wobei B_2 durch die kongruenten Dreiecke

$$\triangle A_1B_1D_1 \cong \triangle A_2B_2D_2$$

bestimmt ist. In dieser Weise entsteht das Viergelenkgetriebe A_0ABB_0, dessen Koppelpunkt D die Punktlagen $D_1...D_4$ durchläuft.

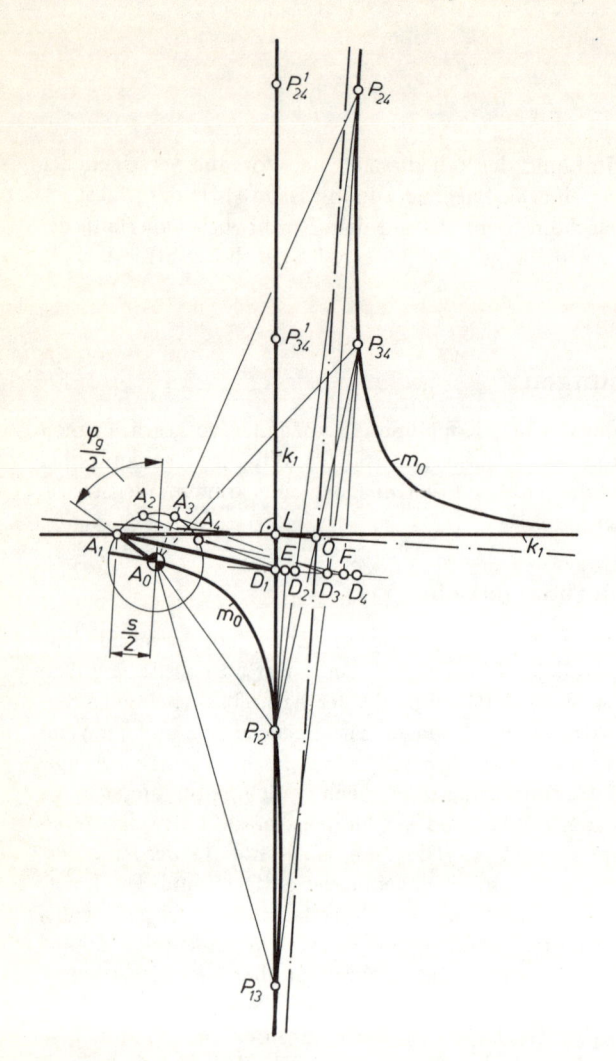

Bild 4.54: Mittelpunktkurve m_0 und Kreispunktkurve k_1 in dem Sonderfall, bei dem vier Lagen einer Ebene paarweise parallel sind

Wippkran als Geradführungsgetriebe

Eine Wippkrankonstruktion läßt sich unmittelbar aus Bild 4.55 ableiten. Die horizontale Geradführungslänge s, die Lage des festen Drehpunktes A_0 der vorderen Gelenkstütze und ihre Länge sind vorgeschrieben (Bild 4.56) [173]. Der Kreis um A_0 mit dieser Länge schneidet die Parallele zur Senkrechten durch A_0 im Abstand $s/2$ im Gelenkpunkt A_1, sein Symmetriepunkt zu dieser Senkrechten ist der Gelenkpunkt A_4. Dazwischen liegen in gleichem Abstand voneinander die Punkte A_2 und A_3, so daß die vier Koppellagen $\overline{A_1 D_1}...\overline{A_4 D_4}$ paarweise zueinander parallel sind. Die Mittelsenkrechten von $\overline{A_1 A_2}$ und $\overline{D_1 D_2}$ schneiden sich in P_{12}. Der Pol P_{12} wird mit D_1 verbunden und auf diese Verbindungsgerade von A_1 aus das Lot gefällt (Kreispunkt-

4.3 Einfache Konstruktionsverfahren

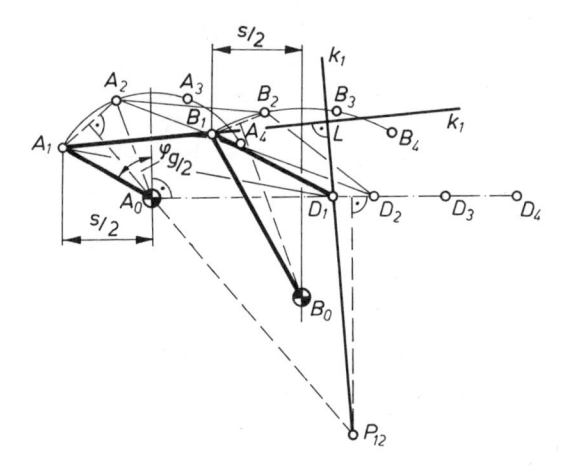

Bild 4.55: Kurbelschwinge mit geradegeführtem Koppelpunkt D

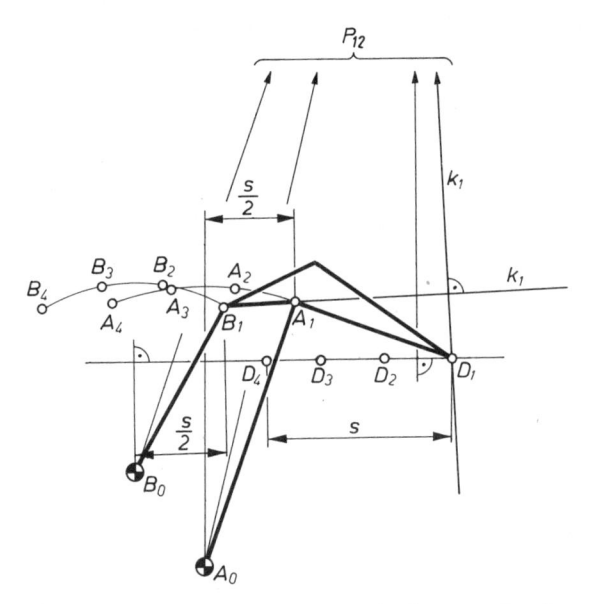

Bild 4.56: Konstruktion eines Wippkranmechanismus bei vier vorgegebenen paarweise parallelen Lagen des Auslegers

kurve k_1), auf dem der Gelenkpunkt B_1 der hinteren Gelenkstütze beliebig gewählt werden kann. Ihr fester Drehpunkt B_0 ist der Schnittpunkt der Senkrechten im Abstand $s/2$ von B_1 mit der Mittelsenkrechten auf B_1B_2, wobei B_2 aus der Kongruenz der Dreiecke

$$\triangle A_1 D_1 B_1 \cong \triangle A_2 D_2 B_2$$

hervorgeht.

Um einer höheren Anforderung hinsichtlich der Genauigkeit der Geradführung gerecht zu werden, wird der BALLsche Punkt (Abschnitt 3.1.7) in den Mittelpunkt der Schnabelrolle gelegt. Der BALLsche Punkt ist bekanntlich der Schnittpunkt der Kreisungspunktkurve mit dem Wendekreis, s. Bild 4.57. Daher muß diese Geradführung eine vierpunktig berührende Tangente besitzen. Im Bild 4.57 ist D der Mittelpunkt der Schnabelrolle und A_0 der feste Drehpunkt der vorderen Gelenkstütze. Die Schnabelrolle befindet sich bezüglich der Geradführung in der mittleren Lage. Der Momentanpol P ist bestimmt als Schnittpunkt der Senkrechten durch D und der Richtung der vorderen Gelenkstütze. Die Richtung der hinteren Gelenkstütze geht durch P und kann gewählt werden; konstruktive Richtlinien hierfür liegen im Kranbau vor. Liegt entsprechend Bild 4.57 der BALLsche Punkt in D, dann schneiden sich in ihm der Wendekreis k_W, die Kreisungspunktkurve und auch die *Fokalachse* f der Angelpunktkurve [221]. Wird der Hauptbrennpunkt G der Angelpunktkurve in A_0 gelegt, dann ist die Polbahnnormale n die Halbierende des Winkels $\sphericalangle DPA_0$. Sie schneidet sich mit der Waagerechten durch D im *Wendepol W*; PW ist der Durchmesser des Wendekreises k_W. Senkrecht zu n durch P verläuft die Polbahntangente t. Eine beliebige Senkrechte zur hinteren Gelenkstütze schneidet n und t in K bzw. L; den Mittelpunkt der Strecke $\overline{KL}$ nennen wir Z. Die Mittelsenkrechte auf PA_0 trifft die Gerade PZ in M, dem Mittelpunkt eines Kreises durch P und $A_0 = G$, der die Richtung der hinteren

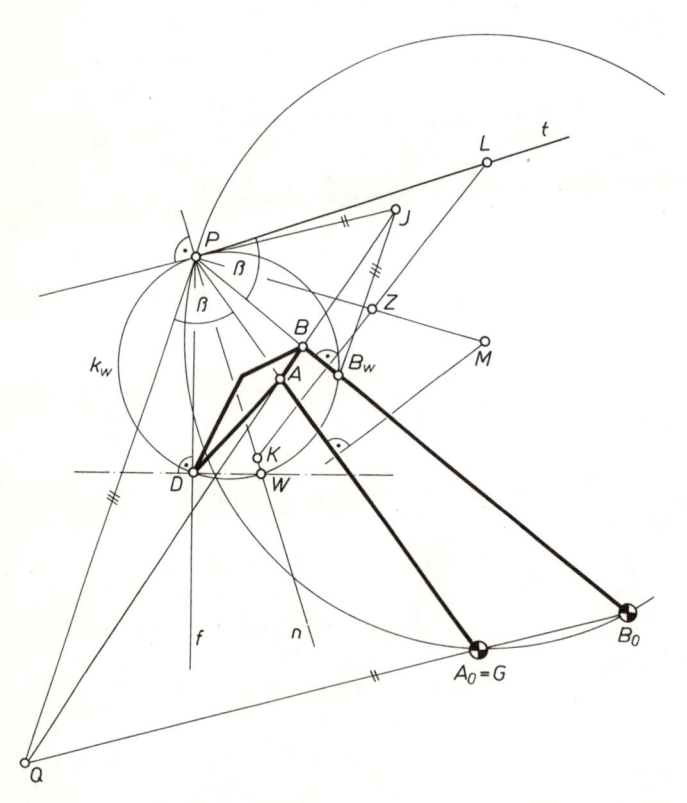

Bild 4.57: Wippkranmechanismus mit BALLschem Punkt D

4.3 Einfache Konstruktionsverfahren

Gelenkstütze im gesuchten Drehpunkt B_0 schneidet. Der Punkt Q der *Kollineationsachse* PQ ist der Schnittpunkt der Geraden A_0B_0 mit dem an PA_0 in P angetragenen Winkel β, der ebenso groß ist wie der Winkel zwischen der Polbahntangente und der hinteren Gelenkstütze. Der Wendekreis schneidet die hintere Gelenkstütze in B_W. Eine Parallele zu PQ durch B_W schneidet die Parallele zu QA_0 durch P in J. Die beiden Gelenkpunkte A und B der vorderen und hinteren Gelenkstütze liegen aber auf der Geraden QJ und sind damit eindeutig bestimmt. Die Ausmaße des Wippkranauslegers sind durch die Koppel AB und den Koppelpunkt D (Mittelpunkt der Schnabelrolle) festgelegt. D beschreibt eine Koppelkurve mit vierpunktig berührender Tangente und wird mit großer Genauigkeit auf einem Geradenstück geführt [197].

Die Änderungen der Größenverhältnisse des Auslegers zu den Gelenkstützen soll unter folgenden Voraussetzungen geschehen: Die Lage der Punkte D, P und J bleibt erhalten, und damit darf auch die Richtung der beiden Gelenkstützen nicht geändert werden. Die Verbindungsgeraden der Schnittpunkte der Gelenkstützen mit den durch P gehenden Kreisen, deren Mittelpunkte auf der Geraden PZ liegen, sind parallel. Es können daher beliebige Parallelen zu A_0B_0 gezeichnet werden, die die Punkte $A'_0B'_0Q'$, $A''_0B''_0Q''$, ... bestimmen (Bild 4.58), und die zugehörigen Gelenkpunkte $A'B'$, $A''B''$, ... liegen auf den Geraden $Q'J$, $Q''J$, ...

Wird vom Kranbau zusätzlich die Forderung gestellt, daß der Mittelpunkt der Schnabelrolle auf der Koppelgeraden AB liegt, dann wird die Gerade durch J und D

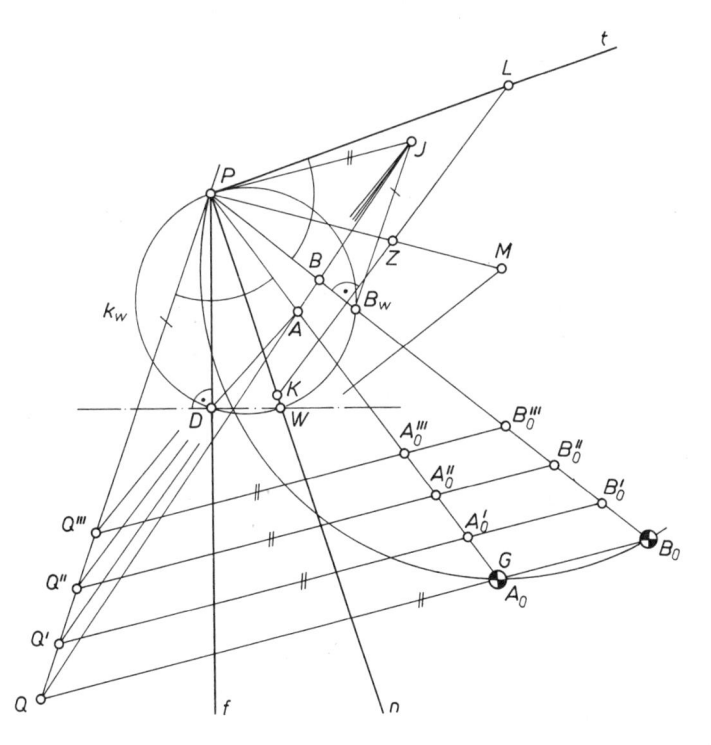

Bild 4.58: Konstruktionstafel zur Ermittlung der Abmessungen für Wippkranmechanismen

gezeichnet, und auf ihr liegen die Punkte Q'', A'', B''. Die Parallele zu $A_0 B_0$ durch Q'' bestimmt die festen Drehpunkte A_0'', B_0'' der vorderen bzw. hinteren Gelenkstütze.

Die Anwendung der Konstruktionstafel für ein gewünschtes Größenverhältnis der Gelenkstützen zum Ausleger zeigt Bild 4.59. Der Mittelpunkt D der Schnabelrolle, die Richtung der Gelenkstützen und der Momentanpol P liegen fest. Nach Bild 4.57 werden die Kollineationsachse, die Gerade g und der Punkt J für einen beliebigen Hauptbrennpunkt G auf der Richtung der vorderen Gelenkstütze ermittelt. Jede Parallele zu g bestimmt zwei Gestelldrehpunkte A_0 und B_0 sowie einen Punkt Q, dessen Verbindungsgerade mit J die Gelenkpunkte A und B festlegt [176].

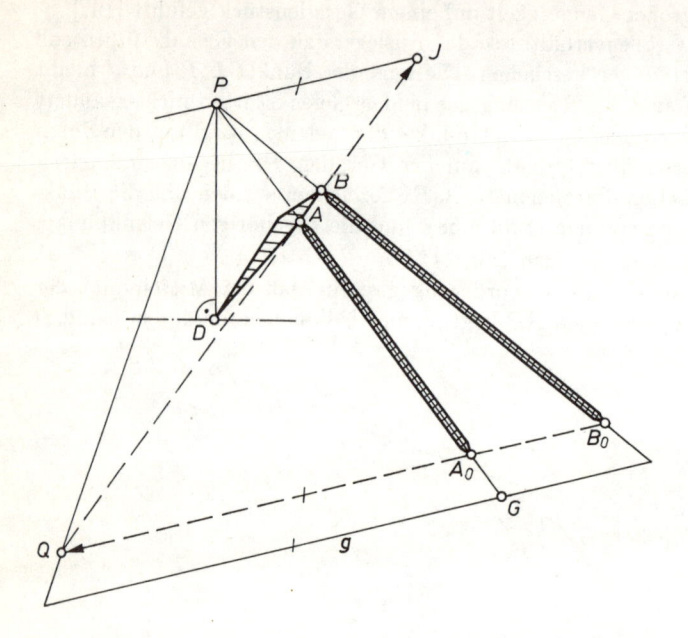

Bild 4.59: Anwendung der Konstruktionstafel des Bildes 4.58

Schubkurbel als Geradführungsgetriebe

Die Konstruktion einer vierpunktigen Lenkergeradführung ist im Bild 4.60 dargestellt. Eine Unterteilung der Geradführungslänge $L = \overline{K_1 K_4}$ in drei gleiche Teile liefert die homologen Punkte K_1, K_2, K_3, K_4. Nach Wahl der Koppellänge $\overline{KB}$ ergeben sich auf der Mittelsenkrechten zu $\overline{K_1 K_4}$ die zugehörigen Punkte $B_1 = B_4$ und $B_2 = B_3$. Auf Grund der vorliegenden Polkonfiguration zerfällt die Mittelpunktkurve in die beiden aufeinander senkrecht stehenden Geraden m_0', m_0'' und die Ferngerade; die Kreispunktkurve zerfällt in den Kreis k_1'' und die Gerade k_1'.

Auf m_0' wird A_0 beliebig gewählt und mit P_{12} verbunden. $K_1 P_{12}$ schließt mit der Mittelsenkrechten auf $\overline{K_1 K_2}$ den Winkel α_{12} ein. Dieser Winkel α_{12} wird an $A_0 P_{12}$ in P_{12} in entgegengesetzter Richtung angetragen. Sein freier Schenkel schneidet k_1' in dem Gelenkpunkt A_1. Durch Veränderung des Punktes A_0 auf m_0' ergeben sich unterschiedliche Formen der Schubkurbel als Lenkergeradführung, s. Bild 4.61 [171, 239].

4.3 Einfache Konstruktionsverfahren

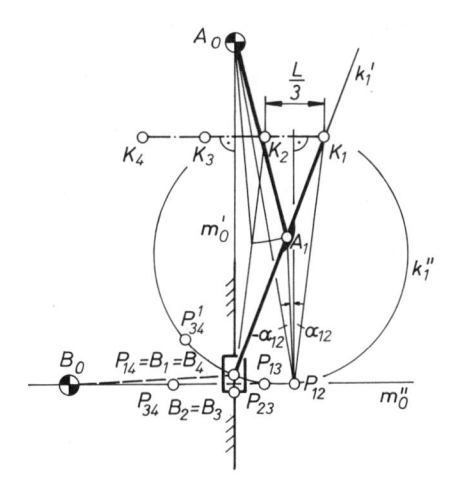

Bild 4.60: Schubkurbel als Geradführungsgetriebe

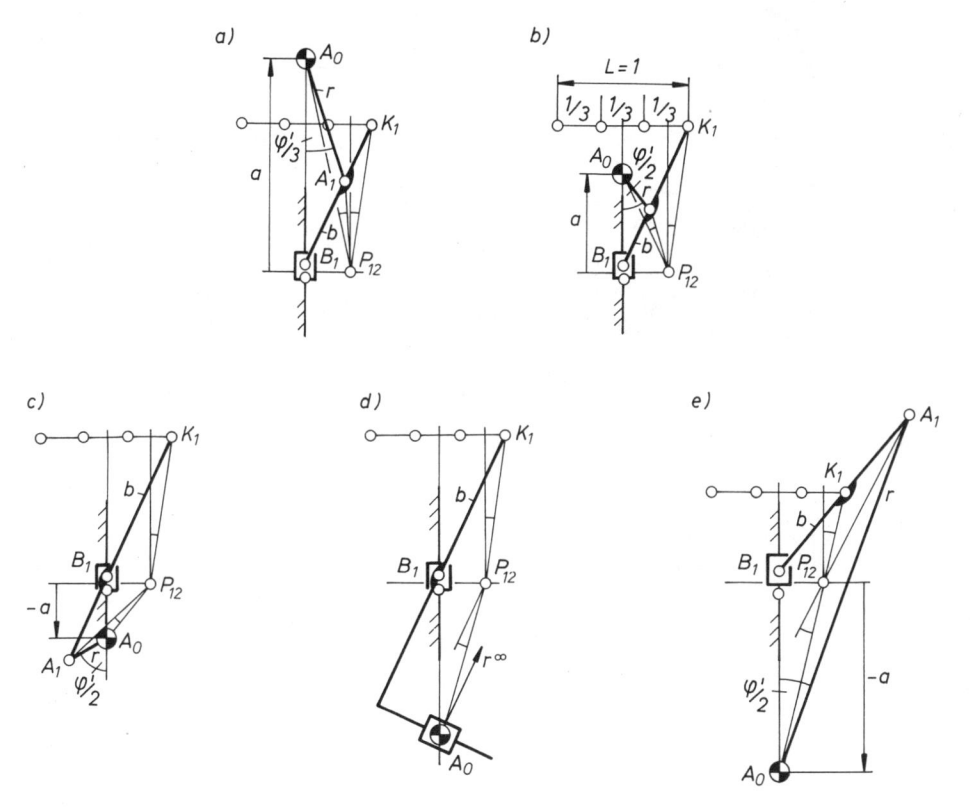

Bild 4.61: Viergliedrige Lenkergeradführungen: a,b) Parameter a positiv, c) bis e) Parameter a negativ, d) Schubschleife für angenäherte Geradführung

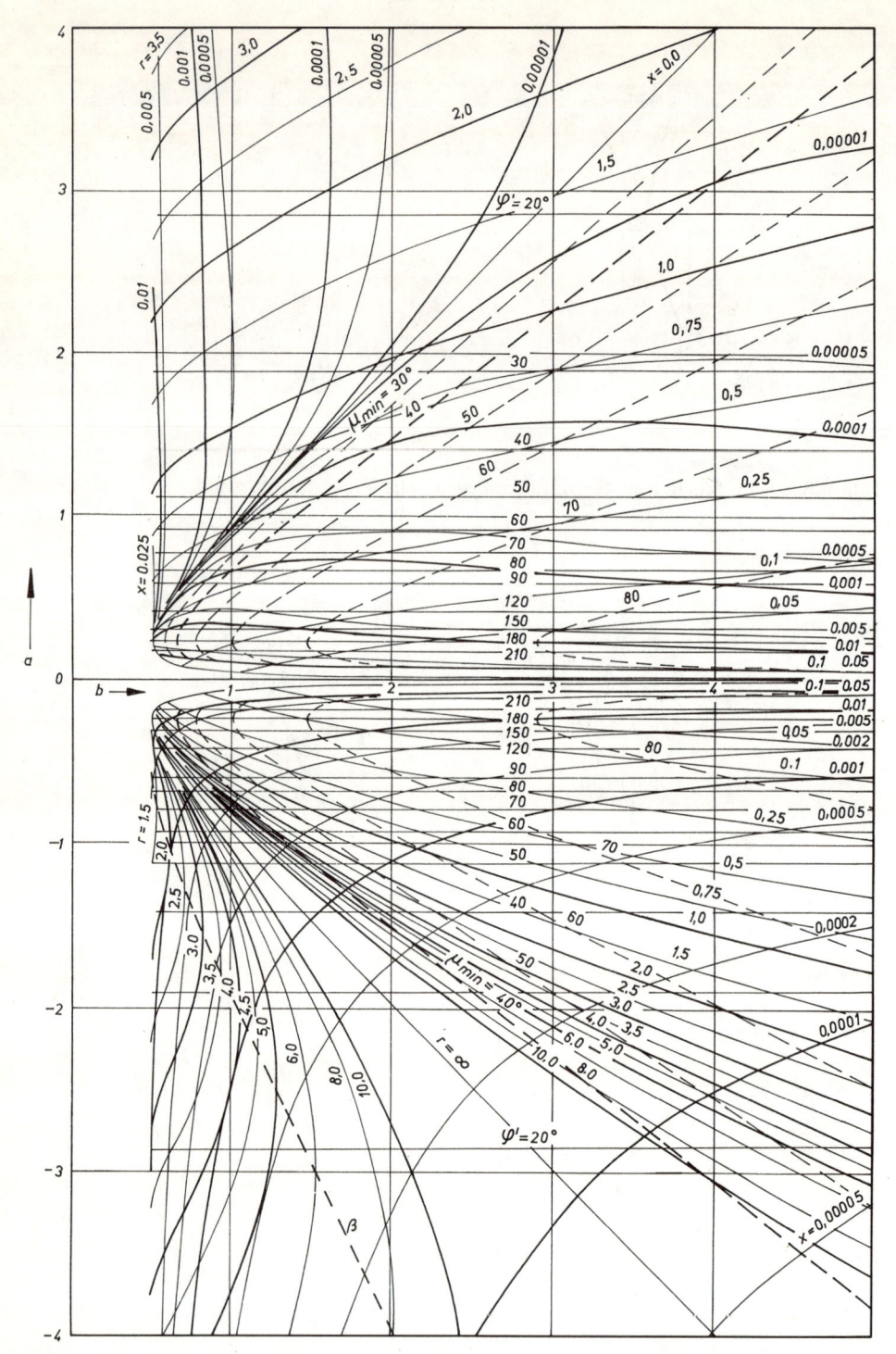

Bild 4.62: Konstruktionstafel zur Ermittlung von Lenkergeradführungen nach Bild 4.61

4.3 Einfache Konstruktionsverfahren

Die zwischen den einzelnen Getriebeparametern:

- Länge der Geradführung $L = 1$,
- Koppellänge $b = \overline{K_1 B_1}$,
- Kurbellänge $r = A_0 A_1$,
- Drehwinkel φ' der Kurbel (für Geradführungslänge),
- Abstand a zur Festlegung des Kurbeldrehpunktes A_0,
- Abweichung x von der Geradführung

bestehenden Beziehungen lassen sich in einer Kurventafel zusammenfassen, s. Bild 4.62. Alle Abmessungen sind auf die Geradführungslänge $L = 1$ bezogen. Auf der Ordinate ist der Abstand a und auf der Abszisse die Koppellänge b abgetragen.

Lehraufgabe:
Konstruktion eines Geradführungsgetriebes für $L = 100\,\text{mm}$, $\varphi' = 90°$ und $x \leq 0,005 = 0,5\,\text{mm}$.
Aus der Kurventafel werden für diese Forderungen die Werte $a \approx -0,595$, d.h. $a = -59,5\,\text{mm}$ und $b \approx 1,25 = 125\,\text{mm}$ entnommen. Der Kurbelradius ergibt sich zu $r \approx 0,70 = 70\,\text{mm}$. Während die Geradführungslänge durchlaufen wird, dreht sich die Kurbel um $\varphi' \approx 90°$. Der kleinste Übertragungswinkel von $\mu_{\min} = 52°$ ist in diesem Falle ohne Belang, da das Getriebe nicht umläuft.
Die konstruktive Ausführung dieses Getriebes mit den Werten $a = -0,595$ und $b = 1,25$ zeigt Bild 4.63. Der Gleitstein bei B kann zweckmäßigerweise durch eine lange Schwinge BB_0 ersetzt werden, wobei B_0 möglichst auf der Mittelsenkrechten von $B_1 B_2$ zu wählen ist.

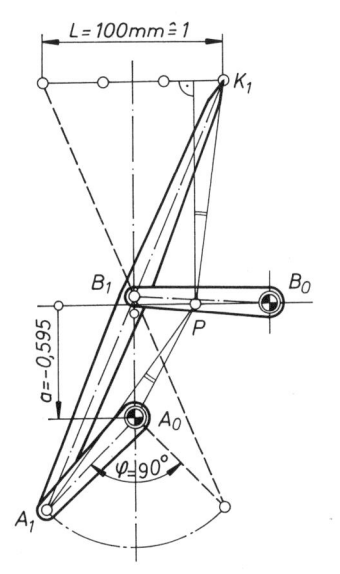

Bild 4.63: Konstruktion eines Geradführungsgetriebes für $\varphi = \varphi' = 90°$

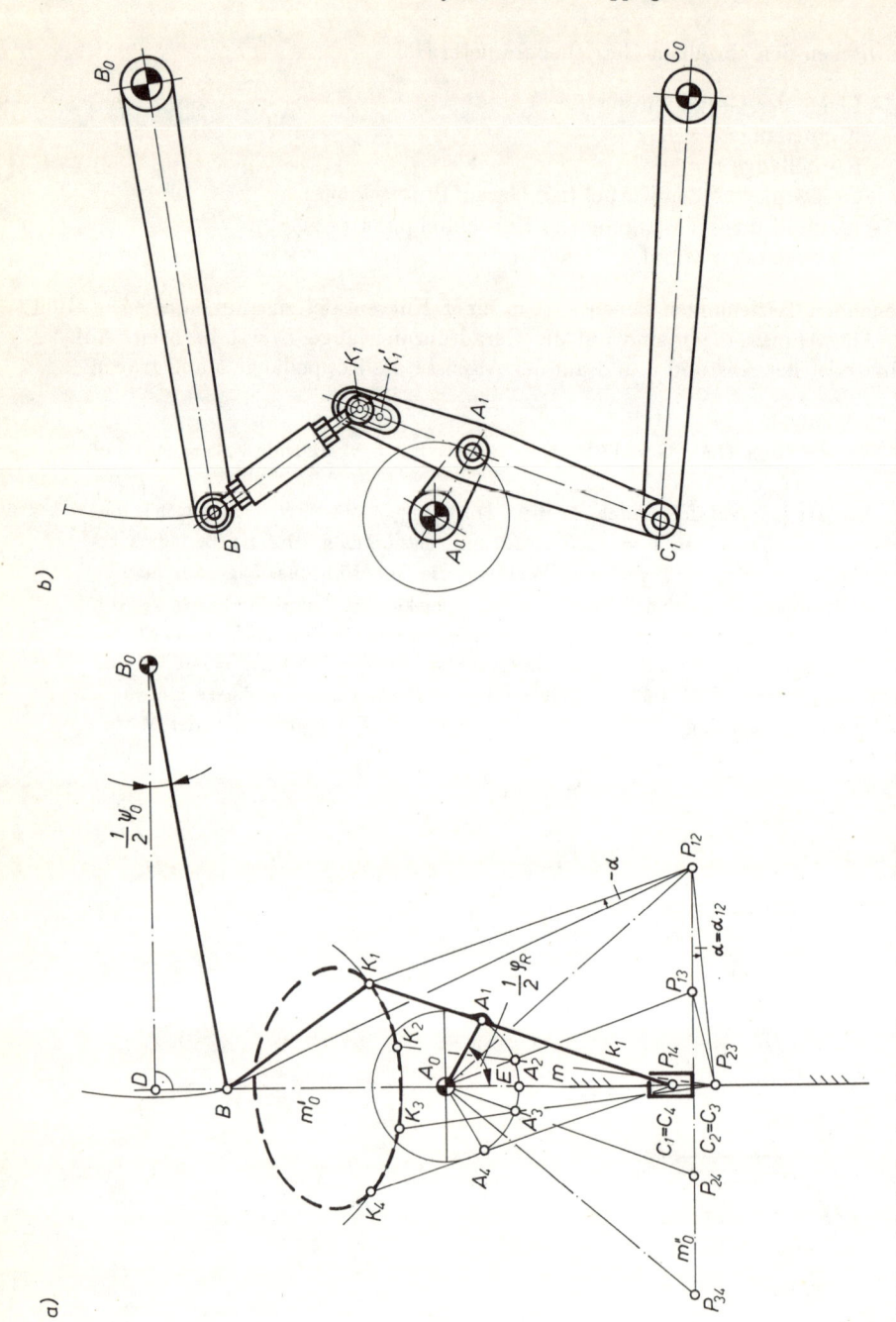

216   4. Maßsynthese ebener Koppelgetriebe–Burmestersche Theorie

Bild 4.64: Sechsgliedriges Koppelrastgetriebe nach LICHTENHELDT: a) Konstruktionsverfahren, b) Konstruktion mit Verstelleinrichtung

4.3.3 Koppelrastgetriebe

Koppelrastgetriebe dienen dazu, die Bewegung des Abtriebsgliedes während eines vorgegebenen Kurbeldrehwinkels angenähert in Ruhe zu halten. Für die Realisierung des technologischen Prozesses werden solche Getriebe vorwiegend in Textil- und Verpackungsmaschinen eingesetzt.

Zur Konstruktion eines Koppelrastgetriebes mit vorgegebenem Rastwinkel φ_R und Schwingwinkel ψ_0 wird im folgenden das Verfahren nach LICHTENHELDT benutzt, s. Bild 4.64a:

Die Horizontale durch B_0 schneidet die Vertikale durch A_0 in D. In B_0 an DB_0 wird der $\sphericalangle \psi_0/2$ angetragen und damit B gefunden; BD ist die Länge der Antriebskurbel. Der Kurbelkreis um A_0 ergibt auf der Geraden BA_0 den Punkt E. Zu beiden Seiten der Geraden A_0E wird $\varphi_R/2$ angetragen, so daß auf dem Kurbelkreis die Punkte A_1 und A_4 bestimmt sind. Die Zwischenpunkte A_2 und A_3 werden so eingezeichnet, daß die Punkte $A_1...A_4$ den gleichen Abstand haben. Die Vertikale durch A_0 sei die Schubrichtung einer Schubkurbel, und die Länge der Koppel $\overline{AC}$ wird willkürlich gewählt [66, 179].

Damit sind vier Lagen $\overline{A_1C_1}...\overline{A_4C_4}$ der Koppelebene festgelegt. Die zwei Paar Gegenpole $P_{12}P_{34}$, $P_{13}P_{24}$ liegen symmetrisch zur Geraden A_0B. Die Pole P_{14} bzw. P_{23} fallen mit den Gelenkpunkten $C_1 = C_4$ bzw. $C_2 = C_3$ zusammen, so daß die Mittelpunktkurve in zwei aufeinander senkrecht stehende Geraden m_0', m_0'' und die unendlich ferne Gerade zerfällt. Die Kreispunktkurve entartet in einen durch die Pole $P_{12}, P_{13}, P_{24}^1, P_{34}^1$ gehenden Kreis und in eine durch P_{14} und P_{23}^1 (beide Pole sind hier identisch) gehende Gerade k_1 als Durchmesser dieses Kreises. Um zum Mittelpunkt B den zugehörigen Gelenkpunkt K_1 in der Lage A_1C_1 der Koppelebene zu ermitteln, wird eines der vier Poldreiecke, etwa $\triangle P_{12}P_{13}P_{23}$, herangezogen. Der Poldreieckswinkel $\alpha = \alpha_{12}$ ist an der Verbindungsgeraden BP_{12} in P_{12} in entgegengesetzter Richtung anzutragen und schneidet die Gerade k_1 in dem Gelenkpunkt K_1.

Soll das Getriebe für verschiedene Rastwinkel verstellbar eingerichtet werden, so ist diese Konstruktion für den größten Rastwinkel φ_R und den kleinsten Rastwinkel φ_R' durchzuführen. Die Länge des in der Koppelgeraden anzubringenden Schlitzes muß gleich der Entfernung $\overline{K_1K_1'}$ sein, s. Bild 4.64b. Um bei der Einstellung des Getriebes die jeweilige Länge der Verbindungsstange BK zu finden, ist die Antriebskurbel in die Mittellage A_0E und die Rastschwinge in ihre unterste Lage B_0B zu bringen. Dann wird an der durch Gewindemuffen verstellbar eingerichteten Verbindungsstange BK derart verstellt, bis der Gelenkpunkt K in die gewünschte Lage im Schlitz der Koppel (am besten durch eine Skala markiert) gelangt. Der durch einen Gleitstein geradezuführende Punkt C kann aus konstruktiven Gründen als Gelenkpunkt einer Schwinge mit festem Drehpunkt C_0 ausgeführt werden.

Auf der Grundlage dieses Konstruktionsverfahrens (Bild 4.64) wurde eine Kurventafel als Hilfsmittel bei der Konstruktion von Koppelrastgetrieben entwickelt, s. Bild 4.65. Alle Abmessungen sind dabei auf die Antriebskurbel $r = 1$ bezogen. Das Schubstangenverhältnis λ wurde für die Schubkurbel als konstante Größe mit $\lambda = r : l = 1 : 2{,}5$ vorgegeben. Dadurch ist auch der Kleinstwert des Übertragungswinkels im Punkte C der Schubkurbel mit $\mu_{\min} = 66°$ konstant. Die Koordinaten und Kurvenscharen im Diagramm sind folgenden Parametern zugeordnet:

- $b = \overline{CK}$ → Koppellänge,

- $p = \overline{KB}$ → Lenkerlänge,

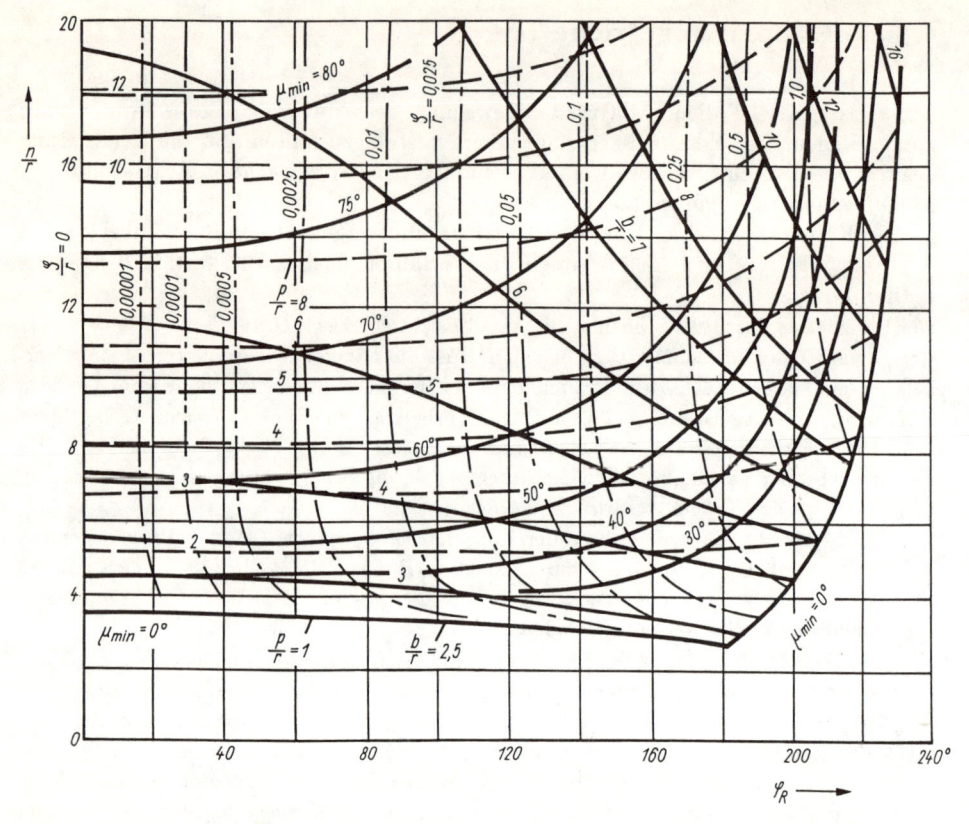

Bild 4.65: Konstruktionstafel für Koppelrastgetriebe nach Bild 4.64

- $n \to$ Abstand des Rastpunktes B von m_0'',
- $\varphi_R \to$ Rastwinkel,
- $\mu_{min} \to$ Kleinstwert des Übertragungswinkels im Gelenkpunkt B,
- $\zeta \to$ Abweichung des Koppelpunktes K vom Rastkreis, s. Bild 4.66; alle ζ-Kurven geben die Maximalabweichung $\zeta = \zeta_{max}$ an.

Lehraufgabe:
Konstruktion eines Koppelrastgetriebes entsprechend Bild 4.66 für einen Schubweg von $s = 100\,\text{mm}$, einen Rastwinkel von $\varphi_R = 140°$, $\zeta_{max} \leq 5\,\text{mm}$ und ein Schubstangenverhältnis $\lambda = r : l = 1 : 2,5$.
Aus der Länge des Schubweges folgen:
- Kurbelradius $A_0A = r = 50\,\text{mm}$,
- Schubstangenlänge $l = 2,5 \cdot r = 125\,\text{mm}$,
- Zulässige Abweichung $\zeta = 5 : r = 5 : 50 = 0,1$.

Aus der Kurventafel (Bild 4.65) kann auf der Senkrechten durch $\varphi_R = 140°$ ein entsprechendes Getriebe entnommen werden, denn die Bedingung $\zeta_{max} \leq 0,1$

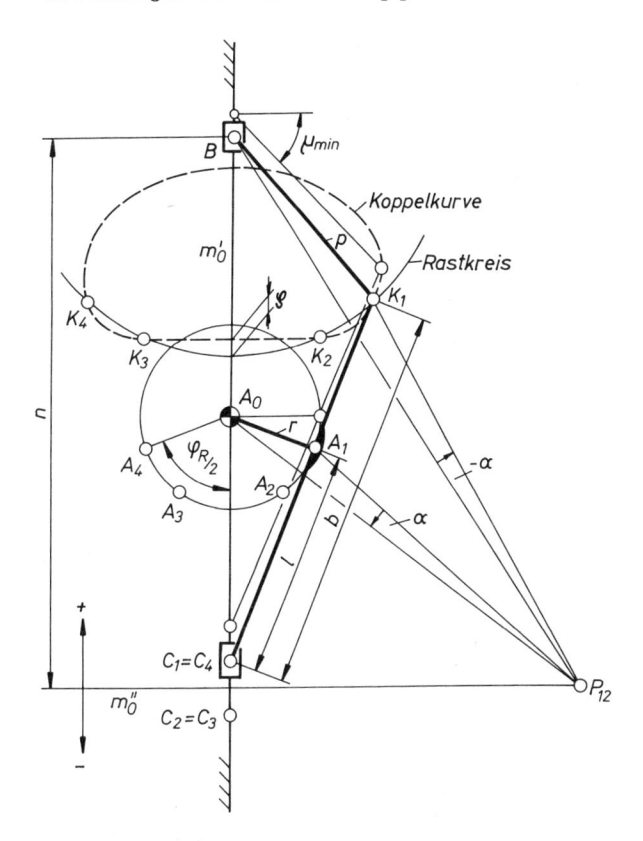

Bild 4.66: Sechsgliedriges Koppelrastgetriebe entsprechend Lehraufgabe

ist für jeden Punkt erfüllt. Für einen gewählten Abstand $n = 6 = 6 \cdot r = 300$ mm sind aus dem Diagramm folgende Werte abzulesen:
- $b \approx 4,2 = 4,2 \cdot r = 210$ mm ($ausgezogene Kurve$),
- $p \approx 2,4 = 2,4 \cdot r = 120$ mm ($gestrichelte Kurve$),
- $\zeta_{max} \approx 0,07 = 0,07 \cdot r = 3,5$ mm ,
- $\mu_{min} \approx 45°$.

Eine qualitative Verbesserung der Rast läßt sich durch Einbeziehung eines weiteren Zweischlages (Kniehebelprinzip) erreichen, s. [167, 168]. Weitere Konstruktionstafeln sind aus [126] zu entnehmen.

4.4 Punktlagenreduktion für Führungsgetriebe

Eine vorgegebene Kurve läßt sich durch die Koppelkurve eines Koppelgetriebes annähern. Dies ist von großer technischer Bedeutung, z.B. für die Führung von Werkzeugen auf bestimmten vorgeschriebenen Bahnen. Solche Getriebe werden auch als Führungsgetriebe bezeichnet. Im folgenden soll u.a. die *Punktlagenreduktion* nach

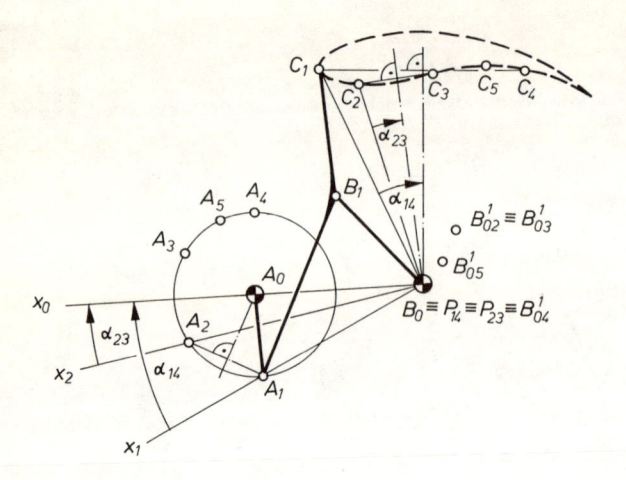

Bild 4.67: Punktlagenreduktion nach HAIN zur Erfüllung von fünf vorgegebenen Punktlagen durch ein Viergelenkgetriebe

HAIN [43, 150, 149] in allgemeiner Form an Hand eines Beispieles (Bild 4.67) erläutert werden. Betrachtungen allgemeinerer Art sind in [190] dargelegt.

4.4.1 Vorgabe von Punktlagen

Punklagenreduktion nach Hain

Die Punktlagen C_1, C_2, C_3, C_4, C_5 (Bild 4.67) sollen durch ein Viergelenkgetriebe realisiert werden. Die Mittelsenkrechten von $\overline{C_1 C_4}$ und $\overline{C_2 C_3}$ schneiden sich im Drehpunkt $B_0 = P_{14} = P_{23}$. Damit sind gleichzeitig die halben Drehwinkel α_{14} und α_{23} festgelegt. Durch B_0 wird der Strahl x_0 beliebig gezeichnet, und die Strahlen x_1, x_2 werden so angeordnet, daß sie mit x_0 die gerichteten Winkel α_{14} und α_{23} einschließen. Kreise um C_1 und C_2 mit der beliebig gewählten Koppellänge $\overline{C_1 A_1}$ schneiden die Strahlen x_1 und x_2 in A_1 und A_2. Die Mittelsenkrechte auf $\overline{A_1 A_2}$ trifft x_0 in A_0. Auf dem Kreis um A_0 werden die Punkte A_3, A_4 und A_5 durch Abtragen der Strecke $\overline{A_1 C_1}$ festgelegt. Zur Ermittlung des Anlenkpunktes B_1 wird die Koppellänge $A_1 C_1$ als Bezugslage betrachtet. Die Kongruenz der Dreiecke

$$\triangle A_2 C_2 B_0 \cong \triangle A_1 C_1 B_{02}^1, \quad \triangle A_3 C_3 B_0 \cong \triangle A_1 C_1 B_{03}^1, \quad \triangle A_4 C_4 B_0 \cong \triangle A_1 C_1 B_{04}^1$$

liefert die Relativlagen des Punktes B_0 zur Bezugslage. Da $P_{14} = P_{23} = B_0$ ist, gilt auch $B_0 = B_{04}^1$ und $B_{02}^1 = B_{03}^1$. Auf der Mittelsenkrechten zu $\overline{B_0 B_{02}^1}$ kann bei Vorgabe von vier Punktlagen der Anlenkpunkt B_1 beliebig gewählt werden. Sind fünf Punktlagen gegeben, dann liefert die Beziehung

$$\triangle A_5 C_5 B_0 \cong \triangle A_1 C_1 B_{05}^1$$

den Punkt B_{05}^1, und B_1 liegt im Schnittpunkt der Mittelsenkrechten auf $\overline{B_0 B_{05}^1}$ und $\overline{B_{02}^1 B_{05}^1}$. Damit ist das Viergelenkgetriebe $A_0 A B B_0$ festgelegt, dessen Koppelpunkt C eine Koppelkurve durch die fünf Punktlagen $C_1 \ldots C_5$ beschreibt. Diese Konstruktion enthält zwei freie Parameter, und zwar die Wahl des Ausgangsstrahles x_0 durch

B_0 sowie der Koppellänge $\overline{A_1C_1}$. Mithin können durch entsprechende zeichnerische Interpolation zwei weitere Punktlagen erfüllt werden. Nach der dargelegten Methode lassen sich folglich die Abmessungen eines Viergelenkgetriebes ermitteln, das als Führungsgetriebe maximal sieben Punktlagen realisiert.

Verfahren nach Kiper

KIPER [56] hat bei seinen Untersuchungen über die Erzeugung ebener Kurven den folgenden Weg beschritten:
Wenn vier Punktlagen C_1, C_2, C_3, C_4 eines Koppelpunktes C vorgegeben sind, dann bestimmt eine beliebig gewählte Koppellänge $\overline{BC}$ die Doppelpunkte $B_1 = B_4$ und $B_2 = B_3$, s. Bild 4.68a. Das paarweise Zusammenfallen der vier homologen Punkte $B_1 \ldots B_4$ führt zu einem Zerfall der Mittelpunktkurve in Kreis m und Gerade z_m. Die vier Lagen $P_1 \ldots P_4$ der bewegten Ebene werden durch $B_1C_1 \ldots B_4C_4$ dargestellt. Der Kreis m ist durch die Doppelpunkte $B_1 = B_4$ und $B_2 = B_3$ sowie den Schnittpunkt Θ der Mittelsenkrechten auf $\overline{C_1C_4}$ und $\overline{C_2C_3}$ bestimmt. Die Gerade z_m als Durchmesser dieses Kreises fällt mit der Mittelsenkrechten auf $\overline{B_1B_2}$ zusammen.
Zu einem auf dem Kreis willkürlich gewählten Drehpunkt A_0 ist in bekannter Weise über das Poldreieck der Gelenkpunkt A_1 und damit die Länge der Antriebskurbel zu ermitteln. Wird der Schwingendrehpunkt B_0 auf der Geraden z_m gewählt, dann fällt der Schwingengelenkpunkt mit B_1 zusammen, und die Abmessungen der Kurbelschwinge A_0ABB_0, deren Koppelpunkt C die verlangten Punktlagen $C_1 \ldots C_4$ erfüllt, sind gefunden. Die Zuordnung der Punkte B_0 und B_1 ist mehrdeutig, so daß eine weitere Punktlage C_5 verwirklicht werden kann, s. Bild 4.68b. Die Kurbellänge A_0A soll beibehalten und mit der Länge $\overline{AC}$ von C_5 aus ein Kreis geschlagen werden, der den Kurbelkreis in A_5 und A_5' schneidet. Es ergeben sich zwei fünfte Lagen P_5 und P_5' und ebenso zwei Gelenkpunkte B_5 und B_5', so daß die letzteren gemeinsam mit den homologen Punkten $B_1 \ldots B_4$ zwei verschiedene Kreise mit den Mittelpunkten B_0 und B_0' auf z_m bestimmen. Somit entstehen zwei Viergelenkgetriebe, und zwar eine Kurbelschwinge A_0ABB_0 sowie eine Doppelschwinge A_0ABB_0' mit nichtumlauffähiger Koppel.
Auch diese Konstruktionsmethode besitzt zwei freie Parameter, nämlich: Wahl der Koppellänge $\overline{C_1B_1}$ und Wahl des Kurbeldrehpunktes A_0 auf m. Mit diesem Verfahren lassen sich daher durch zeichnerische Interpolation die Abmessungen eines Viergelenkgetriebes ermitteln, dessen Koppelkurve maximal sieben vorgegebene Punktlagen durchläuft.

4.4.2 Vorgabe von Punktlagen-Winkelzuordnungen

Die Vorgabe von *Punktlagen-Winkelzuordnungen* ist eine Erweiterung der bisherigen Aufgabenstellung [150, 162]. Nach Bild 4.69a sind die Punktlagen $P_1, P_2 \ldots P_j$ bestimmten Kurbelstellungen, gekennzeichnet durch $\varphi_{12}, \varphi_{13} \ldots \varphi_{1j}$, zugeordnet. Als freie Variable fungieren dabei $x_{A_0}, y_{A_0}, \varphi_1, l_2$ und l_5. Die Größen l_1, l_3, l_4, α und γ werden im 2. Lösungsschritt durch die Bestimmung der kinematischen Abmessungen des Viergelenkgetriebes $A_0A_1P_1B_1B_0$ aus der Ebenenlagenvorgabe ermittelt.
Der 1. Lösungsschritt bezieht sich auf die Bestimmung des Kurbeldrehpunktes A_0 bei unterschiedlicher Vorgabe der freien Variablen. Geometrisch ist die Lösung nach dem Prinzip von HACKMÜLLER [148] möglich, in dem der Zweischlag $A_0A_1P_1$ zu einem Parallelogramm $A_0A_1P_1A_1'$ ergänzt wird (Bild 4.69b). Die Punktlagen-Kurbelwinkelzuordnung wird damit durch die Ebenenlage P_1A_1' mit dem Winkel φ_1

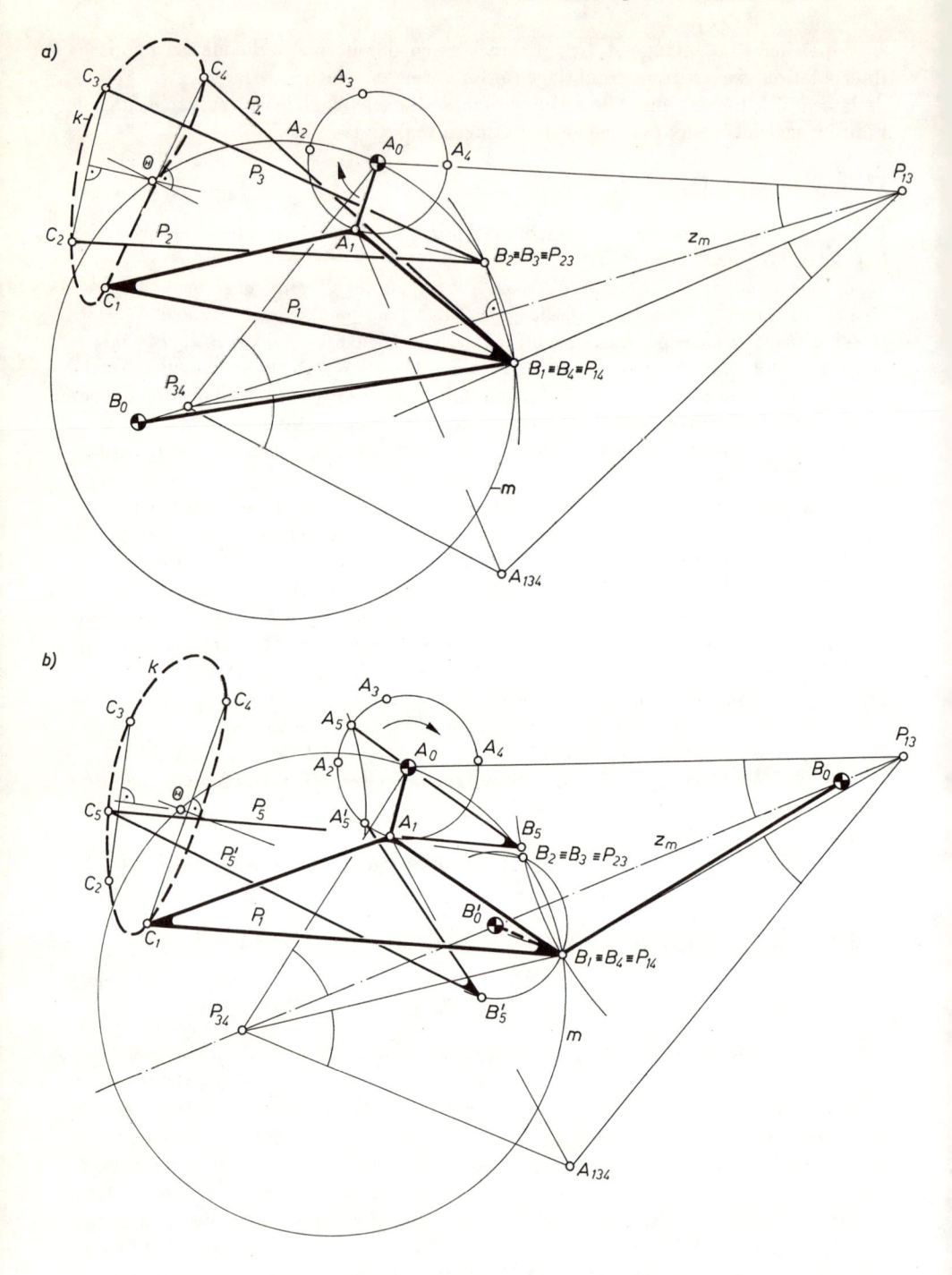

Bild 4.68: Ermittlung eines Führungsgetriebes für vorgegebene Punktlagen, Verfahren nach KIPER: a) Realisierung von vier Punktlagen, b) Realisierung von fünf Punktlagen

4.4 Punktlagenreduktion für Führungsgetriebe

a)

b)

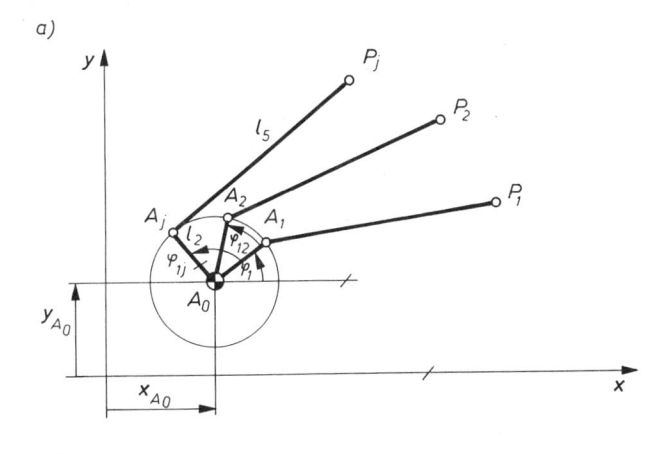

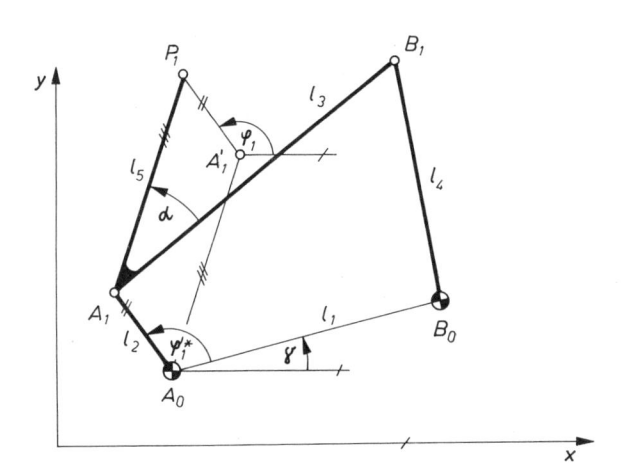

Bild 4.69: Punktlagen-Winkelzuordnung: a) schematische Darstellung, b) Gelenkviereck als Führungsgetriebe

repräsentiert. Für j Punktlagen-Kurbelwinkelzuordnungen ergeben sich die zugehörigen j Ebenenlagen $(P_1, \varphi_1), (P_2, \varphi_1 + \varphi_{12}) \ldots (P_j, \varphi_1 + \varphi_{1j})$. Betrachtet man diese Ebenenlagen im Sinne der BURMESTERschen Theorie, so können in der Ebenenlage (P_1, φ_1) jeweils Punkte A_1' als Kreispunkte gewählt werden. Bei vier Ebenenlagen liegen diese Punkte A_1' auf der Kreispunktkurve k_1 in der Ebene (P_1, φ_1) und die zugehörigen Mittelpunkte A_0 auf der Mittelpunktkurve m_0 in E_0. Die Ergänzung dieses Zweischlages zu einem Parallelogramm liefert den gesuchten Kreispunkt A_1. Damit ist im 1. Lösungsschritt der Zweischlag $A_0A_1P_1$ bestimmt. Die rechnerische Ermittlung dieses Zweischlages wird wie folgt vorgenommen:

In der GAUSSschen Zahlenebene gelten nach Bild 4.69a die Relationen

$$\left. \begin{array}{rcl} A_j & = & A_0 + l_2 e^{i(\varphi_1 + \varphi_{1j})}, \\ j & \in & \{1, 2, 3, 4, 5\}, \qquad \varphi_{11} = 0 \end{array} \right\} \qquad (4.94)$$

sowie

$$\left.\begin{array}{rl} l_5^2 &= (P_j - A_j)(\overline{P_j} - \overline{A_j}), \quad \text{bzw.} \\ l_5^2 &= (x_{P_j} - x_{A_0} - l_2\cos(\varphi_1 + \varphi_{1j}))^2 \\ &\quad + (y_{P_j} - y_{A_0} - l_2\sin(\varphi_1 + \varphi_{1j}))^2. \end{array}\right\} \quad (4.95)$$

Aus (4.95) ergibt sich allgemein

$$\left.\begin{array}{rl} l_5^2 &= x_{A_0}^2 + y_{A_0}^2 + l_2^2 + x_{P_j}^2 + y_{P_j}^2 - 2x_{P_j}x_{A_0} - 2y_{P_j}y_{A_0} \\ &\quad - 2x_{P_j}l_2\cos(\varphi_1 + \varphi_{1j}) - 2y_{P_j}l_2\sin(\varphi_1 - \varphi_{1j}) \\ &\quad + 2x_{A_0}l_2\cos(\varphi_1 + \varphi_{1j}) + 2y_{A_0}l_2\sin(\varphi_1 + \varphi_{1j}) \end{array}\right\} \quad (4.96)$$

und für $j = 1$

$$\left.\begin{array}{rl} l_5^2 &= x_{A_0}^2 + y_{A_0}^2 + l_2^2 + x_{P_1}^2 + y_{P_1}^2 - 2x_{P_1}x_{A_0} - 2y_{P_1}y_{A_0} \\ &\quad - 2x_{P_1}l_2\cos\varphi_1 - 2y_{P_1}l_2\sin\varphi_1 \\ &\quad + 2x_{A_0}l_2\cos\varphi_1 + 2y_{A_0}l_2\sin\varphi_1. \end{array}\right\} \quad (4.97)$$

Die Subtraktion der Beziehungen (4.96) und (4.97) liefert:

$$C_j x_{A_0} + D_j y_{A_0} + E_j l_2 + F_j l_2 x_{A_0} + G_j l_2 y_{A_0} + H_j = 0. \quad (4.98)$$

Hierin bedeuten:

$$\left.\begin{array}{rl} C_j &= -2(x_{P_j} - x_{P_1}), \quad D_j = -2(y_{P_j} - y_{P_1}), \\ E_j &= -2\left((x_{P_j}\cos(\varphi_1 + \varphi_{1j}) - x_{P_1}\cos\varphi_1) \right. \\ &\quad \left. + (y_{P_j}\sin(\varphi_1 + \varphi_{1j}) - y_{P_1}\sin\varphi_1)\right), \\ F_j &= 2(\cos(\varphi_1 + \varphi_{1j}) - \cos\varphi_1), \\ G_j &= 2(\sin(\varphi_1 + \varphi_{1j}) - \sin\varphi_1), \\ H_j &= x_{P_j}^2 + y_{P_j}^2 - x_{P_1}^2 - y_{P_1}^2, \quad j \in \{2,3,4,5\}. \end{array}\right\} \quad (4.99)$$

Der Zweischlag $A_0 A_1 P_1$ ist durch die fünf Größen $x_{A_0}, y_{A_0}, \varphi_1, l_2$ und l_5 eindeutig bestimmt. Für j Punktlagen-Winkelzuordnungen ist ein Gleichungssystem zu lösen, das aus (4.97) und $(j-1)$ Gleichungen der Form (4.98) besteht. Die Größe l_5 kommt nur in (4.97) vor und kann, wenn φ_1, l_2, x_{A_0} und y_{A_0} bekannt sind, aus (4.97) direkt berechnet werden. Die Gleichung (4.98) ist so strukturiert, daß φ_1 nur in den Koeffizienten E_j, F_j und G_j zu finden ist. C_j, D_j und H_j sind "echte Koeffizienten", die nur von den Koordinaten der gegebenen Punkte P_j abhängen. Durch geschickte Wahl der noch möglichen Vorgaben gelingt es, die Lösung der Gleichungssyteme auf die Lösung linearer Gleichungssysteme zurückzuführen und bei 4 bzw. 5 Punktlagen-Winkelzuordnungen den nichtlinearen Anteil über die Lösbarkeitsbedingungen der linearen Gleichungssysteme zu erfassen.

4.4 Punktlagenreduktion für Führungsgetriebe

Vorgabe von $j = 2$ Punktlagen-Winkelzuordnungen

In diesem Falle sind φ_1, l_2 und x_{A_0} oder y_{A_0} frei wählbar. Bei Wahl von φ_1, l_2 und y_{A_0} ergibt sich aus (4.98)

$$C_2 x_{A_0} + D_2 x_{A_0} + E_2 l_2 + F_2 l_2 x_{A_0} + G_2 l_2 y_{A_0} + H_2 = 0. \tag{4.100}$$

Gleichung (4.100) kann direkt nach x_{A_0} aufgelöst werden.

Vorgabe von $j = 3$ Punktlagen-Winkelzuordnungen

Als freie Parameter werden φ_1 und l_2 gewählt, so daß sich aus (4.98) das lineare Gleichungssystem:

$$\left.\begin{aligned} (C_2 + F_2 l_2) x_{A_0} + (D_2 + G_2 l_2) y_{A_0} + E_2 l_2 + H_2 &= 0, \\ (C_3 + F_3 l_2) x_{A_0} + (D_3 + G_3 l_2) y_{A_0} + E_3 l_2 + H_3 &= 0 \end{aligned}\right\} \tag{4.101}$$

für die Unbekannten x_{A_0} und y_{A_0} ergibt.

Vorgabe von $j = 4$ Punktlagen-Winkelzuordnungen

In diesem Falle ist l_2 als freier Parameter zu wählen, so daß nach (4.98) das lineare Gleichungssystem:

$$\left.\begin{aligned} (C_2 + F_2 l_2) x_{A_0} + (D_2 + G_2 l_2) y_{A_0} + E_2 l_2 + H_2 &= 0, \\ (C_3 + F_3 l_2) x_{A_0} + (D_3 + G_3 l_2) y_{A_0} + E_3 l_2 + H_3 &= 0, \\ (C_4 + F_4 l_2) x_{A_0} + (D_4 + G_4 l_2) y_{A_0} + E_4 l_2 + H_4 &= 0 \end{aligned}\right\} \tag{4.102}$$

folgt. Aus der Lösbarkeitsbedingung:

$$\begin{vmatrix} (C_2 + F_2 l_2) & (D_2 + G_2 l_2) & (E_2 l_2 + H_2) \\ (C_3 + F_3 l_2) & (D_3 + G_3 l_2) & (E_3 l_2 + H_3) \\ (C_4 + F_4 l_2) & (D_4 + G_4 l_2) & (E_4 l_2 + H_4) \end{vmatrix} = 0 \tag{4.103}$$

lassen sich für jeden l_2-Wert zugeordnete φ_1-Werte berechnen, die über die Beziehungen (4.97) und (4.101) zu den gesuchten Größen x_{A_0}, y_{A_0} und l_5 führen.

Vorgabe von $j = 5$ Punktlagen-Winkelzuordnungen

Freie Variable sind nicht wählbar. Das lineare Gleichungssystem lautet in diesem Falle:

$$\left.\begin{aligned} (C_2 + F_2 l_2) x_{A_0} + (D_2 + G_2 l_2) y_{A_0} + E_2 l_2 + H_2 &= 0, \\ (C_3 + F_3 l_2) x_{A_0} + (D_3 + G_3 l_2) y_{A_0} + E_3 l_2 + H_3 &= 0, \\ (C_4 + F_4 l_2) x_{A_0} + (D_4 + G_4 l_2) y_{A_0} + E_4 l_2 + H_4 &= 0, \\ (C_5 + F_5 l_2) x_{A_0} + (D_5 + G_5 l_2) y_{A_0} + E_5 l_2 + H_5 &= 0. \end{aligned}\right\} \tag{4.104}$$

Die Lösbarkeit dieses Gleichungssystems erfordert, daß zwei dreireihige Unterdeterminanten gleich Null sein müssen:

$$\begin{vmatrix} (C_2 + F_2 l_2) & (D_2 + G_2 l_2) & (E_2 l_2 + H_2) \\ (C_3 + F_3 l_2) & (D_3 + G_3 l_2) & (E_3 l_2 + H_3) \\ (C_4 + F_4 l_2) & (D_4 + G_4 l_2) & (E_4 l_2 + H_4) \end{vmatrix} = 0, \tag{4.105}$$

$$\begin{vmatrix} (C_3 + F_3 l_2) & (D_3 + G_3 l_2) & (E_3 l_2 + H_3) \\ (C_4 + F_4 l_2) & (D_4 + G_4 l_2) & (E_4 l_2 + H_4) \\ (C_5 + F_5 l_2) & (D_5 + G_5 l_2) & (E_5 l_2 + H_5) \end{vmatrix} = 0. \tag{4.106}$$

Mit (4.105) und (4.106) liegt ein nichtlineares Gleichungssystem für die Unbekannten φ_1 und l_2 vor. Für alle Paare (φ_1, l_2), die Lösungen von (4.105) und (4.106) sind, können aus (4.101) die zugehörigen Größen x_{A_0} und y_{A_0} berechnet werden.

Der zweite Schritt zur Lösung der Gesamtproblematik bezieht sich auf die Ermittlung des Zweischlages $A_1 B_1 B_0$, s. Bild 4.69b. Da die Koppel $\overline{A_1 B_1}$ des Viergelenkgetriebes $A_0 A_1 B_1 B_0$ mit $l_5 = \overline{A_1 P_1}$ fest verbunden ist, liegen entsprechend der jeweiligen Aufgabenstellung diskrete Koppellagen hinsichtlich der Bezugsebene E_0 vor. Ausgehend von diesen vorgegebenen Koppellagen besteht die Aufgabe darin, die zugeordneten Punkte B_0 und B_1 zu ermitteln. Diese Problematik ist auf der Grundlage der BURMESTERschen Theorie entsprechend Abschnitt 4.1 auf rechnerischem oder zeichnerischem Wege zu lösen. Zweckmäßigerweise bedient man sich in diesem Falle der Computertechnik unter Einbeziehung eines grafischen Display.

5 Synthese ebener Koppelgetriebe – Lagenzuordnungen

5.1 Aufgabenstellung

Koppelgetriebe werden als Übertragungsgetriebe in den verschiedensten Industriezweigen eingesetzt. Sie dienen z.B. zur Realisierung des technologischen Prozesses in Textilmaschinen, Verpackungsmaschinen, Druckmaschinen, Buchbindereimaschinen usw. [4, 31, 112].

Zur Ermittlung der kinematischen Abmessungen muß die getriebetechnische Aufgabenstellung so aufbereitet werden, daß die geforderten zugeordneten Lagen von Antriebs- und Abtriebsglied als Winkel- bzw. Schubwegzuordnungen vorliegen, s. Bild 5.1a. Ausgehend von der Anfangslage 1 werden die Winkel- bzw. Schubwegdifferen-

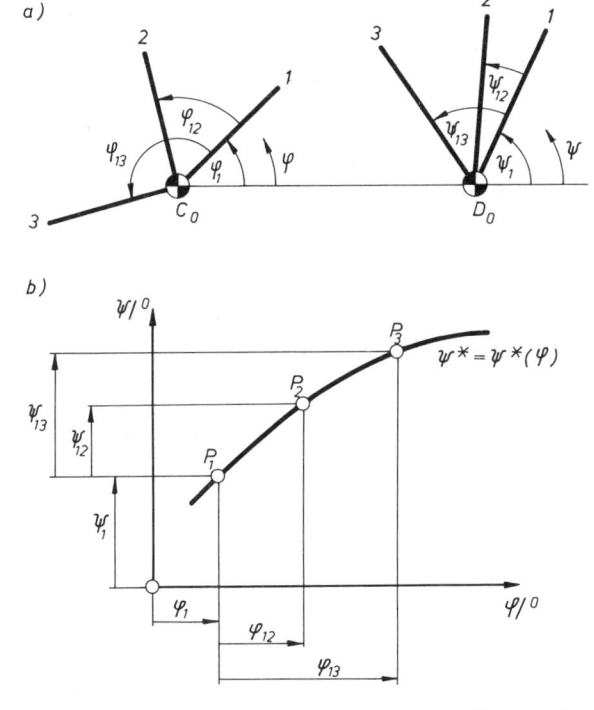

Bild 5.1: Getriebetechnische Aufgabenstellung: a) zugeordnete Lagen von An- und Abtriebsglied, b) Sollpunkte P_i ($i = 1, 2, 3 \ldots n$) der Übertragungsfunktion im φ, ψ-Diagramm auf der Sollkurve $\psi^* = \psi^*(\varphi)$

zen zu dieser Anfangslage ermittelt. Jeder Lagenzuordnung entspricht ein Punkt P_i ($i = 1, 2, 3 \ldots$) im φ, ψ-Diagramm (Bild 5.1b). Dabei werden die Winkel stets im mathematisch positiven Drehsinn gemessen, so daß für die Winkeldifferenzen gilt:

$$\left.\begin{array}{ll} \varphi_{ik} = \varphi_k - \varphi_i\,, & \psi_{ik} = \psi_k - \psi_i\,, \\ \varphi_{ik} = -\varphi_{ki}\,, & \psi_{ik} = -\psi_{ki}. \end{array}\right\} \quad (5.1)$$

Analog gilt für die Wegdifferenzen:

$$s_{ik} = s_k - s_i\,, \qquad s_{ik} = -s_{ki}. \quad (5.2)$$

Da nur Winkel- bzw. Wegdifferenzen benötigt werden, ist die Stellung der Anfangslage mitunter ein untergeordneter Konstruktionsparameter.

5.2 Konstruktionsmethoden zur exakten Synthese

In diesem Abschnitt werden einfache Konstruktionsverfahren zur Ermittlung von Viergelenkgetrieben als Übertragungsgetriebe behandelt. Sie geben dem Konstrukteur die Möglichkeit, bis zu vier Lagenzuordnungen durch entsprechende Getriebe der Viergelenkkette zu realisieren [4, 9, 71].

Auf der Grundlage der dargelegten grafischen Methoden werden unter Anwendung der komplexen Vektoralgebra rechnerische Verfahren zur Ermittlung der kinematischen Abmessungen abgeleitet.

5.2.1 Zuordnung von zwei Lagen

Drehwinkel-Drehwinkel-Zuordnung

Durch die Punkte P_1 und P_2 ist im φ, ψ-Diagramm (Bild 5.2a) die Zweilagenzuordnung festgelegt. Die Lösung soll grafisch und rechnerisch erfolgen.

Grafische Methode: Die Anfangslage φ_1 des Antriebsgliedes ist beliebig wählbar, ebenso die Gliedlänge l_2. Generell ist die Normierung der Gliedlängen l_2, l_3, l_4 auf die Gestellänge $l_1 = \overline{C_0 D_0}$ zweckmäßig. Bei vorgegebenen Werten von φ_1 und l_2 ist C_1 festgelegt. Durch Drehung um C_0 mit φ_{12} ergibt sich C_2. Die Lage 1 des in D_0 gelagerten Abtriebsgliedes wird als Bezugslage betrachtet und C_2 um $-\psi_{12}$ nach C_2^1 zurückgedreht. Die Mittelsenkrechte c_{12}^1 auf $\overline{C_1 C_2^1}$ ist der geometrische Ort für D_1. Auf c_{12}^1 kann D_1 so gewählt werden, daß weitere Nebenbedingungen, z.B. Einhaltung bestimmter Gliedlängen, Übertragungswinkel $\mu_{\min}, \ldots$ erfüllt werden. Das Viergelenkgetriebe $C_0 C_1 D_1 D_0$ ist im Bild 5.2b dargestellt. Zur Erfüllung der Lagenzuordnung liegen insgesamt drei freie Parameter (φ_1, l_2 und c_{12}^1) vor. Soll eine Kurbelschleife als Lösung entstehen, dann muß der Fernpunkt D_1^∞ auf c_{12}^1 gewählt werden, s. Bild 5.2c.

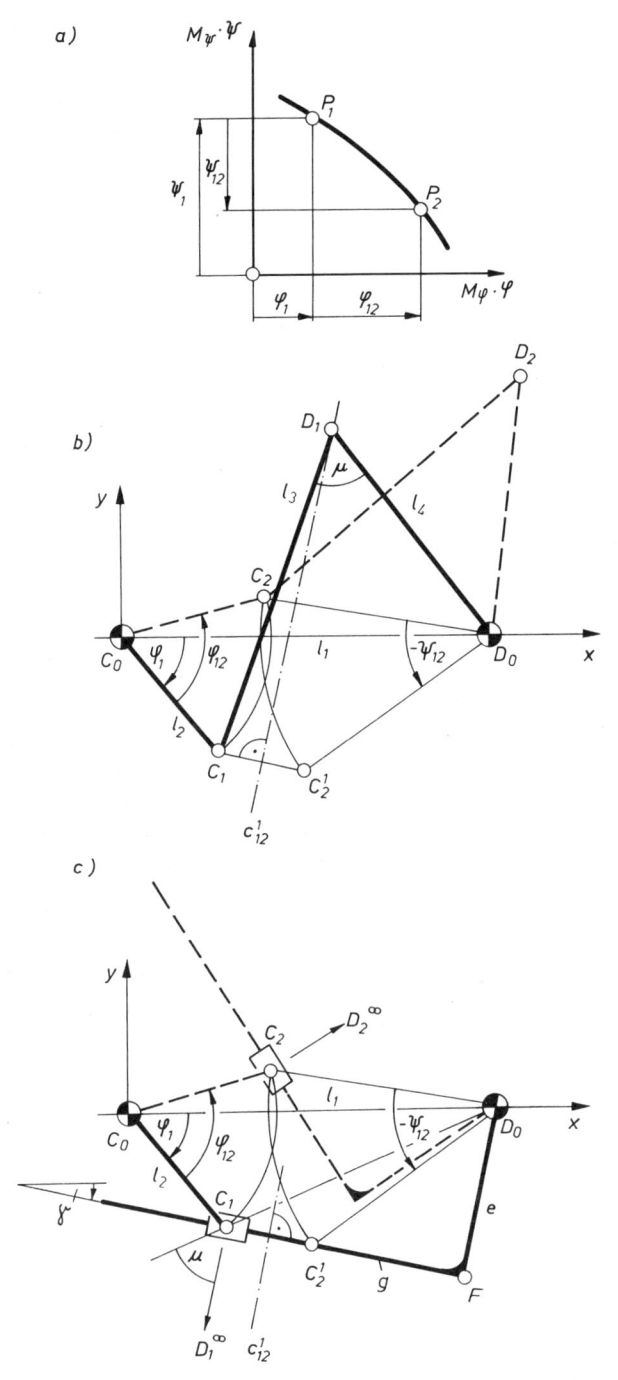

5.2 Konstruktionsmethoden zur exakten Synthese

Bild 5.2: Realisierung einer Zweilagenzuordnung: a) Sollpunkte P_1 und P_2 der Übertragungsfunktion, b) Konstruktion eines Viergelenkgetriebes, c) Konstruktion einer Kurbelschleife

Rechnerische Methode: Für das Viergelenkgetriebe ergeben sich aus Bild 5.2b folgende Relationen:

$$\left.\begin{aligned} C_1 &= l_2 e^{i\varphi_1}, \\ C_2 &= l_2 e^{i(\varphi_1 + \varphi_{12})}, \\ C_2^1 &= (C_2 - D_0)e^{-i\psi_{12}} + D_0. \end{aligned}\right\} \tag{5.3}$$

Die Mittelsenkrechte c_{12}^1 auf $\overline{C_1 C_2^1}$ genügt der Beziehung

$$D_1 = \frac{C_1 + C_2^1}{2} + \lambda i(C_2^1 - C_1).$$

Der Punkt D_1 ist auf dieser Geraden so zu wählen, daß ein Viergelenkgetriebe mit günstigem Übertragungswinkel μ entsteht. Die Koordinaten für D_1 werden mit λ als Parameter wie folgt berechnet:

$$\left.\begin{aligned} x_{D_1} &= \tfrac{1}{2}(l_1(1 - \cos\psi_{12}) + l_2(\cos(\varphi_1 + \varphi_{12} - \psi_{12}) + \cos\varphi_1)) \\ &\quad - \lambda(l_1 \sin\psi_{12} + l_2(\sin(\varphi_1 + \varphi_{12} - \psi_{12}) - \sin\varphi_1)), \\ y_{D_1} &= \tfrac{1}{2}(l_1 \sin\psi_{12} + l_2(\sin(\varphi_1 + \varphi_{12} - \psi_{12}) + \sin\varphi_1)) \\ &\quad + \lambda(l_1(1 - \cos\psi_{12}) + l_2(\cos(\varphi_1 + \varphi_{12} - \psi_{12}) - \cos\varphi_1)). \end{aligned}\right\} \tag{5.4}$$

Die weiteren Gliedlängen ergeben sich wie folgt:

$$\left.\begin{aligned} l_3 &= \sqrt{(x_{D_1} - l_1 \cos\varphi_1)^2 + (y_{D_1} - l_1 \sin\varphi_1)^2}, \\ l_4 &= \sqrt{(l_1 - x_{D_1})^2 + y_{D_1}^2}. \end{aligned}\right\} \tag{5.5}$$

Im Falle der Kurbelschleife verläuft die Schleifgerade durch die Punkte C_1 und C_2^1. Der Abstand e des Punktes D_0 von dieser Geraden ist zu berechnen. Nach Bild 5.2c gilt für die Schleifgerade g die Beziehung:

$$[X - C_1, C_2^1 - C_1] = 0,$$
$$[X, C_2^1 - C_1] = [C_1, C_2^1],$$
$$(i(C_2^1 - C_1), X) = [C_2^1, C_1]$$

bzw.

$$\left.\begin{aligned} (A, X) &= [C_2^1, C_1] = a \quad \text{für} \\ A &= i(C_2^1 - C_1). \end{aligned}\right\} \tag{5.6}$$

Die Gleichung für die Normale n zur Schleifgeraden durch D_0 lautet:

$$(X - D_0, C_2^1 - C_1) = 0,$$
$$(C_2^1 - C_1, X) = (C_2^1 - C_1, D_0) = b$$

bzw.

$$\left.\begin{array}{rl}(B,X) &= b \quad \text{für}\\ B &= C_2^1 - C_1.\end{array}\right\} \qquad (5.7)$$

Der Lotfußpunkt F ergibt sich als Schnittpunkt der beiden Geraden g und n zu:

$$\left.\begin{array}{rl}F &= \mathrm{i}\dfrac{bA - aB}{[A,B]} = \mathrm{i}\dfrac{\mathrm{i}bB - aB}{[\mathrm{i}B,B]}\,,\\[4pt] F &= \dfrac{bB + \mathrm{i}aB}{|B|^2} = B\dfrac{b + \mathrm{i}a}{|B|^2}.\end{array}\right\} \qquad (5.8)$$

Die Exzentrizität e läßt sich daher wie folgt berechnen:

$$e = \sqrt{(x_F - x_{D_0})^2 + (y_F - y_{D_0})^2}. \qquad (5.9)$$

Übersetzungsverhältnis i_{12}

Nach Bild 5.3a ist die Zweilagenzuordnung im φ, ψ-Diagramm durch zwei unendlich benachbarte Punkte P_1, P_2 (d.h. durch den Punkt P_1 mit Tangente t) festgelegt. Das Übersetzungsverhältnis

$$i_{12} = d\psi_{12}/d\varphi_{12} \qquad (5.10)$$

läßt sich als Streckenverhältnis

$$i_{12} = \overline{C_0 P_{12}} / \overline{D_0 P_{12}} \qquad (5.11)$$

darstellen. Auf der Gestellgeraden l_1 ist P_{12} durch die Beziehung

$$r_{12} = \overline{C_0 P_{12}} = l_1 i_{12}/(1 - i_{12}) \qquad (5.12)$$

festgelegt; dabei ist besonders auf das Vorzeichen von r_{12} zu achten. Für $r_{12} > 0$ liegt P_{12} auf der Seite der durch C_0 geteilten Geraden l_1, auf der D_0 nicht liegt.

Die Realisierung eines Übersetzungsverhältnisses durch ein Viergelenkgetriebe zeigt Bild 5.3b. Bei vorgegebenen Gliedlängen l_1 und l_2 sowie frei wählbarem Konstruktionsparameter φ_1 sind C_1 und C_2 als unendlich benachbarte Kurbelpunkte (bezeichnet durch $C_{1,2}$) festgelegt. Durch die Wahl von l_4 kann zusätzlich der Übertragungswinkel μ verändert werden.

Läßt man den Punkt $D_{1,2}$ ins Unendliche wandern, so ergibt sich eine exzentrische Kurbelschleife, s. Bild 5.3c. Bei einer zentrischen Kurbelschleife ist $C_{1,2}$ auf dem THALES-Kreis über $\overline{P_{12}D_0}$ zu wählen, s. Bild 5.3d.

Drehwinkel-Schubweg-Zuordnung

Im s, φ-Diagramm ist die Zweilagenzuordnung durch die Punkte P_1 und P_2 festgelegt (Bild 5.4a). Zur Lösung sollen auch hier die grafische und die rechnerische Methode herangezogen werden.

Grafische Methode: Die Länge l_2 sowie der Winkel φ_1 für die Anfangslage des Antriebsgliedes werden gewählt. Durch Drehung der Kurbel um φ_{12} ergibt sich C_2.

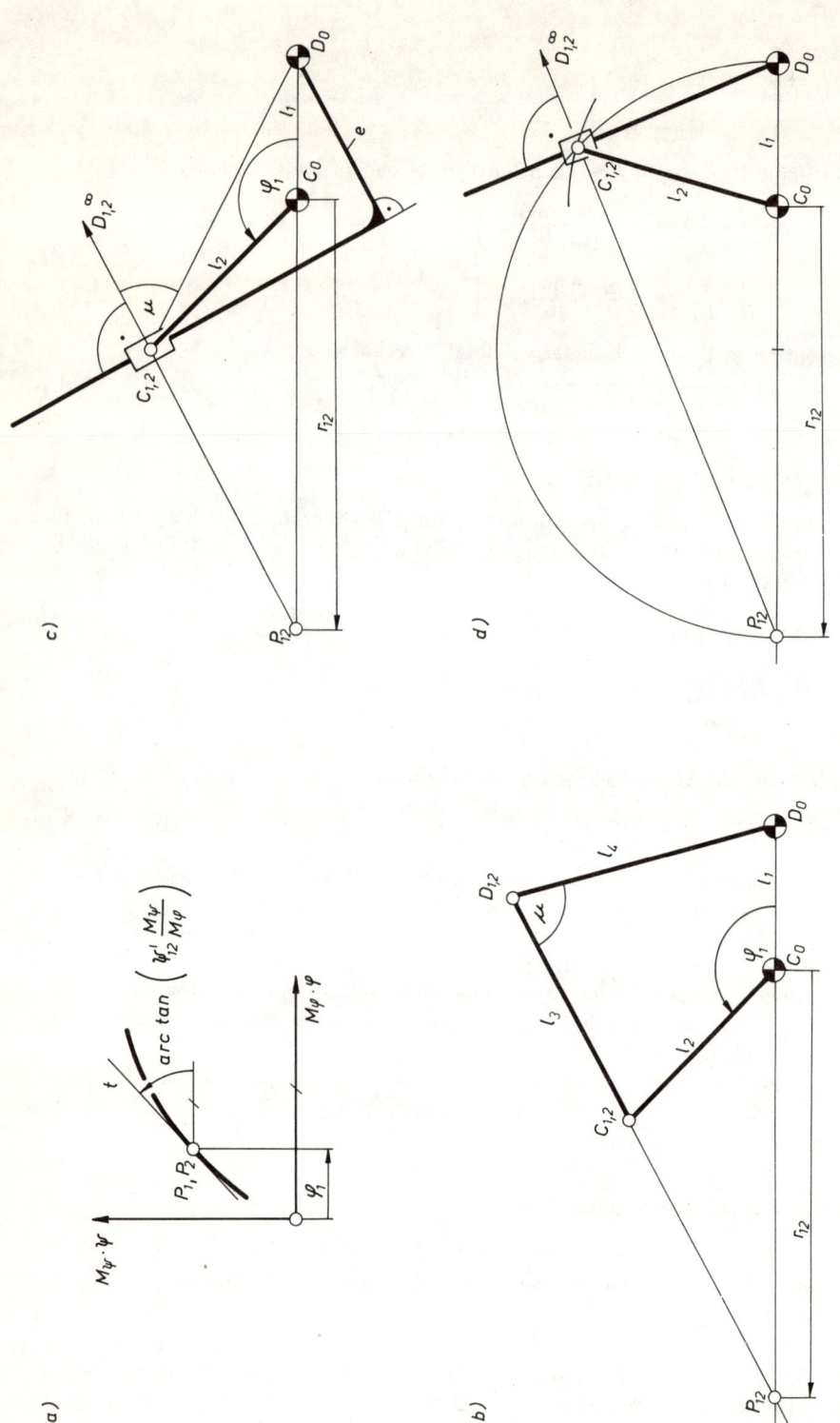

Bild 5.3: Viergelenkgetriebe für vorgegebenes Übersetzungsverhältnis: a) Übertragungsfunktion, b) Konstruktion für Gelenkviereck, c) Konstruktion für exzentrische Kurbelschleife, d) Konstruktion für zentrische Kurbelschleife

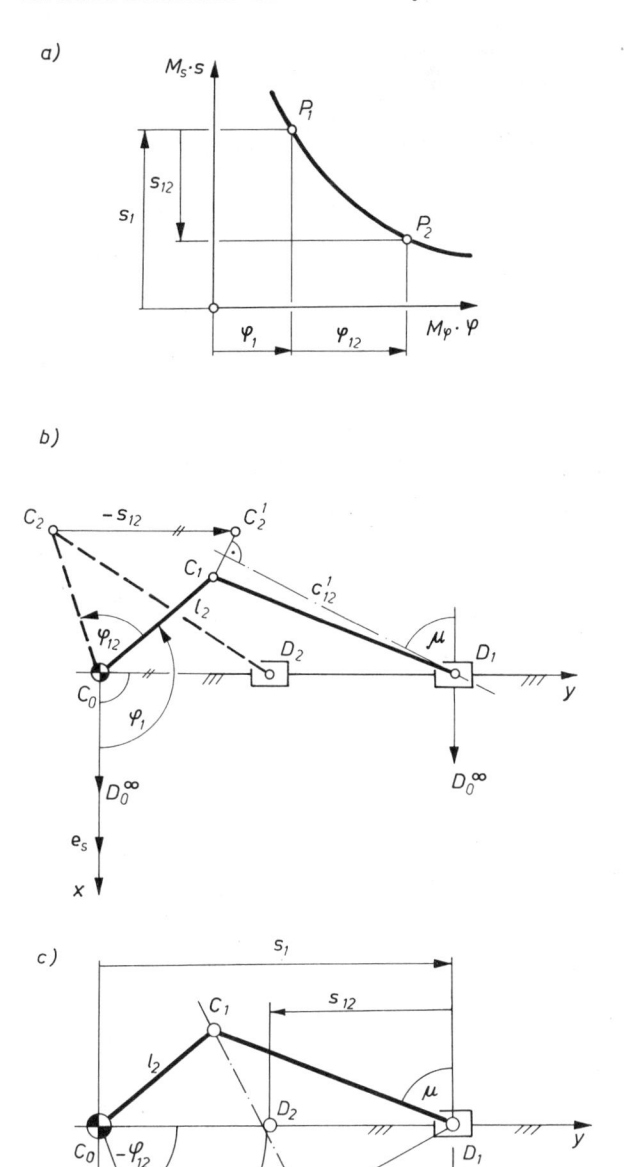

5.2 Konstruktionsmethoden zur exakten Synthese

Bild 5.4: Schubkurbel für Zweilagenzuordnung: a) Übertragungsfunktion, b) Konstruktion für vorgegebene Länge l_2 der Antriebskurbel, c) Konstruktion für vorgegebene Gleitsteinlagen

Der Gleitstein in der Lage 1 wird als Bezugslage gewählt und C_2 parallel zur Schubrichtung um $-s_{12}$ nach C_2^1 verschoben. Die Mittelsenkrechte c_{12}^1 auf $\overline{C_1 C_2^1}$ ist der geometrische Ort für den Punkt D_1. Für $e = e_S \neq 0$ kann D_1 auf c_{12}^1 beliebig gewählt werden. Im vorliegenden Falle ist aber die Versetzung $e_S = 0$, so daß D_1 im Schnittpunkt von c_{12}^1 mit der Schubgeraden durch C_0 liegt, s. Bild 5.4b.

Wird das Antriebsglied $C_0 C_1$ als Bezugslage betrachtet, so kann D_1 auf der Schubgeraden frei gewählt werden, s. Bild 5.4c. Punkt D_1 um die Strecke s_{12} auf der Schubgeraden verschoben, ergibt D_2. Die Strecke $\overline{C_0 D_2}$ um den Winkel $-\varphi_{12}$ um C_0 gedreht, liefert D_2^1. Der geometrische Ort für C_1 ist die Mittelsenkrechte d_{12}^1 auf $\overline{D_1 D_2^1}$. Bei vorgegebenem Kurbelradius l_2 ergibt sich C_1 als Schnittpunkt von d_{12}^1 mit dem Kreis um C_0. Die Lage von D_1 kann variiert werden, falls sich keine günstige Lösung ergibt. Beide Konstruktionsverfahren können in analoger Weise für exzentrische Schubkurbelgetriebe angewendet werden.

Rechnerische Methode: Wird der Gleitstein 1 als Bezugslage betrachtet, so ergeben sich nach Bild 5.4b folgende Relationen, wobei die Exzenrizität e in x-Richtung positiv gezählt und mit e_S bezeichnet werden soll:

$$\left.\begin{array}{rcl} C_1 &=& l_2 e^{i\varphi_1}, \\ C_2 &=& l_2 e^{i(\varphi_1 + \varphi_{12})}, \\ C_2^1 &=& l_2 e^{i(\varphi_1 + \varphi_{12})} - i s_{12}. \end{array}\right\} \qquad (5.13)$$

Für die Mittelsenkrechte c_{12}^1 auf $\overline{C_1 C_2^1}$ gilt:

$$\left(X - \frac{C_1 + C_2^1}{2}, C_1 - C_2^1\right) = 0$$

und für die Schubgerade im Abstand e_S von C_0:

$$(X, 1) = e_S.$$

Der Schnittpunkt D_1 beider Geraden ergibt sich unter Berücksichtigung von

$$A = C_1 - C_2^1, \qquad R = \frac{C_1 + C_2^1}{2}$$

sowie

$$(A, X) = (A, R) = a$$

zu:

$$D_1 = i\frac{e_S A - a}{[A, 1]} = i\frac{a - e_S A}{[1, A]}$$

bzw.

$$D_1 = i\frac{\frac{1}{2}(x_{C_1}^2 - x_{C_2^1}^2) + \frac{1}{2}(y_{C_1}^2 - y_{C_2^1}^2) - e_S\left(x_{C_1} - x_{C_2^1} + i(y_{C_1} - y_{C_2^1})\right)}{y_{C_1} - y_{C_2^1}}$$

5.2 Konstruktionsmethoden zur exakten Synthese

oder in Komponentenschreibweise:

$$\left.\begin{array}{rl} y_{D_1} &= \dfrac{\frac{1}{2}(x_{C_1}^2 - x_{C_2^1}^2) + \frac{1}{2}(y_{C_1}^2 - y_{C_2^1}^2) - e_S(x_{C_1} - x_{C_2^1})}{y_{C_1} - y_{C_2^1}} \\ x_{D_1} &= e_S. \end{array}\right\} \quad (5.14)$$

Betrachtet man die Kurbellage 1 als Bezugslage, dann läßt sich D_1 auf der Schubgeraden im Abstande $y = \mathrm{i}s_1$ wählen, so daß unter Berücksichtigung einer Exzentrizität e_S folgende Beziehungen gelten:

$$\left.\begin{array}{rl} D_1 &= e_S + \mathrm{i}s_1, \\ D_2 &= e_S + \mathrm{i}(s_1 + s_{12}), \\ D_2^1 &= (e_S + \mathrm{i}(s_1 + s_{12}))\,\mathrm{e}^{-\mathrm{i}\varphi_{12}}. \end{array}\right\} \quad (5.15)$$

Die Mittelsenkrechte d_{12}^1 auf $\overline{D_1 D_2^1}$ genügt der Relation

$$X = \dfrac{D_1 + D_2^1}{2} + \mathrm{i}\lambda(D_1 - D_2^1).$$

Nach Einführung von

$$A = \dfrac{D_1 + D_2^1}{2} \quad \text{und} \quad B = D_1 - D_2^1$$

ergibt sich

$$X = A + \mathrm{i}\lambda B. \quad (5.16)$$

Für die Kurbellänge gilt die Kreisgleichung

$$(X, X) = l_2^2. \quad (5.17)$$

Einsetzen von (5.16) in (5.17) liefert die Schnittpunkte C_1 bzw. C_1' des Kurbelkreises mit der Geraden d_{12}^1:

$$l_2^2 = (A + \mathrm{i}\lambda B, A + \mathrm{i}\lambda B),$$
$$l_2^2 = (A, A) + 2\lambda(A, \mathrm{i}B) + \lambda^2(B, B)$$

bzw.

$$\left.\begin{array}{l} \lambda^2 + \lambda p + q = 0, \\[2pt] \lambda_{1,2} = -\dfrac{p}{2} \pm \sqrt{\dfrac{p^2}{4} - q}, \\[2pt] p = \dfrac{2(A, \mathrm{i}B)}{(B, B)} \quad q = \dfrac{(A, A) - l_2^2}{(B, B)}. \end{array}\right\} \quad (5.18)$$

Die Kurbelpunkte C_1 bzw. C_1' sind somit durch folgende Gleichungen festgelegt:

$$\left.\begin{array}{l} C_1 = A + i\lambda_1 B, \\ C_1' = A + i\lambda_2 B. \end{array}\right\} \qquad (5.19)$$

Damit sind auch die Anfangsstellungen der Kurbel φ_1 bzw. φ_1' bestimmt. Für die vorliegende Gerade d_{12}^1 berechnet sich die kleinste Kurbellänge aus:

$$\left.\begin{array}{l} (A + i\lambda^* B, iB) = 0, \\ \lambda^* = -\dfrac{(A, iB)}{(B, B)} = -\dfrac{(1, \overline{A} iB)}{B\overline{B}}, \\ l_{2min} = |A + i\lambda^* B|. \end{array}\right\} \qquad (5.20)$$

Durch Variation der Anfangslage D_1 auf der Schubgeraden und zusätzliche Veränderung der Exzentrizität e_S läßt sich eine große Vielfalt von Lösungen erzielen.

Drehschubstrecke s_{12}'

Im Bild 5.5a ist die Zweilagenzuordnung im φ, s-Diagramm durch zwei unendlich benachbarte Punkte P_1, P_2 vorgegeben. Die Drehschubstrecke

$$s_{12}' = ds_{12}/d\varphi \qquad (5.21)$$

läßt sich als Strecke $\overline{C_0 P_{12}}$ darstellen. Nach den Beziehungen:

$$\left.\begin{array}{l} \gamma = \arctan\left(s_{12}' \dfrac{M_s}{M_\varphi}\right), \\ s_{12}' = \dfrac{M_\varphi}{M_S} \cdot \tan\gamma \end{array}\right\} \qquad (5.22)$$

ist die Drehschubstrecke dem Anstieg der Sollkurve in P_1, P_2 direkt proportional. Auf der Gestellgeraden $C_0 D_0^\infty$ wird die somit vorgegebene Drehschubstrecke s_{12}' abgetragen und liefert den Momentanpol P_{12}. Des weiteren sind die Parameter l_2 und φ_1 frei wählbar und bestimmen den Punkt $C_{1,2}$. Auf der Verbindungsgeraden $P_{12}C_{12}$ kann der Punkt $D_{1,2}$ beliebig gewählt werden. Damit sind auch die Abmessungen l_3 und e_S festgelegt. Die Exzentrizität e_S und die Drehschubstrecke s_{12}' werden in $x - Richtung$ positiv gezählt, s. Bild 5.5b.

5.2.2 Zuordnung von drei Lagen

Drehwinkel-Drehwinkel-Zuordnung

Entsprechend Bild 5.6a ist durch die Punkte P_1, P_2, P_3 im φ, ψ-Diagramm eine Dreilagenzuordnung vorgegeben. Die exakte Erfüllung dieser Lagenzuordnungen kann durch Viergelenkgetriebe erfolgen, deren Abmessungen grafisch oder rechnerisch ermittelt werden.

Grafische Methode: Das Abtriebsglied $D_0 D_1$ wird im Bild 5.6b als Bezugslage gewählt. Durch Drehung des Antriebsgliedes $C_0 C_1$ um die Winkel φ_{12} und φ_{13} ergeben

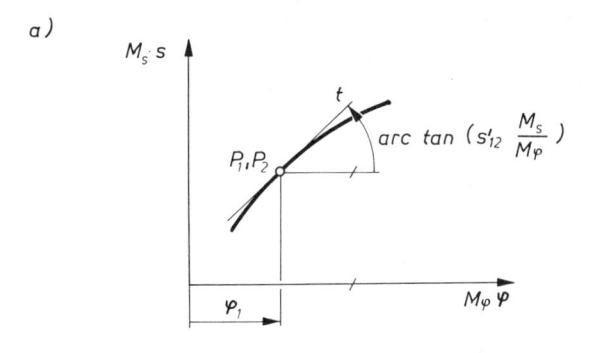

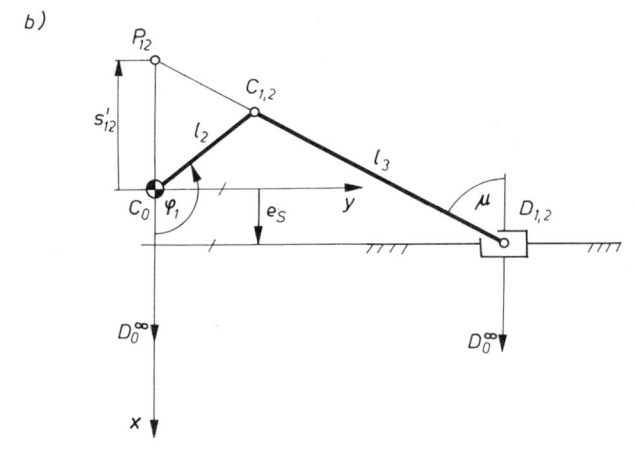

5.2 Konstruktionsmethoden zur exakten Synthese

Bild 5.5: Schubkurbel für vorgegebene Drehschubstrecke: a) Übertragungsfunktion, b) Konstruktion mittels Drehschubstrecke s'_{12}

sich die Punkte C_2 und C_3. Die Strecken $\overline{D_0C_2}$ bzw. $\overline{D_0C_3}$ werden um die Winkel $-\psi_{12}$ bzw. $-\psi_{13}$ zurückgedreht und liefern die Punkte C_2^1 bzw. C_3^1. D_1 ist der Schnittpunkt der Mittelsenkrechten c_{12}^1 und c_{23}^1. Hierbei fungieren φ_1 und l_2/l_1 als freie Parameter, so daß ∞^2 Lösungen möglich sind.

Eine weitere Dreilagenzuordnung (Bild 5.7a) soll durch eine Kurbelschleife realisiert werden. Die zeichnerische Lösung ist im Bild 5.7b dargestellt; sie geht von den zur Steggeraden C_0D_0 symmetrisch gelegenen Kurbellagen C_0C_2 und C_0C_3 aus. Als Bezugslage wird die Schleife in der Lage 2 gewählt. An der Gestellgeraden C_0D_0 wird in D_0 der Winkel $-\psi_{23}/2$ und in C_0 der Winkel $-\varphi_{23}/2$ angetragen. Die freien Schenkel dieser Winkel schneiden sich in dem Punkt $C_2 = C_3^2$. Sodann wird $\overline{C_0C_2}$ um φ_{21} gedreht und ergibt den Punkt C_1.

Eine Drehung von D_0C_1 um D_0 und den Winkel $-\psi_{12}$ liefert den Punkt C_1^2. Der Fernpunkt der Mittelsenkrechten $c_{21}^2 = c_{31}^2$ auf $\overline{C_2C_1^2}$ ist D_2^∞. Damit ergibt sich die exzentrische Kurbelschleife $C_0C_2D_2^\infty D_0$ in der Stellung 2, s. Bild 5.7b. Die Schleifgerade des Abtriebsgliedes verläuft in der Stellung 2 durch den Punkt C_1^2. Das Längenverhältnis l_2/l_1 kann bei einer Dreilagenzuordnung für eine Kurbelschleife nicht vorgegeben werden.

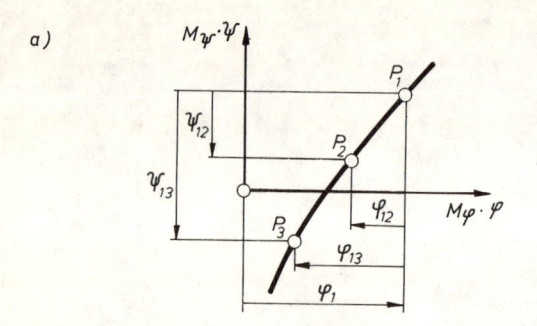

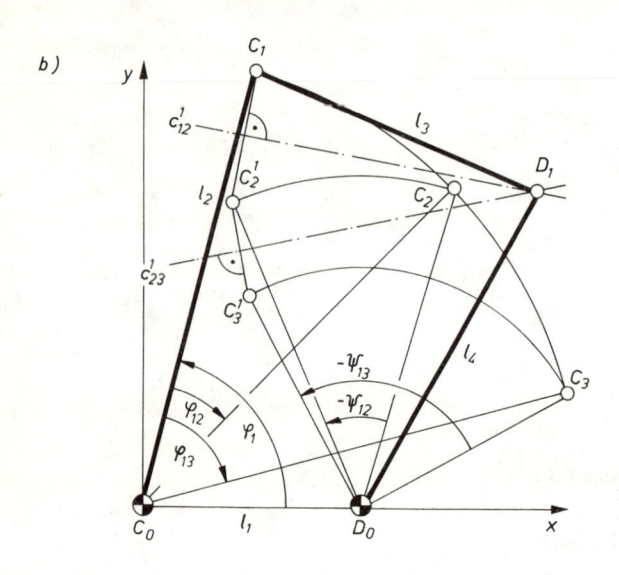

Bild 5.6: Viergelenkgetriebe für Dreilagenzuordnung: a) Übertragungsfunktion, b) Konstruktion für Gelenkviereck

Rechnerische Methode: Für das Viergelenkgetriebe ergeben sich entsprechend Bild 5.6b folgende Relationen:

$$\left.\begin{array}{rcl} C_1 & = & l_2 e^{i\varphi_1}, \\ C_2 & = & l_2 e^{i(\varphi_1 + \varphi_{12})}, \\ C_3 & = & l_2 e^{i(\varphi_1 + \varphi_{13})} \end{array}\right\} \quad (5.23)$$

sowie

$$\left.\begin{array}{rcl} C_2^1 & = & l_1(1 - e^{-i\psi_{12}}) + l_2 e^{i(\varphi_1 + \varphi_{12} - \psi_{12})}, \\ C_3^1 & = & l_1(1 - e^{-i\psi_{13}}) + l_2 e^{i(\varphi_1 + \varphi_{13} - \psi_{13})}. \end{array}\right\} \quad (5.24)$$

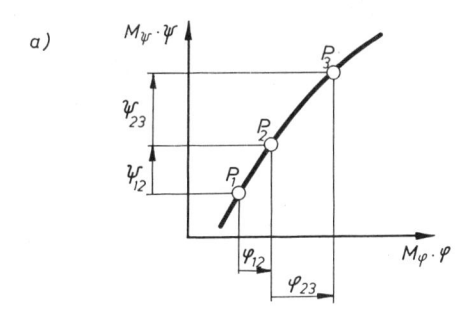

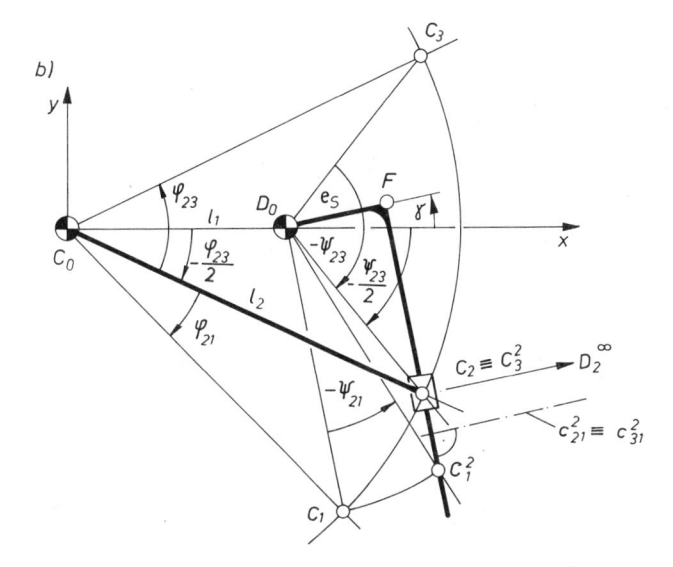

5.2 Konstruktionsmethoden zur exakten Synthese

Bild 5.7: Kurbelschleife für Dreilagenzuordnung: a) Übertragungsfunktion, b) Konstruktion der Kurbelschleife

Die Mittelsenkrechten c_{12}^1 und c_{23}^1 genügen den Beziehungen

$$\left(X - \frac{C_1 + C_2^1}{2}, (C_1 - C_2^1)\right) = 0$$

und

$$\left(X - \frac{C_2^1 + C_3^1}{2}, (C_2^1 - C_3^1)\right) = 0.$$

Bei Einführung der Vereinfachungen:

$$\left.\begin{aligned} A &= C_1 - C_2^1, & B &= C_2^1 - C_3^1, \\ R_1 &= \frac{C_1 + C_2^1}{2}, & R_2 &= \frac{C_2^1 + C_3^1}{2} \end{aligned}\right\} \quad (5.25)$$

ergeben sich die Gleichungen

$(X - R_1, A) = 0,$

$(A, X) = (A, R_1) = a$ und

$(X - R_2, B) = 0,$

$(B, X) = (B, R_2) = b.$

Beide Mittelsenkrechten schneiden sich in D_1 entsprechend der Beziehung

$$D_1 = i\frac{bA - aB}{[A, B]}. \tag{5.26}$$

Die Koordinaten genügen unter Berücksichtigung von (5.25) folgenden Gleichungen:

$$\left.\begin{aligned}x_{D_1} &= \frac{(x_{C_1^2}^2 - x_{C_2^1}^2 + y_{C_1^2}^2 - y_{C_2^1}^2)(y_{C_1} - y_{C_3^1}) - (x_{C_2^1}^2 - x_{C_3^1}^2 + y_{C_2^1}^2 - y_{C_3^1}^2)(y_{C_1} - y_{C_2^1})}{2\left((x_{C_1} - x_{C_2^1})(y_{C_2^1} - y_{C_3^1}) - (x_{C_2^1} - x_{C_3^1})(y_{C_1} - y_{C_2^1})\right)},\\y_{D_1} &= \frac{(x_{C_2^1}^2 - x_{C_3^1}^2 + y_{C_2^1}^2 - y_{C_3^1}^2)(x_{C_1} - x_{C_2^1}) - (x_{C_2^1}^2 - x_{C_3^1}^2 + y_{C_1}^2 - y_{C_3^1}^2)(x_{C_2^1} - x_{C_3^1})}{2\left((x_{C_1} - x_{C_2^1})(y_{C_2^1} - y_{C_3^1}) - (x_{C_2^1} - x_{C_3^1})(y_{C_1} - y_{C_2^1})\right)}.\end{aligned}\right\} \tag{5.27}$$

Damit lassen sich die weiteren Gliedlängen l_3 und l_4 nach den Beziehungen

$l_3 = \sqrt{((x_{D_1} - x_{C_1})^2 + (y_{D_1} - y_{C_1})^2)},$

$l_4 = \sqrt{((x_{D_1} - l_1)^2 + y_{D_1}^2)}$

berechnen.

Zur rechnerischen Ermittlung der Kurbelschleife (Bild 5.7b) werden analog der geometrischen Konstruktion zunächst die beiden in C_0 und D_0 an $\overline{C_0 D_0}$ angetragenen Geraden analytisch in der GAUSSschen Zahlenebene erfaßt:

Gerade durch C_0: $[X, e^{-\frac{i}{2}\varphi_{23}}] = 0,$

Gerade durch D_0: $[X - D_0, e^{-\frac{i}{2}\psi_{23}}] = 0.$

Bei Festlegung von:

$$\left.\begin{aligned}A &= e^{-\frac{i}{2}\varphi_{23}}, \quad D_0 = l_1,\\B &= e^{-\frac{i}{2}\psi_{23}}\end{aligned}\right\} \tag{5.28}$$

ergeben sich schließlich die Beziehungen

$[A, X] = 0,$

$[B, X] = [B, D_0] = b.$

5.2 Konstruktionsmethoden zur exakten Synthese

Beide Geraden schneiden sich in $C_2 = C_3^2$:

$$C_2 = -\frac{bA}{[A,B]}. \tag{5.29}$$

Die zugehörigen Koordinaten ergeben sich unter Berücksichtigung von (5.28):

$$\left.\begin{aligned} x_{C_2} &= -l_1 \frac{\cos(\varphi_{23}/2)\sin(\psi_{23}/2)}{\sin(\varphi_{23}/2 - \psi_{23}/2)}, \\ y_{C_2} &= +l_1 \frac{\sin(\varphi_{23}/2)\sin(\psi_{23}/2)}{\sin(\varphi_{23}/2 - \psi_{23}/2)}. \end{aligned}\right\} \tag{5.30}$$

Damit ist auch die Gliedlänge $l_2 = \sqrt{(x_{C_2}^2 + y_{C_2}^2)}$ bestimmt. Zur Festlegung der Schleifgeraden wird der Punkt C_1^2 benötigt. Er wird wie folgt berechnet:

$$\left.\begin{aligned} C_1 &= C_2 e^{i\varphi_{21}}, \\ C_1^2 &= l_1 + (C_1 - l_1)e^{-i\psi_{21}}, \\ C_1^2 &= l_1(1 - e^{-i\psi_{21}}) + C_2 e^{i(\varphi_{21} - \psi_{21})} \end{aligned}\right\} \tag{5.31}$$

bzw.

$$\left.\begin{aligned} x_{C_1^2} &= l_1(1 - \cos\psi_{21}) + x_{C_2}\cos(\varphi_{21} - \psi_{21}) - y_{C_2}\sin(\varphi_{21} - \psi_{21}), \\ y_{C_1^2} &= l_1 \sin\psi_{21} + y_{C_2}\cos(\varphi_{21} - \psi_{21}) + x_{C_2}\sin(\varphi_{21} - \psi_{21}). \end{aligned}\right\} \tag{5.32}$$

Damit ist auch die Exzentrizität e_S der Kurbelschleife festgelegt, die sich nach Bild 5.7b wie folgt ergibt:

$$\left.\begin{aligned} F &= C_2 + \lambda(C_2 - C_1^2), \\ (F - D_0, C_2 - C_1^2) &= 0, \\ (C_2 - D_0 + \lambda(C_2 - C_1^2), C_2 - C_1^2) &= 0, \\ \lambda &= \frac{(D_0 - C_2, C_2 - C_1^2)}{|C_2 - C_1^2|^2}, \end{aligned}\right\} \tag{5.33}$$

$$\left.\begin{aligned} e_S &= |F - D_0| = \sqrt{(x_F - l_1)^2 + y_F^2}, \\ \gamma &= \arctan(y_F/(x_F - l_1)). \end{aligned}\right\} \tag{5.34}$$

Die Schleifenrichtung verläuft unter dem Winkel $\pi/2 + \gamma$.

Drehwinkel-Schubweg-Zuordnung

Die im Bild 5.8a vorgegebene Dreilagenzuordnung soll durch ein Schubkurbelgetriebe realisiert werden.

Grafische Methode: Als Bezugslage fungiert die Gleitsteinebene in der Lage 1. Durch die Gliedlänge l_2 und die Winkel φ_1, φ_{12} sowie φ_{13} sind die Punkte C_1, C_2 und C_3 bestimmt. Aufgrund der gewählten Bezugslage werden C_2 bzw. C_3 um $-s_{12}$ bzw. $-s_{13}$ nach C_2^1 bzw. C_3^1 verschoben. Die Mittelsenkrechten c_{12}^1 und c_{13}^1 schneiden sich

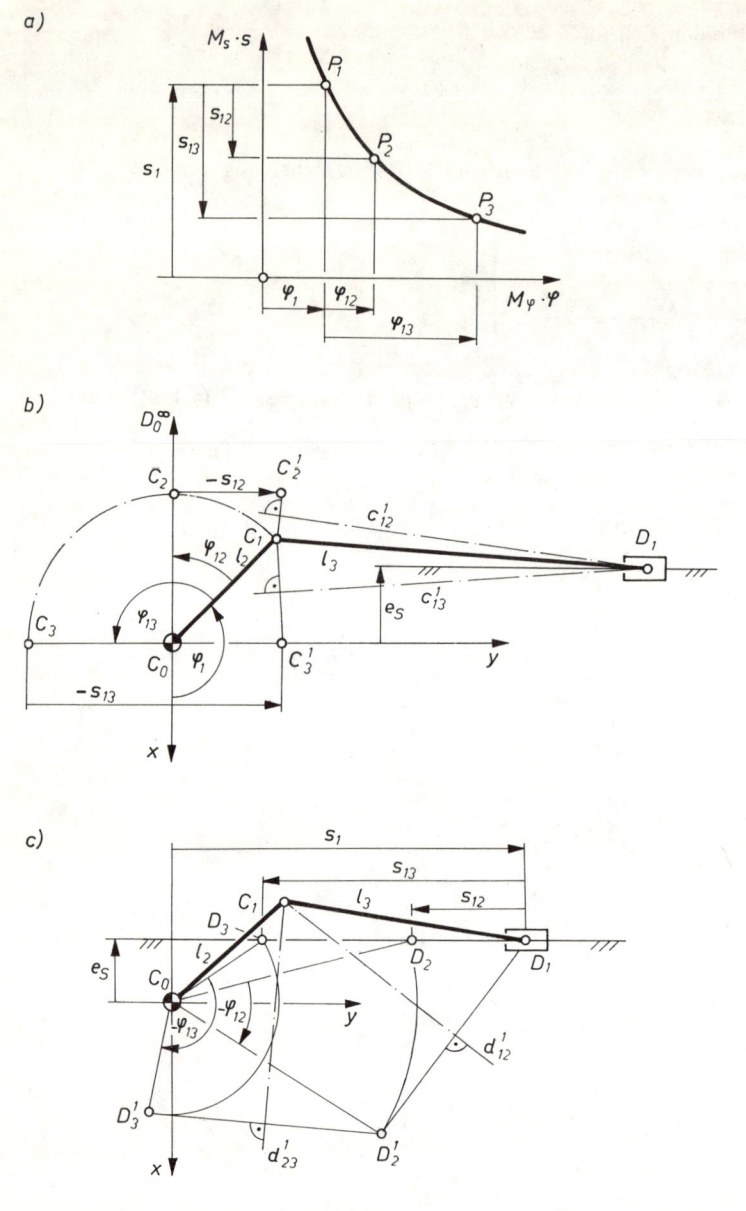

Bild 5.8: Schubkurbel für Dreilagenzuordnung: a) Übertragungsfunktion, b) Konstruktion für gegebene Kurbellänge l_2, c) Konstruktion für gegebene Gleitsteinlagen

in dem Anlenkpunkt D_1, wodurch gleichzeitig die Exzentrizität e_S der Schubkurbel festgelegt ist; s. Bild 5.8b. Durch Änderung von φ_1 läßt sich e_s beeinflussen.

Wird die Kurbelstellung 1 als Bezugslage gewählt, so läßt sich die Exzentrizität e_S der Schubkurbel vorgeben, s. Bild 5.8c. Auf der Schubgeraden wird der Punkt D_1 angenommen. Mit den Schubwegen s_{12} und s_{13} liegen die Punkte D_2 und D_3

fest. D_2 und D_3 werden mit C_0 verbunden und die Strecken $\overline{C_0D_2}$ bzw. $\overline{C_0D_3}$ um die Winkel $-\varphi_{12}$ bzw. $-\varphi_{13}$ um C_0 gedreht, so daß sich die Punkte D_2^1 und D_3^1 ergeben. Die Mittelsenkrechten d_{12}^1 und d_{23}^1 schneiden sich in C_1. Damit liegen die Gliedlängen l_2 und l_3 fest. Durch Variation von D_1 auf der Schubgeraden ergeben sich unterschiedliche Gliedlängen l_2 und l_3.

Rechnerische Methode: Ausgehend von der Gleitsteinlage 1 als Bezugslage gelten nach Bild 5.8b folgende Beziehungen:

$$\left.\begin{aligned} C_1 &= l_2 e^{i\varphi_1}, \quad C_2 = l_2 e^{i(\varphi_1 + \varphi_{12})}, \quad C_3 = l_2 e^{i(\varphi_1 + \varphi_{13})}, \\ C_2^1 &= l_2 e^{i(\varphi_1 + \varphi_{12})} - is_{12}, \\ C_3^1 &= l_2 e^{i(\varphi_1 + \varphi_{13})} - is_{13}. \end{aligned}\right\} \quad (5.35)$$

Für die Mittelsenkrechten c_{12}^1 und c_{13}^1 lassen sich die folgenden Relationen angeben:

$$\left(X - \frac{C_1 + C_2^1}{2}, C_1 - C_2^1\right) = 0,$$

$$\left(X - \frac{C_1 + C_3^1}{2}, C_1 - C_3^1\right) = 0.$$

Zur Vereinfachung werden

$$\left.\begin{aligned} A &= C_1 - C_2^1, \quad R_1 = \tfrac{1}{2}(C_1 + C_2^1), \\ B &= C_1 - C_3^1, \quad R_2 = \tfrac{1}{2}(C_1 + C_3^1) \end{aligned}\right\} \quad (5.36)$$

eingeführt, so daß sich für c_{12}^1 und c_{13}^1 die Beziehungen

$$(A, X) = (A, R_1) = a \quad \text{und}$$

$$(B, X) = (B, R_2) = b$$

ergeben. Der Schnittpunkt dieser Geraden ergibt sich zu:

$$D_1 = i\frac{bA - aB}{[A, B]}. \quad (5.37)$$

Unter Berücksichtigung von (5.36) ergeben sich die Koordinaten:

$$\left.\begin{aligned} e_S &= x_{D_1} = \frac{(x_{C_1}^2 - x_{C_2^1}^2 + y_{C_1}^2 - y_{C_2^1}^2)(y_{C_1} - y_{C_3^1}) - (x_{C_1}^2 - x_{C_3^1}^2 + y_{C_1}^2 - y_{C_3^1}^2)(y_{C_1} - y_{C_2^1})}{2\left((x_{C_1} - x_{C_2^1})(y_{C_1} - y_{C_3^1}) - (x_{C_1} - x_{C_3^1})(y_{C_1} - y_{C_2^1})\right)}, \\ y_{D_1} &= \frac{(x_{C_1}^2 - x_{C_3^1}^2 + y_{C_1}^2 - y_{C_3^1}^2)(x_{C_1} - x_{C_2^1}) - (x_{C_1}^2 - x_{C_2^1}^2 + y_{C_1}^2 - y_{C_2^1}^2)(x_{C_1} - x_{C_3^1})}{2\left((x_{C_1} - x_{C_2^1})(y_{C_1} - y_{C_3^1}) - (x_{C_1} - x_{C_3^1})(y_{C_1} - y_{C_2^1})\right)}. \end{aligned}\right\} \quad (5.38)$$

Die Exzentrizität $e = x_{D_1}$ wird in x-Richtung positiv gezählt und bei der rechnerischen Methode mit e_S bezeichnet. Aus der Beziehung

$$l_3 = \sqrt{(x_{D_1} - x_{C_1})^2 + (y_{D_1} - y_{C_1})^2}$$

läßt sich die Koppellänge berechnen.

Wird die Kurbellage 1 als Bezugslage betrachtet, dann lassen sich die Exzentrität e_S sowie D_1 auf der Schubgeraden im Abstand $y = \mathrm{i}s_1$ frei wählen. Die Punkte D_1, D_2, D_3, D_2^1 und D_3^1 sind entsprechend Bild 5.8c aus folgenden Relationen zu berechnen:

$$\left.\begin{aligned}
D_1 &= e_S + \mathrm{i}s_1, \\
D_2 &= e_S + \mathrm{i}(s_1 + s_{12}), \\
D_3 &= e_S + \mathrm{i}(s_1 + s_{13}), \\
D_2^1 &= (e_S + \mathrm{i}(s_1 + s_{12}))\,\mathrm{e}^{-\mathrm{i}\varphi_{12}}, \\
D_3^1 &= (e_S + \mathrm{i}(s_1 + s_{13}))\,\mathrm{e}^{-\mathrm{i}\varphi_{13}}.
\end{aligned}\right\} \quad (5.39)$$

Die Mittelsenkrechten d_{12}^1 und d_{13}^1 genügen den folgenden Gleichungen:

$$\left(X - \frac{D_1 + D_2^1}{2},\, D_1 - D_2^1\right) = 0,$$

$$\left(X - \frac{D_2^1 + D_3^1}{2},\, D_2^1 - D_3^1\right) = 0.$$

Der Schnittpunkt C_1 dieser beiden Mittelsenkrechten besitzt die Koordinaten:

$$\left.\begin{aligned}
x_{C_1} &= \frac{(x_{D_1}^2 - x_{D_2^1}^2 + y_{D_1}^2 - y_{D_2^1}^2)(y_{D_2^1} - y_{D_3^1}) - (x_{D_2^1}^2 - x_{D_3^1}^2 + y_{D_2^1}^2 - y_{D_3^1}^2)(y_{D_1} - y_{D_2^1})}{2\left((x_{D_1} - x_{D_2^1})(y_{D_2^1} - y_{D_3^1}) - (x_{D_2^1} - x_{D_3^1})(y_{D_1} - y_{D_2^1})\right)}, \\
y_{C_1} &= \frac{(x_{D_2^1}^2 - x_{D_3^1}^2 + y_{D_2^1}^2 - y_{D_3^1}^2)(x_{D_1} - x_{D_2^1}) - (x_{D_1}^2 - x_{D_2^1}^2 + y_{D_1}^2 - y_{D_2^1}^2)(x_{D_2^1} - x_{D_3^1})}{2\left((x_{D_1} - x_{D_2^1})(y_{D_2^1} - y_{D_3^1}) - (x_{D_2^1} - x_{D_3^1})(y_{D_1} - y_{D_2^1})\right)}.
\end{aligned}\right\} \quad (5.40)$$

Damit lassen sich die Gliedlängen l_2 und l_3 nach den bekannten Beziehungen berechnen. Durch Variation der freien Parameter s_1 und e_S ergeben sich ∞^2 verschiedene Schubkurbelgetriebe.

5.2.3 Zuordnung von vier Lagen

Drehwinkel-Drehwinkel-Zuordnung

Die im Bild 5.9a vorgegebene Zuordnung von vier Lagen soll durch ein Viergelenkgetriebe realisiert werden.

Grafische Methode: Bei der Lösung dieser Aufgabe wird das Prinzip der Punktlagenreduktion angewendet, s. Bild 5.9; die Steglänge l_1 ist frei wählbar. Des weiteren wird die Lage 1 des in D_0 gelagerten Abtriebsgliedes als Bezugslage angenommen. An der Gestellgeraden wird im Punkt C_0 der Winkel $-\varphi_{12}/2$ und in D_0 der Winkel $-\psi_{12}/2$ angetragen. Im Schnitt der freien Winkelschenkel fallen die Punkte $C_1 = C_2^1$ zusammen (Punktlagenreduktion). Die Punkte C_3^1 und C_4^1 ergeben sich aus den Punkten C_3 und C_4 durch Drehung von $\overline{D_0 C_3}$ bzw. $\overline{D_0 C_4}$ um D_0 mit dem Winkel $-\psi_{13}$ bzw. $-\psi_{14}$. Der Anlenkpunkt D_1 ist als Schnittpunkt der Mittelsenkrechten $c_{13}^1 = c_{23}^1$ und c_{34}^1 festgelegt. Eine analoge Punktlagenreduktion wurde von HAIN [43] bei der Synthese von Führungsgetrieben angegeben, s. auch Abschnitt 4.4.

5.2 Konstruktionsmethoden zur exakten Synthese

a)

b)

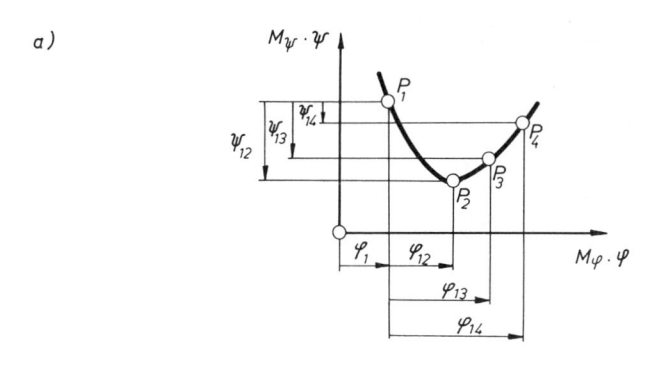

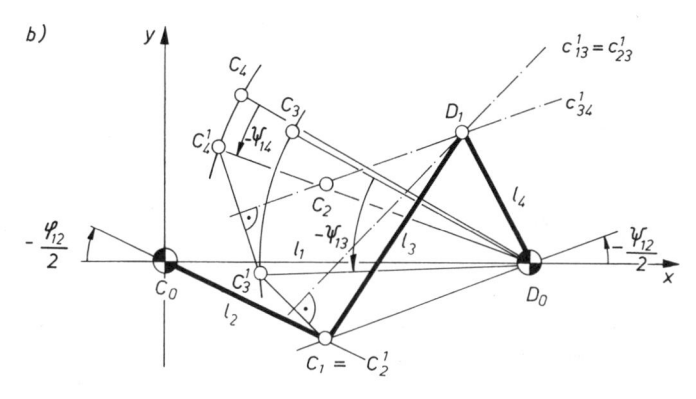

Bild 5.9: Viergelenkgetriebe für Vierlagenzuordnung: a) Übertragungsfunktion, b) Konstruktion mittels Punktlagenreduktion

Ergibt sich in dem vorliegenden Fall keine günstige Lösung, so kann die Punktlagenreduktion auch mit den Punktepaaren: $C_1 = C_3^1$; $C_1 = C_4^1$; $C_2 = C_3^2$; $C_2 = C_4^2$; $C_3 = C_4^3$; bzw. $D_1 = D_2^1$; $D_1 = D_3^1$; $D_1 = D_4^1$; $D_2 = D_3^2$; $D_2 = D_4^2$ und $D_3 = D_4^3$ durchgeführt werden. In den letzten sechs Fällen $D_j = D_k^j$ fungiert das Antriebsglied als Bezugslage für die Relativlagenbetrachtungen.

Rechnerische Methode: Die Berechnung soll für die Lage 1 des in D_0 gelagerten Abtriebsgliedes als Bezugslage unter Zugrundelegung des Reduktionspunktes $C_1 = C_2^1$ durchgeführt werden, s. Bild 5.9b. Für den Reduktionspunkt $C_1 = C_2^1$ ergeben sich (5.30) die Koordinaten:

$$\left. \begin{array}{rcl} x_{C_1} & = & -l_1 \dfrac{\cos(\varphi_{12}/2)\sin(\psi_{12}/2)}{\sin(\varphi_{12}/2 - \psi_{12}/2)}, \\[2mm] y_{C_1} & = & l_1 \dfrac{\sin(\varphi_{12}/2)\sin(\psi_{12}/2)}{\sin(\varphi_{12}/2 - \psi_{12}/2)}, \end{array} \right\} \quad (5.41)$$

womit auch die Kurbellänge l_2 festgelegt ist.

Ausgehend von diesem Reduktionspunkt gelten für C_3, C_4, C_3^1 und C_4^1 folgende Relationen:

$$\left.\begin{aligned}
C_3 &= C_1 e^{i\varphi_{13}}, \qquad C_4 = C_1 e^{i\varphi_{14}}, \\
C_3^1 &= l_1(1 - e^{-i\psi_{13}}) + C_1 e^{i(\varphi_{13} - \psi_{13})}, \\
C_4^1 &= l_1(1 - e^{-i\psi_{14}}) + C_1 e^{i(\varphi_{14} - \psi_{14})}.
\end{aligned}\right\} \tag{5.42}$$

Die Mittelsenkrechten $c_{13}^1 = c_{23}^1$ und c_{34}^1 sind bestimmt durch:

$$\left(X - \frac{C_1 + C_2^1}{2}, C_1 - C_3^1\right) = 0,$$

$$\left(X - \frac{C_3^1 + C_4^1}{2}, C_3^1 - C_4^1\right) = 0.$$

Der Schnittpunkt D_1 dieser Mittelsenkrechten besitzt die Koordinaten:

$$\left.\begin{aligned}
x_{D_1} &= \frac{(x_{C_1}^2 - x_{C_3^1}^2 + y_{C_1}^2 - y_{C_3^1}^2)(y_{C_3^1} - y_{C_4^1}) - (x_{C_3^1}^2 - x_{C_4^1}^2 + y_{C_3^1}^2 - y_{C_4^1}^2)(y_{C_1} - y_{C_3^1})}{2\left((x_{C_1} - x_{C_3^1})(y_{C_3^1} - y_{C_4^1}) - (x_{C_3^1} - x_{C_4^1})(y_{C_1} - y_{C_3^1})\right)}, \\
y_{D_1} &= \frac{(x_{C_3^1}^2 - x_{C_4^1}^2 + y_{C_3^1}^2 - y_{C_4^1}^2)(x_{C_1} - x_{C_3^1}) - (x_{C_1}^2 - x_{C_3^1}^2 + y_{C_1}^2 - y_{C_3^1}^2)(x_{C_3} - x_{C_4^1})}{2\left((x_{C_1} - x_{C_3^1})(y_{C_3^1} - y_{C_4^1}) - (x_{C_3^1} - x_{C_4^1})(y_{C_1} - y_{C_3^1})\right)}.
\end{aligned}\right\} \tag{5.43}$$

Damit sind auch die Gliedlängen l_3 und l_4 bestimmt. Bei Wahl der übrigen Reduktionspunkte sind die angegebenen Gleichungen sinngemäß anzuwenden.

Drehwinkel-Schubweg-Zuordnung

Für die im Bild 5.10a vorgegebene Vierlagenzuordnung sind die kinematischen Abmessungen eines Schubkurbelgetriebes gesucht. Die Lösung soll auch hier auf zeichnerischem und rechnerischem Wege erfolgen.

Grafische Methode: Zur Lösung wird die Punktlagenreduktion herangezogen. An der Gestellgeraden $C_0 D_0^\infty$ wird der Winkel $-\varphi_{13}/2$ in C_0 angetragen, s. Bild 5.10b. Sein freier Schenkel schneidet die im Abstand $-s_{12}/2$ zur Gestellgeraden verlaufende Parallele in $C_1 = C_3^1$. Damit sind durch l_2 sowie durch die Winkel $\varphi_{12}, \varphi_{13}$ und φ_{14} die homologen Punkte C_2, C_3 und C_4 festgelegt. Durch Verschiebung der Punkte C_2 und C_4 um die Strecke $-s_{12}$ bzw. $-s_{14}$ ergeben sich die Punkte C_2^1 und C_4^1. Die Mittelsenkrechten c_{12}^1 und c_{14}^1 schneiden sich in D_1, so daß die exzentrische Schubkurbel eindeutig bestimmt ist, s. Bild 5.10b. Es existieren sechs Lösungsmöglichkeiten, und zwar für die Punktepaare: $C_1 = C_2^1$, $C_1 = C_3^1$, $C_1 = C_4^1$, $C_2 = C_3^2$, $C_2 = C_4^2$ und $C_3 = C_4^3$.

Sechs weitere Varianten ergeben sich, wenn auf der Schubgeraden die Punkte $D_1 \ldots D_4$ vorgegeben werden und C_0 auf einer der sechs möglichen Mittelsenkrechten zu den Strecken $\overline{D_j D_k}$ $(j, k = 1 \ldots 4; j < k)$ so gewählt wird, daß $\sphericalangle D_k C_0 D_j = -\varphi_{jk}$ ist; z.B. C_0 auf der Mittelsenkrechten d_{12} von $\overline{D_1 D_2}$ mit dem $\sphericalangle D_2 C_0 D_1 = -\varphi_{12}$.

Rechnerische Methode: Die Lage 1 des schiebbar gelagerten Abtriebsgliedes wird als Bezugslage gewählt. Entsprechend Bild 5.10b ergibt sich der Reduktionspunkt

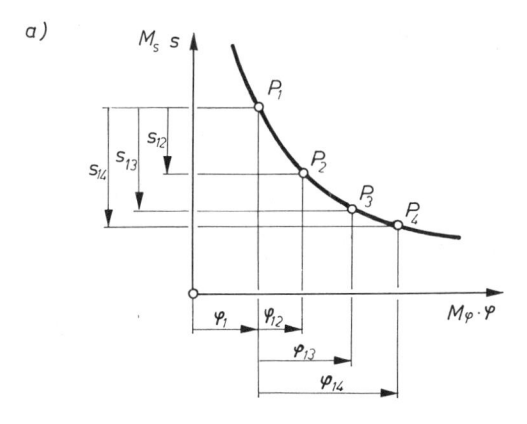

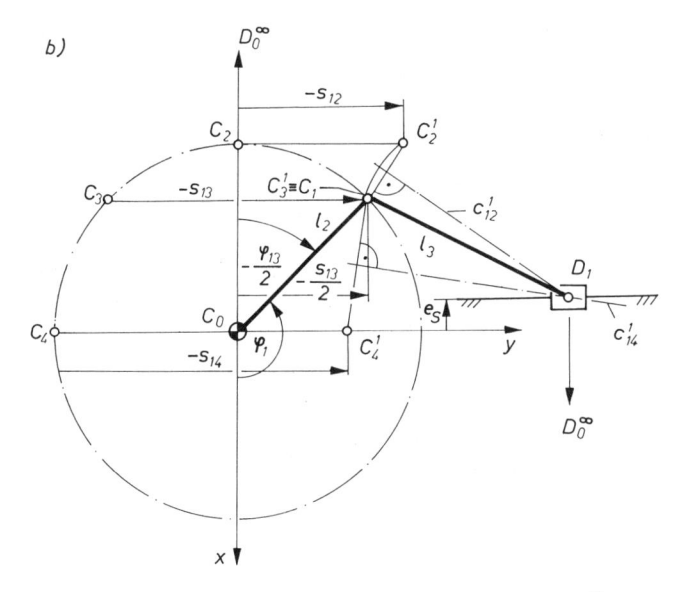

5.2 Konstruktionsmethoden zur exakten Synthese

Bild 5.10: Schubkurbel für Vierlagenzuordnung: a) Übertragungsfunktion, b) Konstruktion mittels Punktlagenreduktion

$C_1 = C_3^1$ aus den Beziehungen:
$$\left.\begin{aligned}
C_1 = l_2 e^{i(\pi - \varphi_{13}/2)} &= l_2 e^{i\varphi_1}, \quad \varphi_1 = \pi - \varphi_{13}/2, \\
(C_1 - is_{13}/2) &= -s_{13}^2/4, \\
(l_2 e^{i(\pi - \varphi_{13}/2)}, -is_{12}/2) &= -s_{13}^2/4, \\
l_2 &= \frac{-s_{13}}{2\sin(\varphi_{13}/2)}.
\end{aligned}\right\} \quad (5.44)$$

Somit sind die homologen Punkte C_2, C_3 und C_4 durch die Gleichungen

$$C_2 = l_2 e^{i(\varphi_1 + \varphi_{12})},$$
$$C_3 = l_2 e^{i(\varphi_1 + \varphi_{13})},$$
$$C_4 = l_2 e^{i(\varphi_1 + \varphi_{14})}$$

festgelegt. Die Relativlagen C_2^1 und C_4^1 werden bei der Gleitsteinlage 1 als Bezugslage wie folgt berechnet:

$$\left.\begin{array}{l} C_2^1 = l_2 e^{i(\varphi_1 + \varphi_{12})} - i s_{12}, \\ C_4^1 = l_2 e^{i(\varphi_1 + \varphi_{14})} - i s_{14}. \end{array}\right\} \tag{5.45}$$

Der Gelenkpunkt D_1 ergibt sich als Schnittpunkt der Mittelsenkrechten c_{12}^1 und c_{14}^1. Seine Koordinaten werden nach den Relationen:

$$\left.\begin{array}{rl} e_S = x_{D_1} = & \dfrac{(x_{C_1}^2 - x_{C_2^1}^2 + y_{C_1}^2 - y_{C_2^1}^2)(y_{C_1} - y_{C_4^1}) - (x_{C_1}^2 - x_{C_4^1}^2 + y_{C_1}^2 - y_{C_4^1}^2)(y_{C_1} - y_{C_2^1})}{2\left((x_{C_1} - x_{C_2^1})(y_{C_1} - y_{C_4^1}) - (x_{C_1} - x_{C_4^1})(y_{C_1} - y_{C_2^1})\right)}, \\[2mm] y_{D_1} = & \dfrac{(x_{C_1}^2 - x_{C_4^1}^2 + y_{C_1}^2 - y_{C_4^1}^2)(x_{C_1} - x_{C_2^1}) - (x_{C_1}^2 - x_{C_2^1}^2 + y_{C_1}^2 - y_{C_2^1}^2)(x_{C_1} - x_{C_4^1})}{2\left((x_{C_1} - x_{C_2^1})(y_{C_1} - y_{C_4^1}) - (x_{C_1} - x_{C_4^1})(y_{C_1} - y_{C_2^1})\right)}. \end{array}\right\} \tag{5.46}$$

bestimmt.

Die Exzentrizität $e = x_{D_1}$ wird in x-Richtung positiv gezählt und bei der rechnerischen Methode mit e_S bezeichnet. Aus der Beziehung

$$l_3 = \sqrt{((x_{D_1} - x_{C_1})^2 + (y_{D_1} - y_{C_1})^2)} \tag{5.47}$$

läßt sich die Koppellänge l_3 berechnen. Damit sind alle kinematischen Abmessungen des Schubkurbelgetriebes rechnerisch ermittelt worden. Für die weiteren fünf Reduktionspunkte kann die Berechnung in analoger Weise durchgeführt werden.

6 Kurvengetriebe

Im Maschinen- und Gerätebau werden zur Verwirklichung von Übertragungsfunktionen häufig Kurvengetriebe eingesetzt, so daß für dieses Gebiet zahlreiche Spezialliteratur erarbeitet wurde, u.a. [6, 29, 34, 52, 55, 63, 62, 65, 104, 160, 163, 166, 169, 170, 206, 207, 208, 138, 231, 232, 233, 234, 235]. Trotz seines einfachen Aufbaus können verschiedenartige Bewegungsgesetze realisiert werden, so daß das Kurvengetriebe im Verarbeitungs- und Textilmaschinenbau, in der polygrafischen Industrie sowie im Werkzeugmaschinen- und Landmaschinenbau eine breite Anwendung gefunden hat.

6.1 Grundbegriffe

Die einfachste Grundform des Kurvengetriebes besteht aus drei Gliedern, dem *Gestell 1*, dem *Kurvenglied 2* und dem *Eingriffsglied 3*, s. Bild 6.1. Aus der Lage der Drehachsen 12 und 13 ist zu erkennen, ob ein ebenes, sphärisches oder räumliches Kurvengetriebe vorliegt; denn es gilt entsprechend Abschnitt 2.3:

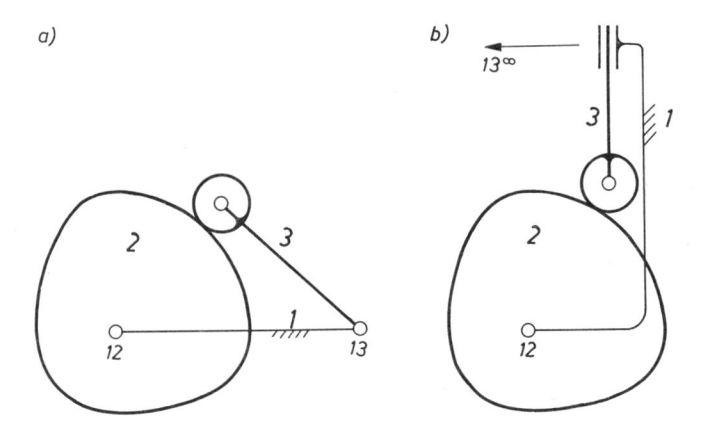

Bild 6.1: Dreigliedriges Kurvengetriebe: a) mit Rollenhebel (Achsen parallel), b) mit Schieber (Pol 13 im Unendlichen)

- Achsen parallel – ebenes Kurvengetriebe

- Achsen schneiden sich – sphärisches Kurvengetriebe

- Achsen kreuzen sich – räumliches Kurvengetriebe.

Kurvenglied
Die geometrische Form des Kurvengliedes (Kurvenkörpers) bestimmt die Bewegung des Eingriffsgliedes gegenüber dem Steg. Im allgemeinen ist der Kurvenkörper das Antriebsglied, während das Eingriffsglied als Abtriebsglied fungiert. Die Übertragungsfunktion des Kurvengetriebes wird durch die geometrische Form des Kurvengliedes festgelegt. Die konstruktive Auslegung des Kurvengliedes hängt des weiteren von der Zwanglaufsicherung ab. Im Bild 6.2 ist die *Kraftpaarung* durch Federkraft bzw. Schwerkraft dargestellt. Bild 6.3 zeigt verschiedene Möglichkeiten der *Formpaarung*. Insbesondere sei auf die unterschiedliche Anordnung der Abtastrolle im Bild 6.3a hingewiesen, wobei die Doppelrolle ein reines Rollen ohne Gleiten oder Drehrichtungsumkehr gewährleistet.

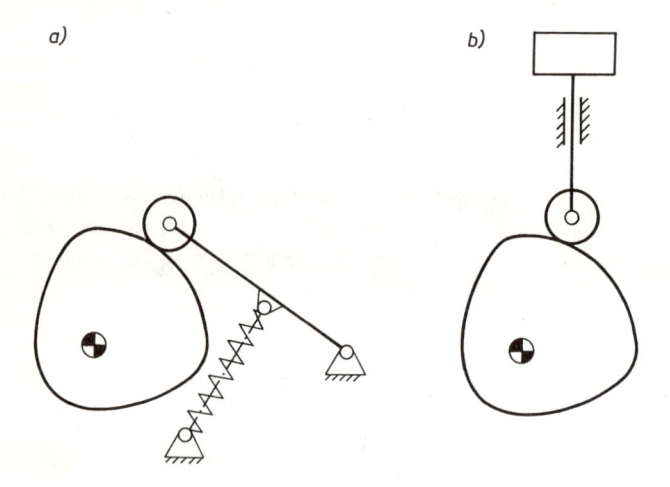

Bild 6.2: Zwanglauf durch Kraftpaarung: a) Federkraft, b) Schwerkraft

Eingriffsglied
Das Eingriffsglied ist eine Schwinge oder Kurbel, wenn die Lagerung im Gestell über ein Drehgelenk erfolgt; liegt ein Schubgelenk vor, so wird es als Schieber oder Stößel bezeichnet, s. Bild 6.1. Die Abtastkurve des Eingriffsgliedes ist in den meisten Fällen der Kreis einer Rolle, so daß zwischen Kurvenscheibe und Eingriffsglied eine Rollreibung vorhanden ist. Zum Zwecke der Getriebesystematik denkt man sich die Rolle fest verbunden mit dem Eingriffsglied, so daß im einfachsten Fall ein dreigliedriges Kurvengetriebe entsteht, s. Bild 6.1. Die geometrische Form der Abtastkurve des Ein-

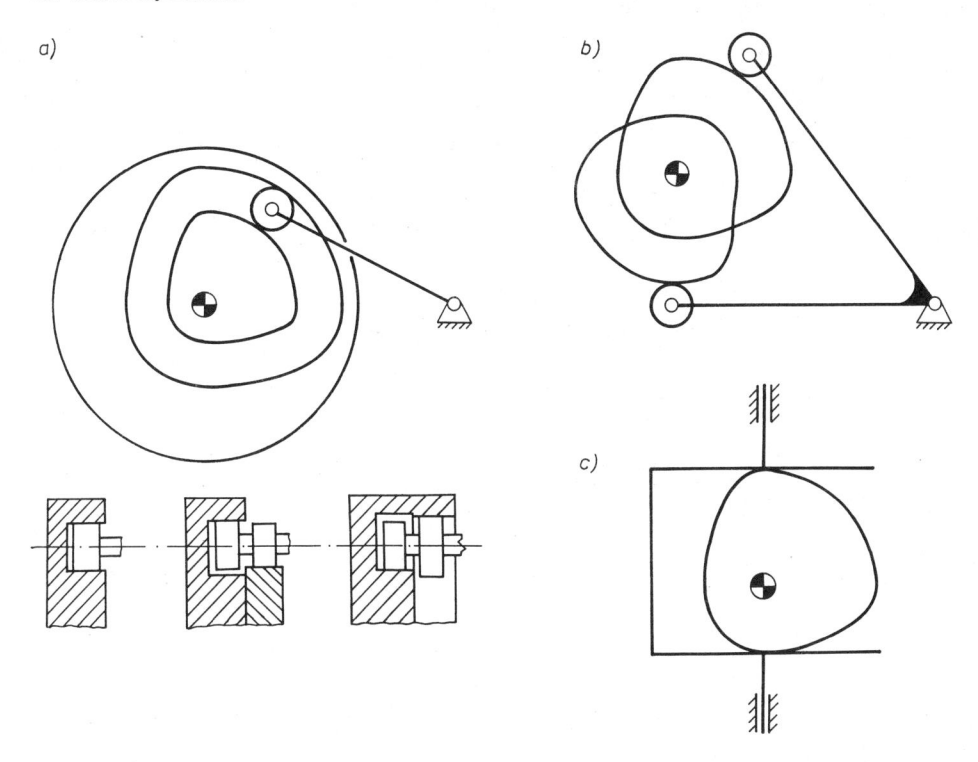

Bild 6.3: Zwanglauf durch Formpaarung: a) Nutkurve mit verschiedenen Rollenanordnungen, b) Doppelkurve mit Doppelrollenhebel, c) Gleichdick mit Abtastschieber

griffsgliedes kann unterschiedlich sein; z.B. eine Spitze, Schneide, Ebene usw. Bild 6.3c zeigt ein Gleichdick mit parallelen Abtastebenen am Schieber.

6.2 Getriebesystematik

Ausgehend von der Viergelenkkette lassen sich drei dreigliedrige Ketten mit Gleitwälz- bzw. Kurvengelenken entwickeln, s. Bild 6.4. Aus den kinematischen Ketten I, II und III können durch Gliedwechsel sowie Unterscheidung zwischen offener und geschlossener Kurve insgesamt 12 verschiedene Getriebetypen abgeleitet werden. Durch systematische Abwandlung ebener Drehgelenkketten mit mehr als vier Gliedern erhält man eine Vielzahl von Ausführungsformen mehrgliedriger Kurvengetriebe. So ergeben sich z.B. aus der WATTschen Kette die im Bild 6.5 angegebenen Getriebetypen. Dabei können durch kinematische Umkehr, Unterscheidung zwischen Kurvengliedern mit offener und geschlossener Kurve sowie durch Einführung von Doppelgelenken die verschiedensten Getriebetypen entwickelt werden. Die beiden sechsgliedrigen kinematischen Ketten liefern nach HAIN [43] insgesamt 158 verschiedene Kurvengetriebe.

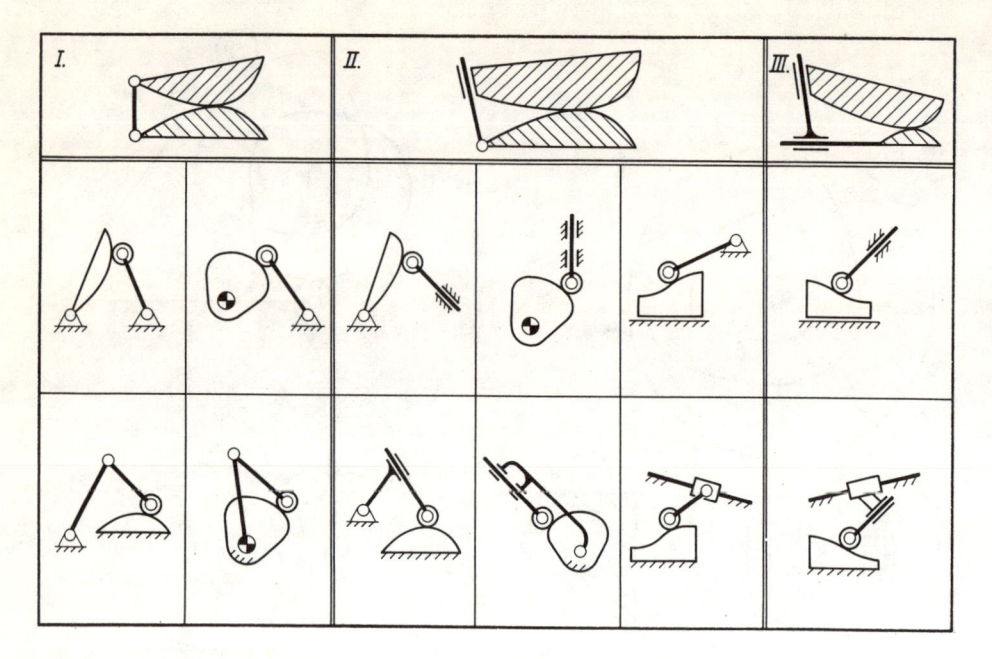

Bild 6.4: Systematik der ebenen dreigliedrigen Kurvengetriebe

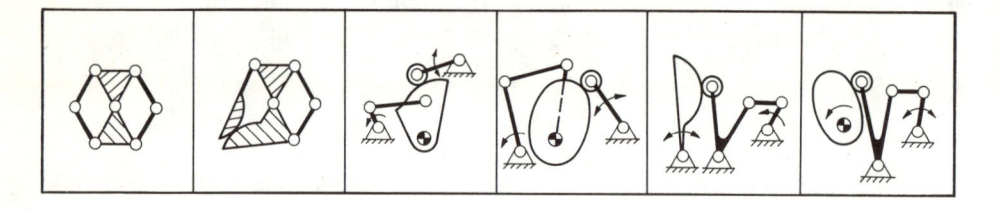

Bild 6.5: Kurvengetriebe aus der sechsgliedrigen kinematischen Kette nach WATT

6.3 Übertragungsfunktionen

Kurvengetriebe werden vorwiegend als *Übertragungsgetriebe* eingesetzt, und zwar zur Realisierung der Übertragungsfunktionen

$$\psi = f(\varphi) \tag{6.1}$$

bzw.

$$s = f(\varphi). \tag{6.2}$$

6.3 Übertragungsfunktionen

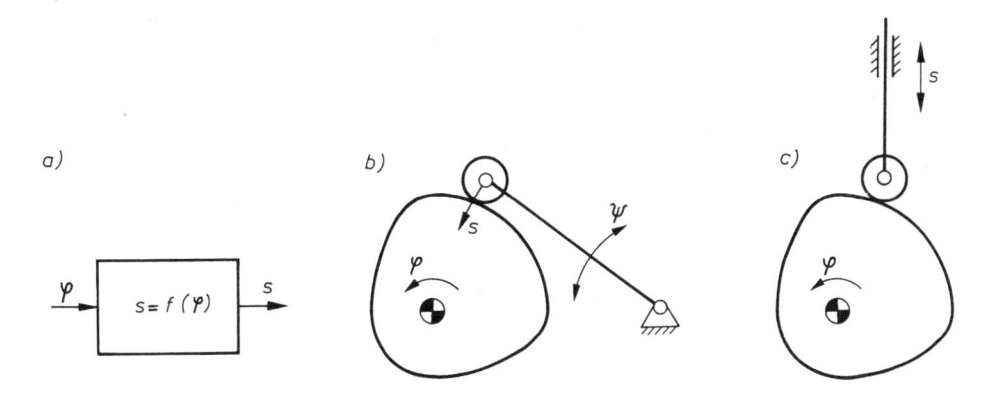

Bild 6.6: Bewegungsparameter eines Kurvengetriebes: a) Blackbox, $s = f(\varphi)$, b) Getriebe mit Rollenhebel, $\psi = f(\varphi)$, c) Getriebe mit Rollenstößel, $s = f(\varphi)$

Die zugehörigen Getriebe bzw. Schemata sind im Bild 6.6 dargestellt. Insbesondere werden die Funktionen für Weg, Geschwindigkeit und Beschleunigung des Abtriebsgliedes in Abhängigkeit von der Zeit als *Bewegungsgleichungen* bezeichnet. Die Bewegungsgleichung $s = s(t) = s[\varphi(t)]$ ist mit der Übertragungsfunktion $s = s(\varphi)$ identisch, wenn $\varphi \sim t$; d.h. $\dot{\varphi} = \omega = const$ ist. Die Ableitung nach der Zeit liefert die Bewegungsgleichungen für Abtriebsgeschwindigkeit und -beschleunigung, so daß sich allgemein ergibt:

$$\left. \begin{array}{l} s = s(\varphi), \\ \dot{s} = s'\dot{\varphi}, \\ \ddot{s} = s''\dot{\varphi}^2 + s'\ddot{\varphi}. \end{array} \right\} \tag{6.3}$$

Für $\dot{\varphi} = const$ werden die Gesetzmäßigkeiten der Abtriebsbewegung allein durch das Kurvenprofil, d.h. durch die *Übertragungsfunktion* $s = s(\varphi)$, bestimmt. Letztere wird daher auch das *Bewegungsgesetz* des Kurvengetriebes genannt.

6.3.1 Bewegungsparameter

Die Bewegungsparameter φ, ψ und s eines dreigliedrigen Kurvengetriebes sind im Bild 6.6 dargestellt. Der Weg des Rollenmittelpunktes auf einer Geraden oder Kreisbahn wird allgemein mit s bezeichnet.

Die an die Abtriebsbewegung eines Kurvengetriebes gestellten Forderungen wie Stillstände, Umkehrpunkte usw. werden in dem *Bewegungsplan* (Bild 6.7a) schematisch angegeben. Werden die Bewegungspläne aller in einer Maschine vereinigten Getriebe in vertikaler Anordnung zusammengestellt, so ergibt sich ein *Maschinendiagramm*, aus dem die Abstimmung der Teilbewegungen bezüglich des technologischen Gesamtprozesses zu ersehen ist. Anschließend wird für jeden Bewegungsabschnitt ein *Bewegungsgesetz* entsprechend den vorliegenden Forderungen festgelegt. Soll z.B. in der *Anstiegsphase* φ_{An} die *einfache Sinoide* und während der *Abstiegsphase* φ_{Ab} die *quadratische Parabel* benutzt werden, so entsteht aus dem Bewegungsplan das *Bewe-

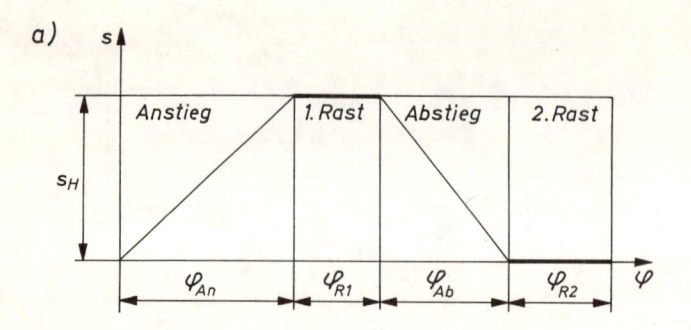

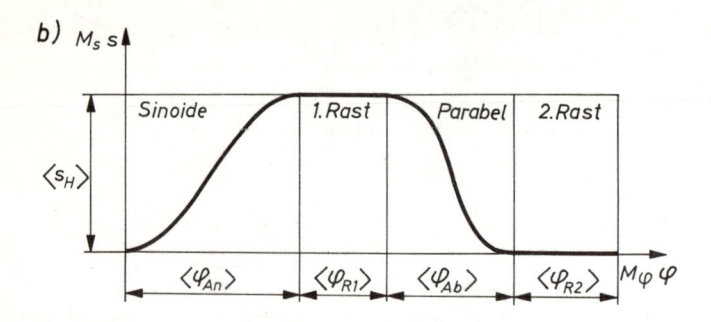

Bild 6.7: Bewegungsaufgabe eines Kurvengetriebes: a) Bewegungsplan, b) Bewegungsschaubild

gungsschaubild (Bild 6.7b). Dabei wird die Abtriebsbewegung s auf der Ordinate und die Antriebsbewegung φ auf der Abszisse abgetragen. Im Bewegungsschaubild wird somit das Bewegungsgesetz bzw. die *Übertragungsfunktion* $s = f(\varphi)$ dargestellt.

6.3.2 Systematik der Bewegungsaufgaben

Die Abtriebsbewegung eines Kurvengetriebes wird entsprechend dem Bewegungsplan in Abschnitte eingeteilt, die in den Anschlußpunkten tangential oder krümmungsstetig ineinander übergehen. Sie lassen sich nach [65, 233, 234, 235] im wesentlichen in zwei Gruppen einteilen:

- Abschnitte mit technologisch bedingten Forderungen an die Abtriebsbewegung, z.B. Rast, konstante Geschwindigkeit, vorgeschriebener Bewegungsverlauf ...,

- Abschnitte als Übergangsbereiche, in denen die Übertragungsfunktionen noch gewählt werden können.

In Tafel 6.1 sind vier Bewegungsaufgaben mit charakteristischen Randwerten und zugeordneten Kennbuchstaben zusammengestellt. Durch entsprechende Zuordnung dieser Bewegungsaufgaben lassen sich nach LEYENDECKER [65] sowie nach [233, 234, 235] 16 verschiedene Kombinationen von Bewegungsaufgaben angeben, s. Tafel 6.2. Zur Erfüllung dieser Bewegungsabläufe sind Bewegungsabschnitte als Übergangsbereiche erforderlich. Die dafür gewählten Übertragungsfunktionen müssen die angegebe-

Tafel 6.1: Bewegungsaufgaben mit charakteristischen Randwerten

Bewegungsaufgabe	charakteristische Randwerte	Kennbuchstabe
Rast	$\dot{s}=0\,,\ddot{s}=0$	R
konstante Geschwindigkeit	$\dot{s}\neq 0\,,\ddot{s}=0$	G
Umkehr	$\dot{s}=0\,,\ddot{s}\neq 0$	U
allgemeine Bewegung	$\dot{s}\neq 0\,,\ddot{s}\neq 0$	B

nen Randwerte erfüllen. Dabei wird zwischen Gleichlauf und Gegenlauf entsprechend der folgenden Definition unterschieden:

- *Gleichlauf*: Antriebsgröße φ_P; Drehsinn von Abtriebsglied und Antriebsglied ist gleich, d.h. die Abtriebsgröße (ψ oder s) vergrößert sich.

- *Gegenlauf*: Antriebsgröße φ_N; Drehsinn von Abtriebsglied und Antriebsglied ist entgegengesetzt, d.h. die Abtriebsgröße (ψ oder s) verringert sich.

6.3.3 Normierte Übertragungsfunktionen

An die periodischen Bewegungsabläufe werden im allgemeinen abschnittsweise unterschiedliche Forderungen hinsichtlich Bewegungsablauf, Übertragungsgüte, Herstellungsgenauigkeit usw. gestellt. Aus diesen Gründen werden oftmals die Übertragungsfunktionen (ÜF) traditionell abschnittsweise bestimmt.

Bei der Lösung einer praktischen Aufgabenstellung muß unter Berücksichtigung der vorliegenden Forderungen ein günstiges Bewegungsgesetz gewählt werden. Insbesondere werden Stoß- und Ruckfreiheit angestrebt. Entsprechend Bild 6.8 hat ein Knick im Wegverlauf einen Geschwindigkeitssprung, d.h. einen *Stoß*, zur Folge. An dieser Stelle ist die Beschleunigung momentan unendlich groß. Ein endlicher Sprung der Abtriebsbeschleunigung wird als *Ruck* bezeichnet. An der Ruckstelle gehen zwar die Wegkurven tangential ineinander über, die Krümmungsradien ϱ_1 und ϱ_2 sind jedoch unterschiedlich; d.h. es liegt eine Unstetigkeit im Krümmungsverlauf vor.

Für *Rast in Rast-Bewegungen* und *beidseitig in Rasten übergehende Schwingbewegungen*, die in der Praxis häufig vorkommen, wurden vielfältige Funktionen entwickelt, die neben dem stetigen Übergang in Rasten den verschiedensten Forderungen gerecht werden, z.B. Maximalgeschwindigkeit, kleinstes maximales Antriebsmoment, min. Maximalpressung im Kurvengelenk usw. [52, 206]. Um solche Funktionen flexibel anwenden zu können, werden sie in einer *normierten Form* bereitgestellt. Im folgenden sollen verschiedene Bewegungsabläufe unter diesem Aspekt betrachtet werden.

Rast in Rast-Bewegung: Da bei einer solchen Bewegung während eines Bewegungsabschnittes (ohne Berücksichtigung einer Wendepunktverschiebung) der Gesamthub s_H zurückgelegt wird, läßt sich die ÜF, z.B. für φ_{An} auch in der folgenden

Tafel 6.2: Kombination von Bewegungsaufgaben

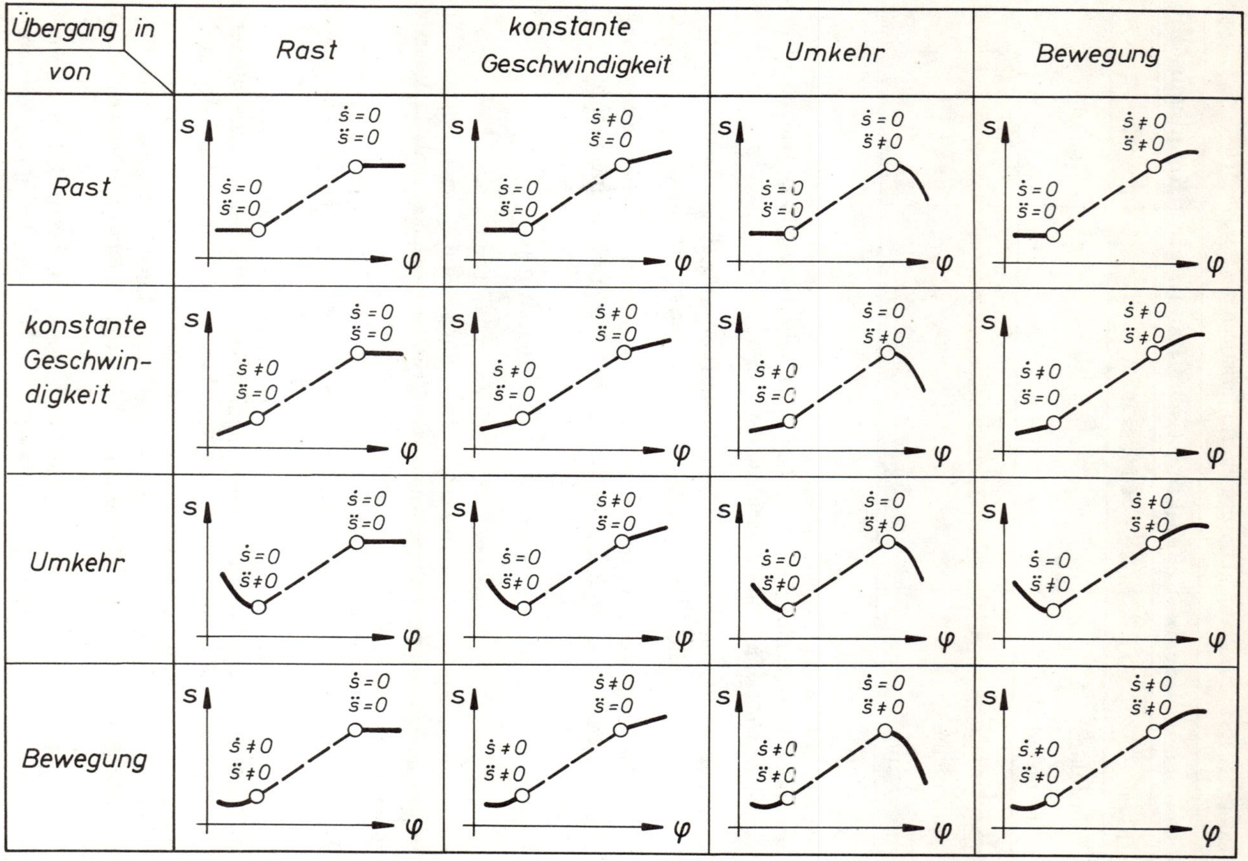

6.3 Übertragungsfunktionen

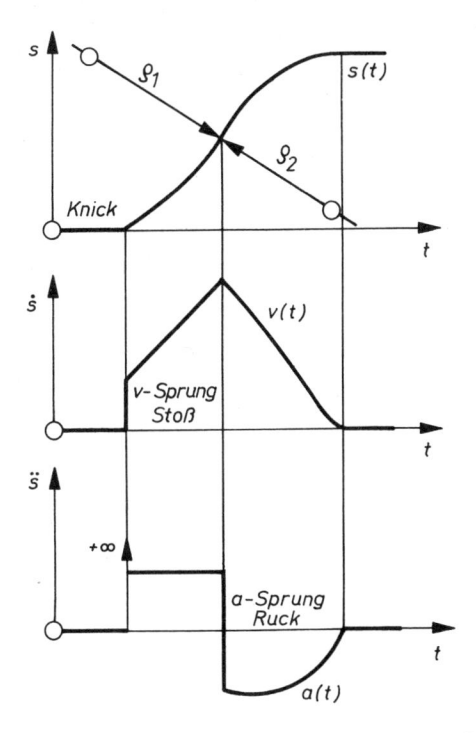

Bild 6.8: Abtriebsbewegung mit Knick, Stoß und Ruck

Form schreiben:

$$\frac{s}{s_H} = f\left(\frac{\varphi}{\varphi_{An}}\right) \quad \text{bzw.} \quad s = s_H f\left(\frac{\varphi}{\varphi_{An}}\right). \tag{6.4}$$

Führt man

$$z = \frac{\varphi}{\varphi_{An}} \tag{6.5}$$

ein, so ergibt sich

$$s = s_H f(z), \tag{6.6}$$

wobei $f(z)$ als *normierte Übertragungsfunktion*, gewissermaßen für den Hub $s_H = 1$, bezeichnet wird. Sie muß entsprechend Bild 6.9 in der Anstiegsphase folgenden Randbedingungen genügen:

$$\left.\begin{array}{lll} \varphi = 0: & z = 0, & f(0) = 0, \\ \varphi = \varphi_{An}: & z = 1, & f(1) = 1. \end{array}\right\} \tag{6.7}$$

Für eine *symmetrische normierte* ÜF gilt zusätzlich die Beziehung:

$$f(z) = 1 - f(1 - z). \tag{6.8}$$

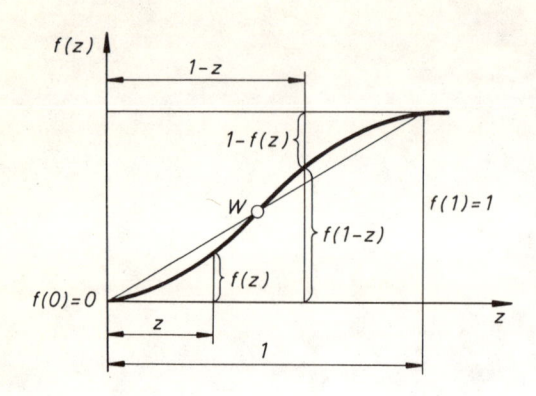

Bild 6.9: Symmetrische normierte Übertragungsfunktion $f(z)$

Für die Abstiegsphase hat die Relation

$$s = s_H \left(1 - f(z)\right) \tag{6.9}$$

Gültigkeit, wobei dann

$$z = \frac{\varphi}{\varphi_{Ab}} \tag{6.10}$$

bedeutet. Die Ableitung der *ÜF 0. Ordnung* nach φ ergibt Übertragungsfunktionen höherer Ordnung entsprechend den folgenden Gleichungen:

Übertragungsfunktion	Anstiegsphase	Abstiegsphase	
0. Ordnung:	$s = s_H f(z)$	$s = s_H \left(1 - f(z)\right)$	(6.11)
1. Ordnung:	$s' = \dfrac{s_H}{\varphi_{An}} f'(z)$	$s' = -\dfrac{s_H}{\varphi_{Ab}} f'(z)$	(6.12)
2. Ordnung:	$s'' = \dfrac{s_H}{\varphi_{An}^2} f''(z)$	$s'' = -\dfrac{s_H}{\varphi_{Ab}^2} f''(z)$.	(6.13)

Dabei werden $f'(z)$ bzw. $f''(z)$ als die normierten Übertragungsfunktionen 1. bzw. 2. Ordnung bezeichnet. Für die Bewegungsgleichungen erhält man bei $\ddot{\varphi} = const$:

	Anstiegsphase	Abstiegsphase	
$\dot{s} = s'\dot{\varphi}$	$\dot{s} = \dfrac{s_H}{\varphi_{An}} \dot{\varphi} f'(z)$	$\dot{s} = -\dfrac{s_H}{\varphi_{Ab}} \dot{\varphi} f'(z)$	(6.14)
$\ddot{s} = s''\dot{\varphi}^2$	$\ddot{s} = \dfrac{s_H}{\varphi_{An}^2} \dot{\varphi}^2 f''(z)$	$\ddot{s} = -\dfrac{s_H}{\varphi_{Ab}^2} \dot{\varphi}^2 f''(z)$.	(6.15)

Aus diesen Beziehungen ist ersichtlich, daß die normierte Übertragungsfunktion die Abtriebsbewegung eines Kurvengetriebes eindeutig charakterisiert. Sie ist daher für die Berechnung und Konstruktion des Kurvenprofiles unter Einbeziehung der Computertechnik von ausschlaggebender Bedeutung. Eine Übersicht über ausgewählte normierte Übertragungsfunktionen für Rast in Rast-Bewegungen enthält Tafel 6.3.

6.3 Übertragungsfunktionen

Tafel 6.3: Zusammenstellung normierter Übertragungsfunktionen

Bewegungs-gesetz	Normierte Übertragungsfunktion	$f'(z)$	$f''(z)$	$f'''(z)$	$f'(z) \cdot f''(z)$
Gerade 1Polynom 1.Potenz	$f(z) = z$	$C_v=1$	$+\infty$ / $-\infty$	$+\infty$ / $-\infty$	$+\infty$ / $-\infty$
qudratische Parabel 2Polynom 2.Potenz	$z = 0\ldots 0{,}5: f_1(z) = 2z^2$ $z = 0{,}5\ldots 1: f_2(z) = 1-2(1-z)^2$	2	$C_a=4$	$+\infty\ +\infty$ / $-\infty$	∞
kubische Parabel 2-3Polynom 3. Potenz	$f(z) = 3z^2 - 2z^3$	1,5	6	$+\infty\ +\infty$ / -12	$C_M=3{,}46$ / 0,2113
3-4 Polynom 4. Potenz	$z = 0\ldots 0{,}5: f_1(z) = 8(z^3-z^4)$ $z = 0{,}5\ 1: f_2(z) = 1-8[(1-z)^3-(1-z)^4]$	2	6 / 0,25	$C_j=48$ / -48	7,92 / 0,3419
3-4-5 Polynom 5. Potenz	$f(z) = 10z^3 - 15z^4 + 6z^5$	1,88	5,77 / 0,2113	60 / 0,5 / -30	6,69 / 0,3111
3-4-5-6 Polynom 6. Potenz	$z = 0\ldots 0{,}5: f_1(z) =$ $\frac{8}{3}(5z^3-15z^4+24z^5-16z^6)$ $z = 0{,}5\ldots 1: f_2(z) =$ $1-\frac{8}{3}[5(1-z)^3-15(1-z)^4+24(1-z)^5-16(1-z)^6]$	2	5 / 0,25	80 / 0,5 / -80	7,61 / 0,385
3-4-5-6-7-8 Polynom 8. Potenz	$z = 0\ldots 0{,}5: f_1(z) =$ $\frac{8}{3}(7z^3-35z^4+112z^5-224z^6+256z^7-128z^8)$ $z = 0{,}5\ldots 1: f_2(z) = 1-\frac{8}{3}[7(1-z)^3-35(1-z)^4+$ $112(1-z)^5-224(1-z)^6+256(1-z)^7-128(1-z)^8]$	2	4,66 / 0,25	112 / 0,5 / -112	7,56 / 0,4075
Sinuslinie (einfache Sinoide)	$f(z) = \frac{1}{2}[1-\cos(\pi z)]$	1,57	4,93	$+\infty\ +\infty$ / 0,5 / $-15{,}5$	3,88 / 0,25
Sinoide von Bestehorn æ= 0	$f(z) = z - \frac{1}{2\pi}\sin(2\pi z)$	2	6,28 / 0,25	39,5 / 0,5 / $-39{,}5$	8,16 / 0,33
beschleunigungs-optimale geneigte Sinuslinie æ = +0,134	$f(z) = z - \frac{1}{2\pi}\sin(2\pi z)$ $g(z) = z - \frac{0{,}134}{2\pi}\sin(2\pi z)$	1,76	5,89 $g(z)$ / 0,1704	61 / 0,5 $g(z)$ / -21	5,77 $g(z)$ / 0,2693
momenten-optimale geneigte Sinuslinie æ = +0,41	$f(z) = z - \frac{1}{2\pi}\sin(2\pi z)$ $g(z) = z - \frac{0{,}41}{2\pi}\sin(2\pi z)$	1,42	7,35 $g(z)$ / 0,0696	192 / 0,135 / 0,5 / $-12{,}7$ / $-38{,}5$	4,19 $g(z)$ / 0,1293

Insbesondere sei in diesem Zusammenhang auf die VDI- Richtlinie 2143 [233, 234, 235] hingewiesen.

Wendepunktverschiebung

Bei den bisherigen Ausführungen wurde vorausgesetzt, daß die Übertragungsfunktion 0.Ordnung, $s = s(\varphi)$, bei $s_H/2$ einen Wendepunkt besitzt, d.h. der Faktor w zur Festlegung des Wendepunktes hat den Wert $w = 0.5$. Aus den unterschiedlichsten Gründen kann aber eine Verschiebung des Wendepunktes $(0 < w < 1)$ erforderlich sein. Dabei wird die Übertragungsfunktion $s = s(\varphi)$ aus zwei auf der gleichen normierten Funktion basierenden symmetrischen Übertragungsfunktionen mit den Hüben $2ws_H$ und $2(1-w)s_H$ zusammengesetzt, s. Bild 6.10. Die Übertragungsfunktionen 0. bis 2. Ordnung lassen sich durch folgende Gleichungen darstellen, wobei $f'(z)$ bzw. $f''(z)$ als die normierten ÜF 1. bzw. 2. Ordnung bezeichnet werden:

Anstiegsphase: $\quad 0 \leq z \leq w \qquad\qquad w < z \leq 1$

0. Ordnung: $\quad s = 2ws_H f\left(\dfrac{z}{2w}\right) \qquad s = s_H\left(1 - 2(1-w)f(\dfrac{1-z}{2(1-w)})\right)$ (6.16)

1. Ordnung: $\quad s' = \dfrac{s_H}{\varphi_{An}} f'\left(\dfrac{z}{2w}\right) \qquad s' = \dfrac{s_H}{\varphi_{An}} f'\left(\dfrac{1-z}{2(1-w)}\right)$ (6.17)

2. Ordnung: $\quad s'' = \dfrac{s_H}{2w\varphi_{An}^2} f''\left(\dfrac{z}{2w}\right) \qquad s'' = -\dfrac{s_H}{2(1-w)\varphi_{An}^2} f''\left(\dfrac{1-z}{2(1-w)}\right)$ (6.18)

Abstiegsphase: $\quad 0 \leq z \leq w \qquad\qquad w \leq z \leq 1$

0. Ordnung: $\quad s = s_H\left(1 - 2wf\left(\dfrac{z}{2w}\right)\right) \qquad s = 2s_H(1-w)f\left(\dfrac{1-z}{2(1-w)}\right)$ (6.19)

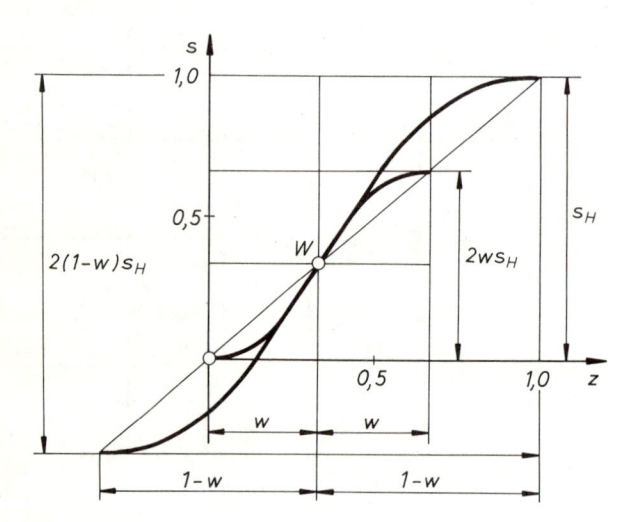

Bild 6.10: Unsymmetrische normierte Übertragungsfunktion mit Wendepunktverschiebung w $(w \in \{0, \ldots, 1\})$

6.3 Übertragungsfunktionen

1. Ordnung: $\quad s' = -\dfrac{s_H}{\varphi_{Ab}} f'\left(\dfrac{z}{2w}\right) \qquad s' = -\dfrac{s_H}{\varphi_{Ab}} f'\left(\dfrac{1-z}{2(1-w)}\right) \qquad (6.20)$

2. Ordnung: $\quad s'' = -\dfrac{s_H}{2w\varphi_{Ab}^2} f''\left(\dfrac{z}{2w}\right) \qquad s'' = \dfrac{s_H}{2(1-w)\varphi_{Ab}^2} f''\left(\dfrac{1-z}{2(1-w)}\right). (6.21)$

Bild 6.11 zeigt Übertragungsfunktionen 0. bis 2. Ordnung für $w = 0.125$; $w = 0.5$ und $w = 0.75$. Es ist deutlich erkennbar, daß $s'_{max}(w) = const$ aber $s''_{max}(w) \neq const$ und $s'' = s''(w \neq 0.5)$ nicht stetig differenzierbar sind, d.h., die *Ruckfunktion* s''' besitzt einen *Sprung*.

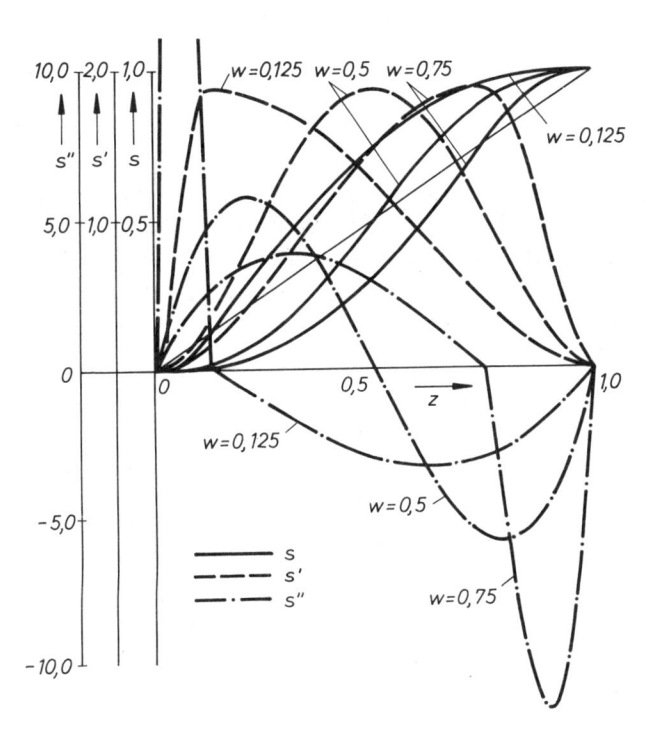

Bild 6.11: Übertragungsfunktionen 0. bis 2. Ordnung für: $w = 0.125$, $w = 0.5$, $w = 0.75$

Kinematische Kennwerte

Zur Beurteilung von Bewegungsgesetzen werden u.a. *kinematische Kennwerte* herangezogen, die z.B. Maximalgeschwindigkeit und Maximalbeschleunigung des Antriebsgliedes charakterisieren. Aus den Beziehungen (6.17) bis (6.21) ergibt sich:

$$s'_{max} = C_v \left(\dfrac{s_H}{\varphi_{An,Ab}}\right) \qquad C_v = f'(z)_{max}, \qquad (6.22)$$

$$\left.\begin{array}{rl} s''_{\max} &= C_a \left(\dfrac{s_H}{2w\varphi^2_{An,Ab}} \right), \quad w > 0.5 \\[2mm] C_a &= f''(z)_{\max}, \\[2mm] s''_{\max} &= C_a \left(\dfrac{s_H}{2(1-w)\varphi^2_{An,Ab}} \right), \quad w < 0.5. \end{array}\right\} \quad (6.23)$$

Hierin bedeuten C_v den *Geschwindigkeitskennwert* und C_a den *Beschleunigungskennwert*. Des weiteren wird der *Ruckkennwert* C_j eingeführt, der die Maximalwerte der Ruckfunktion s kennzeichnet:

$$\left.\begin{array}{rl} s'''_{\max} &= C_j \left(\dfrac{s_H}{4w^2\varphi^3_{An,Ab}} \right), \quad w > 0.5 \\[2mm] C_j &= f'''(z)_{\max}, \\[2mm] s'''_{\max} &= C_j \left(\dfrac{s_H}{4(1-w)^2\varphi^3_{An,Ab}} \right), \quad w < 0.5. \end{array}\right\} \quad (6.24)$$

Er ist ein Maß für die Steilheit des Beschleunigungsverlaufes. Die gebräuchlichsten normierten Übertragungsfunktionen sowie deren kinematische Kennwerte sind für Rast in Rast-Bewegungen der Tafel 6.3 zu entnehmen [6, 206, 233, 234, 235].

Hubzeitverlängerung

Um die Beschleunigungen und damit die Trägheitskräfte am Abtriebsglied eines Kurvengetriebes günstig zu beeinflussen, erscheint es zweckmäßig, die von KRZENCIESSA vorgeschlagene *Hubzeitverlängerung* anzuwenden, s. Bild 6.12, [169]. Bei fast allen Bewegungsgesetzen ist die vom kinematischen Hubbeginn ausgehende Hubentfaltung so gering, daß sie für die meisten technischen Hubvorgänge keine Bedeutung hat. Dieser technologisch unwirksame Teil der Abtriebsbewegung Δs_H wird in die Rastphase verlegt und somit steht mehr Zeit für den Bewegungsvorgang zur Verfügung. Die Auswirkung dieser Hubzeitverlängerung ist bedeutsam, da die Hubzeit quadratisch im Nenner der Beschleunigungsgleichungen auftritt. Das gleiche gilt analog auch für das Hubende.

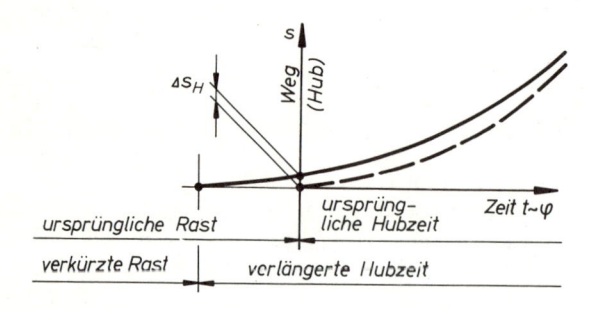

Bild 6.12: Hubzeitverlängerung nach KRZENCIESSA

6.3 Übertragungsfunktionen

Die ursprünglich vorgesehene Bewegungscharakteristik wird durch diese Maßnahme nicht verändert. Es können dadurch Bewegungsgesetze, die zwar stoß- und ruckfrei sind, aber einen hohen Beschleunigungskennwert besitzen, anwendungsfähig gemacht werden.

Schwing in Rast-Bewegung: Im folgenden werden Bewegungsverläufe betrachtet, die auch Rückkehrbewegungen mit einschließen. Um den programmtechnischen Aufwand wesentlich zu reduzieren, sollen diese Bewegungsabläufe durch eine einzige Übertragungsfunktion beschrieben werden. Beidseitig in Rasten übergehende Schwingbewegungen (Bild 6.13) genügen z.B. den folgenden Randbedingungen:

$$\left.\begin{aligned} f(0) &= 0, & f(1) &= 0, & f(z_1) &= 1, \\ f'(0) &= 0, & f'(1) &= 0, & f'(z_1) &= 0, \\ f''(0) &= 0, & f''(1) &= 0. & & \end{aligned}\right\} \quad (6.25)$$

Das Funktionsmaximum der ÜF 0.Ordnung wird nicht bei $z = 1$, sondern bei $z = z_1$ erreicht. Weiterhin kann einzeln oder gemeinsam

$$f'''(0) = 0, \qquad f'''(1) = 0 \qquad (6.26)$$

gefordert werden. Zur Realisierung eines solchen Bewegungsablaufes wird das algebraische Polynom

$$f(z) = \sum_{i=1}^{n} a_i z^i \qquad (6.27)$$

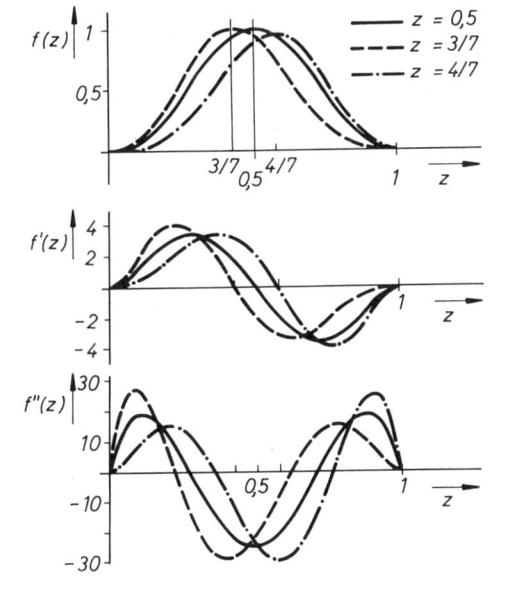

Bild 6.13: Übertragungsfunktionen 0. bis 2. Ordnung für Schwingbewegungen mit: $z = 0,5$, $z = 3/7$, $z = 4/7$

eingesetzt. Die Koeffizienten a_i dieser normierten Übertragungsfunktion sind nach Tafel 6.4 in Abhängigkeit von z_1 berechenbar, wobei $z = \varphi/\varphi_{max}$ ist [52]. Die Größe z_1 ist innerhalb eines durch z_{1u} und z_{1o} begrenzten Bereiches wählbar. Auch bei solchen normierten Übertragungsfunktionen können die kinematischen Kennwerte C_v, C_a, C_j

Tafel 6.4: Koeffizienten der Übergangsfunktionen

	$f^{(p)}(z=0)=0$ $f^{(p)}(z=1)=0$ $p=0,1,2$ $f(z_1)=1$ $f'(z_1)=0$	Zusatzbedingungen		
		$f'''(z=1)=0$	$f'''(z=0)=0$	$f'''(z=1)=0$ $f'''(z=0)=0$
	Variante I	Variante II	Variante III	Variante IV
	$a_0 = a_1 = a_2 = 0$			
a_3	$-\dfrac{z_1(7z_1-4)}{N}$	$\dfrac{z_1(8z_1-4)}{N}$	0	0
a_4	$\dfrac{3(7z_1^2-2z_1-1)}{N}$	$-\dfrac{(32z_1^2+9z_1+3)}{N}$	$-\dfrac{z_1(8z_1-5)}{N}$	$\dfrac{z_1(9z_1-5)}{N}$
a_5	$-\dfrac{3(7z_1^2-2z_1-3)}{N}$	$\dfrac{4(12z_1^2-z_1-3)}{N}$	$\dfrac{4(6z_1^2-2z_1-1)}{N}$	$-\dfrac{4(9z_1^2-3z_1-1)}{N}$
a_6	$\dfrac{(7z_1^2+14z_1-9)}{N}$	$-\dfrac{2(16z_1^2+13z_1-9)}{N}$	$-\dfrac{6(4z_1^2+z_1-2)}{N}$	$\dfrac{2(27z_1^2+z_1-8)}{N}$
a_7	$-\dfrac{3(2z_1-1)}{N}$	$\dfrac{4(2z_1^2+6z_1-3)}{N}$	$\dfrac{4(2z_1^2+4z_1-3)}{N}$	$-\dfrac{4(9z_1^2+7z_1-6)}{N}$
a_8	0	$-\dfrac{7z_1-3}{N}$	$\dfrac{7z_1-4}{N}$	$\dfrac{9z_1^2+27z_1-16}{N}$
a_9	0	0	0	$-\dfrac{4(2z_1-1)}{N}$
N	$z_1^4(z_1-1)^4$	$z_1^4(z_1-1)^5$	$z_1^5(z_1-1)^4$	$z_1^5(z_1-1)^5$
z_{1u}	3/7	3/8	4/8	4/9
z_{1o}	4/7	4/8	5/8	5/9

6.3 Übertragungsfunktionen

Verwendung finden, da sie entsprechende Aussagen über Maximalgeschwindigkeiten, -beschleunigungen und -ruckwerte gestatten:

$$\left.\begin{array}{l} s'_{\max} = C_v \dfrac{s_H}{\varphi_{\max}}, \\[4pt] s''_{\max} = C_a \dfrac{s_H}{\varphi_{\max}^2}, \\[4pt] s'''_{\max} = C_j \dfrac{s_H}{\varphi_{\max}^3}. \end{array}\right\} \qquad (6.28)$$

Die Werte für C_v, C_a, C_j sind abhängig von z_1 und aus Bild 6.14 ablesbar. Variante II entspricht der an $z_1 = 0.5$ gespiegelten Variante III.

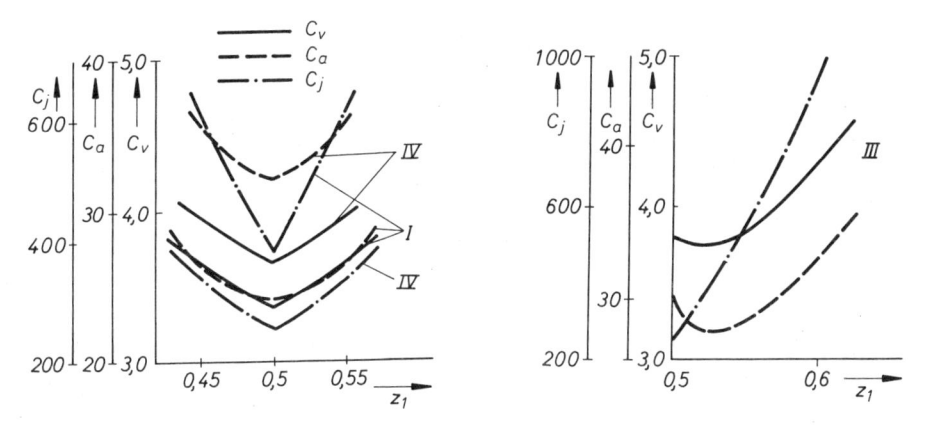

Bild 6.14: Kinematische Kennwerte für Übertragungsfunktionen nach Bild 6.13 und Tafel 6.4

6.3.4 Trigonometrisches Approximationspolynom

Bei höheren Arbeitsgeschwindigkeiten können sich teilweise nicht vernachlässigbare Abweichungen zwischen vorgegebenem und tatsächlich erreichtem Bewegungsablauf des Abtriebsgliedes einstellen. Solche Abweichungen treten besonders auffällig in den Rastphasen hervor, wenn das Abtriebsglied anstelle des Stillstandes Schwingbewegungen ausführt. Bild 6.15 zeigt das Modell eines Kurvengetriebes mit abtriebsseitiger Elastizität. Die Gleichung für die Bewegung s des Abtriebsgliedes lautet nach [29]:

$$m\ddot{s} + b(\dot{s} - \dot{x}) + c(s - x) = 0. \qquad (6.29)$$

Mit $x = x(\varphi)$, $x' = \frac{dx}{d\varphi}$, $\varphi = \Omega t$, der Eigenfrequenz $\omega = \sqrt{c/m}$ und dem Dämpfungsgrad $\vartheta = b/(2\sqrt{c \cdot m}) \ll 1$ erhält man:

$$\ddot{s} + 2\vartheta\omega\dot{s} + \omega^2 s = 2\vartheta\omega x'\Omega + \omega^2 x. \qquad (6.30)$$

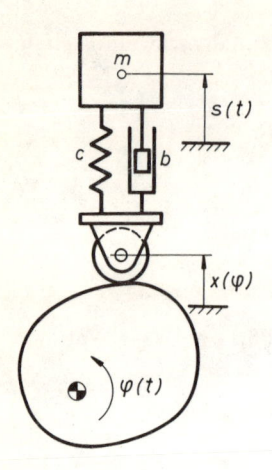

Bild 6.15: Kurvengetriebe mit abtriebsseitiger Elastizität

Die Übertragungsfunktion $x = x(\varphi)$ an der Abtastrolle läßt sich wegen der vorhandenen Periodizität in Form einer Reihe darstellen:

$$x(\varphi) = a_0 + \sum_{k=1}^{n}(a_k \cos k\varphi + b_k \sin k\varphi), \tag{6.31}$$

wobei $n \to \infty$ gehen muß, wenn sich der Bewegungsablauf aus mehreren Abschnitten zusammensetzt. Wird die Beziehung (6.31) in (6.30) eingesetzt, so erhält man bei Vernachlässigung der Dämpfung ($\vartheta = 0$) mit dem Lösungsansatz

$$s = A_0 + \sum_{k=1}^{n}(A_k \cos k\varphi + B_k \sin k\varphi) \tag{6.32}$$

für die Koeffizienten in (6.32):

$$A_0 = a_0, \qquad A_k = \frac{a_k}{1 - k^2\eta^2}, \qquad B_k = \frac{b_k}{1 - k^2\eta^2}, \tag{6.33}$$

wobei $\eta = \Omega/\omega$ das Abstimmungsverhältnis ist. Das Abtriebsglied führt somit anstelle der geforderten Übertragungsfunktion $x = x(\varphi)$ (*Sollfunktion*) eine Bewegung nach der *Istfunktion*

$$s(\varphi, \eta) = a_0 + \sum_{k=1}^{n} \frac{1}{1 - k^2\eta^2}(a_k \cos k\varphi + b_k \sin k\varphi) \tag{6.34}$$

aus. Die Übertragungsfunktion wird aber in keinem Falle exakt reproduziert, da $\omega = \sqrt{c/m}$ stets einen endlichen Wert besitzt. Für

$$k = \frac{\omega}{\Omega} = \frac{1}{\eta}; \qquad k = 1, 2, 3 \ldots, n \tag{6.35}$$

liegt *Resonanz* zwischen der Eigenkreisfrequenz ω und der k-ten Harmonischen der Erregerfunktion $x = x(\varphi)$ vor. Solche harmonische Komponenten treten störend in Erscheinung und erfahren am Abtriebsglied für $k\Omega < \omega$ eine Vergrößerung ihrer Amplitude um den Faktor $1/(1 - k^2\eta^2)$. Rastgetriebe sollen aber in einem weiten Drehzahlbereich sicher und genau funktionieren, d.h. die zulässigen Abweichungen von der Sollfunktion müssen hinreichend klein bleiben. Resonanzen durch höhere Harmonische können vermieden werden, wenn die Anzahl der Summanden in Gleichung (6.31) auf eine kleine Zahl n beschränkt wird, so daß gilt:

$$n << \omega/\Omega\,. \tag{6.36}$$

Wird der gewünschte Bewegungsablauf durch die Funktion $x = x(\varphi)$ gemäß Gleichung (6.31) approximiert, dann erreicht man die beste Annäherung von $s = s(\varphi, \eta)$ an den vorgegebenen Bewegungsablauf im Kriechgang ($\eta \to 0$), der im allgemeinen nicht der praktischen Aufgabenstellung entspricht. Je besser die Bedingung (6.36) erfüllt ist, umso genauer wird das dem Kurvenkörper eingeprägte Bewegungsgesetz vom schwingungsfähigen Abtrieb realisiert. Soll die beste Annäherung bei einer optimalen, unterhalb der Betriebsdrehzahl liegenden Drehzahl auftreten, dann erfolgt die Approximation auf der Basis des endlichen *trigonometrischen Approximationspolynoms* (6.32), und es sind die Schwingungsamplituden sowie ihr Phasenversatz zur Bestimmung der Übertragungsfunktion $x = x(\varphi)$, die letztlich das Kurvenprofil bestimmt, wie folgt zu korrigieren:

$$a_k = A_k(1 - k^2\eta_{opt}^2), \qquad b_k = B_k(1 - k^2\eta_{opt}^2)\,. \tag{6.37}$$

Der Wert η_{opt} ist so zu wählen, daß die Genauigkeitsforderungen im Kriechgang, d.h. $\eta \to 0$, gerade noch erfüllt werden. Die Berechnung der Koeffizienten a_k, b_k bzw. A_k, B_k sollte vorteilhaft mit Hilfe von verfügbaren Programmsystemen erfolgen [140, 52], falls sie nicht aus Tabellen entnehmbar sind [29]. Die auf dieser Grundlage entstehenden Kurvenprofile werden *HS-Profile* genannt, weil sie durch *Harmonische Synthese* gefunden werden und hohe Arbeitsgeschwindigkeiten *High Speed* ermöglichen, s. auch [137, 195].

Einen besonders wichtigen Anwendungsfall für Kurvengetriebe stellen die *Rast in Rast-Bewegungen* mit dem Sonderfall der *Rast in Schwing-Bewegung* dar. Für solche Bewegungen wurden in [29] die Koeffizienten A_k, B_k bereitgestellt. Eine kleine Auswahl enthält Tafel 6.5 für $s_H = 10\,\text{mm}$. Das Bewegungsdiagramm der allgemeinen Rast in Rast-Bewegung ist im Bild 6.16 dargestellt. Dabei bedeuten:

- α Rastbreite der längeren (unteren) Rast,

- β Rastbreite der kürzeren (oberen) Rast,

- γ Abstand der Rastmitte der oberen Rast von der Rastmitte der unteren Rast,

- Δs maximale Abweichung von der idealen Rast.

Da bei Rast in Rast-Bewegungen die extremen Abweichungen am Beginn der kürzeren Rast auftreten [29], läßt sich η_{opt} mit minimalem Toleranzband wie folgt

Tafel 6.5: Amplituden der harmonischen Schwingungen für $s_H = 10\,\text{mm}$

α in °	A_0	A_1	B_1	A_2	B_2	A_3	B_3	A_4	B_4	Δs
\multicolumn{11}{c}{$\beta = 0°$, $\gamma = 180°$}										
30	2,2710	-4,3642	0,	2,1982	0,	-0,6358	0,	0,0808	0,	0,
60	2,6807	-4,3310	0,	2,2297	0,	-0,6690	0,	0,0896	0,	0,
90	2,6131	-4,2724	0,	2,2803	0,	-0,7276	0,	0,1065	0,	0,
120	2,5176	-4,1835	0,	2,3465	0,	-0,8159	0,	0,1359	0,	0,0005
150	2,3918	-4,0558	0,	2,4215	0,	-0,9407	0,	0,1867	0,	0,0038
180	2,2318	-3,8754	0,	2,4914	0,	-1,1073	0,	0,2768	0,	0,0172
\multicolumn{11}{c}{$\beta = \alpha$, $\gamma = 180°$}										
30	5,0000	-5,6570	0,	0,	0,	0,6582	0,	0,	0,	0,0011
60	5,0000	-5,7513	0,	0,	0,	0,7707	0,	0,	0,	0,0192
90	5,0000	-5,9019	0,	0,	0,	1,0133	0,	0,	0,	0,1102
120	5,0000	-6,0923	0,	0,	0,	1,5256	0,	0,	0,	0,4283
140	5,0000	-6,2272	0,	0,	0,	2,2023	0,	0,	0,	0,9628
\multicolumn{11}{c}{$\beta = \alpha$, $\gamma = 150°$}										
30	5,0000	-5,1762	1,3870	-0,3827	-0,6629	0,2552	-0,2552	0,3058	0,1766	0,0020
40	5,0000	-5,1999	1,3933	-0,3882	-0,6723	0,2666	-0,2666	0,3281	0,1894	0,0066
50	5,0000	-5,2308	1,4016	-0,3944	-0,6831	0,2828	-0,2828	0,3589	0,2072	0,0167
60	5,0000	-5,2681	1,4116	-0,4014	-0,6952	0,3043	-0,3043	0,4013	0,2317	0,0364
\multicolumn{11}{c}{$\beta = \alpha$, $\gamma = 120°$}										
30	5,0000	-1,4742	0,8511	-4,9448	-2,8549	0,	2,7151	1,4254	-0,8230	0,0065
40	5,0000	-1,4667	0,8468	-5,0484	-2,9147	0,	2,8376	1,5363	-0,8870	0,0213
50	5,0000	-1,4459	0,8348	-5,1963	-3,0001	0,	3,0129	1,6969	-0,9797	0,0548

berechnen:

$$\eta_{opt}^2 = \frac{A_0 - s_H + \Delta s + \sum_{k=1}^{n}(A_k \cos k\chi + B_k \sin k\chi)}{\sum_{k=1}^{n} k^2 (A_k \cos k\chi + B_k \sin k\chi)} \qquad (6.38)$$

mit $\chi = \gamma - \frac{\beta}{2}$, wobei die maximale Toleranzbreite im Kriechgang ($\eta \to 0$) auftritt.

Aus dem Bewegungsablauf im Bild 6.16a lassen sich weitere Bewegungsabläufe, s. Bild 6.16b-d, ableiten. Für die bei η_{opt} optimale Abtriebsbewegung $s^* = s^*(\varphi)$ und die das Kurvenprofil bestimmende Übertragungsfunktion $x^* = x^*(\varphi)$ gelten sodann folgende Beziehungen:

$$s^*(\varphi) = A_0^* + \sum_{k=1}^{n}(A_k^* \cos k\varphi + B_k^* \sin k\varphi) \qquad (6.39)$$

6.3 Übertragungsfunktionen

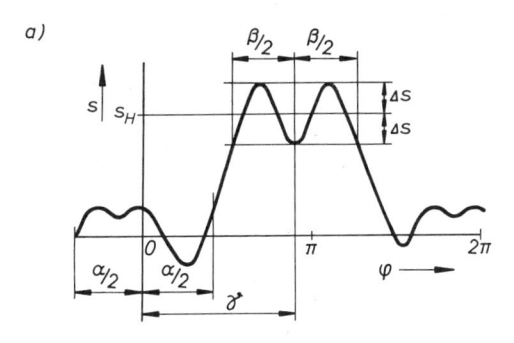

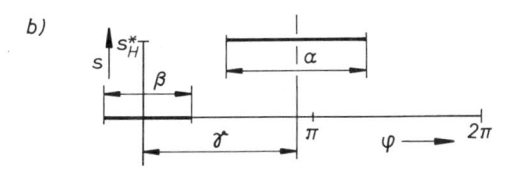

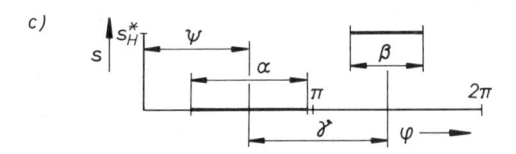

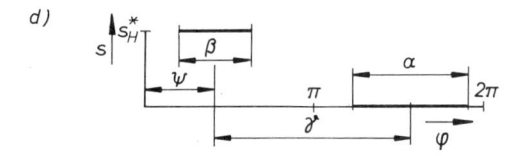

Bild 6.16: Rast in Rast-Bewegung durch Überlagerung harmonischer Schwingungen: a) längere untere Rast, kürzere obere Rast b) kürzere untere Rast, längere obere Rast c) längere untere Rast, kürzere obere Rast und Phasenverschiebung d) umgekehrte Rastlage, umgekehrtes Rastverhältnis und Phasenverschiebung

und

$$x^*(\varphi) = a_0^* + \sum_{k=1}^{n}(a_k^* \cos k\varphi + b_k^* \sin k\varphi). \tag{6.40}$$

In diesen Gleichungen sind die Koeffizienten entsprechend dem jeweiligen Spezialfall zu berechnen:

1. Umgekehrtes Rastverhältnis (obere Rast länger als untere), s. Bild 6.16b.

$$\left.\begin{array}{rcl} A_0^* &=& 10 - A_0 \\ A_k^* &=& -A_k \cos k\gamma - B_k \sin k\gamma \\ B_k^* &=& -A_k \sin k\gamma + B_k \cos k\gamma, \end{array}\right\} \tag{6.41}$$

2. Phasenverschiebung, s. Bild 6.16c

$$\left.\begin{aligned} A_0^* &= A_0 \\ A_k^* &= A_k \cos k\psi - B_k \sin k\psi \\ B_k^* &= A_k \sin k\psi + B_k \cos k\psi, \end{aligned}\right\} \quad (6.42)$$

3. Umgekehrte Lage der Rasten, umgekehrtes Rastverhältnis und Phasenverschiebung, s. Bild 6.16d

$$\left.\begin{aligned} A_0^* &= A_0 \\ A_k^* &= A_k \cos k(\psi+\gamma) + B_k \sin k(\psi+\gamma) \\ B_k^* &= A_k \sin k(\psi+\gamma) - B_k \cos k(\psi+\gamma). \end{aligned}\right\} \quad (6.43)$$

Beispiel: Es sei eine symmetrische *Rast in Rast-Bewegung* gemäß Bild 6.16d für die Parameter:

$$s_H^* = 12\,\text{mm}, \quad \alpha = \beta = 60°, \quad \gamma = 180°, \quad \psi = 50°, \quad \Delta s_{zul}^* = 0,2\,\text{mm}$$

zu realisieren. Die Eigenfrequenz des schwingungsfähigen Abtriebes beträgt $f_1 = 50$ Hz. Aus der Tafel 6.5 läßt sich ablesen:

$$A_0 = 5,0000;\ A_1 = -5,7513;\ A_2 = 0;\ A_3 = 0.7707;\ A_4 = 0;$$
$$B_1 = 0;\ B_2 = 0;\ B_3 = 0;\ B_4 = 0;\ \Delta s = 0,0192\,.$$

Des weiteren folgt aus $\Delta s_{zul}^* = 0,2\,\text{mm}$ für $s_H = 10\,\text{mm}$ ein Wert von $\Delta s_{zul} = 0,1666\,\text{mm}$. Unter Verwendung von Gleichung (6.38) ergibt sich ein optimales Abstimmungsverhältnis $\eta_{opt} = 0,172$ und damit eine optimale Drehzahl von

$$n_{opt} = 60 \cdot f_1 \cdot \eta_{opt} = 516\,\text{min}^{-1},$$

bei der der minimale Wert für Δs erreicht wird. Die Koeffizienten a_k und b_k berechnen sich aus Gleichung (6.37) auf Grund der Tabellenwerte zu:

$$a_1 = -5,5811 \quad \text{und} \quad a_3 = 0,5654.$$

Unter Beachtung der Gleichung (6.43) sowie des Verhältnisses s_H^*/s_H erhält man schließlich die Koeffizienten:

$$a_1^* = -4,3050;\quad a_3^* = -0,5876;\quad b_1^* = -5,1304;\quad b_3^* = 0,3392$$

zur Bestimmung der Kurvenkontur. In dem vorliegenden Fall ist die Anzahl der Harmonischen wegen des begrenzten Tabellenumfanges auf drei reduziert worden. Bei praktischen Aufgabenstellungen muß jedoch die Anzahl k der Harmonischen entsprechend den jeweiligen Anforderungen festgelegt werden.

6.4 Kinematische Abmessungen

Die Abmessungen von Kurvengetrieben sind entsprechend der jeweiligen Bewegungsaufgabe in bestimmten Grenzen frei wählbar, d.h. der Konstrukteur hat beim Ent-

6.4 Kinematische Abmessungen

wurf gewisse Freiheiten, um eine möglichst günstige Lösung zu entwickeln. Dabei muß u.a. der Übertragungswinkel μ von ALT berücksichtigt werden. Er tritt im Rollenmittelpunkt B auf und ist der spitze Winkel zwischen der Tangente t_a an die Absolutbahn und der Tangente t_r an die Relativbahn gegenüber dem treibenden Glied, s. Bild 6.17. Dabei erfolgt die Kraftübertragung normal zur Äquidistanten. Die Normalkraft F_N wird in die Komponenten F_R und F_T zerlegt, wobei der Ablenkwinkel α nach BOCK zwischen F_N und F_T auftritt. Auch hier gilt die Beziehung $\alpha + \mu = 90°$.

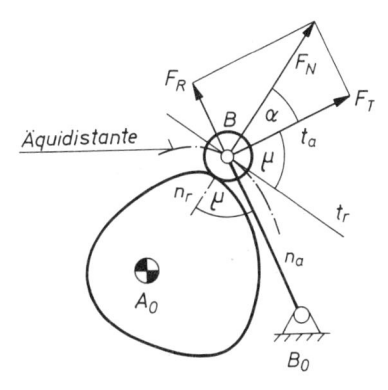

Bild 6.17: Kräfte an der Laufrolle, Übertragungswinkel μ und Ablenkwinkel α

Der Übertragungswinkel μ ist aber kein hinreichendes Kriterium für eine optimale Bewegungsübertragung bei Kurvengetrieben. Es ist des weiteren die Beanspruchung der Glieder und Gelenke durch statische und dynamische Kräfte zu beachten [29], um einen möglichst geräuscharmen Lauf des Getriebes zu erreichen. Die Flächenpressung im Kurvengelenk ist für das Verschleißverhalten und die Lebensdauer des Kurvengetriebes von entscheidender Bedeutung. Der Übertragungswinkel bietet jedoch die Möglichkeit, verhältnismäßig rasch zu brauchbaren Lösungen zu gelangen. Auf Grund von Erfahrungswerten sollte

$\mu_{min} > 45°$ bei langsamlaufenden Kurvengetrieben ($n < 30\,min^{-1}$) mit Rollenhebel und

$\mu_{min} > 60°$ bei Kurvengetrieben mit Stößel und schnellaufenden Getrieben ($n > 30\,min^{-1}$)

eingehalten werden. Bei Vollschmierung und ziehendem Eingriff können diese Werte ggfs. unterschritten werden.

Die kinematischen Abmessungen eines Kurvengetriebes mit Rollenhebel sind entsprechend Bild 6.18 wie folgt definiert:

$a = \overline{A_0 B_0}$ → Gestellänge,
$l = \overline{BB_0}$ → Rollenhebellänge, Schwingenlänge,
r_G → Grundkreisradius, k_G → Grundkreis,
ψ_G → Grundwinkel.

Für ein Kurvengetriebe mit Schieber gilt nach Bild 6.19:

e → Exzentrizität,
s_G → Grundhub.

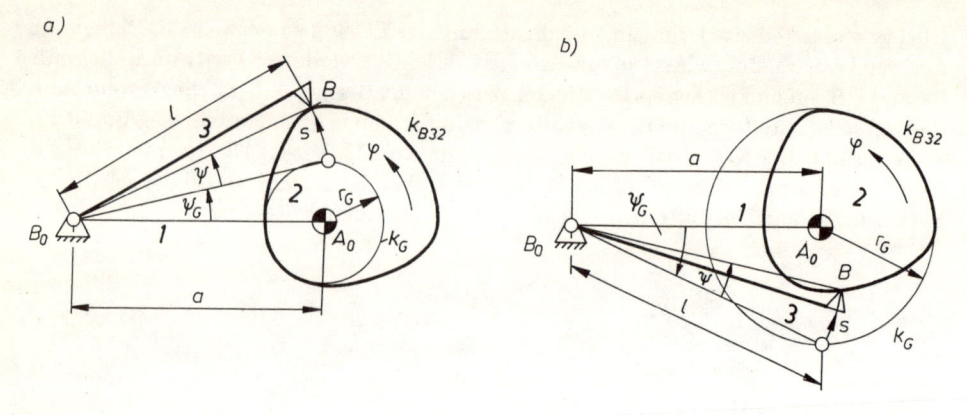

Bild 6.18: Kurvengetriebe mit Schwinge: a) F-Kurvengetriebe, b) P-Kurvengetriebe

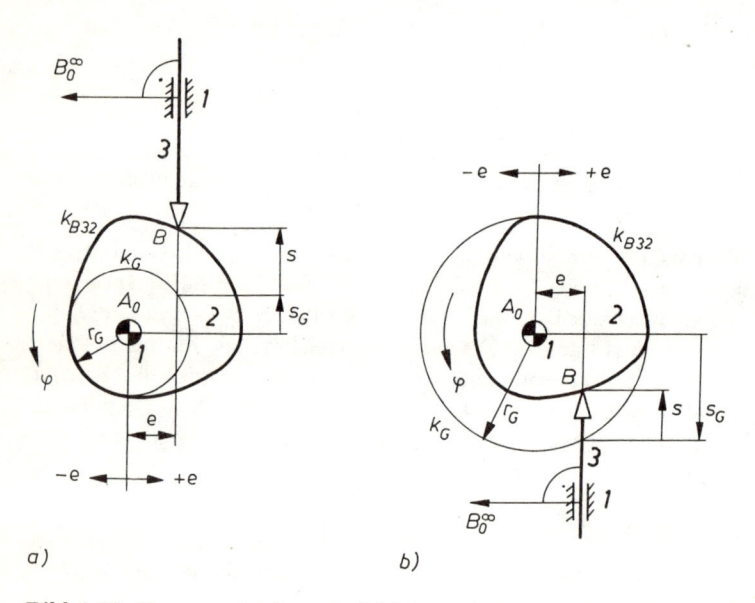

Bild 6.19: Kurvengetriebe mit Schieber: a) F-Kurvengetriebe, b) P-Kurvengetriebe

Die relative Bahn k_{B32}, auf der sich ein Punkt B des Eingriffsgliedes 3 relativ zum Kurvenglied 2 bewegt, wird *Führungskurve* bzw. *Rollenmittelpunktkurve* genannt. Bei der Abtastung durch eine Rolle ist die Rollenmittelpunktkurve die *Äquidistante* zum Kurvenscheibenprofil.

6.4.1 F-Kurvengetriebe und P-Kurvengetriebe

Der Grundkreis k_G ist der Kreis mit dem Radius r_G, von dem aus die Bewegung des Punktes B beginnt. Er legt die Ausgangsposition des Punktes B, die dem Nullpunkt $\varphi = 0, s = 0$ des Bewegungsschaubildes entspricht, und damit die Grundstellung des Eingriffsgliedes fest. Aus dieser Grundstellung bewegt sich der Punkt B entweder von

6.4 Kinematische Abmessungen

A_0 weg (Zentrifugalbewegung) oder zu ihm hin (Zentripedalbewegung). Demzufolge spricht man von einem Zentrifugal- bzw. *F-Kurvengetriebe* (Bild 6.18a) oder einem Zentripedal- bzw. *P-Kurvengetriebe*, Bild 6.18b. Die zugehörigen Grundwinkel ψ_G werden nach folgender Beziehung berechnet:

$$\psi_G = \operatorname{sgn}\psi_G \left(\arccos \frac{a^2 + l^2 - r_G^2}{2al} \right) \tag{6.44}$$

mit

$$\operatorname{sgn}\psi_G = \begin{cases} +1 & \text{beim} \quad F - \text{Kurvengetriebe,} \\ -1 & \text{beim} \quad P - \text{Kurvengetriebe.} \end{cases}$$

Bei einem Kurvengetriebe mit Schieber gelten die analogen Überlegungen, s. Bild 6.19. Der Grundhub s_G ergibt sich aus:

$$s_G = \operatorname{sgn}s_G |(r_G^2 - e^2)|^{1/2} \tag{6.45}$$

mit

$$\operatorname{sgn}s_G = \begin{cases} +1 & \text{beim} \quad F - \text{Kurvengetriebe,} \\ -1 & \text{beim} \quad P - \text{Kurvengetriebe.} \end{cases}$$

6.4.2 Auswahlkriterium $\mu_{\min}$

Für die Geschwindigkeitsvektoren im Rollenmittelpunkt B gelten nach Bild 6.20 die Beziehungen:

$$\vec{v}_B = \vec{v}_{B31} = \vec{v}_{B21} + \vec{v}_{B32}, \tag{6.46}$$

$$\left.\begin{array}{rcl} v_{B21} & = & \omega_{21}\overline{A_0B_0} = \omega_0\overline{A_0B_0}, \\ \omega_{21} & = & \omega_0. \end{array}\right\} \tag{6.47}$$

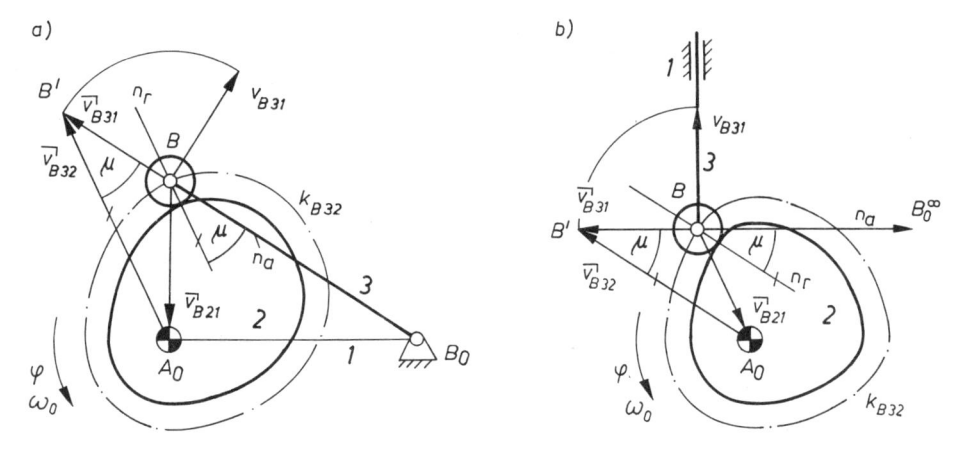

Bild 6.20: Gedrehte Geschwindigkeiten und Übertragungswinkel μ am Kurvengetriebe: a) Kurvengetriebe mit Rollenhebel, b) Kurvengetriebe mit Schieber

Die gedrehten Geschwindigkeitsvektoren bilden das Dreieck A_0BB', in dem der Übertragungswinkel μ auftritt, und zwar als Winkel zwischen den Normalen n_a an die Absolutbahn und n_r an die Relativbahn; s. Bild 6.17 und 6.20.

Werden die Geschwindigkeitsvektoren im Sinne der Antriebsbewegung um $90°$ gedreht, dann zeigt der gedrehte Vektor $\vec{v}_{B21}$ in Richtung des Kurvenscheibendrehpunktes, und seine Spitze fällt mit A_0 zusammen. Der in gleicher Weise im Sinne der Antriebswinkelgeschwindigkeit um $90°$ gedrehte Vektor $\vec{v}_{B31}$ legt den Punkt B' fest. Aus der Gleichheit der darstellenden Größen $< v_{B21} >$ für $\vec{v}_{B21}$ und $< \overline{A_0B} >$ für $\overline{A_0B}$ ergibt sich die folgende Maßstabsbeziehung:

$$< v_{B21} > = < \overline{A_0B} >,$$

$$v_{B21} \cdot M_v = \overline{A_0B} \cdot M,$$

$$M_v = \frac{\overline{A_0B}}{v_{D21}} M,$$

$$M_v = \frac{M}{\omega_{21}} = \frac{M}{\omega_0}. \tag{6.48}$$

Hierin bedeuten: M-*Zeichenmaßstab* und M_v-*Geschwindigkeitsmaßstab*. Bei Wahl des Zeichenmaßstabes M und vorgegebenem ω_0 liegt somit der Geschwindigkeitsmaßstab M_v eindeutig fest.

6.4.3 Hodografenverfahren

Zur Ermittlung der Hauptabmessungen eines Kurvengetriebes, nämlich *Gestellänge a* und *Grundkreisradius r_G*, wird ausgehend von dem *Auswahlkriterium $\mu_{\min}$* das *Hodografenverfahren* angewendet. Sind z.B. zwei Stellungen eines Kurvengetriebes mit Rollenhebel sowie die dazugehörigen Geschwindigkeitsvektoren bekannt, so lassen sich die Übertragungswinkel μ_1 und μ_2 nach Bild 6.21 ermitteln. Der Rollenhebel wird in den Stellungen 1 und 2 gezeichnet. Die zugehörigen Vektoren der Abtriebsgeschwindigkeit werden im Sinne von ω_0 um $90°$ gedreht und legen die Punkte B'_1 bzw. B'_2 fest. Verbindet man diese Punkte mit A_0, dann ergeben sich nach Bild 6.21 die zugehörigen Übertragungswinkel μ_1 und μ_2. Werden in umgekehrter Weise μ_1 in B'_1 und μ_2 in B'_2 angetragen, so schneiden sich die freien Schenkel in dem Kurvenscheibendreh-

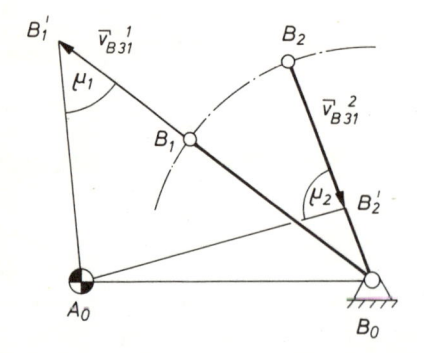

Bild 6.21: Grundfigur zum Hodografenverfahren

6.4 Kinematische Abmessungen

punkt A_0. Diese Methode wird als Hodografenverfahren bezeichnet, das gleichzeitig die Grundlage für das Näherungsverfahren nach FLOCKE [6, 63] darstellt. Das Hodografenverfahren soll an Hand eines Beispieles demonstriert werden.

Beispiel: Es ist ein Kurvengetriebe mit Rollenhebel als F-Kurvengetriebe zu konstruieren.

Gegeben: Bewegungsplan mit vorgeschriebenen Bewegungsgesetzen (Bild 6.22a), Rollenhebellänge $l = 100$ mm, Hubwinkel $\psi_H = 30°$, Rollenradius $r_R = 10$ mm. Die Kurvenscheibe drehe sich mit $\dot{\varphi} = \omega_0 = const$ entgegen dem Uhrzeigersinn.

Aus dem Bewegungsplan ist zu entnehmen, daß die Anstiegsphase im Gleichlauf (φ_P) und die Abstiegsphase im Gegenlauf (φ_N) realisiert werden soll. Dabei ist die folgende Bedingung zu beachten:

$$\varphi_{P_i} + \varphi_{R_j} + \varphi_{N_k} = 2\pi, \qquad (i,j,k \in \{1,2,\ldots,n\}). \tag{6.49}$$

In dem vorliegenden Beispiel seien gegeben:

$$\varphi_{P_1} = \varphi_P = 150°, \quad \varphi_{R_1} = \varphi_{R_2} = 50°, \quad \varphi_{N_1} = \varphi_N = 110°.$$

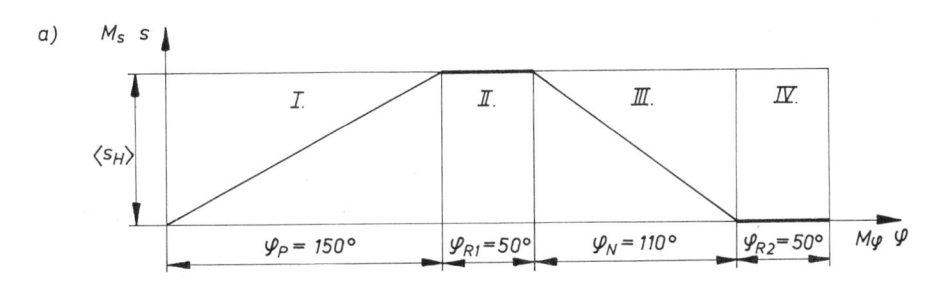

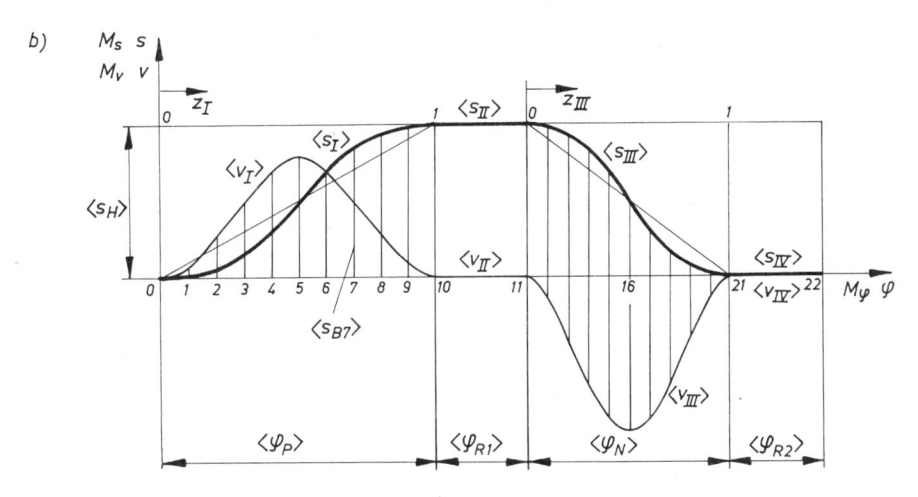

Bild 6.22: Bewegungsaufgabe für ein Kurvengetriebe mit Rollenhebel in verkleinerter Darstellung: a) Bewegungsplan, b) Bewegungsschaubild

Die angeführten Drehwinkel werden mit dem Maßstabsfaktor M_φ multipliziert und im Bewegungsplan sowie im Bewegungsschaubild auf der Abszisse abgetragen, s. Bild 6.22. Für $M_\varphi = 0{,}5\,\text{mm}/°$ ergibt sich $<\varphi> = M_\varphi \cdot 360° = 180\,\text{mm}$. Der Weg s des Rollenmittelpunktes wird nach der Beziehung:

$$s = \psi \cdot l \qquad (6.50)$$

berechnet, so daß sich der Gesamthub zu

$$s_H = \psi_H \cdot l = 30° \frac{\pi}{180°} 100 = 52{,}3599\,\text{mm}$$

ergibt. Er wird im Bewegungsplan und im Bewegungsschaubild mit

$$<s_H> = M_s \cdot s_H = 40\,\text{mm}$$

aufgetragen, wobei als Wegmaßstab

$$M_s = \frac{<s_H>}{s_H} = 0{,}7639 \qquad (6.51)$$

zugrunde gelegt wird. Den einzelnen Bewegungsabschnitten sind folgende Bewegungsgesetze zugeordnet:

Abschnitt I: BESTEHORNsche Sinoide
Die Übertragungsfunktion 0. Ordnung lautet:

mit
$$\left.\begin{array}{rcl} s_I &=& s_H \cdot f_I(z) \quad \text{für} \quad z = z_I \in \{0,1\} \\[4pt] f_I(z) &=& z - \dfrac{1}{2\pi}\sin(2\pi z). \end{array}\right\} \qquad (6.52)$$

Sie wird unter Einbeziehung des Wegmaßstabes M_s im Bewegungsschaubild als $<s_I> = s_I \cdot M_s = f(\varphi)$ dargestellt.
Der Geschwindigkeitsverlauf ergibt sich entsprechend Gleichung (6.14):

$$\dot s_I = v_I = \frac{s_H}{\varphi_P}\omega_0 f'_I(z)$$

bzw.
$$<v_I> = v_I \cdot M_v = \frac{s_H}{\varphi_P}\omega_0 f'_I(z)\frac{M}{\omega_0},$$

$$<v_I> = \frac{s_H}{\varphi_P} f'_I(z) \cdot M. \qquad (6.53)$$

Dabei ist der Zeichenmaßstab M für das Hodografenverfahren zweckmäßigerweise gleich dem Wegmaßstab M_s zu wählen. Die 1. Ableitung der normierten Übertragungsfunktion $f_I(z)$ lautet:

$$f'_I(z) = 1 - \cos(2\pi z). \qquad (6.54)$$

Für die Darstellung der Funktionsverläufe $<s_I>$ und $<v_I>$ am Computer werden die einzelnen Funktionswerte nach den Gleichungen (6.50) bis (6.54) mit einer vorzugebenden Schrittweite Δz berechnet. Für eine grobe zeichnerische Darstellung können die einschlägigen Tabellen der normierten Übertragungsfunktionen [6, 9] verwendet werden. Bei der BESTEHORNschen Sinoide ergibt sich der Maximalwert der Geschwindigkeit zu:

6.4 Kinematische Abmessungen

$$< v_I >_{\max} = \frac{s_H}{\varphi_P} C_v \cdot M, \quad C_v = 2. \tag{6.55}$$

Abschnitt II: Gerade – 1. Rast

Abschnitt III: $3-4-5-Polynom$

Es gelten folgende Gleichungen:

mit
$$\left. \begin{array}{rcl} s_{III} & = & s_H \left(1 - f_{III}(z)\right) \quad \text{für} \quad z = z_{III} \in \{0,1\} \\ f_{III}(z) & = & 10z^3 - 15z^4 + 6z^5 \end{array} \right\} \tag{6.56}$$

und

mit
$$\left. \begin{array}{rcl} < v_{III} > & = & -\dfrac{s_H}{\varphi_N} f'_{III}(z) \cdot M \\ f'_{III}(z) & = & 30z^2 - 60z^3 + 30z^4. \end{array} \right\} \tag{6.57}$$

Die maximale Geschwindigkeit ergibt sich nach:

$$< v_{III} >_{\max} = -\frac{s_H}{\varphi_N} C_v \cdot M, \quad C_v = 1,88. \tag{6.58}$$

Abschnitt IV: Gerade – 2. Rast.

Das komplette Bewegungsschaubild ist für die vorliegende Aufgabe im Bild 6.22b dargestellt. Es ist die Grundlage für das im Bild 6.23 angegebene Hodografenverfahren, das zur Konstruktion des A_0-Bereiches dient. Als Zeichenmaßstab wird $M = M_s$ gewählt. Ausgehend von der Mittelstellung des Rollenhebels werden die Anfangs- und

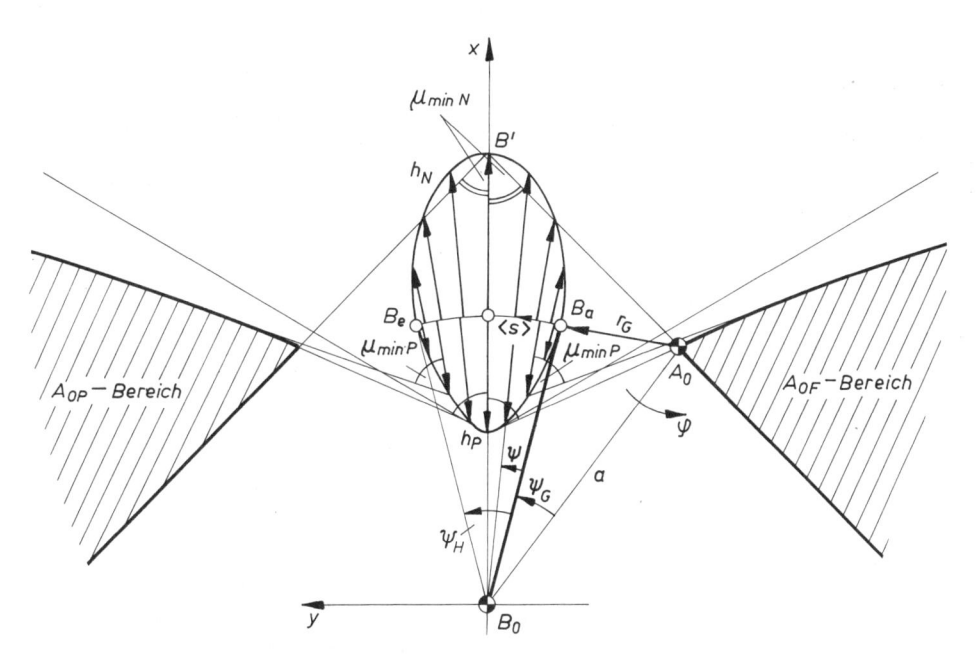

Bild 6.23: Hodografenverfahren: Ermittlung des A_0-Bereiches für F- und P-Kurvengetriebe mit Rollenhebel sowie der Hauptabmessungen $\overline{A_0 B_0} = a$ und $\overline{A_0 B_a} = r_G$ für ein F-Kurvengetriebe (verkleinerte Darstellung)

die Endlage des Rollenhebels, $B_0 B_a$ und $B_0 B_e$, über den Hubweg $\frac{1}{2} < s_H >$ festgelegt. Entsprechend den Zwischenstellungen $(1,2,3,\ldots,22)$ im Bewegungsschaubild ergeben sich die zugeordneten Stellungen des Rollenhebels, wobei der jeweilige Hub $< s >$ auf dem Kreisbogen von der Anfangslage B_a aus abzutragen ist.

Im Rollenmittelpunkt wird jeweils der im Sinne von φ um $90°$ gedrehte Vektor der Abtriebsgeschwindigkeit als Strecke $< v >$ abgetragen. Dadurch wird jeweils ein Punkt B' des Geschwindigkeitshodografen h_P bzw. h_N festgelegt. Nach Bild 6.20a wird für jede Stellung des Rollenhebels der zugehörige Übertragungswinkel μ_{minP} bzw. μ_{minN} in B' zu beiden Seiten der Geraden $B_0 B'$ angetragen. Die freien Schenkel dieser Winkel legen den A_0-Bereich des Kurvengetriebes fest. Im allgemeinen entstehen der A_{0P}-Bereich für P-Kurvengetriebe und der A_{0F}-Bereich für F-Kurvengetriebe, s. Bild 6.23.

Für ein F-Kurvengetriebe mit kleinstmöglicher Kurvenscheibe liegt bei diesem Beispiel der Kurvenscheibendrehpunkt A_0 in der Spitze des A_{0F}-Bereiches. Mit der Wahl von A_0 sind die Koordinaten von A_0 und damit die Hauptabmessungen des Kurvengetriebes, und zwar die Gestellänge $\overline{A_0 B_0} = a$ sowie der Grundkreisradius $\overline{A_0 B_a} = r_G$, festgelegt.

6.4.4 Näherungsverfahren nach Flocke

Bei dem *Näherungsverfahren* nach FLOCKE werden anstelle des Geschwindigkeitshodografen nur die Längen $< v_{Bmax} >_P$ bzw. $< v_{Bmax} >_N$ betrachtet, die zu Rollenhebelstellungen mit maximaler Geschwindigkeit gehören. Der angenäherte A_0-Bereich ergibt sich auch hier durch Antragen des Winkels μ_{min} in B', und zwar jeweils nach beiden Seiten von $B_0 B'$.

> **Beispiel:** Es ist ein Kurvengetriebe mit Schieber als F-Kurvengetriebe zu konstruieren.
> Gegeben: Bewegungsplan mit vorgeschriebenen Bewegungsgesetzen (Bild 6.24a), Hubweg $s_H = 40\,\text{mm}$, Rollenradius $r_R = 8\,\text{mm}$. Die Kurvenscheibe drehe sich mit $\dot\varphi = \omega_0 = const$ entgegen dem Uhrzeigersinn.

Abschnitt I: BESTEHORNsche Sinoide, $\varphi_{P1} = 80°$

Die Übertragungsfunktion s_I wird nach Gleichung (6.52) berechnet und unter Einbeziehung des Wegmaßstabes $M_s = 1$ im Bewegungsschaubild dargestellt. Der Geschwindigkeitsverlauf $< v_I >$ ergibt sich für $< \varphi_{P1} >$ nach der Beziehung (6.53). Für das Näherungsverfahren nach FLOCKE wird lediglich der Maximalwert $< v_I >_{max}$ benötigt. Er tritt in halber Hubhöhe auf und wird nach (6.55) berechnet.

Abschnitt II: Gerade – 1. Rast, $\varphi_{R1} = 60°$

Abschnitt III: Einfache Sinoide, $\varphi_{N1} = 50°$

Für die Übertragungsfunktion 0. Ordnung gilt unter Berücksichtigung von (6.11):

$$\left.\begin{aligned} s_{III} &= \frac{s_H}{2} + \frac{s_H}{2}(1 - f_{III}(z)) \\ \text{bzw.}\quad s_{III} &= s_H - \frac{s_H}{2} f_{III}(z) \quad \text{für} \quad z = z_{III} \in \{0,1\} \\ \text{mit}\quad f_{III}(z) &= \frac{1}{2}(1 - \cos(\pi z)). \end{aligned}\right\} \quad (6.59)$$

6.4 Kinematische Abmessungen

a)

b)

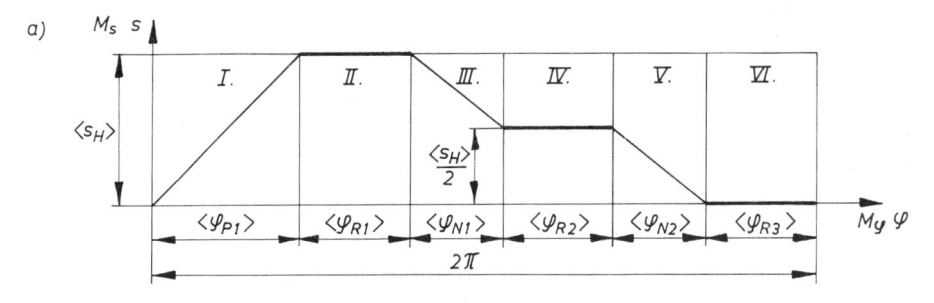

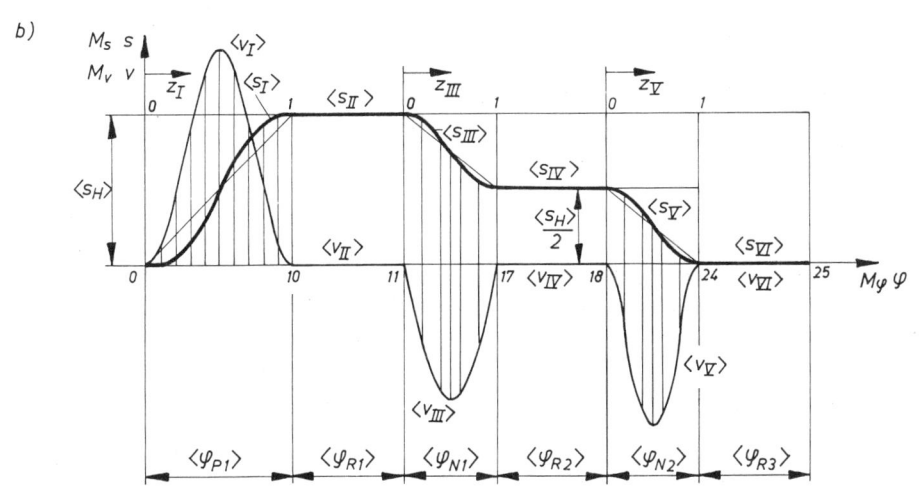

Bild 6.24: Bewegungsaufgabe für ein F-Kurvengetriebe mit Schieber in verkleinerter Darstellung: a) Bewegungsplan, b) Bewegungsschaubild

Der Geschwindigkeitsverlauf genügt der Beziehung:

$$\left. \begin{array}{rcl} <v_{III}> & = & -\dfrac{s_H}{2} f'_{III}(z) \cdot M \\[1ex] \text{mit} \quad f'_{III}(z) & = & \dfrac{\pi}{2} \sin(\pi z). \end{array} \right\} \quad (6.60)$$

Der Maximalwert der Geschwindigkeit des Rollenmittelpunktes wird wie folgt berechnet:

$$<v_{III}>_{\max} = -\frac{s_H}{2\varphi_{N1}} C_v \cdot M, \quad C_v = 1{,}57. \quad (6.61)$$

Abschnitt IV: Gerade – 2. Rast, $\varphi_{R2} = 60°$

Abschnitt V: 3-4-5-Polynom, $\varphi_{N2} = 50°$.

Es gelten folgende Gleichungen:

$$\left. \begin{array}{rcl} s_V & = & \dfrac{s_H}{2}\left(1 - f_V(z)\right) \quad \text{für} \quad z = z_V \in \{0,1\} \\[1ex] \text{mit} \quad f_V(z) & = & 10z^3 - 15z^4 + 6z^5 \end{array} \right\} \quad (6.62)$$

und

$$<v_V> = -\frac{s_H}{2\varphi_{N2}}f'_V(z) \cdot M$$

mit

$$f'_V(z) = 30z^2 - 60z^3 + 30z^4.$$

(6.63)

Die maximale Geschwindigkeit ergibt sich zu:

$$<v_V>_{max} = -\frac{s_H}{2\varphi_{N2}}C_v \cdot M, \quad C_v = 1,88.$$

(6.64)

Abschnitt VI: Gerade – 3. Rast, $\varphi_{R3} = 60°$.

Das Bewegungsschaubild ist für die vorliegende Aufgabe im Bild 6.24b dargestellt.

Bei dem Näherungsverfahren nach FLOCKE werden nur die maximalen Geschwindigkeiten $<v_B>_{max}$ des Rollenmittelpunktes in den entsprechenden Schieberstellungen benötigt. Sie werden im Sinne von φ um 90° gedreht, jeweils im Rollenmittelpunkt angetragen und ergeben die zugehörigen Punkte B'. In diesen Punkten wird der entsprechende Übertragungswinkel μ_{min} bezüglich $<v_B>_{max}$ nach beiden Seiten angetragen. Die freien Schenkel dieser Winkel legen den A_0-Bereich des Kurvengetriebes mit Schieber fest. Für ein zentrisches F-Kurvengetriebe ist entsprechend Bild 6.25 der Kurvenscheibendrehpunkt A_0 eindeutig bestimmt. In diesem Falle haben Grundhub s_G und Grundkreisradius r_G dieselbe Größe.

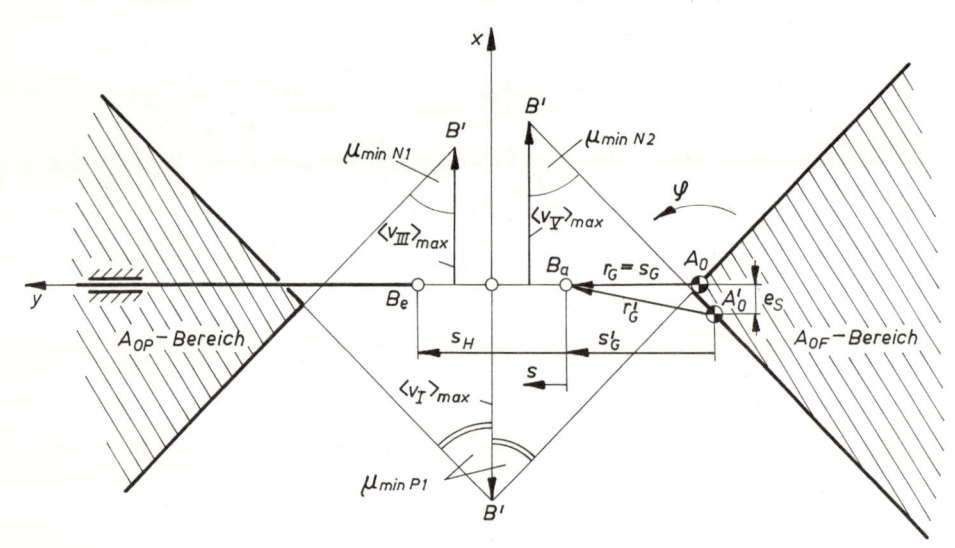

Bild 6.25: Näherungsverfahren nach FLOCKE: Ermittlung des A_0-Bereiches für F- und P-Kurvengetriebe mit Schieber (verkleinerte Darstellung)

6.4.5 Rollenmittelpunktkurve und Kurvenprofil

Ausgehend von den Hauptabmessungen eines Kurvengetriebes wird im folgenden die Bestimmung der Rollenmittelpunktkurve bzw. Rollenmittelpunktbahn sowie die Ermittlung des Kurvenprofils bzw. der Arbeitskurve demonstriert.

6.4 Kinematische Abmessungen

Zeichnerische Methode: Bei der zeichnerischen Bestimmung der Rollenmittelpunktkurve wird das Prinzip der kinematischen Umkehrung zugrunde gelegt; d.h. die Kurvenscheibe wird als feststehend betrachtet und das Gestell im Sinne von $-\varphi$ gedreht. Diese Methode wird im folgenden an zwei Beispielen erläutert.

Beispiel 1: F-Kurvengetriebe mit Rollenhebel

Für die im Abschnitt 6.4.3 vorgegebene Aufgabenstellung ist unter Zugrundelegung der Bilder 6.22 und 6.23 zunächst die Rollenmittelpunktkurve k_{B32} zu konstruieren. Zu diesem Zwecke werden im Bild 6.26 die Hauptabmessungen $\overline{A_0B_0} = a$, $\overline{A_0B_a} = r_G$ und $\overline{B_0B_a} = l$ im Maßstab $M = M_s$ dargestellt. Entsprechend der Aufgabenstellung werden für die einzelnen Bewegungsabschnitte die zughörigen Winkel $\varphi_P = 150°$, $\varphi_{R1} = \varphi_{R2} = 50°$ und $\varphi_N = 110°$ abgetragen. Der Bewegungsabschnitt φ_P wird in 10 gleiche Teile eingeteilt, so daß sich auf dem zugehörigen Kreis die Punkte $0, 1, 2, \ldots, 10$ ergeben. Der zu den einzelnen Stellungen gehörende Hub $<s>$ wird dem Bewegungsschaubild (Bild 6.22b) entnommen und ausgehend vom Grundkreis k_G entsprechend Bild 6.26 abgetragen, z.B. $<s_{B7}>$. Nach dieser Methode ergibt sich punktweise die

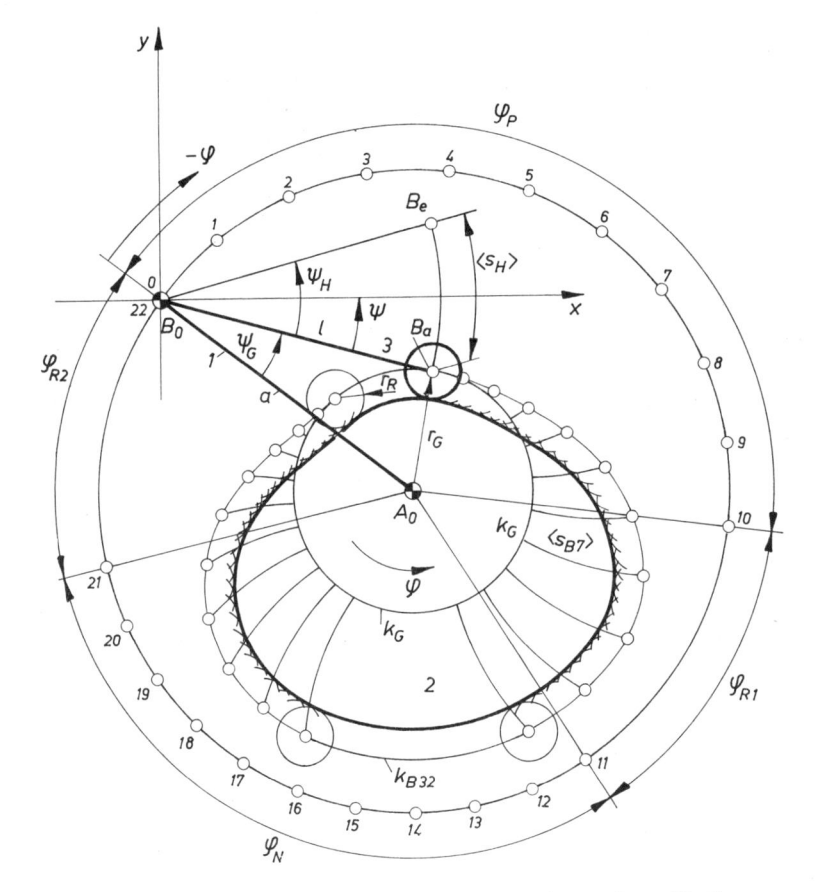

Bild 6.26: Konstruktion der Rollenmittelpunktkurve k_{B32} für Bewegungsaufgabe nach Bild 6.22, F-Kurvengetriebe mit Rollenhebel (verkleinerte Darstellung)

zu dem Bewegungsabschnitt I gehörende Rollenmittelpunktkurve. Für die Rastphasen φ_{R1} und φ_{R2} entstehen jeweils konzentrische Kreise um A_0. Die dargelegte Methode liefert in analoger Weise die Rollenmittelpunktkurve für die Abstiegsphase φ_N, s. Bild 6.26.

Das Kurvenscheibenprofil bzw. die Arbeitskurve ergibt sich als Äquidistante zur Rollenmittelpunktkurve k_{B32}. Dabei werden mit dem Rollenradius r_R Kreisbögen gezeichnet, deren Mittelpunkte auf der Kurve k_{B32} liegen. Das im Bild 6.26 dargestellte Kurvenprofil ist eine Außenkurve, die zur Aufrechterhaltung des Zwanglaufes eine Feder erfordert, die am Rollenhebel angreift. Diese Feder ist im Bild 6.26 nicht dargestellt; es wird diesbezüglich auf die Literatur [6, 9, 208] hingewiesen. Bei einer Nutkurve kann die Feder entfallen. Es muß dann zusätzlich ein zweites Kurvenprofil als Innenkurve angegeben werden. Diese Innenkurve wird in analoger Weise als Äquidistante ermittelt. Die Nutkurve besteht somit im allgemeinen aus zwei abstandsgleichen Kurven, die als Innen- bzw. Außenkurve ausgebildet sind, s. Bild 6.27. Möglichkeiten zur prinzipiellen Verbesserung dieser Formpaarung sind im Bild 6.3 angedeutet.

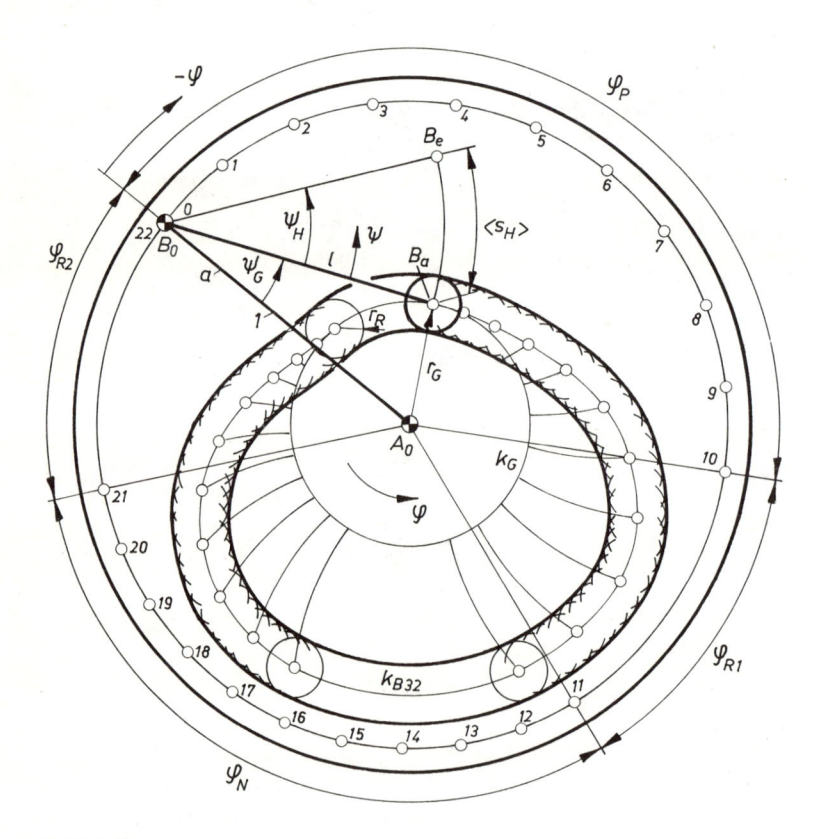

Bild 6.27: Konstruktion einer Nutkurvenscheibe für Bewegungsaufgabe nach Bild 6.22 (verkleinerte Darstellung)

6.4 Kinematische Abmessungen

Beispiel 2: F-Kurvengetriebe mit Schieber

Nach der dargelegten zeichnerischen Methode wird für die im Abschnitt 6.4.4 vorgegebene Aufgabenstellung (Bild 6.24) die Rollenmittelpunktkurve k_{B32} konstruiert. Für das zentrische F-Kurvengetriebe werden die Hauptabmessungen dem Bild 6.25 entnommen. Rollenmittelpunktkurve und Äquidistante als Außenkurve des Kurvenscheibenprofils sind im Bild 6.28 dargestellt. Bild 6.29 zeigt eine Nutkurvenscheibe für ein exzentrisches F-Kurvengetriebe (Glied 1 → *Gestell*), das die gleiche Aufgabenstellung (Bild 6.24) erfüllt. Die zugehörigen Hauptabmessungen des exzentrischen Kurvengetriebes wurden dem Bild 6.25 entnommen.

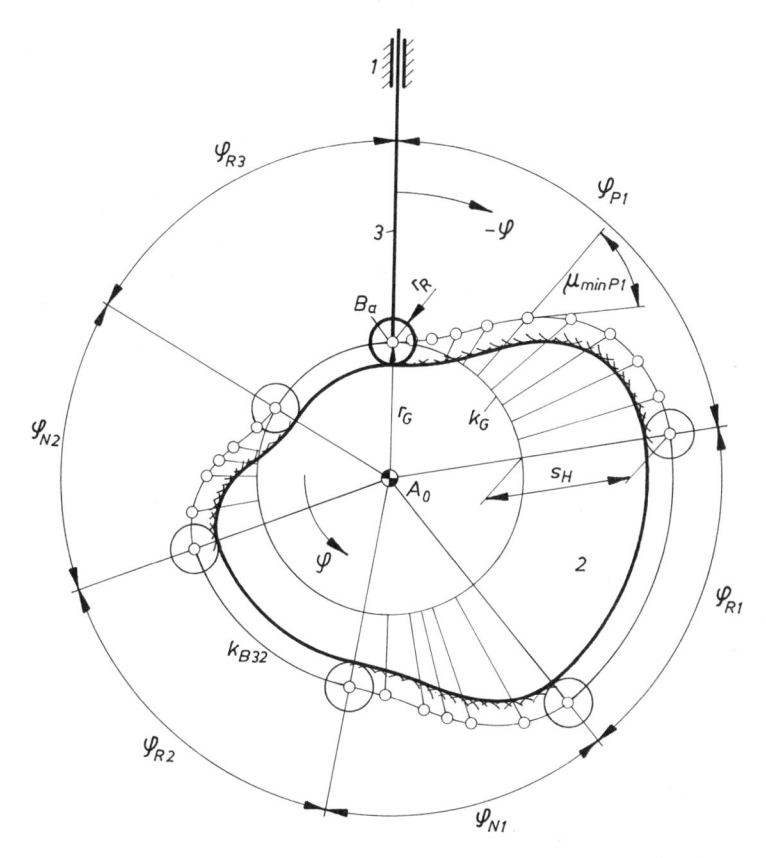

Bild 6.28: Konstruktion der Rollenmittelpunktkurve k_{B32} für Bewegungsaufgabe nach Bild 6.24, zentrisches F-Kurvengetriebe mit Schieber (verkleinerte Darstellung)

Rechnerische Methode: Die Berechnung der Rollenmittelpunktbahn ist die Basis für die moderne Fertigung des Kurvenkörpers. Letztere erfolgt u.a. auf speziellen Werkzeugmaschinen, welche die Programmierung von Übertragungsfunktionen zulassen oder direkt mittels CNC-gesteuerter Bearbeitungszentren. Zweckmäßigerweise wird daher die analytische Erfassung der Kurve k_{B32} in der GAUSSschen Zahlene-

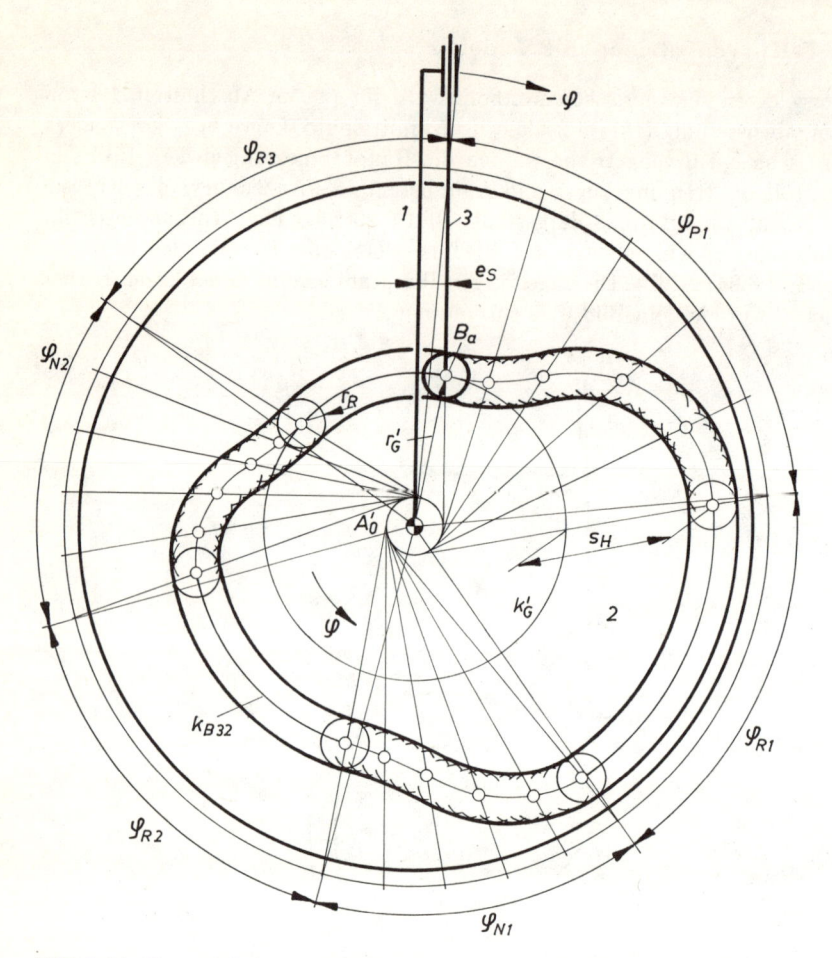

Bild 6.29: Konstruktion einer Nutkurvenscheibe für ein exzentrisches F-Kurvengetriebe mit Schieber, Bewegungsaufgabe nach Bild 6.24; Hauptabmessungen nach Bild 6.25, Exzentrizität e_S, Grundkreisradius r'_G und $A_0 = A'_0$ (verkl. Darstellung)

bene vorgenommen. Auch in diesem Falle wird die Kurvenscheibe 2 als feststehend betrachtet und das Gestell 1 im Sinne von $-\varphi$ um A_0 gedreht.

Kurvengetriebe mit Rollenhebel

Die Algorithmen zur rechnerischen Erfassung der Rollenmittelpunktkurve k_{B32} werden ausgehend von der im Bild 6.30 dargestellten Grundfigur abgeleitet. Alle Hauptabmessungen des Kurvengetriebes, die nach dem Hodografen- oder dem Näherungsverfahren von FLOCKE bestimmt worden sind, werden mit Hilfe des Zeichenmaßstabes M zunächst in die wahren Größen umgerechnet. Dabei wird das im Bild 6.23 angegebene x,y-Koordinatensystem zugrunde gelegt und auch im Bild 6.30 beibehalten. Für die einzelnen Punkte werden folgende Bezeichnungen festgelegt:

$$A_0(x_{A0}, y_{A0}), \quad B_a(x_{Ba}, y_{Ba}), \quad B_j(x_j, y_j).$$

6.4 Kinematische Abmessungen

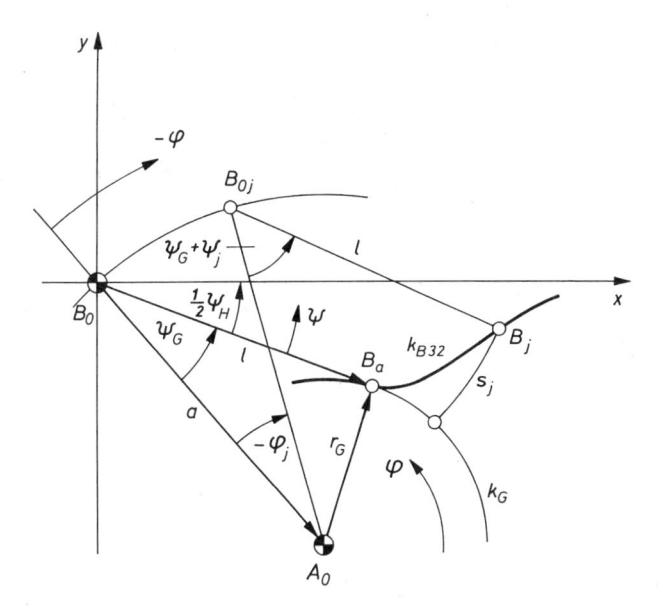

Bild 6.30: Grundfigur zur Berechnung der Rollenmittelpunktkurve k_{B32} bei einem Kurvengetriebe mit Rollenhebel

Ausgehend von den vorliegenden Koordinaten werden die Hauptabmessungen des Kurvengetriebes nach den folgenden Beziehungen berechnet:

$$\left.\begin{aligned}
a &= \sqrt{x_{A0}^2 + y_{A0}^2}, \\
x_{Ba} &= l\cos\left(\frac{1}{2}\psi_H\right), \quad y_{Ba} = -l\sin\left(\frac{1}{2}\psi_H\right), \\
r_G &= \sqrt{(x_{Ba} - x_{A0})^2 + (y_{Ba} - y_{A0})^2}, \\
\psi_G &= \arccos\left((l^2 + a^2 - r_G^2)/(2al)\right).
\end{aligned}\right\} \quad (6.65)$$

Die Bestimmung der Kurve k_{B32} erfolgt punktweise für entsprechende Winkelvorgaben $-\varphi_j$.

$$B_{0j} = A_0 - A_0 e^{i\varphi_j}, \tag{6.66}$$

$$B_j = B_{0j} + (A_0 - B_{0j})\frac{l}{a}e^{i(\psi_G + \psi_j)},$$

$$B_j = A_0 - A_0 e^{-i\varphi_j} + \left(A_0 - A_0 + A_0 e^{-i\varphi_j}\right)\frac{l}{a}e^{i(\psi_G + \psi_j)},$$

bzw.
$$\left.\begin{aligned}
B_j &= A_0\left(1 - e^{-i\varphi_j} + \frac{l}{a}e^{i(\psi_G + \psi_j - \varphi_j)}\right) \\
B &= A_0\left(1 - e^{-i\varphi} + \frac{l}{a}e^{i(\psi_G + \psi - \varphi)}\right).
\end{aligned}\right\} \quad (6.67)$$

B bzw. B_j ist der Vektor, der die Rollenmittelpunktkurve k_{B32} in der GAUSSschen Zahlenebene beschreibt. Seine Koordinaten lauten:

$$\left.\begin{aligned}x_{Bj} &= x_{A0}\left(1 - \cos\varphi_j + \frac{l}{a}\cos(\psi_G + \psi_j - \varphi_j)\right) \\ &\quad - y_{A0}\left(\sin\varphi_j + \frac{l}{a}\sin(\psi_G + \psi_j - \varphi_j)\right), \\ y_{Bj} &= x_{A0}\left(\sin\varphi_j + \frac{l}{a}\sin(\psi_G + \psi_j - \varphi_j)\right) \\ &\quad + y_{A0}\left(1 - \cos\varphi_j + \frac{l}{a}\cos(\psi_G + \psi_j - \varphi_j)\right).\end{aligned}\right\} \quad (6.68)$$

Ausgehend von (6.68) wird die Kurve k_{B32} für die einzelnen Bewegungsabschnitte punktweise berechnet. Für die Lösung der Bewegungsaufgabe nach Bild 6.22 wird zunächst der Abschnitt I betrachtet. Der Winkel φ_j durchläuft in der Anstiegsphase den Bereich

$$0 \leq \varphi_j \leq \varphi_P \tag{6.69}$$

mit der Schrittweite $\Delta\varphi$, die sich aus den Genauigkeitsanforderungen für die Herstellung der Arbeitskurve ergibt. Die zugehörigen Werte für ψ_j werden unter Einbeziehung der normierten Übertragungsfunktion $f(z)$ wie folgt bestimmt:

mit
$$\left.\begin{aligned}\psi_j &= \psi_H\left(z_j - \frac{1}{2\pi}\sin(2\pi z_j)\right) \\ z_j &= \frac{\varphi_j}{\varphi_P}, \quad \varphi_j = j\Delta\varphi, \quad j \in \{0, 1, \ldots, \frac{\varphi_P}{\Delta\varphi}\}.\end{aligned}\right\} \quad (6.70)$$

Der Bewegungsabschnitt II stellt sich als 1. *Rastphase* dar. Die Kurve k_{B32} verläuft sodann als Kreis mit dem Radius r_B um A_0. Für $\varphi_j = \varphi_P$ und $\psi_j = \psi_P = \psi_H$ berechnen sich x_B und y_B nach der Beziehung (6.68), so daß sich der Radius r_B nach

$$r_B = \sqrt{(x_B - x_{A0})^2 + (y_B - y_{A0})^2} \tag{6.71}$$

ergibt.

Die Abstiegsphase liegt im Bewegungsabschnitt III. Bei der Berechnung der zugehörigen Rollenmittelpunktkurve nach (6.68) sind die folgenden Winkelwerte zu berücksichtigen:

$$\left.\begin{aligned}\varphi_j &= \varphi_P + \varphi_{R1} + j\Delta\varphi; \quad j \in \{0, 1, \ldots, \frac{\varphi_N}{\Delta\varphi}\}, \\ \psi_j &= \psi_H(1 - 10z^3 - 15z^4 + 6z^5); \quad z_j = \frac{j\Delta\varphi}{\varphi_N}.\end{aligned}\right\} \quad (6.72)$$

In der zweiten Rastphase beschreibt der Rollenmittelpunkt B einen Kreis um A_0 mit dem Grundkreisradius r_G; er wird als Grundkreis k_G bezeichnet.

Die Kontur der Kurvenscheibe wird auch als *Arbeitskurve* (Kurvenprofil) bezeichnet. Es wird zwischen *innerer* und *äußerer* Arbeitskurve unterschieden, die sich jeweils als Äquidistante zur Rollenmittelpunktkurve k_{B32} ergeben, s. Bild 6.31. Die rechnerische Erfassung der Arbeitskurve wird ausgehend von dem Tangentenvektor B'_j an

6.4 Kinematische Abmessungen

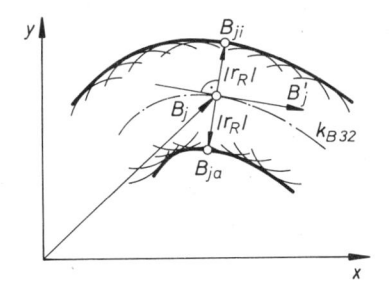

Bild 6:31: Grundfigur zur Berechnung der inneren und äußeren Arbeitskurve

k_{B32} bestimmt. Aus der Beziehung (6.67) folgt durch Differentiation nach φ:

$$B' = \frac{dB}{d\varphi} = iA_0 \left(e^{-i\varphi} + \frac{l}{a}(\psi' - 1)e^{i(\psi_G + \psi - \varphi)} \right). \tag{6.73}$$

Die innere bzw. äußere Arbeitskurve, gekennzeichnet durch die Punkte B_{ji} bzw. B_{ja}, berechnet sich entsprechend Bild 6.31 nach:

bzw.
$$\left. \begin{aligned} B_{ji} &= B_j + ir_R \frac{B'_j}{|B'_j|} \\ B_{ja} &= B_j - ir_R \frac{B'_j}{|B'_j|}, \end{aligned} \right\} \tag{6.74}$$

d.h. der Radius r_R der Laufrolle wird in Normalenrichtung addiert bzw. subtrahiert.

Kurvengetriebe mit Schieber

Ausgehend von dem Hodografenverfahren oder dem Näherungsverfahren nach FLOCKE werden zunächst die Hauptabmessungen r_G, s_G und e_S in wahrer Größe nach folgenden Beziehungen in dem gewählten x,y-Koordinatensystem berechnet, s. Bild 6.32:

$$\left. \begin{aligned} x_{Ba} &= 0, \quad y_{Ba} = -\frac{1}{2}s_H, \quad e_S = -x_{A0}, \\ r_G &= \sqrt{(x_{Ba} - x_{A_0})^2 + (y_{Ba} - y_{A0})^2}, \\ s_G &= \sqrt{r_G^2 - e_S^2}. \end{aligned} \right\} \tag{6.75}$$

Zur Berechnung der Rollenmittelpunktkurve k_{B32} denken wir uns die Kurvenscheibe als feststehend und drehen das Gestell um $-\varphi$. Die Bestimmung von k_{B32} erfolgt punktweise für entsprechende Winkelvorgaben $\varphi_j = j\Delta\varphi$:

$$\left. \begin{aligned} B_a &= A_0 - e_S + is_G, \\ B_j &= A_0 - e_S e^{-i\varphi_j} + i(s_G + s(\varphi_j))e^{-i\varphi_j}, \\ B_j &= A_0 - e_S e^{-i\varphi_j} + i(s_G + s_H \cdot f(z_j))e^{-i\varphi_j}, \\ \varphi_j &= \varphi_P + \varphi_R + j\Delta\varphi, \quad j \in \{0, 1, \ldots, \frac{\varphi_{P,N}}{\Delta\varphi}\}, \quad z_j = \frac{j\Delta\varphi}{\varphi_{P,N}}. \end{aligned} \right\} \tag{6.76}$$

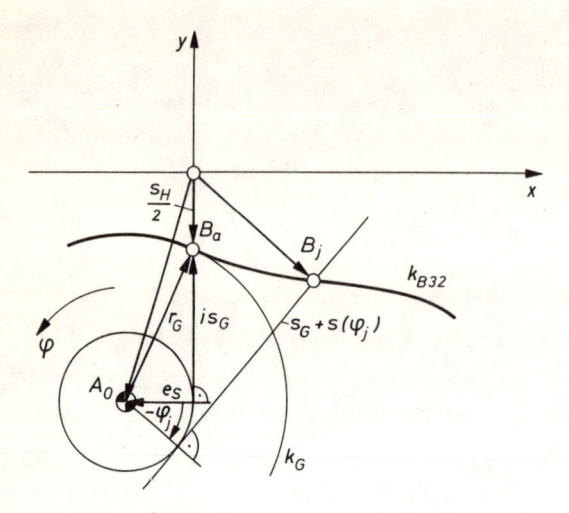

Bild 6.32: Grundfigur zur Berechnung der Rollenmittelpunktkurve k_{B32} bei einem Kurvengetriebe mit Schieber, $e_S \rightarrow$ Exzentrizität

B_j ist der Vektor, der ausgehend vom Koordinatenursprung die Kurve k_{B32} in der GAUSSschen Zahlenebene beschreibt. Ausgehend von (6.76) ergeben sich schließlich die folgenden Beziehungen:

$$\left.\begin{array}{rcl} B_j & = & A_0 + (-e_S + \mathrm{i}(s_G + s_H f(z_j))) \mathrm{e}^{-\mathrm{i}\varphi_j}, \\ x_{Bj} & = & x_{A0}(1 - \cos\varphi_j) + (s_G + s_H f(z_j))\sin\varphi_j, \\ y_{Bj} & = & y_{A0} + x_{A0}\sin\varphi_j + (s_G + s_H f(z_j))\cos\varphi_j. \end{array}\right\} \quad (6.77)$$

Analog zu dem Beispiel Kurvengetriebe mit Rollenhebel werden in den einzelnen Bewegungsabschnitten die entsprechenden normierten Übertragungsfunktionen herangezogen. Auf diese Weise ist eine komplette punktweise Berechnung der Rollenmittelpunktkurve k_{B32} mit beliebiger Genauigkeit möglich.

Die Arbeitskurve wird in Analogie zum Kurvengetriebe mit Rollenhebel ermittelt. In allgemeiner Schreibweise lauten die Beziehungen für den Orts- und Tangentenvektor der Rollenmittelpunktkurve:

$$\left.\begin{array}{rcl} B_j & = & A_0 + (-e_S + \mathrm{i}(s_G + s(\varphi))) \mathrm{e}^{-\mathrm{i}\varphi}, \\ B_j' & = & \mathrm{e}^{-\mathrm{i}\varphi}(s_G + s(\varphi)) - \mathrm{i}\mathrm{e}^{-\mathrm{i}\varphi}(e_S - s'). \end{array}\right\} \quad (6.78)$$

Sodann kann die Arbeitskurve punktweise berechnet werden, indem jeweils in Normalenrichtung entsprechend der Beziehung (6.74) der Rollenradius addiert bzw. subtrahiert wird.

6.4.6 Hinweise zur Konstruktion und Fertigung von Kurvengetrieben

Gelenkkräfte und Antriebsmomente schellaufender Kurvengetriebe regen die jeweilige Maschine zu nieder- und hochfrequenten Schwingungen an, wobei sich hochfre-

6.4 Kinematische Abmessungen

quente Schwingungen durch erhöhte Schallemission bemerkbar machen. Neben der Verhinderung fertigungsbedingter unstetiger Beschleunigungsverläufe durch die Verwendung geometrischer Elemente (Geraden- und Kreisbogenstücke bzw. Parabeläste) zur Approximation der Kurvenkörperkontur ist bei der Auslegung schnellaufender Kurvenmechanismen folgendes zu beachten:

- Da wegen des bei formschlüssigen Kurvengetrieben zwingend erforderlichen Spieles die Bewegungsabläufe am Abtriebsglied stoßbehaftet sind, sollte die Zwanglaufsicherung stets kraftschlüssig erfolgen und nur in Havariesituationen ein Formschluß wirken. Selbst bei spielfreien formschlüssigen Kurvengetrieben werden Schwingungen und Lärm intensiver angeregt als bei kraftschlüssigen Getrieben.

- Sind formschlüssige Kurvengetriebe unbedingt erforderlich, dann sind solche Übertragungsfunktionen zu verwenden, bei denen im Wendepunkt nicht nur die Beschleunigung, sondern auch deren Ableitungen Null sind.

- Bei kraftschlüssigen Kurvengetrieben wird die Übertragungsfunktion vorteilhaft aus überlagerten harmonischen Schwingungen gebildet.

- Da die Gelenkkräfte als Folge von Trägheitswirkungen durch die ÜF 2. Ordnung und als Folge von Federkräften durch die ÜF 0. Ordnung bestimmt werden und ÜF 2. Ordnung höhere harmonische Schwingungen intensiver anregen als ÜF 0. Ordnung, sind Massen und Trägheitsmomente am Abtriebsglied auf ein Minimum zu senken, ohne die Steifigkeit des Abtriebsgliedes zu verringern.

Alle bisherigen Darlegungen sind aber nur dann von Nutzen, wenn es gelingt, dieselbigen auch materielle Wirklichkeit werden zu lassen. Dabei steht die Herstellung der Kurvenkonturen im Vordergrund. Die Fertigungsungenauigkeiten dürfen in keinem Falle die kinematische Funktion (z.B. ÜF 0. Ordnung) in Frage stellen. Darüber hinaus müssen aber stets die dynamischen Folgeerscheinungen der Fertigungsungenauigkeiten, die von vielen anderen Parametern, wie z.B. der Drehzahl, der Steifigkeit, den Massen und Trägheitsmomenten ... abhängen, einkalkuliert werden. Das Aufbringen der Kurvenkontur auf den Kurvenkörper kann mit unterschiedlicher Genauigkeit und verschiedenartigen dynamischen Auswirkungen wie folgt realisiert werden:

- Anreißen und Feilen der Kurvenkontur,

- Fertigung der Kontur punktweise (z.B. auf Lehrenbohrwerk) und anschließendes manuelles "Glätten",

- Maschinelle Fertigung der Kurvenkontur auf speziellen Werkzeugmaschinen mit solchen Steuerungen, die die Programmierung einfacher Übertragungsfunktionen zulassen,

- Maschinelle Fertigung in CNC-gesteuerten Bearbeitungszentren.

Jeder so gefertigte Kurvenkörper kann als *Schablone* eingesetzt werden. Im *Kopierverfahren* wird seine Kontur auf andere Kurvenkörper übertragen, wobei aber zusätzliche Fertigungsfehler entstehen, und zwar u.a. durch Rundlauffehler der Abtastrolle, nichtlineare Übertragung der Bewegung zwischen Abtastrolle und Fräs- bzw. Schleifwerkzeug.

Werden die Kurvenkonturen in Handarbeit angerissen und gefeilt, so wird der Beschleunigungsverlauf weniger von den ausgewählten Übertragungsfunktionen, sondern hauptsächlich von dem Geschick desjenigen bestimmt, der die Kontur manuell herstellt. Wegen den "harmonischen" Handbewegungen ist die Gefahr der Anregung hochfrequenter Schwingungen nicht sonderlich groß. Derartig gefertigte Kurvenkörper können aber nur geringen Ansprüchen genügen.

Die punktweise Fertigung der Kurvenkontur auf Lehrenbohrwerken und das anschließende manuelle "Glätten" führt zu einer wesentlich höheren Genauigkeit bei der Herstellung der Kurvenkontur. Die dynamischen Auswirkungen eines solchen Herstellungsverfahrens können jedoch extrem sein, s. Bild 6.33. Es besteht nicht nur die Gefahr, daß die Beschleunigungsverläufe total verfälscht werden, sondern daß auch infolge von großen Beschleunigungssprüngen hochfrequente Eigenschwingungen angeregt werden, die ihrerseits zu einer hohen Lärmemission der Getriebe beitragen. Solche Herstellungsverfahren sind somit für schnellaufende Kurvengetriebe ungeeignet.

Die kontinuierliche maschinelle Fertigung der Kontur erfolgt heute hauptsächlich auf CNC-gesteuerten Bearbeitungszentren. Sollen die Oberflächen eine besonders hohe Güte aufweisen (Welligkeit, Formtreue), dann werden sie im Anschluß an den Fräsvorgang geschliffen. Die Fertigungsgenauigkeit der Kurvenkörper ist hauptsächlich bestimmt durch die:

- Qualität der verwendeten Werkzeugmaschine (Spindelspiel, Steifigkeit, ...),
- Güte der Aufspannung der Kurvenkörper (Justierung, Güte der Anlagefläche),
- Güte der Schneidwerkzeuge und der verwendeten Schnittwerte (abhängig von der Kurvenkontur),
- Genauigkeit der mathematischen Beschreibung der Kurvenkontur für die Maschinensteuerung.

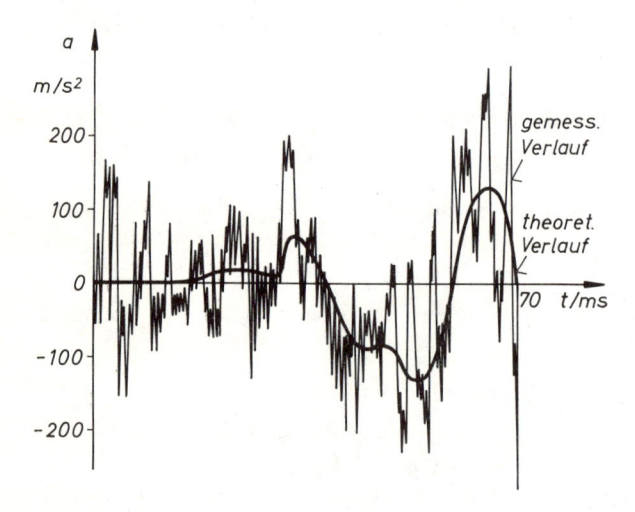

Bild 6.33: Beschleunigungen an der Laufrolle; Kurvenkörper durch punktweises Bohren und nachfolgendes "Glätten" erzeugt

6.4 Kinematische Abmessungen

Bei geschliffenen Konturen können die maximalen fertigungsbedingten Abweichungen der Kurvenkontur auf ca. 5 μm begrenzt werden. CNC-gesteuerte Maschinen sind aber im allgemeinen nur in der Lage, einfache geometrische Elemente (Geraden, Kreise, archimedische Spiralen und teilweise Parabeläste) zu fertigen. Leistungsstarke Programmsysteme (z.B. [52, 163]) sind in der Lage, die Kurvenkontur durch eine Folge solcher Elemente bei maximalen Abweichungen von $\pm 1\,\mu m$ zu approximieren. Trotzdem entstehen bei der Verwendung von Kreisbögen ruckbehaftete Beschleunigungsverläufe (Bild 6.34, [52]), die man nur durch Verwendung von Parabelästen mit krümmungsstetigen Übergängen verhindern kann.

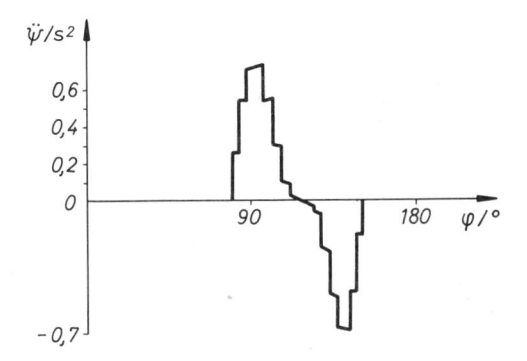

Bild 6.34: Theoretischer Beschleunigungsverlauf; Kurvenkontur aus tangential ineinander übergehenden Kreisbögen zusammengesetzt

Die Kurvenkontur kann sowohl durch die Rollenmittelpunktbahn, als auch deren Äquidistante beschrieben werden. Da die Durchmesser der verwendeten Fräs- bzw. Schleifwerkzeuge mit den der Berechnung zugrundegelegten und praktisch verwendeten Durchmessern der Laufrollen nicht übereinstimmen, müssen die CNC-Steuerungen in der Lage sein, diesbezüglich notwendige Korrekturen zu realisieren. Diese Steuerungen berechnen auf der Basis der vorgegebenen Kreisbogen- und Parabelastfolge unter Berücksichtigung der notwendigen Korrektur eine Äquidistante und führen den Mittelpunkt des Werkzeuges näherungsweise auf dieser Bahn.

Neben der Konturbeschreibung muß die Geometrie des Ein- und Auslaufes des Werkzeuges in das Werkstück geeignet festgelegt werden. Man verwendet dazu oftmals Kreisbögen, die tangentenstetig dem ersten Konturelement vor- und dem letzten Element nachgeschaltet werden. Sie sind gekennzeichnet durch den Radius des Einlauf- und Auslaufkreises r_E sowie die Einlauf- bzw. Auslaufwinkel φ_E bzw. φ_A. Der Einlaufwinkel ist von r_E und dem Durchmesser d_V des meist zylindrischen Vorarbeitsteiles abhängig (Bild 6.35) und garantiert, daß sich das Werkzeug am Anfang des Einlaufes außerhalb des Werkstückes befindet.

Bei der Qualitätskontrolle ist zu unterscheiden zwischen der statischen Messung der Bauteilabweichungen (einschließlich der Kurvenkontur) und deren dynamischen Auswirkungen (Schwingungsanregung, Schallemission,...). In der Praxis werden sowohl statische als auch dynamische Messungen (meist Beschleunigungsmessungen am

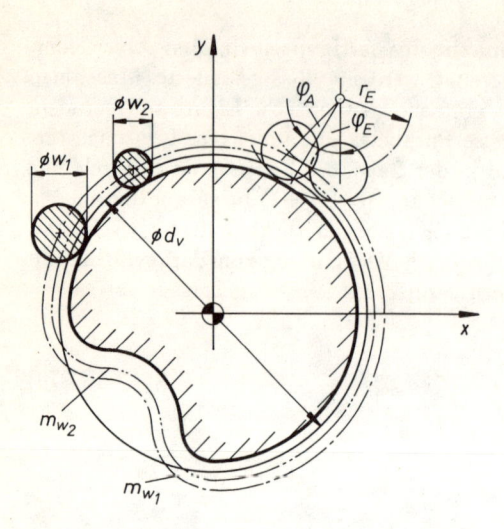

Bild 6.35: Kurvenfertigung mit verschiedenen Werkzeugdurchmessern

Abtrieb bzw. Schallpegelmessungen) durchgeführt. Während sich die statischen Messungen oftmals auf die Formabweichungen der Kurvenkontur beschränken, werden bei dynamischen Messungen auch die Toleranzen an anderen Bauelementen (Steg, Abtriebsglied,...) mit erfaßt. Erfolgt die dynamische Messung auf einem Versuchs-

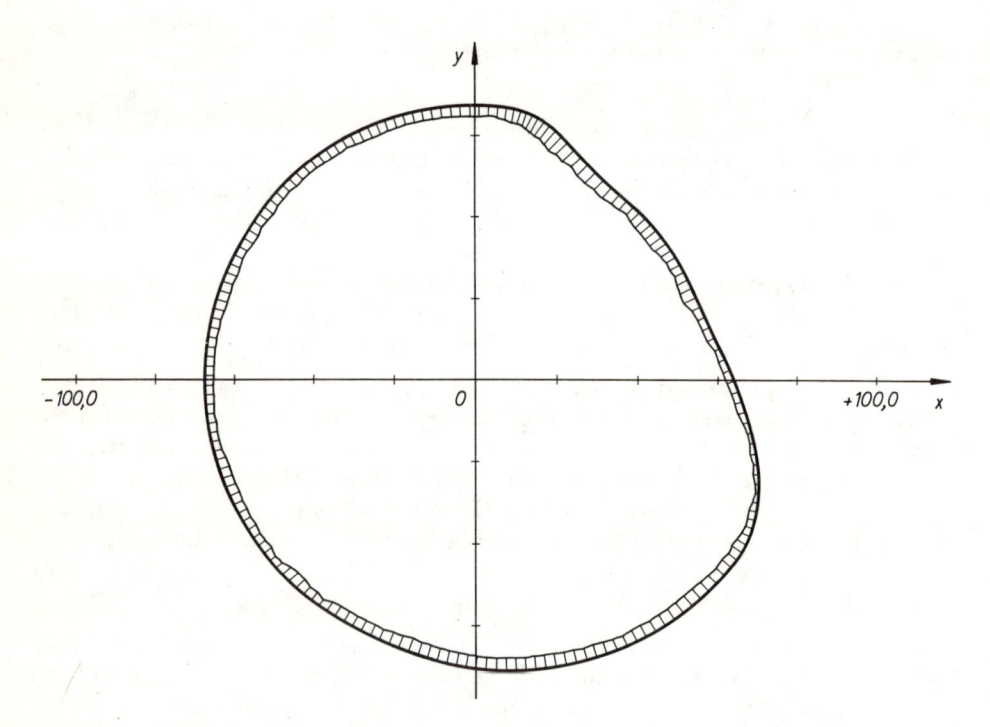

Bild 6.36: Grafische Auswertung der Meßergebnisse an einer Kurvenkontur

stand, so werden die Toleranzen am Steg und Abtriebsglied von denen in der Maschine abweichen.

Zur hochgenauen Messung der Kurvenkontur können universelle Dreikoordinatenmeßmaschinen bzw. spezielle Kurvenscheibenmeßgeräte, die rechnergesteuert arbeiten, verwendet werden. Die Meßwerterfassung läßt sich kontinuierlich realisieren. Im Anschluß an den Meßvorgang vergleicht die angeschlossene Rechentechnik *Soll- und Istwerte* und wertet die Meßergebnisse grafisch aus, s. Bild 6.36.

6.5 Zylinderkurvengetriebe

Im Werkzeug- und Verarbeitungsmaschinenbau sowie in Sondermaschinen werden für spezielle Zwecke auch Zylinder- oder Trommelkurven eingesetzt. Die relativ häufige Anwendung von Zylinderkurvengetrieben in Sondermaschinen liegt auch darin begründet, daß Trommelkurven für hohe Kraftübertragung geeignet sind und sich relativ einfach herstellen lassen. Die Kurve kann entweder als Kurvennut in einen Zylinderkörper eingearbeitet oder als **Wulstkurve** aufgesetzt werden, s. Bild 6.37.

Im allgemeinen wird zwischen Zylinderkurvengetrieben mit Rollenschieber (Bild 6.38a) und Rollenhebel (Bild 6.38b) unterschieden. Bei vorgeschriebenem Bewegungsschaubild (Bild 6.39) mit:

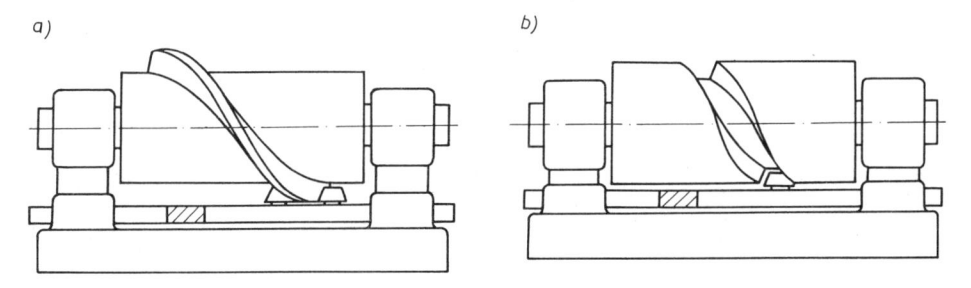

Bild 6.37: Konstruktive Gestaltung von Trommelkurven: a) Wulstkurve, b) Nutkurve

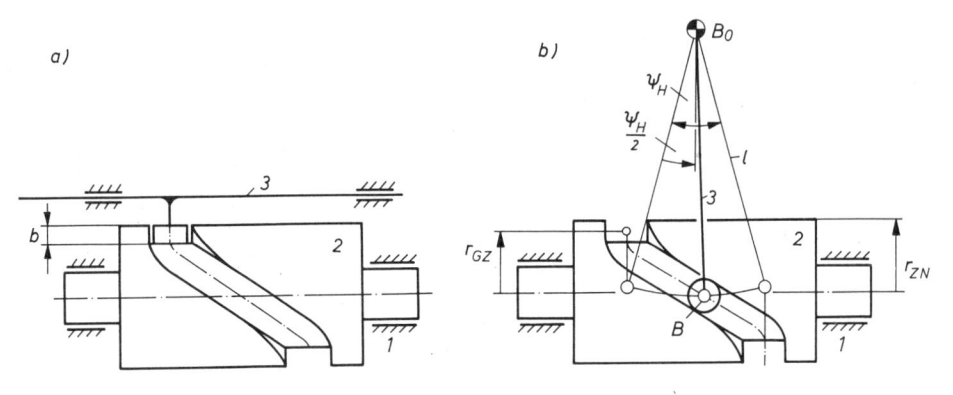

Bild 6.38: Zylinderkurvengetriebe mit: a) Rollenschieber, b) Rollenhebel

$\varphi_{An} = \varphi_P = 90°$, einfache Sinoide,
$\varphi_R = 90°$, Rast,
$\varphi_{Ab} = \varphi_N = 180°$, einfache Sinoide,
$s_H = \psi_H \cdot l = 40\,\text{mm}$, Hubweg,
$l = 75\,\text{mm}$, Rollenhebellänge
$\mu_{min} = 40°$

muß zunächst der mittlere Trommelradius als Grundkreisradius r_{GZ} ermittelt werden. Das Bewegungsschaubild ist im Bild 6.39 gezeichnet. Die steilsten Tangenten treten in halber Hubhöhe auf, so daß in diesen Stellungen auch die maximalen Geschwindigkeiten v_{B31max} vorliegen. Für die Maßstabsfaktoren des Bewegungsschaubildes werden

und
$$\left.\begin{array}{r} k = \dfrac{L}{2\pi} = 25\,\text{mm} \\[2mm] M_s = \dfrac{<s_H>}{s_H} = 1 \end{array}\right\} \qquad (6.79)$$

gewählt. Die einfache Sinoide für die Anstiegs- bzw. Abstiegsphase wird entsprechend Bild 6.39 konstruiert. Nach den Beziehungen im Abschnitt 6.3.3. kann das Bewegungsschaubild auch mit Hilfe der normierten Übertragungsfunktion aufgestellt werden. Aus diesem Schaubild ergibt sich die Absolutgeschwindigkeit v_{B31} durch Differentiation zu:

$$v_{B31} = \frac{ds}{dt} = \frac{ds}{dx} \cdot \frac{dx}{d\varphi} \cdot \frac{d\varphi}{dt} = \tan\tau \cdot k \cdot \omega.$$

Mithin berechnet sich die Maximalgeschwindigkeit nach:

$$v_{B31max} = \tan\tau_{max} \cdot k \cdot \omega. \qquad (6.80)$$

Die Umfangsgeschwindigkeit der Zylinderkurve ergibt sich entsprechend dem Grundkreisradius r_{GZ} zu

$$v_{B21} = \omega \cdot r_{GZ}. \qquad (6.81)$$

Nach dem Parallelogrammsatz der relativen Geschwindigkeiten gilt:

$$v_{B31} = v_{B21} + v_{B32}.$$

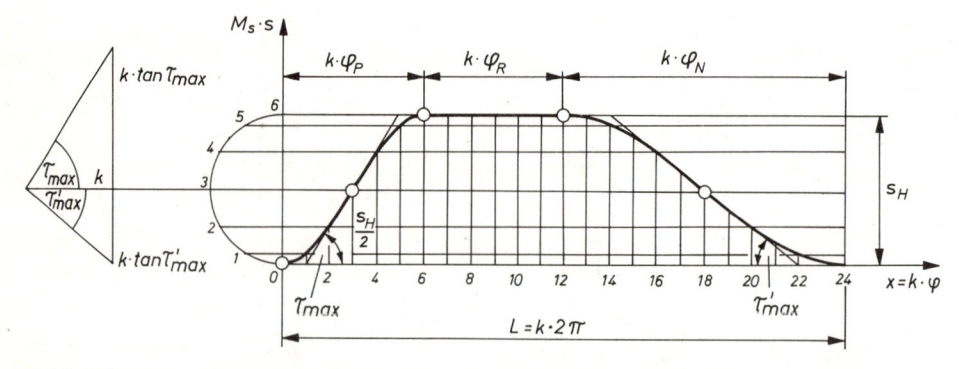

Bild 6.39: Bewegungsschaubild für Zylinderkurvengetriebe (verkl. Darstellung)

6.5 Zylinderkurvengetriebe

Der Übertragungswinkel μ tritt aber zwischen der Tangente an die Absolutgeschwindigkeit v_{B31} und der Tangente an die Relativgeschwindigkeit v_{B32} auf. Im Bild 6.40 sind diese Beziehungen für die Anstiegs- und Abstiegsphase dargestellt, und zwar für τ_{max} bzw. τ'_{max}. Aus der Beziehung

$$\tan \mu_{min} = \frac{\omega \cdot r_{GZ}}{\omega \cdot k \cdot \tan \tau_{max}} \qquad (6.82)$$

läßt sich für den Grundkreisradius näherungsweise die folgende Gleichung ableiten:

$$r_{GZ} \geq k \cdot \tan \tau_{max} \cdot \tan \mu_{min}. \qquad (6.83)$$

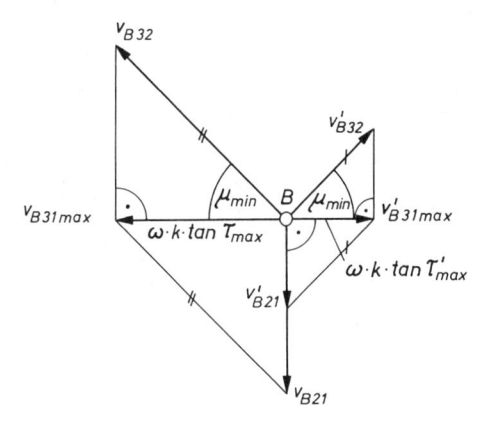

Bild 6.40: Übertragungswinkel μ_{min} beim Zylinderkurvengetriebe

In Anlehnung an die Beziehung (6.22) sowie Bild 6.39 ergibt sich für die Maximalgeschwindigkeiten der Grundkreisradius näherungsweise aus der Gleichung:

$$r_{GZ} \geq \frac{s_H}{\varphi_{P,N}} C_v \tan \mu_{min}. \qquad (6.84)$$

Unter Berücksichtigung der Rollenbreite b erhält man den Zylinderradius r_{ZN} bzw. r_{ZW} für die Nutkurve bzw. Wulstkurve nach den Beziehungen:

$$r_{ZN} = r_{GZ} + 0.5\,b, \qquad r_{ZW} = r_{GZ} - 0.5\,b. \qquad (6.85)$$

Das Kurvenprofil wird auf der abgewickelten Mantelfläche des Grundkreiszylinders konstruiert. Beim Aufzeichnen der Abwicklung ist daher der Radius r_{GZ} zugrunde zu legen. Er ergibt sich in dem vorliegenden Beispiel zu:

$$r_{GZ} = \frac{40 \cdot 2}{\pi} \cdot 1,57 \tan 40^\circ,$$

$$r_{GZ} = 33,547\,mm$$

und liefert für die Gesamtlänge L^* der Abwicklung den Wert

$$L^* = r_{GZ} \cdot 2\pi = 210{,}782 \text{ mm}.$$

Bild 6.41a zeigt das abgewickelte Kurvenprofil für ein Zylinderkurvengetriebe mit Schieber, dessen Schubrichtung im Gestell parallel zur Zylinderachse verläuft. In diesem Falle gelten die Gleichungen (6.83) und (6.84) exakt. Die Abwicklung ist dabei so vorgenommen worden, daß der Schieber entgegen der Richtung des Geschwindigkeitsvektors v_{B21} horizontal bewegt wird (Relativbetrachtung). Die Länge L^* ist in die gleiche Anzahl gleicher Teile einzuteilen wie die Länge L des Bewegungsschaubildes Bild 6.39, dem die Teilhübe s_j entnommen und in vertikaler Richtung entsprechend Bild 6.41a abgetragen werden. Es entsteht somit die Rollenmittelpunktkurve k_{B32} auf der Mantelfläche des Grundzylinders. In analoger Weise wird auch die Rollenmittelpunktkurve eines Zylinderkurvengetriebes mit Rollenhebel konstruiert, s. Bild 6.41b.

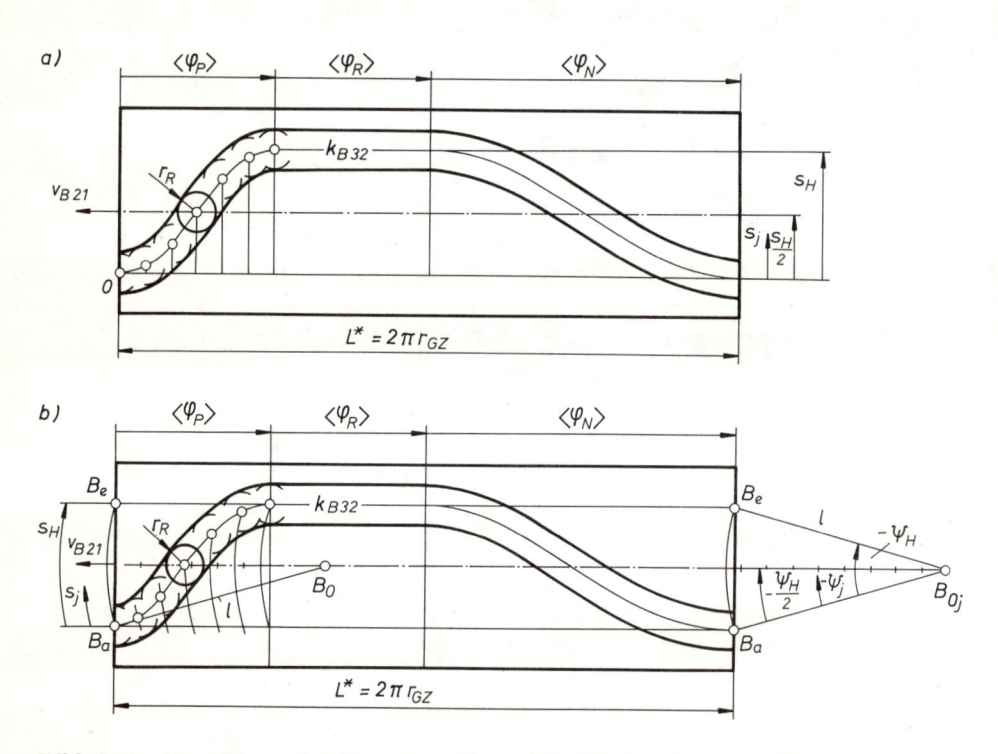

Bild 6.41: Abwicklung des Kurvenprofils auf der Mantelfläche des Grundzylinders $r_{GZ} \to$ Grundkreisradius, $L^* = 2\pi \cdot r_{GZ}$, a) für Rollenschieber, b) für Rollenhebel (verkleinerte Darstellung)

Die rechnerische Ermittlung der Rollenmittelpunktkurve k_{B32} eines Zylinderkurvengetriebes mit Schieber erfolgt in der Anlaufphase entsprechend der Grundfigur (Bild 6.42a) nach den Beziehungen:

6.5 Zylinderkurvengetriebe

bzw.
$$\left.\begin{aligned} B_j &= B_{Tj} + \mathrm{i}s_j, \\ B_{Tj} &= r_{GZ} \cdot j\Delta\varphi, \quad j \in \left\{0,1,\ldots,\frac{\varphi_{P,N}}{\Delta\varphi}\right\}, \\ x_{Bj} &= x_{BTj}, \\ y_{Bj} &= y_{BTj} + s_j. \end{aligned}\right\} \quad (6.86)$$

Der Wert s_j kann bei bekanntem Gesamthub s_H mittels der normierten Übertragungsfunktion des entsprechenden Bewegungsabschnittes berechnet werden.

Für die Rollenmittelpunktkurve k_{B32} eines Zylinderkurvengetriebes mit Rollenhebel ergeben sich nach der Grundfigur (Bild 6.42b) folgende Relationen bezüglich der Anlaufphase:

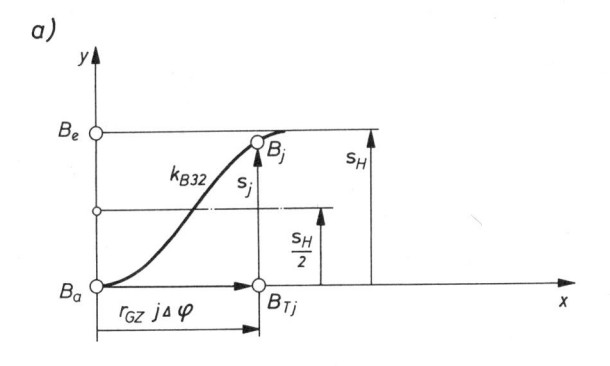

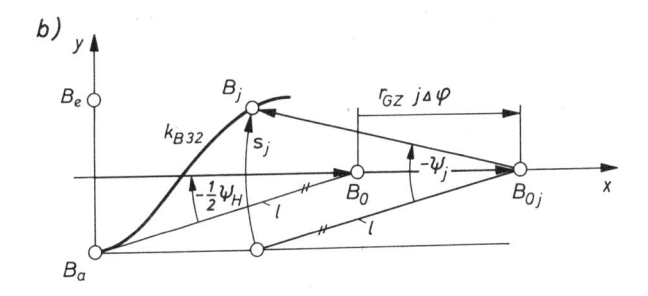

$$\left.\begin{aligned} B_0 &= l\cos\left(\frac{1}{2}\psi_H\right), \\ B_{0j} &= B_0 + r_{GZ} \cdot j\Delta\varphi, \quad j \in \left\{0,1,\ldots,\frac{\varphi_{P,N}}{\Delta\varphi}\right\}, \\ B_a &= \mathrm{i}l\cdot\sin\left(-\frac{1}{2}\psi_H\right), \\ B_j &= B_{0j} + (B_a - B_0)\mathrm{e}^{-\mathrm{i}\psi_j} \end{aligned}\right\} \quad (6.87)$$

Bild 6.42: Grundfigur zur Berechnung der Rollenmittelpunktkurve auf der abgewickelten Mantelfläche des Grundzylinders für: a) Zylinderkurvengetriebe mit Rollenschieber, b) Zylinderkurvengetriebe mit Rollenhebel

bzw.

$$\left.\begin{array}{rl} x_{Bj} &= x_{B0j} + (x_{Ba} - x_{B0})\cos\psi_j + (y_{Ba} - y_{B0})\sin\psi_j, \\ y_{Bj} &= y_{B0j} + (y_{Ba} - y_{B0})\cos\psi_j - (x_{Ba} - x_{B0})\sin\psi_j. \end{array}\right\} \qquad (6.88)$$

Auch in diesem Falle sind bei bekanntem Schwingwinkel ψ_H die jeweiligen Übertragungsfunktionen zur Berechnung von ψ_j zu benutzen.

7 Schrittgetriebe

In zahlreichen Maschinen und Geräten der unterschiedlichsten Industriezweige wird häufig eine *Schrittbewegung* benötigt. Als Beispiele seien Schrittbewegungen in Verpackungs-, Textil- und Druckereimaschinen genannt, in denen das Verarbeitungsgut entsprechend dem technologischen Prozeß schrittweise bewegt werden muß. Auch in Walzwerks-, Umform- und Sondermaschinen für flexible Fertigungssyteme werden u.a. mechanische Schrittgetriebe gebraucht. Der Trend zu höheren Arbeitsgeschwindigkeiten erfordert Übertragungsgetriebe mit stetigen Funktionsverläufen, d.h. möglichst stoß- und ruckfreie Übergänge zwischen *Rast-* und *Bewegungsphase*, um damit gleichzeitig die Lärm- und Schwingungsanregung niedrig halten zu können [135].

7.1 Grundbegriffe

Schrittgetriebe sind Übertragungsgetriebe, die eine umlaufende *Antriebsbewegung* in eine *Schrittbewegung* umwandeln. Dabei ist unter der Schrittbewegung eine fortlaufende, periodisch durch Stillstände unterbrochene Abtriebsbewegung zu verstehen, wie sie im Bewegungsplan des Bildes 7.1 schematisch dargestellt ist [230].

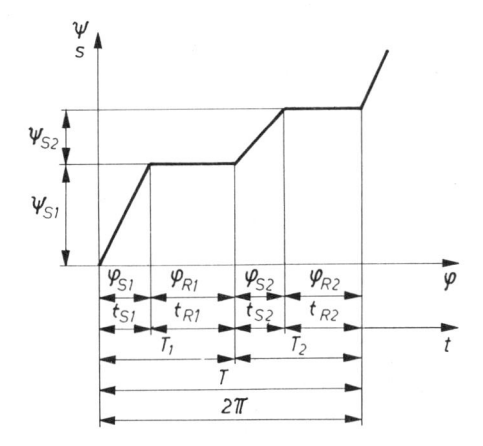

Bild 7.1: Bewegungsplan für Schrittgetriebe: T - Zeit für eine Umdrehung des Antriebsgliedes (Periodendauer), t_R - Rastzeit, t_S - Schrittzeit, s_S - Schritt, φ - Antriebswinkel, φ_R - Antriebswinkel für Rast, φ_S - Antriebswinkel für Schritt, ψ bzw. $\varkappa$ - Abtriebswinkel, ψ_S bzw. $\varkappa_S$ - Schrittwinkel

Eine für Schrittgetriebe charakteristische Größe ist das *Schrittzeitverhältnis*

$$\nu = \frac{t_S}{T} = \frac{t_S}{t_R + t_S}. \tag{7.1}$$

Bei gleichmäßiger Antriebsbewegung $\dot{\varphi} = \omega_0 = const$ ist das Schrittzeitverhältnis gleich dem Verhältnis der zugeordneten Antriebswinkel

$$\nu = \frac{\varphi_S}{\varphi_R + \varphi_S}. \tag{7.2}$$

In der Foto-Kino-Technik wird dieses Verhältnis als *Schaltverhältnis* bezeichnet [101].

Nach BOCK [128] besteht ein Schrittgetriebe aus einem Grundgetriebe, bei dem die Bewegungsübertragung zum Abtriebsglied zeitweise unwirksam gemacht wird; z.B. durch Richtgesperre. Somit lassen sich von zahlreichen Getriebearten Schrittgetriebe ableiten. Bekannte Schrittgetriebe sind Malteserkreuz- und Sternradgetriebe. In letzter Zeit sind auch aus Räderkoppelgetrieben leistungsfähige Schrittgetriebe entwickelt worden [82]. Die Kombination unterschiedlicher Getriebetypen bietet bei der Auslegung von Schrittgetrieben günstige Möglichkeiten. In diesem Zusammenhang sei auf den Mechanismenkatalog von BOCK [17] hingewiesen.

7.2 Malteserkreuzgetriebe

Das *Malteserkreuzgetriebe* (Bild 7.2a) hat als Antriebsglied eine Kurbel 2, die einen Treiber (Rolle oder Bolzen) trägt. Das Abtriebsglied 3 wird als *Malteserkreuz* bezeichnet, in dessen Schlitze der Treiber während der Bewegungsphase eingreift [5, 44, 68, 113, 154]. Während der Ruhezeit wird das Malteserkreuz über ein Zylindergesperre gesichert; die Zahl der Sperrschuhe wird mit n bezeichnet. Insgesamt werden folgende grundlegende Typen unterschieden:

- Außenmalteserkreuzgetriebe AMK, Bild 7.2a und

- Innenmalteserkreuzgetriebe IMK, Bild 7.3.

Bei Außenmalteserkreuzgetrieben läuft der Treiber von außen in das Malteserkreuz ein, bei Innenmalteserkreuzgetrieben erfolgt der Eingriff von innen. Während der Bewegungsphase liegt als Getriebetyp eine Kurbelschleife vor. Für die Berechnung der Außen- und Innenmalteserkreuzgetriebe lassen sich gemeinsame Gleichungen angeben, wenn für

- AMK der Achsabstand a und die Sperrschuhzahl n positiv sowie für

- IMK der Achsabstand a und die Sperrschuhzahl n negativ

definiert werden.

Um bei Eintritt und Austritt des Treibers unbedingt Stoßfreiheit zu erhalten, muß $\sphericalangle A_0 A B_0 = 90°$ sein. Daraus ergibt sich die Beziehung:

$$\varphi_S + \psi_S = \pi \qquad \text{bzw.} \qquad \varphi_S/2 + \psi_S/2 = \pi/2. \tag{7.3}$$

7.2 Malteserkreuzgetriebe

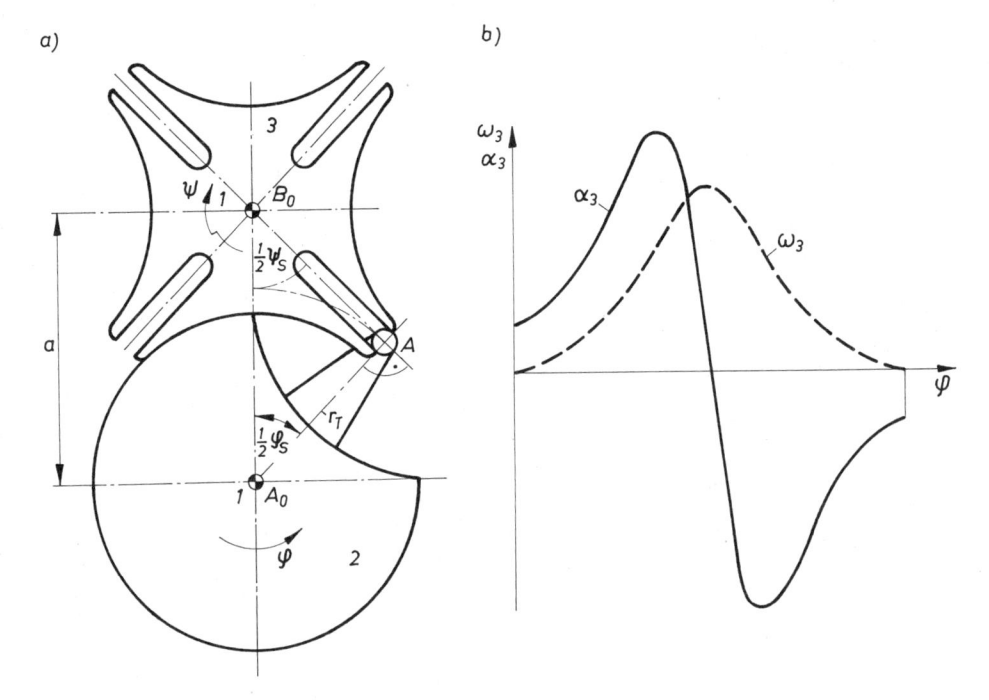

Bild 7.2: Malteserkreuzgetriebe mit vier Sperrschuhen: a) Außenmalteserkreuzgetriebe mit $n = 4$, b) Verlauf von ω_3 und α_3 des Abtriebsgliedes 3

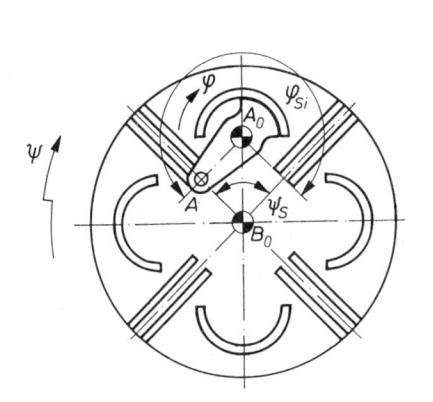

Bild 7.3: Innenmalteserkreuzgetriebe

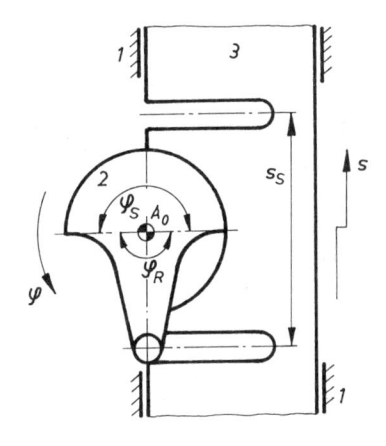

Bild 7.4: Malteserkreuzgetriebe mit geradliniger Schrittbewegung

Die Ableitung weiterer Relationen erfolgt an Hand des Außenmalteserkreuzgetriebes. Bei Annahme eines Treibers gelten entsprechend Bild 7.2a folgende Gleichungen:

$$r_T = a \cdot \sin \frac{\psi_S}{2}, \qquad \psi_S = \left|\frac{2\pi}{n}\right|, \qquad \varphi_S = \pi \left(1 - \frac{2}{n}\right). \tag{7.4}$$

Aus den Beziehungen (7.1) bis (7.4) ergibt sich schließlich:

$$\left.\begin{array}{l} \nu = \dfrac{\varphi_S}{2\pi} = \dfrac{\pi\left(1 - \frac{2}{n}\right)}{2\pi} = \dfrac{n-2}{2n}, \quad \dfrac{t_S}{T} = \dfrac{\varphi_S}{2\pi}, \\[2mm] \dfrac{t_R}{T} = \dfrac{2\pi - \varphi_S}{2\pi}, \quad \dfrac{t_S}{T} + \dfrac{t_R}{T} = 1. \end{array}\right\} \quad (7.5)$$

Dabei wird ν als Schrittzeitverhältnis bzw. *Schaltverhältnis* bezeichnet. Aus den dargelegten Gleichungen lassen sich folgende Übersichten ableiten:

Tafel 7.1: Außenmalteserkreuzgetriebe, n positiv

n	3	4	5	6	8	10	12
φ_S	60°	90°	108°	120°	135°	144°	150°
ψ_S	120°	90°	72°	60°	45°	36°	30°
ν	1:6	1:4	3:10	1:3	3:8	2:5	5:12

Tafel 7.2: Innenmalteserkreuzgetriebe, n negativ

n	3	4	5	6	8	10	12
φ_S	300°	270°	252°	240°	225°	216°	210°
ψ_S	120°	90°	72°	60°	45°	36°	30°
ν	5:6	3:4	7:10	2:3	5:8	3:5	7:12

Bei gleichmäßiger Umdrehung des Treibers ($\dot{\varphi} = const$) verläuft die Winkelgeschwindigkeit ω_3 des Malteserkreuzes ungleichmäßig. Die Winkelbeschleunigung α_3 beginnt mit einem endlichen Wert (Ruck!), s. Bild 7.2b [68, 127]. Bei einem Innenmalteserkreuzgetriebe verlaufen diese Kurven wesentlich flacher.

Das Malteserkreuzgetriebe mit geradliniger Schrittbewegung arbeitet nach dem Prinzip der Kreuzschubkurbel, s. Bild 7.4.

7.3 Sternradgetriebe

Das *Sternradgetriebe* ist gewissermaßen von einem Stirnradgetriebe abgeleitet, an dessen Antriebsrad einige Zähne entfernt worden sind. Zur Erzielung einer stoßfreien Schrittbewegung werden auf dem Sternrad (Abtriebsrad 3) zwei Kurven und auf dem Treiberrad (Antriebsrad 2) zwei zugehörige Treiber (Bolzen bzw. Rollen) angebracht. Der erste Treiber T_1 läuft tangential in den Zykloidenschlitz ein und beschleunigt während des Drehwinkels ξ_0 das Abtriebsrad. Sodann ist das Übersetzungsverhältnis während des Zahneingriffes konstant, und schließlich erfolgt über den zweiten Treiber T_2 der stoßfreie Auslauf, s. Bild 7.5. Das Sternradgetriebe ist allerdings auch nicht ruckfrei. Gegenüber dem Malteserkreuz besitzt es vor allem den Vorteil einer größeren Variation der Schrittwinkel.

7.3 Sternradgetriebe

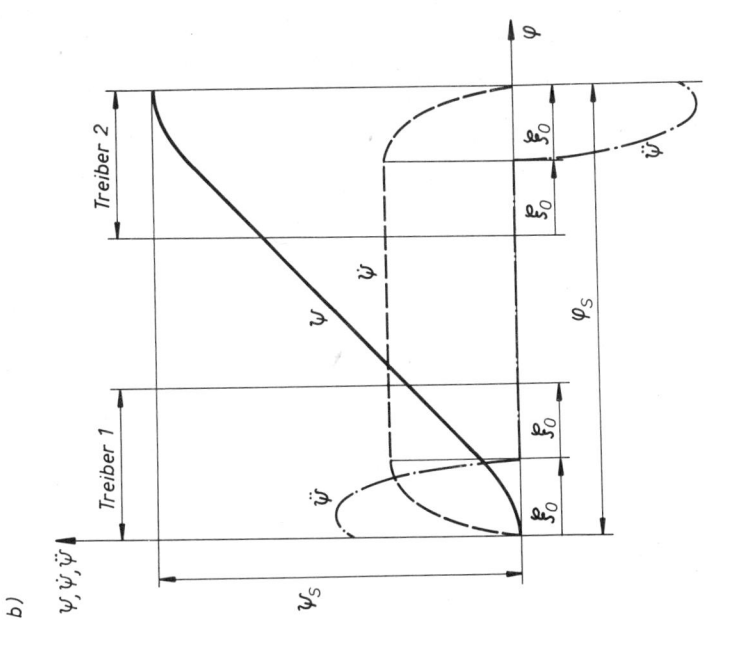

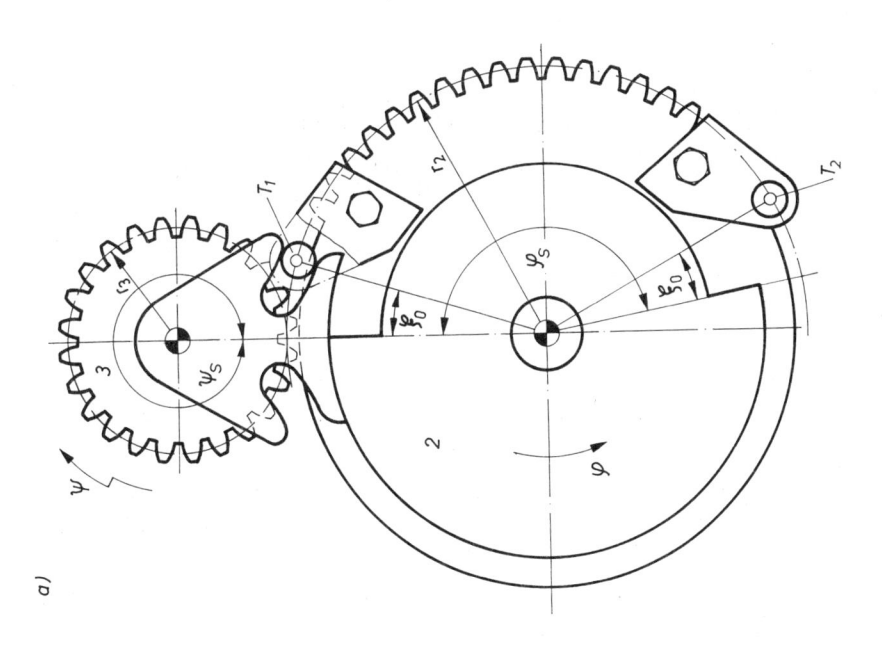

Bild 7.5: Sternradgetriebe: a) Getriebe mit einem Sperrschuh und zwei Treibern T_1, T_2, b) Bewegungsschaubild für Schrittperiode (Ruck vorhanden)

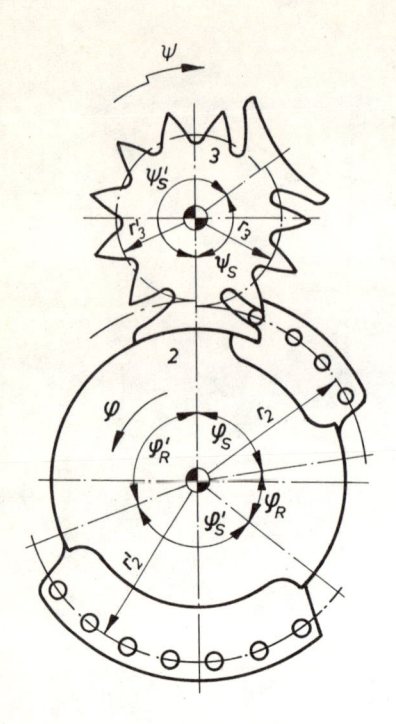

Bild 7.6: Unregelmäßiges Sternradgetriebe mit zwei Sperrschuhen

Im Bild 7.6 sind auf dem Treiberrad mehere Gruppen von *Triebstöcken* auf Kreisen mit unterschiedlichem Radius angeordnet. Die dazugehörige Verzahnung des Sternrades ist eine *Zykloidenverzahnung*. Außerdem können die Triebstockgruppen an beliebigen Stellen des Treiberumfanges angebracht werden, so daß man das Verhältnis der Bewegungs- und Ruhezeiten innerhalb gewisser Grenzen beliebig variieren kann. Dies' würde im Bild 7.6 einer Veränderung der Winkel $\sphericalangle\varphi_R$ und $\sphericalangle\varphi'_R$, d.h. einer Verdrehung der Winkel $\sphericalangle\varphi_S$ und $\sphericalangle\varphi'_S$ entsprechen. Da bei $\dot\varphi = const$ die einzelnen Winkel den zugehörigen Zeiten direkt proportional sind, setzt sich in diesem Falle die Zeit T eines Arbeitsspieles, d.h. einer Umdrehung des Antriebsrades, wie folgt zusammen:

$$T = t_S + t_R + t'_S + t'_R. \tag{7.6}$$

Sollte es z.B. erforderlich sein, während einer Umdrehung des Sternrades vorgegebene Schrittwinkel mit unterschiedlicher Geschwindigkeit zu durchlaufen, so kann dies durch ein Sternradgetriebe entsprechend Bild 7.6 erreicht werden. Bei einem solchen unregelmäßigen Sternradgetriebe sind für die einzelnen Bewegungsabschnitte die Teilkreise unterschiedlich groß. Dadurch liegt in jedem Bewegungsabschnitt ein anderes Übersetzungsverhältnis vor.

Im folgenden werden regelmäßige Sternradgetriebe mit einer Triebstockgruppe betrachtet, d.h. der Schrittwinkel ψ_S genügt der Beziehung:

$$\psi_S = \frac{2\pi}{n}, \qquad n \in \{1, 2, 3 \ldots\}, \tag{7.7}$$

7.3 Sternradgetriebe

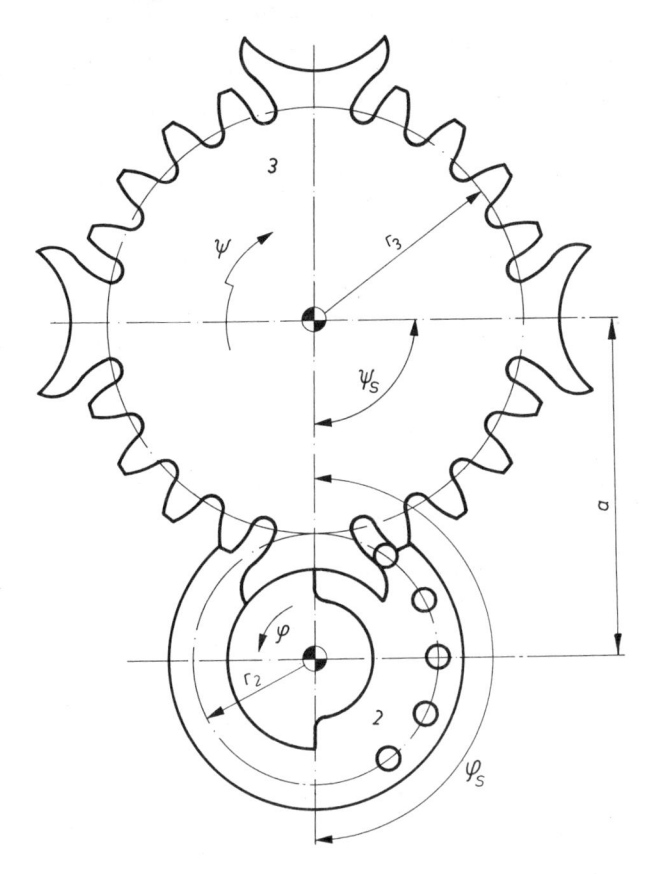

Bild 7.7: Regelmäßiges Sternradgetriebe mit vier Sperrschuhen

und die dazugehörigen n Sperrschuhe sind gleichmäßig auf dem Kreisumfang des Abtriebsgliedes verteilt, s. Bild 7.7. Ebenso wie beim Malteserkreuzgetriebe gelten die Beziehungen:

$$\frac{t_S}{T} + \frac{t_R}{T} = 1, \qquad \frac{t_S}{T} = \frac{\varphi_S}{2\pi}. \tag{7.8}$$

Ein wichtiger Konstruktionsparameter ist das Verhältnis der Teilkreisradien r_2 und r_3:

$$\mu = \frac{r_3}{r_2}. \tag{7.9}$$

Zur Ermittlung dieses Parameters μ wird das Übersetzungsverhältnis ε eingeführt. Es ist das Verhältnis der Drehwinkel von Antriebsrad zu Abtriebsrad während eines Bewegungsabschnittes:

$$\varepsilon = \frac{\varphi_S}{\psi_S}. \tag{7.10}$$

Aus (7.7), (7.8) und (7.10) ergibt sich schließlich die Relation:

$$\varepsilon = n\frac{t_S}{T} \quad \text{bzw.} \quad \frac{\varepsilon}{n} = \frac{t_S}{T}. \tag{7.11}$$

Das Übersetzungsverhältnis ε ist wegen der teilweise ungleichmäßigen Bewegung des Sternrades nicht gleich dem Radienverhältnis μ. Es besteht aber die von ALT [67, 68] aufgestellte Beziehung:

$$\varepsilon = -\mu\left(\frac{n}{2} - 1\right) + n\frac{4+3\mu}{\pi}\arcsin\frac{\mu}{2(1+\mu)}, \tag{7.12}$$

aus der durch Interpolation eine Tafel für μ-Werte erstellt wurde, s. Tafel 7.3.

Bei vorgegebenem ε-Wert und Anzahl n der Sperrschuhe ist der Parameter μ der Tafel 7.3 zu entnehmen. Für einen bekannten Achsabstand a ergeben sich die Teilkreisradien zu:

$$r_3 = \frac{a\mu}{1+\mu}, \quad r_2 = \frac{a}{1+\mu}. \tag{7.13}$$

Beispiel: Es ist ein regelmäßiges Sternradgetriebe für einen Schrittwinkel $\psi_S = 90°$ zu konstruieren.

Gegeben: Schrittwinkel $\psi_S = 90°$, Zeitverhältnis $\dfrac{t_S}{T} = \dfrac{1}{2}$, Achsabstand $a = 91\,\text{mm}$.

Tafel 7.3: Zusammenstellung der Radienverhältnisse $\mu = r_3/r_2$ für verschiedene Übersetzungsverhältnisse

ε	μ					
	n = 1	2	3	4	5	6
5	–	–	–	–	–	4,4165
4	–	–	–	–	3,5329	3,4423
3	–	–	–	2,6480	2,5633	2,4800
2	–	–	1,7642	1,6902	1,6185	1,5489
1	–	0,8814	0,8276	0,7773	0,7307	0,6874
5/6 = 0,8333	0,7777	0,7260	0,6782	0,6342	0,5938	0,5567
4/5 = 0,8000	0,7455	0,6951	0,6487	0,6060	0,5670	–
3/4 = 0,7500	0,6975	0,6491	0,6047	0,5641	0,5271	–
2/3 = 0,6667	0,6176	0,5729	0,5322	0,4952	0,4617	–
5/8 = 0,6250	0,5779	0,5350	0,4962	0,4611	0,4295	–
3/5 = 0,6000	0,5540	0,5124	0,4748	0,4405	0,4104	–
1/2 = 0,5000	0,4592	0,4226	0,3901	0,3611	0,3353	–
2/5 = 0,4000	0,3650	0,3343	0,3073	0,2836	–	–
3/8 = 0,3750	0,3416	0,3124	0,2869	0,2645	–	–
1/3 = 0,3333	0,3028	0,2762	0,2532	0,2332	–	–
1/4 = 0,2500	0,2256	0,2048	0,18706	0,17177	–	–
1/5 = 0,200	0,17970	0,16264	0,14821	0,13588	–	–
1/6 = 0,16667	0,14930	0,13483	0,12268	0,11237	–	–
1/7 = 0,14286	0,12767	0,11512	0,10464	0,09679	–	–
1/8 = 0,12500	0,11152	0,10043	0,09121	0,08343	–	–

Das Radienverhältnis beträgt bei $n = 4$ Sperrschuhen und $\varepsilon = 2$ nach Tafel 7.3 $\mu = 1,6902$. Für den vorgeschriebenen Achsabstand a werden die Teilkreisradien nach Gleichung (7.13) zu $r_3 = 57,174$ mm und $r_2 = 33,826$ mm berechnet, s. Bild 7.7.

7.4 Räderkoppelschrittgetriebe

Räderkoppelgetriebe stellen eine Kombination von *Koppel-* und *Zahnradgetrieben* dar [19, 47, 82, 237, 239]. Zur Realisierung spezieller Schrittaufgaben genügt mitunter

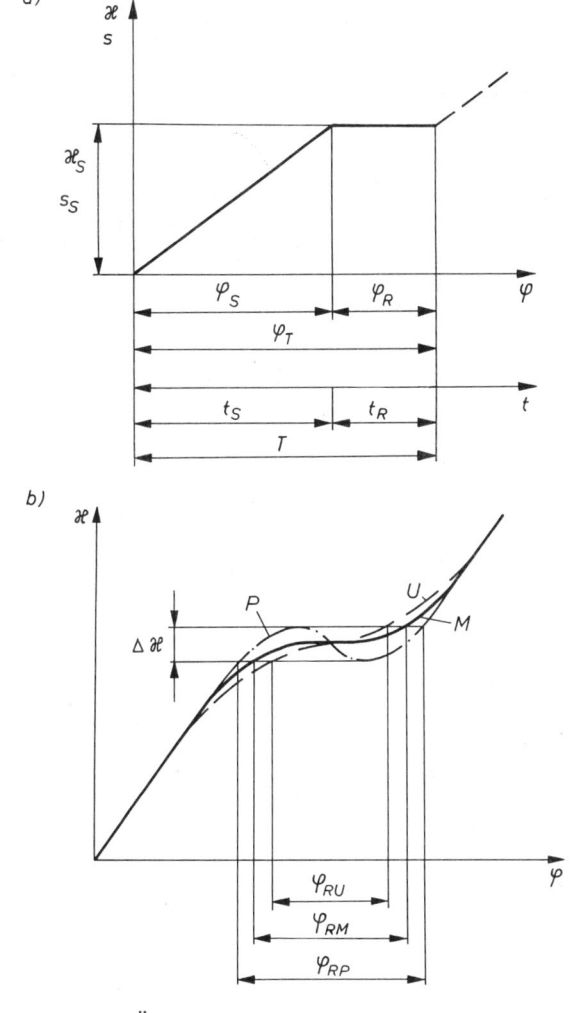

Bild 7.8: Übertragungsfunktion für Schrittgetriebe: a) schematische Darstellung, $\varkappa_S \to$ Schrittwinkel, $s_S \to$ Schritt, b) Erzeugung einer angenäherten Rast durch: $P \to$ Pilgerschrittbewegung (Rastwinkel φ_{RP}), $M \to$ Momentane Rast (Rastwinkel φ_{RM}), $U \to$ Ungleichmäßig fortlaufende Bewegung (Rastwinkel φ_{RU})

ein momentaner Stillstand des Abtriebsgliedes. Für solche Bewegungsaufgaben sind *Räderkoppelschrittgetriebe* sehr geeignet, da bei praktischen Aufgabenstellungen in den meisten Fällen eine geringe Abtriebsbewegung $\Delta \varkappa$ zulässig ist. Räderkoppelgetriebe ermöglichen Übertragungsfunktionen $\varkappa = \varkappa(\varphi)$ entsprechend Bild 7.8, so daß sich nach der *Schrittbewegung* eine *Rast* anschließt. Aus Bild 7.8b ist qualitativ ersichtlich, daß bei gleicher Abweichung $\Delta \varkappa$ die *Pilgerschrittbewegung* P den größten Rastwinkel φ_{RP} liefert. Andererseits sind Schrittbewegungen mit *momentaner Rast* dynamisch wesentlich günstiger als Schrittgetriebe mit *exakter Rast* und lassen auch höhere Schrittfrequenzen zu. Der tatsächlich auftretende Rastwinkel φ_R ist durch die vorhandenen Gelenkspiele und Elastizitäten größer, als er für ein bestimmtes $\Delta \varkappa$ aus der Übertragungsfunktion theoretisch ermittelt wird.

7.4.1 Struktur und Aufbau

Das einfache Räderkoppelschrittgetriebe (Abkürzung: RKG) hat fünf Glieder. Es setzt sich aus einem Gelenkviereck und zwei Zahnrädern zusammen. Aus der im Bild 7.9 dargestellten systematischen Anordnung von Grundgetriebe und Zahnradpaar ist ersichtlich, daß sich nur zwei Typen als Schrittgetriebe eignen, und zwar das *rückkehrende RKG* (Bild 7.9a) und das *nichtrückkehrende RKG* (Bild 7.9c). Dabei können folgende viergliedrige Grundgetriebe angewendet werden: Kurbelschwinge (Bild 7.10a),

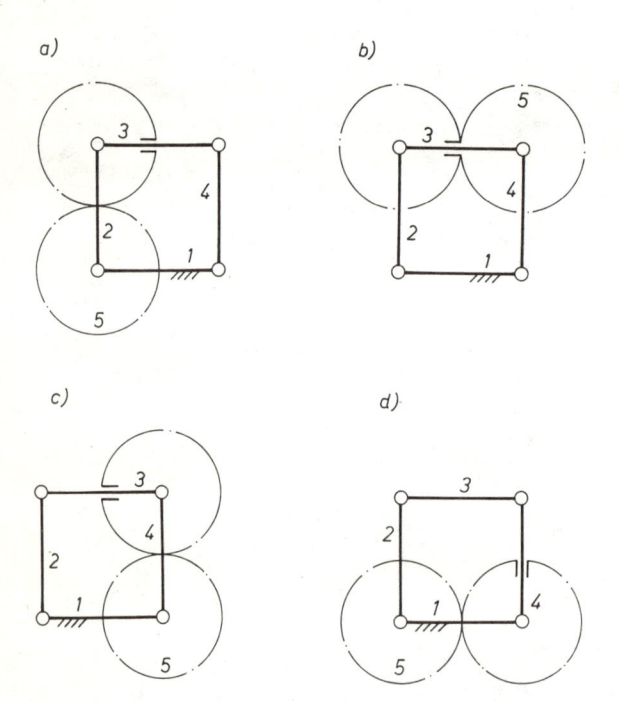

Bild 7.9: Getriebesystematik bei fünfgliedrigen Räderkoppelgetrieben (RKG) mit Gelenkviereck als Grundgetriebe: a) rückkehrendes RKG, c) nichtrückkehrendes RKG, b) und d) kein Räderkoppelschrittgetriebe

7.4 Räderkoppelschrittgetriebe

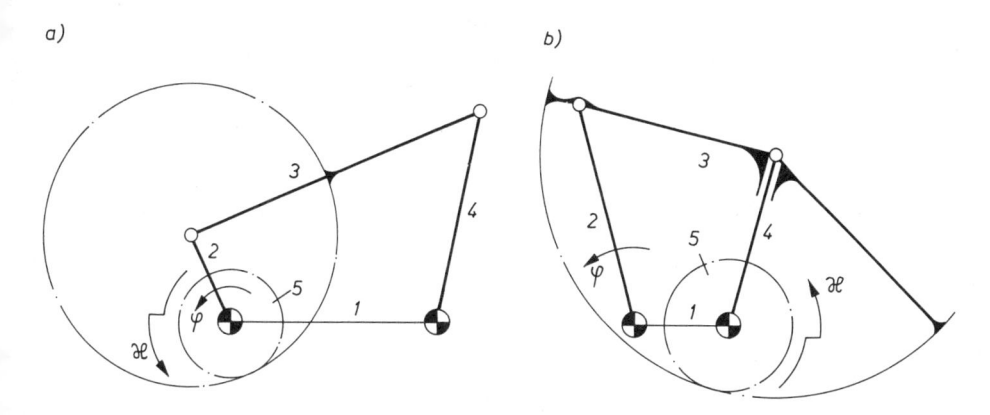

a)   b)

Bild 7.10: Fünfgliedrige Räderkoppelschrittgetriebe (RKG): a) rückkehrendes RKG, Kurbelschwinge als Grundgetriebe, b) nichtrückkehrendes RKG, Doppelkurbel als Grundgetriebe

Doppelkurbel (Bild 7.10b), Schubkurbel sowie schwingende und umlaufende Kurbelschleife. Als Zahnradpaarungen können die Kombinationen AA, IA, AI sowie A und Zahnstange benutzt werden. Dabei bedeuten die Abkürzungen: A – Außenverzahnung und I – Innenverzahnung. Die Zahnräder sind entsprechend den Bildern 7.9 und 7.10 jeweils in den Drehgelenken der Glieder zu lagern. Durch die Wahl verschiedener Räderkombinationen, Veränderung der Gliedabmessungen sowie Ersatz eines Drehgelenkes durch ein Schubgelenk läßt sich eine große Vielfalt von Räderkoppelschrittgetrieben entwickeln [49, 156, 157, 158, 159, 202, 203, 209, 210, 212, 213, 216, 217].

Die ungleichmäßige Abtriebsbewegung eines solchen Getriebes resultiert aus der Überlagerung zweier Teilbewegungen, von denen die eine umlaufend und die andere schwingend ist. Dabei leitet sich die umlaufende Teilbewegung aus der Kurbeldrehung φ und die schwingende Teilbewegung aus der Relativdrehung β ab, s. Bild 7.11. Für die Überlagerung dieser beiden Teilbewegungen gilt allgemein die Beziehung:

$$\varkappa = K \cdot \varphi \pm U(\beta - \beta_0) \tag{7.14}$$

bzw.

$$\varkappa = K \cdot \psi(\varphi) \pm U(\beta - \beta_0), \tag{7.15}$$

wobei K und U Funktionen der Radienverhältnisse darstellen. Die Winkel $\beta(\varphi)$ und $\psi(\varphi)$ sind abhängig von den Abmessungen des jeweils verwendeten Koppelgetriebes, die Vorzeichen ($\pm$) von der Räderkombination AA bzw. IA oder AI.

Wird das Gelenkfünfeck als Grundgetriebe verwendet, so ergeben sich die im Bild 7.12 dargestellten Getriebetypen als allgemeine Räderkoppelgetriebe. In diesem Falle sind beide Zahnräder fest mit je einem Getriebeglied zu verbinden, damit der Getriebefreiheitsgrad $F = 1$ erreicht wird. Die Zahnradpaarung selbst ist eine Kombination von innen- bzw. außenverzahnten Rädern. Ebenso kann ein Drehgelenk durch ein Schubgelenk ersetzt werden. Die nähere Untersuchung zeigt, daß Räderkoppelschrittgetriebe aus dem Getriebetyp a) des Bildes 7.12 abgeleitet werden können. Besonders einfach gestaltet sich die Konstruktion, wenn die Lagerpunkte der Glieder 2 und 5

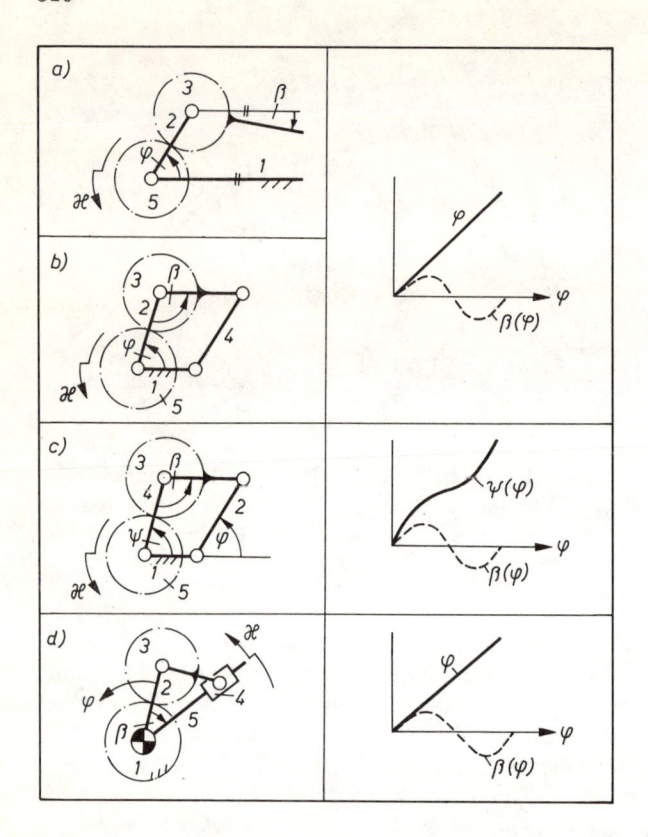

Bild 7.11: Teilbewegungen φ und β beim RKG mit viergliedrigem Grundgetriebe: a) Relativdrehung β bezüglich Gestell 1, b) Relativdrehung β bezüglich Kurbel 2, c) Relativdrehung β bezüglich Schwinge 4, d) Relativdrehung β zwischen Antriebsglied 2 und Abtriebsglied 5

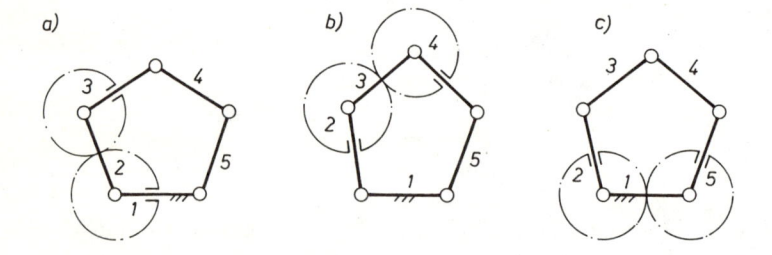

Bild 7.12: Getriebesystematik bei fünfgliedrigen Räderkoppelgetrieben (RKG) mit Gelenkfünfeck als Grundgetriebe: a) Ausgangsgetriebe für zykloidengesteuerten Zweischlag, b) Räderkoppelgetriebe, c) Gelenkfünfeck mit $F = 1$

7.4 Räderkoppelschrittgetriebe

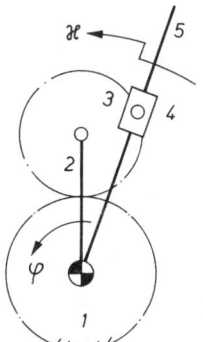

Bild 7.13: Zykloidengesteuerter Zweischlag mit Schleife 5 als Abtriebsglied

zusammenfallen. Es entsteht sodann ein *zykloidengesteuerter Zweischlag*. Im Bild 7.13 ist der Zweischlag als sog. *Schleifenzweischlag* dargestellt.

Ausgehend von der Struktur der aufgezeigten Räderkoppelschrittgetriebe unterscheidet man zwei Typen:

1. *Koppelgesteuerte* Umlaufrädergetriebe, deren unterschiedliche Ausführungsformen als A_i-, B_i- und B_{ii}-Getriebe in den Bildern 7.14 und 7.15 dargestellt sind, und

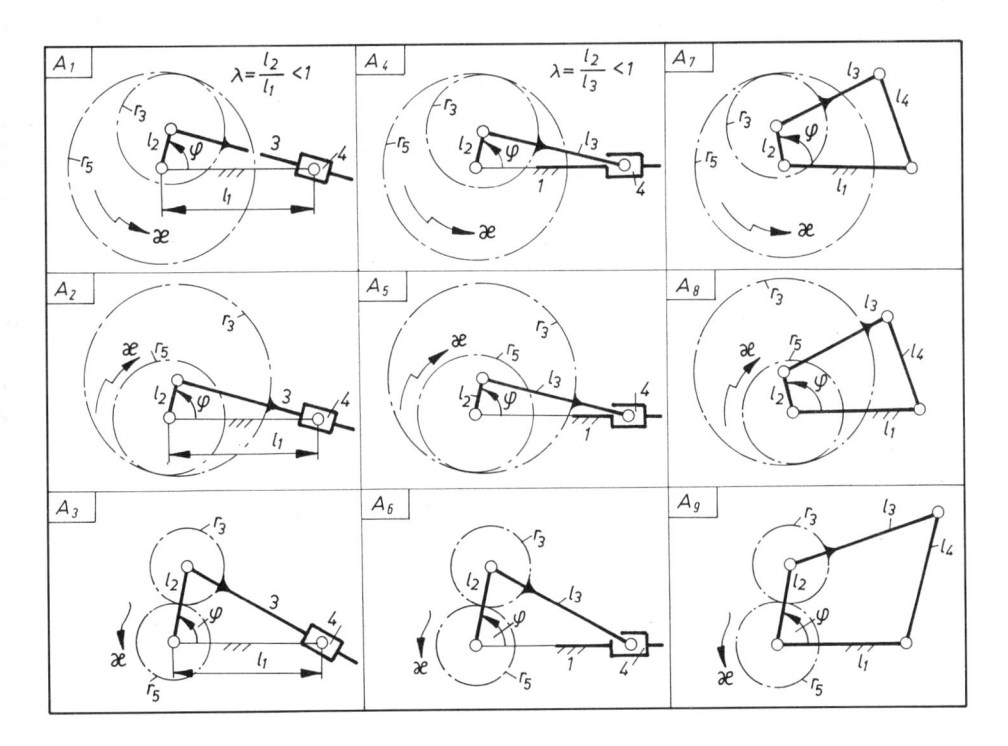

Bild 7.14: Zusammenstellung der A_i-Getriebe

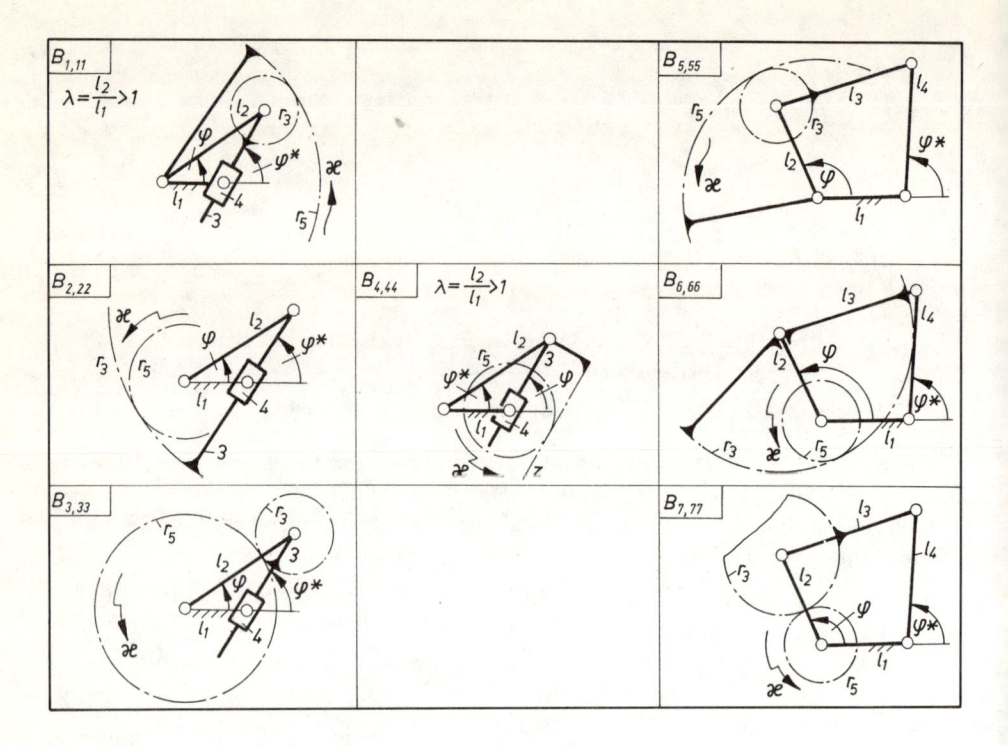

Bild 7.15: Zusammenstellung der B_i- und B_{ii}-Getriebe

2. *Zykloidengesteuerte* Zweischläge nach Bild 7.16.

Bei all diesen Getrieben können hinsichtlich der Überlagerung der Teilbewegungen folgende Unterschiede aufgezeigt werden:

- RKG mit relativ zum Gestell schwingender Koppel des viergliedrigen Grundgetriebes, s. A_i-Getriebe im Bild 7.14.
- RKG mit relativ zur Antriebskurbel l_2 schwingender Koppel des viergliedrigen Grundgetriebes, s. B_i-Getriebe im Bild 7.15.
- RKG mit relativ zur Abtriebskurbel l_2 schwingender Koppel des viergliedrigen Grundgetriebes (bei φ^* als Antrieb des Gliedes 4), s. B_{ii}-Getriebe im Bild 7.15.
- RKG mit relativ zur Antriebskurbel schwingendem Abtriebsglied, s. Z_i-Getriebe im Bild 7.16.

Hinsichtlich des Getriebeaufbaus sowie der Lage von Antriebs- und Abtriebsglied werden grundsätzlich unterschieden:

- *Rückkehrende RKG*: A_i-, B_i- und Z_i-Getriebe, s. Bilder 7.14, 7.15 und 7.16; sowie
- *Nichtrückkehrende RKG*: B_{ii}-Getriebe (Bild 7.15) und Sonderfälle der Z_i-Getriebe.

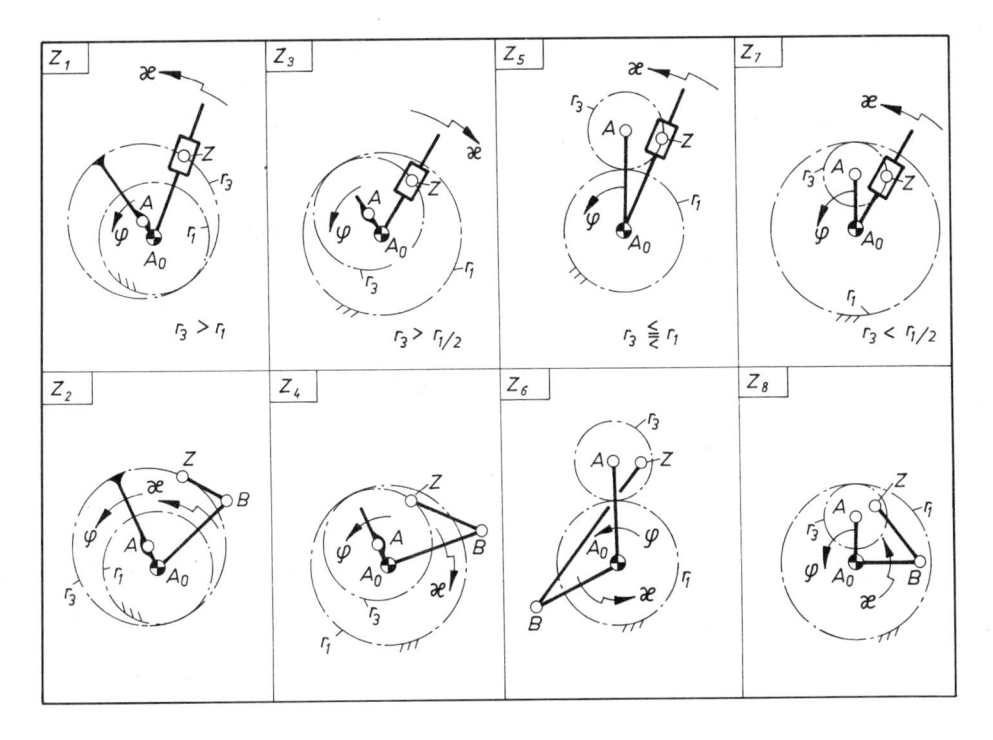

Bild 7.16: Zusammenstellung der Z_i-Getriebe

7.4.2 Kenngrößen und Abmessungen

Bei ungleichmäßig übersetzenden Getrieben und insbesondere bei RKG wird das Übersetzungsverhältnis durch

$$i = \frac{\omega_{Ab}}{\omega_{An}} \tag{7.16}$$

ausgedrückt, da im Falle einer momentanen Rast $\omega_{Ab} = 0$ ist. Ausgehend von der Abbildung 7.8a werden folgende Definitionen eingeführt:

– Schrittzeitverhältnis $\quad \nu = \dfrac{\varphi_S}{\varphi_T} = \dfrac{t_S}{T},$ (7.17)

– bezogene Rastdauer $\quad \tau = \dfrac{\varphi_R}{\varphi_T} = \dfrac{t_R}{T}, \quad \nu + \tau = 1,$ (7.18)

– mittleres Übersetzungsverhältnis $\quad i_m = \dfrac{\varkappa_S}{\varphi_T}$ (7.19)

bzw.

$$\varkappa_S = i_m \cdot \varphi_T, \tag{7.20}$$

$$\varkappa_S = \pm \varphi_T \quad \text{für} \quad i_m = \pm 1, \tag{7.21}$$

$$\varkappa_S \neq \varphi_T \quad \text{für} \quad i_m \neq 1. \tag{7.22}$$

Das mittlere Übersetzungsverhältnis ermöglicht somit eine Unterscheidung der RKG für folgende Aufgabenstellungen:

- Schrittperiode mit $\varphi_T = \varphi_S = 360°$ (A_i-, B_i- und B_{ii}-Getriebe)

  $|i_m| = 1$ bedeutet: während einer vollen Umdrehung des Abtriebsgliedes tritt ein Schritt und somit eine *momentane Rast* auf (B_i- und B_{ii}- Getriebe);

  $|i_m| \neq 1$ bedeutet: während einer vollen Umdrehung des Abtriebsgliedes treten $1/i_m$ Schritte bzw. Rasten auf (A_i-Getriebe).

- Schrittperiode mit $\varphi_T = \varphi_S \neq 360°$ (Z_i-Getriebe)

  $|i_m| = 1$ bedeutet: während einer vollen Umdrehung des An- und Abtriebsgliedes treten $360°/\varphi_T$-Schritte bzw. Rasten auf;

  $|i_m| \neq 1$ bedeutet: die Anzahl der Schritte pro Umdrehung des Abtriebsgliedes und der Winkel φ_S ist vom Radienverhältnis ϱ abhängig.

Ausgehend von dem mittleren Übersetzungsverhältnis i_m läßt sich daher folgende Einteilung der Räderkoppelschrittgetriebe vornehmen:

- $|i_m| \neq 1$ ergibt A_i-Getriebe (Bild 7.14) und $Z_{1..4}$- Getriebe (Bild 7.16),

- $|i_m| = 1$ ergibt B_i- und B_{ii}-Getriebe (Bild 7.15) sowie $Z_{5..8}$-Getriebe (Bild 7.16).

Die Zusammenhänge der Getriebegrößen $\varkappa_S, \varphi_S$ und i_m mit den verschiedenen Radienverhältnissen ϱ werden an Hand der einzelnen Getriebetypen dargelegt.

A_i-**Getriebe:** Alle A_i-Getriebe sind für $\varphi_S = \varphi_T = 360°$ periodisch und im Bild 7.14 zusammengestellt., s. auch Tafel 7.4. Die Abtriebs- bzw. *Schrittwinkel* dieser Getriebe werden ausgehend von (7.14) nach

$$\varkappa_S = \varphi_T(1 \pm \varrho) \mp \varrho(\beta - \beta_0) \tag{7.23}$$

berechnet. Dabei ist zu beachten:

- beide Räder mit Außenverzahnung $\rightarrow$ oberes Vorzeichen,
- ein Rad mit Innenverzahnung $\rightarrow$ unteres Vorzeichen,
- Radienverhältnis $\varrho = r_3/r_5$.

Die relativ zum Gestell schwingende Koppel nimmt nach einer vollen Umdrehung der Kurbel wieder die gleiche Lage ein, d.h. $(\beta - \beta_0) = 0$. Somit ergeben sich $\varkappa_S$ und i_m zu:

$$\varkappa_S = 360°(1 \pm \varrho) \tag{7.24}$$

und

$$i_m = \varkappa_S/360° = (1 \pm \varrho). \tag{7.25}$$

Da bei einer Kombination von innen- und außenverzahnten Rädern niemals $\varrho = 1$ sein kann, folgt für A_i-Getriebe mit einer IA- bzw. AI- Verzahnung

$$\varkappa_S \neq 360° \quad \text{und} \quad i_m \neq 1.$$

7.4 Räderkoppelschrittgetriebe

Für eine IA-Kombination der Räder r_3 und r_5 gilt stets

$$\varkappa_S \to \text{negativ}, \quad \text{d.h.} \quad i_m < 0,$$

bei einer AI-Kombination ist

$$\varkappa_S \to \text{positiv}, \quad \text{d.h.} \quad i_m > 0.$$

Mit einer AA-Kombination ist keine Schrittbewegung erzielbar; s. Bild 7.19 und 7.20.

B_i- und $B_{ii}-$Getriebe: Auch diese Getriebe sind für $\varphi_S = \varphi_T = 360°$ periodisch und im Bild 7.15 zusammengestellt. Während einer Periode führt die Koppel eine volle Umdrehung aus, d.h. $(\beta - \beta_0) = 360°$. Nach den Beziehungen (7.15) und (7.23) gilt für den Schrittwinkel:

$$\left.\begin{array}{r}\varkappa_S = 360°(1 \pm \varrho) \mp \varrho \cdot 360°, \\ \varkappa_S = 360°, \end{array}\right\} \tag{7.26}$$

d.h. für beliebige Abmessungen und Radienverhältnisse ist stets $\varkappa_S = 360°$ und $i_m = 1$, s. auch Tafel 7.4.

Z_i-Getriebe: Außer der *Orthozykloide* läßt sich jede Zykloide durch Abrollen zweier verschiedener Räderpaare erzeugen. Für diese zweifache Erzeugung gilt nach [5, 47, 67]:

- *Epizykloiden* entstehen in ihrer 2. Erzeugung als *Perizykloiden*, s. Bild 7.17a,

- *Hypozykloiden* entstehen in ihrer 2. Erzeugung als *Hypozykloiden*, s. Bild 7.17b.

Bild 7.17a zeigt die *zweifache Erzeugung* einer Zykloide als *Epi-* und *Perizykloide*. Bei der ersten Erzeugungsart ist Z mit dem Rad 3, bei der zweiten mit dem Rad $\overline{3}$ verbunden. Wird der *Zweischlag* A_0AZ zu dem Parallelogramm $A_0AZ\overline{A}$ erweitert, so

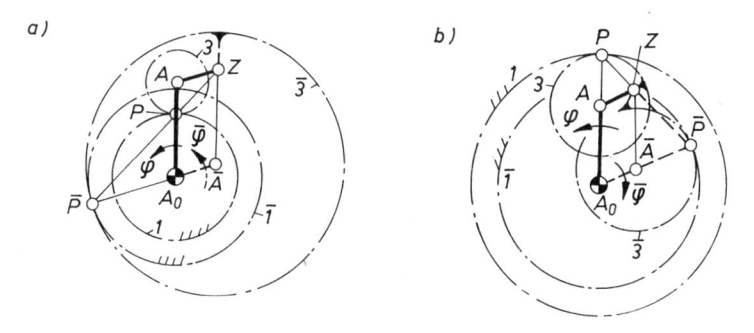

Bild 7.17: Zweifache Erzeugung von Zykloiden: a) Epizykloiden, Abmessungen für 2. Erzeugung als Perizykloide: $\overline{r}_1 = A_0\overline{P}$, $\overline{r}_3 = \overline{AP}$, b) Hypozykloide, Abmessungen für 2. Erzeugung: $\overline{r}_1 = A_0\overline{P}$, $\overline{r}_3 = \overline{AP}$, $\overline{\varphi} = -\varphi$ für gleichen Durchlaufsinn der Zykloide

läßt sich die zweifache Erzeugung von der Anschauung her erklären. Aus den ähnlichen Dreiecken $\triangle A_0 P\overline{P} \sim \triangle \overline{AZP} \sim \triangle APZ$ lassen sich folgende Relationen ableiten:

$$\frac{r_1}{\overline{r}_1} = \frac{\overline{a}}{\overline{r}_3}, \qquad \frac{\overline{r}_3}{\overline{r}_1} = \frac{\overline{a}}{r_1}, \qquad \overline{a} = \overline{AZ} = r_1 + r_3, \tag{7.27}$$

$$\frac{r_1}{\overline{r}_1} = \frac{r_3}{a}, \qquad \frac{r_3}{r_1} = \frac{a}{\overline{r}_1}, \qquad a = AZ = \overline{r}_3 - \overline{r}_1, \tag{7.28}$$

$$\frac{\overline{r}_3}{\overline{r}_1} - \frac{r_3}{r_1} = 1, \qquad \varrho = \frac{r_3}{r_1}, \qquad \overline{\varrho} = \frac{\overline{r}_3}{\overline{r}_1}, \qquad \overline{\varrho} - \varrho = 1. \tag{7.29}$$

$$\overline{r}_3 = a\left(1 + \frac{1}{\varrho}\right), \qquad \overline{r}_1 = \frac{a}{\varrho}. \tag{7.30}$$

Für die zweifache Erzeugung der Hypozykloide nach Bild 7.17b gelten analog die Beziehungen:

$$\frac{r_3}{r_1} = \frac{a}{\overline{r}_1}, \qquad \frac{\overline{r}_3}{\overline{r}_1} = \frac{\overline{a}}{r_1}, \qquad \overline{a} = r_1 - r_3, \qquad a = \overline{r}_1 - \overline{r}_3, \tag{7.31}$$

$$\frac{\overline{r}_3}{\overline{r}_1} + \frac{r_3}{r_1} = 1, \qquad \varrho = \frac{r_3}{r_1}, \qquad \overline{\varrho} = \frac{\overline{r}_3}{\overline{r}_1}, \qquad \overline{\varrho} + \varrho = 1, \tag{7.32}$$

$$\overline{r}_3 = a\left(\frac{1}{\varrho} - 1\right), \qquad \overline{r}_1 = \frac{a}{\varrho}. \tag{7.33}$$

Die Radien $\overline{r}_1$ und $\overline{r}_3$ für die 2. Erzeugung sind daher nicht von der momentanen Stellung der Räder r_1 und r_3 abhängig. Des weiteren werden folgende Definitionen eingeführt:

- $q, \overline{q}$ – Anzahl der Stegumläufe und

- $p, \overline{p}$ – Anzahl der Zykloidenbögen.

Bei der zweifachen Erzeugung bleibt die Anzahl der Zykloidenbögen erhalten: $p = \overline{p}$. Die Anzahl der Stegumläufe ändert sich jedoch entsprechend den Beziehungen:

$$\varrho = \frac{r_3}{r_1} = \frac{q}{p} \qquad \text{und} \qquad \overline{\varrho} = \frac{\overline{r}_3}{\overline{r}_1} = \frac{\overline{q}}{\overline{p}}. \tag{7.34}$$

Für die zweifache Erzeugung einer Epi- bzw. Perizykloide gilt:

$$\overline{q} - q = p = \overline{p}. \tag{7.35}$$

Bei jeweils gleichem Drehsinn des Steges $A_0 A$ bzw. $A_0 \overline{A}$ (Bild 7.17a) wird die Epi- bzw. Perizykloide in gleichem Sinne durchlaufen. Im Falle der zweifachen Erzeugung der Hypozykloide ist

$$\overline{q} + q = p = \overline{p}. \tag{7.36}$$

Bei jeweils gleichem Drehsinn des Steges $A_0 A$ bzw. $A_0 \overline{A}$ wird der Durchlaufsinn zwischen 1. und 2. Erzeugungsart umgekehrt, oder es gilt bei gleichem Durchlaufsinn der Zykloide $\overline{\varphi} = -\varphi$.

7.4 Räderkoppelschrittgetriebe

Die möglichen Arten der Z_i-Getriebe sind im Bild 7.16 dargestellt, und der Tafel 7.4 sind die zugehörigen Gleichungen für die Kenngrößen $\varkappa_S$, φ_S, i_m sowie die Schrittzahl n_S zu entnehmen. Es läßt sich schlußfolgern, daß die Zykloiden der Getriebe Z_1 bzw. Z_2 (Bild 7.16) auch durch die Getriebe Z_5 bzw. Z_6 erzeugt werden können; dabei bleibt der Durchlaufsinn der Zykloiden erhalten. In analoger Weise lassen sich die Zykloiden der Getriebe Z_3 bzw. Z_4 durch die Getriebe Z_7 bzw. Z_8 ersetzen. Jedoch wird dabei der Durchlaufsinn der Zykloiden geändert, was sich in einer Umkehr der Abtriebsdrehrichtung äußert.

Tafel 7.4: Kenngrößen $\varkappa_S$, φ_S, i_m und Schrittzahl n_S für A_i-, B_i-, B_{ii}- und Z_i-Getriebe; Radienverhältnis für

- A_i-, B_i- und B_{ii}-Getriebe: $\varrho = r_3/r_5$
- Z_i-Getriebe: $\varrho = r_3/r_1$

RKG	Steuerkurve	$\varkappa_S$	φ_S	i_m	$n_S = \dfrac{360°}{\varkappa_S}$
Z_1, Z_2	Perizykloide $r_3 > r_1$	$360°(\varrho - 1)$	$360° \cdot \varrho$	$\dfrac{\varrho - 1}{\varrho}$	$\dfrac{1}{\varrho - 1}$
Z_3, Z_4	Hypozykloide $r_3 > \frac{r_1}{2}$	$-360° \cdot \varrho$	$360°(1 - \varrho)$	$\dfrac{1 - \varrho}{\varrho}$	$\dfrac{-1}{\varrho}$
Z_5, Z_6	Epizykloide $r_3 <, =, > r_1$	$360° \cdot \varrho$	$360° \cdot \varrho$	$+1$	$\dfrac{1}{\varrho}$
Z_7, Z_8	Hypozykloide $r_3 < r_1/2$	$360° \cdot \varrho$	$360° \cdot \varrho$	$+1$	$\dfrac{1}{\varrho}$
A_1		$360°(1 - \varrho)$	$360°$	$(1 - \varrho)$	$\dfrac{1}{1 - \varrho}$
B_i, B_{ii}		$360°$	$360°$	$+1$	$+1$

Getriebeauswahl: Mit den Tafeln 7.4 und 7.5 sowie den Bildern 7.18 und 7.19 stehen dem Konstrukteur erste Entscheidungshilfen für die Auswahl von Räderkoppelschrittgetrieben zur Verfügung. Für das Radienverhältnis wurde der ϱ-Bereich

$$1/7 \leq \varrho \leq 7/1 \tag{7.37}$$

vorgesehen. In Tafel 7.5 sind die praktisch anwendbaren ϱ-Bereiche für A_i-, B_i-, B_{ii}- und Z_i-Getriebe angegeben. Die damit erreichbaren Schrittwinkel $\varkappa_S$ und mittleren Übersetzungsverhältnisse i_m sind den Bildern 7.18 und 7.19 zu entnehmen. In diesen Bildern sind auch die Getriebe A_3, A_6 und A_9 mit aufgeführt, die wie bereits erwähnt, keine Schrittbewegung realisieren. Für diese Getriebe gilt im Bild 7.18 $\varkappa_T = \varkappa_S$.

Bedingung für momentane Rast
Am Beispiel eines A_5-Getriebes sollen die Bedingungen für eine momentane Rast

$$\dot{\varkappa} = 0 \tag{7.38}$$

Tafel 7.5: Praktisch anwendbare ϱ-Bereiche für A_i-, B_i-, B_{ii}- und Z_i-Getriebe.

Getriebetyp	ϱ- Bereiche	Abschnitt in Bild 7.19	Vorzeichen von $\varkappa_S$	ϱ
A_1	$1/7 < \varrho < 1$	A–B	+	
A_2	$1 < \varrho < 2$	B–C	−	
(A_3)	$1/7 \leq \varrho \leq 7$	D–E	+	
A_4	$1/2 < \varrho < 1$	F–B	+	
A_5	$1 \leq \varrho \leq 7$	B–G	−	r_3/r_5
(A_6)	$1/7 \leq \varrho \leq 7$	D–E	+	
A_7	$1/7 \leq \varrho \leq 1$	A–B	+	
A_8	$1 < \varrho < 2\ (7)$	B–C(G)	−	
(A_9)	$1/7 < \varrho < 7$	D–E	+	
B_i, B_{ii}	$1/7 \leq \varrho \leq 7$	J–K	+	
Z_1, Z_2	$1 \leq \varrho \leq 7$	B–G	+	
Z_3, Z_4	$1/2 < \varrho < 1$	F–B	+	r_3/r_1
Z_5, Z_6	$1/7 \leq \varrho \leq 7$	H–L	+	
Z_7, Z_8	$1/7 \leq \varrho \leq 1/2$	H–F	+	

allgemein betrachtet werden. Bild 7.20a zeigt ein solches Getriebe mit $e \neq 0$ in allgemeiner Stellung. Für einen momentanen Stillstand des Abtriebsgliedes muß $\dot\varkappa/\dot\varphi = 0$ gelten. Dieses Verhältnis ist grafisch als *Polstreckenverhältnis* darstellbar:

$$\frac{\dot\varkappa}{\dot\varphi} = \frac{\omega_{51}}{\omega_{21}} = \frac{\overline{12\ 25}}{\overline{15\ 25}}. \tag{7.39}$$

Da die Momentanpole 12, 15 und 25 bei diesem Getriebe immer zusammenfallen, stellt (7.39) einen unbestimmten Ausdruck dar, der aber durch eine andere Schreibweise zur Lösung geführt werden kann:

$$\frac{\omega_{51}}{\omega_{21}} = \frac{\omega_{51}}{\omega_{31}} \cdot \frac{\omega_{31}}{\omega_{21}} = \frac{\overline{13\ 35}}{\overline{15\ 35}} \cdot \frac{\overline{12\ 23}}{\overline{13\ 23}}. \tag{7.40}$$

Unter Verwendung einer umlauffähigen Schubkurbel ($\lambda < 1$) werden aber die Polstrecken $\overline{15\ 35}$, $\overline{12\ 23}$ und $\overline{13\ 23}$ niemals Null. Das Übersetzungsverhältnis wird daher nur dann gleich Null, wenn der Momentanpol 13 der Koppel mit dem Wälzpunkt 35 der beiden Räder zusammenfällt. Für die zentrische Schubkurbel als Grundgetriebe tritt diese Raststellung (Pol 13 ≡ Pol 35) bei $\varphi = 180°$ auf, s. Bild 7.20b. Das Radienverhältnis der beiden Räder ist $r_3/r_5 = \varrho > 1$, und für die Getriebeabmessungen ergibt sich die Bedingung:

$$\lambda = 1 - 1/\varrho, \qquad \lambda = l_2/l_3. \tag{7.41}$$

7.4 Räderkoppelschrittgetriebe

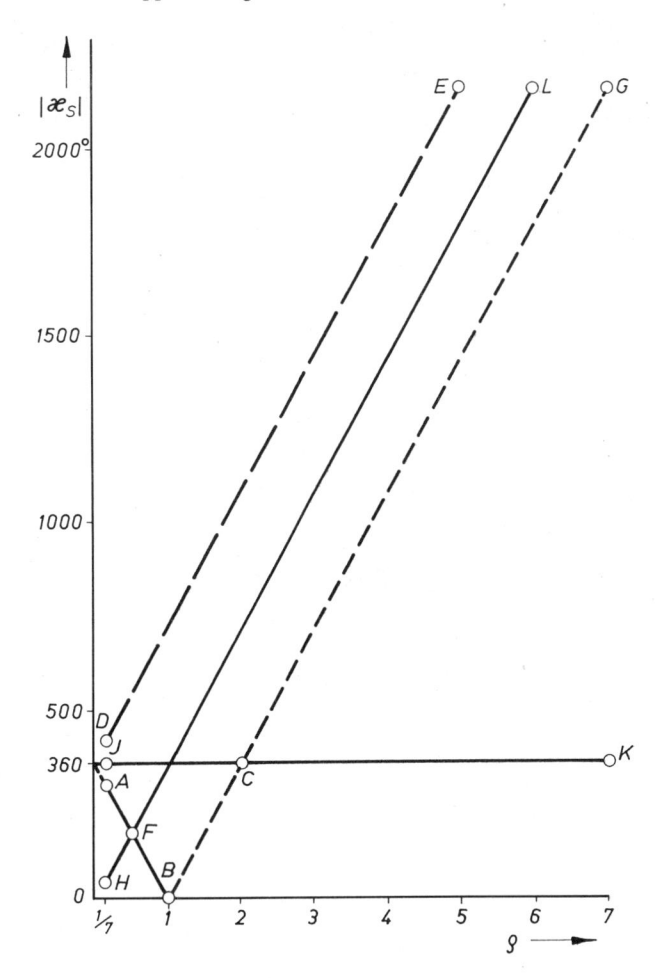

Bild 7.18: Praktisch anwendbare ϱ-Bereiche und zugehörige Schrittwinkel $|\varkappa_S|$ für A_i-, B_i-, B_{ii}- und Z_i-Getriebe

Betrachtet man für dieses Grundgetriebe (zentrische Schubkurbel) die Rastpolbahn $p = p_{13}$ (Bild 7.20c), so läßt sich die Rastbedingung

$$P_{13} \equiv P_{35} \tag{7.42}$$

nur dann erfüllen, wenn der Wälzkreis des Rades 5 die Rastpolbahn gerade berührt. Bei dem dargestellten Getriebe findet diese Berührung auf dem linken Ast der Rastpolbahn p statt; es ergibt sich $\varrho > 1$, d.h. ein A_5-Getriebe. In der Getriebestellung für $\varphi = 0°$ liegt der Berührungspunkt auf dem rechten Ast der Polbahn p (Bild 7.20d). Man erhält in diesem Falle ein A_4-Getriebe mit $\varrho < 1$, und die Bedingung für die dazugehörigen Abmessungen lautet:

$$\lambda = \frac{1}{\varrho} - 1. \tag{7.43}$$

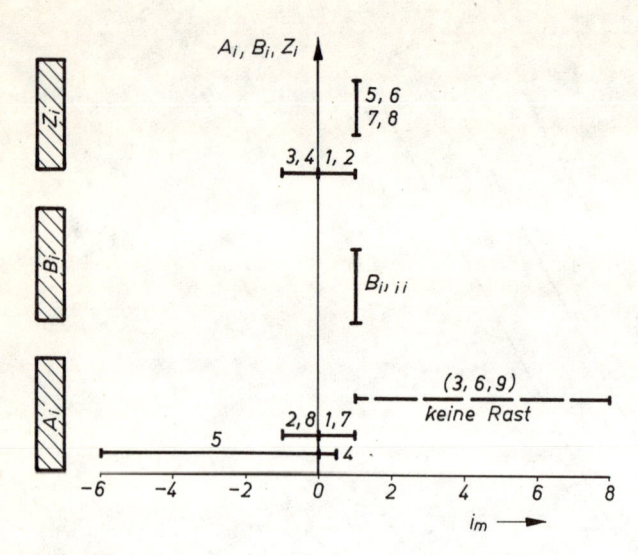

Bild 7.19: Realisierbare mittlere Übersetzungsverhältnisse für A_i-, B_i-, B_{ii}- und Z_i-Getriebe

Jedes Grundgetriebe liefert daher zwei unterschiedliche Schrittgetriebe. Berührt der Wälzkreis r_5 die Polbahn nicht, so ergibt sich eine ungleichmäßige Abtriebsbewegung (U) ohne Stillstände, s. Bild 7.8b. Schneidet r_5 die Polbahn p, so tritt der Zusammenfall $P_{13} \equiv P_{35}$ und damit auch $\dot{\varkappa} = 0$ zweimal auf. In diesem Falle liegt eine *Pilgerschrittbewegung* (P) mit zwei momentanen Rasten vor, s. Bild 7.20e. Für die zugehörigen Gliedabmessungen lautet die Bedingung:

$$\lambda > 1 - 1/\varrho. \tag{7.44}$$

In ähnlicher Weise lassen sich die Raststellungen auch für die übrigen A_i-Getriebe finden, s. [82].

Aus den Bildern 7.20a bis 7.20e ist des weiteren zu erkennen, daß der Wälzpunkt einer A/A-Kombination der Räder r_3 und r_5 keinen Schnittpunkt bzw. Berührpunkt mit der Polbahn p liefert, da der Pol 35 immer auf der Kurbelmittellinie zwischen A und A_0 liegt. Die Rastbedingung (7.42) wird daher nie erfüllt. Mit A_3-, A_6- und A_9-Getrieben sind daher keine schrittweisen-, sondern nur ungleichmäßige Bewegungen zu realisieren.

7.5 Räderkurvenschrittgetriebe

Ausgehend von dem Prinzip der *koppelgesteuerten* Umlaufrädergetriebe, z.B. einem B_7-Getriebe (Bild 7.15), lassen sich *Räderkurvenschrittgetriebe* ableiten [49]. Bei dem B_7-Getriebe wird z.B. die Relativbewegung zwischen der Koppel l_3 und der Kurbel l_2 durch die Führung eines Koppelpunktes auf einem Kreisbogen mit l_4 als Radius erzwungen. Dieser Kreisbogen ist im Bild 7.21 durch eine mit dem Gestell fest verbundene Kurve 5 ersetzt. Die Führung des Punktes B auf der Rollenmittelpunktkurve

7.5 Räderkurvenschrittgetriebe

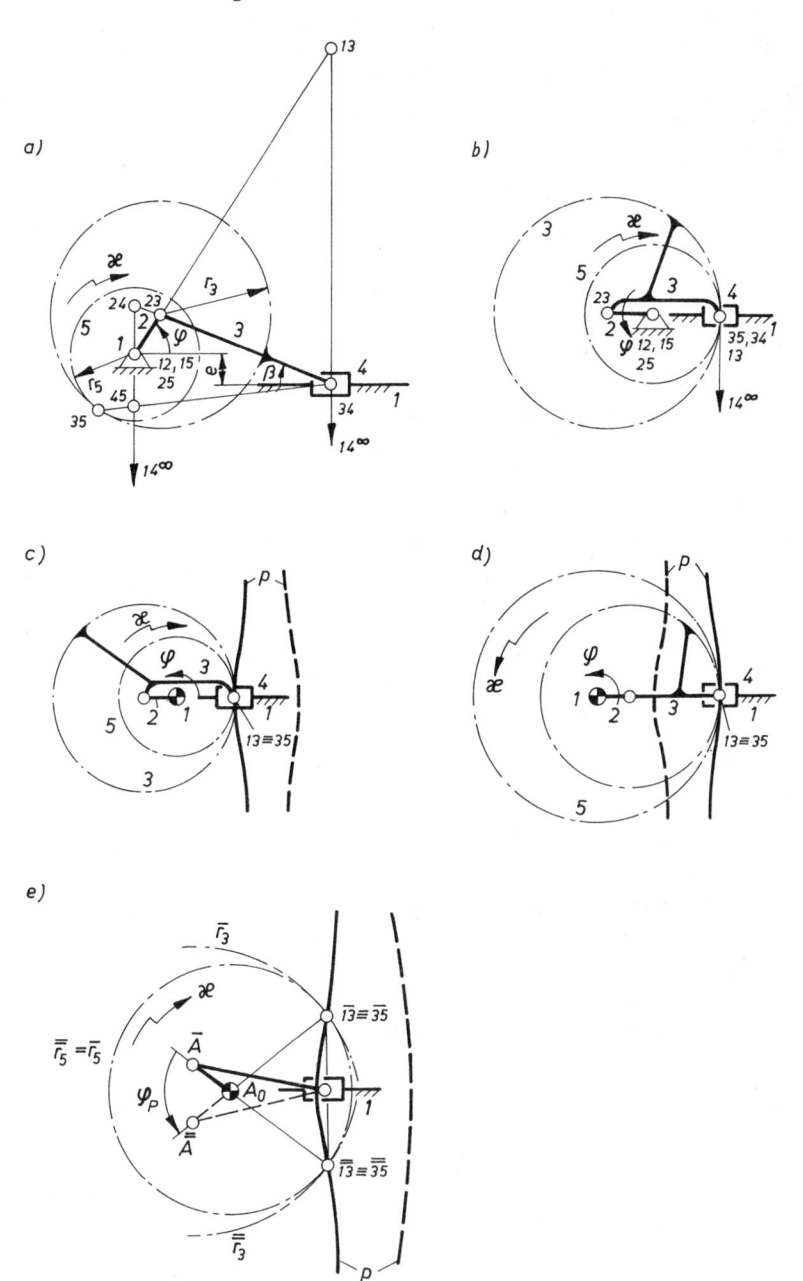

Bild 7.20: Bedingungen für momentane Rast bei einem RKG mit Schubkurbel als Grundgetriebe, λ=Kurbel-/Koppellänge, $\varrho = r_3/r_5$: a) RKG mit exzentrischer Schubkurbel in allgemeiner Stellung, b) RKG mit zentrischer Schubkurbel in Raststellung, $P_{13} = P_{35}$, c) RKG mit Rastpolbahn p, Berührpunkt $P_{13} = P_{35}$ auf linkem Ast von p, d) Berührpunkt $P_{13} = P_{35}$ auf rechtem Ast von p, e) RKG für Pilgerschrittbewegung mit zwei momentanen Rasten

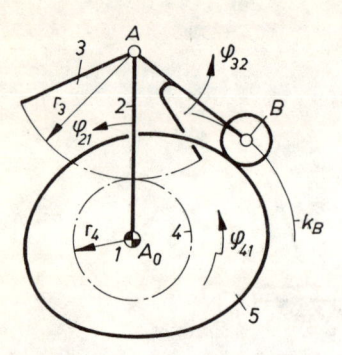

Bild 7.21: Räderkurvenschrittgetriebe mit feststehender Kurvenscheibe

k_B bewirkt eine Relativbewegung φ_{32} der Glieder 3 und 2. Diese Relativbewegung wird durch eine Zahnradpaarung auf das Abtriebsglied 4 entsprechend der Beziehung

$$\varphi_{42} = \varrho \cdot \varphi_{32}, \qquad \varrho = \pm \frac{r_3}{r_4} \tag{7.45}$$

übertragen. Bei einer AA-Verzahnung gilt das Minuszeichen, bei einer IA- bzw. AI-Verzahnung das Pluszeichen. Die resultierende Abtriebsbewegung ergibt sich aus:

$$\varphi_{41} = \varphi_{21} + \varphi_{42} . \tag{7.46}$$

Der Funktionsverlauf $\varphi_{42} = f(\varphi_{21})$ muß durch das Kurvenprofil in entsprechender Weise realisiert werden [49].

7.6 Kettenkurvenschrittgetriebe

Mit diesem Getriebetyp können *exakte Rasten* realisiert werden. *Kettenkurvenschrittgetriebe* setzen sich aus einem umlaufenden Kettengetriebe mit angelenktem Zweischlag zusammen, s. Bild 7.22. Der umlaufende Steg 2 ist im Mittelpunkt des feststehenden Kettenrades 1 gelagert, so daß der Kettenbolzen B eine Kurve k_B beschreibt,

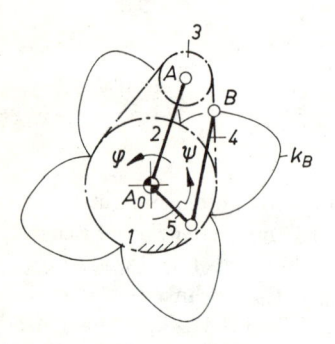

Bild 7.22: Kettenschrittgetriebe mit gestellfestem Kettenrad

7.6 Kurvenschrittgetriebe

die teilweise aus Evolventen besteht. Solange der Kettenbolzen B auf dem Kettenrad 1 ruht, liegt eine exakte Rast des Abtriebsgliedes 5 vor [5, 151, 152]. Der Kettenbolzen rückt bei jedem Schritt auf dem Kettenrad um so viele Teilungen vor, wie die Differenz der Gliederzahl z_K der Kette und der Zähnezahl z_1 des Kettenrades beträgt. Für den Schrittwinkel ψ_S ergibt sich demzufolge die Beziehung:

$$\psi_S = \frac{z_K - z_1}{z_1} \cdot 360° . \qquad (7.47)$$

Wird die Kettenform des Bildes 7.22 durch ein drehbares Kurvenprofil als Steg 2 nachgebildet, so entsteht ein *Kettenkurvenschrittgetriebe*. Im Bild 7.23a wird die Schrittbewegung über einen *Schleifenzweischlag* erzielt. Wird durch kinematische Umkehr das Glied 5 als Gestell ausgebildet, so führt das Kettenrad 1 die Schrittbewegung aus, s. Bild 7.23b und [5, 80, 151, 152].

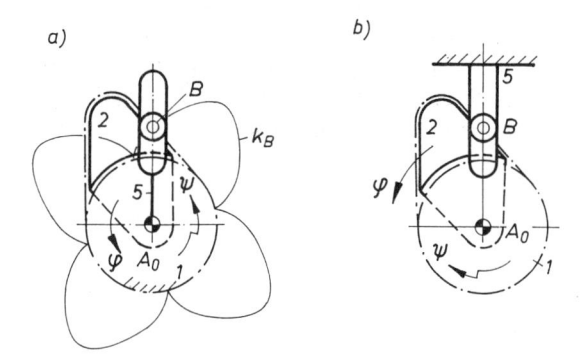

Bild 7.23: Kettenkurvenschrittgetriebe: a) Kettenrad gestellfest, b) Kettenrad als Abtriebsglied

7.7 Kurvenschrittgetriebe

Ausgehend von dem Zylinderkurvengetriebe mit Rollenhebel (Bild 6.38b) lassen sich Kurvenschrittgetriebe entsprechend Bild 7.24 entwickeln. Die Achsen eines solchen

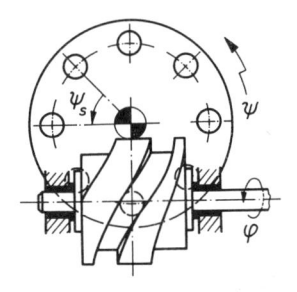

Bild 7.24: Zylinderkurvenschrittgetriebe

Schrittgetriebes kreuzen sich rechtwinklig, wobei die Rollen *parallel* zur Abtriebsachse liegen und nacheinander eingreifen. Die auf dem Kurvenkörper als Antriebsglied verlaufende Raumkurve ist nicht rückkehrend und wird analog Abschnitt 6.5. konstruiert.

Verlaufen die Rollenachsen *radial* zur Abtriebsachse, so entsteht das sog. *Globoidkurvenschrittgetriebe*. Die räumliche Kurve auf dem Kurvenkörper ist ähnlich wie bei einer Globoidschnecke ausgebildet, s. Bild 7.25 und [10].

Stationenzahl n und Schrittwinkel ψ_S sind durch die Beziehung

$$\psi_S = 360°/n \tag{7.48}$$

miteinander verknüpft; des weiteren gilt für die Antriebswelle:

$$\varphi_S + \varphi_R = 360°. \tag{7.49}$$

Im allgemeinen ist die kleinste konstruktiv ausführbare Stationenzahl $z = 5$. Der größte Schrittwinkel beträgt somit $\psi_S = 72°$. Nach oben hin ist die Stationenzahl theoretisch nicht begrenzt. Derartige Getriebe lassen sich an praktische Erfordernisse gut anpassen und werden sehr häufig im Verarbeitungsmaschinenbau, z.B. in der Glühlampenfertigung, eingesetzt. Hinsichtlich der speziellen Auslegung solcher Getriebe sei auf die Spezialliteratur [5, 6, 36, 104, 139] besonders hingewiesen.

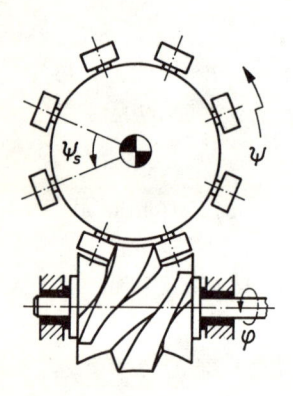

Bild 7.25: Globoidkurvenschrittgetriebe

8 Kraftanalyse

8.1 Ordnung der Kräfte, Kraftfeld des Getriebes

Um bei der konstruktiven Auslegung eines Getriebes die Forderungen nach Materialökonomie, d.h. Leichtbau und ökonomischen Werkstoffeinsatz, berücksichtigen zu können, ist die kräftemäßige Analyse unbedingt erforderlich. Ausgehend von einer solchen Kraftanalyse kann die Dimensionierung der Getriebeglieder optimal vorgenommen werden. Die bei einem Getriebe auftretenden Kräfte lassen sich in *äußere* und *innere* Kräfte einteilen. Zu den äußeren Kräften gehören:

- *Eingeprägte Kräfte*: Alle Kräfte physikalischen Ursprungs, die auf die Getriebeglieder einwirken, werden als eingeprägte Kräfte bezeichnet. Hierzu zählen: Antriebs- und Nutzkräfte, Bewegungswiderstände, Reibungskräfte, Speicherkräfte (Federkräfte, Eigengewichte der Getriebeglieder).

- *Reaktionskräfte*: Sie dienen dazu, Bewegungsbeschränkungen aufrecht zu erhalten. Solche Kräfte entstehen z.B. an Führungen als Stützkräfte und in Lagern als Lagerkräfte. *Normalkraft* und *Haftreibungskraft* zwischen zwei Körpern sind beispielsweise solche Reaktionskräfte.

Die Gesamtheit aller eingprägten Kräfte wird nach DIZIOGLU [25, 27] als das *Kraftfeld* des Getriebes bzw. einer Maschine bezeichnet.

Eine Unterteilung in *äußere* und *innere* Kräfte hängt von der Abgrenzung des Systems ab. Wird bei einem Getriebe das Getstellglied nicht zum System gezählt, dann sind alle Gelenkkräfte (außer den Lager- und Stützkräften) als *innere* Kräfte zu betrachten. Es sind Kräfte, die an der Berührungsstelle zweier Glieder stets paarweise auftreten. Löst man aus dem Getriebe (System) ein Glied heraus, indem man in den Anschlußgelenken durchschneidet, dann werden diese Gelenkkräfte zu äußeren Kräften, die von außen auf das Getriebeglied einwirken [27].

Wird die Kräftebetrachtung in einem ruhenden Bezugssystem (Inertialsystem) entsprechend dem NEWTONschen Grundgesetz durchgeführt, so entstehen keine Trägheitskräfte. Da dieser Begriff jedoch in der Technik häufig verwendet wird, werden die Kräfte, die bei der Bewegung von der Masse auf die Führungen übertragen werden, als *Trägheitskräfte* oder *dynamische Hilfskräfte* bezeichnet [37]. Sie resultieren aus der Trägheit der Masse der Getriebeglieder und sind Funktionen der Masseverteilung sowie des Beschleunigungsverlaufes. In Verbindung mit den anderen Kräften erzeugen sie Spannungen in den Getriebegliedern, zählen aber nicht zum Kraftfeld.

Die Bezeichnung der Kräfte erfolgt durch zwei Indizes, wobei der erste Index die Bezeichnung des Gliedes angibt, an dem die Kraft angreift, und der zweite Index dasjenige Glied bezeichnet, von dem die Kraft herrührt (Bild 8.4). Auf Grund der

Gleigewichtsbedingung gilt:

$$F_{ik} + F_{ki} = 0 \qquad bzw. \qquad F_{ik} = -F_{ki}. \tag{8.1}$$

8.2 Aufgabenstellungen

Während im Rahmen der *Kinematik* die Analyse eines Getriebes ohne Berücksichtigung der Massen und Kräfte erfolgt, ist in der *Kinetik* beides mit eingeschlossen. Auf Grund des D'ALEMBERTschen Prinzips können die Trägheitskräfte als dynamische Hilfskräfte angesehen und bei der Kraftanalyse ebenso wie eingeprägte Kräfte behandelt werden. Werden die Getriebeglieder als *starre Körper* betrachtet, so lassen sich folgende grundlegende Aufgabenstellungen formulieren:

- In einer bestimmten Getriebestellung wird jene Kraft nach Größe und Richtung gesucht, die mit den anderen äußeren Kräften im Gleichgewicht steht. Des weiteren sind die Gelenkkräfte zu bestimmen.

- I. WITTENBAUERsche Grundaufgabe: Das Kraftfeld eines Getriebes sowie die Massen der Getriebeglieder seien gegeben. Gesucht ist der Bewegungsablauf, ausgehend von einer bekannten Ausgangsstellung.

- II. WITTENBAUERsche Grundaufgabe: Geschwindigkeits- und Beschleunigungszustand sowie eingeprägte Kräfte und Masse der Getriebeglieder seien gegeben. Gesucht ist jene zusätzliche äußere Kraft, die den vorgegebenen Geschwindigkeits- und Beschleunigungszustand erzwingt.

Zur Lösung dieser Problemstellungen sei u.a. auf die grundlegenden wissenschaftlichen Arbeiten von WITTENBAUER [102], FEDERHOFER [33] und BEYER [11, 15] hingewiesen. Praktische Beispiele sind in [8] dargelegt. Im folgenden werden verschiedene Methoden der *Kinetostatik* zur Lösung der ersten Aufgabenstellung aufgezeigt.

8.3 Kinetostatik

Ausgehend von der Annahme, daß die Getriebeglieder starre Körper darstellen, besteht die Aufgabe der Kinetostatik darin, die Belastungen der Getriebeglieder und Gelenke zu analysieren, die durch die Einwirkung der eingeprägten Kräfte und Momente entstehen. Dabei wird die zeichnerische Kräfteermittlung ohne und mit Berücksichtigung der Reibung dargelegt.

8.3.1 Kräftebestimmung durch Zerlegung in Gliedergruppen

Ebene Koppelgetriebe lassen sich nach ASSUR [3, 1] in Gliedergruppen, sog. ASsURsche Gruppen zerlegen. So zerfällt z.B. das Viergelenkgetriebe in die ASsURschen Gruppen I. und II. Klasse, s. Bild 8.1, wenn eine Trennung in den Gelenkpunkten A und B_0 erfolgt. In analoger Weise lassen sich auch sechs- und mehrgliedrige Getriebe in Gliedergruppen zerlegen. Bild 8.2 zeigt die Gliedergruppen bis zur IV. Klasse. Mit Ausnahme der Gliedergruppe I. Klasse werden bei der Kräftebetrachtung alle An-

8.3 Kinetostatik

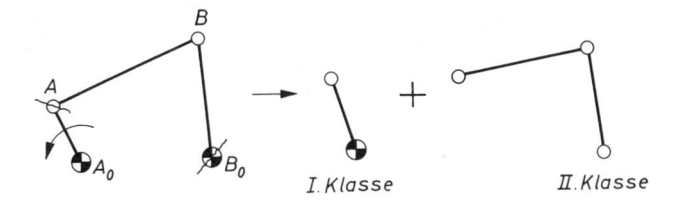

Bild 8.1: Zerlegung eines Viergelenkgetriebes in die ASSURschen Gruppen I. und II. Klasse

Bild 8.2: Gliedergruppen mit gestellfesten Anschlußgelenken

schlußgelenke als gestellfest aufgefaßt. Dadurch entstehen sog. *Stabwerke*, an denen die Kräftebestimmung nach den Gesetzen der Mechanik [37] durchgeführt wird. Unter Einbeziehung von Schubgelenken läßt sich diese Systematik noch erweitern, s. Bild 8.3, [5, 25].

Bei der Kraftanalyse ist es zweckmäßig, an jedem Glied eingeprägte Kräfte und Trägheitskräfte zu einer *resultierenden Kraft* zusammenzufassen, so daß prinzipiell an jedem Glied einer Gliedergruppe eine äußere Kraft angreift. Im folgenden soll die zeichnerische Methode demonstriert werden. Die analytische Berechnung erfolgt nach den bekannten Gesetzmäßigkeiten der Statik [37].

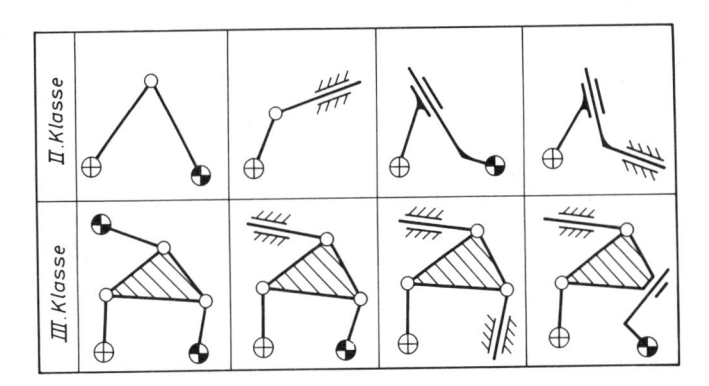

Bild 8.3: Zusammenstellung von Gliedergruppen II. und III. Klasse

1. Beispiel: Es ist das Antriebsmoment M_{21} bei einer Kurbelschwinge als Gleichgewichtsmoment gesucht. Desweiteren sind alle Gelenkkräfte zu ermitteln.

Gegeben: Resultierende Kräfte $\mathbf{F}_{31}$ und $\mathbf{F}_{41}$ an den Gliedern 3 und 4 s. (Bild 8.4a).

Das Gelenkviereck läßt sich in die beiden Gliedergruppen I. und II. Klasse zerlegen. Der Gelenkpunkt A wird dabei als gestellfest betrachtet, so daß der Dreigelenkbogen

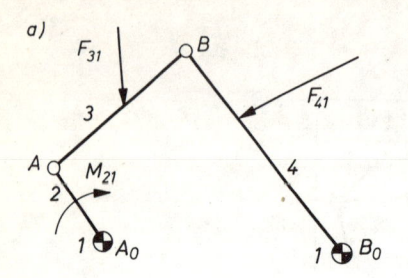

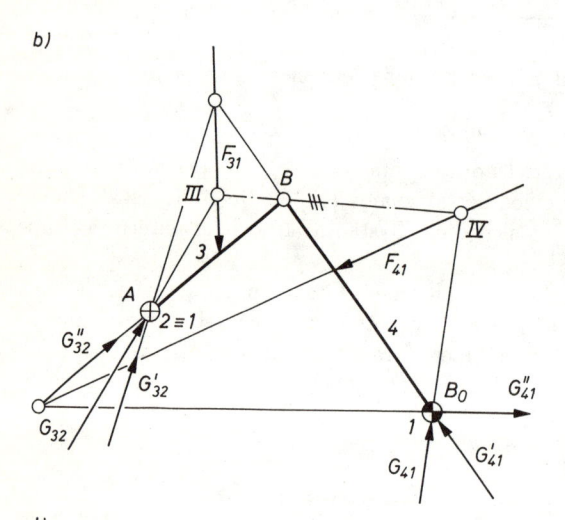

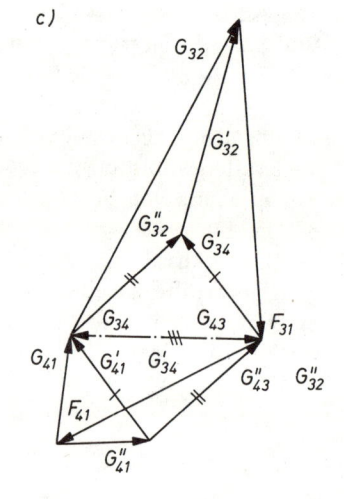

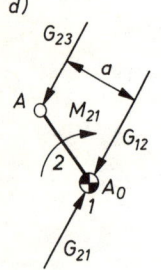

Bild 8.4: Kräfteermittlung an einem Viergelenkgetriebe: a) Aufgabenstellung, b) Kräftebetrachtung am Dreigelenkbogen (Gliedergruppe *II*. Klasse), Lageplan, c) Kräfteplan, d) Kräftebetrachtung an Gliedergruppe *I*. Klasse, Lageplan

8.3 Kinetostatik

ABB_0 entsteht, an dem die Kraftanalyse begonnen wird, s. Bild 8.4b. Nach dem *Prinzip der Superposition* wird zuerst $F_{41} = 0$ und anschließend $F_{31} = 0$ gesetzt. Die einzelnen *Kraftpolygone* werden im *Kräfteplan* (Bild 8.4c) zusammengefügt. Für die Schnittpunkte III und IV im Lageplan gelten folgende Kraftpolygone:

$$\left. \begin{array}{ll} III: & F_{31} + G_{34} + G_{32} = 0, \quad \text{Gleichgewicht am Glied 3,} \\ IV: & F_{41} + G_{41} + G_{43} = 0, \quad \text{Gleichgewicht am Glied 4.} \end{array} \right\} \quad (8.2)$$

Das Gleichgewicht im Gelenk A erfordert eine Gelenkkraft G_{32} am Glied 3, herrührend vom Glied 2. Das Antriebsglied 2 (Gliedergruppe I. Klasse) wird daher entsprechend Bild 8.4d belastet. Durch Parallelverschiebung der Kraft G_{23} nach A_0 entsteht die Lagerreaktion G_{12}. Das Kräftepaar G_{23}, G_{21} wird durch das Antriebsmoment M_{21} kompensiert, das wie folgt berechnet wird:

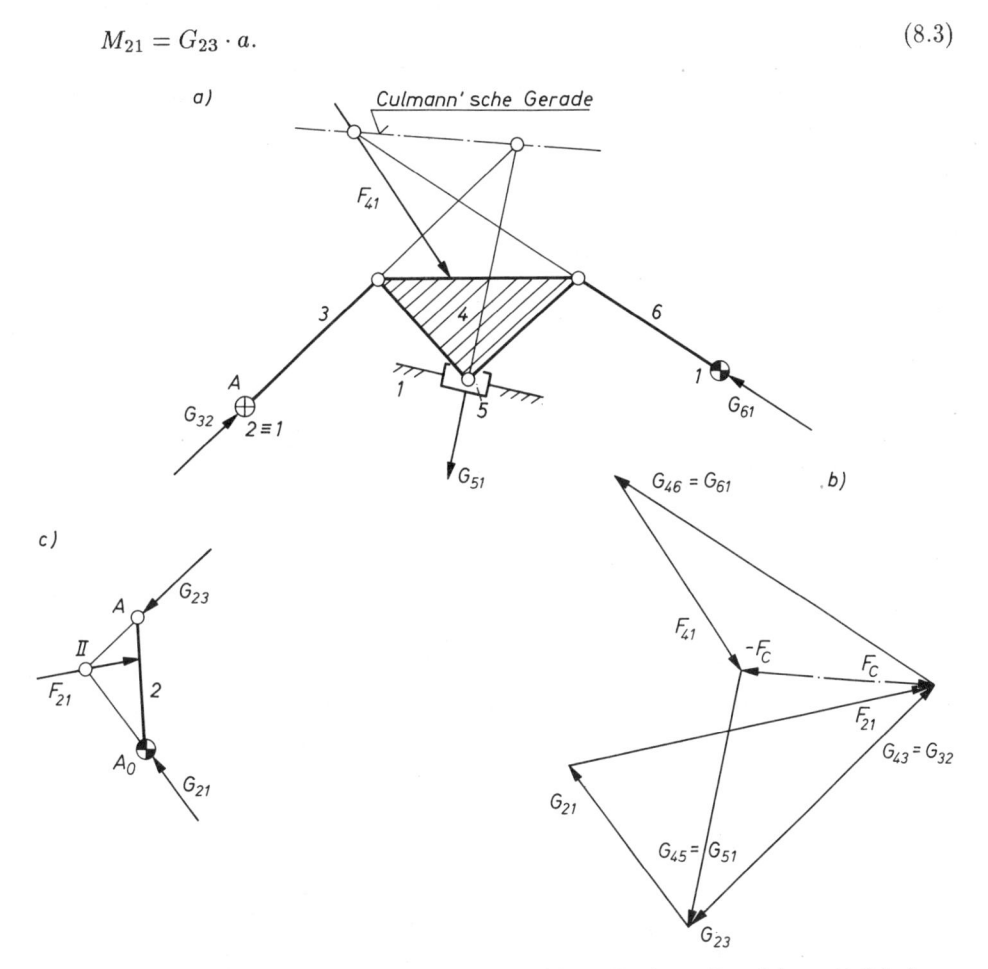

$$M_{21} = G_{23} \cdot a. \quad (8.3)$$

Bild 8.5: Kräfteermittlung an einem sechsgliedrigen Dreistandgetriebe mit Schubgelenk: a) Kräftebetrachtung an Gliedergruppe *III*. Klasse, Lageplan, b) Kräfteplan, c) Kräftebetrachtung an Gliedergruppe *I*. Klasse, Lageplan

2. Beispiel: Es ist die Antriebskraft F_{21} bei einem sechgliedrigen Dreistandgetriebe mit Gliedergruppe III. Klasse gesucht. Desweiteren sind alle Gelenkkräfte zu ermitteln.

Gegeben: Resultierende Kraft F_{41} am Glied 4, Gliedergruppe III. Klasse mit Schubgelenk. Bild 8.5a.

Die Kräfteermittlung wird mit Hilfe der CULMANNschen Geraden vorgenommen und der Kräfteplan gezeichnet, s. Bild 8.5b. Auf die Antriebskurbel wirkt die Gelenkkraft G_{23}, die die vorgegebene Wirkungslinie von F_{21} in II schneidet. Durch diesen Punkt muß auch die Wirkungslinie der Lagerkraft des Punktes A_0 verlaufen (Bild 8.5c). Für das Gleichgewicht am Glied 2 gilt die Beziehung:

$$G_{23} + F_{21} + G_{21} = 0. \tag{8.4}$$

Damit sind alle Gelenkkräfte und die Antriebskraft F_{21} nach Größe und Richtung bestimmt.

Wären bei dem 2. Beispiel noch weitere resultierende Kräfte an den übrigen Getriebegliedern vorhanden, dann müßte für jede dieser Kräfte die zeichnerische Kraftanalyse durchgeführt werden. Nach dem *Superpositionsprinzip* würde anschließend die geometrische Addition zur Bestimmung der Antriebs- und Gelenkkräfte erfolgen. Dies würde einen hohen zeichentechnischen Aufwand erfordern. Es ist daher zweckmäßig, bei Koppelgetrieben mit Gliedergruppen IV. und höherer Klasse die Kraftanalyse nach dem *Leistungsprinzip* durchzuführen, s. Abschnitt 8.3.2.

8.3.2 Kraft- und Momentenbestimmung nach dem Prinzip der virtuellen Leistung

Die Kraft- und Momentenermittlung nach dem *Leistungsprinzip* ist mit relativ geringem zeichnerischen Aufwand verbunden. Bei einer mit dem Zwanglauf des Getriebes verträglichen *virtuellen Verschiebung* besteht dann Gleichgewicht, wenn die algebraische Summe der Leistungen aller auf das Getriebe einwirkenden Kräfte und Momente gleich Null ist. Im vorliegenden Fall wird das *Prinzip der virtuellen Leistung* angewendet. Eine *virtuelle Winkelgeschindigkeit* kann somit beliebig gewählt werden. Wirken zusätzlich noch Kräfte auf das Getriebe ein, so werden die durch $F_{kl} \cdot v_{kl}$ erzielten Leistungen mitgezählt. Es gilt daher für $i \neq j$ und $k \neq l$ die Beziehung:

$$\sum_{i=1}^{n}\sum_{j=1}^{m} M_{ij}\omega_{ij} + \sum_{k=1}^{n}\sum_{l=1}^{m} F_{kl}v_{kl}\cos(F_{kl}v_{kl}) = 0, \tag{8.5}$$

d.h., die Summe aller Leistungen ist Null, wobei hinsichtlich der Vorzeichen folgende Vereinbarung getroffen wird:

- *Antriebsmomente* wirken im Sinne der *Antriebswinkelgeschwindigkeit*. Ihre Leistung ist **positiv**.

- *Widerstandsmomente* M_{ij} wirken entgegen der *Winkelgeschwindigkeit* ω_{ij}. Ihre Leistung ist **negativ**.

- *Antriebskräfte* wirken im Sinne der *Antriebsgeschwindigkeit*. Ihre Leistung ist **positiv**.

8.3 Kinetostatik

- *Widerstandskräfte* F_{kl} wirken entgegen der auf die Kraftwirkungslinie projizierten *Geschwindigkeit des Vektors* v_{kl}. Ihre Leistung ist **negativ**.

Die obige Gleichung (8.5) läßt sich in vereinfachter Form wie folgt schreiben:

$$\sum_{i=1}^{n} P_i = \sum_{i=1}^{k} F_i \cdot v_i + \sum_{i=1}^{l} M_{i1}\omega_{i1} = 0, \qquad (k+l=n). \tag{8.6}$$

In dieser Relation sind nur solche Momente enthalten, die vom Gestell 1 aus eingeleitet werden. Für die grafische Ermittlung ist es günstig, die Momente durch Kräftepaare zu ersetzen. Nach dem *Projektionssatz*, s. Abschnitt 3.2.2, besitzen bei starren Gliedern alle Punkte einer Geraden die gleiche *projizierte Geschwindigkeit*. Der Kraftangriffspunkt kann daher auf der Kraftwirkungslinie beliebig verschoben werden. Die *Leistung* einer Kraft ist gleich dem Produkt aus Kraft und Projektion der Geschwindigkeit des Kraftangriffspunktes auf die Kraftwirkungslinie, s. Bild 8.6. Unter Einbeziehung der gedrehten Geschwindigkeiten kann wegen $<v'_i>=h_i$ geschrieben werden:

$$\sum_{i=1}^{n} F_i h_i = 0, \tag{8.7}$$

wobei h den Abstand der Vektorspitze $\bar{v}$ von der Kraftwirkungslinie bedeutet. Diese Gleichung behält ihre Gültigkeit, wenn sie mit einer reellen Zahl $\lambda \neq 0$ multiplziert wird; d.h., bei der Geschwindigkeitsermittlung kann eine Geschwindigkeit beliebig gewählt werden; sie wird als *virtuelle Geschwindigkeit* bezeichnet.

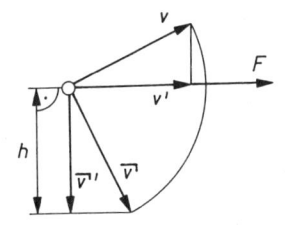

Bild 8.6: Grundfigur für Leistungssatz

Das Produkt Fh kann als ein Moment der Kraft F um die Spitze der gedrehten Geschwindigkeit $\bar{v}$ aufgefaßt werden. Die Vorzeichen der Momente $F_i h_i$ ergeben sich aus dem Drehsinn dieser Momente um die Pfeilspitzen der gedrehten Geschwindigkeitsvektoren. Im Bild 8.7a ist daher bei vorgegebener Kraft F_A und bekannter Wirkungslinie der Kraft F_B die Gleichgewichtskraft F_B nach (8.7):

$$F_A h_A - F_B h_B = 0, \qquad F_B = F_A \frac{h_A}{h_B}. \tag{8.8}$$

Der positive Wert für F_B bedeutet, daß die für F_B gewählte Kraftrichtung richtig ist.
 Mit Hilfe des sog. JOUKOWSKY-Hebels ergibt sich das gleiche Ergebnis, s. Bild 8.7b. Ausgehend von einem Pol O werden die gedrehten Geschwindigkeitsvektoren $\bar{v}_A$

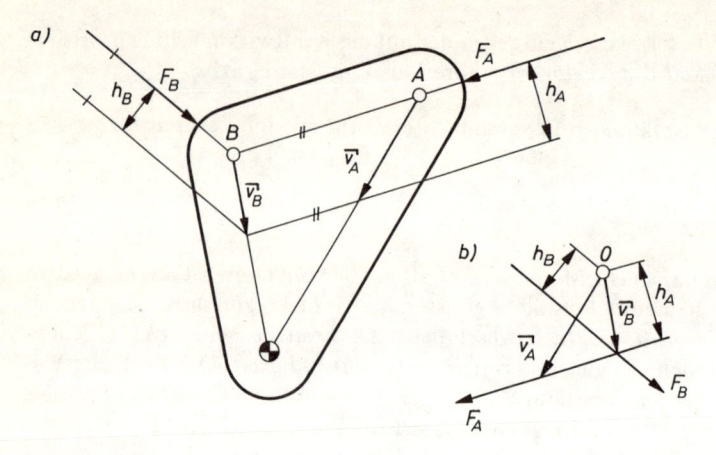

Bild 8.7: Kräfteermittlung nach dem Prinzip der virtuellen Leistung: a) Kräftebetrachtung am Winkelhebel, b) Kräfte am JOUKOWSKY-Hebel

und $\vec{v}_B$ angetragen. Durch ihre Vektorspitzen werden die Kräfte F_A und F_B parallel zu ihren Wirkungslinien eingezeichnet. Auch hier herrscht Gleichgewicht, wenn die Summe der Kraftmomente um O gleich Null ist.

1. Beispiel: Kraftanalyse an einer Kurbelschwinge A_0ABB_0.
Gegeben: Resultierende Kraft F_{21} und F_{31}, Wirkungslinie von F_{41} am Glied 4.
Gesucht: Größe und Richtung der Widerstandskraft F_{41}.

Im Bild 8.8 ist die Kurbelschwinge mit den angreifenden Kräften dargestellt. Es wird die Geschwindigkeit $\vec{v}_A$ des Kurbelpunktes A so gewählt, daß die Länge des Vektors gleich dem Kurbelradius ist. Damit ist die gedrehte Geschwindigkeit $\vec{v}_{21}$ des Kraftangriffspunktes II bekannt. Die Geschwindigkeit $\vec{v}_{31}$ wird über den Momentanpol P ermittelt. Liegt derselbe nicht auf dem Zeichenblatt, so verbindet man A_0 mit B und zeichnet $IIIE \parallel AA_0$ sowie $EF \parallel BB_0$. Die Geschwindigkeit $\vec{v}_{41}$ ergibt sich aus $\vec{v}_B$ durch Anwendung des Strahlensatzes. Damit sind die Strecken h_{21}, h_{31} und h_{41} bekannt, so daß sich die Widerstandskraft F_{41} aus folgender Gleichung berechnen läßt:

$$\left.\begin{aligned} F_{21}h_{21} + F_{31}h_{31} - F_{41}h_{41} &= 0, \\ F_{41} = F_{21}\frac{h_{21}}{h_{41}} + F_{31}\frac{h_{31}}{h_{41}}. & \end{aligned}\right\} \qquad (8.9)$$

2. Beispiel: Kräftebetrachtung an einem sechsgliedrigen Dreistandgetriebe, s. Bild 8.9.
Gegeben: Widerstandskräfte F_B und F_E.
Gesucht: Gleichgewichtskraft F_A an der Antriebskurbel bzw. das Antriebsmoment M_{21}.

Im Bild 8.9 wird $\vec{v}_A$ als virtuelle Geschwindigkeit gewählt und die gedrehte Geschwindigkeit $\vec{v}_B$ bzw. $\vec{v}_E$ der Punkte B bzw. E ermittelt. Die Gleichgewichtskraft

8.3 Kinetostatik

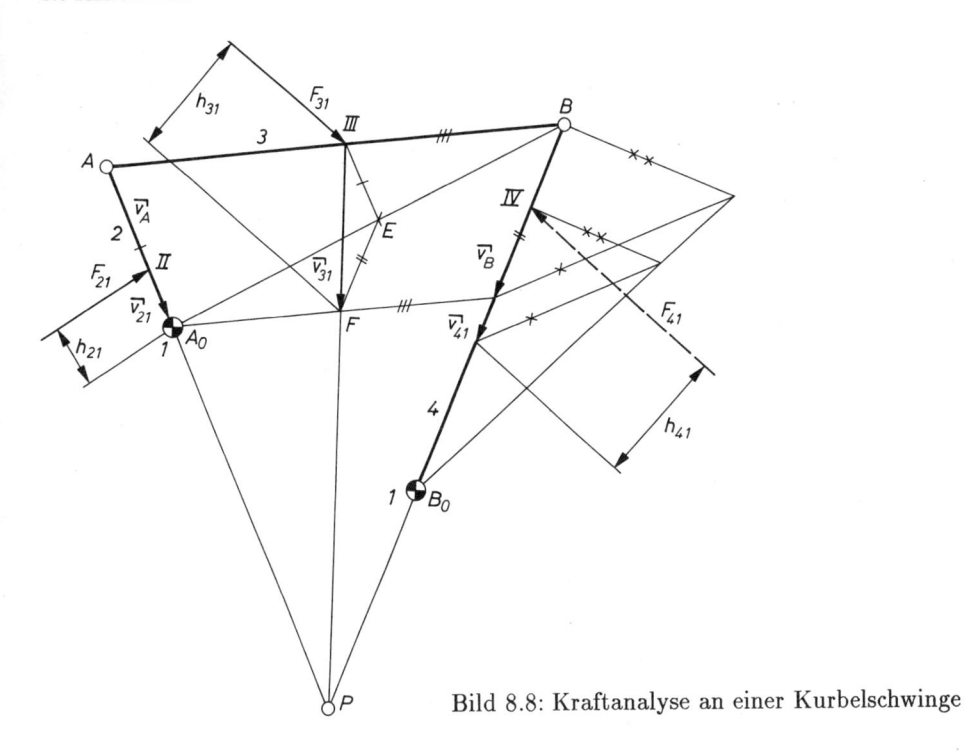

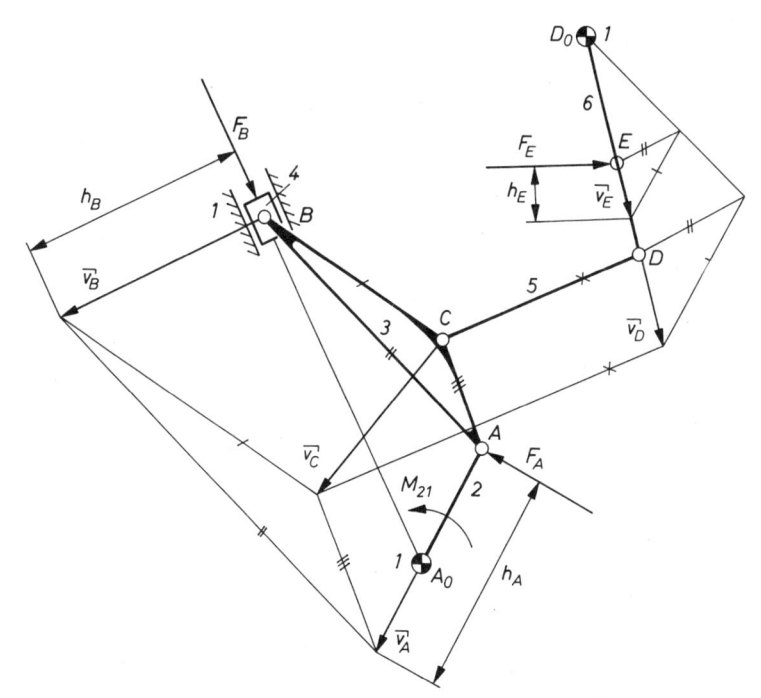

Bild 8.8: Kraftanalyse an einer Kurbelschwinge

Bild 8.9: Kraftanalyse an einem sechsgliedrigen Dreistandgetriebe

F_A wird aus der Beziehung

$$\left. \begin{array}{l} F_A h_A - F_B h_B - F_E h_E = 0, \\ F_A = F_B \dfrac{h_B}{h_A} + F_E \dfrac{h_E}{h_A}, \end{array} \right\} \qquad (8.10)$$

berechnet und das Antriebsmoment nach

$$M_{21} = F_A \cdot \overline{A_0 A} \qquad (8.11)$$

bestimmt.

3. Beispiel: Momentenbestimmung an einem Viergelenkgetriebe, s. Bild 8.10.
Gegeben: Widerstandsmoment M_{41} am Abtriebsglied 4.
Gesucht: Antriebsmoment (Gleichgewichtmoment) M_{21} an der Kurbel 2.

Für den Fall des Gleichgewichtes gilt die Beziehung:

$$\left. \begin{array}{l} M_{21} \omega_{21} - M_{41} \omega_{41} = 0, \\ M_{21} = \dfrac{\omega_{41}}{\omega_{21}} M_{41}, \end{array} \right\} \qquad (8.12)$$

wobei sich das Übersetzungsverhältnis als Streckenverhältnis wie folgt darstellt:

$$\frac{\omega_{41}}{\omega_{21}} = \frac{\overline{12\ 24}}{\overline{14\ 24}} = \frac{q_{12}}{q_{14}}.$$

Bei mehrgliedrigen Getrieben sind die Werte für ω_{ij} (auch einschließlich des Vorzeichens) dem zugehörigen ω-*Plan* zu entnehmen. Wirken die Kraftmomente (z.B. M_{21} und M_{34}) zwischen zwei Paaren verschiedener Glieder, so ist das *diagonale Übersetzungsverhältnis* entsprechend Abschnitt 3.2.3 zu verwenden.

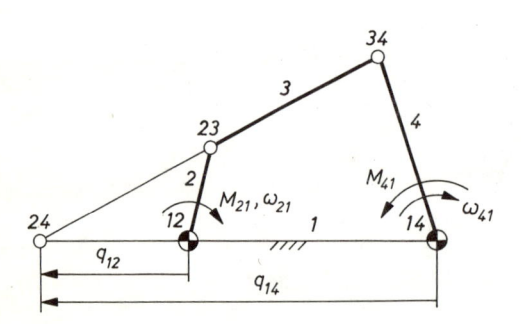

Bild 8.10: Momentenbestimmung am Viergelenkgetriebe

4. Beispiel: Kraft- und Momentenbestimmung an der Schubkurbel, s. Bild 8.11.
Gegeben: Widerstandskraft F_{41} am Abtriebsglied 4.
Gesucht: Antriebsmoment (Gleichgewichtmoment) M_{21} an der Kurbel 2.

8.3 Kinetostatik

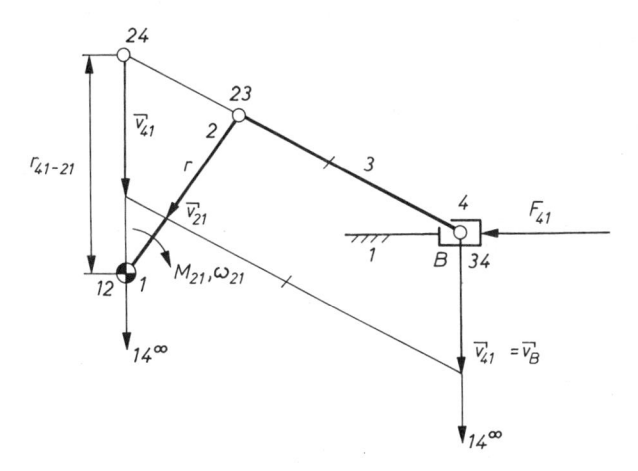

Bild 8.11: Kraft- und Momentenbestimmung an der Schubkurbel mittels Drehschubstrecke nach HAIN

Es wird eine virtuelle Winkelgeschwindigkeit ω_{21} angenommen und die zugehörige virtuelle Geschwindigkeit des Gelenkpunktes 23 über den Kurbelradius r berechnet. Die Geschwindigkeit $\vec{v}_{41} = \vec{v}_B$ ergibt sich in bekannter Weise. Da $\boldsymbol{F}_{41}$ der Geschwindigkeit v_{41} entgegen wirkt, gilt bei Gleichgewicht folgende Relation:

$$\left. \begin{array}{rcl} M_{21}\omega_{21} - F_{41}v_{41} &=& 0, \\[4pt] M_{21} = F_{41}\dfrac{v_{41}}{\omega_{21}} &=& F_{41} \cdot r_{41-21}. \end{array} \right\} \quad (8.13)$$

Hierin ist $r_{41-21} = \overline{12\ 24}$ der Abstand der Momentanpole 12 und 24; er wird nach HAIN als *Drehschubstrecke* bezeichnet, die stets eine positive Größe darstellt. Unter Berücksichtigung des Zeichenmaßstabes gilt:

$$r_{41-21} = \frac{<\overline{12\ 24}>}{M}. \quad (8.14)$$

5. Beispiel: Kraft- und Momentenbestimmung an einem Bolzenschneiders, s. Bild 8.12.
Gegeben: Bolzenschneider mit Koppelglied 3 als Schneidbacke.
Gesucht: Kraft- und Momentenverhältnisse.

Bild 8.12a zeigt den Bolzenschneider in geöffneter Stellung. Der Schneidkopf ist symmetrisch aufgebaut, und die Gelenke sind als spezielle Schraubverbindungen ausgebildet. Der Schneidvorgang wird durch die Koppel AB einer Schubkurbel realisiert, die in ihrer konstruktiven Ausführung auch als Schneidbacke fungiert, s. Bild 8.12b. Die Schneidkraft F läßt sich über das Moment M_{34} erfassen, s. Bild 8.12c. Der Zusammenhang zwischen Handkraft (Antriebskraft) und Schneidkraft (Abtriebskraft) ist durch den Leistungssatz (8.5) gegeben:

$$M_{21}\omega_{21} = M_{34}\omega_{34},$$

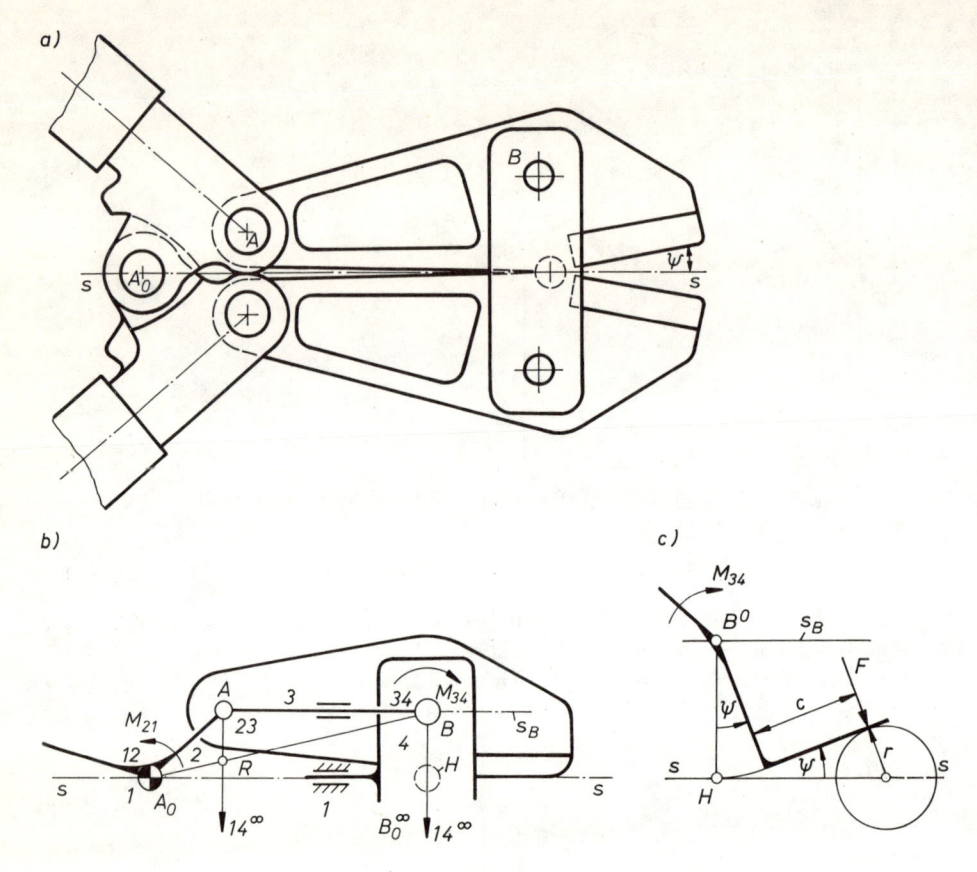

Bild 8.12: Bolzenschneider mit Schubkurbel als Grundgetriebe: a) Konstruktive Darstellung, b) Prinzipdarstellung, c) Kraft- und Momentenbetrachtung

wobei sich die Schneidkraft F aus dem Moment M_{34} wie folgt berechnet:

$$F = \frac{M_{34}}{c}.$$

Das diagonale Übersetzungsverhältnis i_{34-21} läßt sich u.a. auch als Streckenverhältnis aus dem Bild 8.12b entnehmen:

$$i_{34-21} = \frac{\omega_{34}}{\omega_{21}} = \frac{\overline{12\ R}}{\overline{34\ R}} = \frac{\overline{A_0\ R}}{\overline{B\ R}}.$$

Auf diese Weise kann die Kraft- und Momentenbestimmung an einem Bolzenschneider analysiert werden, [184].

    6. Beispiel: Kraft- und Momentenbestimmung an der Kurbelschleife, s. Bild 8.13.
    Gegeben: Antriebskraft F_{34} am Koppelglied 3 (Kolben).
    Gesucht: Widerstandsmoment M_{21} am Abtriebsglied 2.

8.3 Kinetostatik

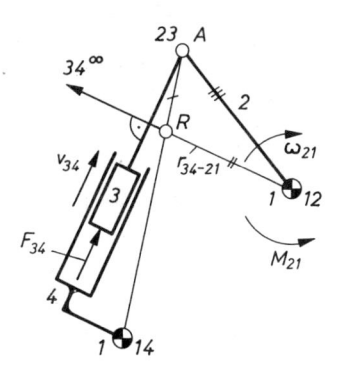

Bild 8.13: Kraft- und Momentenbestimmung an einer Kurbelschleife mittels diagonaler Drehschubstrecke

Die Antriebskraft F_{34} wirkt in Richtung der Kolbengeschwindigkeit v_{34}. Das Widerstandsmoment M_{21} wird entgegen der Richtung der Abtriebswinkelgeschwindigkeit ω_{21} angenommen, so daß sich folgende Relation ergibt:

$$\left. \begin{array}{rcl} -M_{21}\omega_{21} + F_{34}v_{34} & = & 0, \\[4pt] M_{21} = F_{34}\dfrac{v_{34}}{\omega_{21}} & = & F_{34} \cdot r_{34-21}. \end{array} \right\} \qquad (8.15)$$

Dabei wird $r_{34-21} = v_{34}/\omega_{21}$ als *diagonale Drehschubstrecke* entsprechend Abschnitt 3.2.3 ermittelt.

8.3.3 Polkraftverfahren nach Hain

Das *Polkraftverfahren* nach HAIN [43] geht von den Momentanpolen eines Getriebes aus und ermöglicht es, die Resultierende der äußeren Kräfte zu ermitteln. Im Bild 8.14 sei ein Viergelenkgetriebe mit der Antriebskraft F_{21} und der Wirkungslinie F_{41} gegeben. Größe und Richtung der Abtriebskraft F_{41} werden gesucht. Durch vertikale Kombination der Kraftindizes nach:

$$\left. \begin{array}{c} F_{12} \\ || \\ F_{41} \end{array} \right\} 24 - 11$$

ergibt sich die *Kollineationsachse* $24-11$. Da der Pol 11 unbestimmt ist, kann durch 24 jede beliebige Gerade (außer $12-24$) gezeichnet werden. So schneidet z.B. die Koppelgerade $23-34$ die Kraftrichtungen F_{21} bzw. F_{41} in S_{12} bzw. S_{14}. Die Verbindungsgeraden $12-S_{12}$ und $14-S_{14}$ schneiden sich in T_2, während T_1 den Schnittpunkt der Kraftrichtungen selbst darstellt. Somit wirkt in der Geraden T_1T_2 eine CULMANN-Kraft, und im Kräfteplan (Bild 8.14b) können die gesuchten Größen zeichnerisch ermittelt werden. Eine weitere Gerade g' durch den Bezugspol 24 liefert in analoger Weise den Punkt T_2' auf der Geraden T_1T_2. Ein Nachteil des Verfahrens besteht darin, daß es nicht sofort die Gelenkkräfte liefert; diese müssen gesondert durch die Gleichgewichtsbetrachtung an den einzelnen Getriebegliedern bestimmt werden.

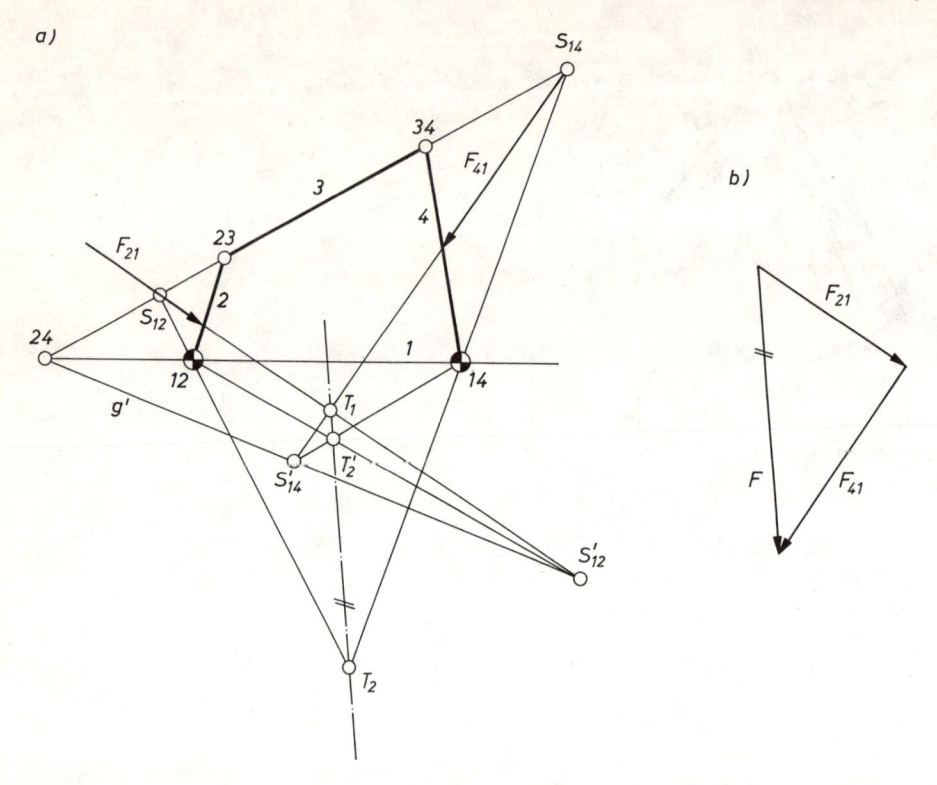

Bild 8.14: Polkraftverfahren nach HAIN: a) Lageplan, b) Kräfteplan

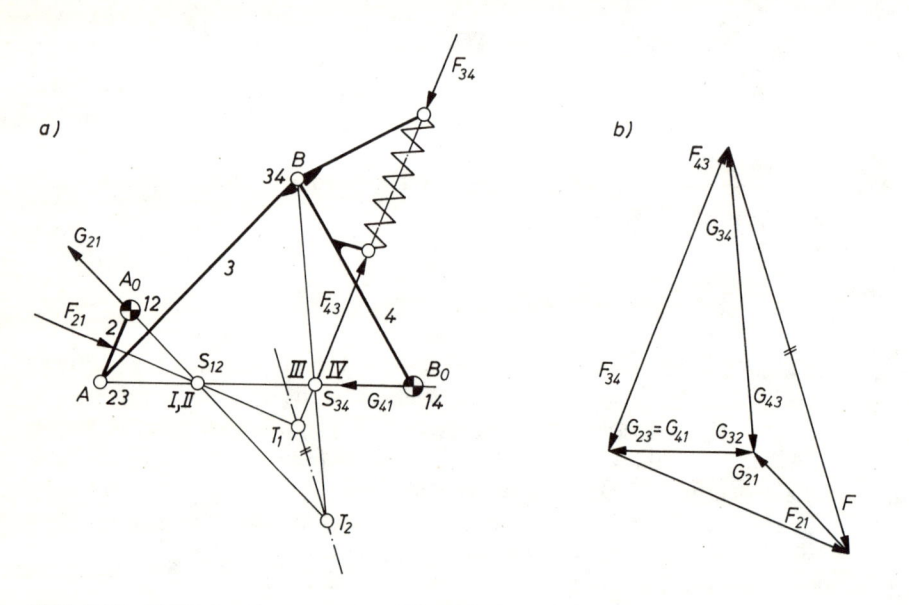

Bild 8.15: Kräftebestimmung am Viergelenkgetriebe mittels Polkraftverfahren nach HAIN: a) Lageplan, b) Kräfteplan

8.3 Kinetostatik

Beispiel: Kräftebestimmung an einem Viergelenkgetriebe, s. Bild 8.15.
Gegeben: Gelenkviereck mit Federkraft $F_{34} = F_{43}$ zwischen den Getriebegliedern 3 und 4 sowie Wirkungslinie von F_{21}.
Gesucht: Antriebskraft (Gleichgewichtskraft) F_{21} an der Kurbel.

Entsprechend den möglichen Kraftkombinationen ergeben sich nach

$$\left.\begin{array}{c} F_{21} \\ \| \\ F_{34} \end{array}\right\} 23-14, \qquad \left.\begin{array}{c} F_{21} \\ \| \\ F_{43} \end{array}\right\} 24-13$$

zwei Kollineationsachsen, von denen $23-14$ bereits zeichnerisch vorliegt. Diese *Kollineationsachse* schneidet die Kraftrichtungen F_{12} und F_{34} in S_{12} bzw. S_{34}, die ihrerseits mit den Polen 12 bzw. 34 verbunden werden, so daß sich T_2 als Schnittpunkt ergibt. Die Kraftrichtungen selbst schneiden sich in T_1, so daß die CULMANNsche Gerade T_1T_2 vorliegt und im Kräfteplan (Bild 8.15b) die Kraft F_{21} ermittelt werden kann.

Anschließend läßt sich der volständige Kräfteplan mit allen Gelenkkräften zeichnen, indem an jedem Glied die Gleichgewichtsbedingung erfüllt wird:

$$\left.\begin{array}{ll} Glied\ 1: & F_{21} + G_{21} + G_{41} = 0, \\ Glied\ 2: & F_{21} + G_{21} + G_{23} = 0, \\ Glied\ 3: & F_{34} + G_{32} + G_{34} = 0, \\ Glied\ 4: & F_{43} + G_{43} + G_{41} = 0. \end{array}\right\} \qquad (8.16)$$

Diesen Polygonen im Kräfteplan entsprechen die Knotenpunkte I, II, III und IV im Lageplan.

8.3.4 Kraftbestimmung unter Berücksichtigung der Reibung

Bei der Bewegung von Getrieben treten infolge der Gelenkkräfte natürlich auch *Reibungskräfte* in den einzelnen Gelenken in Erscheinung. Diese Reibungskräfte machen sich insbesondere bei Schubgelenken, Gleitwälzgelenken und Drehgelenken mit großem Durchmesser nachteilig bemerkbar. Die Gleitreibung μ wird bei den folgenden Betrachtungen als konstant vorausgesetzt.

Schubgelenk: Im Bild 8.16a wird das Reibverhalten einer Gleitpaarung, wie sie in einem Schubgelenk auftritt, erörtert. Die Normalkraft $G_{32} = -G_{23}$ wirkt senkrecht zur Gleitfläche. Die Relativbewegung der Gleitelemente 2 und 3 ist durch die Relativgeschwindigkeit $v_{32} = -v_{23}$ eindeutig festgelegt. Entgegen der Bewegungsrichtung wirken die Reibungskräfte R_{32} bzw. R_{23}. Wird Glied 2 als Bezugssystem betrachtet, dann ergibt sich die auf Glied 3 wirkende resultierende Gelenkkraft G_{32}^R aus der Beziehung:

$$G_{32}^R = G_{32} + R_{32}. \qquad (8.17)$$

Zwischen ihrer Wirkungslinie und der Normalen liegt der Reibungswinkel ϱ.

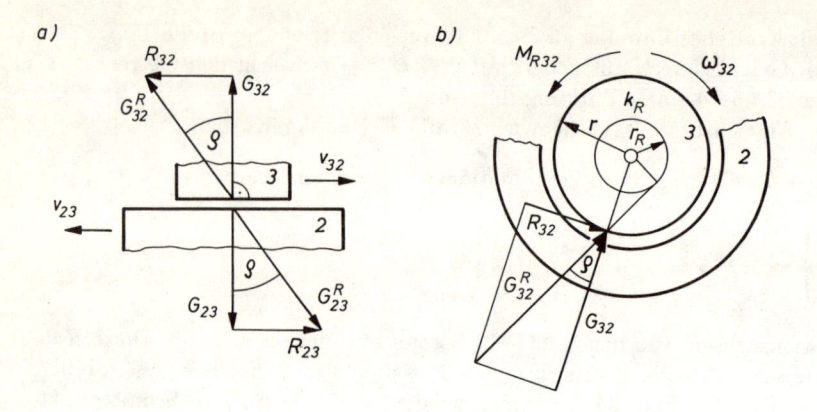

Bild 8.16: Kräftebetrachtung mit Reibung; a) am Schubgelenk, b) am Drehgelenk

Drehgelenk: Bei einem Drehgelenk, s. Bild 8.16b, wird durch die Normalkraft G_{32} am Zapfen 3 die Reibungskraft R_{32} erzeugt, die der Drehung ω_{32} des Zapfens entgegenwirkt. Die resultierende Gelenkkraft G_{32}^R geht nicht durch den Zapfenmittelpunkt, sondern tangiert einen Kreis k_R, der als *Reibungskreis* bezeichnet wird. G_{32}^R wirkt entgegen der Drehung des Zapfens 3 relativ zur Lagerschale 2. Für den Radius r_R des Reibungskreises k_R ergibt sich die Beziehung [1]

$$\left.\begin{array}{l} r_R = r \cdot \sin \varrho \approx r \tan \varrho, \\ r_R \approx r \cdot \mu; \quad \mu = \tan \varrho. \end{array}\right\} \tag{8.18}$$

Das durch die resultierende Gelenkkraft entstehende Reibungsmoment $M_{R32} = r_R G_{32}^R$ wirkt entgegen der Winkelgeschwindigkeit ω_{32}. Bei diesen Überlegungen muß daher die Relativbewegung der Gelenkelemente bekannt sein.

Gleitwälzgelenk: Bei reiner *Wälzbewegung* bzw. *Rollen*, s. Bild 8.17a, tritt das Rollreibungsmoment $M_{R32} = \mu' G_{32}^R$ in Erscheinung ($r_R = \mu' \rightarrow$ Rollreibungskoeffizient). Kommt zu der Wälzbewegung noch eine Gleitbewegung hinzu, dann tritt eine Neigung der Wirkungslinie von G_{32}^R um den Reibungswinkel ϱ auf, s. Bild 8.17b.

1. Beispiel: Kräftebestimmung mit Berücksichtigung der Reibung an einem Schubkurbelgetriebe, s. Bild 8.18.
Gegeben: F_{41} als Antriebskraft am Gleitstein, Wirkungslinie von F_{21} an der Kurbel.
Gesucht: Größe und Richtung der Widerstandskraft F_{21} sowie der Gelenkkräfte ohne und mit Berücksichtigung der Reibung.
Zunächst wird die Kräftebetrachtung ohne Berücksichtigung der Reibung durchgeführt, s. Kräfteplan im Bild 8.18b. Anschließend werden, ausgehend von der Antriebsgeschwindigkeit v_{41} die Richtungen der Winkelgeschwindigkeiten in den einzel-

---

[1] Bei Überwindung der trockenen Reibung ist der Zapfenreibungsbeiwert μ_1 in die angegebenen Gleichungen an Stelle von μ einzusetzen. Der Zapfenreibungsbeiwert μ_1 wird experimentell bestimmt und ist stets größer als der Gleitreibungskoeffizient μ [37].

8.3 Kinetostatik

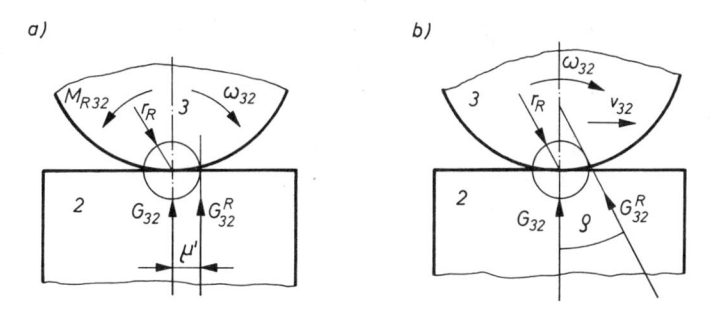

Bild 8.17: Berücksichtigung der Reibungskraft im: a) Wälzgelenk, b) Gleitwälzgelenk

nen Drehgelenken bestimmt und die Radien der Reibungskreise k_R berechnet. In dem vorliegenden Fall sind diese Reibungskreise übertrieben groß dargestellt. Die Koppel des Schubkurbelgetriebes wird auf Druck beansprucht. Berücksichtigt man die Reibung in den beiden Drehgelenken, so ergibt sich die Wirkungslinie der resultierenden Gelenkkraft als gemeinsame Tangente an die beiden Reibungskreise. Diese gemeinsame Tangente muß so gelegt werden, daß die von außen an dem jeweiligen Gelenk angreifende Kraft der Relativdrehung der Koppel 3 entgegen wirkt. Dadurch entstehen die Schnittpunkte II_R und IV_R. Bei Gleichgewicht an der Kurbel 2 müssen sich alle von außen angreifenden Kräfte in II_R schneiden. Die Gelenkkraft G_{21}^R tangiert den Reibungskreis k_R so, daß sie der Drehung ω_{21} der Kurbel entgegenwirkt. In analoger Weise verläuft die Gelenkkraft G_{41}^R durch den Punkt IV_R. Die Widerstandskraft F_{21}^R mit Berücksichtigung der Reibung ist dem Kräfteplan zu entnehmen, s. Bild 8.18b. Es gilt: $F_{21}^R < F_{21}$. Die bei Reibung auftretenden Gelenkkräfte sind im Kräfteplan gestrichelt dargestellt.

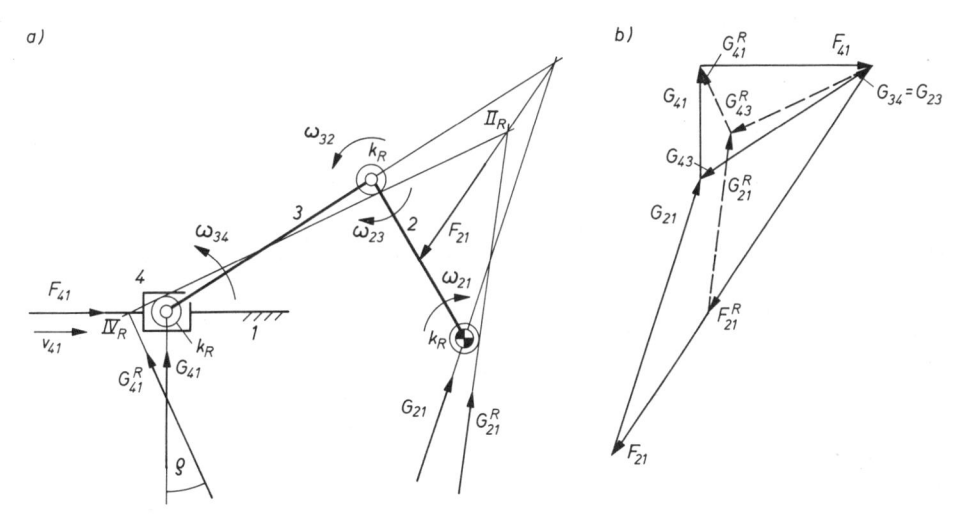

Bild 8.18: Kraftanalyse unter Berücksichtigung der Reibung bei einer Schubkurbel, k_R-Reibungskreise: a) Lageplan, b) Kräfteplan

2. Beispiel: Kräftebestimmung mit Berücksichtigung der Reibung an einer Kurbelschwinge mit Kreisexzenter, s. Bild 8.19.
Gegeben: F_{41} als Widerstandskraft am Abtriebsglied, Wirkungslinie von F_{21} an der Kurbel.
Gesucht: Größe und Richtung der Antriebskraft F_{21} sowie der Gelenkkräfte ohne und mit Berücksichtigung der Reibung.

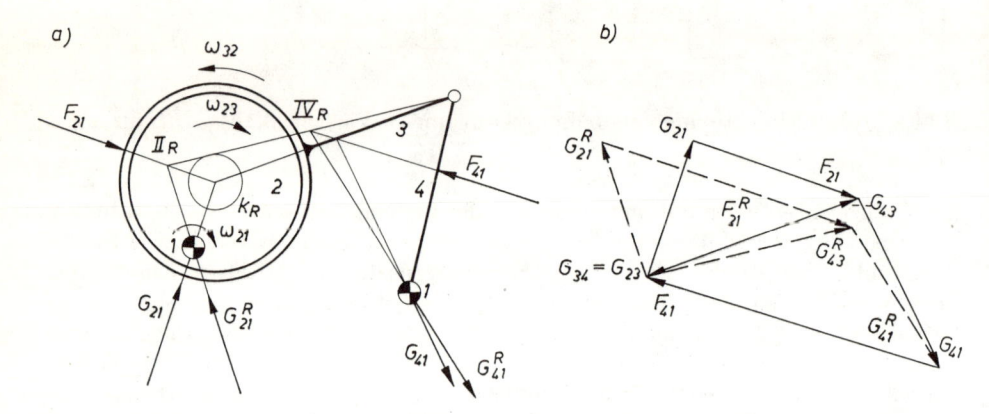

Bild 8.19: Kraftanalyse an einer Kurbelschwinge mit Kreisexzenter unter Berücksichtigung der Reibung, k_R-Reibungskreis: a) Lageplan, b) Kräfteplan

Die Kräftebetrachtung wird zunächst ohne Berücksichtigung der Reibung durchgeführt, s. Bild 8.19b. In dem vorliegenden Falle wird nur die Reibung im Kreisexzenter berücksichtigt, da die hier auftretende Reibungskraft wesentlich größer ist als in den übrigen Drehgelenken. Der Radius des Reibungskreises wird berechnet und k_R eingezeichnet. Die Koppel 3 des Getriebes steht unter Druckbeanspruchung, so daß die Wirkungslinie der resultierenden Gelenkkraft beim Kreisexzenter als Tangente an k_R eingezeichnet werden muß. Sie schneidet die Wirkungslinie von F_{21} in II_R und von F_{41} in IV_R. Die Antriebskraft F_{21}^R sowie die Gelenkkräfte mit Reibung lassen sich nun in bekannter Weise bestimmen. Sie sind im Kräfteplan (Bild 8.19b) gestrichelt dargestellt. In diesem Falle gilt: $F_{21}^R > F_{21}$.

3. Beispiel: Kräftebestimmung mit Berücksichtigung der Reibung an einem Kurvengetriebe mit geradegeführter Rolle, s. Bild 8.20.
Gegeben: F_{41} als Widerstandskraft am Abtriebsglied.
Gesucht: Antriebsmoment M_{21} sowie die Gelenk- und Lagerkräfte ohne und mit Berücksichtigung der Reibung.

Im Berührungspunkt zwischen Rolle und Kurvenscheibe wird die Kraft in Normalenrichtung, d.h. senkrecht zur Tangente t, auf das Kurvenprofil übertragen. Zunächst wird die Kraftanalyse ohne Berücksichtigung der Reibung durchgeführt. Die Widerstandskraft F_{41} steht mit den Gelenkkräften G_{43} und G_{41} im Rollenmittelpunkt im Gleichgewicht. Der Schieber 4 ist in zwei Schubgelenken gelagert, deren Lagerkräfte G'_{41} und G''_{41} nach dem *Seileckverfahren* bestimmt werden, s. Bild 8.20b. Das Antriebsmoment ergibt sich aus der Beziehung: $M_{21} = h \cdot G_{23}$.

8.3 Kinetostatik

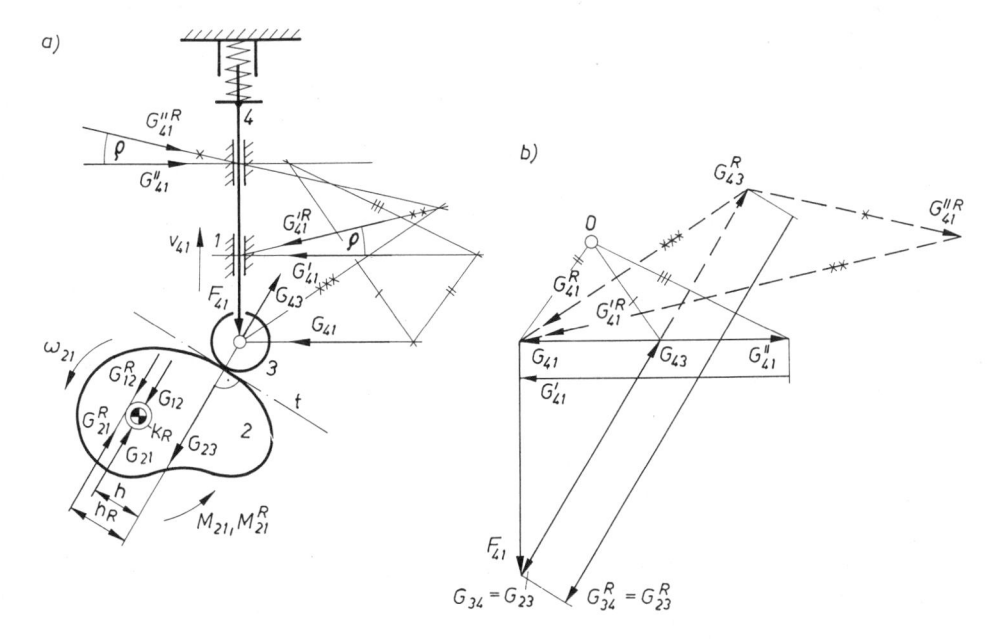

Bild 8.20: Kraftanalyse an einem Kurvengetriebe ohne und mit Berücksichtigung der Reibung, ϱ-Reibungswinkel: a) Lageplan, b) Kräfteplan

In den Schubgelenken wirken die Reibungskräfte der Bewegungsrichtung entgegen, so daß die Wirkungslinien der resultierenden Gelenkkräfte G'^R_{41} und G''^R_{41} im Bild 8.20a festgelegt sind. Größe und Richtung aller Gelenkkräfte mit Reibung sind dem Kräfteplan zu entnehmen. In dem vorliegendem Fall gilt für die in Normalenrichtung wirkende Pressungskraft im Kurvengelenk $G^R_{23} > G_{23}$. Bei zusätzlicher Berücksichtigung der Reibung im Lagerpunkt der Kurvenscheibe ergibt sich das Antriebsmoment zu $M^R_{21} = h_R \cdot G^R_{23}$. Die Rollreibung im Kurvengelenk wurde in diesem Beispiel vernachlässigt.

8.3.5 Ermittlung der resultierenden Trägheitskraft

Um das *dynamische* Problem formal auf ein *statisches* zurückzuführen, sind von D'ALEMBERT *dynamische Hilfskräfte* eingeführt worden, die das *dynamische Grundgesetz* erfüllen [27]. Dieses lautet z.B. für die geradlinig beschleunigte Bewegung $F - ma_S = 0$. Definiert man die dynamische Hilfskraft, die in der Technik als *Trägheitskraft* bezeichnet wird, mit

$$F_T = -ma_S, \qquad (8.19)$$

so gilt nach dem D'ALEMBERTschen Prinzip:

$$F + F_T = 0. \qquad (8.20)$$

Die Trägheitskraft wirkt stets entgegen der Beschleunigung.

Die allgemeine ebene Bewegung eines Getriebegliedes setzt sich aus einer *Translation* mit der Schwerpunktbeschleunigung a_S und einer *Rotation* mit der Winkelbeschleunigung α um S zusammen. Bei der Bewegung einer Scheibe der Masse m treten daher infolge der Massenträgheit folgende kinetische Reaktionen im Schwerpunkt S auf:

$$\left.\begin{array}{ll}\text{Trägheitskraft} & \boldsymbol{F}_T = -m\boldsymbol{a}_S, \\ \text{Massenmoment} & \boldsymbol{M}_T = -J_S\boldsymbol{\alpha},\end{array}\right\} \quad (8.21)$$

s. Bild 8.21a. Beide Trägheitswirkungen können zu einer resultierenden Trägheitskraft $\boldsymbol{F}_F = -m\boldsymbol{a}_S$ zusammengefaßt werden, s. Bild 8.21b. Dabei wird das Moment M_T durch ein Kräftepaar der Größe F_T im Abstand e ersetzt, und zwar nach der Beziehung:

$$e = \frac{M_T}{F_T} = \frac{-J_S\alpha}{-ma_S}. \quad (8.22)$$

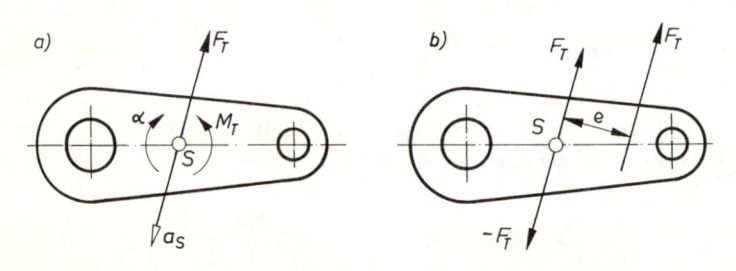

Bild 8.21: Trägheitswirkungen am massebehafteten Getriebeglied: a) Trägheitskraft F_T im Schwerpunkt S und Massenträgheitsmoment M_T um S, b) Resultierende Trägheitskraft F_T im Abstand e von S

Für die zeichnerische Ermittlung der *resultierenden Massenkraft* nach TOLLE [227, 228] werden die Beschleunigung des Schwerpunktes S, die Beschleunigung eines Gliedpunktes K, der zugehörige Schwingungsmittelpunkt T_K und natürlich die Masse m des Getriebegliedes benötigt. Nach Bild 8.22 werden die Beschleunigungsvektoren

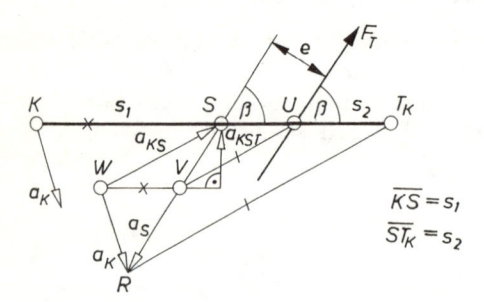

Bild 8.22: Ermittlung der resultierenden Trägheitskraft F_T im Abstand e von S nach TOLLE

8.3 Kinetostatik

entsprechend der Gleichung

$$a_K = a_S + a_{KS}$$

zusammengesetzt und die Parallele zu SK durch W gezeichnet, die a_S in V schneidet. Die Parallele zu RT_K durch V liefert den Schnittpunkt U auf ST_K. Durch U verläuft die resultierende Trägheitskraft F_T in entgegengesetzter Richtung zu a_S.
Beweis:

$$\left. \begin{aligned} M_T &= -J_S \cdot \alpha = F_T \overline{SU} \cdot \sin\beta, & J_S &= mi^2, & i^2 &= s_1 s_2, \\ -m s_1 s_2 \cdot \alpha &= -m a_S \overline{SU} \cdot \sin\beta, & s_1 &= \overline{KS}, & s_2 &= \overline{ST_K}, \\ s_2 a_{KSt} &= a_S \overline{SU} \cdot \sin\beta, & \alpha &= \frac{a_{KSt}}{s_1}, & \frac{\overline{SU}}{s_2} &= \frac{a_{KSt}}{a_S \cdot \sin\beta} \,. \end{aligned} \right\} \quad (8.23)$$

Diese Beziehung ergibt sich aus Bild 8.22 wie folgt:

$$\frac{\overline{SU}}{\overline{ST}_K} = \frac{\overline{SU}}{s_2} = \frac{\overline{SV}}{\overline{SR}} = \frac{a_{KSt}}{a_s \cdot \sin\beta} \,. \tag{8.24}$$

Wird der Gliedpunkt K zu einem festen Lagerpunkt (Bild 8.23), dann verläuft die resultierende Trägheitskraft F_T stets durch den Schwingungsmittelpunkt T_K, und zwar entgegengesetzt zu a_S.

Ein weiteres einfaches Verfahren zur Bestimmung der resultierenden Trägheitskraft ist im Bild 8.24 dargestellt. Es beruht auf der Überlegung, daß sich die Bewegung

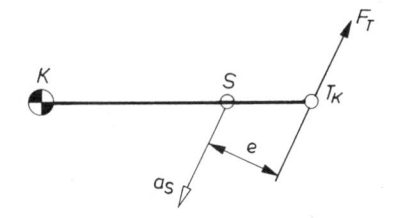

Bild 8.23: Ermittlung der resultierenden Trägheitskraft F_T an einem rotierenden Getriebeglied

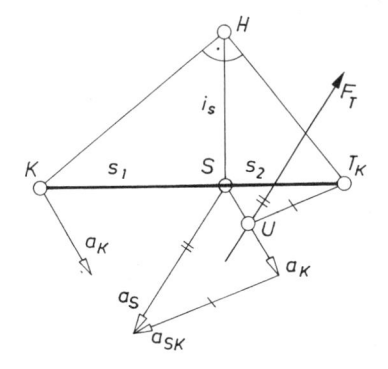

Bild 8.24: Ermittlung der resultierenden Trägheitskraft F_T nach TOLLE, massebehaftetes Getriebeglied in allgemeiner Bewegung

des Körpers aus einer *Translation* mit der Beschleunigung $\boldsymbol{a}_K$ und einer *Rotation* um K mit der Winkelbeschleunigung $\boldsymbol{\alpha}_{SK}$ zusammensetzt. Die Trägheitskräfte der Teilbewegungen schneiden sich im Punkt U, durch den auch die resultierende Trägheitskraft $\boldsymbol{F}_T = -m\boldsymbol{a}_S$ hindurchgehen muß. Der zum Punkt K gehörige Schwingungsmittelpunkt T_K ergibt sich entsprechend der Beziehung $i^2 = s_1 s_2$ nach dem *Höhensatz* im rechtwinkligen Dreieck KHT_K. Am Anfang des Abschnittes 8.3 ist dargelegt, daß es zweckmäßig ist, an jedem Getriebeglied eingeprägte Kräfte und Trägheitskräfte zu einer Resultierenden zusammenzufassen. Mit diesen resultierenden Kräften ist die Kraftanalyse nach den Gesetzmäßigkeiten der Kinetostatik durchzuführen. Spezielle Probleme der Mechanismendynamik werden in [28, 29, 46, 54] behandelt.

Literaturverzeichnis

I. Bücher, Dissertationen

[1] Artobolewski, I.I.; Lewitzki, N.I.; Tscherkudinow, S.A.; (Артоболевский, И.И.; Левицкий, Н.И.; Черкудинов, С.А.): Синтез плоских механизмов. Verlag Nauka, Moskau 1959.

[2] Artobolewski, I.I. (Артоболевский, И.И.): Механизмы в современной технике. Bände 1 bis 5. Verlag Nauka, Moskau 1970-75.

[3] Artobolewski, I.I. (Артоболевский, И.И.): Теориа механизмов и машин. Verlag Nauka, Moskau 1975.

[4] Autorenkollektiv: Getriebetechnik–Koppelgetriebe. Herausgeber J. Volmer, Verlag Technik, Berlin 1979.

[5] Autorenkollektiv: Getriebetechnik–Lehrbuch. Herausgeber J. Volmer, Verlag Technik Berlin, 5. Auflage 1987.

[6] Autorenkollektiv: Getriebetechnik–Kurvengetriebe, 2. stark bearbeitete Auflage. Herausgeber J. Volmer, Verlag Technik, Berlin 1989.

[7] Autorenkollektiv: Getriebetechnik–Umlaufrädergetriebe. Herausgeber: Volmer, J., Verlag Technik Berlin 1972.

[8] Autorenkollektiv: Getriebetechnik–Aufgabensammlung Herausgeber J. Volmer, Verlag Technik, Berlin 1972.

[9] Autorenkollektiv: Taschenbuch Maschinenbau, Band 3. Herausgeber: Fronius, St.; Klose, J.; Luck, K., Verlag Technik Berlin 1987.

[10] Bär, G.: Zur Verzahnungsgeometrie der Schneckengetriebe. Dissertation an der TU Dresden 1971.

[11] Beyer, R.: Technische Kinematik. Verlag von Johann Ambrosius Barth, Leipzig 1931.

[12] Beyer, R.: Kinematische Getriebesynthese. Springer-Verlag. Berlin/Göttingen/Heidelberg 1953.

[13] Beyer, R.: Zur Synthese ebener und räumlicher Kurbelgetriebe. VDI-Forschungsheft Nr. 394, VDI-Verlag, Berlin 1939.

[14] Beyer, R.: Kinematisch-getriebeanalytisches Praktikum. Springer-Verlag, Berlin/Göttingen/Heidelberg 1958.

[15] Beyer, R.: Kinematisch-getriebedynamisches Praktikum. Springer-Verlag, Berlin/Göttingen/Heidelberg 1960.

[16] Bobillier, E.: Cours de géométrie. 12.Auflage, Paris 1870.

[17] Bock, A.: Mechanismen-Katalog / Arbeitsblätter für die Konstruktion von Mechanismen. KDT Bezirksverband Suhl 1983.

[18] Blaschke, W.; Müller, H.R.: Ebene Kinematik. Verlag von R. Oldenbourg, München 1956.

[19] Brock, R.; Röher, A.: Ein Beitrag zur Analyse und Synthese von Räderkoppelgetrieben. Dissertation, Technische Universität Chemnitz 1978.

[20] Burmester, L.: Lehrbuch der Kinematik. Verlag von Arthur Felix, Leipzig 1888.

[21] Dijksman, E. A.: Motion Geometry of Mechanisms. Cambridge University Press, 1976.

[22] Dittrich, G.; Braune, R.: Getriebetechnik in Beispielen. R. Oldenburg Verlag, München/Wien 1978.

[23] Dittrich, G.; Braune, R.; Franzke, W.: Algebraische Maßsynthese ebener viergliedriger Kurbelgetriebe, Programmalgorithmen für Tisch- und Großrechner. Fortschrittsberichte der VDI-Zeitschriften, Reihe 1: Konstruktionstechnik/Maschinenelemente Nr. 109; VDI-Verlag, Düsseldorf 1983.

[24] Dittrich, G.; Gauchel, H.-J.: Die kinematische Analyse von mehrgliedrigen ebenen Kurbelgetrieben sowie die Synthese von sechsgliedrigen Kurbelgetrieben zur Gliedlagenerfüllung. Fortschrittsberichte der VDI-Zeitschriften, Reihe 1: Konstruktionstechnik/Maschinenelemente Nr.132, VDI-Verlag, Düsseldorf 1985.

[25] Dizioğlu, B.: Getriebelehre, Band 1, Grundlagen. Verlag Friedrich Vieweg & Sohn, Braunschweig 1965.

[26] Dizioğlu, B.: Getriebelehre, Band 2, Maßbestimmung. Verlag Friedrich Vieweg & Sohn, Braunschweig 1967.

[27] Dizioğlu, B.: Getriebelehre, Band 3, Dynamik. Verlag Friedrich Vieweg & Sohn, Braunschweig 1966.

[28] Dresig, H.; Vul'fson, I.I.: Dynamik der Mechanismen. Deutscher Verlag der Wissenschaften, Berlin 1989.

[29] Dresig, H.: Zur Dynamik von Kurvengetrieben. Wiss. Schriftenreihe der Technischen Hochschule Chemnitz 9/1986.

[30] Dscholdasbekow, U.A. (Джолдасбеков, У.А.): Графо-аналитические методы анализа и синтеза механизмов высоких классов. Verlag Nauka SSR, Alma Ata 1983.

I. Bücher, Dissertationen

[31] Duditza, Fl.: Kardangelenkgetriebe und ihre Anwendung. VDI- Verlag, Düsseldorf 1973.

[32] Erdman, A.G.; Sandor, G.N.: Mechanism Design: Analysis and Synthesis, Volume 1. Advanced Mechanism Design: Analysis and Synthesis, Volume 2. Prentice-Hall Inc., Englewood Cliffs, New Jersey 07632, 1984.

[33] Federhofer, K.: Graphische Kinematik und Kinetostatik des starren räumlichen Systems. Springer-Verlag, Wien 1928.

[34] Flocke, K.A.: Zur Konstruktion von Kurvenscheiben bei Verarbeitungsmaschinen. VDI-Forschungsheft Nr. 345, VDI-Verlag, Berlin 1931.

[35] Franke, R.: Vom Aufbau der Getriebe. Bd. I 1948, Bd. II 1951. VDI-Verlag Düsseldorf.

[36] Gentzen, G.: Ein Beitrag zur Berechnung und Konstruktion von Kurvenschrittgetrieben. Dissertation A, Technische Universität Chemnitz 1972.

[37] Göldner, H., Holzweißig, F.: Leitfaden der Technischen Mechanik. Fachbuchverlag Leipzig, 11. verbesserte Auflage 1989.

[38] Grashof, F.: Theoretische Maschinenlehre. Verlag Leopold Voss Hamburg, Leipzig 1883.

[39] Grübler, M.: Getriebelehre. Eine Theorie des Zwanglaufes und der ebenen Mechanismen. Springer-Verlag Berlin 1917.

[40] Hagedorn, L.: Konstruktive Getriebelehre. Herman Schroedel-Verlag, Hannover 1976.

[41] Hain, K.: Getriebeatlas für verstellbare Schwing–Dreh–Bewegungen. Verlag Technik Berlin 1969.

[42] Hain, K.: Atlas für Getriebekonstruktionen. Verlag Friedrich Vieweg & Sohn, Braunschweig 1972.

[43] Hain, K.: Angewandte Getriebelehre. VDI-Verlag, Düsseldorf 1961.

[44] Hammerschmidt, Chr.: Zur Dynamik der Schrittbewegung am Beispiel des Malteserkreuzgetriebes. Dissertation, Technische Universität Chemnitz 1968.

[45] Hansen, F.: Konstruktionssystematik. Verlag Technik, Berlin 1965.

[46] Holzweißig, F.; Dresig, H.: Lehrbuch der Maschinendynamik. Fachbuchverlag Leipzig 1979.

[47] Horani, M.: Untersuchungen zur Analyse und Synthese von zykloidengesteuerten Zweischlägen. Dissertation, Technische Universität Dresden 1977.

[48] Hrones, J.A.; Nelson, G.L.: Analysis of the Fourbar–Linkage. Technology Press of the Massachusetts Institute of Technology and John Wiley & Sons. Inc., New York 1951.

[49] Hüther, B.: Kinematik und Kinetik der Räderkurvenschrittgetriebe. Dissertation, Technische Universität Chemnitz 1968.

[50] Hunt, K. H.: Kinematic Geometry of Mechanisms. Oxford University Press 1978.

[51] Ihme, W.: Ein Beitrag zur Ermittlung der Abmessungen von Gelenkgetrieben, dargestellt an Beispielen aus dem Textilmaschinenbau. Dissertation, Technische Universität Dresden 1967.

[52] Israel, G.-R.: Durchgängige rechnergestützte Entwicklung von Kurvenmechanismen für Verarbeitungsmaschinen. Dissertation B, Technische Universität Dresden 1988.

[53] Jahr, W.; Knechtel, P.: Getriebelehre, Bd. I 1955, Bd. II 1956. Fachbuchverlag Leipzig.

[54] Kerle, H.:Getriebetechnik, Dynamik für UPN- und AOS–Rechner. Verlag Friedrich Vieweg & Sohn, Braunschweig, Wiesbaden 1982.

[55] Kerle, H.: Zur Auslegung eines schnellaufenden einfachen Kurvengetriebes unter Berücksichtigung des Antriebes. Dissertation, Technische Universität Carolo-Wilhelmina zu Braunschweig 1973.

[56] Kiper, G.: Synthese der ebenen Gelenkgetriebe. VDI-Forschungsheft Nr. 433. VDI-Verlag, Düsseldorf 1952.

[57] Kiper, G.: Katalog einfachster Getriebebauformen. Springer-Verlag, Berlin, Heidelberg, New York 1982.

[58] Konstantinov, M.S.; Vrigasov, E.; Stantschev, E.; Nedeltschev, I. (Константинов, М.С.; Вригасов, Е.; Станчев, Е.; Неделчев, И.): Теориа на механизмите и машините. Verlag Technika Sofia 1980.

[59] Koschewnikow, S.N. (Кожевников, С.Н.): Теориа механизмов и машин. Verlag Maschinostrojenie Moskau 1973.

[60] Kraus, R.: Grundlagen des systematischen Getriebeaufbaus. Verlag Technik, Berlin 1952.

[61] Kraus, R.: Getriebelehre. Verlag Technik Berlin 1951.

[62] Kulitzscher, P.: Ein Beitrag zur Analyse und komplexen Optimierung ebener Kurvenmechanismen. Dissertation, Technische Hochschule Chemnitz 1968.

[63] Kunad, G.: Die Bestimmung der Hauptabmessungen übertragungsgünstiger Kurvengetriebe. Dissertation, Technische Hochschule Magdeburg 1965.

[64] Lebedev, P.A. (Лебедев, П.А.): Кинематика пространственных механизмов. Verlag Maschinostrojenie, Moskau 1966, St. Petersburg.

[65] Lyendecker, H.-W.: Anwendungsgrenzen normierter Übertragungsfunktionen bei Kurvengetrieben. Dissertation, Rheinisch-Westfälische Technische Hochschule Aachen, 1983.

[66] Lichtenheldt, W.: Einfache Konstruktionsverfahren zur Ermittlung der Abmessungen in Kurbelgetrieben. VDI-Forschungsheft 408, VDI-Verlag Düsseldorf 1941.

[67] Lichtenheldt, W.; Luck, K.: Konstruktionslehre der Getriebe, 5. bearbeitete und erweiterte Auflage. Akademie-Verlag, Berlin 1979.

[68] Lichtwitz, O.: Getriebe für aussetzende Bewegungen. Springer-Verlag, Berlin/Göttingen/Heidelberg 1953.

[69] Lohse, P.: Getriebesynthese, 3. neubearbeitete und erweiterte Auflage. Springer-Verlag Berlin, Heidelberg, New York 1983.

[70] Looman, J.: Zahnradgetriebe. 2.Auflage, Springer-Verlag Berlin, Heidelberg, New York 1988.

[71] Luck, K.; Modler, K.-H.: Getriebetechnik–Analyse, Synthese, Optimierung. Springer-Verlag Wien, New York 1990.

[72] Luck, K.: Zur rechnerischen Ermittlung der Abmessungen von ebenen Gelenkgetrieben. Dissertation, Technische Universität Dresden 1960.

[73] Luck, K.: Ein Beitrag zur exakten Synthese von räumlichen Koppelgetrieben unter Einbeziehung der Computertechnik. Dissertation B, Technische Universität Dresden 1974.

[74] Merhar, G.: Ein Beitrag zur Gestaltung von Konstruktionskatalogen aus dem Bereich der Getriebetechnik. Fortschrittsberichte der VDI-Zeitschriften, Reihe 1, Nr. 80, VDI-Verlag Düsseldorf 1981.

[75] Modler, K.-H.: Beiträge zur Theorie der BURMESTERschen Mittelpunktkurve. Dissertation A, Technische Universität Dresden 1971.

[76] Modler, K.-H.: Eine einheitliche Methode für die exakte Synthese von Koppelgetrieben zur Realisierung von Lagenzuordnungen. Dissertation B, Technische Universität Dresden 1978.

[77] Müller, J.: Arbeitsmethoden der Technikwissenschaften, Systematik–Heuristik–Kreativität. Springer-Verlag Berlin, Heidelberg, New York 1990.

[78] Müller, H.R.: Kinematik. Sammlung Göschen, Band 584/584a. Verlag Walter de Gruyter & Co., Berlin 1963.

[79] Müller, H.W.: Die Umlaufgetriebe–Berechnung, Anwendung, Auslegung. Konstruktionsbücher Band 28. Springer-Verlag Berlin, Heidelberg, New York 1971.

[80] Müller, J.; Hagedorn, H.; Klammert, A.: Getriebetechnik– Rollenkettengetriebe. Verlag Technik, Berlin 1983.

[81] Müller, R.: Einführung in die theoretische Kinematik. Springer-Verlag, Berlin 1932.

[82] Neumann,R.: Fünfgliedrige Räderkoppel–Schrittgetriebe, Synthese und Eigenschaften. Dissertation B, Technische Universität Dresden 1986.

[83] Nieto, J.: Sintesis de Mecanismos. Editorial AC, libros cientificos y técnicos, Madrid 1978.

[84] Pahl, G.; Beitz, W.: Konstruktionslehre. 2.Auflage Springer–Verlag Berlin, Heidelberg, New York 1986.

[85] Rauh, K.: Praktische Getriebelehre, Bd. I 1931; Bd. II 1939, Springer-Verlag Berlin.

[86] Rehwald, W.: Kinetische Bewegungsanalyse ebener, ungleichförmig übersetzender Kurbelgetriebe. VDI-Forschungsheft 503, VDI-Verlag Düsseldorf 1964.

[87] Rehwald, W.: Analytische Kinematik von Koppelgetrieben. Otto Krausskopf-Verlag GmbH, Mainz 1972.

[88] Reuleaux, F.: Theoretische Kinematik, Grundzüge einer Theorie des Maschinenwesens. Verlag Friedrich Vieweg & Sohn, Braunschweig 1875.

[89] Reuleaux, F.: Die praktischen Beziehungen der Kinematik zu Geometrie und Mechanik. Verlag Friedrich Vieweg & Sohn, Braunschweig 1900.

[90] Rössner, W.: Ermittlung der Burmesterschen Punkte in Sonderfällen und getriebesynthetische Anwendungen. Dissertation, Technische Universität Dresden 1955.

[91] Rössner, W.: Systematik zwangläufiger kinematischer Ketten. Habilitationsschrift, Technische Universität Dresden 1962.

[92] Sablonski, K. I.:(Заблонский, К. И.): Детали машин. Golownoje Verlag Wischtscha Schkola, Kiew 1985.

[93] Sályi, I.: Mechnizmusok (Mechanismentechnik). Tankönyvkiadó, Budapest 1973.

[94] Sandor, G.N.; Erdman, A.G.: Advanced Mechanism Design: Analysis and Synthesis, Volume 2. Prentice-Hall, Inc., Englewood Cliffs, New Jersey 07632, 1984.

[95] Schoenfliess, A.: Geometrie der Bewegung in synthetischer Darstellung. Verlag von B.G. Teubner, Leipzig 1886.

[96] Shigley, J.E.; Uicker, J.J.: Theory of Machines and Mechanisms. Mc Graw-Hill International Book Company London/Paris/Tokyo 1981.

[97] Strauchmann, H.: Ein einheitliches Verfahren zur Lösung gewisser diskreter Approximationsprobleme der Getriebetechnik. Dissertation B, Technische Universität Dresden 1984.

[98] Strauch, H.: Theorie und Praxis der Planetengetriebe. Krausskopf-Verlag, Mainz 1971.

[99] Terplan, Z.: Dimensionierungsfragen der Zahnrad- Planetengetriebe. Akadémiai Kiadó, Budapest 1974.

[100] Volmer, J.: Getriebetechnik, Grundlagen. Verlag Technik, Berlin, München 1992.

[101] Weise, H.: Die kinematographische Kamera. Springer-Verlag Berlin, Heidelberg, New York 1955.

[102] Wittenbauer, F.: Graphische Dynamik. Springer–Verlag, Berlin 1923.

[103] Wolf, A.: Die Grundgesetze der Umlaufgetriebe. Verlag Friedrich Vieweg & Sohn, Braunschweig 1958.

[104] Zakel, H.: Geometrie, Kinematik und Kinetostatik des Kurvengelenks räumlicher Kurvengetriebe. Dissertation Rheinisch–Westfälische Technische Hochschule Aachen 1983.

II. Abhandlungen in Zeitschriften und Tagungsmaterialien

[105] Alt, H.: Der Übertragungswinkel und seine Bedeutung für das Konstruieren periodischer Getriebe. Werkstattstechnik 26 (1932) S. 61-64.

[106] Alt, H.: Die Güte der Bewegungsübertragung bei periodischen Getrieben. Z. VDI 96 (1954) S. 238-244.

[107] Alt, H.: Zur Synthese der ebenen Mechanismen. ZAMM 1 (1921), S. 373-398.

[108] Alt, H.: Über die Totlagen des Gelenkvierecks. ZAMM 5 (1925), S. 337-346.

[109] Alt, H.: Ermittlung der Abmessungen des Schubkurbelgetriebes. Werkstattstechnik 23 (1939), S. 693-697.

[110] Alt, H.: Über die Totlagen von Getriebegliedern. Masch.-Bau Betrieb 19 (1940), S. 173-176.

[111] Alt, H.: Das Konstruieren von Gelenkvierecken unter Benutzung einer Kurventafel. Z. VDI 85 (1941), S. 69-72.

[112] Alt, H.: Die Bedeutung der Getriebelehre für den Bau der Verarbeitungsmaschinen. Z. VDI 74 (1930), S. 139-144.

[113] Alt, H.: Malteserkreuzgetriebe. Werkstattstechnik 10 (1916) S. 228-232.

[114] Altmann, F. G.: Die Bauformen gleichachsiger Stirnradumformer. Masch.-Bau Betrieb 6 (1927) S. 1083-1087.

[115] Altmann, F. G.: Zwei neue Getriebe für gleichförmige Übersetzung. Masch.-Bau Betrieb 8 (1929) S. 721-723.

[116] Altmann, F. G.: Koppelgetriebe für gleichförmige Übersetzung. Z. VDI 92 (1950) S. 909-916.

[117] Altmann, F. G.: Antrieb von Hebezeugen durch hochübersetzende, raumsparende Stirnradgetriebe. Masch.-Bau Betrieb 6 (1927)

[118] Ball, R.: Notes on applied mechanics. Proc. R. Irish. Acad. Ser. II, 1, S. 243.

[119] Bereis, R.: Aufbau einer Theorie der ebenen Bewegung mit Verwendung komplexer Zahlen. Österreichisches Ingenieur-Archiv Wien, Bd. V (1951) S. 246-266.

[120] Bereis, R.: Kinematik in der Gaußschen Zahlenebene. Wiss. Z. der TU Dresden 8 (1958/59) S. 1-8.

[121] Bereis, R.: Über das Raumbild des ebenen Zwanglaufes (Kinematische Abbildung von BLASCHKE und GRÜNWALD). Wiss. Z. der TU Dresden 13 (1964), S. 7-16.

[122] Beyer, R.: Kreispunktkurve in rechnerischer Behandlung. Masch.-Bau Betrieb 17 (1938) S. 595-596.

[123] Beyer, R.: Drehzahlvektorenpläne ebener Getriebe. Ein neues allgemeines Verfahren der ebenen Kinematik. Zeitschr. Instrumentenkunde (1933) S. 164-172.

[124] Beyer, R.: Winkelbeschleunigungspläne der ebenen Kinematik und ihre Anwendungen. ZAMM 13 (1933) S. 424-425.

[125] Beyer, R.: Zur Konstruktion des Wendepols. Masch.-Bau Betrieb 18 (1939), S. 467-471.

[126] Blechschmidt, Chr.: Konstruktionstafel für Koppelrastgetriebe. Maschinenbautechnik, Berlin 9 (1960), S. 425-432.

[127] Bock, A.: Sternradgetriebe. Z. VDI 73 (1929) S. 397-401.

[128] Bock, A.: Der systematische Aufbau der Schaltgetriebe. Maschinenbautechnik, Berlin 4 (1950) S. 60-62 und 116-125.

[129] Bock, A.: Zur Verbesserung der Übertragungsgüte in Bewegungsmechanismen. Wiss. Z. der Hochschule für Elektrotechnik, Ilmenau 4 (1957/58) S. 73-79.

[130] Bock, A.: Auswirkung von Kräften auf die Laufeigenschaften von Getrieben. Maschinenbautechnik, Berlin 8 (1959) S.209-216.

[131] Bock, A.: Technische Verwirklichung von Bewegungen durch mechanische und nichtmechanische Mittel. Tagungsberichte des IV. Internationalen Kolloquiums der TH Ilmenau (1959), S. 83-89.

[132] Bock, A.: Konstruktive Möglichkeiten der Bewegungsübertragung. Wiss. Z. der Hochschule für Elektrotechnik, Ilmenau 8 (1962) S. 267–274.

[133] Bock, A.: Arbeitsblätter für die Konstruktion von Mechanismen. Maschinenbautechnik, Berlin 16 (1967) S. 387-391.

[134] Bögelsack, G.: Ein Beitrag zu den Totlagenkonstruktionen der schwingenden Kurbelschleife und der Schubkurbel. Maschinenbautechnik, Berlin 14 (1965), S. 153-156.

[135] Bögelsack, G.; Živković, Ž.: Auswahlkriterien für Schrittgetriebe. Tagungsmaterial der Fachtagung Getriebetechnik Magdeburg 1975, Bd. 1, S. 191-199.

[136] Bögelsack, G.; Gierse, F.J.; Oravsky, V.; Prentis, J.M.; Rossi, A.: Terminology for the Theory of Machnies and Mechanisms, Fifth Draft 1983. Mechanism and Machine Theory, Vol. 18. No. 6, pp. 376-408, Pergamon Press, Oxford, New York 1983.

[137] Braune, R.: HS-Profile mit vielen Harmonischen – Wirkungsvolle Schwingungsreduzierung in Kurvengetrieben bei extremen Bewegungsanforderungen. Tagungsmaterial der VDI-Getriebetagung Bad Nauheim '94, VDI-Berichte, Nr. 1111, S. 137-151, VDI-Verlag Düsseldorf 1994.

[138] Corves, B.; Spiegelberg, G.: Aufbau eines Entwicklungssystems für Kurvengetriebe. Tagungsmaterial der VDI-Getriebetagung Mannheim '90, VDI-Berichte, Nr. 847, S. 69-84, VDI-Verlag Düsseldorf 1990.

[139] Dög, M.: Berechnung und Fertigung räumlicher Kurvenkörper für Kurvenschrittgetriebe. Maschinenbautechnik, Berlin 29 (1980), S. 547-548.

[140] Dresig, H.; Rößler, J.: Bewegungsgesetze schwingungsarmer Kurvengetriebe. Maschinenbautechnik, Berlin 33 (1984), S. 201-204.

[141] Gasse, U.: Beitrag zur mehrfachen Erzeugung der Koppelkurve. Wiss. Z. der TH Magdeburg 11 (1967) S. 307-311.

[142] Geise, G.: Zur Ermittlung der Burmesterschen Punkte. Maschinenbautechnik, Berlin 11 (1962), S. 442-445.

[143] Geise, G.; Modler, K.-H.: Bestimmung der Reihenfolge der zu einem Pumkt der Mittelpunktkurve gehörenden vier homologen Punkte. Wiss. Z. der TU Dresden 22 (1973), S. 481-487.

[144] Grübler, M.: Über die Kreisungspunktkurve einer komplan bewegten Ebene. Z. Math. u. Phys. 37 (1892) S. 35-36 u. 192.

[145] Grünwald, J.: Ein Abbildungsprinzip, welches die ebene Geometrie und Kinematik mit der räumlichen Geometrie verknüpft. Sitz. Ber. Akad. Wien, Math. naturw. Kl. 80, Abt. IIa (1911), S. 677-741.

[146] Günzel. D.: Modulares Programmsystem für die Typ- und Maßsynthese ungleichmäßig übersetzender Mechanismen und Getriebe. Tagungsmaterial der VDI-Getriebetagung Bad Nauheim '94, VDI-Berichte, Nr. 1111, S. 271-283, VDI-Verlag Düsseldorf 1994.

[147] Hackmüller, E.: Zur Konstruktion der Burmesterschen Punkte. Masch.-Bau Betrieb 17 (1938) S. 645-649.

[148] Hackmüller, E.: Zur Synthese des ebenen Gelenkvierecks. Masch.-Bau Betrieb 19 (1940), S. 402-403.

[149] Hain, K.: Punktlagen-, Kurbelwinkel- und Schwingwinkelzuordnungen. Masch.-Bau Betrieb 21 (1942), S. 218-221.

[150] Hain, K.: Punktlagenreduktion als getriebesynthetisches Hilfsmittel. Masch.-Bau Betrieb 22 (1943), S. 29-31.

[151] Hain, K.: Bewegungs-und Kräfteverhältnisse in kombinierten Ketten- und Kurbelgetrieben. Industrie-Anzeiger 81 (1959), S. 499-501.

[152] Hain, K.: Bewegungen und Kräfte in Ketten-Kurbelgetrieben. Konstruktion 12 (1960), S. 31-33.

[153] Hain, K.: Erzeugung von Parallel-Koppelbewegungen mit Anwendungen in der Landtechnik. Grundlagen der Landtechnik (1964) Heft 20, S. 58-68.

[154] Hammerschmidt, Chr.: Kinetik der Malteserkreuzgetriebe. Maschinenbautechnik, Berlin 16 (1967) S. 601-606.

[155] Hammerschmidt, Chr.; Fricke, A.: Getriebe mit rechnergesteuerten Antrieben zur Erzeugung ungleichmäßiger Bewegungen. Tagungsmaterial der VDI-Getriebetagung Fellbach '92, VDI-Berichte, Nr. 958, S. 231-246, VDI-Verlag Düsseldorf 1992.

[156] Horani, M.; Neumann, R.: Fünfgliedrige Räderkoppelgetriebe (zykloidengesteuerte Zweischläge) und ihre Übertragungsfunktionen. Maschinenbautechnik, Berlin 25 (1976), S. 436-439.

[157] Hüther, B.: Totlagenkonstruktion 5gliedriger Räderkoppelgetriebe mit Kurbelschwinge als Grundgetriebe. Maschinenbautechnik, Berlin 34 (1985), S. 419-424.

[158] Hüther, B.: Fünfgliedrige Räderkoppelgetriebe für gleichlange Vor- und Rücklaufbewegung. Maschinenbautechnik, Berlin 34 (1985), S. 319-323.

[159] Hüther, B.: Totlagenkonstruktion 5gliedriger Räderkoppelgetriebe mit Kurbelschleife und Schubkurbel als Grundgetriebe. Maschinenbautechnik, Berlin 35 (1986), S. 23-28.

[160] Hugk, H.; Krzenciessa, H.; Nerge, G.: Arbeitsblätter für die Konstruktion, Berechnung von Kurvenmechanismen. Maschinenbautechnik, Berlin 28 (1979) S. 523-525.

[161] Ihme, W.: Einige Bemerkungen zur Totlagenkonstruktion mit Zusatzlage bei der schwingenden Kurbelschleife und der Schubkurbel. Maschinenbautechnik, Berlin 18 (1969), S. 275-279.

[162] Israel, G.-R.: Synthese ebener viergliedriger Koppelgetriebe für vorgegebene Punktlagen-Antriebswinkel-Zuordnungen. Maschinenbautechnik, Berlin 22 (1973), S. 258-261.

[163] Israel, G.-R.: Komplexe CAD/CAM-Lösung für Hochleistungkurvenmechanismen. Tagungsmaterial der VDI-Getriebetagung Mannheim '90, VDI-Berichte Nr. 847, S. 53-68, VDI-Verlag Düsseldorf 1990.

[164] Kunad, G.; Leistner, F.: Wellgetriebe–Funktion, Bauformen und Kinematik. Wiss. Z. der TH Magdeburg 26 (1982) S. 67-73.

[165] Kutzbach, K.: Mehrgliedrige Radgetriebe und ihre Gesetze. Masch.-Bau Betrieb 6 (1927), S. 1080-1083.

[166] Kutzbach, K.: Zur Ordnung der Kurvengetriebe. Masch.-Bau Betrieb 8 (1929), S. 706-710.

[167] Krzenciessa, H.: Sperrlagen in Kurbelmechanismen schnellaufender Verarbeitungsmaschinen für Hubbewegungen mit genauen Hubendlagen und Rasten (Stillstände) hoher Güte. Maschinenbautechnik, Berlin 27 (1976) S. 313-316.

[168] Krzenciessa, H.: Sperrlagen in Mechanismen schnellaufender Verarbeitungsmaschinen – Sperrung beider Hubendlagen einer Hubbewegung. Wiss. Z. der TU Dresden 27 (1978) Heft 5, S. 1031-1034.

[169] Krzenciessa, H.: Zur Berechnung von Kurvenmechanismen. Maschinenbautechnik, Berlin 18 (1969) S. 368, 455-457, 581-587, 663-665.

[170] Krzenciessa, H.: Verminderung der Beschleunigungen an Abtriebsgliedern von Kurvenmechanismen durch Verlängerung der Hubzeit. Wiss. Z. der TU Dresden 11 (1962) S. 59-64.

[171] Lichtenheldt,W.: Zur Konstruktion von Gelenkgetrieben. Wiss. Z. der TH Dresden 1 (1951/52), S. 71-76.

[172] Lichtenheldt, W.: Die Bedeutung der Konstruktionslehre für die Feinmechanik. Wiss. Z. der TH Dresden 3 (1953/54), S. 211-214.

[173] Lichtenheldt, W.: Zur Geometrie des Wippkranes. Wiss. Z. der TH Dresden 3 (1953/54) S. 555-558.

[174] Lichtenheldt, W.: Lenkergeradführungen im Feingerätebau. Feingerätetechnik, Berlin 4 (1955) S. 447-450.

[175] Lichtenheldt, W.: Die Methode der Partialsynthese. Wiss. Z. der TH Dresden 5 (1955/56) S. 79-82.

[176] Lichtenheldt, W.: Konstruktionstafeln für Geradführungsmechanismen. Maschinenbautechnik, Berlin 7 (1958) S. 609-611.

[177] Lichtenheldt, W.: Die Anwendung der Geometrie bei Getriebekonstruktionen. Wiss. Z. der TH Dresden 8 (1958/59), S. 341-346.

[178] Luck, K.: Zur Erzeugung von Koppelkurven viergliedriger Getriebe. Maschinenbautechnik 8 (1959) S. 97–104.

[179] Luck, K.: Konstruktionstafel für Koppelrastgetriebe. Maschinenbautechnik, Berlin 4 (1955), S. 415-421.

[180] Luck, K.: Teilsysteme für den Syntheseprozeß bei ebenen Koppelgetrieben. Wiss. Z. der TU Dresden 22 (1973), S. 505-508.

[181] Luck, K.; Modler, K.-H.: Computersynthese von Viergelenkgetrieben bei vorgegebenen Lagenzuordnungen. Wiss. Z. der TU Dresden 22 (1973), S. 509-513.

[182] Luck, K.; Modler, K.-H.: Getriebetechnische Grundaufgaben bei der Auslegung von Baumaschinen. Maschinenbautechnik, Berlin 30 (1981) Heft 10, S. 436-438.

[183] Luck, K.: Zur Entwicklung der Getriebetechnik. Wiss. Z. der TU Dresden 33 (1984), S. 31-37.

[184] Luck, K.; Modler, K.-H.: Optimierung der Schneidkraft bei Bolzenschneidern. Maschinenbautechnik, Berlin 36 (1987), S. 447-448.

[185] Luck, K.; Neumann, R.: Fünfgliedrige Räderkoppelschrittgetriebe. Proceedings of the VII. World Congress IFTOMM Sevilla 1987, Volume 1, pp. 49-52.

[186] Luck, K.: Eine analytische Fassung des Theorems von ROBERTS/TSCHEBYSCHEW. Wiss. Z. der TU Dresden 38 (1989), S. 169-174.

[187] Luck, K.; Richter, J.: Rechnergestützte Synthese des Gelenkvierecks–Lehrsoftware für den Unterricht. Tagungsmaterial SYROM '89, Bukarest 1989.

[188] Luck, K.; Richter, J.: Getriebesynthese mittels Computergrafik. Maschinenbautechnik, Berlin 38 (1989), S. 340-345.

[189] Luck, K.; Modler, K.-H.: BURMESTER–Theory for Band-Mechanisms. Proceedings of the ASME Mechanisms-Conference, Phoenix/Arizona 1992. DE-Volume 46, pp. 55-59, Mechanical Design and Synthesis, ASME 1992.

[190] Luck, K.; Modler, K.-H.: Synthesis of Guidance Mechanisms. Mechanism and Machine Theory, Vol. 29, No. 4, pp. 525-533. 1994 Elsevier Science Ltd.

[191] Luck, K.: Computer–Aided Mechanism Synthesis based on BURMESTER–Theory. Mechanism and Machine Theory, Volume 29, No. 76, pp. 877-886. 1994 Elsevier Science Ltd.

[192] Luck, K.; Modler K.-H.: Über die zweifache Erzeugung von Bahnkurven. Wiss. Z. der TU Dresden 43 (1994), S. 20-22.

[193] Luck, K.: 70 Jahre Getriebelehre an der TU Dresden. Wiss. Z. der TU Dresden 43 (1994), S. 10-16.

[194] Ludwig, F.: Über den Entwurf von Kurbelschwingengetrieben unter Berücksichtigung des Übertragungswinkels. VDI-Berichte 5 (1955) S. 43–50.

[195] Lüder, R.: Zur Synthese von HS–Profilen. Tagungsmaterial der VDI-Getriebetagung Bad Nauheim '94, VDI-Berichte, Nr. 1111, S. 351-363, VDI-Verlag Düsseldorf 1994.

[196] Maier, A.: Getriebe mit elektromagnetischer Schaltung. Automobiltechn. Z. 45 (1942) S. 439-446.

[197] Meyer zur Capellen, W.: Konstruktion von fünf-und sechspunktigen Geradführungen in Sonderlagen des Gelenkvierecks. Konstruktion 9 (1957), S. 344-351.

[198] Modler, K.-H.: Zur praktischen Anwendung des Satzes von Grashof. Wiss. Z. der TU Dresden 30 (1981) S. 29-30.

[199] Modler, K.-H.: Burmestersche Theorie ohne Poldreieck. Maschinenbautechnik, Berlin 30(1981) S. 116-118 und 126.

[200] Modler, K.-H.: Reihenfolge der homologen Punkte, Teil 4. Maschinenbautechnik, Berlin 21 (1972), S. 258-265.

[201] Modler, K.-H.: Reihenfolge der homologen Punkte bei den Sonderfällen der Mittelpunktkurve, Teil 5. Maschinenbautechnik, Berlin 25 (1976), S. 440-442.

[202] Modler, K.-H.: Berechnung von Zweiräderkurbelgetrieben. Maschinenbautechnik, Berlin 25 (1976), S. 440-442.

[203] Modler, K.-H.: Synthese des nichtrückkehrenden Zweiräderkurbelgetriebes. Wiss. Z. der TU Dresden 25 (1976), S. 563-567.

[204] Modler, K.-H.; Strauchmann, H.; Markert, T.; Kräupel, H.-J.: Rechneroptimierte Doppelkniehebelgetriebe für Schließsysteme in Spritzgießmaschinen. Tagungsmaterial der VDI-Getriebetagung Fellbach '92, VDI-Berichte, Nr. 958, S. 137-151, VDI-Verlag Düsseldorf 1992.

[205] Modler, K.-H.: Bewegungstechnische Lösungen für Bau- und Fördermaschinen. Tagungsmaterial der VDI-Getriebetagung Fellbach '92, VDI-Berichte, Nr. 958, S. 247-258, VDI-Verlag Düsseldorf 1992.

[206] Nerge, G.: Tafel der Kennwerte symmetrischer Bewegungsgesetze für Kurvenmechanismen. Wiss. Z. der TU Dresden 11 (1962) S. 53-57.

[207] Nerge, G.: Dynamische Untersuchungen zum Verschleißverhalten von Kurvenmechanismen. Maschinenbautechnik, Berlin 16 (1967) S. 57-59.

[208] Nerge,G.: Zur Auslegung der Feder bei kraftschlüssigen Kurvengetrieben. Maschinenbautechnik, Berlin 15 (1966) S. 274-277.

[209] Neumann, R.: Zweiradkurbelgetriebe als Schrittgetriebe. Wiss. Z. der TU Dresden 22 (1973), S. 853-856.

[210] Neumann, R.: Technische Anwendungen des Umlaufräderprinzips. Maschinenbautechnik Berlin 25 (1976) S. 50-57.

[211] Neuman, R.: Hochübersetzende Getriebe. Maschinenbautechnik, Berlin 26 (1977) S. 297-305.

[212] Neumann, R.; Watzlawik, P.: Synthese von Räderkoppel-Schrittgetrieben mit Hilfe von Kurventafeln. Maschinenbautechnik, Berlin 23 (1974), S. 53-59.

[213] Neumann, R.: Zweiräderkurbelgetriebe mit momentanen Rasten. Wiss. Z. der TU Dresden 23 (1974), S. 709-712.

[214] Neumann, R.: Zur Synthese von Zweiräderkoppelgetrieben als Schrittgetriebe. Maschinenbautechnik, Berlin 25 (1976), S. 117-121.

[215] Neumann, R.: Hochübersetzende Getriebe. Maschinenbautechnik, Berlin 26 (1977) S. 297-305.

[216] Neumann, R.: Einstellbare fünfgliedrige Räderkoppelgetriebe. Maschinenbautechnik, Berlin 28 (1979), S. 211-215.

[217] Neumann, R.: Kinematische und kinetische Untersuchungen eines Räderkoppelgetriebes mit großem Schwingwinkel. Maschinenbautechnik, Berlin 29 (1980), S. 399-404. Dresden 1977.

[218] Nolte, R.: Bewegungsplanoptimierung zur Drehzahlsteigerung bei mechanischer und elektronischer Bewegungssteuerung. Tagungsmaterial der VDI-Getriebetagung Bad Nauheim '94, VDI-Berichte, Nr. 1111, S. 231-246, VDI-Verlag Düsseldorf 1994.

[219] Rankers, H.: Vier genau gleichwertige Gelenkgetriebe für die gleiche Koppelkurve. Industrieblatt 59 (1959) S. 17-21.

[220] Roberts, S.: Three-Bar Motion in Plane Space. Proceedings of the London Mathematical Society 1875, Vol. VII, pp. 14-23.

[221] Rodenberg, C.: Die Bestimmung der Kreispunktkurven eines ebenen Gelenkvierseits. Z. Math. u. Phys. 86 (1891) S. 267-277.

[222] Rößner, W.: Zur strukturellen Ordnung der Getriebe. Wiss. Z. der TU Dresden 10 (1961), S. 1101-1115.

[223] Rößner, W.: Güte der Kraft- und Bewegungsübertragung. VDI-Berichte 29 (1958) S. 65-70.

[224] Schmid, W.: Über die Erzeugung einer Koppelkurve aus neun Bestimmungsstücken. Wiss. Z. der TU Dresden 2 (1952/53) S. 427-431.

[225] Schmid, W.: Über die Koppelkurve des Schubkurbelgetriebes. ZAMM 30 (1950) S. 330-333.

[226] Strauchmann, H.: Ein Beitrag zur Synthese der zentrischen Kurbelschwinge. Maschinenbautechnik, Berlin 15 (1966), S. 587-592.

[227] Tolle, O.: Die resultierenden Massenkräfte eben bewegter Scheiben und Getriebe. Ing.-Archiv 1 (1930) S. 377-384.

[228] Tolle, O.: Neue Konstruktionen der Wirkungslinie des resultierenden Massenwiderstandes eines eben bewegten Getriebegliedes. Ing.-Archiv 19 (1951) S. 355-356.

[229] Tschebyschew, P.L.; (Чебышев, П.Л.): О простейших параллелограммах, доставляющих прямолинейное движение с точностью до четвертой степени. Gesammelte Werke, Akademie der Wissenschaften der UdSSR, 1948, B. IV. S.143-157.

[230] VDI-Richtlinie 2721: Schrittgetriebe–Begriffsbestimmungen, Systematik, Bauarten. VDI-Verlag Düsseldorf 1980.

[231] VDI-Richtlinie 2142 Blatt 1: Auslegung ebener Kurvengetriebe–Grundlagen, Profilberechnung und Konstruktion. Düsseldorf: VDI-Verlag 1993.

[232] VDI-Richtlinie 2142 Blatt 2: Auslegung ebener Kurvengetriebe–Rechnerunterstützte Profilberechnung. Düsseldorf: VDI-Verlag 1993.

[233] VDI-Richtlinie 2143 Blatt 1: Bewegungsgesetze für Kurvengetriebe–Theoretische Grundlagen. Düsseldorf: VDI-Verlag 1980.

[234] VDI-Richtlinie 2143 Blatt 2: Bewegungsgesetze für Kurvengetriebe–Praktische Anwendung. Düsseldorf: VDI-Verlag 1987.

[235] VDI-Richtlinie 2143 Blatt 3: Konstruktion und Berechnung ebener Kurvengetriebe. Düsseldorf: VDI-Verlag 1988.

[236] Volmer, J.: Zur Totlagenkonstruktion der zentrischen Kurbelschwinge. Maschinenbautechnik, Berlin 3 (1954), S. 228-229.

[237] Volmer, J.: Die Konstruktion einfacher Räderkurbelgetriebe. Maschinenbautechnik, Berlin 4 (1955) S. 585-588.

[238] Volmer, J.: Systematik, Kinematik und Synthese des Zweiradgetriebes. Maschinenbautechnik, Berlin 5 (1956) S. 583-589.

[239] Volmer, J.: Konstruktion eines Gelenkgetriebes für eine Geradführung. VDI-Berichte 12 (1956), S. 175-183.

[240] Volmer, J.: Konstruktion von Schubkurbeln mit Hilfe von Kurventafeln. Maschinenbautechnik, Berlin 6 (1957), S. 680-685.

[241] Volmer, J.: Ein Beitrag zur Erzeugung von Koppelkurven. Wiss. Z. der TH Dresden 6 (1957) S. 491-510.

[242] Volmer, J.: Zur Konstruktion von Gelenkvierecken mit Hilfe von Kurventafeln. Maschinenbautechnik, Berlin 7 (1958), S. 399-403.

[243] Volmer, J.: Bedingungen für die Anordnung von Ebenenlagen in den Sonderfällen der Burmesterschen Mittelpunktkurve. Wiss. Z. der TH Chemnitz 8 (1966), S. 179-181.

[244] Volmer, J.; Fritsch, W.: Arbeitsblätter für die Konstruktion–Berechnung von Kurbelschwingen (Totlagenkonstruktion). Maschinenbautechnik, Berlin 29 (1980), S. 544-546.

[245] Wankel, F.: Froede, W.: Bauart und gegenwärtiger Entwicklungsstand einer Trochoiden–Rotationskolbenmaschine. Techn. Rundschau 52 (1960) Nr. 7.

Sachverzeichnis

Ablenkwinkel nach BOCK 32
ALTsche Totlagenkonstruktion 193, 194
Angelpunktkurve 79
Antiparallelkurbel 34
–, gegenläufige 34
–, gleichläufige 34
Approximationspolynom 265
–, trigonometrisches- 265
Äquidistante 271, 282
Arcuspaar 13
ARONHOLD/KENNEDY, Theorem 115
Assursche Gruppe 326, 327

Bahnkurve 53, 60, 82
Bahnnormale 55, 61, 82
Bahntangente 61, 82
BALLscher Punkt 80, 210,
Beschleunigung 84, 85, 91, 96, 108
– Absolut- 108, 109
– Führungs- 108, 109
– CORIOLIS- 108, 111
– Normal- 86, 90
– Tangential- 84, 90
Beschleunigungskennwert 262
Beschleunigungsplan 96, 97
Beschleunigungspol 97
Bewegung 19
–, gebundene 19
–, ungebundene 19
Bewegungsbereich 43
Bewegungsgesetz 253, 259
Bewegungsgleichung 253
Bewegungsparameter 53, 82
Bewegungsplan 254, 275, 279
Bewegungsschaubild 254, 275, 279
Bezugsebene 145
Bezugslage 184

Bezugssystem 92
BOBILLIER, Satz von 64, 66, 68
Brennpunkt 174
BRESSEsche Kreise 99
BURMESTER 93, 146
–, 1. Satz von 93
–, 2. Satz von 96
BURMESTERsche Punkte 182
–, Theorie 146

COTAL-Getriebe 133
CULMANNsche Gerade 330

D'ALEMBERTsches Prinzip 343
Diagramm 85, 86
–, Weg-Zeit- 85
–, Geschwindigkeits-Zeit- 85
–, Beschleunigungs-Zeit- 85
Doppelkurbel 34
–, gleichschenklige 34
Doppelschieber 40, 58
Doppelschleife 40
Doppelschwinge 34
–, Koppel nicht umlauffähig 36, 37
–, Koppel umlauffähig 36, 37
Drehgelenk 7
Drehpol 147
Drehschubstrecke 121, 236
–, einfache 121
–, diagonale 122
Drehwinkel–Drehwinkel–Zuordnung 228, 236, 244
Drehwinkel–Schubweg–Zuordnung 231, 241, 246
Drehzahlplan nach KUTZBACH 128, 130
Drehzahlvektorenplan nach BEYER 139
Dreiräderkoppelgetriebe 127

Ebenenlage 145, 152, 166
EULER, Satz von 93
EULER-SAVARYsche Gleichung 62
Exzenter 13

Flächenberührung 5
FLOCKE 278
–, Verfahren von 278, 280
Formenwechsel 13
Formschluß 7
Freiheitsgrad 19
–, identischer 20
Führungsfunktion 53
Führungsgetriebe 17, 18, 219

Gangebene 53
Gangpolbahn 56
Gangsystem 53
GAUSSsche Zahlenebene 45
Gegenpole 169
Gegenlauf 255
Gegenpolpaare 169, 171
Gelenk, 5, 6, 7, 10
Gelenkelement 5, 6, 7
–Erweiterung 13
Gelenkfreiheitsgrad 8, 10
Geradführungsgetriebe 207
Geschwindigkeit 84, 89, 93
–, Absolut- 108, 109, 114
–, gedrehte 87
–, Führungs- 108, 109, 114
–, Relativ- 108, 109, 114
Geschwindigkeitshodograf 86
–, lokaler 86
–, polarer 86
Geschwindigkeitskennwert 262
Geschwindigkeitsplan 95
Geschwindigkeitspol 94, 95
Getriebe 16
–, ebenes 17
–, räumliches 17
–, sphärisches 17
Getriebefreiheitsgrad 19
Getriebeglieder 15
Getriebeorgane 14
Getriebesystematik 5, 251, 308

Gleichlauf 255
Gliedwechsel 23
GRASHOF, Satz von 33
Grundkreis 271, 272
Grundkreisradius 278
Grundpunkt 152

Harmonic-Drive-Getriebe 133, 134
Hodografenverfahren 274
Höhenschnittpunkt 161
homologer Punkt(e) 145
–, Reihenfolge 177, 182
homologe Geraden 164
HS-Profil 267
Hubzeitverlängerung 262

JOUKOWSKY-Hebel 332

Kardankreispaar 59
Kegelradgetriebe 139
Kegelradumlaufrädergetriebe 141
–, FARMAN-Getriebe 141
–, TWEEDALE-Getriebe 142
–, KFZ-Differentialgetriebe 143
Kette 23
–, ebene kinematische 23, 25, 27
–, übergeschlossene kinematische 29
Kinetostatik 326
Kollineationsachse 64
Koppelgetriebe 17
–, ebene 33, 49
Koppelkurve 42, 44
Koppelpunkt 42, 44
Koppelrastgetriebe 217, 219
Kraft 325
–, Antriebs- 325
–, eingeprägte 325
–, Gelenk- 325, 328, 330
–, Reaktions- 325
–, Trägheits- 325, 343
Kraftfeld 325
Kraftschluß 8
Kräftebestimmung 326
Kreisexzenter 13, 15
Kreispunkt 155
Kreispunktkurve 168, 193

Sachverzeichnis

Kreisungspunktkurve 79
Kreuzschleife 40
–, feststehend 40
–, umlaufend 40
Kreuzschleifenkette 40
Kreuzschubkurbel 40
Krümmungsmittelpunkt 60
Krümmungsradius 61, 83
Kurbelschleife 39, 164
–, schwingende 39
–, umlaufende 39
–, versetzte 39
–, zentrische 39
Kurbelschwinge 34
–, gleichschenklige 34
Kurvengetriebe 249
–, mit Rollenhebel 281
–, mit Schieber 283
Kurvenkörper 250, 289
Kurvenprofil 281

Lagen, zugeordnete 183, 227
Lageplan 124, 129, 139, 328
Laufgrad 23
Leistungsprinzip 330
Lenkergeradführung 207
Linienberührung 5

Malteserkreuzgetriebe 300
–, Außen- 300
–, Innen- 300
Maßsynthese 145
Maßstab 84, 86
–, Beschleunigungs- 84
–, Drehzahl- 84
–, Geschwindigkeits- 84
–, Winkelgeschwindigkeits- 84
–, Zeit- 84
–, Weg- 84
–, Zeichen- 84
MEHMKE 95
–, 1. Satz von 95
–, 2. Satz von 97
Mittelpunkt 155
Mittelpunktkurve 166, 169, 172, 176
–, analytische Erfassung der 172

–, kinematische Erzeugung der 170
Momentanbewegung 61, 82
Momentandrehachse 125
Momentanpol 54, 55, 112, 115
Momentenbestimmung 330

Parallelkurbel 34
Pilgerschrittbewegung 307
Planetengetriebe 129
Pol 54
Polkette 54
Polbahn 56, 57
Polbahnnormale 56, 62
Polbahntangente 56, 62
Poldreieck 152
–, Orientierung am 180
Poldreieckswinkel 154
Polgelenkviereck 169, 170
Polkraftverfahren 337
Polwechselgeschwindigkeit 57
Pressungswinkel 32
Projektionssatz 90
Punktberührung 5
Punktlagenreduktion 219
Punktlagen–Winkel–Zuordnung 221

Q–Punkte 171
quadratische Verwandtschaft 69, 158

Räderkoppelgetriebe 307
Räderkoppelschrittgetriebe 307
–, rückkehrend 308, 312
–, nichtrückkehrend 308, 312
Rastebene 53
Rastgetriebe 217
–, mit momentaner Rast 317
–, mit vorgeschriebener Rastdauer 217
Rastpolbahn 56
Rastsystem 53, 82
Reibungskraft 339, 341
Reibungskreis 340
Reibungsmoment 340
Reibungswinkel 339
Relativbewegung 53, 108, 112
Relativlagen 183, 193
Relativpol 184

Relativpoldreieck 185
REULEAUXsche Getriebe-Ordnung 17
ROBERTS–TSCHEBYSCHEW, Satz von 44
Rollenmittelpunktkurve 280, 283, 297
Ruck 255, 262
Ruckkennwert 262
Rückkehrpol 72
Schiebung 91
–, Gerad- 91
–, Kreis- 91, 132
–, Kurven- 91
Schraubgelenk 7
Schrittbewegung 299
Schrittgetriebe 299
Schrittwinkel 299, 304
Schrittzeitverhältnis 300
Schubgelenk 7
Schubkurbel 39, 162
–, gleichschenklige 39
–, versetzte 39
–, zentrische 39
Schubkurbelkette 38
Schubschleife 41, 166
–, doppelt versetzte 41, 166
–, einfach versetzte 41
Schubschleifenkette 41
Schubschwinge 39
Seileckverfahren 123
Sinoide von BESTEHORN 259
Sinuslinie 259
Sperrschuh 300, 303
Spiegelpoldreieck 160
Sternradgetriebe 302, 305
Stirnradgetriebe 128
Stoffschluß 8
Stoß 255
Superposition 329
SWAMPsche Regel 136
Synthese von Koppelgetrieben 145, 227

Tangentialkreis 98
Totlage 192, 193
Totlagenkonstruktion 192, 196, 204
–, der Kurbelschleife 206
–, der Kurbelschwinge 193, 196
–, der zentrischen Kurbelschwinge 197

–, der Schubkurbel 204,
Totlagenstellung 192
Totlagenwinkel 192, 204
Trommelkurve 293

Übersetzungsverhältnis 115
–, einfaches 116
–, diagonales 116, 119
Übertragungsfunktion 16, 103, 227, 252
–, normierte 255
–, symmetrisch normierte 257
Übertragungsgetriebe 16
Übertragungsgleichung 102, 107
Übertragungswinkel 29, 30, 273
Umkehrbewegung 54, 72
Umkehrlage 192
Umkreis 160
–, des Poldreiecks 161
–, des Spiegelpoldreiecks 160
Undulationspunkt 80
Unfreiheiten 9, 19

Versetzung 38
–, kinematische 38, 41
Viergelenkgetriebe 35
Viergelenkkette 33

Wankelmotor 136
Wälzhebelgetriebe 60
Wälzkurve 60
Wellgetriebe 133
Wendekreis 63, 68, 72, 98
Wendepol 68, 69, 72
Wendepunktverschiebung 260
Wendetangente 75
Winkelbeschleunigung 83
Winkelgeschwindigkeit 83
Winkelgeschwindigkeitsplan 123
Wippkranmechanismus 209, 210, 211
WITTENBAUERsche Grundaufgabe 326

Zahnradgetriebe 128
–, Standgetriebe 129
–, Umlaufrädergetriebe 129
Zwanglaufbedingung 19
Zweiräderkoppelgetriebe 127

Zweischlag 23
–, zykloidengesteuerter 311, 312
Zykloide 315
–, Ortho- 315
–, Epi- 315
–, Hypo- 315
–, Peri- 315
–, zweifache Erzeugung 315
Zylinderkurvengetriebe 293

Druck: COLOR-DRUCK DORFI GmbH, Berlin
Verarbeitung: Buchbinderei Lüderitz & Bauer, Berlin